개정판

계획이론

정환용

博 英 社

개정판 서문

이 책의 초판이 발간된 지 8년이 지났다. 햇수로는 짧은 기간이지만 그동안 계획과 관련된 사회·경제적 여건은 국내·외적으로 많은 변화가 있었다. 그 중에서도 미국발 금융위기는 세계경제에 심대한 영향을 주고 있어, 자유시장경제의 문제점인식과 함께 시장개입의 필요성이 증대되고 있다. 또한 세계화, 정보화시대에 당면하고 있는 복합적이고 불확실한 사회·경제적 문제는 체계적이고, 전문적인 시각에서 미리 대비하는 노력이 요구되고 있다.

이러한 시대적 여건변화에 따라 계획에 대한 학문적 연구와 실용적 관심도 증대되고 있는 상황이다. 국내·외에서 계획관련 학술논문들이 활발하게 발표되고 있으며, 관련 전문서도 많이 출간되고 있다. 그리고 공·사 부문의 여러 조직에서도 다양한 형태의 계획적 노력이 많아지고 있다. 이러한 추세와 함께 대학에서 계획이론을 강의하는 학과들도 늘어나고 있을 뿐 아니라, 계획에 대한 일반적인 관심도 많아지고 있다.

본서의 목적(目的)인 계획이론의 학적 이해(學的 理解)와 계획활동의 실무적 지침(實務的 指針)역할을 보다 충실히 수행할 수 있도록, 본 개정판에서는 초판 발간 이후의 국내·외의 연구논문과 관련 서적들의 새로운 내용들을 보완하여 저서의 내실화를 기했다. 이에 따라 그동안 미흡했던 내용들을 각 장(章)별로 보완(補完)할 수 있어 매우 다행스럽게 생각한다.

이 책을 개정(改訂)하면서 중점(重點)을 두었던 부분은 다음과 같다.

첫째, 전체적인 내용의 체계화, 논리화에 노력을 기울였다. 책의 기본골격은 유지하면서도 논리적인 내용전개가 될 수 있도록 했다. 다만 새로운 연구동향과 내용을 장별로 보완했으며, 내용간의 연계화가 이루어질 수 있도록 했다.

둘째, 독자들이 이해하기 쉬운 내용기술이 되도록 노력했다. 이를 위해 가급적 쉽고 평이한 기술이 되도록 노력했다. 또한 각 장별로 새로운 세부 항목과 번호를 추가하여 이해를 도왔다.

셋째, 아울러 책 중간중간에 나타나는 오·탈자의 수정은 물론 문맥의 연결을 부드럽게 할 수 있게 된 것도 마음을 가볍게 한 일이다.

넷째, 각 장의 말미에 참고문헌을 첨부하여, 쉽게 참고도서를 확인할 수 있도록 했다.

세부적인 장(章)별 보완내용(補完內容)은 다음과 같다. 제 1 편 계획이론의 기초는 부분보완과 대폭수정을 병행하였다. 제 1 장에서는 제 3 절 계획의 종류와 제 4 절 계획의 범위와 한계의 내용을 보완하였다. 제 2 장 계획이론의 기저에서는 제 3 절 계획과 실제의 내용을 신설하여 이론과 실제의 연계 및 실제운동의 추세를 반영하였다. 그리고 제 2 절 계획이론의 구성과 제 4 절 계획이론의 범위에 관한 내용은 대폭 수정·보완하였다. 제 3 장 계획사조의 발달에서는 제 2 절 계획사상발달의 배경의 내용은 보완했고, 제 3 절 계획의 지적전통은 내용의 체계화 및 간소화에 초점을 두었다.

제 2 편 계획의 접근이론에서는 전체적으로 많은 보완이 되었다. 제 4 장 계획의 적법성 논거에서는 내용을 일부 보완하였다. 제 5 장 계획의 인식론에서는 각 절의 구성을 체계화했고, 제 5 절에 실용주의를 새로 보강하였다. 제 6 장 계획의 접근모형에서는 제 3 절 정치모형에 협력계획의 내용을 추가했으며, 제 4 절 수단모형에서 예시계획의 내용에 대한 보완도 이루어졌다. 제 7 장 주민참여계획은 일부 보완하였고, 제 8 장 계획의 작용모형에서는 제 1 절 계획작용환경과 제 3 절 계획모형의 작용장의 내용을 각각 보완하였다.

제 3 편 계획과정론은 전체적으로 부분 보완하였다. 제 9 장 계획문제와 목표설정에서는 제 2 절 계획문제의 내용 중 전문성이 강한 문제구성기법의 내용을 삭제하였다. 제10장 계획조사와 미래예측에서는 전체적으로 내용을 소폭 보완했다. 제11장 대안작성과 선택에서는 제 3 절 대안선택기법 중 의사결정지원체계에 제10장 제 3 절 정보관리의 전문가체계의 내용을 옮기고, 내용을 중점 보완했다. 제12장 계획집행과 평가에서는 제 1 절 계획집행에서 집행연구와 집행방법에 대한 내용을 대폭 보완하였다.

제 4 편 계획제도와 교육에서는 각 장별로 보완하였다. 제13장 계획조직과 운영에서는 제 3 절 계획기구의 운영 중 갈등관리의 내용을 중점 보완하였다. 제14장의 계획교육과 계획가에서는 전체적인 내용을 보완하였다.

이러한 내용보완으로 계획이론을 공부하는 학생들이 교재로 활용하는 데 도움을 줄 수 있을 것으로 기대한다. 아울러 계획에 관심을 갖고 있는 모든 사람들에게 이해를 높일 수 있을 것으로 생각한다.

초판의 내용을 접한 여러 학자와 독자들로부터 계획과 계획이론에 대한 체계적 이해에 도움을 받았다는 격려와 함께 계속 발전을 바란다는 의견도 있었다. 이러한 여러분들의 성원과 연구보완에 대한 독려를 바탕으로 본 개정판을 출간하게 되었다. 아직도 부족한 점이 많지만, 앞으로도 더욱 정리·보완하여 보다 알차고 의미 있는 내용이 될 수 있도록 계속 노력할 것을 다짐한다.

이 책의 출간에도 여러 사람의 도움을 받았다. 무엇보다 학과의 동료교수 여러분들의 도움에 감사드린다. 그리고 이 책이 출간되도록 항상 관심과 지원을 아끼지 않은 아내, 딸 내외와 외손자 그리고 유학중인 아들과 함께 기쁨을 나누고자 한다. 아울러 자료수집 및 심부름을 해준 변장섭 조교에게도 고마움을 전한다.

끝으로, 이 책이 발간되도록 도와주신 안종만 회장님, 황인욱 전무님, 우석진 차장님 그리고 관계자 여러분께 깊은 감사를 드립니다.

2009년 2월
著者 識

서 문

새 천년과 새로운 세기를 열어 가는 오늘의 여건은 과거와는 확연히 구별되는 시대적 상황에 처해 있다. 복합성, 다양성, 불확실성으로 얽혀 있는 환경 속에서 미래를 예견해 보고 이에 미리 대비하는 노력은 현명한 사람이면 누구나 취해야 할 기본적인 덕목의 하나이다. 이러한 의미의 계획에 대한 관심은 개인의 일상생활에만 국한되는 것이 아니라, 공·사부문의 조직적 활동, 그리고 국제기관활동에 이르기까지 다양한 부문에 이르고 있다. 이와 같이 계획에 대한 다방면의 관심증대와 함께 여러 영역에서 실무적이고 전문적인 계획활동이 전개되고 있음에도 불구하고 이의 이론화는 아직 미흡한 실정이다. 이는 실무적, 전문적 필요성에 따르다 보니 본질적인 측면의 검토가 소홀히 되었음을 의미하는 것이다.

계획이론을 공부하고 강의하면서 계속 생각하고 관심을 가졌던 화두는 계획이 무엇이고, 왜 해야 하며, 어떻게 하는 것이며, 또 이를 어떻게 실생활과 연결할 것인가 등에 관한 것이었다. 이러한 계획이론의 본령에 대한 고민은 자연스럽게 계획이론의 학문적 체계화의 필요성으로 이어지게 되었다. 오늘날 극히 제한적이지만 계획학이라는 용어를 사용하는 학자도 있지만, 독자적인 학문으로 발전하기에는 더 많은 이론화 작업이 요구되는 상황이다. 다행히 국내외에서 계획이론에 관한 학문적이며 실용적 관심증대에 부응하여 관련 전문학술지와 전문서의 출간도 많아지고 있어, 계획이론의 학문적 체계화가 급진전될 전망이다.

대학에서 계획이론이 강의된 것은 일천한 역사를 가지고 있다. 때문에 계획과 계획이론의 이해의 시각에 따라 다양한 내용구성을 통해 강의가 진행되고 있음을 알 수 있다. 지난 25여 년간 계획이론을 강의하면서 당면했던 가장 큰 어려움의 하나는 교재의 제약이었다. 특히 학부강의에 적합한 입문서를 구하는 데는 한계가 있었다. 때문에 국내외의 전문서와 관련 논문을 중심으로 강의하다 보니 학생들이 공부하는 데 많은 어려움이 따랐다. 계획에 관한 입문서가 한정되어 있기 때문에 계획실무자들의 실제적인 수요를 충족시키는 전문서의 발견도 어려웠을 것으로 생각되었다. 이러한 계획에 대한 학문적 관심을 가진 사람은 물론 관련 분야의 실무자와 일반인도 계획을 전체적인 시각에서 이해할 수 있게 하는 입문서의 필요성에 대한 응답의 하나로서 본서를 구상하게 되었다.

본서는 계획이론의 기초, 접근이론, 계획과정론, 그리고 계획제도의 4개 부문으로 구성하였다. 제 1 편 계획이론의 기초에서는 계획이론을 이해하기 위한 계획과 계획이론의 기초개념과 계획사상의 발달배경을 검토하였다. 제 1 장은 계획의 개념, 필요성, 종류, 범위와 한계 등 계획의 기초개념을 다루었다. 제 2 장은 계획이론의 기저로서 계획이론의 의미, 범위, 그리고 연구범위를 다루었다. 제 3 장은 계획발달의 사회, 경제적 배경과 함께 계획관련사상의 계보를 범주화하여 그 특성과 내용을 고찰하였다.

제 2 편 계획의 접근이론에서는 계획이론의 이론적 기반을 고찰한 것으로, 계획의 적법성 논리, 계획이론의 주요 전통, 계획의 접근모형, 주민참여계획, 그리고 계획의 작용모형을 다루었다. 제 4 장은 계획의 적법성 논거를 경제적 측면에서 논의하였다. 제 5 장은 계획이론의 형성 발달에 특히 큰 영향을 준 주요 사회사상적 전통을 중심으로 그 전통의 특성과 함께 계획이론에 끼친 영향을 검토하였다. 제 6 장에서는 계획을 이해하고 계획활동을 수행하는 이론적 접근내용의 특성을 합리모형, 정치모형, 수단모형 등으로 범주화하여 각각의 특징과 내용을 제시하였다. 제 7 장은 계획의 적법성의 다른 측면의 하나인 참여논리를 의사소통의 합리성과 연계하여 이론적으로 검토함은 물론 이의 구체적 집행과정과 기법을 제시하였다. 제 8 장은 관념적 사고활동으로서 계획의 작용모형의 구성과 운영을 검토하고 마지막으로 합리적 계획의 한계와 대처방안을 다루었다.

제 3 편 계획과정론에서는 계획이론의 과정적 측면을 중점 검토하였다. 제 9 장은 계획문제와 목표설정활동을 다루었다. 계획문제에서는 문제의 확인 및 도출의 과정과 기법을 다루었다. 목표설정은 목표의 구조와 설정과정 및 기법을 중점 논의하였다. 제10장은 계획조사와 미래예측으로 계획대상환경의 현재 상황에 대한 파악과 함께 미래의 변화상을 예측하는 과정과 기법을 검토하였다. 제11장은 목표달성을 위한 행동노선으로서 대안의 작성, 평가, 선택과 관련된 과정과 방법을 제시하였다. 제12장은 선택된 계획안의 집행과 관리 및 이의 결과 평가에 대한 내용이다.

제 4 편 계획제도는 계획이 작성되고 운영되는 제도적 환경을 이해하기 위한 내용이다. 제13장은 계획조직의 구성과 운영에 관한 내용을 취급하였다. 마지막

장인 제14장은 계획교육 및 계획가의 역할과 윤리에 대한 문제를 다루었다.

본서의 내용 중 일부는 강의대상에 따라 그 내용을 가감할 수 있을 것으로 본다. 특히 제 4 장 계획의 적법성논의, 제 5 장 계획이론의 전통, 그리고 제14장 계획교육과 계획가에 대한 내용은 학부생을 대상으로 해서는 내용을 축소하고, 대학원생을 대상으로는 더 발전시켜 논의할 수 있을 것으로 본다.

본서의 체계화를 위해 기존의 연구성과를 종합하여 저술하였다. 내용 중 많이 참조한 저서는 프리드만(Friedman, John)의 「Planning in the Public Domain」(1987), 팔루디(Faludi, Andreas)의 「Planning Theory」(1973), 그리고 던(Dunn, William N.)의 「Public Policy Analysis」(1994) 등이다. 이들 저서의 내용의 일부는 본서의 전체적인 구성상 필요한 부분이지만 이에 대한 국내외의 연구가 제한되어 있어 인용의 비중이 높을 수밖에 없었다.

본서는 여러 부문에서 활용될 수 있을 것으로 본다. 대학에서 계획이론 관련 강의를 수강하는 학생은 물론, 계획에 대한 이해가 요구되는 여러 학문분야에서 사용할 수 있을 것으로 본다. 그리고 공·사부문에서 계획업무를 담당하는 실무자와 각급 수준의 정책과 의사결정자들이 계획에 대한 이론적이며 실무적인 이해를 하는 데 많은 도움이 될 수 있을 것이다.

본서를 정리하면서 아쉬운 점, 보완해야 할 점, 그리고 보람 등 여러 느낌이 교차되었다. 앞으로 더욱 발전시켜 계획이론이 단순한 기예(art)에서 학(science)으로 정립되는 밑거름이 되도록 더 많은 노력을 경주할 것을 다짐하면서 끝을 맺는다.

이 책이 출간되기까지는 많은 분들의 직·간접적인 도움이 있었다. 학문적길잡이 역할을 해 주셨던 서울대 환경대학원의 은사님들과 쉐필드(Sheffield)대학교의 명예교수이신 마사(Masser, Ian) 교수님께 언제나 감사함을 느낀다. 그리고 학과의 조재육 교수님과는 수시로 계획의 관련된 여러 문제에 대해 조언과 함께 본서의 구성에 많은 도움을 받았으며, 다른 동료교수들의 도움에도 감사드린다. 계획이론의 학제적인 성격 때문에 여러 관련 분야에 대한 전문적 지식이 요구되었고, 필요시 여러 전문가의 도움과 조언을 받아서 본서를 정리할 수 있었다. 여러 분 중에서 특히 행정학과의 김성기 교수님, 경제학과의 홍덕기 교수께 감사드린다.

번거로운 교정작업을 도맡아서 처리하면서 문맥도 바로잡아 준 이종익 박사에게 고마움을 전하며, 컴퓨터 그래픽, 자료정리, 교정 등의 작업을 도와준 김훈

(박사과정), 정상훈(석사과정), 최지윤(석사과정), 그리고 김민웅(학부생) 제군에 감사를 전한다.

출간을 고대하고 계신 아버지께 더욱 평안하심을 바라면서 이 책을 바치며, 항상 사랑으로 뒷바라지해 온 아내(김혜경)와 은경, 원준과 함께 출간의 기쁨을 나누고자 한다.

끝으로 본서의 출간을 적극적으로 후원해 주신 안종만 회장님, 황인욱 상무님, 마찬옥 부장님, 그리고 관계자 여러분께 깊은 감사를 드립니다.

2001년 11월

著 者 識

차 례

제 1 편 계획이론의 기초

제 1 장 계획이론의 기초개념

제 2 장 계획이론의 기저

제 2 편 계획의 이론적 접근

제 4 장 계획의 경제적 적법성

제 6 장 계획의 접근모형

제 7 장 주민참여계획

제 3 편 계획과정론

제 9 장 계획문제와 목표설정

제10장 계획조사와 미래예측

제11장 계획대안의 작성과 선택

제12장 계획집행과 평가

제 4 편 계획제도와 교육

제13장 계획조직과 운영

제14장 계획교육과 계획가

제 1 편 계획이론의 기초

제 1 장 계획의 기초개념

제 1 절 계획의 개념

Ⅰ. 개념정의

1. 중 요 성

(1) 생활과 계획

공자(孔子)는 "평생의 계획은 어릴 때에 하고, 한 해의 계획은 봄에 하며, 하루의 계획은 새벽에 한다"(孔子三計圖에 一生之計는 在於幼하고, 一年之計는 在於春하고, 一日之計는 在於寅이다)고 했다. 또한 "모든 일은 미리 준비함이 있으면 성공할 수 있고 준비함이 없으면 실패한다. 말은 미리 생각한바가 있으면 실수가 없다. 일은 사전에 계획이 서 있으면 곤란이 없고, 행동은 미리 목표가 서 있으면 후회함이 없다. 길은 목적지가 있으면 막히는 일이 없다"(凡事, 豫則立하고 不豫則廢하나니, 言前定則不跲하고 事前定則不困하고 行前定則不疚하고 道前定則不窮이니라: 中庸 제4편 誠論, 제1장 誠과 政治, 8)고 했다. 이는 우리 생활의 시작에는 언제나 계획이 중요함을 강조한 말이며, 나아가서 삶과 계획은 불가분의 관계를 맺고 있음을 지적한 말이다.

행동하기 전에 미리 생각하고 대비하는 상식적인 의미에서의 계획은 인간만큼이나 오랜 역사를 가지고 있다(Person, 1987: 421). 이러한 넓은 의미의 계획은 인간의 속성 중 하나이며, 인간생활의 일부분이 되고 있다. 농부·상인·제조업자·지배자 할 것 없이 모두가 계획을 한다. 때문에 사람과 계획은 오랜 친구이고, 어떤 의미에서는 양자는 함께 태어났다고도 말할 수 있다(Kenessey, 1978: 7).

(2) 정의의 중요성

대부분의 사람이나 조직들은 일정한 종류의 계획이나 계획적 활동과 관련되어 있지만, 계획과정의 중요성에 대한 저평가, 용어에 대한 오해 그리고 계획의 일상적 사용에 따른 혼란이 있는 것도 사실이다. 계획이 우리생활의 도처에 존재하기에, 그것이 종종 무시되거나 하찮아 하거나 당연시 하고 있다. 이와 같이 계획의 중요성에 대한 낮은 평가와 계획의 성격과 목적에 대한 오해는 바람직한 계획의 선택을 저해할 수 있는 운영상 문제를 야기한다(Branch, 1999: 4).

계획(計劃)은 단순하게 개인(個人)활동에만 국한되는 것은 아니고, 대부분의 조직(組織)과 기관(機關)에도 적용되기 때문에 중요하다. 즉 계획은 문명사회에서 합리성을 제고하기 위한 강력한 동력원이며 추진장치의 하나로 자리 잡고 있다. 이와 같이 계획은 우리 생활의 모든 곳에 존재하고 있지만, 실제로는 어떤 곳에도 그 구체적인 모습을 드러내지는 않는다.

계획에 대한 개념은 계획활동에 대한 개별적인 접촉과 이해의 정도에 따라 상이한 모습으로 내재화되어 나타난다. 따라서 계획이라는 말도 여러 상황에서 서로 다른 의미와 용도로 사용되기에 일반적으로 설명하기 어려운 경우가 많다(Branch, 1999: 11). 이러한 계획의 광범성(廣範性)과 복잡성(複雜性) 때문에 계획에 대한 개념정의(概念定義)에 어려움이 따른다. 따라서 하이타워(H. Hightower)는 계획에 관한 논의의 출발점은 '계획이란 무엇인가?'(what is planning?)에 두어야 한다고 했다(Alexander, 1992: 69).

2. 용어정의

(1) 사전적 정의

사전(辭典)에서 제시하는 개념정의(概念定義)는 혼란을 제거하는 실마리를 제공하는 경우가 많다. 옥스포드 사전(Oxford English Dictionary)이나 웹스터 사전(American Webster)에 의하면 '계획'(planning)을 명사(noun)와 동사(verb)로서 그 의미를 각각 구별하고 있다(Hall, 1992: 1).

명사(名詞)로서의 의미는 '어떤 것의 물리적 표현'(a physical representation of something), 또는 '어떤 일을 하기 위한 방법'(a method for doing something), '목표의 구성부문에 대한 질서 있는 정리'(an orderly arrangement of parts of an objective) 등의 뜻으로 사용한다. 여기서 앞의 두 가지 의미와 후자의 의미는 서로 다르다. 예를 들어 '서울의 가로망 계획'(Seoul's street plan)을 말할 때와

'서울을 방문할 계획'이라고 할 때의 의미는 확연히 구별된다. 그러나 어떤 경우는 양자의 의미가 서로 포함되어 사용되는 경우도 많다. 예로 '새로운 건물을 지을 계획'이라는 말은 물리적 설계로서의 의미와 건물을 지을 의도와 방법을 내포하기 때문이다.

동사(動詞)로서의 의미는 명사의 의미에 따라, '부분을 정리하다'(to arrange the part of), '성취를 인식하다'(to realize the achievement of), '의도하다'(to intend)는 의미로 사용되고 있다. 계획이론에서는 주로 앞의 두 가지 의미로 사용하고 있다.

한글사전에서는 계획을 '앞으로 할 일의 얽이를 미리 잡음 또는 그 잡은 내용'(「우리말 큰사전」, 1992: 277), '미리 견주어 살피고 생각하여 일의 얽이를 세움 또는 그 새운 내용'(「국어대사전」, 2000: 198)이라고 정의하고 있다. 이는 영어사전처럼 동사와 명사의 의미를 함께 포함하고 있음을 알 수 있다.

이러한 사전적 의미는 계획을 '기술된 목표(들)를 성취하기 위해 질서 있는 행동순서를 만들기 위한 활동'이라는 점을 강조하고 있다(Hall, 1992: 3).

(2) 유사용어

계획의 개념을 명료화하기 위해서는 계획과 유사한 의미를 갖고, 함께 사용되고 있는 용어들과 대비하여 그 뜻을 파악하는 것이 중요하다.

① **계획과 기획** 계획(計劃)과 가장 많이 혼용하고 있는 용어는 기획(企劃)이다. 대체로 양자를 구별하지 않고 사용하는 경우가 많지만, 구별하는 경우에도 이해의 시각에 따라 의미의 차이가 많지 않아 사용상 혼란이 크다. 실제로 사전(「우리말 큰 사전」과 「국어대사전」)에서도 기획을 '어떤 일을 꾸며 계획함'이라고 하여 양자를 명료하게 구별하지 않고 있다. 양자를 구별하는 경우에도 학자에 따라 차이가 있다. 예로 이토(伊藤 廉) 교수는 기획은 '무엇을 하려고 하는가?'하는 발상(發想)을 중시하는데 비해, 계획은 '어떠한 방법으로 하는가?'라는 절차(節次)에 중점을 두는 개념이라고 한다(지행연, 1989: 7). 그리고 '계획하는 과정을 기획'이라 하고, '기획을 통해 산출되는 결과물(end product)을 계획'이라고 양자를 구분하기도 한다(김신복, 1999: 3). 그러나 이러한 구별은 양자 간의 긴밀한 상호관계만을 적시한 것이고, 명료한 구별은 되지 않는다.

대체로 계획이론에서 사용하는 계획의 개념은 기획이 의미하는 과정(process)과 방법(methodology)은 물론, 기획의 결과로서 나타나는 산출물(products)까지를 포함한 일련의 활동으로 보는 경우가 많다.

② **계획과 프로젝트, 프로그램** 프로젝트(project)란 웹스터사전(American Webster)에서는 '하나의 구체적인 계획 또는 계획된 사업'이라고 정의하고 있다. 때문에 이를 세부사업계획(細部事業計劃)이라 한다. 이는 일정한 시간과 비용의 제약 속에 구체적인 목표달성을 위한 일련의 과업들(tasks)로 구성된 독립적 사업단위이며, 한번으로 끝나는 비반복적 활동의 특성을 지니고 있다. 여러 개의 프로젝트가 결합된 사업계획(事業計劃)을 프로그램(program)이라고 한다(김신복, 1992: 448~455).

프로젝트와 프로그램은 계획과 위계적(位階的) 관계를 맺고 있다. 계획의 구체적 집행을 위해 사업계획(프로그램)을 작성하고, 이 사업계획 밑에 세부사업계획(프로젝트)들이 존재한다. 때문에 계층적인 측면에서 계획 밑에 프로그램, 프로그램 밑에 프로젝트가 위치한 것으로 이해할 수 있다.

③ **계획과 의사결정** 의사결정(decision making)이란 어떤 목적을 달성하기 위해 두 개 이상의 상충된 대안 중에서 하나를 선택(選擇)하는 과정이다. 이러한 의사결정의 목표지향성, 선택성의 특성이 계획과 유사하다. 계획활동은 의사결정(意思決定)의 연속이며 의사결정의 집합이라고 할 수 있다.

④ **계획과 정책** 최근에는 정책(policy)을 정부나 공공기관의 의사결정에만 국한하여 사용하지 않고, 민간부문의 의사결정도 지칭하는 경우가 많다(Mayer, 1985: 16). 따라서 정책(政策)은 공·사 부문을 불문하고, 설정된 목표나 과업의 달성을 위한 일반적인 행동의 지침과 방향으로 이해할 수 있다. 보다 간략하게는 행동노선선택의 규칙 또는 의사결정규칙(意思決定規則)이라고 할 수 있다(Ackoff, 1970: 42).

정책과 계획과의 관계는 정책이 계획의 상위개념이라기보다는, 오히려 계획 속에 서로 관련되어 있는 여러 정책이나 결정들이 포함되어 있다고 보아야 한다(김신복, 1999: 9). 즉 계획이 정책에 비해 보다 일반적 개념이다(Mayer, 1985: 21).

⑤ **계획과 개발** 영어의 'development'를 개발(開發)과 발전(發展)의 두 가지로 번역하여 사용하면서, 양자 간에는 의미의 구별없이 사용하는 경우가 많다. 개발이란 전체사회와 사회체계가 보다 나은(better) 또는 보다 더(more) 인간적인 생활(humane life)로 지속적으로 향상되는 것을 말한다. 이때 추구하는 개발의 핵심가치(核心價値)는 생계유지(sustenance: 기본수요충족능력), 자존

(self-esteem: 인간됨) 그리고 자유(freedom: 선택할 수 있는 능력)이다(Todaro, 1994: 16~17).

대체로 개발(開發)의 개념은 사회적 변화과정을 지칭하고, 발전(發展)은 개선과 같은 규범적 의미를 내포하고 있다(권태준·김광웅, 1981: 47~50). 이러한 의미의 개발 또는 발전이 이루어지도록 하는 체계적인 노력을 계획이라 할 수 있다.

3. 정의의 방향

계획의 개념은 이해의 시각에 따라 다양한 정의가 제시되고 있다. 이러한 다양한 개념정의(概念定義)를 종합하여 고찰하기는 매우 어려운 작업이지만, 여기서는 계획대상(計劃對象), 강조점(强調點) 그리고 역할(役割)에 따라 범주화하여 고찰하기로 한다(Albrecht, 1985: 16~17; 권영찬·이성복, 1993: 19~41; 김신복, 1999: 3~7; 김신복·노화준, 1998: 3~6).

(1) 대상수준

계획의 대상(對象)은 학자에 따라 개인적 차원의 문제, 조직과 기관에 관련된 문제 그리고 국가와 사회를 포함한 광범위한 수준의 문제에까지 이르고 있다.

① 개인적(個人的) 차원의 문제해결과정 채드윅(G. Chadwick)은 계획을 '인간이 장래에 관해 미리 사고하는 과정'이라고 했으며, 뉴만(W. Newman)은 '무엇을 할 것인가를 사전에 결정하는 광범한 인간행태'라고 정의하였다. 이 견해들은 계획을 선견(forethought)에 의한 인간의 사고와 행동의 과정으로 이해한 것이다. 이러한 시각은 계획을 매우 광범하고 일반적인 입장에서 파악하고 있으며, 계획을 일상생활의 문제를 해결하는 방법의 하나로 본 것이다. 이 접근은 계획가가 비전적(esoteric) 활동에 종사한다고 생각하는 잘못된 관념을 바로잡아 줄 수 있는 계획의 보편성(普遍性)을 제공한다. 그러나 이러한 개념정의는 계획이 모든 인간행동에 통합된 부분의 하나라면 계획을 다른 행동과 어떻게 구별하고, 계획에 대해 특별한 관심을 부여해야 하는 타당한 이유를 제시하기 어려운 한계점이 있다(Alexander, 1992: 69~70).

② 관리기능(管理機能)의 한 단계 이는 주로 경영학을 비롯한 관리과학분야 학자들의 견해이다. 고전조직이론에서 관리를 POSDCoRB라는 7단계로 설명하는데, 계획은 처음에 위치할 정도로 중요한 기능으로 간주한 것이다. 여기서 관리(管理)의 일곱 단계는 계획(Planning), 조직(Organizing), 인사(Staffing),

지휘(Directing), 조정(Coordinating), 보고(Reporting) 그리고 예산(Budgeting)을 의미한다. 스톤(D. Stone)은 계획을 '장래의 경영을 가능한 한 정확하게 예측하고 통제하려는 신중히 준비된 노력'이라 했으며, 쿤쯔와 오도넬(H. Koontz and C. O'Donnell)은 '여러 대안 중에서 목표, 예산, 절차 및 사업계획 등을 선택하는 관리자의 기능'이라고 각각 정의하였다.

③ 사회변화(社會變化) 또는 국가발전(國家發展)의 도구 메리암(C. Merriam)은 계획을 '국가정책을 결정함에 있어 사회적 예지(社會的 叡智)를 활용하려는 조직적 노력'이라 했다. 프리드만(J. Friedmann)은 '사회체계내의 변화인도'(guidance of change)로 보면서, 하위체계구성부문의 성장을 촉진하고, 체계구조의 변환을 활성화하고, 변화과정 중에서 체계경계(system boundary)를 유지하는 자기인도과정(self-guidance process)라고 했다. 무어(T. Moore)는 '공공자원의 배분에 관한 모든 의사결정'을 계획이라고 했다(Moore, 1978: 387~388: Alexander, 1992: 70).

(2) 강 조 점

드로(Y. Dror)는 계획에 대한 정의들을 강조점(強調點) 또는 시각(視覺)에 따라 다음 4가지로 분류하고 있다.

① 장래활동에 대한 사전결정이며 준비과정 피푸너(J. Pfiffner)와 프레스투스(R. Presthus)는 계획은 '본질적으로 보다 나은 결정을 하기 위한 수단이며 행동의 선행조건'이라고 정의한다. 계획의 예측적 속성을 강조하여, 계획은 '바람직한 미래의 설계이며, 이를 가져오기 위한 효과적인 방법'(Ackoff, 1970: 1) 또는 '선견(forethought)에 기반한 인간의 사고와 행동의 과정'(Chadwick, 1978: 24; Alexander, 1992: 70)으로 각각 정의한다. 프리드만(J. Friedmann)은 계획은 '지성을 장래에 적용하기 위한 또 다른 이름'이라고 했다(Blowers, 1980: 10).

② 합리성 및 지식의 최대활용을 특징으로 하는 지적과정 이미 언급한 메리암(C. Merriam)과 쿤쯔와 오도넬(H. Koontz and C. O'Donnell)의 정의는 이 범주에 속한다. 그리고 다알(R. Dahl)은 '합리적 결정에 도달하기 위한 하나의 사회적 과정'을 계획이라고 정의한다. 네루(J. Nehru) 수상은 계획을 '문제해결을 위해 사실과 상황을 다루는 지성의 행사'라고 말했다(Waterston, 1969: 8). 계획은 바람직한 결과를 달성할 가능성을 높이기 위해 일정조건을 수정하기

위한 지식의 사용이라고 정의할 수 있다(Moore, 1978: 387).

③ **이상을 고취하며 사회적 선(social good)을 증진하는 노력** 왈도(D. Waldo)는 '인간생활에 과학을 활용함으로서 목적을 구현하는 수단' 그리고 프리드만(J. Friedmann)은 '인간이 공동의 장래를 설계하려고 노력하는 활동이며 사회적 선을 증진시키기 위한 의도'라고 각각 정의하고 있다.

④ **계획의 과정적 특성을 강조** 사이먼(H. Simon)은 계획을 '장래를 위한 제안, 제안된 대안들에 대한 평가 그리고 장래의 통제 등에 적용되는 합리적, 적응적 사고'라고 했다. 드로(Y. Dror)는 계획을 '적정한 수단으로 목표를 달성하기 위하여 장래지향적인 행동을 위한 일단의 결정을 준비하는 과정'이라고 정의하여, 앞에서 열거한 여러 정의들의 내용을 정리하여 제시하였다(Blowers, 1980: 10~11).

(3) 계획의 역할

계획의 역사적 발달과 지적인 기반을 고려할 때, 계획은 소극적인 보조적 역할(補助的 役割)과 적극적 역할(積極的 役割)로 구분할 수 있다. 여기서 계획을 전자의 시각에서는 사고과정(thought process)으로, 후자는 사회과정(social process)으로 각각 정의하고 있다(Albrecht, 1985: 16~17).

① **사고과정(思考過程)** 계획을 사고과정 또는 사고로 보면서 과학적인 사고모형에 주로 초점을 맞추고, 기능적인 방법으로 합리적 숙고(合理的 熟考)를 강조한다. 파슨스(T. Parsons)는 계획은 '수단에 의해 목표를 추구하는 합리적 행동'이라고 했고, 반필드(E. Banfield)는 '목표달성을 위한 행동노선의 설계과정'이라고 했다. 팔루디(A. Faludi)는 계획을 '과학적 방법의 정책과정에의 적용'이라고 했다.

② **사회과정(社會過程)** 이 시각에서는 계획을 '바람직한 목표의 달성과 관련하여 형성되는 역할과 관계의 사회적 네트워크'(social networks of roles and relations)라고 정의하고 있다. 여기서의 사고유형은 가치를 고려하기 때문에 기능적이기보다는 본질적(本質的)이다. 이러한 관점에서 에찌오니(A. Etzioni)와 프리드만(J. Friedmann)은 계획을 '사회체계의 진보를 가져오기 위한 수단'으로 본다. 던(E. Dunn)은 계획을 '사회발전을 위한 개입'으로 보았다.

Ⅱ. 계획의 특성

1. 특성의 내용

계획의 정의가 다양한 것은 계획의 특성(特性)에 대한 이해의 시각이 다르기 때문이다. 즉 계획은 다른 활동들과는 대비되는 여러 독특성을 가지고 있다. 계획의 특성 중 중요한 점을 다음과 같이 요약 정리할 수 있다(Mayer, 1985: 4~9; Reade, 1983: 163~168; Smit and Rade, 1980: 89; Wildavsky, 1973: 127~153)

(1) 목표지향성

계획의 가장 중요한 특징은 목표지향성(goal orientation)이다. 계획은 사전에 결정된 목표(目標)의 달성에 대한 관여이다. 계획은 장래에 달성하려고 하는 최종상태(end state)에 대한 명료하고 구체적인 기술을 통해 계획의 방향과 내용을 제시한다. 이와 같이 계획은 바람직한 장래의 설계이고, 장래에 달성될 수 있는 효과적인 방안의 상세한 기술이다. 외형적으로 계획은 설정된 목표를 달성하기 위해 수단을 제시하는 목표-수단의 연계(end-means chain) 형태로 이루어진다.

일반적으로 계획의 목표에는 의도(intentions)가 포함되어 있다. 계획은 의도의 달성정도에 의해 판단한다. 단순하게는 비교대상과 계획 간의 성취정도에 따라 계획의 성공정도를 판별할 수 있다. 그러나 문제는 낮은 달성률이 낮은 성취에 의한 것인지 또는 비합리적인 기대에 의한 것인지를 분간하기 어렵다는데 있다. 그리고 의도의 성취와 관련하여 여러 개의 경합되는 의도 중에서 누구의 것이 유효하게 달성되었는가를 판단하는 것도 또한 중요한 문제이다.

인간은 자신이 바라는 미래를 자신만이 창조할 수 있다고 믿기 때문에, 계획에 대해 전력을 다하게 된다. 그러나 자신의 목표가 결코 가시화(可視化)되지 않는 상황에서 여행(旅行)을 인가하기 때문에 계획과정은 성(聖)스럽기까지 한다. 자신이 스스로의 노력의 목표이기 때문에, 자신의 이성은 자신의 존재의 대상이다. 계획은 이성이고, 이성은 계획에 의해 구현된다.

(2) 미래지향성

사람은 행동하기 전에 대비(對備)하기 때문에 계획한다. 행동하기 전에 숙고

(熟考)하는 것은 미래의 불확실성(uncertainty)과 예상되는 미래악(future evils)을 제거하여 바람직한 최종상태로 유도하기 위한 전략을 모색하기 위해서이다. 미래(未來)를 현재의 시점에서 예측하고 대비해야 하기 때문에 계획에는 전문적 지식이 요구된다. 즉 장래에 일어날 사태를 미리 예측하여 그 대비책을 강구해 둠으로서, 시행착오를 방지하는데 계획의 의의가 있다. 계획의 미래지향성(futurism)은 계획을 다른 사회과학과 구별하는 지표의 하나가 되고 있다. 즉 사회과학들이 현재의 상황에 대한 경험적 연구를 바탕으로 하고 있는데 비해, 계획은 미래를 대상으로 하고 있기 때문이다.

계획은 행동의 결과(結果)를 통제(統制)하기 위한 시도이다. 때문에 결과를 많이 통제할수록 더 성공적인 계획이라고 말할 수 있다. 환언하면 계획이란 현재의 행동에 의해 미래를 통제하는 능력이라 말할 수 있다. 여기서 유의할 점은 계획의 시도(試圖)와 계획에서의 실제 성공과는 구별할 필요가 있다. 현명해지려는 욕망을 지혜(wisdom)라고 하지 않고, 부자가 되고자 하는 것을 부(wealth)라고 하지 않는 것과 마찬가지로 계획의 시도는 계획이 아니다. 약속은 성취(performance)에 의해 위엄을 갖추어야 하는 것과 마찬가지로 계획이 이루어졌는가의 결정은 미래통제(未來統制)가 어느 정도 되었는가에 의해 평가된다.

계획은 자신의 이미지(image)에 의해 미래를 설계하는 인간의 노력이다. 만일 자신의 운명에 대한 통제력을 상실한다면 깊은 나락에 빠질 것을 염려한다. 인간이 홀로 두려움 속에서 낯설고 예측할 수 없는 힘의 처분만을 바랄 때, 인간은 그의 운명에 도전하여 위안을 받을 수 있는 일은 무엇이든 하게 된다. 계획에 대한 신념의 포기는 자신에 내재된 공포의 폭발을 가져온다.

(3) 합 리 성

계획의 현저한 특징의 하나는 합리성(rationality)이다. 계획은 임의적(random)이기보다는 체계적(systematic)이고, 낭비적(wasteful)이기보다는 효율적(efficient)이고, 허둥지둥(helterskelter)하기보다는 조화적(coordinate)이고, 모순적(contradictory)이기보다는 일관성(consistent)이 있고, 비이성적(unreasonable)이기보다는 합리적(rational)이다.

합리성(合理性)은 타당성, 일관성, 최적성의 특징을 지닌다. 타당성(妥當性)은 자원의 가용성과 목표와의 관계를 고려한 것이다. 즉 계획목표가 주어진 가용자원과 생산기술에 비추어 달성가능한가의 여부를 나타낸다. 계획의 일관성(一貫

性)은 한 계획의 여러 요소 혹은 부문들이 상호조화를 이루는가에 관한 문제이다. 일관성은 부문과 부문, 지역과 지역 그리고 시간과 시간사이의 경제활동의 균형에 초점을 둔다. 최적성(最適性)이란 실현가능한 여러 대안 중에서 목표를 가장 크게 만족시킴을 의미한다. 즉 주어진 자원과 경제적 구조 하에서 목적함수를 가장 크게 만족시키는 것을 말한다. 계획에서 합리성을 갖춘 현상은 인과적 관계를 갖추고 있는 경우가 많다.

계획은 의사결정자가 제시한 준거에 의해 선택이 이루어지는 한 합리적이라고 할 수 있다. 합리성의 준거는 계획을 정치와 구별하게 만든다. 계획(計劃)에서는 행동을 바람직한 목표에의 기여정도에 따라 평가하는데 비해, 정치(政治)는 지속적인 지지(支持)에의 기여도에 무게를 둔다.

(4) 의사결정활동

계획은 합리적 의사결정과정이다(Alexander, 1979: 109). 계획이 의사결정과정이지만 모든 의사결정이 전부 계획은 아니다. 계획이 되는 의사결정(意思決定)은 다음 3가지 특징을 구비하여야 한다(Ackoff, 1970: 2~4). 첫째, 계획은 행동전의 예측적 의사결정(anticipatory decision-making)이다. 둘째, 계획은 장래와 관련된 일련의 의사결정체계(systems of decisions)이다. 셋째, 계획은 결정하지 않으면 발생하지 않을 수도 있는 미래상태를 지향하는 과정이다.

계획은 특정한 목표에 도달하기 위해 여러 개의 대안 중에서 최선을 선택하려는 의사결정에 관해 연구하는 것이다. 따라서 계획은 일련의 선택을 통해 적정한 장래행동을 결정하는 과정이다(Davidoff and Reiner, 1973: 11). 즉 계획은 선택적 활동(選擇的 活動)이다. 계획의 근본적인 책임은 선택과 선택기회를 확대하는 것이다. 선택을 위해서는 의사결정자가 설정된 목표를 달성하는데 동등하게 매력적인 두 개 이상의 대안들을 고려해야 한다. 계획은 근본적으로 선택이고, 목표를 달성하기 위한 행동노선의 의식적 결정이다(Mintzberg, 1994: 9).

합리성, 개인적 자유, 공익의 가치들을 동시에 인지하면서 계획과 의사결정과정을 설계하는 것은 불가능하다. 사회적 선택문제는 집단적 의사결정이 이루어지는 서로 다른 개인이나 집단의 이해관계, 선택, 판단 또는 견해들을 종합하는데서 발생한다. 이에 대처하기 위해 공공계획은 집단적 의사결정을 준비하고, 어떻게 공동체를 발전시켜야하는 문제에 대한 공적논의에 도움을 준다. 목표 또는 의사결정지향적 접근방법들은 전자를 역설하고, 의사소통적 접근방법은 후자를 강조한다.

(5) 적응적 활동

계획은 일련의 상호연관된 활동들로 이루어져 진행된다. 그리고 이들 활동들은 하나의 활동군(活動群)이 다른 활동군에 영향을 주고받는 체계적, 순환적 과정으로 진행된다. 즉 계획은 계속적(continuous) 과정이기 때문에 어떤 계획도 최종적일 수 없고 항상 수정(修整)되어야 한다(Ackoff, 1970: 5).

목표와 목표를 달성하기 위한 수단도 고정되어 있는 것이 아니라 계속 수정되어야 하는데, 이는 상황이 계속적으로 변하기 때문이다. 목표의 원초적 설정과 이 목표를 구현할 계획은 단지 출발점에 불과하다. 목표와 계획은 경험과 필요성의 기반적 여건의 변화에 따라 변경된다. 예를 들면 새로운 정권, 상품가격의 변화, 새로운 이론의 발견, 국가도덕규범의 변화 등은 목표의 변화와 목표집행을 위한 정책의 변화를 바람직하게 만든다. 변화하는 상황에의 적응(適應)은 분명히 지적인 사람의 덕목이다. 이러한 의미에서 상황변화에 따라 발생되는 새로운 정보에 의해 계획을 계속하여 조정하는 것을 적응계획(適應計劃)이라고 한다.

(6) 통 제 성

오즈베칸(H. Ozbekhan)은 계획을 대상(on)과 목적(for)이라는 두 측면에서, '사전(事前)에 정의된 방법으로 대상물(object)을 변화시키기 위한 행동의 설계'라고 정의했다(Ozbekhan,, 1972: 54~55). 이는 계획은 계획대상에 대해 사전에 설계된 방법으로 일정한 변화를 유도하기 위한 노력이라는 의미이다. 즉 계획은 바람직한 방향으로 미래의 모습을 바꾸기 위한 노력이다. 때문에 자연적인 추세로의 방치가 아니고 바람직한 방향으로의 변화를 유도하는 적극적인 노력이다. 이러한 변화를 유도하기 위해서는 통제성(control)이 요구되고, 따라서 계획은 외형적으로 통제(統制)와 규제(規制)의 모습으로 나타난다. 이러한 규제와 통제력을 발휘하기 위해서는 권력(power)과 자원(resources)이 요구된다. 또한 예산의 뒷받침이 없는 계획은 그 의미가 반감된다.

권력(power)은 반대의 입장에 있는 사람의 행태를 변화시킬 가능성이다. 사회적 목표와 정책들에 대한 불일치가 팽배한 경우일수록, 다른 사람들의 행동을 변화시킬 능력이 없을수록, 계획이 이루어지지 않는다. 따라서 계획은 권력을 가정하며, 때문에 계획은 정치(政治)라고 말할 수 있다. 장래의 목표를 현재화하기 위해서도 계획에는 권력이 요구된다. 의사결정자는 장래의 목표성취를 위해 현재의 자원을 배분하는 활동과 관계된다. 예산의 뒷받침이 없는 계획은 그 의미가 반감된다. 예산이 확보되지 않은 계획은 집행력을 결여한 공허한 계획이 되고 만다. 계획의 신뢰성 확보는 예산을 비롯한 집행장치의 확보에 있다.

2. 특성의 종합

계획의 정의와 특성에 대한 다양한 시각과 내용을 종합하여 볼 때, 계획은 다음 몇 가지 요소가 결합된 활동이라고 정리할 수 있다(Healey, et al., 1982: 18~19).

(1) 활동유형

계획은 문제해결(問題解決)을 위해 대안을 작성, 선택하여 집행하는 체계적 활동(體系的 活動)이다. 이러한 계획활동은 합리성(合理性)을 바탕으로 예상되는 미래의 문제를 현재의 시점에서 통제하고, 현재의 변화하는 계획여건을 계획내용에 반영하는 적극적 노력이다.

(2) 활동목적

계획은 특정한 사상(事象)이나 목적물의 인도나 규제와 관련된 활동으로, 외형적으로는 계획대상인 목적물의 변화(變化)나 목표달성(目標達成)효과를 가져온다.

실제적으로는 여러 이유 때문에 계획을 하게 되는데, 이를 ① 효율성과 합리적 행동, ② 시장보조 또는 대체, ③ 변화 또는 선택의 확대의 3가지 범주로 나눌 수 있다(Davidoff and Reiner, 1962: 105).

(3) 활동기관

계획은 계획가(計劃家)나 계획을 수행하고자 하는 사람들에 의해 이루어지는 활동이다. 여기서 주관적 계획(主觀的 計劃)은 계획가가 자신의 문제나 자신이 속한 집단을 위해 수행하는 계획이고, 객관적 계획(客觀的 計劃)은 계획가가 타인이나 타 집단을 위한 계획을 의미한다.

제 2 절 계획의 필요성과 목적

Ⅰ. 계획의 실용적 필요성

많은 계획가가 당면하는 질문의 하나는, '왜 계획을 하는가?'하는 것이다. 이에 대해 여러 응답이 가능하다. 계획이 없다면 사태는 더욱 악화될 것이기 때문에, 보다 좋은 결정과 결과를 위해, 또는 적은 비용으로 큰 혜택을 주는 효율적(效率的)인 결과가 요구되기 때문에 계획한다고 각각 대답할 것이다(Moore, 1978: 387~388). 그리고 단순하게 미리 생각하고 대처하여 예상되는 오류를 피하고 좋은 기회(機會)를 잡기 위한 목적이라고 응답할 수도 있을 것이다(Benveniste, 1989: 87). 계획은 하나의 이유에 의해 수행되기도 하지만, 대체로 여러 필요성과 이유가 결합되어 이루어지는 것이 보통이다.

일반적으로 지적하고 있는 계획의 실제적 필요성은 불확실한 미래에 대비, 복합적 문제에 대한 대처, 자원의 효율적 배분 그리고 지휘와 통제의 수단의 4가지이다(Levy, 1997: 1~2; Davidoff and Reiner, 1973: 14~17; 강태룡 · 정규서, 1999: 30~32).

1. 불확실한 미래에 대비

계획이 필요한 첫 번째 이유는 계획은 환경의 변덕스러움에 노출된 개방체계(開放體系)를 대상으로 하기 때문이다. 계획대상은 그것을 둘러싼 내 · 외환경으로부터 계속적인 방해를 받고 있다. 이러한 변화하는 상황가운데서, 계획대상은 바람직하지만 자동적으로는 만들어지지 않는 미래의 상태를 조성하고자 노력한다. 계획은 장래의 기회와 위험을 표면화하고 명료화하여 이에 대비함에 있다. 반대로 계획은 오류적 행동과 기회의 일실(逸失)을 방지하고자 한다. 즉 계획은 계획대상에 대해 긍정적인 것은 강화하고, 부정적 영향은 제거하거나 감소시킨다. 이를 위해서는 먼저 미래를 예측해야 한다. 그러나 미래는 확실성을 가지고 알 수 없을 뿐만 아니라, 계획의 기간이 길어지고 환경의 변화가 크면 불확실성도 커진다(Amey, 1986: 3).

불확실성(uncertainty)의 존재는 계획을 해야 하는 근원적인 이유이다(Amey, 1986: 3). 여기서 불확실성(不確實性)이란 의사결정자가 충분한 정보를 갖고 있지 못함으로써 외부변화를 예측하지 못하는 상태를 의미하고, 계획환경에 불확실성이 증가할수록 장래상황에 부합되는 목표의 달성가능성은 상대적으로 감소된다. 따라서 미래의 불확실성을 현재의 시점에서 통제하고 대비하는 계획적 노력을 합리적인 사람에게 요구하게 된다. 불확실성이 없다면 계획은 필요하지 않고, 계획의 의미는 미약해진다.

2. 복합적 문제에 대처

현대사회의 주요한 특징 중의 하나는 그 복합성(複合性)이 증가되고 구성부문간의 상호의존성(相互依存性)이 높아지고 있다는 것이다. 우리의 일상생활에서 발생되는 많은 문제들은 고립적으로 존재하지 않고 상호 엮어져 있다. 문제가 발생하는 환경도 정적(靜的)인 상태가 아니고, 언제나 변하는 동적(動的)인 여건에 놓여 있다. 복합성(complexity)은 상호작용(interaction)적이고, 더욱 중요한 것은 상호의존(interdependence)적이라는 것이다. 예를 들면 경제는 에너지와 자원에 의존하고, 자원의 이용가능성은 정치에 의존하고, 정치는 권력에, 권력은 경제의 안정성에 좌우된다.

이와 같이 현대사회가 고도화되고 복잡해짐에 따라 사전에 대비함이 없이는 이에 효과적으로 대처할 수 없다. 복잡한 사회문제에 효과적으로 대처하기 위해서는 전문적인 지식과 처리능력이 요구된다.

3. 자원의 최적 활용

자원이 제한된 상황에서는 자원을 보전하고 이를 효율적으로 사용하는 것이 중요한 과제이다. 계획은 낭비를 줄이거나 최대의 수익을 만들어 내기 위한 수단으로 볼 수 있다. 여기서 자원의 낭비와 적정배분 여부는 고객집단의 욕구(clients' wants)에 의해 평가한다. 따라서 자원의 효율적 이용은 개별행위자의 특정한 선호를 만족시켜야 한다. 효율성(效率性)은 달성하고자 하는 목표에 의해 측정된다. 계획을 통해 조직 내의 가용자원을 최대한 효과적(效果的)으로 사용하며 소요경비의 절약을 가져올 수 있다.

4. 지휘 및 통제수단

계획과정은 조직의 목표와 이것을 달성하는데 필요한 전략적 요소에 대해 조직 내의 주의를 집중시킨다(김봉식, 1993: 47). 주어진 목표에 대한 실제적 성과를 측정하고 목표가 제시하는 테두리 안에서 의사결정을 해야 하므로, 관리자들은 조직의 일반목표나 정책에 대해서 의식적으로 주의를 집중하지 않을 수 없다. 이러한 목표에 대한 주의집중은 업무가 복잡하고 표준과 전통의 결여 때문에 통합적 의사결정기구가 필요한 대규모 조직이나 새로운 조직에서는 더욱 중요성을 갖는다. 즉 조직에 있어서 효과적인 계획제도의 도입은 그 조직의 목적의식을 뚜렷이 제시하고 체계적인 활동을 전개하는데 기여한다.

조직 내의 복합적 제요소와 힘이 사전에 결정된 조직의 최종목표를 향해서 조화롭게 움직여 나갈 수 있도록 제반활동을 잘 조정(調整)하고 통제(統制)하기 위해서 계획은 필수적이다. 즉 계획은 관리자에게 지휘·통제함은 물론 스스로의 행동방향을 제시하는 역할을 수행한다.

Ⅱ. 계획문제와 접근방식

1. 계획문제의 특성

(1) 의 의

계획을 하는 직접적인 이유는 계획문제(計劃問題)를 해결하거나 완화하기 위한 필요성 때문이다. 계획가들이 다루어야 할 계획문제는 사회문제(社會問題)로, 과학자나 공학자들이 다루는 자연과학문제(自然科學問題)와는 근본적으로 다르다. 즉 과학자나 공학자들이 다루는 문제는 유순(tame)하고 천진한 반면에, 사회문제로서 계획문제는 심술궂은 문제 또는 사악(邪惡)한 문제(wicked problems)이다. 여기서 '사악'하다는 의미는 악의적(malignant)이고, 심술궂고(vicious), 교활하고(tricky), 공격적(aggressive)인 뜻을 내포한다.

유순(柔順)한 문제는 쉽게 정의할 수 있고, 다른 문제나 그들의 환경으로부터 분리가 용이하기 때문에 해결할 수 있다. 그러나 사악(邪惡)한 문제(問題)는 쉽게 그 실체를 파악하고 이의 해결방안을 모색하기 어렵다. 예를 들면 수학에서의 방정식풀이는 임무가 뚜렷하고 해결방향이 명확한데 비해, 택시요금조정문제, 학교교과과정조정, 범죄문제 등은 그 명료성이 미약하다. 때문에 계획의 대상이 되는 사회문제는 불완전하게 정의되고, 이러한 문제를 해결한다는 것은 불가능하고, 단지 해결을 위해 반복하여 시도하는 상황이 된다(Rittel and Webber, 1973: 155).

(2) 특 성

리텔과 웨버(H. Rittel and M. Webber)는 계획문제의 특성으로 다음 10가지를 제시하고 있다(Rittel and Webber, 1973: 155~169).

① **계획문제는 명확한 공식(formulation)이 없다.** 문제해결에 필요한 정보는 문제해결의 아이디어(idea)에 좌우된다. 그 이유는 추가적 정보를 요구하는 모든 문제는 그때 당시 그 문제에 대한 이해에 따라 차이가 있기 때문이다. 문제해결(問題解決)과 문제이해(問題理解)는 상호의존적(相互依存的)이다. 따라서 모든 문제를 예측하기 위해서는 있을 법한 해결방안에 대한 지식이 요구된다.

예로 빈곤(poverty)을 확인하기 위해서는 어떠한 지식이 요구되는가? 빈곤은 저소득을 의미하는가? 저소득의 결정요인은 무엇인가? 저소득은 국가 또는 지역경제의 문제인가? 아니면 노동력의 숙련성의 문제인가? 후자라면 문제해결은 교육을 강조해야 한다. 그렇다면 교육은 어디에 진정한 문제가 있는가? 이와 같이 문제구성의 인과적 관계만을 통해서 명료하게 문제의 실체를 파악하기는 어렵고, 해결방안도 명료하게 제시하기 어렵다.

② **계획문제는 종료법칙(stopping rule)이 없다.** 수학방정식은 문제를 푸는 사람이 언제 문제를 풀었는가를 쉽게 알 수 있지만, 계획문제는 그러하지 못하다. 왜냐하면 문제해결과정이 문제성격의 이해와 일치하기 때문이다. 문제해결의 지표가 없고, 상호작용하는 개방체계의 인과적 연계는 끊임이 없고, 노력의 추가적 투자는 보다 나은 해결책을 도출할 수 있는 기회를 높이기 때문이다. 따라서 '언제 문제해결을 마칠 것인가?'에 대한 방안을 명쾌하게 제시하기 어렵다.

계획문제에 대해 계획가의 해결방안 모색이 중지되는 것은 문제에 대한 논리정립에 의해서라기보다는, 허용된 계획자원(시간, 금전, 능력)의 한계에 의해 이루어지는 것이 보통이다. 이때 계획가는 '이 정도면 충분해'(That's good enough) 또는 '이 해결책을 좋아해'(I like this solution) 등의 표현을 하게 된다.

③ **계획문제의 해결책은 선오(good-or-bad)문제이다.** 수학방정식은 정오(true-or-false)문제이지만, 사회문제는 선오(善誤)의 문제이다. 외형적으로 유사성을 가지고 있는 집단이라도 서로 다른 가치체계, 이해관계 등에 의해 상이한 판단을 하게 된다. 때문에 제시된 해결방안에 대해 집단별로 좋거나 나쁘고(good or bad), 더 좋거나 더 나쁘고(better or worse), 보다 만족스럽거나 덜 만족스럽다(more satisfying or less satisfying)고 말할 수밖에 없다. 계획문제에 대해 최선(best) 또는 최악(worst)의 해결책이란 존재하지 않는다.

④ 계획문제의 해결책에 대한 즉각적이며 근본적인 검증이 불가능하다. 유순한 자연과학문제에서는 통제된 여건하에서 여러 차례의 검증(檢證)을 통해 해결책을 도출할 수 있다. 그러나 계획문제의 해결책에 대한 결과는 끊임없이 진행되기 때문에 집행의 결과를 평가한다는 것은 영향 또는 충격파가 종료되지 않는 한 어렵다.

⑤ 계획문제의 해결책은 단 한번의 작업(one-shot operation)이다. 계획은 시행착오에 의해 배울 기회를 허용하지 않기 때문에 모든 시도들은 심각하게 검토하여 수행해야 한다. 과학, 수학, 체스, 퀴즈해결 등에서는 문제해결자가 일정한 법칙이 없이 여러 시도(試圖)를 해볼 수 있다. 그들의 개별적 실험의 결과가 무엇이든 간에 사회체계나 사회에 문제를 일으키지 않는다.

체스게임(chess game)에서 진 것이 다른 체스게임이나 게임을 하지 않는 사람에게 영향을 거의 주지 않는다. 그러나 계획문제에서는 모든 집행된 해결방안은 결과적 현상으로 나타난다. 집행의 영향은 지속적으로 광범하게 상호관계를 맺어가지만, 이를 원상회복(原狀回復)시킬 수는 없다. 어느 누구도 어떻게 작용하는가를 시험할 수 없고, 불완전한 성과가 나타난다고 쉽게 교정할 수도 없다.

⑥ 계획문제는 가능한 해결방안을 전부 나열할 수 없고, 계획에 포함시킬 잘 기술된 운영방안도 없다. 계획문제의 모든 해결책을 확인하고 고려할 수 있다는 것을 증명할 수 있는 어떠한 준거도 없다. 문제해결방안의 추구에서 제안되는 여러 집단의 해결책들 가운데서 어떤 집단의 해결책들은 더욱 발전시키고 다른 것은 포기하는 경우가 많다.

체스(chess)의 경우 상황에 따라 적용할 수 있는 제한된 수의 법칙들이 있지만 사회문제에는 그러한 것이 없다. '거리의 범죄'를 다루는데 적용할 수 있는 일반적인 전략이나 행동을 전부 나열한 수는 없다. 일단 실행하거나 새로운 아이디어가 있을 때는 해결책의 하나의 후보가 될 수 있을 뿐이다. 여기서 잘못 정의된 문제에 잘못 정의된 해결책을 사용할 가능성을 배제할 수 없다. 그러나 타당하고 수용가능한 해결책은 현실적 여건에 의한 판단과 계획가와 고객 간의 신뢰관계에 의해 결정될 수밖에 없다.

⑦ 모든 계획문제는 본질적으로 독특하다. 계획문제간에 높은 유사성이 있더라도 서로를 구별할 수 있는 하나 이상의 속성을 가지고 있는 독특(獨特)함을 나타낸다. 이러한 독특성 때문에 현재문제와 과거문제간의 유사성에도 불구하고, 양자를 구별하는 추가적 속성은 언제나 존재하게 된다.

하나의 문제해결원리에 의해 문제집단 모두의 문제를 해결할 수 있는 어떠한 문제집단도 없다. 수학에서는 공식에 의해 문제를 풀 수 있지만, 계획문제는 그 유사성에도 불구하고 본질적으로 독특하기 때문에 일반적인 해결책은 강구할 수 없다. A도시의 지하철 건설과 B도시의 그것은 유사한 점이 많지만, 양자 간에는 주거패턴 · 통근특성 · 토지이용 · 토양특성 등의 차이는 지하철의 설계를 서로 다르다.

⑧ 계획문제는 다른 문제의 징후로서 고려될 수 있다. 문제는 어떠한 사상(事象)의 현재상태와 그렇게 되어야 할 상태와의 상치라고 말할 수 있다. 문제해결과정은 이러한 상치(相馳)의 인과적 설명에서부터 시작된다. 원래의 문제에서는 단순하게 징후에 불과했던 것이 또 다른 문제를 일으킬 수 있다. 따라서 징후(symptom)는 또 다른 수준의 문제로 이해할 수 있는 원인이 될 수 있다.

'거리의 범죄'는 일반도덕규범의 몰락, 기회나 부의 결핍 등의 증후(徵候)로 볼 수 있다. 해결할 문제의 수준은 분석자의 자신감에 의존하지, 논리적 바탕 위에서 결정되는 것은 아니다. 보다 높은 수준의 문제를 정의할수록 문제는 보다 광범해지고 일반적이 되며, 이는 해결을 더욱 어렵게 만든다.

⑨ 계획문제에 대한 여러 설명방법 중 하나의 선택은 문제해결의 성격을 결정한다. '거리의 범죄'는 범죄자가 너무 많고, 부적절한 법, 문화적 박탈, 기회의 결핍, 너무 많은 사람의 총의 소지 등등에 의해 설명할 수 있을 것이다. 각각의 방안이 거리의 범죄를 없앨 수 있는 방안을 제시하고 있는데 어느 것이 옳은 것인가? 여기에 대해 단일의 올바른 설명이나 이들을 결합할 수 있는 법칙이나 과정은 존재하지 않는다. 이유는 계획문제를 다룸에 있어 과학에서 다루는 방법보다 더 많은 방안이 있기 때문이다.

⑩ 계획가는 오류를 범할 권리가 없다. 포퍼(K. Popper)는 과학에서 다루고 있는 가정은 많은 논란을 거칠수록 더 좋은 결과를 가져올 수 있으며, 과학사회에서는 논란이 되는 가정에 대해 나중에 크게 비난받지 않는다고 말했다. 그러나 계획의 세계에서는 이러한 유예가 허용되지 않는다. 계획이 다루는 것은 진리를 찾는데 있는 것이 아니라, 인간이 거주하고 있는 세계의 어떤 특성을 향상시키는 데 있기 때문에 계획가들은 그들이 일으킨 행동의 결과에 대해 책임을 져야 한다.

(3) 특성의 요약

지금까지 언급한 계획문제의 다양한 속성을 다음과 같이 요약할 수 있다

(Bruton and Nicholson, 1987: 56).

① **상호연계성(interconnectivity)** 각 문제는 다른 문제들과 상호연계(相互連繫)되어 있고, 이러한 연계성이 환류루프(feedback loop)를 형성하고 있다.

② **복합성(complexity)** 문제를 구성하는 요소들 간의 상호관계는 복합적(複合的)이기 때문에 분석과 개입의 초점이 다양하고, 여러 접근방법과 정책들이 적용될 수 있다.

③ **불확실성(uncertainty)** 사악한 문제는 동적이고 불확실한 환경 속에 위치한다. 때문에 위험수용적이며 우연성계획(contingency planning)과 신축성(flexibility)이 계획과 공공정책형성에 필수적 요소이다.

④ **모호성(ambiguity)** 어느 누구도 사악한 문제의 정확한 해석과 해결책을 제시할 수 없다. 개인의 가치체계가 문제와 해결책을 결정한다.

⑤ **갈등(conflict)** 개인과 집단 간의 이해에 의한 갈등(葛藤)은 사악한 문제해결을 위한 자원배분에 관한 경쟁적 요구사이에서는 불가피하다.

⑥ **사회적 제약(societal constraints)** 사회적, 조직적, 기술적 그리고 정치적 제약(制約)과 능력의 한계(限界)는 사악한 계획문제해결을 위한 계획선택에 크게 영향을 미친다.

2. 접근방식

(1) 목표-수단의 관점에서의 대처방안

[표 1-1]은 목표-수단의 구성에서의 공통적인 계획상황을 제시한 것이다. 특정한 프로젝트와 관련하여 목표와 수단 모두 확실하다면, 의사결정과정은 셀A에서처럼 계산활동으로 요약된다. 한편, 목표는 확실하지만 목표를 달성할 수단으로서 기술 또는 전략이 제한되어 있을 때에는 셀B에서 보인 것처럼 의사결정은 전문적 판단에 의해 구체화된다. 셀C는 증명된 기술 또는 전략을 사용하여 불확실

▌표 1-1 목표-수단의 구성▐

목표 / 수단	확실	불확실
확실	(A) 계산	(C) 타협
불확실	(B) 판단	(D) 영감 또는 혼돈

자료: Khisty, 2000: 106.

한 목표에 대처하는 것을 나타내는 것으로, 수용가능한 해결을 위해 경쟁적인 행위자들 간의 타협이 요구된다. 마지막으로, 셀D와 같이 목표와 수단 모두가 불확실한 상황에서는 복합적인 문제에 따라 영감적 지도력이나 무작위적인 집단화가 요구된다(Khisty, 2000: 106~107).

(2) 계획가의 대응방식

계획문제(計劃問題)에 대한 계획가의 대응방식(對應方式)은 그들의 철학과 문제인식의 태도 등에 따라 차이가 많다. 아코프(R. Ackoff)는 계획목표와 관련하여 무행동주의(無行動主義), 반동주의(反動主義), 사전행동주의(事前行動主義) 그리고 상호행동주의(相互行動主義)의 4가지 접근태도를 제시했다(Ackoff, 1970: 6~20; Amey, 1986: 43~46).

① 무행동주의의 만족화 목표 무행동주의자(inactivist) 또는 무행동(do nothing)철학은 '파도타기'(ride with tide)이며, 안정(stability)과 생존(survive)을 추구한다. 이들은 '일의 현재상황과 되어 가는 추세'에 만족하며, 일의 진행에 개입하는 것은 개선하기보다는 일을 더욱 나쁘게 하는 것으로 본다.

목표에 따라 수단을 선택하는 것이 아니라 수단에 따라 목표를 조정한다. 이는 기본적으로 위기관리(crisis management)이다. 체계적인 의미에서는 계획대상환경의 개방성을 인정하지 않고, 문제가 개별적으로 충분히 해결될 수 있을 것으로 믿으며, 만족화(滿足化)에 바탕을 두고 계획한다.

② 반동주의자의 대충주의 반동주의자(reactivist)들의 계획에 대한 태도는 변화를 거부하고, '좋았던 지난날'(good old days)을 되찾기 위해 변화를 추구하지 않는다. 이들은 '파도를 거스르는 수영'(swim against tide)을 하고자 한다.

급격하게 변화하는 상황에서는 적응을 거부하는 어떤 조직도 오래 생존할 수는 없다. 한때는 성공적이었지만 현재는 쇠퇴하고 있는 조직의 경우 대체로 이러한 입장에 속한 것으로 볼 수 있다. 여기서의 계획목적은 대충주의(muddling through)로 그들은 관리의 과학(science) 대신에 얼렁뚱땅 기술(art)을 선택하고, 오랜 경험에 바탕 한 상식·직관·판단에 의존한다.

③ 사전행동주의의 적정화 사전행동주의자(preactivist)는 장래에 대해 보다 낙관적 견해를 가지고 있고, 변화에 대한 저항이 비교적 적다. 그들은 장래는 현재나 과거보다 더 낫다고 믿으려 한다. 미래를 예측하고 이에 대비하여 기

회(機會)는 개발(開發)하고, 위험(危險)은 회피(回避)하고자 한다.

그들은 '파도 앞에서 타기'(ride in front of the tide)를 추구한다. 이 경우에 계획은 상식·직관·경험에 의한 판단보다는, 논리·과학·실험에 보다 의존한다. 사전행동주의적 계획가는 주로 통제할 수 없는 환경을 고려하여 그의 입장을 적정화(適正化)하고자 한다.

④ 상호행동주의의 이상화 상호행동주의(interactivism)는 바람직한 장래의 설계와 이를 가져오기 위한 방안강구에 중점을 둔다. 계획목표는 주로 통제할 수 없는 환경의 최적화보다는, 달성할 수는 없지만 지속적으로 추구하는 이상적(理想的)인 장래(將來)를 가져오기 위해 설계하고 추구한다.

상호행동주의자들은 이것이 이상주의적 접근이 아니라 계속적인 발전을 위한 장기적 방향(長期的 方向)으로 생각하며, '파도의 방향조정'(redirect the tide)을 모색한다. 여기서 계획은 체제의 재구성을 강조하고 특정한 조직의 이상형(idealizing)을 발견하고자 노력한다.

Ⅲ. 계획의 목표

계획이 추구하고 달성하려고 하는 목표(目標)는 계획대상과 계획주체에 따라 상이한 모습으로 그려질 수 있다. 계획대상별로 목표가 달성된 상태는 개인과 조직이 성장발전하고, 사회적 선(善)이 달성되며, 국가적인 성장과 안정이 이룩된 상태를 의미한다.

여기서는 계획의 목표로 자주 예시되고 있는 인간성장(人間成長), 사회진보(社會進步) 그리고 사회적 형평(社會的 衡平)의 3가지를 중심으로 그 의미를 고찰하기로 한다.

1. 인간성장

팔루디(A. Faludi)는 개인적인 시각에서 계획의 목적은 인간성장(human growth)을 촉진하는데 있다고 했다(Faludi, 1973: 39). 이는 심리학자이며 철학자인 메슬로우(A. Maslow)가 제시한 인간욕구(人間慾求)의 계층적 구조(階層的 構造)에 근거하고 있다. 그는 인간욕구는 식량과 주거에 대한 기본적 욕구, 사랑과 안전에 대한 심리적 욕구, 개인적인 성취를 원하는 최상위의 욕구에 이르는 계층적 구조를 이루고 있다고 주장한다. 때문에, 인간성장을 장려하는 것은 각 욕구계통에서 개별욕구가 충족되는 것을 보장하게 된다는 것이다(Alexander, 1992: 134).

인간성장(人間成長)을 계획의 목표로 제시하는 이유는 인간 스스로의 발전을 유도할 수 있고, 인간성장을 통해 인류의 성장발전을 해석할 수 있고, 이를 통해 미래의 발전을 파악할 수 있는 성장모형으로 활용할 수 있기 때문이다(Faludi, 1973: 41~47). 인간 자신을 개선하고자 하는 합리성의 개념은 계몽시대에서부터 내려온 것이었다. 만하임(K. Mennheim)은 "외부행동에 의한 대규모 변이(transformation)가 출발의 바른 길인가? 또는 개인의 완전한 변이에서 출발해야 하는가?"라는 질문을 제기했다. 보다 최근에 부각되고 있는 인도적 계획(humanistic planning)의 중심적 사고도 개인성장(personal growth)이다. 프리드만(J. Friedmann)은 성장이라는 말은 사용하지 않았지만, 계획은 주체와 객체간의 대화를 통해 인간을 변이시키는 목적을 갖고 있다고 보았다.

계획의 목적으로서 인간성장의 제고는 이것이 다른 모든 목적을 포함하기 때문에 찬양할 만하다. 인간성장은 계획뿐만 아니라 모든 사회행동의 궁극적 목표가 되어야 한다(Alexander, 1992: 134). 그러나 이 목표의 광범성 때문에 실제적 목표로서의 만족도는 감소될 수 있다. 그리고 이 목표에 의하면 계획과 다른 행동과의 구별을 불가능하게 한다. 인간성장은 너무 추상적이기 때문에 계획가의 전문적 기여와 행태를 평가하는 척도가 될 수 없다. 따라서 계획은 구체적 목표의 추구가 필요하다.

2. 사회진보

계획을 하는 이유는 그냥 놔두는 것보다 바람직한 상태(desirable state)를 이룩하는데 있다. 계획은 단순하게 바람직한 미래를 상상하는 것만은 아니다. 계획과 이상주의적 사고와의 구별기준은 후자가 단순하게 미래의 바람직한 모습만을 그리는데 비해, 계획은 이의 달성수단을 구체적으로 제시하는 점에 있다(Alexander, 1992: 72). 여기서 바람직한 상태로의 변화란 향상(improvement)과 개선(betterment)을 포함하고 있다. 여기서 전자는 특정적, 주관적, 개인적인 관념이고, 후자는 사회통념적인 일반적 관념으로 진보(progress)라고 한다(Ozbekhan, 1969: 56~64).

진보(進步)의 부활자로서 기술(technology)은 과학이 경제학과 결합하여 탄생되었다. 이러한 기술(技術)은 다음의 속성(屬性)을 지니고 있다. 첫째, 기술은 스스로 성장하며 변화한다. 진보의 끝에는 무엇이 있는지 모르고 기술은 자기의 과거에 기생해서 이를 기반으로 단계적 변화를 이루고 있다. 둘째, 기술은 비용(costs)과 혜택(benefits)을 가지고 있다. 기술발달에 의해 저렴하게 제품을 생산하여 소비하는 혜택이 있지만 여기의 부산물로 발생하는 오염은 비용이며, 고속교통은 혜택이지만 소음과 자연파괴적인 고속도로 건설은 비용이며, 속도는 혜택이지만 피로는 비용이다. 셋째, 비용은 체계전체에 영향을 주는데 비해, 혜택은 체계의 일부에 국한한다. 이와 같은 기술의 불균형은 가장 심각한 단점의 하나이며 심각한 내부모순이다. 이것은 지체(lag) 또는 간극(gap)으로 표현되는데, 이러한 용어들이 의미하는 것은 심각한 사회구조의 단층을 의미한다.

여기서 제기되는 문제는 자연을 인간의 의도로 정복에 성공한 기술이 인간사회의 진보를 가져오지 못한 이유는 무엇인가 하는 점이다. 이러한 의문에 다양한 답들이 제시될 수 있겠지만, 응답의 하나는 응용기술의 전통적 개념은 방법론적 개인주의(methodological individualism)에 치우쳤다는 점에서 찾을 수 있다. 이것은 서구가치체계(西歐價値體系)에 깊이 뿌리박고 있는 것으로, 사회적 목표(social end)와 개인적 선호(individual preference)를 연계를 지을 수 없기 때문에 모든 개인은 그들의 자기이익(self interest)에 따라 행동해 왔다.

사실 기술은 자연환경에 대처할 수 있는 우리의 능력 향상에 많은 기여를 해 왔다. 적은 투자에 의해 농업생산성을 향상시켜 많은 인구를 부양할 수 있게 자연자원의 집약적 이용을 촉진해 왔다. 그러나 이러한 부분적인 개선에도 불구하고 사회전체에 대한 개선을 제공해 오지 못한 이유는 부문적 개선은 상충적 목적에 둘러 싸여 있기 때문이다. 환언하면 각 부문의 가치차이에 따른 가치불협화(value dissonance)에 직면해 왔다. 계획은 사회진보를 추구하다 발생되는 여러 문제들을 해결하여 체계전체로서의 사회의 진보를 위해 노력해야 한다.

3. 사회적 형평

사회적 형평성은 추상적이며 다의적 개념이지만 가치배분의 공정성이나 인간상호관계에서의 공정성, 정당성을 의미한다. 사회정의와 같은 뜻으로 인식되고 있는 사회적 형평성은 일반적으로 사회적 불평등이나 가치배분의 불공평성을 전제하면서 모든 사람이 균등하게 잘 살고 인간다운 행복과 복지를 누리도록 하려는 도덕적 윤리적 성격을 띠고 있다(김규정, 1998: 125).

형평(equity)은 보통 법 또는 권리에 따른 정의(justice)를 의미하고, 이는 라틴어의 공정(fair)을 의미하는 말에서 유래한 용어이다(Catanese, 1984: 46).

형평(衡平)은 소득, 부 또는 보다 광범하게 복지의 배분상 공평성(fairness)을 의미한다. 분배의 공평성에 대한 이론으로 피구(A. Pigou)의 평등주의, 벤담(J. Bentham)의 최대다수의 최대행복 그리고 롤즈(J. Rawls)의 사회정의 등이 있다(정세호, 1992: 86~91).

계획가들이 형평(equity)을 옹호함에도 불구하고, 이의 추상성 때문에 계획결정에 적용하는데는 한계가 있다. 때문에 이를 루시(W. Lucy)는 동등성(equality), 필요(need), 수요(demand), 선호(preference) 그리고 지불의사(willingness to pay)로 나누어 설명하고 있다(Lucy, 1981: 447~451).

제 3 절 계획의 종류

Ⅰ. 계획기간에 따른 분류

계획은 계획기간(計劃期間)에 따라 장기(長期), 중기(中期), 단기(短期)계획으로 나눌 수 있다(김신복, 1999: 64~65; 김신복·노화준, 1998: 22~23; 유훈, 1991: 242).

1. 장기계획

장기계획(long-term plan)은 대체로 10년 이상에 걸치는 장기간을 대상으로 하는 계획으로, 계획의 기본방향과 지침을 제시하는데 의의가 있다.

장기계획(長期計劃)은 장기적인 발전전망과 비전하에 구조적인 변화와 지속적인 개발을 추진할 수 있다는 장점이 있다. 반면에, 이 계획은 구체성이 결여되어 집행계획으로서의 실용성이 약하고, 계획기간 중에 예상하지 못한 변화상황에 따라 실제와 유리되기 쉬운 문제점도 있다.

2. 중기계획

중기계획(medium-term plan)은 계획기간을 3~7년으로 하지만 5개년 계획이 일반화되어 있다. 그러나 구체적인 계획기간은 정치적인 필요에 의해 설정되는 경우가 많다. 예를 들면 대통령이나 국회의원의 임기와 일치시키기 위해 계획기간을 4년 또는 5년으로 조정한 국가가 적지 않다.

중기계획(中期計劃)은 장기계획에서 제시한 목표를 달성하기 위해 중간적인 목표를 설정하고, 단기계획에 대한 기준과 지침을 제공한다.

3. 단기계획

단기계획(short-term plan)은 일반적으로 3년 미만의 계획이지만 전형적인 단기계획은 연차계획이다. 단기계획(短期計劃)은 중·장기계획을 집행하기 위한 운영계획으로서 현실과의 괴리가 적고 예산과 연결된 구체적인 실천계획의 역할을 한다. 그러나 이는 구조적인 변동이나 획기적인 발전을 기대하기 힘들다는 단점이 있다.

Ⅱ. 계획목표의 위계에 따른 분류

잔티쉬(E. Jantsch)는 목표설정과정에 따라 계획을 규범, 전략, 전술, 도구계획의 4가지 유형으로 구분하고 있다. 규범계획(規範計劃)은 최상위의 목표인 가치와 관련되고, 전략계획(戰略計劃)은 상위목표, 전술계획(戰術計劃)은 하위목표 그리고 도구계획(道具計劃)은 과업달성을 위한 수단과 관련된 계획이다. 여기서 이상(ideals)은 지향할 수는 있지만 달성할 수 없는 목표이고, 상위목표(goals)는 정해진 기간은 없지만 달성될 수 있는 목표이며, 하위목표(objectives)는 주어진 기간 내에 달성될 수 있는 목표이다(Smit and Rade, 1980: 90).

여기서 제시하는 3계층의 분류는 계획의 위계적 수준 또는 종적 통합을 나타내고 있다. 각 수준은 차하위의 계획수준을 제약하는 구조를 제공한다. 그러나 각급 계획들이 위계를 구성하고 있지만, 전략계획이 최저수준 또는 전술계획으로부터 추론할 수 있는 것이 아닐 뿐 아니라, 전략계획으로부터 규범 또는 최고수준의 계획을 추론할 수 있는 것도 아니다(Amey, 1986: 66~71).

1. 규범계획

규범계획(normative planning)은 최고수준의 계획으로서 목표설정과 관련된다. 이 계획의 핵심은 규범을 추구하는 것으로, 무엇이 이루어져야 하거나 또는 어떤 규범이 선택 또는 안출되어야 하는가를 결정하는 가치판단의 행사이다.

규범계획(規範計劃)의 특징은 광범하고 상상적이어야 한다는 것이다. 이 계획에서는 계획대상의 장기적인 미래와 관련된 환경의 모든 특성을 점검하고, 계획대상의 일상적인 행태에서 전면적인 새로운 출발을 반영해야 한다. 간략히 말하면, 이 계획은 계획환경에서 계획대상의 바람직한 장래지향을 만드는 최고의 목표를 확립하는 것과 관련된다.

2. 전략계획

스타이너(G. Steiner)는 전략계획(strategic planning)이란 조직의 주요한 목표를 결정하는 과정이고, 목표를 달성하기 위한 자원의 획득, 사용, 처분을 지배하는 정책 및 전략과 관련된다고 지적한다. 여기서 정책은 행동을 위한 광범한 지침이고, 전략은 자원을 배분하는 수단이다. 때문에 전략계획(戰略計劃)은 수단과 목표 모두를 지향하고, 계획대상조직의 기본적 목표의 추구에 큰 중요성을 부여한다.

3. 전술계획

전술계획(tactical planning)은 기술적이며 행정적인 문제와 관련된 수단적 계획(means planning)이다. 여기서 수단은 목표를 추구하는데 필요한 정책, 과정, 실무의 선택을 포함한다.

스타이너(G. Steiner)는 전술계획을 중기프로그래밍, 단기예산 그리고 상세기능계획으로 세분한다. 중기프로그래밍(medium-range programming)은 전략계획과정에 제시된 정책과 전략에 따라 목표를 달성하기 위해 자원을 배정하는 상세, 조화, 종합계획의 과정이다. 이 계획은 보통 5년의 기간으로 이루어져 있다. 단기예산(short-term budgets)은 중기프로그래밍의 제1년차 계획내용과 같다. 그리고 이 단기예산은 상세기능계획(detailed functional plans)으로 구성되어 있다.

전략계획(戰略計劃)과 전술계획(戰術計劃)간에 명료한 개념적 차이가 있는 것은 아니지만, 약간의 특징적 차이가 있다. 전자는 조직의 최고수준에서 이루어지는데 비해, 후자는 그 보다는 하위의 수준에서 이루어진다. 전략계획은 전술계획에 비해 보다 주관적 가치에 대한 보다 많은 자율성을 주고, 보다 광범한 대안들에 관심을 갖는다. 전자가 다루는 계획문제는 덜 구조화된 것인데 비해, 후자의 계획문제는 구조화되고 종종 반복적인 문제들을 다룬다. 전략계획은 조직이외의 환경에서의 정보를 보다 많이 요구하는데 비해, 전술계획에서는 내부적으로 만들어지고, 역사성을 갖는 자료를 다룬다.

Ⅲ. 목표와 수단과의 관계에 따른 분류

1. 규범계획과 기능계획

규범계획(normative planning)은 목표설정과 계획기관의 활동영역의 한계에 관한 의사결정을 주로 다루는 계획형태이다. 기능계획(functional planning)은 계획기관에 의해 추구되는 목표는 다른 기관에 의해 주어진 것으로 보고, 대안적인 목표는 고려하지 않고 수단의 합리적 선택을 강조하며 계획기관의 활동영역의 한계에 대해서도 문제시하지 않는다.

양 접근방법은 계획가가 행사하는 상대적 자율성(自律性)의 정도에 따라 구별할 수 있는데, 규범계획(規範計劃)은 자율성이 크고 기능계획(機能計劃)은 제한적이다. 따라서 계획가에 대한 기대역할도 규범계획은 정치적이고, 기능계획은 관료적 특성을 갖기를 기대하고 있다.

2. 발전계획과 적응계획

변화를 유도하기 위한 계획의 형태는 의사결정에서의 상대적 자율의 정도에 따라 발전계획과 적응계획으로 구분할 수 있다(Friedmann, 1967: 259). 발전계획(developmental planning)에서는 목표설정과 수단선택에 있어 높은 자율성을 부여하고, 적응계획(adaptive planning)에서는 대부분의 결정이 계획체계 밖의 행동에의 의존성이 높다. 실제로는 대부분의 결정이 완전자율과 완전의존 사이에서 결정기능의 배분정도에 따라 계획체계의 행태에 차이가 있게 된다.

예를 들면, 도시수준에서의 도시개발계획은 발전적이라기보다는 적응적인데, 이는 국가산업의 입지선정의 변화와 같은 도시수준에서는 영향을 미치기 어려운 외부적인 힘에 반응하거나 작용할 필요가 많이 있다. 그러나 반대로 국가개발의 계획에서는 공공기관이 계획의 목표와 관련된 많은 변수들을 통제할 수 있어서 국가는 다른 도시자치체보다 독립적이다.

3. 배분계획과 쇄신계획

계획은 사회교도(social guidance)적 성격을 내포하는데, 이는 사회체계의 유지와 변화의 양면을 포함한다. 복합적인 사회체계를 균형적으로 유지하거나 사회체계의 구조적 관계의 일부의 변화를 유도하는 사회교도(社會教導)는 두 가지

형태의 계획을 발전시키고 있다. 프리드만(J. Friedmann)은 사회체계의 유지를 지향하는 계획을 배분계획, 변화를 추구하는 것을 쇄신계획이라고 구분한다. 양 계획을 구분하는 지표는 제도적 변화, 행동지향성 그리고 필요자원의 동원의 3가지이다(Freidmann, 1973: 52~65).

배분계획(allocative planning)은 경쟁적인 사용자들 간에 제한된 자원을 배분하는 것을 의미한다. 이 배분계획은 종합성, 체계적 균형, 양적 분석 그리고 기능적 합리성의 4가지 특성을 보인다.

쇄신계획(innovative planning)은 사회교도와 관련된 현 체제의 구조적 관계에 의해 제한되지만 중요한 변화를 가져올 것으로 기대되는 제도적 발전과 관련된 접근이다. 이 접근은 대체로 규모가 크고, 전적으로 새로운 범주의 활동이기에 현재의 점증적 활동으로서는 달성할 수 없다고 생각하고, 새로운 활동을 새로운 제도적 장치로의 변환을 통해 추진하고자 한다.

Ⅳ. 계획문제해결방식에 따른 분류

계획대상환경의 변화에 대한 접근태도에 따라 먼저 현재를 위한 계획과 미래를 위한 계획으로 구분하고, 이를 문제에 대한 접근태도와 해결방법에 따라 4가지 유형으로 세분하여 설명할 수 있다. 즉 현실지향적인 계획으로 개선적 계획(改善的 計劃)과 미래지향적인 계획으로 체제유지(體制維持), 진보(進步), 혁신(革新)의 3개 계획으로 구분된다(Hartshorn, 1992: 462; Bracken, 1981: 21~23; Berry, 1976: 508~509).

1. 개선적 계획

개선적 문제해결형(ameliorative problem solving mode) 계획은 사회에 상당한 역기능이 발생하여 심각한 문제로 인식되고, 교정적 행동(矯正的 行動)이 요구될 때까지는 아무런 활동을 하지 않는다. 이는 가장 단순하고 일반적인 계획형으로, 문제가 위기상황에 이르기까지는 아무런 조치도 취하지 않는 매우 현실지향적인 계획으로 장기적 목표에 대해서는 거의 고려하지 않는다. 이는 계획막료들이 "불끄기 식" 또는 일일 기반의 긴급조치 등의 단기적인 반응적(反應的) 계획으로 장기계획의 개발을 고려하지 않는다.

이러한 계획유형은 계획부서의 구성인원, 자금지원이 부족하거나 또는 선출된 관리의 빈번한 교체에 따라 연속성이 부족할 때 나타난다. 이는 과거와 현재의 문제에 대한 반응에 바탕을 둔 실용적인 계획유형이며, 이의 특징은 문제나 목표를 사전에 계획하지 아니한다는 점이다. 이 모형에서는 장래나 장래의 결과를 최소의 범위에 걸쳐 예측하는데 그친다.

2. 체제유지계획

체제유지형(system maintaining mode) 계획은 주로 현재의 진행된 변화(on-going changes)의 최선이용을 추구하는 최소변화 접근방법(minimum change approach)을 지향한다.

이는 체계계획에서 소극적 환류(negative feedback)를 통한 '일탈통제(逸脫統制)'모델에 따르는 견해이다. 이 계획형의 단점은 현상유지를 지향하기 때문에 동적인 사회상황에서는 그 효과가 의문시된다.

3. 체제진보계획

체제진보형(system evolutionary mode) 계획은 두 번째 미래지향적 계획형으로 단계적 또는 점진적 접근방법(漸進的 接近方法)을 추구하며, '탐구적 가능성'(exploitative possibilities)을 강조하고 있다. 이 모형에서는 변화의 가능성을 적극적으로 추구하며 촉진하고 있다. 체계적인 의미에서는 선택된 영향에 의해 체계 내에서 적극적 환류(positive feedback)를 적용하고, 결과적으로 바람직한 목표라고 믿어지는 것에 대한 추세를 강조한다.

이 견해는 외형적으로는 '중도타협'(middle-of-the-road compromise)을 추구하고 있기 때문에, 실제적인 면에서 어려움에 직면하고 있다. 즉 주로 축적된 지식에 의해서 문제정의와 해결을 지향하는 한계점이 있기 때문에, 혁신적 문제설계를 하는데 어려움이 있다. 이 계획유형은 미래문제를 확인하지는 않지만 새로운 성장기회를 찾으며, 그러한 새로운 성장기회는 공·사 부문의 상상력 있는 지도자에 의해 확인된다. 정책결정자나 민간기업의 지도자들이 성장의 결과 또는 성장에 의해 만들어 질 수 있는 장래의 문제에 대한 큰 고려 없이 이윤극대화를 위한 개발을 모색한다.

4. 체제혁신계획

체제혁신형(system revolutionary mode) 계획접근은 완전한 규범적 접근방법(規範的 接近方法)으로 기본적인 가치, 규범과 목표의 제정에 의해 사회체계의 변환을 추구하고 있다. 이 견해는 미래에 대해 명료한 창조적 견해를 요구하고, 변화에 대한 세부계획을 요구한다. 이는 명백히 미래지향적 계획(未來指向的 計劃)으로, 계획대상의 바람직한 미래상태의 확인을 추구한다. 특정한 목표가 바람직한 미래에 부응하도록 설정되고 계획은 이 목표의 인도에 따라 집행된다. '규범적'이라는 의미는 최선의 가능한 결과를 개발하고, 계획대상의 현재의 상태를 미래의 결과에 맞게 조정한다는 의미이다. 이러한 장기적 계획과정은 확고한 목표와 목적이 확립되고 규제적 장치가 이상적인 계획대상의 개발에 따라 조성되는 것이다.

장기계획부서에서 하는 일은 주로 여기에 해당된다. 이는 분석적, 추세적 예측과 미래에 대한 규범적, 새로운 상태에 대한 견해를 아울러 수용하는 장점이 있지만, 정치적으로 문제시되는 의사결정에 관여를 요구받는다는 단점이 있다.

V. 대상분야에 따른 분류

계획의 실체적인 대상분야(對象分野)에 대해 여러 분류가 가능하나, 여기서는 물적, 사회, 경제 그리고 정책계획으로 나누어 검토하기로 한다(Burchell and Hughes, 1979: xvii~liii).

1. 물적계획

물적계획(physical planning)은 물리적 환경의 변화를 다루는 계획유형이다. 물리적 환경은 생활활동이 이루어지고 있는 토지, 이러한 활동을 수용하는 건물 그리고 사회가 기능하는데 필요한 인조물을 의미한다(Crook, 1974: 85). 물적계획은 주로 형태(形態)와 기능(技能)을 강조하는 지역의 물리적 개발에 관한 계획이며, 단일의 최종상태에 대한 계획이다(Burchell and Hughes, 1979: xviii).

물적계획(physical planning)은 토지와 건축환경을 다룬다. 광의로는 이 계획은 목표, 기능 그리고 활동들의 공간적 배분과 관계된다(Alexander, 1992: 94). 물적계획은 취급하는 공간영역에 따라 도시계획, 농촌계획, 지역계획 등으로 구분할 수 있다. 여기서 공간영역이 증가할수록 사회적 그리고 특히 경제적 고려사항을 보다 많이 포함하게 된다.

2. 경제계획

경제계획(economic planning)은 사전에 설정된 개발목표들을 달성하기 위해 국가의 주요경제변수들(소득, 소비, 고용, 저축, 수출입 등)의 수준과 성장에 영향을 주고, 지시하고, 통제하기 위해 경제적 의사결정을 조정하는 신중한 정부의 노력이라 할 수 있다(Todaro, 1994: 566; Burchell and Hughes, 1979: xix).

경제계획의 기본목표(基本目標)는 소득의 공평한 배분(형평), 국민소득과 고용변동의 안정화, 자원의 효율적 배분 그리고 바람직한 경제성장률을 유도하는 소비와 투자 간의 적정배분을 들 수 있다(Hughes, 1974: 125).

경제계획은 제1차 세계대전중의 결핍시기에 자원의 합리적이며 전략적 관리의 필요성으로 인해서 그 적용여건이 성숙되었다. 그러나 제2차 세계대전이전에는 경제계획은 주로 사회주의국가에서만 추진하는 전략으로 생각했었으나, 전후에는 사회주의국가 이외의 여러 국가에서도 자본 또는 시장경제의 보다 합리적 관리의 필요성을 인식하고 중앙계획체계를 도입하기에 이르렀다(Archibugi, 1996: 82).

3. 사회계획

사회계획(social planning)은 특정집단의 욕구를 고려하고, 확인하기 위해 사회과학적기법을 사용한다. 즉 이는 물리적 환경보다 사회적 욕구를 지향하는 계획접근방법이다. 사회계획(社會計劃)은 소비자의 욕구와 선택을 강조하는 파생적인 옹호계획이다. 이는 사회적 불균형에 대항하기 위해 자원의 체계적 배분과 관계된다. 급격한 경제성장에 따라 발생되는 여러 가지 부작용과 역기능 -즉 지역간·계층간의 격차, 사회계층간의 갈등, 가치관의 퇴락 등- 이 나타나고 있다. 이러한 문제들을 해소하고 국민복지를 증진하기 위한 계획이 사회계획이다(Lomos, 1978: 149; Burchell and Hughes, 1979: xxviii).

사회계획은 이해의 시각에 따라 5개의 접근시각을 확인할 수 있다(Bromley, 2003: 821~823).

① **사회변환** 이 접근에서는, 사회계획은 전체로서 사회를 재모형화하고 변환한다. 이는 보다 나은 사회에 대한 비전과 이를 위해 현재의 사회를 점진적으로 변환시키는 전략의 개발과 집행이 요구된다.

② **재 배 분** 이 접근에서 사회계획가들은 빈곤의 감소 및 제거, 경제성장의 촉진, 현재의 질서에 대한 혁명의 위협 제거의 수단으로서 사회·경제적 불

균형의 감소를 추구한다. 이 접근은 시장력이 우월하면 불균형이 증가할 것이라는 신념을 바탕으로 하고 있다.

③ 참 여 이 접근에서는 전통적으로 일반대중은 정부의 의사결정으로부터 소외되었고, 이러한 제외는 비민주적이라는 가정에 기반하고 있다. 때문에 사회계획은 주민을 위한 계획, 주민에 의한 계획이 되어야 한다고 생각한다.

④ 사회적 부문 이 접근에서는 사회계획은 경제의 사회적 부문에 대한 계획이라고 보나. 이는 경제의 단순모형으로서 일정부문은 생산적 또는 소비적인 부분이고, 대부분의 잔여부문은 사회서비스를 생산하는 사회적 부문으로 생각한다.

⑤ 사회서비스 이는 사회적 부문 접근의 보다 좁은 비전으로, 사회계획에 대한 사회서비스접근은 필요한 서비스를 충분히 제공받지 못한 특정한 비혜택집단에 초점을 둔다.

4. 정책계획

정책계획(policy planning)은 공·사 양부문의 의사결정에서 누가 결정하고, 결정과정에 어느 정도의 정보가 사용되며, 결정의 성공과 집행의 가능성과 관계된다(Burchell and Hughes, 1979: xix). 정책계획이란 정부활동에 관한 일반적 상황을 폭넓게 발전시키는 것으로서, 이는 새로운 법률의 제정이나 수정은 물론 정부활동의 기본목적을 부여하는데 관한 가치판단을 포함한다. 이 계획은 발전목표의 달성을 유도할 수 있는 일반적 지침을 만드는데 그 목적이 있다.

공공정책의 흐름은 합리적·기술적 요소와 사회행동요소의 2가지 지류가 있다(Burchell and Hughes, 1979: xli~xlii). 그 첫 번째는 의사결정과정에 지식과 구조의 도입과 관련되고, 두 번째는 지식과 행동의 연결과 관련된다.

① 합리적·기술적 요소 합리적·기술적인 공공정책 흐름은 계획을 과정(process)으로 보며, 의사결정이론에 크게 영향을 받았다. 과정으로서 계획에 대한 견해는 계획을 단순하게 물리적 환경에만 국한하지 않고, 전 사회개발의 영역까지 확장할 수 있기 때문에 중요하다는 것이다. 여기에 계획은 정적(static)이고 사전결정된 목표상태(end state)로 특징지우는 것이 아니라, 진행되는 동적(dynamic) 속성을 고려한 것이다. 이는 계획가가 의사결정에 필요한 정보를 수집, 분석 그리고 공포하기 때문에 가능하다. 결과적으로 가장 적절한 행동노선은 체계분석, OR, 컴퓨터, 모형작성 등과 같은 기술적 도움을 받아 합리적 방법으로 일련의 선택을 통해 결정되어진다.

계획에서 자주 확인되는 합리성의 유형은 '합리적인 사람은 효율적이어야 한다'는 경제적 개념이 아니라, '합리적인 사람은 일련의 과정적 단계를 따라야 한다'는 행태적 접근을 의미한다.

② **사회행동요소** 최근의 계획중점은 결정(decision)에서 행동(action)으로 변환되었다. 이는 '얼마나 합리적 결정이냐?'는 더 이상 문제가 되지 않고, 결정의 '집행결과(행동)의 질을 어떻게 개선하느냐?' 하는 것이 더 중요한 관심사라는 지적이다. 때문에 계획을 통제(統制)와 합의(合意)의 결합을 도출하는 수단으로 본다. 통제(control)는 사회를 목표추구를 향하도록 하며, 합의(consensus)는 사회가 지속적인 저항이 최소화된 가운데 행동을 집행하도록 하는데 있다.

제 4 절 계획의 범위와 한계

Ⅰ. 계획의 범위

계획은 넓은 의미로는 개인과 사회의 모든 수준의 인간행태에 퍼져있는 기본적 행동으로 본다. 즉 계획을 인간행동에서 사실과 예견의 형태로서 나타나는 사고에 바탕을 둔 인간행동과정으로 본다(Alexander, 1981: 135). 이러한 광의의 계획은 모든 사회조직의 필수적 요소이다. 즉 각 사회단위는 그것이 가정, 집단, 조직, 정부이건 간에 스스로의 구성이나 환경에 따라 어떤 것을 변화시키기 위한 의사결정 또는 정책개발을 하게 된다. 이러한 노력들은 언제나 계획과 깊은 관계를 맺고 있다(Alexander, 1992: 119; Branch, 1998: 9~11).

1. 민간부문

인간활동으로서 계획을 생각할 때, 우리는 항상 계획하고 있음을 알 수 있다. 정도의 차이는 있지만, 우리 모두는 우리의 깨어 있는 시간의 사용을 준비한다(Branch, 1999: 3). 우리의 일상생활에서 일일활동계획, 개인과 가족관련업무, 가족휴가계획, 신차구입 · 집수리 · 이사 등과 같은 가까운 미래구상 그리고 자녀대학교육, 퇴임대비 등과 같은 먼 미래에 대한 일 등은 모두 계획의 범주에 포함된다(Branch, 1998: 9~10). 농사에서도 과학적인 농부는 계절적인 변동과 일기예보에 의한 조정, 작물의 선택과 윤작, 노동력과 농업기계의 효율적 사용, 비료와 농약의 사용, 은행융자, 가격추세, 작물저장과 공급에 따라 매우 조직화된 운영을 하게 된다(Branch, 1999: 4).

기업(企業)들은 또한 오랫동안 이윤을 창출하기 위해 성공적으로 계획해야 하고, 그렇지 못한다면 소멸될 수밖에 없다. 재정지원, 제품의 선택과 설계, 원료의 취득, 생산, 포장, 마케팅, 분배, 광고, 판매, 자금관리 등은 서로 분리하거나 결합하여 계획된다(Branch, 1999: 4). 성공적인 기업은 제품이나 서비스의 생산, 판매, 분배 등을 위해 요구되는 계획을 잘 인식하고 있다(Branch, 1999: 152).

2. 공공부문

정부(政府)는 사람들이 규칙적으로 사용하고 있는 도로·수로·항공로·통신체계 등과 같은 물리시설의 입지, 건설, 유지를 위한 계획을 한다. 학교, 병원, 경찰서, 소방서, 상하수도공급 그리고 위생체계 등도 계획된다. 그것들은 임의적 행동이나 조정되지 않은 활동의 결과가 아니다. 위생규칙도 수립되고, 음식도 점검되며, 의약도 승인되고, 직업적 해이도 규제되는 것과 같이 보건은 계획된다. 정부의 예산도 계획된다. 조세도 설정된 정책과 과정에 따라 부과, 징수된다(Branch, 1999: 3~4).

전통적으로 계획은 주로 공공부문(公共部門)의 활동(活動)과 관계된 것으로 이해해 왔다. 공공부문에서의 계획이 중요한 것은 다음의 두 가지 이유 때문이다(Mayer, 1985: 6~7).

첫째, 공공부문의 의사결정은 자원의 제약 속에서 이루어진다는 점이다. 어떠한 기관도 행동하는데 충분한 자원을 갖고 있는 경우는 없다. 때문에 합리적 계획모형은 최소비용으로 최대효과를 가져올 수 있는 행동노선을 선택하게 된다. 이 의사결정의 경우, 대체로 단일의 목표를 추구하기 보다는 복수목표를 추구하는 경우가 많다. 따라서 하나의 목표달성을 위한 자원의 무제한적인 지출은 비슷하게 바람직한 다른 목표의 달성을 위축시킨다.

선택결정이 계획과정에서 필수적인 두 번째 이유는 쇄신의 기회를 제공한다는 점이다. 특정문제에 대한 해결책을 모색할 때, 전통적인 지혜가 현실적인 실천안으로 우선하여 고려되는 경향이 있다. 때문에 만약 계획이 하나의 해결책만을 강구할 때는 보수적인 전통적 해결방안을 선택할 가능성이 높다. 그러나 여러 개의 대안적인 행동노선을 고려할 때는 계획가는 이미 시행중인 것은 물론, 지금까지 시도하지 않았던 정책이나 사업계획들도 고려하게 된다. 이러한 방법으로 계획과정은 현재의 장점과 변화의 장점을 비교 검토함으로써 보다 발전적인 해결방안을 채택할 기회를 높이게 된다.

3. 민 · 관협력부문

최근의 공·사 협력(public-private partnership)의 발흥은 부문간 경계를 모호하게 한다. 민간부문에 종사하는 계획가가 증가함에 따라 공익과 사익이 대립되는 상황에서의 계획가의 전문적 역할이 혼란스럽게 되었다. 그리고 공공부문의 계획가는 민간부문에서 개발된 도구 -예를 들면 전략계획- 을 차용해서 사용하고 있다. 항구, 공항, 기타 하부구조에서의 자치적 공공기관의 출현은 공공기관과 민간회사의 양 기능을 수행하는 혼합된 조직을 만들고 있다. 비영리적인 제3섹타의 성장은 정부 대 시장의 단순한 이분법적 구조가 부적절하다는 것을 보이고 있다.

이와 같이 계획이 공공부문은 물론 민간부문의 많은 활동과 관계된다고 주장하는데 대해 일부에서는 비판도 따른다. 즉 계획범위를 너무 확대해석하고 있다는 주장과 명료한 이론적 패러다임과 핵심적인 전문영역이 부족하다는 논쟁이 제기되고 있다. 윌다브스키(A. Wildavsky)는 "계획이 모든 것이라면 아무 것도 아니다"(If planning is everything, maybe its nothing)라는 논문제목이 의미하는 것처럼 계획은 너무 많은 것을 포함하고 있다고 비판한 반면에, 레비(J. Levy)는 계획은 어떠한 인도원리나 중심패러다임이 없다고 주장했다(Lucy, 1994: 305). 그는 계획은 모든 정부개입, 시장에서 정치와 행정 영역으로의 의사결정의 모든 전환, 모든 잘 알려지고 지적인 정책결정을 기술하는데 너무 절제 없이 사용되는 경향이 있음을 지적한 것이다(Reade, 1983: 159). 그러나 현실에서는 계획이라는 말은 시장의 힘이나 정치적 수요에 반응만을 의미하는 것이 아니고, 모든 의사결정패턴을 기술하는데 사용하는 경우가 많다. 즉 계획은 개인들이 목표를 달성하기 위해 매일 사용하는 방법과 동일시하는 학자도 있다(Reade, 1983: 159).

Ⅱ. 계획의 병리학과 한계

1. 계획의 병리학

(1)계획의 실패

윌다브스키(A. Wildavsky)는 계획은 시도했던 모든 곳에서 실패한다고 지적한다. 즉 계획처럼 합리적인 것은 없는 것으로 보이고, 합리적인 사람은 미래악을

피하기 위해 미리 계획한다. 그럼에도 불구하고 계획은 여러 곳에서 실패한다. 조직은 계획 없이도 종종 성공할 수 있지만, 계획에도 불구하고 실패하는 경우도 있다. 문제는 계획의 실패가 주변적이거나 우연함이 아니고 바로 그 속성에 있다는데 있다는 점이다(Amey, 1986: 202).

전통적인 계획이 성공할 수 없었던 이유는 다음 몇 가지와 관련된다(Amey, 1986: 202~203).

① 계획대상인 조직을 체계로 취급하지 않는 단편적 계획은 체계구성요소간의 상호작용성을 충분하게 고려하지 못할 가능성이 높다.

② 환경에 충분한 관심을 기울이지 않는다.

③ 너무 단기적 계획은 사회체계에 바람직한 장기적 결과를 가져오지 못할 가능성이 있다.

④ 조직이 개발체계라는 사실을 충분하게 인식하지 않고, 목표가 너무 협소하게 정의하고 있다.

⑤ 신축적인 계획의 필요를 충분하게 강조하지 않았다.

(2) 계획의 어두운 측면

잠재적인 억압력으로서 계획에 대한 포스트모던적 시각이 최근에 관심을 받고 있다. 이파첼(O. Yiftachel)은 계획의 어두운 측면을 검토했던 선두주자이다. 그는 계획사고의 발달과 계획직업의 출현의 바탕에는 계획이 무엇보다도 먼저 사람들의 (주로 물리적)생활여건을 개선하는 행위여야 한다는 진보적 이상(progressive ideals)을 가지고 발달했다고 주장한다. 보다 나은 세상(better world)을 구축하고자하는 광의의 계몽적 합의는 계획가들에 의해 광범하게 수용되고 있고, 대부분의 연구가 이의 평가에 초점을 맞추고 있다. 이에 따라 계획은 진보적 잠재력(progressive potential)을 가질 수도 있지만, 사회적 불균형과 극화를 강화하고 재생산하는데 일조하는 역행적 목적(regressive purposes)으로도 사용할 수 있다. 이러한 시각에서 계획의 어두운 측면(dark sides)을 지적한 학자들(L Sandercock, P. Healey, B. Flyvbjerg, etc)이 최근에 많이 등장하고 있다(Allmendinger and Gunder, 2005: 90~91).

전통적인 지혜는 도시 및 지역계획을 진보적, 개혁적 그리고 현대적 사회프로젝트로서 묘사한다. 계획가들과 주민 모두가 계획을 공공재를 생산하는 합리적인 전문가의 활동으로 생각했다. 때문에 계획의 이론적 및 전문적 담론은 주거쾌적

성, 경제적 효율성, 사회적 형평 또는 환경적 지속성과 같은 잘 확립된 사회적 목표에의 기여에 집중하는 경향이 있다. 사회적 압박, 경제적 비효율성, 남성지배 또는 윤리적 한계화와 같은 역행적 목표의 진전에는 거의 관심을 두지 않았다(Yiftachel, 1998: 395).

2. 계획의 한계

계획의 범위에 대한 고찰과 함께 계획의 한계를 함께 조사하는 것이 바램과 현실간의 분별 있는 균형을 유지하는 것이 된다. 계획의 한계는 계획과정자체의 속성에 의해 부과된 제약으로 계획이 시도되는 모든 곳에 보편적으로 나타나는 본질적 한계(本質的 限界)와 계획을 어렵게 하거나 불가능하게 할 수 있는 상황적 요인과 관련된 맥락적 한계(脈絡的 限界)의 두 가지 유형으로 나누어 고찰할 수 있다(Alexander, 1992: 125~128).

(1) 본질적 한계

계획이 불확실성에 대한 조직적, 사회적 반응이기 때문에 불확실성자체가 계획에 본질적 한계(intrinsic limits)를 설정한다. 계획과정에서 세 가지 종류의 불확실성(不確實性)에 해당하는 세 가지 유형의 한계(限界)가 있다.

첫 번째는 원인과 결과를 연결하는 경험적 또는 이론적 지식의 제약이다. 예를 들면 공학자들은 기계공학, 금속학 등과 결합된 물리학에 대한 광범한 지식 때문에 연료에너지를 동작운동으로 전환하는 기계를 제작하는데 큰 어려움이 없다. 그러나 사회공학에서 당면하는 문제는 보다 복합적이다. 접근성을 제고하고 교통혼잡을 완화하기 위한 고속도로의 건설처럼 어떤 계획적 개입은 단순해 보이지만, 우리의 기술적 지식의 범위가 제한됨에 따라 예측하지 못한 결과를 가져올 수도 있다. 기술적인 문제가 이의 경험적 증거에 대한 상반되는 해석 때문에 출발점부터 모호한 경우가 많다. 이러한 불확실성의 예는 초음속수송기(supersonic transport: SST)나 핵발전에 관한 논쟁을 들 수 있다. 마지막으로 원인과 결과에 대한 이론, 정보, 경험이 아직도 모호한 사회적 영역이 많다. 예를 들면 경제학자들은 인플레이션, 경기후퇴, 실업의 원인에 대해, 사회학자들은 빈곤, 범죄, 차별의 이유에 대해 각각 논쟁에 얽매여 있다. 원인과 결과를 연결하는 특정한 가정에 기초한 어떠한 사업계획이나 세부계획도 성공가능성이 있는 만큼 실패의 가능성도 내포하고 있다.

둘째는 제도적 구조와 조직환경에 관한 불확실성으로, 이는 계획과정과 결과에 반응하게 된다. 여기서는 변화하고, 불확실하고 소란스러운 실제조직환경에 대한 논의보다는, 계획가가 관련조직에 대한 지식이 결여되어 있고 조직들이 어떻게 상호작용할 것인가를 정확하게 예측할 수 없다는 점에 초점을 둔다.

불확실성에 대한 세 번째 영역은 가속되는 사회변화에 비추어 장래의 가치, 목표, 목적을 예측하는 어려움이다. 도시에서 계획집행에 4~5년이 걸리고, 건설비 상환에 10년~20년이 소요되는 자동차교통에 대한 필요성에 대해 주민들의 확신이 없다면 고속도로나 간선도로의 계획과 설계를 할 수 없다. 국가에서는 20년 후에도 주민들이 전기를 사용할 것인지, 아니면 산업사회이전의 생활모습으로 돌아 갈 것인지, 또는 태양열을 사용하는 사회로 바뀔 것인지에 대해 계획가들이 알지 못할 때에는 발전소의 부지를 결정할 수 없다. 이러한 극단적인 사례 말고도 불확실성은 광범하게 산재되어 있다. 교외개발이 전성기일 때에는 도심으로의 복귀현상을 예상하지 못했으며, 차량교통에 대해 녹색교통수단의 필요성을 강조하는 견해의 도래를 예견하기 어려웠다. 이러한 불확실성은 미래지향적인 계획의 특성 때문에 연유된다.

(2) 맥락적 한계

본질적 제약 이외에, 다양한 맥락이 계획된 행동의 추가적인 제약요인이 될 수 있다. 기본적으로 맥락적 제약(contextual constraints)은 정치체계의 특성 때문에 나타난 것이다. 정부체계, 정치 · 사회 · 경제가치 그리고 제도화체계의 차이에 따라 나타나는 서로 다른 맥락(脈絡)에서 '어떻게 효과적으로 계획이 수행되어야 하는가?'에 대한 생각도 서로 차이가 있을 것이다.

정치체계(政治體系)는 사회가 공권력의 행사에 의해 규제하고자 하는 관계들로 구성되어 있다. 이러한 사회적 관계를 규제하기 위해 공권력을 행사하는 정도는 계획의 이용 및 이의 효과성과 관련된 정치적 맥락(政治的 脈絡)의 차이이다. 외형적으로 단순하게 비교해 보면, 미국은 사회민주주의인 서구에 비해 계획에 많은 장애가 따르고 있음을 알 수 있다.

사회와 정치체계의 안정성이나 불안정성도 또한 계획에 대한 맥락적 한계이다. 예를 들면 많은 제3세계의 국가의 불안정한 환경은 체계적인 장기계획을 어렵거나 불안정하게 한다. 그러한 상황에서 만들어지는 계획들은 실제생활여건과 무관한 경우가 많고, 합리적 계획과정은 공허한 의미가 되는 경우도 많다. 선진국도 효과적 계획을 위협하는 불안정성, 소란 그리고 변화에 초월한 상태에 놓여 있는 것은 아니다.

여러 가지 목적으로 많은 예측과 추정에 근거한 여러 정책과 계획을 수립해 오고 있지만, 예측이 현실과 일치하는 경우는 거의 없다. 불가피하게 받아들이고 있는 경제시장과 기술쇄신에 의해 야기되는 불안정적인 변화경향은 보다 많은 규제와 개입의 필요성을 만들어 내고 있다. 환경오염, 보호, 에너지 소비나 보전 그리고 오염정책 등은 규제와 개입이 필요한 영역이다. 그러나 사회의 수용능력(society's capacity)을 스스로를 규제하는 것은 제한되고, 전통적인 정부의 권위가 도전받으면 위축되고, 다양한 이익간의 합의는 공개적인 갈등에 의해 잠식당한다. 극도의 혼란과 변화의 조건에 대처할 수 있는 계획모형의 개발은 계획의 실제(planning practice)에서 다루어야 할 중요한 문제이다.

참고문헌

강태룡 · 정규서, (1999), 「기획론」(서울: 대왕사).

권영찬 · 이성복, (1993), 「기획론」(서울: 법문사).

권태준 · 김광웅, (1981), 「한국의 지역사회개발」(서울: 법문사).

김신복, (1983, 1992, 1998), 「발전기획론」(서울: 박영사).

______ · 노화준, (1982, 1998), 「개발기획론」(서울: 방통대 출판부).

유 훈, (1991), 「행정학원론」(서울: 법문사).

정세호, (1992), 「후생경제학과 후생정책」(서울: 비봉출판사).

정환용, (1999), 「도시계획학원론」(서울: 박영사).

지행연(한국지방행정연구원), (1989), 지방자치와 기획기능강화방안에 관한 연구, 연구보고서 제60권, 서울: 한국지방행정연구원.

Ackoff, R., (1970), ***A Concept of Corporate Planning***(N. Y.: Wiley-Interscience).

Albrecht, J., (1985), ***Planning as Social Process***(Frankfurt am Main: Verlag Peter Lang).

Alexander, E., (1979), "Planning Theory", Catanese, A. and Snyder, J., (eds.), (1979), ***Introduction to Urban Planning***(N. Y.: McGraw-Hill), 106~119.

____________, (1992), ***Approaches to Planning***(Philadelphia: Gordon and Breach Science Publishers).

Allmendinger, P., (2002a), ***Planning Theory***(Hampshire: Palgrave).

______________, (2002b), "Towards a post-positviist typology of planning theory", ***Planning Theory***, 1; 1(2002): 77~99.

Allmendinger, P. and Gunder, M., (2005), "Applying Lancanian insight and dash of Derridean deconstruction to planning's 'dark side'", ***Planning Theory***, 4; 1(2005): 87~112.

Amey, L., (1986), ***Corporate Planning: A Systems View***(N. Y.: Praeger).

Archibugi, F., (1996), "Towards a new discipline of planning", ***An International Journal of Socio-Economic Planning Sciences***, 30; 2: 81~102.

Berry, B., (1976), "Comparative Urbanization Strategies", Bourne L. and Simmons, J. (eds.), ***Systems of Cities***(New York: Oxford Univ. Press), 502~510.

Benveniste, Guy, (1990), ***Mastering the Politics of Planning***(San Francisco: Jossey-Bass Publishers).

Blowers, A., (1980), ***The Limits of Power: The Politics of Local Planning Policy*** (Oxford: Pergamon Press).

Bracken, I., (1981), ***Urban Planning Methods: Research and Policy Analysis***(London: Methuen).

Branch, M., (1998), ***Comprehensive Planning for the 21st century***(London: Praeger).

________, (1999), ***The Planning Imperative and Human Behaviour***(Westport, CT: Praeger).

Bromley, R., (2003), "Social planning: past, present, and future", ***Journal of International Development***, 15(2003): 819~830.

Bruton, M. and Nicholson, D., (1987), ***Local Planning in Practice***(Cheltenham, England: Stanley Thornes Ltd).

Burchell, R. and Hughes, J., (1979), "Planning Theory in the 1980's- A Search for Future Directions", Burchell, R. and Sternlieb, G., (eds)., ***Planning Theory in the 1980's-A Search for Future Directions***(N. J.: Center for Urban Policy Research), xvii~liii.

Catanese, A., (1984), ***The Politics of Planning and Development***(London: Sage).

Chadwick, G., (1978), ***A Systems View of Planning***(Oxford: Pergamon).

Crook, G., (1974), Physical planning, Bruton, M., (ed.), ***The Sprit and Purpose of Planning***(London: Hutchinson), 85~123.

Davidoff, P. and Reiner, T., (1973), "A Choice Theory of Planning", ***Journal of the American Institute of Planners***, 28(1962): 103~115.

Faludi, A., (1973), ***Planning Theory***(Oxford: Pergamon).

Friedmann, J., (1967), "A Conceptual Model for the Analysis of Planning behavior", ***Administrative Science Quarterly***, 12; 2(Sept. 1967): 225~252.

__________, (1973), ***Retracking America: A theory of transactive planning*** (N. Y.: Anchor books).

Hall, P., (1992), ***Urban and Regional Planning***(London: Routledge).

Hartshorn, T., (1992), ***Interpreting the City***(N. Y.: John Wiley & Sons).

Healey, P., McDogall, G. and Thomas, M, (1982), "Theoretical debates in planning: towards a coherent dialogue", Healey, P., McDogall, G. and Thomas, M, (eds.), ***Planning Theory: Prospects for the 1980s***(Oxford: Pergamon), 5~22.

Hughes, J., (1974), "Economic planning", Bruton, M., (ed.), ***The Spirit and Purpose of Planning***(London: Hutchinson), 124~148.

Kenessey, Z., (1978), ***The Process of Economic Planning***(N. Y.: Columbia Univ. Press).

Khisty, C., (2000), "Can wicked problems be tackled through abductive inferencing?", ***Journal of Urban Planning and Development***, 126; 3(2000): 104~118.

Levy, J., (1997), ***Contemporary Urban Planning***(N. J.: Prentice-Hall).

Lomos, G., (1974), "Social planning", Bruton, M., (ed.), ***The Spirit and Purpose of Planning***(London: Hutchinson), 149~168.

Lucy, W., (1981), "Equity and planning for local services", ***Journal of the American Planning Association***, 47; 4(October 1981): 447~457.

Mayer, R., (1985), ***Policy and Program Planning: A Developmental Perspective*** (Englewood Cliffs, N. J.: Prentice-Hall).

Mintzberg, H., (1994), ***The Rise and Fall of Strategic Planning***(N. Y.: Free Press).

Moore, T., (1978), "Why allow planners to do what they do? A justification from economic theory", ***Journal of the American Institute of Planners***, 44; 4(1978): 387~398.

Ozbekhan, H., (1969), "Toward a General Theory of Planning", Jantsch, E., (ed.), ***Perspectives of Planning***(Paris: OECD), 47~155.

Perloff, H., (1965), "New directions in social planning", ***Journal of the American Institute of Planners***, 31(1965): 297~304.

Person, H., (1987), "Planning as a form of scientific management: Appendix A", Friedmann, J., ***Planning in the Public Domain***(N. J.: Princeton University Press), 421~431.

Reade, E., (1983), "If planning is anything, maybe it can be identified", ***Urban Studies***, 20; 2(May 1983): 159~171.

Rittel, H. and Webber M., (1973), "Dilemmas in a general theory of planning", ***Policy Science***, 4: 155~169.

Smit, J. and Rade, N., (1980), "Rational and non-rational planning", ***Long Range Planning***, 13(April, 1980): 87~101.

Todaro, M., (1994), ***Economic Development***(N. Y.: Longman).

Wadley, D. and Smith, P., (1998), "If planning is about anything, what is it about?", ***International Journal of Social Economics***, 25; 6/7/8(1998): 1005~1029.

Wildavsky, A., (1973), "If planning is everything, Maybe it's nothing", ***Policy Science***, 4: 127~153.

Yiftachel, O., (1998), "Planning and social control: Exploring the dark side", ***Journal of Planning Literature***, 12(1998): 395~406.

제 2 장 계획이론의 기저

제 1 절 계획이론의 의의

Ⅰ. 이론의 의의

1. 개념정의

(1) 이 론

이론(theory)은 그리스어의 'thereo'에서 나온 것으로, '본다'(I see)는 뜻이다(Greed, 2000: 235). 이는 사물을 정확히 보아서, 그것에 대한 설명을 붙이고, 그로부터 연유된 사상에 대한 설명까지도 가능하게 해보자는 의도가 내포되어 있다(김광웅, 1996: 223).

사전(Oxford English Dictionary)에서는 이론(理論)을 '현상을 설명하는 가정, 실제와 구별되는 추정과 개념의 영역'이라고 했다(Yiftachel and Huxley, 2000: 907). 이러한 사전적 의미는 이론을 특정주제에 대한 지식의 체계적 조직, 일련의 현상을 분석·예측·설명하기 위해 고안된 과정의 원리·가정·규칙, 추상적인 원리와 추측 그리고 행동의 기반이 되는 생각이나 신념들을 지칭한다(Greed, 2000: 235).

만델바움(S. Mandelbaum)은 이론을 인과적 설화 및 설명들의 배열을 조직하는 특정한 언명(言明)이라고 했다. 이 정의의 핵심은 이론이란 공리 및 정의, 사회 또는 개인 간 상호작용의 모형 그리고 가정을 추론하고 입증하기 위한 법칙들의 집합이라는 점이다(Donaghy and Hopkins, 2006: 175).

이론(理論)과 법칙(法則)은 유사하다. 법칙은 이론의 기본적 성격이 일반화된 것이고, 보편화된 일반성이 그 속성이기 때문이다. 여기서 일반화(一般化)란 어떤 경험적 사실과 동일한 조건하에서 미래의 다른 상황에서도 같은 사실들이 반복될 수 있는 정도의 보편화를 뜻한다(김광웅, 1992: 111). 이와같이 이론이나 법칙이 일반화를 그 속성으로 하는 이유는 경험적 사실을 토대로 미래의 사실을 예측해 보자는 데 있다.

형식적(形式的)으로 이론은 법칙들의 체계화된 연결이며, 실질적(實質的)으로는 어떤 현상의 규칙적인 사실관계에 관한 주장이다(강신택, 2002: 77~78). 즉 이론이라 함은 어떤 현상에 관한 지식을 체계화한 것인데, 형식적인 면에서 보면 검증가능한 언명(statements)을 체계적으로 연결시켜 놓은 것이다(김신복, 1999: 81).

(2) 계획이론

계획이론(計劃理論)이란 계획현상을 설명예측하기 위하여 변수들 간의 관계를 검증해 놓은 일련의 명제라 할 수 있다. 그러나 단순하게 명제들을 집합해 놓은 것만을 의미하는 것이 아니라, 하나의 연구활동영역 또는 학문분야를 총괄해서 지칭한다. 이러한 의미에서 계획이론은 계획에 관한 개념, 명제, 이론, 법칙 등을 포괄하는 전체적인 지식체계(知識體系)라 할 수 있다(김신복, 1999: 82).

계획이론은 사회와 경제내에서 계획과 계획가의 기능 · 역할 · 성격에 대한 정의를 추구하는 이론, 정치적 이념 그리고 철학과 관련된 이론이다(Greed, 2000: 237). 그리고 계획이론은 계획정책을 형성하는 모든 이론들을 포함하는 것으로 광범하게 추론할 수 있다.

계획이론을 정의(定義)하는 것은 난해(難解)한 과제(課題)의 하나로 여기고 있는데, 이는 다음의 4가지 이유 때문이다(Campbell and Fainstein, 2003: 1~2).

① 계획과 관련된 많은 기본적 질문들은 사회와 공간변환에서 국가의 역할과 관련된 내용들이다. 결과적으로 계획이론은 모든 사회과학의 이론들과 중첩되고, 따라서 계획의 범위를 한정하거나 계획에 특정한 영역을 도출하기 어렵다.

② 계획가와 관련전문가들(예: 부동산 개발업자, 건축가 등)은 상호배타적이지 않다. 따라서 계획가가 계획만을 하는 것도 아니고, 비계획가도 또한 계획을 한다.

③ 계획의 영역은 계획의 객체를 대상으로 분류할 수도 있고, 계획방법(의사결정과정)에 따라서도 분류할 수 있다.

④ 계획은 여러 영역에서 다양한 방법론들을 차용하기 때문에 통일적인 이론

적 바탕에서 분석의 도구를 도출하여 사용하기 어렵다.

이러한 상황을 모두 고려하여 계획의 범위와 기능 그리고 계획가의 역할에 대해 합의된 정의를 내리는 것은 대단히 어렵다. 때문에 계획이론의 적정한 실체를 획정하기 어렵게 한다. 비유하면 무엇이 경제학과 정치학을 구성하고 있는가에 대해 대부분의 학자들이 합의하고 있기 때문에 경제 또는 정치이론은 무엇인가에 대해 합의를 이루고 있지만, 계획이론의 내용에 대해서는 상이한 견해를 가지고 있다는 의미이다.

만델바움(S. Mandelbaum)은 계획이론의 영역(領域)은 계획과정의 속성, 계획과정이 적용되는 환경 그리고 계획과정의 결과와 관련된 모든 언명을 포함한다고 지적한다(Donaghy and Hopkins, 2006: 175).

2. 중 요 성

이론(理論)이란 세계를 이해하는 하나의 방법이며, 사실과 경험을 조직하는 틀(framework)이며, 세계를 체계적인 방법으로 해석하게 해준다(Alexander, 1992: 2). 즉 이론은 사실과 경험이라는 벽돌들을 이해의 구조(structure of understanding)를 통해 조립하는데 사용되는 청사진이다. 이러한 의미에서 이론이란 우리 주변세상을 이해하는 바탕이 될 뿐 아니라, 실제적용에 필요한 기술과 도구를 개발하는 바탕이 된다. 때문에 이론은 과학자는 물론 실무자에게도 필수적이다. 따라서 견고한 이론적 바탕이 없이는 어떤 분야도 스스로 확립하거나 발전할 수 없으며, 일반화할 수 없다.

이론의 중요성(重要性)은 형태(形態)와 내용(內容)이라는 두 측면에서 검토가능하다. 전자(前者)는 어떤 종류의 이론을 어디에, 어떻게 응용할 것인가 하는 것이다. 후자(後者)는 계획의 전통을 확인 기술하고, 이의 정치적·경제적·전문적인 의미를 살피는데 관심을 둔다(Cuthbert, 1976: 19).

계획이론을 공부하는 이유는 계획가들이 다루는 자료와 문제들의 복합성에 대처하고, 계획가가 제기하는 가치와 질문에 답하기 위한 것이다. 즉 계획이론은 계획가에게 무슨 자료를 수집하고, 그것을 어떻게 조직하고, 의사결정에 어떻게 활용할 것인가를 제시한다. 그리고 계획이론은 계획가의 사회적 역할과 관련하여, 계획의 초점은 무엇이어야 하고, 누구를 위해 계획하고, 계획의 목표는 무엇이며, 계획의 목표는 어떻게 달성하고, 실제적이고 실무적인 행태는 무엇인가에 대한 질문에 답할 수 있도록 해준다. 아울러 계획이론은 실무자들이 그들이 종사하는 업무를 단순한 직관이나 상식을 통해 달성하는 것보다 깊이 이해하도록 하는데 있다(Campbell and Fainstein, 2003: 2～3).

계획이론에 대한 최근의 관심증대(關心增大)는 다음 4가지 이유 때문이다(Los, 1981: 63).

① 계획실무자들이 사회에서 그들의 역할을 의미 있고 유용하게 수행하고자 하는 욕구

② 학술적인 연구를 하는 계획가들이 계획교육을 수행함에 있어 방법론과 이론 그리고 계획실제 간의 연계를 이해하고자 하는 욕구

③ 계획으로 사회에서 권력배분을 개선하고자 하는 일부 계획가들의 바램

④ 현재의 계획실무와 방법론에 대한 불만족을 완화시키기 위해 보다 폭넓은 이론적 기반을 제공하고자 하는 비판적 또는 급진적 시각의 수용

3. 기 능

적정한 이론을 나타내는 준거는 설명(說明), 예측(豫測), 선택(選擇)의 3개 측면에서 검토할 수 있다(McConnel, 1981: 21; Chapin, 1965: 71). 설명의 논리는 계획대상의 존재사유, 성장변화의 설명, 기본구조와 구성요소 등에 관한 사고체계로서 계획의 기능과 관련된다. 이론은 미래예측에 대한 논리적 바탕을 제공해 준다. 그리고 이론은 대안들 중에서 선택의 지표를 제공해 주어야 한다.

과학적(科學的) 질문(質問)과 그에 대한 응답(應答)은 4가지 유형이 있다(쯔톰까, 1995: 21~22). 첫 번째는 사실묘사형 질문(factographic questions)으로, 표준형은 '그것은 무엇과 같은가?'이다. 이 유형에 대한 만족스러운 응답은 기술적 기능(descriptive function)을 수행한다. 두 번째 질문유형은 설명형 질문(explanatory questions)으로, '그것은 왜 이런가?'이다. 이에 대한 응답은 설명적 기능(explanatory functions)을 한다. 세 번째 유형은 예견형 질문(prognostic questions)으로, '그것은 무엇처럼 될 것인가?'이다. 이 질문에 대한 응답은 예견적 기능(prognostic function)을 한다. 마지막 유형은 실천형 질문(practical questions)으로, '이렇게 되기 위해서는 어떻게 행동해야 하는가?'에 대한 것이다. 이 유형에 대한 답은 실천적 기능(practical function)을 수행한다. 이상의 과학적 질문의 4가지 기능과 관련하여, 이론(理論)은 설명(說明)하고, 예견(豫見)하고, 계획(計劃)이나 실행(實行)에 대한 지원을 제공하기 위해 구축된다.

기능적 정의에 의하면 이론은 어떤 현상이나 사건과 그 과정을 설명하거나

이러한 현상이나 사건과 그 과정에 대한 '왜'라는 질문에 응답하는 명제체계나 일련의 명제로 이해된다. 이러한 일련의 명제나 명제체계가 이론이 되기 위해서는 설명되는 사실이나 규칙성이 세상에 대한 과학적인 그림에 적합하여야 하며 사실이나 규칙성을 서술하는 명제는 받아들여진 과학적 지식의 본체 안에 있는 어떤 명제와도 모순되지 않고 오히려 그들에 포함되어야 한다(쯔톰까, 1995: 28~38).

Ⅱ. 이론의 유형

1. 의 의

유형(typology)은 담론(discourse)과 같은 방법으로 이해의 구조(frame)를 제공한다. 그리고 이는 주제영역, 방법론, 아이디어와 실제의 발달사에 공통적인 이해를 제공한다. 유형(類型)은 어떠한 주제영역의 이해에도 도움을 주며, 그러한 관점에서 계획도 예외가 아니다.

유형은 3가지 기본기능(基本機能)을 가지고 있다(Allmendinger, 2002a: 29; 2002b: 78).

① 관련 개념들의 체계적인 분류에 의해 오해와 혼란을 교정

② 주어진 주제에 대해 명확히 정의된 매개변수에 의해 효과적으로 조직화된 지식의 제공

③ 장래연구를 위한 명료한 속성과 초점의 주요 하부구의 획정에 의해 이론화의 촉진

2. 분 류

(1) 기술이론과 처방이론

이론은 그 기능(機能)에 따라 기술이론(記述理論)과 처방이론(處方理論)으로 나눌 수 있다(Chen, 1990: 40).

기술이론(descriptive theory)은 현상을 기술하고 설명한다. 이 이론은 논리실증주의(logical positivism)에 근원하고 있고, 이는 '무엇인가'(what is)에 대한 것이다.

처방이론(prescriptive theory)은 '무엇이 이루어져야 하는가'(what ought to be done)에 대한 것이나, '어떻게 어떤 것을 더 잘 할 것인가'(how to do something better)를 규정한다. 이 이론의 전형(典型)은 사람들이 그들의 기대하

는 효용을 최대화하기 위해 어떻게 선택할 것인가를 말하는 합리적 의사결정모형이다. 이 이론은 이상적 상황에서 사람들이 어떻게 행동해야 하는가를 규정하는 가치판단과 관련된다.

(2) 규범이론과 실증이론

규범이론(規範理論)은 계획가가 어떻게 합리적으로 계획할 것인가에 초점을 두고 있으며, 실증이론(實證理論)은 계획가가 합리적 행동의 프로그램을 수행하는데 있어서의 제약요인에 초점을 둔다(Faludi, 1973: 4).

규범적 계획이론(規範的 計劃理論)은 계획을 합리적으로 추진하기 위한 원인, 처방, 전략 등을 선험적, 연역적 사고에 의해서 제시한 것이며, 마땅히 어떻게 되어야 한다는 식의 지침을 제시하는 경우가 대부분이다(김신복, 1999: 87). 논리적 사유와 추론에 의해서 극히 합리적인 계획의 절차와 과정 또는 기준을 도출해 내기 때문에 계획의 원리와 원칙을 개발하는데 중요한 역할을 한다. 계획이론의 기술적 측면("이것은 어떤 것이다")이 평가적 여과("나는 이것이 좋다고 생각한다" 또는 "나는 좋지 않다고 생각한다")를 거쳐 규범적 처방("이것은 어떠해야 한다")에 이르게 된다(Alexander, 1992: 8).

실증적 계획이론(實證的 計劃理論)은 실제 계획의 사례와 경험을 토대로 일반화한 이론을 말한다(김신복, 1999: 87). 가설을 설정하여 여러 계획의 실제에서 얻은 자료와 분석결과에 비추어 검증을 행함으로서 그 진위여부를 판단하게 된다. 이러한 경험적 분석을 반복하게 되면 어느 정도 보편타당성 있는 이론을 개발할 수 있으며 같은 조건하의 계획과정을 설명하고 예측하는데 활용할 수도 있다. 여러 계획사례의 경험적 분석을 통해서 가설을 검증하고자 하는 이른바 행태적 접근방법은 실증적 계획이론을 개발하는데 가장 효과적인 방법 중의 하나이다.

(3) 판단유형에 따른 분류

인간이 그 지적 활동으로 사물에 대하여 내리는 판단에는 논리적, 도덕적, 사실적 판단이 있다. 이 판단유형에 따라 3가지 유형의 이론을 구별할 수 있다(강신택, 2002: 536~537).

① **사상적 이론** 행위의 선, 정의, 정당성 등에 관한 주장으로, 사람의 주관적 견해와 도덕적 판단이 많이 포함된 이론이다.

② **경험적 이론** 사회현상을 있는 그대로의 세계로 바라보고, 사실과

사실 간의 연결에 관한 언명을 체계화시킨, 사실판단에 근거한 이론이다.

③ 실천적 이론　　어떤 철학적 또는 사상적 입장에서 선택한 목적을 실현하기에 가장 합당하다고 생각되는 행동계획을 담고 있는 이론이다. 이 이론은 도덕적 판단과 사실판단의 결합이라고 할 수 있다.

제 2 절 계획이론의 구성

Ⅰ. 과학적 과정

과학적 과정(科學的 過程)은 [그림 2-1]에서 제시하고 있는 바와 같이 5가지의 정보의 구성요인 및 이들 사이의 변형과정을 통제하는 6가지의 방법들이 집합적으로 구성되어 있다(왈라스, 1989: 21~30).

관찰(observation)은 측정(measurement), 표본요약(sample summarization) 및 모수치의 추정(parameter estimation) 등을 거쳐 경험적 일반화(empirical generalization)라는 일반화된 형태로 변형된다. 경험적 일반화는 개념구성(concept formation), 명제구성(proposition formation) 및 명제배열(proposition arrangement) 등을 거쳐 하나의 이론(theory)으로 통합되어지는 정보의 항목들을 이른다.

정보의 가장 일반적인 형태인 이론(理論)은 논리적인 연역법을 통해 새로운 가설(hypotheses)로 변형되어질 수 있다. 경험적 가설은 그 가설을 관찰 가능한 것으로 만드는 해석(interpretation), 도구화(instrumentation), 척도화(scaling) 및 표집(sampling)을 통해서 새로운 관찰(observations)로 이행되어 가는 정보의 항목이다.

이러한 새로운 관찰은 새로운 경험적 일반화로 이행되어 질 수 있으며, 이때 새로운 경험적 일반화를 구성하게 만들었던 가설이 그것에 부합되는가의 여부가 검증된다. 이러한 검증은 결과적으로 새로운 정보 즉 검증된 가설의 사실을 부인하느냐 수용하느냐의 의사결정을 내리도록 한다. 이것을 통해 이론의 확인, 수정 또는 거부 여부가 최종적으로 추론된다.

[그림 2-1]에서 왼쪽 절반은 관찰로부터 시작하여 관찰의 결과를 이해함으로써, 어떻게 이론이 귀납적(歸納的)으로 구성되어 나아가는가를 보여준다. 오른

❙ 그림 2-1 과학적 과정의 구성 ❙

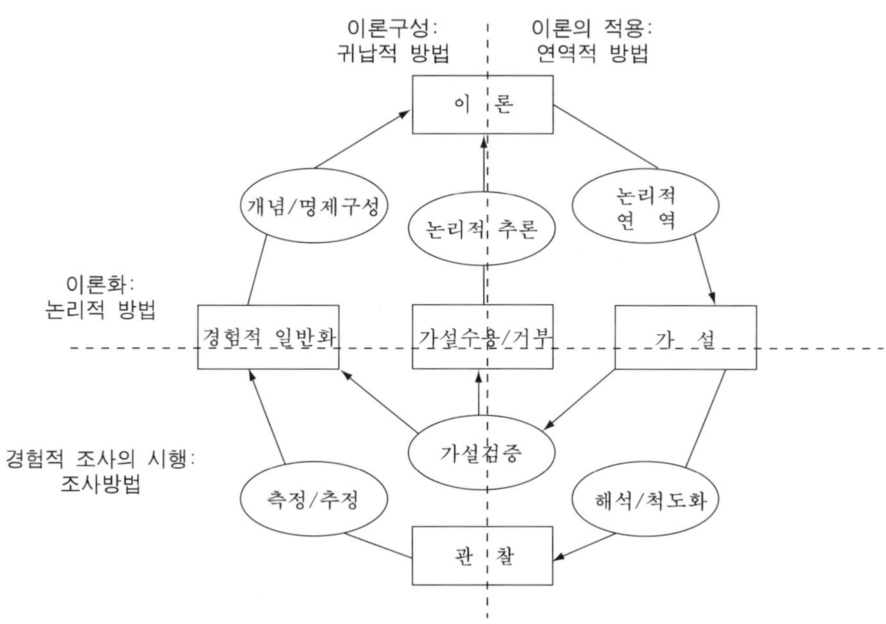

주: □: 정보의 구성요소; ○: 방법론적 통제; →: 정보의 이행
자료: 왈라스, 1989: 22.

쪽 절반은 이론이 관찰 및 관찰에 대한 지식이 어떻게 연역적(演繹的)으로 적용시키는가를 보여준다(왈라스, 1989: 28).

위쪽 절반은 이론화(theorizing)하는 것으로 귀납적, 연역적 논리방법을 이용하여 이론을 만드는 과정을 보여준다. 그리고 아래쪽 절반은 조사방법의 도움을 받아 경험적 조사를 행하는 과정을 보여주고 있다(왈라스, 1989: 28~29).

Ⅱ. 이론구성논리

1. 구성방식

이론(theory)이란 왜 특정한 사건(events)이 발생되는가 하는 질문에 대한 답을 할 때 나타나는 인간사고의 형태로서, 방법론자들은 이를 설명(explanation)이라 한다. 환언하면 설명(說明)은 현상을 관찰 할 때 발생되는 놀라움의 요소를 제거하기 위한 노력이다. 이러한 설명에는 패턴모형과 연역모형이 있다(Faludi,

1973: 22).

캐프란(C. Kaplan)은 이론의 내적구조의 두 가지 측면인 논리적 규칙과 인과적 규칙에 대응하여 계층적 혹은 연역적 이론과 연결형 혹은 모형적 이론으로 구분하였다(왈라스, 1989: 99~100). 여기서 전자(前者)는 설명하는 것(설명하는 일련의 진술)과 설명되는 것(설명되어지는 사물을 기술하는 진술) 사이의 연결이 논리적인 연역체계이며, 후자(後者)는 다소 인과적인 귀납체계이다.

(1) 귀납모형

귀납방법은 베이컨(F. Bacon)이 기술한데로 수세기동안 과학적 이론화의 기초가 되었다(McConnell, 1981: 43). 귀납이론(歸納理論)은 사회현상의 여러 측면을 관찰하여 보편적 원리를 나타내는 패턴(pattern)을 발견함으로써 이론을 구성하려 한다(박용치, 1989: 206). 귀납적 사고(歸納的 思考)는 특정한 사례의 관찰에서부터 일반법칙, 규칙 또는 이론으로 진행시키는 것이다. 이러한 이론, 법칙 또는 규칙들은 반복되는 관찰과 실험에 의해 정당화되거나 증명된다. 여기서는 구체적 현상을 관찰하여 그 속에 내재하는 제 속성을 측정하면서 체계적 유형을 추상화하여 그 일반적 언명을 구성하는 절차를 밟는다. 즉 '관찰된 증거(observed evidence) → 개념(concepts) → 일반화(generalization)'의 순서를 거친다(김광웅, 1992: 127).

그러나 포퍼(K. Popper)가 지적한데로 백조(white swan)에 대한 관찰이 아무리 많아도, 모든 고니는 모두 희다는 결론을 정당화할 수 없다(McConnell, 1981: 43). 즉 호주의 검은 고니(black Australian swan)가 있기 때문이다. 이 점이 바로 귀납적 접근의 단점이다.

(2) 연역모형

데카르트(R. Descartes)는 간결하고 분명한 관념에서 출발하여 논리적 단계를 밟아 지식을 추리하고 연역(演繹)하는 것을 가르쳤다. 그 가장 좋은 예가 수학이고, 모든 지식분야에서 수학적 증명의 확실성으로 하나의 공리로부터 다른 공리를 추론한다면 그 주장은 의심의 여지가 없다고 했다(매뉴엘, 1990: 35).

여기서 연역(deduction)이란 이론적인 법칙으로부터 특정한 예측을 도출하는 과정이다. 즉 일정한 공리로부터 이론의 전개가 시작되어 경험적으로 관찰된 근거를 찾아낸다. 여기서의 이론구성은 '전제(assumption) → 개념(concepts) → 관찰된 증거(observed evidence)'의 순서를 밟는다(김광웅, 1992: 127).

(3) 양모형의 보완관계

패턴모형(pattern model)은 관찰된 사건이 보다 큰 전체의 일부를 나타낸다고 생각하여 기술하는 것이며, 연역모형(deductive model)은 일반적 전제나 법칙 그리고 초기여건들이 주어진 상황에서 사상은 예상된 것이었음을 나타내는 것이다. 계획이론에서 계획적 사고의 개념구조는 통합되고 조직화된 전체의 구성부분을 나타내는 패턴모형에 의해 계획현상을 설명하고 있다. 만일 계획에 관한 법칙들이 존재한다면 연역모형에 의해 계획현상을 설명하면 용이하지만 대개의 경우 그러한 법칙들이 존재하지 않는 경우가 많다(Faludi, 1973: 22).

패턴모형에 의해 설명하는 개념구조가 이의 옹호자들은 '일반이론'(general theory)이라고 주장한다. 하지만, 반대론자들은 연역모형에 의한 설명만이 특정현상이 왜 발생되는가를 나타내는 유일한 적법적 방법이라고 주장한다. 즉 연역적 접근(deductive approach)은 가정을 확증할 수 있는 관찰만이 사건을 설명할 수 있는 법칙으로 간주한다. 이러한 양 접근방법의 차이에도 불구하고 상호보완적인 견지에서 계획이론을 구성해 나갈 수 있다(Faludi, 1973: 22~24).

실제로는 이론과 연구가 '연역 → 귀납 → 연역 → 귀납'의 계속되는 순환과정(循環過程)을 통하여 일반화된다. 월라스(W. Wallace)는 이 과정을 연속되는 과정으로서 설명하면서, 이론(理論)은 가설을 낳고, 가설(假說)은 관찰을 암시하며, 관찰(觀察)은 일반화를 낳고, 그 일반화(一般化)는 이론(理論)을 수정(修正)하게 된다. 수정된 이론은 좀 수정된 가설과 좀 수정된 일반화를 할 수 있는 일련의 새로운 관찰을 암시하는데 이는 다시 이론을 수정하게 한다.

캐프란(C. Kaplan)은 두 가지 형태의 이론이 형식상으로 서로 다른 구성을 이룬다고 해도 방법론상으로는 서로 유용하게 기여할 수 있을 것이라고 했다. 그리고 궁극적으로는 연역적 설명만이 존재한다고 보았다. 이론형성의 초기단계에는 연결형(패턴형)이론이 매우 유용하다 할지라도 결국에 가서는 다소 성숙한 이론으로서의 특징을 갖는 계층적 혹은 연역적 이론으로 환원되어져야 한다고 주장한다(왈라스, 1989: 101).

2. 계획이론의 개발과정

계획이론개발의 루트는 계획에 관한 원초자료(raw data)로부터 시작된다. 이러한 원초자료(原初資料)의 수집과 처리는 계획가의 경험과 행동에 관계된다. 그러나 현실세계는 너무 복잡하기 때문에 인간의 능력으로 파악하기는 대단히 어렵다. 때문에 선행적인 가정(假定)의 도입 없이는 이러한 경험들을 기술하는 것은 불가능하다. 결과적으로 계획가에게 기술하려는 특정한 측면의 선택을 강조하고 다양한 여러 측면은 제외하게 된다.

정보를 거르고 현실의 특정한 측면에 초점을 맞추는 과정은 모든 인간사고의 필수적 측면이고 이론에만 특이하게 적용되는 것은 아니다. 여기서 요구되는 것이 정보를 거르고 선택하는 바탕이 되는 원리의 명료화이다. 이 원리를 논리적 바탕(rationale) 또는 논거(論據)라고 하는데, 이는 모형의 개념의 형성과 구조의 내면에 있는 기본적 생각과 견해이다.

논리적 바탕의 관념은 모형(model)과 밀접한 관계를 맺고 있는데, 모형은 논거에 의해 구축된 현상의 집단에 대한 개념화이다. 여기서 구축하려는 모형은 계획기능(planning agency)의 모형이다.

그림 2-2 계획이론개발의 루트

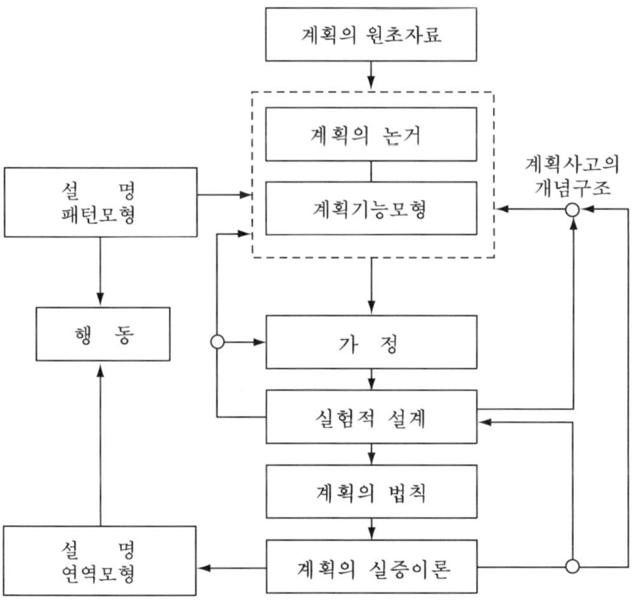

자료: Faludi, 1973: 24.

설명루트의 다음 단계는 모형에서 이론(理論)을 도출하는 것이다. 이러한 목적을 위해 가정(hypotheses)이 형성된다. 이러한 가정을 관찰과 비교하는 실험을 하게 된다. 법칙(法則)은 이러한 검증을 거친 가정이다. 이러한 법칙은 상호연계된 명제(proposition)의 체계를 형성하고, 실제세계의 어떤 부분을 기술하는 실증이론(positive theory)을 형성하게 된다.

제 3 절 계획과 실제

Ⅰ. 의 의

1. 문제제기

계획이론이 '침체(沈滯)에 빠져 있다' 또는 '상실(喪失)되었다'고 지적하는 사람이 많다(Poulton, 1991: 225). 그러한 시각은 계획이론이 실용성(實用性)과 거리가 멀다는 지적과 관련된다. 또한 일부 사람들은 계획이론의 영역에 새로운 이론은 거의 제시되지 않고, 기존이론도 지지를 받지 못하고 있으며, 계획에 관한 저술들은 증가되고 있지만 계획이론이 실무자를 인도하지 못할 뿐 아니라 어떤 의미에서는 방해를 하고 있는 상태에 처해 있다고 주장한다. 때문에 계획이론은 침체상태에 놓여 있다고 생각하게 되었다(Innes de Neufville, 1983: 43).

실제로 계획이론은 1960년대 이래로 주로 과정적 문제에 초점을 둔 이론들이 주류를 이루어 계획의 과정, 목표 그리고 사회적인 의미를 다루는 데는 기여가 있었으나, 실제상황을 정확하게 기술하고, 설명하고, 예측하는 현실적인 실증이론의 발달은 미흡한 상태에 놓여 있다.

이와 함께 계획이론(計劃理論)이 혼란상태(混亂狀態)에 놓여 있다는 지적도 많은데, 이는 다음 4가지 이유와 관련된다(Poulton, 1991: 227).

첫째, 계획이론을 개혁주의자(주로 정치적)의 의제로 간주되어 직접적인 정치적 관련성과 지적유행이 계획이론발달에 과도한 영향을 주었다.

둘째, 상당수의 계획이론가들은 마르크스의 지적환경을 기반으로 서구자본주의사회에서 활동하면서 계획분석의 기반을 모색해왔다. 이의 결과로 그들의 작업은 계획실제에 실질적인 도움을 주는데 실패했다.

셋째, 이론가들이 계획과 관련된 이론유형과 분석유형을 분리하여 설명하는데 실패했다.

마지막으로 이론가들은 핵심적 역할을 수행하면서 광범하게 사용할 수 있는 계획의 실증이론개발에 실패했다.

2. 이론과 실제 간의 간극

이론과 실제 간의 간극(間隙)을 개탄하는 것은 대부분의 계획이론탐구에서 지적하고 있는 사항이다. 학자(學者)들은 실무자들이 자신들의 활동을 정당화하는데 필요한 이론들만을 중시한다고 생각한다. 반대로 실무자(實務者)들은 학문적인 이론은 상식에 기반한 실제에는 그 의미가 없다고 주장한다. 이러한 상황과 관련하여 알렉산더(E. Alexander)는 세 가지 질문을 제기한다. 첫째, 계획이론과 실제 간에 진정한 분리가 있는가? 둘째, 만일 간극이 있다면 어쨌다는 것인가? 셋째, 간극이 존재하고 그것이 문제라면, 그것을 연결하기 위해서는 무엇을 할 수 있는가? 그는 이에 대한 답으로 이론과 실제의 간극을 매우는 것이 계획이론의 존재사유라고 말한다(Allmendinger, 2002a: 20).

계획에서 이론과 실제 간의 오래된 간극이 최근에 출현한 새로운 패러다임에 의해 마감단계에 이르렀다. 이들 새로운 이론가들은 어떻게 계획하고 계획해야 되는가하는 문제에 대해 실제에 대한 연구를 통해서 진행함으로써 그 이전의 연구자들의 탁상공론적 이론화(armchair theorizing)와는 대비된다. 그들은 계획을 상호작용적이며 의사소통적 활동으로 보고, 계획가는 지역사회, 정치, 공공의사결정의 구성물 속에 깊이 배태되어 있다고 본다(Innes, 1995: 183).

이론(理論)과 실제(實際)는 상호의존적(相互依存的)이다. 실제는 이론에 따라 조성되고, 실제에 사용되지 않는 이론은 무력한 것이다. 실제(實際)는 이론에 의해 알려져야 한다. 실제는 행동의 목적인 세계와 환경을 구성하는 것은 물론 행위자들 스스로의 행동을 설명하는데도 이론이 필요하다. 이러한 종류의 행동을 실제(practice)를 나타내는 그리스어 'praxis'로 불리웠다. 'praxis'는 사람들의 사회 및 정치적 생활과 그들의 보다 넓은 환경에 영향을 주는 인조물로서 행동(activities)을 만드는데 필요한 단순한 기술적 기예이상의 원리와 행동들에 적용되었다. 즉 실제적 원리(practical disciplines) 또는 실제(praxis)의 목표는 이론적 지식이 아니고, 우리의 행동의 형태를 변화시키고 자유로운 인간행동의 완전한 이상에 보다 근접하도록 하는 것이다(Alexander, 1992: 3).

Ⅱ. 실제운동

1. 의 미

1970년대에 비해 1980년대에 이르러서는 계획이론에 경험적 연구의 비중이 높아지고 있다. 이는 초기학자들이 주로 계획의 본질이나 계획문제의 초점을 둔데 비해, 오늘의 이론가들은 현장과 학습의 실무에서 경험적 교훈도출에 집중한다.

초기의 이론가집단들이 관조적(觀照的)인 논의와 지적철학에서 그들의 자신감을 획득한데 비해, 현대이론가들은 사례연구(事例研究)로부터 그것을 얻는다. 이러한 새로운 패러다임은 지금까지 심각하게 검토하지 않았던 실제적 아이디어에 대한 관심이 증가한 결과이다(Verma, 1995: 178).

계획이론에서 경험적(empirical)이란 계획활동으로부터 얻은 계획실제(planning practice)의 구체적(직접적 및 간접적)인 관찰이다. 리게트(H. Liggett)가 실제운동(practice movement)이라 명명한 이 개념은 계획을 계획가들이 수행하는 활동이며 실제적인 실행으로 보는 것으로, 이전의 계획이론과 구별된다. 이는 실무에 종사하는 전문계획가들의 행태, 가치, 특성, 경험들에 큰 관심을 보이는 것으로, 계획가들의 말하는 방법, 의식, 관계적 전략, 특성과 덕목을 포함한다.

실제운동(實際運動)은 개별계획가들과 계획실제에 대한 연구로 계획가들의 다양한 활동들, 그들의 산출물·상호작용·영향에 대한 문서화(documentation)와 분석으로 특징지을 수 있다. 이는 실제를 통해 배우고, 실제에 대해 정보를 제공한다는 가정에 근거하고 있다(Watson, 2002: 178).

2. 논의중점

실제운동에서는 계획이론이 경험적(empirical), 해석적(interpretive), 또는 실제적(practically)으로 조정되고 그리고 비판적(critical) 또는 윤리적(ethically)으로 조명적(illuminating)이어야 한다고 생각한다.

경험적(經驗的)인 기반을 갖추어야 한다는 것은, 계획실제의 설명이 계획실제의 경험에 조정되어야 함을 의미한다. 실제적으로 적절(appropriate)하거나 또는 해석적(解釋的)이 되어야 하는 것은 계획실제의 이론은 질서있는 자료일 뿐 아니라 계획가들이 당면하는 실제적 상황과 문제에 대한 작업적 해석(working interpretations)을 할 수 있어야 한다는 뜻이다. 윤리적(倫理的)으로 조명적(照

明的)이 되어야 함은 실제의 설명은 행동의 어떠한 이론도 근본적으로 중립적인 것이 없다는 인식에서부처 시작되어야 함을 말한다. 윤리적으로 조명적이기 위해서는 계획실제의 설명이 행동을 명료하게 인도하고 그러한 인도를 명시적으로 적법화할 수 있어야 한다는 의미이다(Forester, 1993: 16~19).

Ⅲ. 설명이론

계획실제를 설명(說明)하는 이론들을 전통적 시각과 의사소통적 시각으로 나누어 고찰할 수 있다(Forester, 1993: 19~30).

1. 전통적 시각

계획실제에 대한 전통적 관점은 도구적 합리성(道具的 合理性)에 의한 수단-목표모형, 문제해결모형, 사이버네틱 모형 그리고 제한된 합리성의 만족모형으로 나눌 수 있다(Forester, 1993: 19~24).

① 목표-수단모형 목표-수단사고는 목표(end)는 주어지고 안정적이며, 수단(means)은 목표달성을 위한 도구로 생각한다. 이 모형의 옹호자들은 수단은 중립적이고 목표만이 가치부과적일 수 있다고 생각한다.

그러나 이 모형에서 가정하고 있는 계획상황은 일반적인 사례는 아니다. 목표는 주어지지 않을 뿐 아니라 목표 간에 갈등관계에 있고, 어떠한 목표에 대해서도 수단들 간에 갈등이 항상 있으며, 문제는 변하고 선택과 기호도 변하고 새로운 가치도 발견된다. 때문에 계획가들은 표준화된 과정을 따르기 보다는 문제, 전략, 해결접근을 재작성할 필요가 있다.

② 문제해결시각 문제해결시각(problem-solving views)은 문제를 그 구성부분으로 분류하여 해결을 모색하는 계획접근방법이다.

이는 상대적으로 일상적이며, 전통적이고, 안정적인 문제에는 잘 기능할 수 있지만, 대부분의 계획과 정책문제들에는 잘 작동되지 않을 수도 있다. 이 문제해결사고는 계획가들이 당면하는 사악한(wicked) 문제의 유형에는 적합하지 않고, 기술적으로 얌전한(well-behaved) 문제에는 유용한 접근방법이다.

③ 사이버네틱적 시각 사이버네틱이론의 큰 기여는 체계의 안정과 통제에 영향을 주는 체계적 관계와 상호작용에 초점을 둔다. 체계통제의 규범적 문제(예, 거너번스, 적법화된 권위, 정의)는 현재의 사이버네틱 설정의 체계적 경계

밖에 위치한 것으로 보인다.

사이버네틱적 작용모형은 물리적 및 자연적 체계에는 적용하기 용이하지만, 자기변환적인 사회 및 정치체계에는 한계가 있다. 사이버네틱스는 체제행태의 모형화에는 도움을 줄 수 있지만, 계획실제의 규범적 문제, 전략과 효과적 행동의 설정에는 많은 도움이 되지는 못한다.

④ 만족화 시각 제한된 합리적 행동의 만족화(satisficing)설명의 주요한 기여는 종합성, 모든 사실의 수집, 모든 가능한 대안의 조사, 모든 가능한 결과의 추적, 등등의 비합리적 합리성을 배척하는 것이다.

그러나 시간, 자원, 지식의 제약을 추가하여 합리성을 제한할 수 있지만, 불완전하게 해결함으로써 문제가 끝나는 것은 아니다. 만족화(滿足化)는 근시화되는 위험이 따르고, 그것은 특정한 사례를 만족시켜야 되는 정치적 및 윤리적 규범의 문제를 발생시켜, 실제적 행동으로부터 분리하게 한다.

2. 의사소통적 시각

계획과 정책분석은 사회적 행동으로 이해할 수 있다. 사례에 따라 약간의 차이는 있지만, 행동은 목표를 추구하며 의미 있는 소통을 모색하는 것으로, 지나치게 도구적인 행동은 의미 없는(meaningless) 행동으로 인식된다. 사회적 행동은 어떤 때는 도구적일 수 있지만, 보다 근본적으로는 항상 의사소통적(意思疏通的)이어야 한다. 의사소통행위는 사람간의 상호작용이고 때문에 정치적이며, 사회 및 정치적 관계를 재생산한다(Forester, 1993: 24).

현대계획에서는 계획가들이 단지 사실(facts)만을 제공하는 중립적 전문가를 이상적으로 생각했다. 그러나 보다 포괄적이고 의사소통적 계획형태에서는 계획가들 이 경쟁적인 이해당사자들과 그들의 경쟁적 사실들을 고려하는 것을 요구하게 되었다(Saarikoski, 2002: 3).

실재운동 내에서 의사소통계획이론가들은 주로 하버마스(J. Habermas)의 저술에 영향을 받아 주도적 지위를 차지하고 있다. 학자들(Forester, Healey, Hoch, Innes, Mandelbum, Throgmorton, and others)간에 약간의 차이는 있지만, 이 접근은 계획에서의 의사소통과정과 지식생산에 대해 초점을 둔다. 이들의 중심적인 가정(假定)은 어떠한 의사소통행위도 순전히 기술적이고 중립적인 경우는 없고, 모든 기술적 지식은 특정한 해석적 편애와 규범적 가치를 반영하는 편견이 불가피하게 혼합되어있다는 것이다. 때문에 의사소통행위는 표면가치(face value)만을 받아들이기 보다는, 기술적 말(technical talk)의 표면 밑에 있는 의미, 가치, 동기를 발견하도록 해석되어야 한다는 것이다(Watson, 2002: 180).

Ⅳ. 실제적 학습방법

학자와 실무자 간의 협력적 연구를 주장하는 사람들은 학자(學者)는 실무자들이 만든 유용한 지식으로부터 도움을 얻을 수 있고, 실무자(實務者)들은 학자들로부터 실무에 대한 보다 나은 통찰을 제공받을 수 있다는 점을 강조한다. 대부분의 실제운동학자들은 계획가들을 훈련하는데 도움을 줄 수 있도록 하기 위해 계획가들의 실무적 업무에 대해 초점을 둔다. 실무를 돕는 실무로부터의 학습이 실무운동(實務運動)의 핵심(核心)이다. '실무를 개선하기 위해 실무로 부터의 학습'이라는 주제는 학습은 경험으로부터 일어나고, 그 경험은 일반이론이나 규칙보다 유용한 학습과정을 생산할 수 있다는 의미이다(Watson, 2002: 181~182).

실제운동학자(實際運動學者)들은 계획가들이 무엇을 해야 하는가를 이해하는데 여러 방법(方法)을 사용해 왔고, 그 결과를 여러 방법으로 표현해 왔다. 초기에는 개별계획가들에 대해 심층면접(深層面接)에 의존하는 인류학적 접근(ethnographic approach)을 주로 사용했다. 포레스터(J. Forester)가 제시한 이 방법은 계획가들과 면담하고 그들의 경험을 기술하고 자신의 주석과 해석을 함께하는 단편적 정보를 포함하는데 특별히 흥미를 가졌다(Watson, 2002: 180).

다른 학자들은 계획실제를 이해하기 위해 중요한 정보제공자인 계획가들이 하는 일에 대한 사례연구(事例硏究)를 특정한 시간과 장소의 맥락 내에서 파악하는데 중점을 두어왔다(Watson, 2002: 180~181). 이 시각에서 쓰로그모르톤(J. Throgmorton)은 전기계획(電氣計劃)에 관한 그의 저서에서 무엇이 좋고, 옳고, 가능한가에 대한 대립적인 견해들에 대하여, 어떻게 일관되고, 설득적으로 논쟁하는가를 계획가들이 배우도록 하는데 초점을 두어서 기술하고 있다. 이를 위해 그는 계획가들이 어떤 일을 하기 위해 어떻게 상호작용해야하는가를 광범하게 제시한다. 먼저 그는 원자력확산의 역사와 전력제공에 영향을 미치는 현재의 경제, 정치적 환경 내에 독자들을 위치시킨다. 그리고 그는 지방정치환경, 소비자, 지역사회의 동적인 여건을 전체적으로 기술한다. 저서의 계획가들과 중심적 활동가들이 누구인가를 독자들이 알 수 있도록 한다. 독자들은 쓰로그모르톤의 직접 해석뿐 아니라, 담론에 의해서도 많은 것을 이해할 수 있게 된다(Watson, 2002: 181).

제 4 절 계획이론의 범위

Ⅰ. 계획이론의 영역

1. 의 의

1980년대까지 계획이론의 지배적인 유형은 팔루디(A. Faludi)에 의해 제시된 실체이론과 과정이론 간의 구별이었다(Allmendinger, 2002a: 30). 팔루디는 계획이론을 과정이론(procedural theories)과 실체이론(substantive theories)으로 구분하고, 계획의 이론(theories of planning)과 계획 내 이론(theories in planning)이라 명명했다. 과정이론(過程理論)은 의사결정과정의 선택된 방법을 정의하고 정당화하는 반면에, 실체이론(實體理論)은 계획의 내용과 관련된 학제적 지식을 포함한다(Yifachel, 1998: 24).

계획이론을 실체이론과 과정이론으로 구분하는 것은 무엇이 계획 속의 과학인가를 결정하기 위한 계획의 과학에 대한 이해의 필요성에서 기인한다(Faludi, 1973: 1). 이는 철학과 과학과의 관계를 소명하고, 어떻게 과학이 이루어지고 과학자들은 어떻게 나가야하는가를 논의하기 위한 것이다(Camhis, 1979: 1).

계획이론영역(計劃理論領域)의 핵심으로서 계획의 속성, 목적 그리고 실제에 대한 논의는 사회, 도시, 지역, 장소의 속성, 그들의 장래형상을 위해 정부가 무엇을 해야 하고, 그들은 어떻게 행동해야 하는 개념들이 혼합된 일정의 철학적 기반 이상이다. 이러한 논의에서 계획이론의 영영에서 명확히 해야 할 두 가지 차원이 지속적인 논쟁적 긴장이 따르고 있다. 하나의 관심은 영역의 실체적 맥락(實體的脈絡)이고, 다른 하나는 무엇이 과정(過程)으로서 계획을 구성되어 있는가에 대한 관심이다(Hillier and Healey, 2008: x).

2. 영 역

(1) 실체이론

실체이론(substantive theories)은 계획이 관여하는 현상과 관련된 이론으로, 계획가가 무엇을 하고 무엇을 산출해야 하는 것과 같은 계획가의 관심영역(關心領域)과 활동영역(活動領域)에 대한 바탕을 제공한다. 실체이론은 계획대상(what)에 관한 것으로 계획이 수행하고 영향을 미쳐야 할 현상에 대한 것을 다룬다(Moore, 1978: 389). 이 이론은 실체적인 지식, 주제에 관한 지식, 문제의 속성에 관한 이론들을 의미한다(Smit and Rade, 1980: 88).

실체이론(實體理論)은 계획가와 계획이론가들이 사용하는 다른 학문분야에서 발달된 아이디어로 특정방향으로 계획의 노력을 설명하거나 지향하는 것을 돕는 것이다. 실체계획에서 사용되는 이론들은 그 수가 많고 다양하며, 설명과 규범 양면에서 접근 가능하다. 즉 설명적 실체이론(說明的 實體理論)은 계획가가 다루어야 할 경제, 지리, 사회 현상을 설명하는 것이다. 예를 들면 도시지리학자의 입지이론, 도시경제학자의 경제구조와 체제이론, 사회학자의 사회구조와 사회체계이론 그리고 토지이용과 교통연구를 포함한 모든 사회과학의 모형화와 분석체계를 들 수 있다. 규범적 실체론(規範的 實體理論)은 계획, 제안, 전략들을 작성하는 것과 관련되어 있다. 이들 이론의 일부는 단기적으로 현안문제의 치유와 관련되고 장기적으로 새로운 환경의 조성과도 관련된다.

계획의 실체적 측면들에 대한 경계획정은 매우 어려운 일이다(Alexander, 1992: 8). 이 실체적 영역은 주택, 교통, 보건 그리고 경제적 정책까지 다루고, 기능적으로는 물리, 사회, 공공정책 그리고 경제계획으로 구분하기도 한다.

(2) 과정이론

계획이론의 핵심은 계획과정(計劃過程)에 대한 것으로, 계획을 어떻게 해야 하고 실제로 어떻게 하고 있는가하는 문제를 다룬다. 이러한 질문은 개인(individuals), 집단(groups), 기업(firms) 그리고 정부(governments) 모두에 적용된다. 계획과정은 개인(個人)의 경력계획, 가정(家庭)의 가계예산이나 여행일정, 회사(會社)의 마케팅전략이나 생산계획, 도시(都市)의 자본개선계획, 국가(國家)의 에너지, 환경, 국방 그리고 복지에 관한 정책들을 작성할 때와 같이 여러 상황에 각각 적용할 수 있다(Alexander, 1992: 8).

과정이론(過程理論)은 계획가와 계획작업이 이루어지는 방법(方法)을 포함한 계획과정(計劃過程)과 관계되는 것이다. 계획가가 어떻게 결정하며, 어떻게 계획기관이 기능하며 이것들이 어떻게 상호 조화하는가를 다룬다(Hendler, 1995: 3).

과정계획이론(過程計劃理論)은 계획의 과정과 운영을 분석, 설명하고 이의 개선을 위한 규범적 이론 -즉 '어떻게(how) 계획을 운영, 조직해야 할 것인가?'에 대한 것- 을 제공해 준다. 이 과정이론은 계획활동이 추구하는 이념, 가치, 계획의 원칙과 절차, 기구와 제도적 장치를 다루는 이론을 말한다(Galloway and

Mahayni, 1977; 김신복, 1991). 이 이론은 사전에 결정된 목표에 대한 다양한 해결을 위한 의사결정에 있어 최적의 길을 제안했다. 이 이론에 의한 가장 이상적인 의사결정처방은 합리적 종합적 모형이었다. 즉 합리적이고 효율적인 계획을 수립, 집행하기 위해서는 계획활동 그 자체가 어떻게 하면 능률적으로 이루어 질 수 있는가에 관한 계획의 수립, 다시 말하면 '계획의 계획'(planning of planning) 또는 '상위 계획'(meta-planning)이 중요한 의미를 갖게 된다(Smit and Rade, 1980: 88).

과정계획이론(theory of planning)도 두 개의 이론으로 구분할 수 있다. 하나는 계획이 어떻게 이루어져야(ought) 하는가와 관련된 규범이론(normative theory)이고, 다른 하나는 계획이 어떻게 이루어지고(is) 있나 하는 점이나 계획 자체의 사회적 성격은 무엇인가 하는 점과 관련된 실증(positive) 또는 경험이론(empirical theory)이다(Los, 1981: 63~64; Faludi, 1978: 1~2).

과정계획이론은 '50년대~'60년대에 영미에 논의, 도입된 계획이론으로 이는 계획을 일반적인 사회관리과정으로 보고 있으며 '60년대에 들어 지배적인 위치에 올라서게 되었다. 그러나 '70년대에 들어 계획이론의 영역에서 과정계획이론이 주도적 위치를 확보하는데 실패하고, 상당수의 경쟁적인 이론적 입장들이 제기되고 있으나 어떠한 이론적 입장도 주도적인 위치를 확보하지 못한 이론적 난립 상태에 놓여 있다(Healey, et al., 1982).

3. 영　향

팔루디(A. Faludi)의 이분법적 접근에 의하면, 과정(procedures)은 수단으로서 계획과 계획가들의 업무(business)와 관련된다. 이의 결과로 계획이론은 실체보다 과정을 강조하는 체계(體系) 및 합리적(合理的) 접근(接近)에 의해 주도하게 되었다. 그리고 그의 접근은 계획을 비정치적(非政治的)이며 기술적(技術的)인 것으로 가정했다. 계획이론에 대한 실체-과정기반의 지배는 1970년대까지 지배적인 위치를 차지하다가 과정계획이론에 기반한 다양한 새로운 접근이 등장함에 따라 그 지배적 위치를 상실하게 되었다(Allmendinger, 2002b: 79; Yifachel, 1989: 24~25).

팔루디는 자신의 과정-실체의 이분법적 접근에 대한 비판이 증가하자, 계획을 목표중심(目標中心), 통제중심(統制中心) 그리고 결정중심(決定中心)견해의 3가지로 유형화를 시도했다(Yifachel, 1989: 25). 목표중심견해계획(object-centered view planning)은 계획을 처방적 행동을 지향하는 대상의 종합적 지식으로 인식된다. 통제중심견해계획(control－centered view planning)은 환경변화에 영향을 주는데 필요한 통제의 정도로 해석한다. 결정중심패러다임(decision－centered paradigm)은 대안적 행동노선을 준비하고 평가하는 것과 관련된다.(Faludi, 1983: 81).

알렉산더(E. Alexander)는 계획이론을 네 가지로 범주화했다(Alexander, 1992: 7). 첫째는 정의(definitional)에 관한 것으로, 계획이란 무엇인가(what is planning?)를 다루고, 둘째, 실체(substantive)에 관한 범주로, 계획의 대상에 대한 것이다. 셋째, 과정적(process)인 것은 어떻게 계획이 작성되고 집행되는가에 대한 것이다. 그리고 넷째, 규범적(normative)인 것은 어떻게 계획을 세워야 하며 왜 계획을 해야 하는가를 다루게 된다. 계획이론은 이상의 모든 것을 포함하는 광범한 것으로 생각하거나 보다 제한되게 이해할 수도 있다.

Ⅱ. 계획의 연구전통

프리드만과 허드슨(J. Friedmann and B. Hudson)은 계획(計劃)을 지식(知識)과 행동(行動)을 연결(連結)하는 노력으로 이해하면서, 이에 대한 연구전통(硏究傳統)을 계획에 대한 연구를 발간된 저서를 중심으로 검토하였다. 그들은 계획이론의 연구는 주로 철학적 종합(哲學的 綜合), 합리주의(合理主義), 조직개발(組織開發), 그리고 경험주의(經驗主義)의 4가지 전통에서 주로 진행되어 오고 있음을 확인할 수 있었다(Friedmann and Hudson, 1974: 2~16).

1. 철학적 종합전통

철학적 종합전통(tradition of philosophical syntheses)은 계획의 사고에 큰 영향을 준 전통으로, 자신들의 고유학문(사회학, 경제학, 철학, 정치학, 사회심리학 그리고 계획)에서부터 한 걸음 나아가 사회과정으로서 계획에 대한 견해를 가지고 있는 학자들이 여기에 속한다.

이 전통의 특성의 하나는 학제적(interdis- ciplinary)이며, 계획문제에 대한 개인적 시각과 사회적 시각간의 갈등의 문제를 설명한다. 그리고 이 전통은 계획문제에 대해 광범한 역사적 맥락속에서 규범적이며, 처방적인 관심을 보인다. 이 전통에 속하는 주요 학자로는 만하임(K. Mannheim), 하이에크(F. Hayek), 우톤

(B. Wootton), 달(R. Dahl) 그리고 린드블름(C. Lindblom) 등을 들 수 있다.

2. 합리주의전통

합리주의 전통(tradition of rationalism)은 결정이 어떻게 합리적으로 이루어질 것인가에 초점을 두는 계획이론의 전통이다. 최근까지, 이 전통은 계획을 의사결정과 동일시하는 주도적 전통으로 인식되었다. 여기서는 문제에 대해 단일의 최선의 답을 제공할 수 있을 때 결정이 합리적이라고 부른다. 때문에 결정이론은 문제의 적정해결을 위한 논리와 실제의 규칙을 제공을 시도한다.

최근에는 합리주의자들이 그들의 사고를 결정이론에서 정책과학으로 까지 확대하고 있다. 이에 따라 결정이론은 1965년 이후에는 침체하고 그 자리를 정책과학(policy science)이 차지하게 되었다. 이 전통에 속하는 주요 학자는 사이먼(H. Simon), 에로우(K. Arrow), 틴버겐(J. Tinbergen) 등이다.

3. 조직개발전통

이 전통은 조직구조와 행태를 바람직한 방향으로 변화시키는데 초점을 둔다. 심리학과 조직사회학에서 기원한 이 전통은 인간잠재력과 만족을 극대화하기 위해 조직구조와 조직환경을 보다 근접시키키기 위한 분석구조와 행동을 도출하기 위해 노력한다. 조직개발(organization development)은 신기술, 시장, 도전에 대해 보다 잘 적응하기 위해 조직의 신념, 의식, 가치, 구조를 변화하기 위한 복합적 교육전략으로서 변화에 대한 반응이다.

조직개발의 작업원리는 과정과 구조에서의 어떠한 최종적 변화도 조직 내에서 이루어져야 하고, 조직의 구성부문들의 인식, 의식, 행태, 가치에서의 변화와 관련된다. 이러한 자체변환은 학습의 과정으로 간주될 수 있다. 계획가는 이 과정에서 촉매자적 역할을 수행한다. 그러한 촉매적 역할이 성공적이기 위해서는 계획가들은 조직의 인간적 및 심리적 측면에서의 거래자이어야 하고, 그들의 의사소통형태는 대화의 원리에 기반해야 한다.

결정이론 및 정책과학의 합리주의전통과는 반대로, 조직개발은 방법의 실험 그리고 논리적 추론보다는 경험적 학습의 결과를 더 강조하는 관련이론의 개발이다. 여기에 속하는 주요 학자는 버나드(C. Barnard), 르윈(K. Lewin), 리피트(R. Lippitt), 아기리스(C. Argyris) 등이다.

4. 경험주의전통

경험주의 전통(tradition of empiricism)은 대규모 정치, 경제체계의 기능에 초점을 둔다. 다른 전통의 규범적인 면과는 달리, 여기서는 실제 존재하는 체계행동의 측정을 강조한다. 이 전통에서는 계획된 사회변화의 관념은 거의 관심이 없고, 보다 실증적인 구제에 분석의 초점을 둔다. 이 전통은 국가계획노력과 도시정치학연구의 두 가지 흐름이 합해졌다.

국가계획(national planning)연구는 주로 경제학자, 경제개발전문가 그리고 정치학자들에 의해 이루어지고 있다. 국가계획의 경험적 연구는 전후재건계획에서부터 신흥공업국들의 경제개발계획의 문제에 집중되었다. 여기에 속하는 주요 학자는 윌레스(P. Wiles), 허쉬만(A. Hirschman), 그로스(B. Gross) 등을 들 수 있다.

도시계획(urban planning)연구는 계획실제의 성과를 측정하기 위한 적정한 표준으로서 합리적 의사결정모형을 사용하였다. 이 전통의 연구는 반필드(E. Banfield)와 메이어슨(M. Mayerson)에 의해 주도되었다.

Ⅲ. 연구주제

현재까지 어떠한 단일의 패러다임도 계획이론(計劃理論)의 기반(基盤)을 명료하게 정의하지 못하고 있다. 이러한 계획의 우선순위와 계획이념에 대한 합의결여(合意缺如)는 불가피한 면도 있지만, 계획교육에서 어떻게 계획이론을 가르쳐야 되는가에 대한 갈등으로 인도되고 있다. 결과적으로 많은 계획관련학과들은 통일된 이론패러다임을 개발하는데 주저하고 있다.

계획자체가 체계적이고 균일한 구조가 결여되어 있음에도 불구하고, 어떻게 계획이론을 체계적으로 가르쳐야하는가에 대한 합의가 있어야 한다. 아울러 계획이론연구(計劃理論硏究)는 이 영역에서의 오래된 분쟁의 뿌리와 의미를 명백하게 탐구해야 한다. 계획은 난삽하고, 논쟁적인 영역이기 때문에 계획이론은 그러한 논쟁을 이해할 수 있는 수단과 논쟁의 근원을 이해시킬 수 있어야 한다. 이러한 관점에서 계획이론은 적어도 다음의 6가지 논쟁점(論爭點)을 가르치고 연구해야 한다(Campbell and Fainstein, 2003: 5~9).

1. 계획의 역사적 근원은 무엇인가?

이론의 첫 번째 문제는 계획의 역사를 인도한 정체성(identity)에 대한 것이다. 계획의 역사적 근원(歷史的 根源)을 확인하기 위해서는 계획에 대한 명료한 개념정의를 통해 계획의 영역과 범위를 획정하고, 그러한 범위 내에서의 계획의 발달상황과 여건을 종합적으로 검토하는 노력이 중요하다.

2. 계획의 정당성은 무엇인가? 계획가는 언제 개입하는가?

계획은 사상(events)의 현재노선을 변경할 의도로 개입(intervention)하는 것이다. 때문에 계획된 개입(planned intervention)의 시기(時期)와 적법성(適法性)은 계획이론의 중심적 과제이다. 이는 왜(why) 그리고 어떤 상황(what situations)에서 계획가가 개입하는가 하는 것이다. 여기서 고려해야하는 것은 계획의 대안을 이해하는 것이다. 대체로 계획의 대안을 자유시장(free market)으로 가정하고 있지만, 시장자체도 혼돈적이거나 근시안적인 자기이익에 처해있을 수 있다. 때문에 자유시장(自由市場)을 계획의 대안으로 기계적으로 생각하는 것은 위험하다. 일부 사람들은 합리적 계획의 희망은 계획논리로서 시장의 불확실성을 단순하게 대체할 수 있다고 믿는다. 그러나 다른 일부 사람들은 그와는 반대의 신념으로, 시장논리가 계획이 남긴 혼돈을 대체할 수 있어야 한다고 믿는다. 대공황은 전자의 견해를 옹호하고, 동구 사회주의국가들의 몰락은 후자를 지지하는 사례로 종종 인용되고 있다.

사람들의 계획에 대한 일반적인 견해는 공공부문과 민간부문간의 관계에 대한 자신들의 가정을 반영하는 것으로, 정부가 얼마나 민간부문에 침투해야 하는가 하는 점이다. 계획에 대한 안정적 입장은 민간시장의 주기적 단점을 보충하는 역할로 보는 것이다. 이 접근은 서로 독특한 비교우위를 가지 있는 공공과 민간부문들 간의 상호보완성에 근간하고 있다. 그러나 이 접근은 계획이 시장실패시에는 의미를 갖지만 시장을 영구히 대체하거나 경제적 효율성을 변화시키는 것을 가정하지는 않는다. 이러한 계획적법화의 방법은 대부분의 보수적 경제학자들이 선호하는 축소된 의미의 계획이다.

3. 게임의 규칙: 어떤 가치가 계획에 포함되었는가? 계획가는 어떤 윤리적 난관에 직면하고 있는가?

공공부문과 민간부문 사이에 위치하고 있는 계획가입장은 민간과 준민간 부문에 종사하는 계획가들이 많아짐에 따라 전통적인 윤리적 가정(倫理的 假定)에 대해 의문이 제기되고 있다. 계획가들은 전체로서 대중에 충성을 더 이상 맹세하지 않아도 되는 것인가? 계획가들은 그의 고용자에 대한 봉사와 대중 간에 고민하게 된다. 이러한 경쟁적 충성의 영역에서, 계획의 초석으로 받아들인 공익봉사중에 무엇이 넘는가 하는 문세도 제기된다.

이러한 딜레마(dilemma)는 계획기능이 단순한 기술적 활동들을 넘어서 보다 넓은 사회·경제·환경적 도전들을 다룬다는 사실에 의해 보다 복잡해진다. 전체로서 사회 속에서 민주주의, 형평성 그리고 효율성은 종종 서로 충돌한다. 이러한 갈등은 경제개발, 사회정의 그리고 환경보호와 같은 대립되는 목표 간의 통합을 추구하는 계획가의 선택에 영향을 미치게 된다. 이러한 목표의 삼면성(triad)은 계획가와 외부세계간의 긴장은 물론 계획자체의 긴장을 유발한다.

또 다른 윤리적 차원은 전문가로서 계획가의 역할을 둘러싼 어려움에서 발생한다. 계획가의 전문성(專門性)과 주민참여(住民參與) 사이의 적절한 균형과 관련된 문제는 여러 상황에서 발생한다. 에를 들면 고속도로와 폐기물 처리시설의 입지와 같이 특정한 사회집단이 감당해야 할 비용이 발생될 때 제기되는 문제에서도 발생한다. 계획가들은 그들의 전문성을 위험을 계량화하고 화폐적 가치를 사람의 삶에 대비하게 된다. 그들은 공공시설의 장래영향을 예측함에 있어 모형구축자들이 사용하는 가정에 의존한다. 과학적 전문성을 정책의 정당화를 위해 목적적으로 사용하는 것에 대해 비판하는 일반주민들은 기술적 용어는 누가 승자이고 누가 패자인가를 알리는 가치를 흐리게 한다고 주장하면서 그들의 방법에 대한 적법성에 대해 의문을 제기한다.

4. 계획권력에 대한 제약요인: 어떻게 계획이 혼합경제 내에서 효과적일 수 있는가?

계획가들이 민간시장에 개입해야 한다는 것을 결정하는 것은 그 자체로서 권위와 권력의 문제를 제기하기 때문에 그것만으로는 충분하지 못하다. 일부 다른 직업과는 달리, 계획가는 그들의 작업대상에 대해 권력과 전문성에 대한 독점을 행사해서는 안 된다. 계획가는 민주주의 정치경제의 제약 속에서 활동하며, 그들의 계획대상에 대한 비전은 개발업자, 소비자 그리고 다른 보다 강력한 이익집단의 비전과 경쟁하게 된다. 계획가들이 발생할 개발유형을 필요로 할 때, 그것을 발생시킬 자원에 대한 통제를 할 수 없는 경우도 있다. 그들은 민주주의와 정부의 관료제의 제약 하에서 작업한다. 그들의 목표는 전체적인 정치적 의제 내에서 낮은 우선순위를 가질 수도 있다. 때문에 계획적 이상이 전체적이고 도전적인 비전이라고 해도 계획가는 그 역할이 제한될 수도 있다.

가장 강력한 계획가는 계획이 집행되도록 자원을 동원할 수 있는 사람이다. 이러한 강력한 계획가는 계획가의 역할을 유연하게 하고 공공부문과 민간부문간의 전통적 분리를 변경하게 한다. 공공-민간간의 협력의 결과는 계획가를 보다 활동적으로 만들고 공공계획가로서의 전통적인 정체성을 바꾸게 한다.

5. 계획의 유형: 계획가는 무엇을 하는가?

계획의 정당성(正當性)은 종합성(comprehensiveness)에서 종종 찾는다. 그러나 종합성의 이상은 심각한 비판(批判)에 직면해 있다. 계획이론들의 표준적 설명인 종합적 계획은 여러 개발조치와 규제적 제안들을 조화시키는 시도로 설명하고 있다. 이 계획의 성공은 이를 사용하는 높은 지식수준과 기술적 수용력에 의존한다.

종합계획(綜合計劃)의 시도는 표면적으로는 가치 있어 보이지만 두 가지 점에서 실패하고 있다. 첫째, 종합계획은 불가능할 정도로 복합적인 것에 대해서 지식, 분석, 조직적 조화의 수준을 요구한다. 이러한 비판은 점증계획(incremental planning)을 유도했다. 둘째, 종합계획은 공동의 이익을 가정하고 있으나 실제로는 주로 하나의 이익을 대변하고 빈곤층과 소외층의 욕구는 무시했다. 이러한 비판은 옹호계획(advocacy planning)을 가져오게 했다.

종합계획에 대한 공격은 1970년대와 1980년대까지 계속되었다. 전략계획이론가(戰略計劃理論家)들은 종합계획의 불가능에 가까운 일반적 목표를 거부하는 대신에 기업과 군사부문에서 작고 소박한 전략을 수용했다. 반대로 형평계획(equity planning)은 체제 내에서 계획가들이 소외계층의 이익을 반영하는 것을 허용하는 옹호계획의 보다 덜 공격적인 형태로서 등장하게 되었다.

종합계획에 대해 사망기사를 쓰는 것은 여러 문제가 있다. 첫째, 많은 계획가들은 그들의 작업모형으로서 종합적 접근을 사용하는데, 이는 대안적 접근이 부적합하다고 믿고 있기 때문이다. 많은 계획가들의 주요 과제는 종합계획을 수정하여 사용하는 것이다.

6. 공익의 문제

지속적인 문제는 공익(公益)에 대한 것이다. 계획은 '단일(單一)의 공익(公益)이 존재하는가?' 여부와 '계획가가 그것을 인식하고 그것을 위해 종사하고 있는가?' 여부에 대한 중심적 논쟁에 지속적으로 직면하고 있다. 점증주의계획가(漸增主義計劃家)들은 종합적인 공익의 과도한 복합성이 계획가들이 직접적으로 그것에 종사하는 것을 예방했다고 주장한다. 옹호주의계획가(擁護主義計劃家)들은 공익이라는 것은 단순히 특정계층의 이익을 나타내는데 불과하다고 주장한다. 보다 최근에는 포스트모더니스트들(postmodernists)은 공익에 대해 일반적인 수장적 담론에 도전해오면서, 다양한 목소리와 이해관계가 얽힌 이질적인 모습으로 이해하고 있다.

이러한 다양한 접근에도 불구하고, 계획가들은 계획은 공익에 기여해야 한다는 생각을 포기하지 않는다. 공익에 대한 신념은 계획가들이 귀하게 여기는 가치군 들인 평등한 보호와 평등한 기회, 공공 공간 그리고 시민공동체와 사회적 책임의 의식 등의 기반이 되고 있다. 많은 지역사회들이 서로 사이좋게 살고 있는 것에서 공동의 공익에서 다양성의 요소를 결합하는 도전에 직면해 있다. 하비(D. Harvey)는 사회적 정의(social justice)와 합리성(rationality)을 이러한 딜레마를 극복하기 위한 교량으로 보았다. 계획가를 자율적, 체계적 사상가라기보다는 의사소통자로 보는 의사소통적 행동에 대한 최근의 관심은 계획이론의 초점을 공익에 두는 새로운 노력을 반영하는 것이다.

참고문헌

강신택, (2002), 「사회과학연구의 논리」(서울: 박영사).
김광웅, (1992, 1996), 「방법론강의」(서울: 박영사).
김신복, (1983, 1992, 1998), 「발전기획론」(서울: 박영사).

매뉴얼(Manuel, F.: 차하순 역), (1990), 「계몽사상시대사」, 탐구신서 114(서울: 탐구당).
왈라스(Wallace, W.: 김영정·남재봉 공역), (1989), 「사회학 방법론」(서울: 한울).
쯔톰까(Sztompka, P.: 조재순·김선미 고역), (1995), 「체계와 기능」(서울: 한울).

Alexander, E., (1992), ***Approaches to Planning***(Philadelphia: Gordon and Breach Science Publishers).
Allmendinger, P., (2002a), ***Planning Theory***(Hampshire: Palgrave).
______________, (2002b), "Towards a post-positivist typology of planning theory", ***Planning Theory***, 1; 1(2002): 77~99.
Camhis, M., (1979), ***Planning Theory and Philosophy***(London: Tavistock).
Campbell, S. and Fainstein, S., (2003), "Introduction: The structure and debates of planning theory", Campbell, S. and Fainstein, S., (eds.), ***Readings in Planning Theory***(Oxford: Blackwell), 1~16.
Chapin, F., (1965), ***Urban Land Use Planning***(Urbana, Illinois: Univ. of Illinois Press).
Chen, H., (1990), ***Theory-Driven Evaluations***(California: Sage).
Cuthbert, M., (1976), The role of theory in town planning, Dept. of Town Planning, ***The Content of Planning Theory Course***, Working paper, No. 25(Oxford: Oxford Polytechnics), 19~27.
Donaghy, K. and Hopkins, L., (2006), "Coherentist theories of planning are possible and useful", ***Planning Theory***, 5; 3(2006): 173~202.
Faludi, A., (1973), ***Planning Theory***(Oxford: Pergamon).
________, (1978), Beyond "Planning Theory", Unpublished Paper presented at 18th European Congress of the Regional Science Association, Fribourg, Switzerland, August 29 to September 1, 1978.
________, (1983), "Three paradigms of planning theory", Healey, P., McDougall, G.

and Thomas, M., (eds.), ***Planning Theory: Prospects for the 1980s***, Oxford: Pergamon, 81~101.

Forester, J., (1993), ***Critical Theory, Public Policy, and Planning Practice***(N. Y: State Univ. of New York Press).

Friedmann, J. and Hudson, B., (1974), "Knowledge and Action: A Guide to Planning Theory", ***Journal of the American Institute of Planners***, 40; 1(Jan. 1974): 2~16.

Galloway, T. and Mahayni, R., (1977), "Planning Theories Retrospect: The Process of Paradigm Change", ***Journal of the American Institute of Planners***, 43; 1(Jan. '77), 62~71.

Greed, C., (2000), ***Introducing Planning***(London: Athlone).

Handler, A., (1957), "What is planning theory?", ***Journal of the American Institute of Planners***, 23; 3(1957); 144~150.

Healey, P., McDogall, G. and Thomas, M, (1982), "Theoretical debates in planning: towards a coherent dialogue", Healey, P., McDogall, G. and Thomas, M, (eds.), ***Planning Theory: Prospects for the 1980s***(Oxford: Pergamon), 5~22.

Hendler, S., (1995), "Introduction", Hendler, S., (ed.), ***Planning Ethics***(N. J.: New Brunswick), 3~10.

Hillier, J. and Healey, P., (2008), "Introduction", Hillier, J. and Healey, P., (eds.), ***Foundations of the Planning Enterprise***, Critical Essays in Planning Theory: Vol. 1, Hampshire, England: Ashgate, ix~xxvii.

Innes, J., (1995), "Planning theory's emerging paradigm: Communicative action and interactive practice", ***Journal of Planning Education and Research***, 14(1995); 183~189.

Innes de Neufville, J., (1983), "Usable Planning Theory: An Agenda for Research and Education", Checkoway, B., (ed.), ***Strategic Perspectives on Planning Practice*** (Mass.: Lexington), 43~62.

Los, M., (1981), "Some reflexions on epistemology, design and planning theory", Dear, M. and Scott, A., (eds.), ***Urbanization and urban planning in capitalist society*** (London: Methuen), 63~88.

Lucy, W., (1981), "Equity and planning for local services", ***Journal of the American Planning Association***, 47; 4(October 1981): 447~457.

McConnell, S., (1981), ***Theories for Planning***(London: Heinemann).

Poulton, M., (1991), "The case for a positive theory of planning, Part 1: What is wrong with planning theory", ***Environment and Planning B***, 18(1991): 225~232.

Reade, E., (1983), "If planning is anything, maybe it can be identified", ***Urban***

Studies, 20; 2(May 1983): 159~171.

Saarikoski, H., (2002), "Naturalized epistemology and dilemmas of planning practice", ***Journal of Planning Education and Research***, 22(2002): 3~14.,

Sandercock, L., (2003), "Out of the closet: the importance of stories and storytelling in planning practice", ***Planning Theory & Practice***, 4; 1(2003): 11~28.

Smit, J. and Rade, N., (1980), "Rational and non-rational planning", ***Long Range Planning***, 13(April, 1980): 87~101.

Smith, P. and Mcdonough, M., (2001), "Beyond public participation: Fairness in natural resources decision making", ***Society and Natural Resources***, 14(2001): 239~249.

Verma, N., (1995), "What is planning practice? The search for suitable categories", ***Journal of Planning Education and Research***, 14(1995): 178~182.

Watson, V., (2002), "Do we learn from planning practice?", ***Journal of Planning Education and Research***, (2002): 178~187.

Yiftachel, O., (1998), "Planning and social control: Exploring the dark side", ***Journal of Planning Literature***, 12(1998): 395~406.

제 3 장 계획사조의 발달

제 1 절 개　　요

Ⅰ. 의　　의

1. 의　　미

모든 학문분야(學問分野)는 그의 사상(思想)과 실천(實踐)에 대한 역사(歷史)와 논쟁(論爭)의 전통(傳統)을 가지고 있다. 이러한 전통은 경험·신화·비유·논쟁의 저장소(貯藏所)로서 작용해 왔으며, 이 저장소(store)는 이해, 행동과 영감을 위한 조언·격언·처방전 그리고 기법을 제공한다. 때문에 이 저장소는 지적 근원(intellectual resources)으로 작용한다. 그러나 이 저장소는 쉽게 버리기 어려운 특정한 형태의 지각과 이해에 고착되어, 지적쇄신의 제약요인으로 작용할 수도 있다(Healey, 2006: 7).

역사분석(歷史分析)은 결론이 아닌 통찰력(洞察力)을 제공한다. 그리고 이의 근본적인 가치는 이의 적용(適用)에 있는 것이지 사실의 백과사전식 수집에 있는 것은 아니다. 역사분석이 그러한 기능을 수행하도록 하기 위해서는 계획가는 새로운 시각에서 역사를 보아야만 한다. 즉 역사적 사실들은 그들의 특수성을 넘어서 광범한 일반화된 시각에서 고찰해야 한다.

역사는 우리가 미래 또는 미래의 가능성을 일별함으로써 투명해진다. 역사학자 카(E. H. Carr)는 역사(歷史)는 "현재의 시각에서 미래 그리고 과거의 시각에서 현재의 이해를 제고하는 기능을 수행한다"라고 했다. 과거는 현재를 통해 항상 보여지기 때문에 양자는 시간의 연속 상에서 구속되어 있다(Johnson and Schaffer, 1985: 132).

2. 역사연구의 정당성

역사(歷史)와 계획(計劃)은 공동의 지적과정을 통해 서로 연결되어 있다. 역사적 상상은 계획적 상상과 동반자관계이다. 과거의 의미에 대한 인식은 장래에 대한 관심과 관련되기 때문이다(Johnson and Schaffer, 1985: 131).

계획이론에 대한 많은 이론가들과 교사들은 계획의 역사가 계획이론을 가르치는데 있어 특히 유용하다는 점을 지적한다. 프리드만(J. Friedmann)은 계획이론과정은 계획의 역사, 계획에 대한 논쟁들 그리고 현재의 실무유형에 대한 것을 중심으로 가르쳐야 한다고 강조한다. 세이거(T. Sager)도 계획이론과정은 학생들에게 계획의 특정한 아이디어에 대한 역사적 여건을 이해하도록 계획이론의 지적역사를 제공해야 한다고 지적한다(Frank, 2002: 322).

역사연구(歷史研究)의 정당성(正當性)은 두 가지 범주로 나눌 수 있다(Abbott and Adler, 1989: 467~468). 첫째, 역사감각이 전문직에 긍정적인 이유는 결속(solidarity)과 긍지(pride)를 구축하기 때문이다. 계획가들이 불완전하게 획정된 전문성과 원칙 하에서 일하기 때문에 역사는 집단정체성(group identity)을 형성하는 중요한 기능을 수행한다. 집단들과 사회는 과거의 이미지를 통해 현재의 활동을 정당화시키는데 사용할 뿐 아니라 집단의 사회화를 촉진하는데도 사용된다. 이와같이 역사는 정체성형성(正體性形成)에 중요한 의미를 갖는다(Mandelbaum, 1985: 185). 계획역사의 두 번째 정당성은 특정한 문제나 이슈의 배경(背景)을 알게 하는데 있다. 이는 계획의 역사를 배우는 것은 과거와의 반목을 회피할 수 있다는 의미와 관련된다.

Ⅱ. 계획활동의 범위

1. 계획의 개념과 역사

계획의 배경과 역사를 어떻게 기술할 것인가 하는 점은 계획을 어떻게 생각하느냐에 달렸다. 계획은 광의(廣義)로는 타고난 진보의 힘, 생물학적인 생활형태의 본능적 예측 그리고 인간의 사려깊은 행동을 강조하는 '보통의 심려'(ordinary forethought)로서 정의할 수 있다. 이러한 관점에서는 계획의 배경을 단순형태에서 보다 복합적 생활형태로의 진보적 발달을 통해 추적할 수 있다. 이 견해에 따르면 계획의 배경은 인간문명의 시초에까지 거슬러 올라갈 수 있다. 인간을 다른 영장류와 구별할 수 있는 특징의 하나인 도구(道具)의 사용은 이러한 사려깊은 심려(deliberate forethought)의 결과이다. 이 견해에 의하면 계획은 순수한 본능적 반사나 직관적 반응이 아닌, 모든 인간행동의 기저에 있는 예견된 설계로 이해할 수 있다(Alexander, 1992: 13~15).

계획에 관한 지적역사를 파악하기 위해서도 계획개념의 이해가 중요하다. 계획을 민간부문까지 확대해서 파악할 것인가 또는 공공부문에 고유한 특성으로 이해하느냐 에 따라 그 범위와 연원에 많은 차이가 있을 수 있다. 계획이 미래에 대해 사전에 대비하고 설정된 목표를 달성하기 위한 조직적 활동이라면, 모든 공·사부문의 시초에서부터 계획활동이 지속되었다고 할 수 있다. 비록 오늘날과 같은 체계적이고 과학적인 접근은 아니었다고 하더라도 사전에 설정된 목표를 달성하기 위한 노력을 수행한 것은 개인, 조직, 국가의 모두에게 적용되는 공통적인 특성이라고 할 수 있을 것이다.

2. 근대계획의 배경과 발달

포괄적인 의미에서 근대적인 계획전통(計劃傳統)은 복음주의(evangelism), 공식적인 제도적 실제(formal institutional practice), 과학적 지식(scientific knowledge) 그리고 학문발달(academic development)의 혼합을 통해 구축, 발달해 오고 있다(Healey, 2006: 7). 이러한 계획의 전통은 통제하기 어려운 정치, 경제, 사회적 여건의 맥락 속에서 구체화되고 있다. 특히 산업혁명이후의 사회 경제 상황은 근대계획형성에 중요한 영향을 주고 있다.

본 장(章)에서는 먼저 계획사조발달의 배경을 이해하기 위해 근대계획(近代計劃)의 출발점이 된 산업혁명이후(産業革命以後)의 사회경제적 상황을 파악하기로 한다. 다음으로 계획관련사상의 지적계보를 범주화하여 그 특성을 중심으로 검토하기로 한다.

제 2 절 계획사조발달의 배경

Ⅰ. 산업혁명과 근대계획의 태동

1. 산업혁명과 그 파급효과

산업혁명(產業革命)은 1760년대에서 1830년대에 걸쳐 영국 산업환경의 급격한 변화로 진행되었다. 물론 이 변화는 이 기간 이전과 이후에도 진행되었지만 그 이전부터 생성되었던 자본재생산양식이 일단 완성된 형태를 갖추게 되었고, 이 생산양식이 이후발전의 출발점이 되었다는 점에서 중요한 의미를 갖는다.

산업혁명은 가내공업이 공장제공업(工場制工業)으로 전환되었다. 방직공업의 기계화로부터 시작하여, 작업기와 동력기의 보급은 제조업의 발달을 촉진하였고, 증기기관이 용광로에 응용하여 제조업의 혁명을 이루게 되었다. 공업(工業)의 발달은 상업의 발달을 가져왔으며, 상공업(商工業)의 발달은 교통(交通)의 발달을 수반하였다. 운하와 철도교통의 발달은 국내 시장영역을 확대했을 뿐 아니라 제품생산과 판매의 해외의존도를 높였다.

이와 같은 산업기술의 변혁은 영국의 국부를 비약적으로 증가시켰으며, 그 결과 노동자와 자본가의 계층적 분화가 이루어졌다. 기업규모의 확대와 기업 간 경쟁은 노동자의 복지보다는 자본가의 이익을 추구하는데 전념하게 했고, 이는 양자간의 대립을 강화하게 만들었다. 한편 경지의 확장과 개량 그리고 소농장의 대농장에의 합병 등을 통한 농산물의 생산증대로 공업인구를 부양함으로서 농업의 진보가 산업혁명을 지지하게 되었으나, 독립중소농민의 몰락으로 농민을 토지에서 이탈하여 도시로의 집중을 가져오게 했다.

2. 민중혁명과 급진계획

계획발달의 중요한 시점의 하나는 민중폭동(民衆暴動)이 유럽대륙을 휩쓴 1848년이었다(Friedmann, 1987: 61). 이 해에 프랑스에서 2월 혁명, 독일에서 3월 혁명이 일어났고, 이를 분수령으로 과거와 대비되는 새로운 변화가 진전되었다. 비록 혁명적인 힘은 1년도 못되어 수그러들었으나, 유산계급의 패권은 재확립되었고 국가적 통합의 시기가 시작되었다. 일부 선각자들을 예외로 하면, 거의 모든 주요 계획전통(計劃傳統)들이 이때부터 생겨나기 시작했다.

19세기는 이론을 실제에 적용하는 혁명의 세기였다. 이는 봉건적 구속으로부터 자유를 추구하여 투쟁하는 민간기업가의 전성시대로, 거대자본가에 대해 투쟁하는 대중과 계급에 기초하는 정당의 시대로 나아가는 엄청난 변화를 수반하는 세기였다. 이러한 19세기의 사상적, 지적, 역사적인 하나의 봉우리를 이룬 것이 1848년이었다(노태구, 1987: 71).

이 시기를 전후하여 무정부주의(Anarchism)와 역사적 유물주의(Historical Materialism)를 포함하는 계획의 급진적 견해(radical views)가 대두되었다(Friedmann, 1987: 53). 한편 계획에 대한 보수적 견해(conservative views)는 꽁트(A. Comte)의 기치아래 발전하고 있었다. 급진계획이 보수계획과의 차이점은 전하려는 정치적 메시지에 있는데, 생시몽(C. Saint-Simon)과 꽁트(A. Comte)가 지배계급을 대상으로 한데 비해, 이들은 혁명적 투쟁의 보유자인 도시 무산계급을 대상으로 했다.

Ⅱ. 양차대전과 현대계획의 출현

1. 제 1 차 세계대전

1914년에 발발한 제1차 세계대전은 유럽의 운명을 크게 변화시켰다. 산업혁명이후 누린 유럽중심의 세계경제는 미국경제(美國經濟)의 등장(登場)에 따라 지위변화가 나타나게 되었다. 미국자본주의는 19세기 후반에 급속히 발전하여 19세기말에는 공업생산에서 영국을 앞지르게 되지만, 제1차 세계대전을 계기로 생산과 금융의 세계적 중심지로 변모하게 되었다.

미국은 전쟁발발초기에는 중립을 선언하였으나, 결국은 연합진영의 지원을 위해 전쟁에 가세하게 되었다. 참전 후 미국정부는 전시물자동원을 위해 「전시산업위원회」(War Industries Board)를 창설하고, 그 밑에 각종 하위위원회를 두어 전쟁수행에 필요한 모든 생산자원을 동원하는 기능부여, 산업별 생산원료의 공급, 노동력의 배정 그리고 생산량의 획정에 이르기까지 방대한 권한을 행사하였다.

제1차 세계대전은 자본주의 경제일반에서 과잉생산을 촉진하게 되었다. 즉 전쟁에 의해 촉진된 기술진보(技術進步)와 생산투자(生産投資)의 확대가 과잉생산을 가져왔다. 유럽의 과도한 자본축적이 오히려 생산과잉과 불황을 초래하는 이른바 풍요중의 빈곤으로서 자본설비의 유휴와 노동자의 대량실업이 사실로 나타난다. 따라서 독점자본주의시대(獨占資本主義時代)의 독점적 경쟁은 전전의 유럽경제를 유지하여온 자유방임주의를 파탄으로 몰아넣고 결국 그 모순으로 인하여 1930년대의 세계대공황을 유발시키고 만 것이다(김복수, 1989: 456).

제1차 세계대전은 유산계급의 무한진보(unlimited progress)에 대한 환상에 깊은 그림자를 드리우게 되었다(Friedmann, 1987: 61). 지하의 힘과 분리된 힘들을 발견하게 되었을 뿐 아니라, 비이성(非理性)의 검은 그림자(파시즘 등)들도 나타나게 되었다. 전쟁은 중앙지시적인 계획의 가능성을 보여 주었고, 소련의 제1차 5개년 계획도 전후에 나타나게 되었다.

2. 대공황과 뉴딜정책

(1) 대 공 황

자본주의적 생산구조에서는 생산력의 발전과 더불어 자본제적 생산에 내재하고 있는 여러 모순이 누적되면서 재생산과정이 교란되고 불균형이 노출되기 마련이며, 이러한 불균형의 폭발이 공황을 야기하는 것이다(조기준, 1995: 347). 제1차 세계대전 후 각국 자본주의는 전후 경제복구를 일단락 지으면서 1920년대 중엽부터 점차 과잉생산(過剩生産)의 징후를 나타내게 되었고, 1920년대 말에는 여러 모순이 폭발하게 되었다. 이러한 경제적 대불황은 1929년에 미국에서 시작하여 전 세계를 휩쓰는 대공황(大恐慌)으로 전개되었으며, 공업부문 뿐 아니라 농업을 비롯한 모든 생산부문에 파급되게 되었다.

1920년대의 안정기를 통하여 각국의 산업은 생산성향상과 생산경제의 합리화로 생산은 격증하였으나 고용률은 상대적으로 저하됨에 따라 노동자들의 구매력이 감퇴하게 되어 소비와 생산의 불균형이 심화되었다. 주요한 농업생산국에서 농산물 체화(滯貨)현상이 뚜렷하게 나타나 농산물가격은 폭락하게 되었고, 농산물가격폭락은 공업제품에 대한 구매력을 더욱 악화시켰다.

미국은 유럽과 다르게 제1차 세계대전의 피해를 입지 않았을 뿐 아니라 경제적, 정치적, 군사적으로 훨씬 강력한 국가로 등장하게 되었다. 특히 경제적으로 해외에서 유럽의 시장을 잠식했으며, 상당한 정도의 수출초과도 이루었다. 시장의 확대와 함께 인구증가와 기술발전으로 경제성장은 지속되었다. 미국의 은행과 투자자들은 뉴욕의 증권시장에 투자하기 위해 해외채권의 구매를 줄이기 시작했고, 뉴욕의 증권시장은 높은 상승세를 나타내게 되었다. 그러나 미국의 해외투자정지에 의해 유럽의 많은 나라들은 불황의 격동기에 들어서게 되었다. 그러다가 1929년 10월 24일(검은 목요일) 외환시장에서의 주식투매현상(株式投賣現象)에 의해 주식가격의 급격한 하락을 가져왔고, 10월 29일(검은 화요일)에도 소동은 계속되었다. 은행들은 대부금을 회수함으로써 많은 투자자들이 그들의 주식을 증권시장에서 투매하도록 강요했다. 이에 따라 주식가치는 더욱 하락하게 되었다. 1929년 공업생산의 대폭적인 하락과 그 지속성으로 유명한 세계공황(世界恐慌)은 주요 자본주의 국가의 공업생산지수를 1908~9년의 수준으로 후퇴시켰다(박광순, 외 3인, 1997: 408). 공황의 최저점은 1932년에 통과되었으나, 호황으로는 진전되지 않았다.

루즈벨트가 취임한 1933년 3월 4일은 대공황이 최악의 상태에 빠지고 있던 때였다. 경제활동은 평소의 60%에도 미치지 못하고 노동자의 25%가 실직상태이며 물가는 공황이래 최저점에 달하였다. 금융공황도 최악의 상태에 직면하여 큰 은행들의 지불유예(moratorium)선언이 잇달아 나타나고 연방준비은행(聯邦準備銀行)마저 휴업에 들어가게 되었다.

(2) 뉴딜정책

세계공황을 극복하기 위하여 미국에서는 루즈벨트(Roosevelt) 대통령이 시장에 개입하여 위기를 타개하고자 하였는데, 이것이 1933년부터 실시된 뉴딜(New Deal)정책이다. 루즈벨트는 대공황은 고전적 자유방임정책에 의해서는 도저히 극복할 수 없다고 판단하고, 80일의 은행휴업을 선언하여 은행의 재편기회를 제공하고, 국내경제의 진작을 위해 취임 후 100일 동안에 공황극복을 위한 일련의 경제정책을 내놓게 되었는데 이를 뉴딜(New Deal)정책이라 한다(박광순, 외 3인, 1997: 411).

뉴딜(New Deal)정책은 추진정책의 내용에 따라 3기로 구분하여 고찰할 수 있다(박광순, 외 3인, 1997: 411~413). 제1기(1933~35년)에는 18개의 법안을 기초로 구조(relief)와 회복(recovery)위주의 긴급시책이 시행된 시기이다. 주요한 입법내용은 「전국산업부흥법」(National Industrial Recovery Act), 「농업조정법」(Agricultural Adjustment Act), 연방비상구제법」(Federal Emergency Relief Act), 「노동관계법」(National Labour Relations Act), 「사회보장법」(Social Security Act) 등이다. 그리고 국가자원계획위원회(National Resources Planning Board), 연방긴급구제국(Federal Emergency Relief Agency) 등 각종 정부기관도 설치하게 되었다(정규서 · 강태룡, 1984: 29). 제2기(1935~37년)에는 유수정책(pump-priming policy)이 본격적으로 전개된 시기로 금본위제가

정지되고 관리통화제로 전환되었다. 테네시계곡개발공사법(TVA)에 의한 사업들이 본격화된 것도 이 시기였다. 제3기(1938~39년)는 연방정부의 지출정책이 유수정책의 문제점을 보완하여 항구적인 보정적 재정정책(compensatory fiscal policy)으로 정착한 후기 뉴딜이라 불리는 시기이다.

불황의 장기화에 따라 경제에 있어 정부의 역할이 증대되었고, 경제정책에서는 케인즈혁명(Keynesian Revolution)을 가져왔다. 고물가의 유지만으로는 경기회복의 목적을 달성하는 데는 한계가 있음을 인식하고 1937년 이후의 새로운 불경기에는 정부의 재정정책의 추진에 중점을 두었다. 물론 1933년부터 실업구제책을 실시했으나 1937년 이후부터는 민간투자를 유발하는 정책을 추진하게 되었다. 대공항의 마지막에는 뉴딜정책에 의해 경제여건은 많이 개선되었으나, 아직도 어려움에 처해 있었다. 1939년에 실업률은 17%(총 노동자 5천 5백만 명 중 실업자는 1천만 명)이였으나, 이는 1933년의 25%보다는 낮아졌다. 1939년의 GNP는 $910억으로 1929년의 $1,040억에는 이르지 못했지만, 1933년의 $560억에 비해서는 크게 좋아졌다(Lepawsky, 1976: 16).

(3) 계획경제의 발달

1930년대는 계획의 역사에서 특이한 시기였다. 계획에 대해 낙관적이고, 새로운 계획의 영역이 여러 가지 개시되었다. 그러나 계획에 대한 기대가 큰 만큼 대공항의 기간 중 실패도 맛보았다(Levy, 1997: 54). 루즈벨트(Roosevelt)행정부에서는 보수에서 급진에 이르기까지 다양한 이념계층이 포진하여 무엇을, 어떤 원리에 의해 계획할 것인가 대한 합의가 없었다. 여기서 타그웰(R. Tugwell)과 왈라스(H. Wallace) 등은 경제권력이 민간에서 공공부문으로 옮겨져 주요한 변화를 추구하는 것을 지지한 입장이었다. 계획이론발달에 중요한 인물들이 이 시기에 등장하게 되었는데, 타그웰(R. Tugwell), 만하임(K. Manheim), 맘포드(L. Mumford) 등이 여기에 해당된다.

뉴딜정책을 추진했던 루즈벨트 행정부의 핵심전문가들은 경제계획(經濟計劃)에 우선순위를 부여하였다. 그들은 1930년대에 중반까지 은행안정화, 공공시설규제, 증권시장개혁, 농업합리화, 공공작업프로그램, 지역회생, 고용기회 등에 관한 획기적인 계획, 정책, 입법조치들을 만들어냈다(Lepawsky, 1976: 17~18). 이는 지금까지의 불황은 자유방임(自由放任)상태에서 스스로 조정되었음에 반하여 대공황은 자본주의의 자동조정기능에만 의존해서는 극복될 수 없을 뿐만 아니라 그대로 방치하면 자본주의 자체의 기반마저 무너질 가능성이 적지 않았다. 여기서 각국 정부는 자유방임정책을 포기하고 경제활동에 적극적 개입을 펴 나갔다, 여기에 국가독점자본주의 내지 혼합경제(混合經濟)라 불리는 새로운 형태의 현대 자본주의가 등장하게 되었다(박광순, 외 3인, 1997: 414).

3. 제 2 차 세계대전과 경제계획

(1) 제 2 차 세계대전

제2차 세계대전의 피해는 제1차 세계대전에 비해 훨씬 심각했다. 전쟁의 금진상 비용은 직접적 군사비시출 1소 달러를 포함하여 재산상 피해를 포함한 총비용은 3조 달러(제1차 세계대전의 7배 이상)로 추정되며, 사망자수 2,200만 명, 부상자수 3,400만 명에 이르는 미증유의 피해를 가져왔다(김종현, 1996: 380). 전쟁이 끝난 후 유럽의 경제적 전망은 극단적으로 침울했다. 1945년의 공업과 농업의 산출고는 1938년의 절반 혹은 그 이하였다.

제2차 세계대전의 종료와 함께 나타난 기본적인 변화는 세계자본주의체제에서 미국이 중심국으로서의 지위가 확립되었고, 식민지체제붕괴(植民地體制崩壞), 사회주의권확대(社會主義圈擴大)라는 구조적 변화가 나타나게 되었다(김종현, 1996: 384~388). 유럽제국이 총력전으로 심각한 경제적 피해를 입고 그 경제력이 상대적으로 약화된 반면에 미국(美國)은 연합국에 대한 군수물자공급국으로 전시에 생산력을 크게 증대시켜 경제적으로 두드러진 발전을 하였다. 이를 배경으로 미국은 전후 세계자본주의체제의 재건과 자본주의경제의 부흥을 주도하였다. 「국제통화기금」(IMF)과 「관세와 무역에 관한 일반협정」(GATT)은 세계자본주의체제의 재건을 위한 기본수단이었으며, 「유럽부흥계획」(Marshall Plan)은 유럽자본주의의 부흥, 안정을 위한 정책이었다.

전후에 나타난 식민지체제의 붕괴는 세계자본주의체제를 근본적으로 변화시켰다. 신생독립국(新生獨立國)들은 경제적으로 독자적인 발전방향을 추구하게 되었으나, 선진자본주의경제와의 경제적 연계관계를 지속하였다. 그리고 초강대국으로서 소련의 등장, 동유럽의 위성국가화, 중국의 공산당지배와 같은 사회주의 경제권의 확대는 동서냉전체제(東西冷戰體制)의 성립을 가져왔다. 이렇게 하여 세계경제는 선진자본주의국가, 저개발국가 또는 개발도상국 그리고 사회주의국가의 3개 집단으로 구성되었다.

(2) 부흥정책의 전개

자본주의제국은 전후 경제부흥(經濟復興)을 위해서 적극적인 정책을 추진하였다. 전후 인플레를 수습하고 생산을 재개하여 국제수지를 개선하고 국민복지의 증진을 위하여 정부는 여러 가지 정책을 도입하였다(김종현, 1996: 396). 경제부흥을 위해서 주로 정부의 재정 및 금융정책이 중요한 역할을 하지만, 국가에 따라서는 중요산업의 국유화가 이루어지고 경제계획도 실시하게 되었다.

제2차 세계대전으로 참전국들은 전후복구(戰後復舊)에 전력을 다 하였다. 미국은 「고용법」(Employment Act: 1946)과 「군인재적응법」(Service Men's Readjustment Act: 1949)을 제정하여 전후 복구사업을 추진한 것이 특이하다(김봉식, 1986: 28; 정규서 · 강태룡, 1984: 30). 여기서 전자는 정부에게 완전고용을 달성케 할 의무를 부과하였고, 이를 위해 대통령을 자문하고 연차경제보고서를 작성할 위원회의 설치를 규정하였다. 후자는 군인에게 실업보조금지급, 사업 또는 영농자금의 융자 및 교육훈련보조비의 지급에 관한 내용을 규정하였다.

제2차 세계대전이 끝나자 트루만(H. Truman) 대통령은 페어딜(Fair Deal) 정책의 일환으로 전후경제수습을 목표로 한 재건계획을 수립하였으며, 냉전정책으로서는 포인트 포(Point Four) 정책 등의 대외원조계획을 추진하였다(강태룡 · 정규서, 1999: 283).

(3) 경제계획의 대두

제2차 세계대전은 전쟁에 관여한 모든 국가들이 그들의 국가자원을 동원해야 할 필요가 있었다. 아울러 국방비를 비롯한 공공부문의 지출을 크게 확대시켰다. 전쟁이 끝난 후에도 보건, 교육, 수송과 사회간접자본 등 시장기구를 통해 쉽사리 최적배분되기 어려운 공공재화에 대한 수요가 급속도로 성장하게 되었다. 공공부문(公共部門)의 규모가 확대되고 민간투자와 공공투자 사이의 상호의존관계가 더욱 심화되어감에 따라 공공부문과 민간부문간의 투자배분에 관한 고려가 불가피하게 되었다.

이러한 상황에서 케인즈(J. Keynes)에 의해 시장간섭주의(市場干涉主義)적 사고가 발전되었다. 그는 경제순환의 진폭을 작게 하기 위해서, 정부의 적극적 개입이 필요하다고 보았다. 이에 따라 대부분의 국가들이 반경기변동적 거시정책(反景氣變動的 巨視政策)을 채택하게 되었으며, 이러한 정책적 변화는 각국이 경제계획을 실행하게 하는 원인으로 작용하게 되었다(이영선, 1997: 21). 경제계획을 성행하게 한 또 하나의 요인은 식민주의의 쇠퇴이다. 신생독립국들은 전후 서구제국들이 정부의 개입을 통해 경제의 부흥을 이루고 있다는 사실을 보고 신생국(新生國)에서 신속한 산업화를 이루는 길은 확고한 정부의 정책에 의해서 이룰 수 있다고 보고 거의 대부분의 신생국들이 국가경제계획(國家經濟計劃)을 수립하게 되었다. 많은 신생국의 등장과 함께 유엔 등 국제기구들은 신생국들의 활동을 지원하게 되었다. 이러한 국제적 원조기관들은 신생국들을 지원하기 위해 그들의 국가경제의 미래를 조망해야 할 필요성을 느끼게 되었는데, 신생국들이 수립한 국가경제계획은 바로 이에 적합한 자료를 제공하게 되었다(이영선, 1997: 21). 이와 같은 개발도상국들의 경제발전에 대한 관심은 결국 개발계획(development planning)을 발전시켰으며, 이에 따라 이 분야의 학문적 발전도 이루어지게 되었다.

전후경제계획은 선진국의 경우 프랑스에서 체계적으로 시행되었다. 프랑스에서는 제1차 근대화계획(Monnet Plan: 1946)을 수립하여, 기초부문에서의 생산계획이 수립되고 국유화된 금융기관을 통하여 자금이 집중적으로 투입되었다. 이 계획에서 이룩한 기초부문의 재건을 기반으로 전 산업의 근대화를 이룩하기 위해 제2차 근대화계획(1954~1957)을 실시하였다(김종현, 1996: 401).

1940년대 말 이래로 계획은 근대화과정에서 큰 영향을 주었다. 공산국가의 변환과정에서 나타난 무력혁명과는 달리, 평화적 개혁을 위한 계획이 서구와 친화적인 국가들에서 경제 및 사회적 변혁을 촉진했다. 이 목표를 달성하기 위해, 계획활동들이 서구유형의, 정치적으로 민주적인 관리구조 내에서도 배태되었었다. 이 계획에 관한 낙관주의는 이 시기에 매우 높았고, 때문에 홀(P. Hall)이 '계획의 황금기'(The Golden Age of Planning)라 명명했다. 계획의 목표와 장치에 대한 합의 그리고 그러한 합의의 기저는 자본주의 경제개발과 서구형 정치민주주의가 공공부문의 계획에 의해 도움을 받아 서로 손을 잡고 발전할 것이라는 기대가 있었다.

1950년대에는 공공부문계획이 신생독립국들의 근대화노력을 제안, 촉진하는 데 대해 많은 낙관이 있었다. 공공부문계획은 1930년대의 경제적 침체에 대처하는 유용한 도구로서 증명되었었고, 제1차와 제2차 세계대전 기간에서 자원배분에 효과적이었다. 과거의 이러한 성공적인 노력들 때문에 계획이 빈민들의 급격한 근대화는 물론 농업국가를 경제적으로 활력 있고 사회적으로 근대국가로 변환시키는 데 필수적이라는 인식을 주었다. 1950년대에서 공공부문계획의 가장 중요한 목표는 정치, 경제, 사회적 근대화를 통한 국가건설이었다. 그때는 시장력이나 시민사회도 그러한 과업에 적합하다고 여겨지지 않았다. 식민적 권력은 새롭게 만들어진 정당보다 강하고 잘 확립된 관료제를 뒤에 남겼다. 때문에 사회변혁을 촉진하는데 관료제에 의존하는 것은 매우 논리적이었다. 시장도 역시 구제도의 창조적 파괴를 통해 사회변혁을 촉진할 수 있었지만, 먼저 시장자체도 변혁되어야 했고, 급격한 공업화를 위해 확장되었어야 했다(Sanyal, 2005: 226~229).

이 시기에 민주국가들에 의해 주도하는 종합계획들이 많이 추진되었다. 그러나 계획에 대한 형성시기의 낙관주의는 오래가지 않았다. 국가중심적이며 기술관료적 계획들이 본래의 약속을 전달하는데 실패한 사례가 많았다. 아울러 전통적인 '위로부터의 계획'(planning from the top)인 공공부문계획에 대한 비판과 함께, 사회운동, NGO들, 기타 비관료·비국가 사회적 세력에 의해 발흥된 '밑으로부터의 계획'(planning from the below)이 보다 효과적이라는 문헌도 많이 나타났다 (Sanyal, 2005: 225~226).

Ⅲ. 개발연대 이후의 계획여건

1. 1960년대 전후의 계획환경

(1) 사회경제여건

위기관리정책의 적용에도 불구하고, 1960년대 말부터 자본주의경제의 경기후퇴조짐이 나타나기 시작했다. 여기에 원자재가격의 폭등 등에 의해 1970년대에는 경기침체와 인플레이션(inflation)이 결합된 스태그플레이션(stagflation)이 나타나게 되었다. 선진자본주의 국가에서의 경제적 위기는 과거의 중심국가에서 원자재를 생산하는 주변국가로 힘의 이동을 가져왔다. 노동력이 저렴하고 재정여건이 양호한 일부 주변국가(한국, 대만 등)에서 급속한 산업발달이 나타나게 되었고, 이는 중심자본주의 국가에서 이들 국가와 경쟁관계에 있는 산업부문에 어려움을 가중시키는 요인이 되었다(핀크, 1986: 313).

정치적 위기의 경고는 1960년대 초에 전 세계에 걸쳐 일어난 대중운동과 일맥상통한 점이 있다. 특히 미국사회는 인종차별에 대한 흑인폭동과 월남전에 대한 반전파(反戰派)의 대모와 항의 및 강제징용에 대한 저항으로 극도의 혼란에 처하게 되었다. 이러한 혼란을 극복하기 위해 1960년대 중반에 존슨(Johnson)행정부는 '위대한 사회'의 건설이라는 기치하에 흑인을 비롯한 하류층의 복지향상을 위하여 사회복지정책을 대대적으로 추진하게 되었다.

이러한 상황에서 계획과 관련된 역사적 분기점은 1968년으로, 당시에 또 다른 혁명열기(革命熱氣)의 파도가 북경에서 버클리, 파리에서 멕시코시에 이르기까지 전 세계에 확산되었다. 처음에는 혁명적 사회운동이 전 지구에 미쳤지만, 마지막에는 1848년의 경우처럼 실패로 끝났다. 그러나 이 운동은 부분적으로 계승되었는데, 이는 기존질서가 흔들리고 있음을 의미한다. 재정과 산업자본이 세계시장의 조직에는 성공했지만 세계의 빈곤층은 매년 증가되고, 부유국에서도 소비주의가 즐거움보다 부담이 되고 있고, 인간정신은 알 수 없는 테러에 지배당하고 있고, 파괴적인 전쟁은 상처 많은 결론을 가져오고, 경제구조개편은 수많은 유능한 노동자의 추출을 가져오고, 국가는 심각한 부채에 시달리며, 경제성장은 바닥을 헤메고 있다. 복지체제도 재정위기의 모래톱에 좌초하여 전후세기의 낙관주의는 빠르게 붕괴되었다(Friedman, 1987: 62).

이러한 상황을 예측한 사람은 마르쿠제(H. Marcuse)로서, 그는 문제는 기술적 이성(technical reason)으로, 이것이 우리의 의식을 헤치고 인간종족의 생존을 위협한다고 주장했다. 그러나 그는 현실생활에 대한 비판 이외에는 해답을 제공하지는 못했다. 일부 사상가는 대화에 바탕을 둔 새로운 계획형태로 미래를 보고, 다른 사람들은 국가와 기업의 강압장치를 장치를 넘어선 사회적 유토피아를 그렸고, 신 마르크스주의자들은 사회변혁에서의 계급투쟁의 논리를 주장했다. 그러나 혼란스러운 상황은 계속되고 통제하기 어려운 상황으로 치닫고 있었다. 정치적 좌파(左派)에서는 공동체 행동으로 옮겨가고, 우파(右派)에는 프리드만(M. Friedman)의 자유주의 철학이 있지만, 양자 모두 국가로부터 탈피하려는 움직임이였다. 이러한 상황에서 지난 1세기 반을 지배했던 과학적 계획의 패러다임에 회의가 나타나기 시작하고 있다(Friedman, 1987: 63).

(2) 신 과학주의와 대중계획의 발흥

1960년대에 두 개의 철학이 계획에 영향을 미쳤다. 하나는 계획은 자연과학의 방법론을 취해야 하는 것을 암시하는 신 과학주의(new scientism)이고, 다른 하나는 참여민주적 정치의 세계적인 파고의 결과에 의해 계획에서 대중주의(populism)에 대한 새로운 관심이다(Dear, 1986: 377).

1960년대의 대부분의 사회과학을 흔들어 놓은 신 과학주의(新科學主義)는 계획에 체계이론(system theory)을 연계시켰다. 그것은 합리성에 대한 근본적 변환을 유발했고, 계획에서 실체적-과정적 분리에 대한 초기적 추진력이 되었다.

이때의 실체적 초점은 기존의 토지이용계획이 공학 또는 건축방법과 유사한 과학적인 접근방법으로 추진된다. 그리고 계획에서 수학적 모형구축의 출현에 의해 강력하게 보강되고 통합되었다. 컴퓨터기반의 대규모의 토지이용 및 교통모형에서의 수리모형의 사용은 미국에서 특히 현저했다. 그것은 과학적인 계획방법의 신봉자들에 상당한 적법성을 제공했다. 그리고 과정계획이론들도 합리적 체계모형에서 도출되었다(Dear, 1986: 377).

1960년대는 과학적 낙관주의의 시대임과 동시에 정치적 시대라고 할 수 있었다. 증가되는 참여민주정치(參與民主政治)의 일반적 맥락 내에서 계획결정에 시민들의 참여가 증가되었다. 그러나 시민참여가 개발결정에서 권력의 균형을 변화시키지 못하는 것이 분명해지자, 선거권을 가진 시민집단의 역할이 강조되는 옹호계획이 유행하게 되었다. 이 시기의 대중주의의 순수한 효과는 계획을 정치적 아젠다에 되돌려 놓았다는 점이다(Dear, 1986: 377~378).

2. 1970년대 이후의 계획여건

(1) 1970년대

1960년대의 낙관주의와 번성은 다음 연대의 초기까지 영향을 주어다. 이 시기의 보다 개입적이며 상대적으로 용인된 환경에서, 두 개의 이념적 개념이 등장했다. 하나는 거래(또는 창조적)계획을 지향하는 움직임이고, 다른 하나는 거래철학과 합리주의자들의 비정치적 연구의 양자를 거부하면서 점화된 급진적 비판이다. 거래적(去來的)-창조적(創造的) 접근(接近)은 상호학습(相互學習)을 강조한다. 1970년대 중반에 재등장한 급진적 비판(急進的 批判)은 새로운 계획을 위한 이론적 기반의 인식된 부적합에 의해 주로 발흥되었었다. 비판자들은 그것의 정치경제적 환경을 통합한 계획의 사회이론을 주장했다(Dear, 1986: 378).

1970년대 말에 이르러, 개발계획가들 간에 1950년대의 입장과는 정반대의 입장을 취하게 되었다. 개발도상국들에서는 군인과 손을 맞잡고 일하는 지배적인 사회집단에 의한 국가통제는 무허가취락의 대규모 파괴, 도시거리에서 소규모상점의 퇴출, 사회 및 환경비용을 무시하는 대규모하부구조사업의 시행 등의 결과를 가져왔다. 이 시기의 공공부문계획은 사회개혁의 촉진자이기보다는 사회개혁의 커다란 걸림돌이 되었다(Sanyal, 2005: 230).

(2) 1980년대

1980년대에는, 개발도상국가에서의 공공부문계획(公共部門計劃)에 대한 논의는 권위적 정권이 민주적으로 선출된 정부에 권력을 넘겨주기 시작하면서 이루어졌다. 그러나 이 시기에 비교적 부유한 개발도상국들도 외채를 상환하지 못하여 나타난 심각한 경제적 위기의 시기였다. 이러한 상황에서 시장에 초점을 둔 신자유주의(neo-liberalism)로의 패러다임전환에 따라 구조조정, 시장자유화, 민영화 노력이라는 3두마차(troika)의 정책에 의해 경제개혁이 추진되었다. 이에 따라 공공부문계획의 목표는 계획기관의 규제적, 개발적, 배분적 기능을 과감히 축소하고, 동시에 거시경제에 책임 있는 재정 및 기타 기관에 새로운 업무를 배분하는 것으로 정의되었다.

1980년대의 정치 및 경제개혁은 개발도상국에 민주적 자본주의의 재활성화를 위한 필요조건을 만들지 못했다. 반대로 많은 국가들의 경제적 추세는 악화되고, 성장률은 감소되고, 소득불균형은 증가되었으며, 많은 국가들에 있어 시민사회는 윤리적, 종교적 갈등으로 반시민사회가 되었었다(Sanyal, 2005: 230~232).

(3) 1990년대 이후

1990년대 초에 이르러, 신자유운동을 주도한 세계은행(世界銀行)은 공공부문계획의 역할을 마지못해 인정하면서, 공공부문의 전면적 해체는 민주적 자본주의에도 비생산적이라고 했다. 이러한 세계은행의 고백은 개발계획에서 국가의 적절한 역할에 대한 새로운 방향의 논의의 신호였고, 이에 따라 정부의 재발견, 신공공관리, 제3의 길이라는 용어로 나타났다.

1990년 중반에는 신정보기술의 급격한 팽창에 따라 세계경제성장률이 증가함에 따라, 새로운 낙관주의는 선진국과 개발도상국 모두에서 계획에 대한 논의가 확대되었다. 그러한 논의는 신정보와 커뮤니케이션기술의 권력에 초점을 두고, 어떻게 이들 기술들을 계획의 효과성 제고에 사용할 것인가에 초점을 두는 경우가 보통이다(Sanyal, 2005: 232~233).

제 3 절 계획의 지적전통

Ⅰ. 사상의 개관

1. 과학적 계획의 출현

과학적 지식(科學的 知識)을 사회개선(社會改善)에 응용할 수 있다는 생각은 18세기부터 일어나기 시작했다. 여기서는 프리드만(J. Friedmann)이 제시한 지난 2세기 동안 미국의 현대 계획이론형성에 영향을 준 지적영향을 중심으로 계획사상의 발달을 고찰하기로 한다(Friedmann, 1987: 54~63).

프리드만(J. Friedmann)은 계획이론에 대한 지적역사의 출발은 영국 공리주의의 창시자인 벤담(J. Bentham)의 저서 「도덕과 입법 원리 서설」(Introduction to the Principles of Morals and Legislation)이 출간된 1789년부터로 잡고 있다(Friedmann, 1987: 51). 벤담은 그의 저서에서 공리성을 '최대다수의 최대행복'을 성사시킬 수 있는 수단으로 논하였다(사하키안, 1993: 280). 공동체의 최대행복을 목표로 하는 공리주의는 기본적으로 기존제도에 대하여 개혁적인 입장을 견지한다.

공리주의(功利主義)는 합리적 종합적 계획의 규범적 논거를 제공한다. 공리주의자들은 선(good)을 극대화하는 최선의 수단을 결정하는 계획과정을 추구한다. 선(good) 또는 목표(ends)의 선택은 과학자로서 계획가의 범위를 벗어난 정치적 과정에서 나오고, 오직 수단(means)의 선택만이 기술적, 사회적, 과학적 문제라는 것이다. 자료의 수집과 분석, 설명모형의 구축, 공공목표를 달성하기 위한 대안적 수단들의 평가는 공공목표의 적합성에 대한 어떠한 고려와도 분리될 수 있다고 가정한다. 계획가는 사실적 자료를 다루고 이들 목표와 관련된 가치문제를 회피하는 가치중립적 기술자로 본다(Harper and Stein, 1995: 14).

벤담(J. Bentham)의 유럽사상에 대한 영향은 지대했지만, 국가에 따라 상이한 의미를 전달했다(Friedmann, 1987: 51). 영국에서는 밀(J. S. Mill)이 벤담의 기초관념을 재정리하여 공리주의(Utilitarianism)라는 이름으로, 19세기말까지 경제학을 주도했던 신고전경제학자(neo-classical economists)들에게 전달하였다. 그러나 생시몽(C. Saint-Simon)의 변혁은 꽁트(A. Comte)에 의해 이어졌지만, 밀(J. S. Mill)과는 다른 노선을 추구했다. 밀(J. S. Mill)은 꽁트(A. Comte)

의 실증철학의 찬미자였지만, 꽁트의 후기저술에서의 권위주의에 대해서는 반대했다. 그 이후로 개인과 개인의 자유에 기초한 영국의 자유주의와 국가의 결정적 역할을 부여하는 프랑스 사회주의라는 두 개의 전통은 상반된 노선을 걷게 되었다(Friedmann, 1987: 51).

벤담이 계획의 방법론에 기여한 것과 같이, 생시몽(C. Saint-Simon)은 과학적 계획(scientific planning)의 아버지로 간주된다. 그는 사회학 · 정치학 · 행정학 등과 같은 여러 사회과학에서 선구자적 역할을 했는데, 계획도 역시 이러한 여러 사회과학 분야들과 철학적 전통에서 그 뿌리를 찾아야 할 것이다. 그는 생리학자(physiologist)는 인류봉사의 과업을 수행하는 과학자와 공학자들이 되어야 한다고 제안했다. 사회의 유기적 법칙들에 정통한 생리학자들은 '종합계획'에 따라 장래노선을 의식적으로 설정할 수 있고, 현재행동의 장래결과를 예측할 수 있는 그들의 능력은 사회가 스스로의 운명을 통제할 수 있게 한다고 믿었다. 실제로 사회의 과학자 · 생리학자들은 새로운 산업질서를 향한 인류의 진보를 추진해 나갈 수 있는 있도록 그들의 지식을 제공할 수 있다. 공학자 · 기업가 · 금융-재정가는 그러한 질서를 구축하고, 예술가 · 문필가 · 음악가들은 이의 이념에 기여하고 그리고 정치지도자는 이러한 모든 것의 조화를 위해 지휘하게 된다고 주장했다(Friedmann, 1987: 52).

2. 사상의 발달

[그림 3-1]은 대체로 지난 2세기동안의 계획관련 사상의 발달을 표시한 것이다. 18세기말부터 현재에 이르기까지, 시간이 지남에 따라 많은 학자들이 계획에 관심을 보였고, 특히 1945년이래로 계획관련 문헌이 많이 등장하게 되었다. 지적전통과 계획사상은 보수주의 이념에서부터 이상주의, 무정부주의에 이르기까지 다양한 학파와 학자의 지적배경을 중심으로 발달해 왔다(Friedmann, 1987: 54).

프리드만의 연구는 계획이론의 주류인 합리적 계획모형의 발달에 대해서는 사회계획의 주제에서 일부 취급하고 있지만, 중점은 정치경제학적 시각(政治經濟學的 視覺)에서 다루었다. 그러한 결과로 도시설계 또는 물리계획의 발달배경은 검토하지 못했고, 국가계획에 대해서는 거의 취급하지 못했다. 즉 그의 글은 현대계획의 뿌리를 시각간의 상호배치나 모호성에 대한 상세한 검토 없이 그리고 지난 2세기 동안의 정치와 사회적 사회의 확인 없이 광범한 시각에서 검토하고 있다는 비판이 따르고 있다. 그러나 계획의 사상적 발달에 대해 지금까지 발간된 연구자료 중에서는 가장 포괄적(包括的)이고 체계적(體系的)으로 검토한 것으로 볼 수 있다.

Ⅱ. 사상별 고찰

1. 보수사상

[그림 3-1]의 좌단(左端)은 사회에서 기존 권력관계의 확인과 재생산을 고찰하는 학자들이다. 이들은 주로 기술적인 부분에 관심을 표명하면서 정치적으로 중립적 입장을 견지하고 있다. 실제로 이 입장에 속하는 학자들은 국가와 권력을 위해 봉사하는 작업에 초점을 둔다(Fiedmann, 1987: 54).

체계분석(Systems Analysis)은 체계공학(Systems Engineering)이라는 이름으로 범주화한 일련의 이론들(인공지능학·게임이론·정보이론·컴퓨터과학·로버트학 등)에서 연유된다. 이 전통에 속하는 과학자들은 주로 계량모형(計量模型)과 함께 작업한다. 여기에 속하는 이론들은 OR -즉 대안적으로 장기예측모형 구축과 같은 적정화기법(適正化技法)- 이 계획에 많이 사용된다. 대부분의 미래예측은 체계분석적 언어에 크게 의존한다.

체계분석보다는 행정학에 보다 근접한 정책학(Policy Science)은 공공정책의 특정한 문제에 대해 사회경제적 분석방법을 사용한다. 정책학은 신고전경제학(Neo-classical economics)에서 출발하여 복지경제학(Welfare economics)과 사회선택이론(Social choice theory)을 이어받아 발달했다.

행정학(Public Administration)은 중앙계획의 기능, 이의 성공여건 그리고 계획과 정치와의 관계에 보다 관심을 갖고 있다. 행정학의 전통에서 계획이론에 대한 중심적 기여는 사이먼(H. Simon)의 초기 저서 「행정행태」(Administrative Behavior: 1945, 1976)에서 찾을 수 있다.

2. 급진사상

[그림 3-1]의 우단(右端)은 시민사회내의 기존 권력관계의 변혁과 초월을 추구하는 학자들이다. 여기서 다루는 것은 국가가 아니고, 전체로서 국민 특히 관료제적 국가를 근본적으로 반대하고, 모든 소외권력에 속한다고 생각되는 노동계급출신의 사람들을 다룬다. 이러한 입장에 있는 학자들이 채택한 논제의 형식은

주로 정치적(政治的)인 것이다(Fiedmann, 1987: 55).

권력을 거부하는 가장 극단적인 입장은 모든 계층적 관계를 추구하는 유토피안(Utopians)과 무정부주의자들(Anarchists)이다. 이 전통과 함께 하는 것은 역사유물주의(Historical Materialism)와 최근의 네오 마르크시즘(neo-Marxism)이다. 여기에 속하는 학자들은 지배적인 생산형태의 혁명적 변형을 표방하고 있다. 계급관계는 역사유물론자들의 중심적인 분석적 선입견이다. 냉혹한 계급갈등을 통해 현존의 권력관계는 결국 무너지고 전체로서 노동자 계급의 조직화된 권력과 물질적 이익을 반영한 사회민주주의에 대체될 것으로 생각한다.

유토피안 무정부주의와 역사유물주의 중간에 제2의 전통으로 계획이론에 특히 중요한 비판사회학의 프랑크푸르트학파(Frankfurt school)가 위치하고 있다. 이의 주요 관심사는 헤겔과 마르크스 범주에 기반한 급진적 비판에 관심을 두고 있다.

3. 중도사상

[그림 3-1]의 중심부(中心部)는 현존 권력관계가 문제없이 존속되어야 한다는 보수주의 이념축(理念軸)과 초월적인 비전(vision)을 갖고 있는 급진적인 유토피아 축이 중첩되는 중간영역이다(Fiedmann, 1987: 55). 여기서 개혁주의자 계획전통과 이의 선각자들을 확인할 수 있다.

행정학(行政學)에 인접하여, 테일러(F. Taylor)로부터 시작된 과학적 관리(Scientific Management)의 전통이 위치하고 있다. 그의 주장은 괄목할 만한 성공을 거두었다. 그리고 명백하게 기업적 이익을 추구함에도 불구하고, 사회를 큰 작업장으로 생각하고 사회공학의 형태로서 계획을 생각하는 베브린(T. Veblen)과 레닌(N. Lenin)과 같은 급진적 사상가에게 매력을 갖게 했다. 이들의 구호인 효율성(efficiency)은 보수주의자와 급진주의자 모두에게 산업주의사회에서는 미래를 향하는 관문으로 여겨졌다. 1945년 이후 과학적 관리는 조직개발(Organization Development)이라는 새로운 영역을 잉태했다. 이 영역에서는 관리의 유일한 준거인 이윤(profit)에서 자아개발의 심리적 가치로 점진적 이동을 가져왔다.

보다 전통적인 자유주의 계보에 제도경제학(Institutional Economics)이 있다(Friedmann, 1987: 57~58). 19세기 독일 역사학파(German Historical School)의 미국분파로 형성된 이 학파는 신고전주의 경제학의 추상적인 이론화를 탈피하고 기존 경제학과 사회제도에 대한 연구를 강조하였다. 제도주의학자(制度主義學

者)들은 사회적 목적과 개혁의 확인과 관련하여 특정한 제도적 장치의 실패를 점검하는 것을 선호했다. 그들은 계획의 주안점을 완전고용, 경제성장, 지역자원개발, 신도시정책, 공공주택계획 그리고 사회후생에 두었다. 계획기능의 제도화는 이들의 주요한 관심사의 하나였다.

제도주의와 역사유물주의 전통의 사이에 위치한 것이 실용주의(Pragmatism)의 철학적 학파이다. 이 전통은 계획의 지적 역사에 대한 존 듀이(J. Dewey)의 영향 때문에 매우 중요한 의미를 갖는다. 그의 영향은 제도경제학자들에게 특히 괄목할 만 했으며, 사회실험이 건강한 민주주의의 발달에 기본적이라고 간주한 과학적 정치학의 생각을 받아들였다. 최근에 듀이(J. Dewey)같은 실용철학의 옹호자는 던(E. Dunn)이다.

[그림 3-1]의 중심은 사회학(Sociology)이 위치하고 있다. 대부분의 주요한 사회학자들은 인간사(human affairs)에 있어 기술적 이성(技術的 理性)의 중요성을 강조했다. 이 전통의 주요학자로는 뒤르켐(E. Durkheim), 베버(M. Weber), 만하임(K. Mannheim) 그리고 포퍼(K. Popper)를 들 수 있다. 뒤르켐(E. Durkheim)은 사회조직의 합의적 가치의 중요성과 노동분화의 유기적 결속(organic solidarity)을 강조하고, 베버(M. Weber)는 기능적 질서를 강조하는 산업사회의 관료적 구조의 지배적 역할을 강조했다. 만하임(K. Mannheim)은 대중사회를 비판하고 양차대전간의 유럽에 팽배해 있던 비이성의 해악을 극복할 수 있는 방법으로 합리적 계획(rational planning)을 옹호했다. 반대로 포퍼(K. Popper)는 완전히 계획된 사회의 이미지에 대해 공격하고 점진적인 사회공학의 신뢰성을 옹호했다. 이러한 전통적인 전통은 달(R. Dahl)과 린드블름(C. Lindblom)의 「정치, 경제, 복지」(Politics, Economics and Welfare: 1957)는 미국에서 계획에 대한 최초의 이론적 기술이며, 에찌오니(A. Etzioni)의 「활동적 사회」(Active Society: 1968)도 중요한 저서이다.

[그림 3-1]의 상단부(上端部)의 점선으로 표시된 공학(Engineering Sciences)은 중앙부의 생시몽(C. Saint-Simon)과 꽁트(A. Comte)를 과학적 관리(Scientific Management), 행정학(Public Administration), 체계공학(Systems Engineering), 제도경제학(Institutional Economics)과 연결된다. 이러한 공학의 방법론은 계획이론의 전통에서 오늘에 이르기까지 중요한 영향을 미치고 있다.

그림 3-1 계획의 지적 전통

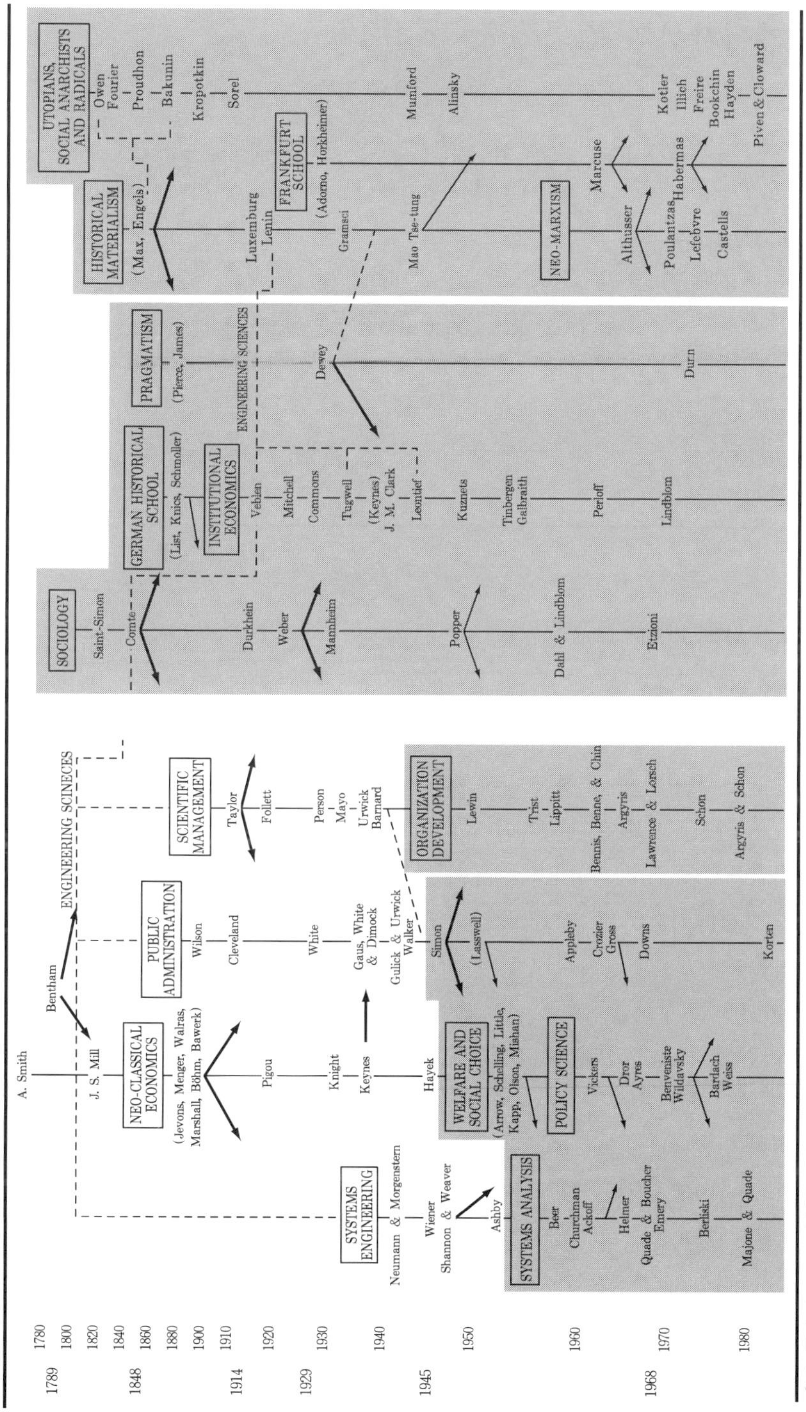

자료: Friedmann, 1987: 56~57.

Ⅲ. 계획사상의 전통

프리드만(J. Friedmann)은 지식(knowledge)과 행동(action)을 연결하는 지적역사를 정치적, 사회적 사조의 분석을 통해 사회개혁(社會改革), 사회동원(社會動員), 정책분석(政策分析) 그리고 사회학습(社會學習)의 4개의 전통으로 범주화했다(Fiedmann, 1987: 73~76).

표 3-1 계획이론전통의 분류

정치적 이념 / 지식과 행동의 연결	보 수 적	급 진 적
사회 인도	정책 분석	사회 개혁
사회 변혁	사회 학습	사회 동원

자료: Friedmann, 1987: 76.

1. 사회개혁

(1) 의 의

사회개혁(Social Reform)은 계획실천을 제도화하고 정부에 의한 효과적인 행동방법을 모색한다. 이 전통에서는 계획(計劃)을 과학적 노력(scientific endeavor)으로 간주하고, 과학적 패러다임에 대해 관심을 갖는다.

사회개혁(社會改革)이라는 용어는 주로 거시사회학(Macrosociology), 제도경제학(Institutional Economics) 그리고 정치철학(Political Philosophy)에서 유래되었다. 그들의 정치적 신념에 따라 이 전통의 학자들은 대의제 민주주의, 인권 그리고 사회정의를 주장한다. 그리고 이 학자들은 제한된 범위 속에서사회변화를 용인한다. 그들은 또한 적절한 개혁을 통해서 자본주의와 유산계급국가가 완전해 질 수 있다고 믿는다.

철학적(哲學的)으로 이 전통의 학자들은 계획은 과학적 지식을 공공업무에 적용하는 것으로 이해한다. 아울러 계획은 전문적 책임이며 집행적 기능으로 본다. 때문에 계획영역의 많은 분야는 계획에 관여하도록 충분히 알리지 않은 정치가와 일반시민의 간섭으로부터 보호되어야 한다고 생각한다. 개혁전통의 계획가들은 국가가 조정과 권위적 역할을 보유하고 있다고 이해하면서 국가의 강한 역할을 옹호한다. 케인즈(J. Keynes)의 「일반이론」이 발간된 이래로 이 전통에 속하는 학자들은 과학적 바탕을 갖고 있고 국가개입을 적법화하는 3개의 영역이 있으니, 경제성장촉진, 완전고용의 유지 그리고 소득의 재분배라고 주장한다.

(2) 배　경

이 전통은 벤담(J. Bentham)에서 린드블름(C. Lindblom), 생시몽(C. Saint-Simon)에서 에찌오니(A. Etzioni)와 퍼롭(H. Peroff)에 이르는 계획이론의 중심적 위치를 차지하고 있다(Friedmann, 1987: 134).

이 전통은 18세기 이래로 벤담(J. Bentham)의 공리주의(Utilitarianism), 19세기부터 꽁트(A. Comte)의 실증주의(Positivism), 20세기부터 듀이(J. Dewey)의 실용주의(Pragmatism)와 포퍼(K. Popper)의 비판합리주의(Critical Rationalism)를 계승하고 있다(Friedmann, 1987: 134~135).

사회개혁들은 잠재적 활동의 결과에 고찰과 이의 비용-혜택의 측정을 배우게 되었고, 꽁트(A. Comte)로부터 사회의 경험적 연구에 대한 깊은 영향을 받았고, 듀이(J. Dewey)로부터는 사회실험의 개념을 차용하고, 포퍼(K. Popper)로부터는 점진적 공학과 유토피안 공학의 차이에 대해 배웠다.

(3) 특　성

이 전통에 속하는 계획가들에 의해 제기되는 중심과제(中心課題)는 다음과 같은 철학적 특성을 갖고 있다(Friedmann, 1987: 77).

① 계획과 정치와의 올바른 관계는 무엇인가?

② 공익의 본질은 무엇이며, 계획가들이 이를 추구하고 증진시키는데 있어 권력 또는 책임을 가져야 하는가?

③ 계획의 맥락에서 볼 때, 시장경제에 대한 정부의 역할은 어떠해야 하는가? 정부가 시장간섭을 통해 얻을 수 있는 사회적 합리성의 개념과 범위는 어떠한가? 중앙정부의 간섭이 합법화되기 위해서는 어떠한 조건이 필요한가?

④ 계획을 과학적 시도라고 한다면 과학의 정확한 의미는 무엇인가?

⑤ 이 전통에서는 계획의 제도화에 대해 많은 논쟁이 있다. 계획을 국가에 의한 중앙지도, 조정 그리고 통제의 수단으로서 광범하게 사용되어야 하는가? 계획을 협의로 정의된 문제를 다루는 상대적으로 자율적인 행위자간에 나누어 질 수 있으며, 계속적으로 변화하는 의사결정환경에 누가 보다 정확하게 계산하여 적응할 수 있을 것인가? 계획을 위한 옳은 조직은 총합적 중앙계획과 행위자간의 상

호부분적 조정과 관계되는 분권계획 사이의 어디에 존재한 것인가?

이러한 철학적인 문제에 대한 논의 이외에, 사회개혁이론가들, 특히 그들 중 경제학자들은 공익의 관점에서 경제를 관리하기 위해 국가에서 필요한 도구를 제안해 왔다. 이러한 도구들은 주류 계획에 매우 중요한 것으로 경기순환분석(Michell), 사회회계(Kuznets), 투입－산출분석(Leontief), 경제정책모형(Tinbergen), 도시 및 지역경제학(Perloff) 그리고 개발경제학(Hirschman) 등이다.

2. 정책분석

(1) 의 의

정책분석(Policy Analysis)은 1968년부터 1972년 사이에 새로운 전문분야로 대두되었지만, 1960년대에 이르기까지 거의 한 세기 동안의 잉태기가 있었다(Friedmann, 1987: 137). 특히 지난 60여 년간에 분석기법과 방법이 발달했고, 세계대전 전후에는 문제해결(problem solving)의 기술로써 사용되는 경우가 많았다.

이 전통은 대규모 조직의 행태와 특히 그들이 어떻게 의사결정능력을 개선하는가에 관해 초점을 둔 사이먼(H. Simon)의 「행정행태」(Administrative Behavior: 1945)에서 커다란 영향을 받았다. 사이먼은 그 자신의 사고에 여러 지적전통을 흡수하고 있었는데, 그 중 베버사회학(Weberian sociology)과 신고전경제학(Neo-classical Economics)이 중요하다. 그의 접근방법은 최선의 행동노선을 확인하기 위한 수단으로 총합분석(synoptic analysis)과 의사결정(decision making)을 강조했다. 물론 '최선'(best)이라는 것은 의사결정에서 이용가능한 자원, 정보 그리고 시간을 포함한 정상적인 제약에 의해 합리성이 불가피하게 제한될 수밖에 없다. 따라서 사이먼(H. Simon)의 합리성을 기속된 합리성(bounded rationality)라고 한다.

(2) 배 경

전문분야로서 정책분석(政策分析)은 계량모형화에 대한 강한 편견을 갖고 있는 체계공학(Systems Engineering), 개방체제로서 인공두뇌학을 강조하는 일반체계이론접근에 치중하는 관리과학(Management Science) 그리고 정치적 기관들의 행태에 중점을 주는 정치 및 행정과학(Political and Administrative Science)의 3가지 지적흐름의 합류점에서 생겨났다(Friedmann, 1987: 139).

이 세 가지 전통의 집중으로 두 가지의 공통신념을 가질 수 있었다. 하나는 객관적 과학방법이 보다 합리적인 정책결정을 위해 사용될 수 있는 것이고, 둘째, 보다 합리적인 결정은 조직의 문제해결능력을 실질적으로 개선할 수 있다는 점이다. 여기에 이 세 가지 정책분석의 흐름은 투입, 산출, 환경, 복합적인 환류 루프 같은 것과 관계되는 체제(system)의 개념과 함께 작업을 하게 되었다.

(3) 특 성

이 전통에 속하는 학자들에 의해 제시된 이상적-전형적 결정모형은 다음의 단계를 확인할 수 있다.

① 목표와 목적(goals and objectives)의 설정

② 목표를 달성하기 위한 주요 대안(major alternatives)의 확인과 설계

③ 각 대안의 수용에 따라 예상되는 주요 결과(consequences)들의 예측

④ 바람직한 목적과 기타 중요한 가치와 연관한 결과의 평가(evaluation)

⑤ 전 단계들에서 제시한 정보에 기초한 결정(decision)

⑥ 적절한 제도를 통한 결정의 집행(implementation)

⑦ 실제사업결과의 환류(feedback)와 새로운 결정상황에 비추어 결과에 대한 평정(assessment)

정책분석의 용어도 전문화되는 경향이 있다. 대부분의 분석가들은 신고전경제학, 통계학 그리고 수학에 숙달되어 있고, 체계분석, 정책과학, OR, 미래연구(future research)와 같은 전문화된 하위영역에 집중되어 있다. 그리고 정책분석에서 사용되는 많은 용어는 게임이론, 시뮬레이션, 평가연구, 선형과 비선형계획 등과 같은 특정한 분석기법들에서 유래한다.

엄밀하게 말하여, 정책분석은 명료한 철학적 입장을 가진 것은 아니다. 사회와 정의에 관한 보다 광의의 문제에 대해 정책분석가들의 사고는 매우 관습적이다. 그들은 스스로를 기술자(technicians) 혹은 대기업 또는 국가와 같은 권력중심에 종사하는 기술관료(technocrats)라고 생각한다. 이들은 적절한 과학이론과 수학적 기법을 이용함으로써 최선의 해결책(best solution)을 확인하고 정확하게 계산할 수 있다고 믿는다. 그들은 사회공학자(social engineers)이다.

정책분석가들은 개인적 변덕과 특정이익에 지배되는 조정되지 않은 정치적 과정보다는 불완전하더라도 과학을 통한 결정에 의존하려 한다. 정책분석가들이 신고전경제학의 도구에 의존하는 것은 개인주의, 자원배분에서의 시장의 우월성, 균형패러다임과 같은 가치전제를 그들의 작업에 구축하기 위함이다. 시장의 결과

는 관련 행위자에게 합리적이라고 간주하기 때문에 이에서의 일탈은 특별한 정당성을 확보해야 한다고 생각하고 마지못해 인정한다.

3. 사회학습

(1) 의 의

사회학습(Social Learning)전통은 이론과 실제 혹은 지식과 행동 사이의 모순을 극복하는데 초점을 두고 있다. 이 이론은 '행함으로써 배운다'(learning by doing)는 실용주의의 과학적 인식론과 마르크스주의의 사상이라는 두 가지 흐름에 바탕을 두고 있다. 계획전통의 초기 창시자들이 사회재조직을 위한 과학적인 지식을 취급한데 비해, 사회학습전통의 이론가들은 지식은 경험에서 파생되어 실제에서 그 타당성이 입증되고 행동의 일부분으로 통합된다고 주장한다. 꽁트(A. Comte)를 비롯한 실증주의자들은 사회적 현실은 변화하지 않는 사회법칙(social laws)과 일치하는 것으로 믿었던 반면에, 사회학습이론가들은 사회행태는 변화될 수 있는 것이고, 이를 위한 과학적으로 올바른 길은 사회실험, 결과의 신중한 고찰 그리고 오류를 인정하고 이를 통해 학습하려는 것이라고 주장한다.

사회학습(社會學習)은 행동(현실을 변화하기 위해 진행중인 사상의 흐름을 중단하는 것), 정치적 전략과 전술(저항의 극복방법이 무엇인가를 알려주는 것), 현실의 이론(세상이 무엇인가를 알려주는 것), 가치(행동을 부추기고 지시하는 것)를 포함하는 복합적이고 시간의존적 과정이다(Friedmann, 1987: 181~182). 이들 네 가지 요소가 사회적 실제(social practice)의 형태를 구성한다.

(2) 배 경

1945년 이후 과학적 관리 분야에서는 조직개발(Organization Development)이라는 새로운 분야가 탄생되었다. 트리스트(E. Trist), 아기리스(C. Argyris), 숀(D. Schon), 햄프덴-튜너(C. Hampden-Tuner) 등의 저작과 함께 이 분야의 저서들은 관리의 유일한 기준인 이익에서부터 장래의 자기발전을 위한 심리적 가치로 옮겨지게 되었다. 조직개발(組織開發)은 기업의 경쟁력 강화와 장기적인 조직의 효율성 및 경영성과의 향상을 목적으로 조직구조와 경영과정 그리고 구성원 행동과 조직문화에 개선을 가져오는 체계적인 변화과정이라 할 수 있다(이학종, 1999: 26~27).

개인, 집단, 조직체의 행동변화와 개선은 자연적으로 이루어지지 않는다. 조직효율성과 성과증대에 필요하고 중요한 변화일수록 오히려 변화에 대한 저항과 장애요소가 많은 것이 일반적이다. 따라서 조직효율성과 경영성과의 향상을 위하여 이에 필요한 변화를 체계적, 단계적 그리고 종합적으로 계획하여 추진함으로써 성공적인 변화를 달성할 수 있다. 이와 같이 조직체 내의 변화를 계획적으로 관리, 촉진시키고 전체적인 변화과정을 효율화시키는 것이 조직개발의 기능이다. 이러한 변화를 계획적으로 전개하기 위해서는 문제진단, 변화계획수립, 변화실천 그리고 결과평가의 순차적인 과정을 거친다(이학종, 1999: 33~42).

조직개발은 환경변화에 대한 조직체의 적응능력을 향상시키고 조직의 효율성을 증대시켜 조직의 목적을 효과적으로 달성하기 위한 포괄적 개념이다. 조직개발은 레빈(K. Lewin)이 1946년에 감수성 훈련(sensitivity training)을 실시한 것을 기원으로 하고 있다. 여기서 감수성 훈련(感受性 訓練)은 자신의 행동이 타인에게 주는 영향을 감지케 함으로써 자신에 대한 인지를 높이고 타인행동, 집단행동, 집단 간 상호작용에 대해 지각 학습하도록 하며 당면상황에서 문제에 대한 진단기술을 향상시키고 학습결과를 실제에 적용시켜 자기의 행동을 개선하도록 만드는데 있다(양창삼, 1994: 786~803).

(3) 특 성

사회학습접근법의 주요 초점은 행위자에 의해 이루어진 목적적 행동이다. 이 접근에서 행위자는 개인, 소집단, 공동사회 그리고 사회운동 등과 같이 다양한 모습으로 나타나지만, 주요 초점은 12인 미만의 참여자이지만 최소집단은 2인이 하나의 조를 이루게 하는 동태적이고 상호작용적인 과업지향적 행동집단(task-oriented action group)이다. 조직, 공동체, 사회운동과 같은 집단적 행위자들은 구성성분별 행동집단으로 분리할 수 있다(Friedmann, 1987: 183~185).

사회학습전통에서는 행위자와 학습자가 동일한 사람으로 가정한다. 자신의 실천으로부터 배우는 자가 행동집단이다. 사회학습방식(社會學習方法)은 다음 3가지 특성을 갖고 있다(Friedmann, 1987: 185). 첫째, 학습은 실천적 행동의 변화로서 나타나야 한다. 사회학습이 실천과 엮어져 있기 때문에 과학적 논술과 같은 형식적 언어로 체계화된 경우는 드물다. 사회학습은 전형적으로 묵시적이고 비공식적 학습의 형태이다.

둘째, 사회학습은 변화하는 현실의 과정에서 행위자를 격려하고 지도하고 도와주는 소위 변화의 대리인(change agent)과 관계된다. 이들 변화의 대리인은 그들의 고객집단(client group)의 사회적 실천에 일정한 형식적 지식을 제공해 주는 전문가 또는 이와 유사한 직업인이다. 사회학습이 효과적으로 이루어지려면 변화의 대리인들은 고객집단과 상호학습(mutual learning)에 이르는 거래적 관계를 발전시켜야 한다.

셋째, 사회학습에서는 단일(single-) 또는 이중환상학습(double-loop learning)에 대해서 논하는 경우가 있다. 전자는 주어진 문제를 풀기 위해 행동의 전술 또는 전략의 단순한 변화와 관계되고, 후자는 행위과정을 지배하는 규범의 조정 특히 현실, 가치, 신념에 대한 행위자의 이론의 변화를 요구한다.

4. 사회동원

(1) 의 의

사회동원(Social Mobilization)전통은 '아래로 부터'(from below)의 직접적인 집단행동(集團行動)을 주장하기 때문에 다른 계획전통과 구별된다. 이 전통은 국가의 역할을 강조하고 과학적 정치를 추구하는 사회개혁과 정책분석의 전통과는 확연히 구별된다. 사회동원(社會動員)의 전통에서는 계획은 과학의 중재없이 이루어지는 정치학의 하나의 형태로서 나타난다. 그럼에도 불구하고 사회학습형태로서의 과학적 분석은 사회동원에서 추구하는 변혁과정에서 중요한 역할을 한다.

이 전통은 철학적(哲學的)으로 이상적 공동사회주의(Utopian Communitarianism), 무정부주의적 테러리즘(Anarchist Terrorism), 마르크스주의 계급투쟁, 신 마르크스주의자의 해방사회운동(Emancipatory Social Movements)을 옹위하고 있다. 사회동원의 다양한 지지자들은 자본주의 제도와 유산계급국가에서 팽배된 인간소외와 억압을 비난하는 공동의 견해를 갖고 있다. 사회동원은 사회적 결속, 그들의 정치적 분석의 심각성, 현재의 권력관계의 변화에 대한 결의를 바탕으로 하는 압제받는 사람들의 이념이다.

(2) 배 경

생시몽(C. Saint-Simon)과 꽁트(A. Comte)가 활동하던 1820년대에 프랑스와 영국에서 출현한 이 전통은 산업혁명에 수반된 사회적 동요, 인간의 고통과 야만성에 대한 반응이었다. 이 전통의 시각은 사회의 희생자와 기층계급이고, 이의 출발점은 산업주의에 대한 비판이며, 이의 목적은 인간해방(人間解放)을 위한 정치적 실천이었다(Friedmann, 1987: 225). 두 종류의 해방정치학(emancipatory politics)이 사회동원에 관계된다. 이상주의자와 무정부주의자에게는 새로운 삶의 형태로서 대안적 공동체(alternative communities)에 의해 추진되는 '이탈의 정치학'(politics of disengagement)이다. 마르크스주의자와 신 마르크스주의자에게는 기존권력관계의 변혁과 노동착취와 인간소외에 기반하지 않는 새로운 질서를 창조하기 위한 정치적 투쟁을 강조하는 대립적 정치학(confrontational politics)이다.

이상주의, 사회적 무정부주의, 사적유물주의의 세 가지 저항운동을 포함하는 사회동원의 계획전통은 사회개혁에 대한 반동으로 발전되었다. 이들 저항운동은 서로 양립하기 어렵지만 전체로서 사회동원에 기여했다. 이상주의(理想主義)는 지상에서의 완전성(perfectibility)을 추구한다. 현대적 의미의 이상주의는 계획된 공동체의 건설에 중점을 둔 오웬(R. Owen)과 푸리에(C. Priere)로부터 시작된다. 이상주의에서 좋은 사회의 창조는 정치적인 행동이 아니라 자발적인 힘, 도덕적 설득력 그리고 인간결정에 의존하고 있다. 사회적 무정부주의(社會的 無政府主義)는 모든 형태의 권위 특히 정부의 권위에 대한 반대의 입장을 갖고 있었으며, 정치를 부정하는 정치적 운동이었다. 사적유물론(史的唯物論)은 세계는 대립되는 것의 동적 통합체라는 입장에 의한 변증법적(dialectical) 분석방법, 생산관계에서의 물질적 기초(material base)에 의한 분석, 계급투쟁(class struggle)의 시각에서 역사를 설명하고, 역사적 구조와 이론적 틀로서 생산양식(mode of production)에 초점을 두는 분석방법을 특징으로 하고 있다(Friedmann, 1987: 245~246).

(3) 특 성

공공영역에서의 계획에 관심을 갖고 있기 때문에 사회동원은 계획이론의 논의에 포함해야 한다. 시민사회 특히 사회동원을 통해서만 권력에의 접근이 가능한 민중계급으로서 인민은 단순히 침묵의 객체이고 국가에 의한 엘리트 계획의 피해자가 아니다. 민주적 이론에 의하면 그들은 스스로의 운명을 결정할 기본적 권리를 가지고 있다. 이는 정치적 투쟁과 집단적 자력강화를 의미할 뿐 아니라 상향적(from below) 계획과도 연관된다(Friedmann, 1987: 250~255).

역사적으로 보면 이상주의, 사회적 무정부주의 그리고 사적유물주의의 세 가지 운동이 사회개혁전통 내에서 계획에 정보를 제공해 왔다(Friedmann, 1987: 299). 이상주의는 이상도시(ideal cities)와 사회적 유토피아(social utopias)에 대한 오랜 전통이 있는 도시계획에 특히 영향이 크고, 사회적 무정부주의는 도시계획과 지역계획에 모두 영향을 주었고, 사적유물론은 관료적 장치로서 계획경제에의 현재의 실천성을 부여하고 있다. 때문에 사회동원이 주류 계획에 미친 영향은 부인하기 어렵다.

사회동원으로서 계획상 의미는 급진계획(radical planning)으로 이해할 수 있는데, 이 계획이 사회개혁의 대안적 개념으로 발달하고 있다. 사회동원의 전통에서 급진계획의 이론적 요소를 다음의 몇 가지 과제를 통해 도출할 수 있다(Friedmann, 1987: 300~307).

① **계획의 내용** 급진계획(急進計劃)의 목표는 사회적 압제로부터 인간성의 해방에 있다. 이러한 계획이 모든 억압세력 그 중에서도 특히 관료제 정부와 대기업 가운데서 이루어지기 때문에 투쟁이 요구된다. 이러한 투쟁은 폭력 또는 비폭력, 정치적 또는 비정치적, 혁명적 또는 개혁적 일수 있지만, 모든 경우에 저항의 극복이 요구된다.

해방적 투쟁은 특정한 문제가 직면하고 있는 특정상황에서의 특정한 개인과 집단과 관계된다. 때문에 전체가 특정함에 연계되며, 급진적 실천이 사회학습의 확창을 통해 실험적으로 진행된다. 따라서 해방을 위한 투쟁은 자유로운 인간성을 위한 최종적이며 이상적인 목표가 달성되기까지는 부분적이고 모순적이다.

② **고 객** 고객은 동원된 공동체나 집단을 의미한다. 저항적이기 때문에 급진적 실천은 국가에 의해 조직되거나 지원받지 못하므로 추진력은 공동체 자체 내에서 나와야 한다. 자체동원은 해방의 약속에 대한 인지의 획득이며 변화의 가능성에 대한 자신감이다.

③ **관련지식** 사회학습 패러다임이 사회동원을 위한 계획에 중요한 역할을 한다. 급진적 실천의 지식은 실천자체에서 나오고, 이의 지식은 자신의 행동과정에서 동원된 집단에 의해 얻어진다. 비전(vision)없이 급진적 실천이 없고, 급진적 실천(急進的 實踐)없는 이론이 없으며, 이론(理論)없이 전략이 없으며, 전략(戰略)없이 행동(行動)이 없다. 더욱 중요한 것은 계획가와 인민들은 상호교호적이며 상호행동적 역할을 한다. 이러한 상호연계된 역할은 급진적 실천의 초점인 동원된 공동체이기 때문에 가능하다.

④ **급진계획가의 역할** 급진계획은 현재 상황의 비판으로부터 시작한다. 이러한 비판은 규범적인 것 뿐 아니라 특정 현상을 해석, 이해, 설명하도록 하는 분석적 요소를 포함해야 한다. 계획가는 변화되어야 하는 상황의 비판적 설명을 제공하는 급진적 실천을 도울 수 있어야 한다.

참고문헌

강태룡 · 정규서, (1999), 「기획론」(서울: 대왕사).
김복수, (1989), 「경제학설사」(서울: 대왕사).
김봉식, (1986), 「기획론」(서울: 박영사).
김종현, (1996), 「근대경세사」(서울: 경문사).
노태구, (1987), 「근대정치사상의 이해」(서울: 백신서당).
박광순, 외 3인, (1997), 「경제사신론」(서울: 유풍).
양창삼, (1994), 「조직이론」(서울: 박영사).
이영선, (1997), 「경제계획론」(서울: 박영사).
이학종, (1999), 「조직개발론」(서울: 법문사).
정규서 · 강태룡, (1993), 「기획론」(서울: 대왕사).
조기준, (1995), 「사회경제사」(서울: 일신사).

사하키안(Sahakian, W.: 권순홍 역), (1993), 「서양철학사」(서울: 문예출판사).
핀크(Fink, Hans), (1986), 사회사상의 전개, 자이트린(Zeitlin, Ireving) 외, 선한승 편역, 「사회사상의 철학적 이해」(서울: 일신사), 175~319.

Alexander, E., (1992), ***Approaches to Planning***(Philadelphia: Gordon and Breach Science Publishers).
Dear, M., (1986), "Postmodernism and planning", ***Environment and Planning D: Society and Space***, 4(1986): 367~384.
Frank, N., (2002), "Rethinking planning theory for a Master's level curriculum", ***Journal of Planning Education and Research***, 21(2003): 320~330.
Friedmann, J., (1987), ***Planning in the Public Domain: From Knowledge to Action***(N. J.: Princeton University Press).
Harper, T. and Stein, S., (1992), "The centrality of normative ethical theory to contemporary planning theory", ***Journal of Planning Education and Research***, 11;2 (Winter 1992): 105~116.
Healey, P., (2006), ***Collaborative Planning***(Hampshire: Palgrave).
Johnson, D. and Schaffer, D., (1985), "Learning from the past: the history of

planning", ***Journal of the American Planning Association***, 15; 2(1985): 131~133.

Levy, J., (1997), ***Contemporary Urban Planning***(N. J.: Prentice-Hall).

Lepawsky, A., (1976), "The planning apparatus: the vignette of the New Deal", ***Journal of the American Institute of Planners***, 42; 1(1976): 16~32.

Mandelbaum, S., (1985), "Historians and planners", ***Journal of the American Planning Association***, 15; 2(1985): 185~188.

Sanyal, B., (2005), "Planning as anticipation of resistance", ***Planning Theory***, 4(2005): 225~245.

Waterston, A, (1969, 1979), ***Development Planning: Lessons of Experience***(Baltimore: John Hopkins Univ. Press).

제 2 편 계획의 이론적 접근

제 4 장 계획의 경제적 적법성

제 1 절 개 요

I. 의 의

1. 개 념

(1) 중 요 성

계획이론(計劃理論)이 다루어야 할 주제(主題)의 하나는 '왜 계획하는가?'(why do we plan?)하는 계획의 논거(rationale for planning)에 관한 문제이다(Alexander, 1992a: 9). 계획(計劃)의 논거(論據)는 계획의 근본적 이유(fundamental reason)와 논리적 기저(logical basis)를 확인하는 것이다(Sager, 1994: 27).

계획이 현재와 장래의 사회과정에 대한 선택적이며 의도적인 제약(制約)을 포함하기 때문에 모든 계획활동이 답해야 할 문제는 '어떻게 이를 정당화할 것인가?'하는 점이다. 적법성(legitimacy)이란 계획활동을 정당화시키는 바탕이다. 즉 계획의 속성으로서 통제(control), 강제(coercion), 인도(guidance)를 정당화시키는 근거는 무엇인가, 무엇이 계획가들에게 타인을 위해 계획할 권한을 부여하는가, 계획활동의 합법성(合法性)의 근원은 무엇인가에 관한 것이다. 여기서 논의하게 될 계획의 논거(rationale)는 적법성의 문제이다. 계획가는 자신들보다는 남을 위해 계획하는데, 무엇이 그렇게 하도록 권한을 부여했는가 하는 점이다(Alexander, 1992a: 9). 적법성(適法性)의 문제는 민간부문에서 보다는 공공부문에서 그 중요성이 크다. 이는 공공부문에 고용된 계획가는 그들이 보다 바람직한 장래를 유도하는 의사결정을 하기 위한 노력으로 공공자금과 자원을 소비하고 있다는 사실을 정당화해야 하기 때문이다(Moore, 1978: 387).

지금까지 많은 계획이론들은 계획을 어떻게 해야 할 것인가에 대해서는 많은 관심을 가지고 있지만, 왜 계획이 이루어져야 하는가에 대한 이론적 논거의 개발에는 거의 관심을 보이지 않았다. 즉 계획이론의 대상을 실체이론(substantive theories)과 과정이론(procedural theories)으로 나누어, 전자는 계획이 영향을 미치고, 영향을 주고자 하는 현상에 대해 관심을 가지고 후자는 계획의 과정에 대해 관심을 가졌다. 그러나 왜 계획을 해야 하는가하는 계획자원의 적법한 사용에 대한 논리에 대한 관심은 매우 제한된 상황이었다(Moore, 1978: 389).

(2) 필 요 성

계획에서 논거(論據)가 필요한 구체적 사유는 다음의 세 가지로 요약할 수 있다(Sager, 1994: 27).

첫째, 계획가들 과업의 하나는 계획에 직접적으로 관련된 강력한 행위자들에 대항하여 의사결정과정에 제외되어 있는 국외자(局外者)의 이익도 보호해야 하는 것이다. 이러한 상황에서 상대적으로 취약한 입장에 있는 계획가는 왜 자신들의 업무가 중요한가를 나타내는 견고한 이론적 기반(理論的 基盤)이 필요하다. 계획의 논리적 바탕은 계획가에게 계획의 논쟁에 있어 에너지를 제공하는 역할을 한다.

둘째, 논거는 계획가들의 사회적 역할(社會的 役割)을 나타내고, 그들에게서 기대하는 것이 무엇인가를 알려준다. 그들의 전문적 활동에 대해 명료하게 제시된 핵심은 역경에도 확신을 준다.

셋째, 논거는 계획가의 이념적 나침반(理念的 羅針盤)이다. 계획의 실제에서는 갈등상황이 많이 노출되는데, 논리적 바탕은 작업적인 타협점을 발견하기 어려운 상황에서 원칙적인 선택의 방향을 제시해 준다.

2. 적법성의 근원

계획의 적법성에 대한 논의의 중점은 다양하다. 계획의 주요한 논거는 계획이 보다 양호하고 효율적인 결정을 하는 합리적(rational)이라는데 두고 있다. 한편에선 계획은 공익(public interest)을 교도하는 원칙이기 때문에 정당하다고 주장해 왔다. 또 다른 시각에서의 계획적법성에 대한 주장은 개인적 자유와 집단적 통제에 대한 철학적 논쟁에 그 뿌리를 두고 있다(Moore, 1978: 390). 일반적으로 계획의 선(goodness)은 공공복지를 증가시키는 능력을 가정하고 있다. 그러나 이러한 정의는 계획에 대한 적절한 정당성이 아니다. 이러한 정의들은 '계획하지 않은 것보다 계획이 더 많은 공공복지를 제고하는가?'하는 근본적인 질문을 해결하는데 실패했기 때문이다.

일반적으로 적법성은 권위(權威)의 전조(前兆)이며, 계획가의 권위(authority)는 다른 사람에게 영향을 미치게 될 행동노선(行動路線)을 선택하고 추천할 수 있게 한다. 알렉산더(E. Alexander)는 적법성의 근원(根源)을 공익(公益), 참여(參與) 그리고 계획가의 목표(目標)와 가치(價値)의 3가지를 제시하고 있다(Alexander, 1992a: 120~136).

(1) 공 익

계획개입(planning intervention)에 대한 정당성은 전통적으로 공익(public interest)의 개념에 집중되어 왔다. 즉 역사적으로 상이한 계획형태의 유일한 표준적 공통점은 공익이었다. 공익(public interests)은 지역사회의 모든 가치(價値)의 총화(總和)로 나타나며, 계획을 통해 달성될 것으로 기대되는 합의된 목표(goals)이며, 계획안을 평가하는 준거가 되는 역할을 한다(Moroni, 2004: 151~152).

공익의 존재는 합리적 종합적 계획의 전성기에는 당연한 것으로 간주되고, 공익의 이름으로 계획안을 정당화하는 계획가와 행정가의 능력을 의문시하는 경우는 거의 없었다. 그러나 계획문제가 보다 복잡해지고 서로 다른 집단들이 자신들의 바람을 보다 명확히 표현함에 따라, 추정된 합의에 바탕을 두고 문제를 처리하는 접근방법에 대해 점점 더 불만족스럽게 여기게 되었다. 이론적(理論的)으로도 정치적인 결정은 상이하거나 다원적 이해의 상호작용의 결과라고 생각하는 다원주의학파(多元主義學派)에 의해 공익개념은 비판(批判)을 받게 되었다. 그들은 공익이라고 부를만한 가치가 있는 것도 아니고, 이를 확인하기 어려울 뿐 아니라, 개념자체도 정치적 자료로서 중요성을 가질 뿐이라고 결론을 내렸다. 이러한 결론은 사회계획과 옹호계획 그리고 보다 급진적 계획접근의 이론가들과 실무자사이에서 받아들였던 내용이었다.

다원주의자들의 공격적 비판에도 불구하고 계획실무(計劃實務)에서 공익은 여전히 건재(健在)하다. 이론적으로도 계획을 그 정치적 성격과 공공성을 인정하는 경우 공익은 계획된 행동을 적법화시키는 존재로서 기능하며 계획제안의 유용한 준거가 된다.

(2) 주민참여

계획에 대한 사용자 선택(user preferences)도 계획적법성의 근거가 된다(Alexander, 1992a: 120). 이는 서로 다른 이론적 시각에서도 확인할 수 있다. 시장모형(市長模型)에서는 계획가를 서로 다르게 표출된 욕구를 충족시키기 위해 다양한 이익집단들에게 계획서비스를 제공하는 사람으로 본다. 그러나 사회계획모형(社會計劃模型)에서는 조사, 연구, 사용자 참여를 통해 고객의 수요를 과학적으로 발견할 것을 요구한다. 이 두 접근의 공통점(共通點)은 의사결정과정에서의 참여(參與)를 계획의 적법성의 기반을 보고 있다는 점이다.

참여를 강조하는 적법성의 형태가 등장하게 된 것은 시대적 여건과 상황을 반영한 것이다. 초기의 적법성 논리는 목표에 대해 가장 효율적인 수단을 모색하는 합리성(合理性)에 초점을 두었다가, 관련 이익집단의 보증과 지지를 중시하는 합의성(合意性)으로 바뀌었고, 이것이 최근에는 계획에 의해 영향을 받는 사용자의 의사결정에의 개입을 중시하는 참여성(參與性)으로 바뀌어 오고 있다(Smith, 1973: 278~282; 1978: 12~22).

주민참여(住民參與)는 계획의 결과에 의해 영향을 받는 모든 개인, 집단, 이해관계자, 조직, 지역사회가 계획과정에 관여하는 것을 의미한다. 참여계획(參與計劃)의 근본적인 적법성은 계획 행동에 의해 영향을 받는 사람들에 의해 보증, 지지, 창조되는 계획이라는 점에 바탕을 두고 있다. 참여는 모든 계층에 개방되어 있지만, 계획에 의해 불이익을 받는 계층이 참석하여 이의를 제기하고 자기의 견해를 옹호하는 계획 형태도 중요한 의미를 갖게 된다(Smith, 1978: 20).

(3) 목표와 가치

'무엇을 위한 계획인가?'(what is planning for?)라는 질문에 대한 하나의 응답은 시장(市場)을 통해 표출된 수요와 공급력이 사회적 수요를 충족하지 못하는 상황을 계획이 다루어야 한다는 점으로 대신할 수 있다. 이러한 수요는 사례별로 상이하다. 그러나 계획의 적법성과 관련하여 모든 계획노력의 목적이 될 수 있는 보다 높은 수준에서의 공동목표나 인간욕구군이 존재하는 것이 아닌가 생각된다.

계획가의 전문적 가치(professional values)도 권위의 근원이 될 수 있다(Alexander, 1992a: 120). 이 견해에 의하면 계획은 가치부과적(價值賦課的) 직업으로 계획가의 가치내재화는 그들로 하여금 다른 사람에 대한 계획을 허가하는 역할을 수행하도록 해 준다. 그러나 이러한 적법화의 어려움은 가치합의가 존재하거나 계획대상의 동질적 지역사회에서 가치를 공유하고 있는 경우에 한에서만 그 적법성이 인정된다는 점이다.

Ⅱ. 적법성의 논거

1. 고찰방향

계획은 사회의 경제체계(經濟體系) 또는 정치체계(政治體系)와 깊은 연계를 맺고 있다(Sage, 1994: 29). 여기서 시장(market)은 재화와 서비스를 생산·분배하고, 정치체계 또는 비시장체계(nonmarket system)는 권력과 의사결정권한의 생산과 분배하는 역할을 한다. 그러나 현실세계에서의 시장과 비시장의 불완전성은 각각의 체계에 기능장애를 불러일으키고 있다. 이러한 결점의 보완을 위해 계획이 요구되고, 이러한 교정논거(矯正論據)를 계획의 적법성 논거(legitimacy rationale)와 연계하여 고찰할 수 있다.

교정논거(correction rationale)는 시장(市場)의 생산교정이 유효성(efficacy), 분배교정이 형평성(equity) 그리고 비시장(非市場)에서 생산교정은 공익(public interest), 분배교정은 해방(emancipation)과 각각 관련된다(Sager, 1994: 29).

시장생산교정논거(市場生産矯正論據)는 경제적 효율성에 대한 질문과 일치하며 도구적 합리성(instrumental rationality)을 반영한다. 계획은 공공재의 최적생산으로 유도하는 활동으로 간주되고 있다.

비시장생산교정논거(非市場生産矯正論據)는 통합(統合)에 초점을 두고 있다. 평등화(equalization)와 자유화(liberation)는 경제적 분배와 정치적 분배의 혼합에 의해 이루어진다. 이러한 평등화와 자유화의 과정은 도구적 합리성(instrumental rationality)과 의사소통적 합리성(communicative rationality)에 의해 인도될 수 있다. 도구적인 측면에서의 권력수단의 재분배는 정치적으로는 현상유지차원에서 선호할 만하지만, 이는 위기상황에서의 제한적인 해결방식으로 간주된다. 이상적인 방안은 자율적인 의사소통과 같은 대화(dialogue)에 의해 결정되어야 한다. 이것이 왜곡되지 않는 의사소통의 논거(undistorted communication rationale)이다.

2. 경제적 논거의 고찰방향

계획에 대한 전통적 설명은 공공부문과 자유시장의 양분 사이에서 공공 또는 정부의 개입을 의미한다(Alexander, 1992a: 190). 많은 사람들은 계획을 공공자원의 배분(allocation)과 분배(distribution)에 관한 모든 의사결정이라고 이해하고 있다. 그러한 의사결정들은 자유시장경제하에서는 원활하게 공급되지 않는 재화와 서비스의 생산과 공급에 대한 것이다. 그리고 그러한 의사결정이 공공부문의 시장이 불가피하게 야기하는 비효율성이나 비형평성을 교정하는 것이고, 시장(市場)에 대한 정부개입(政府介入)에 관한 결정이기 때문에 공공부문의 계획을 정부개입의 하나의 형태로 기술하는 것은 타당하다. 만일 계획이 정부개입의 하위개념이라면 정부개입의 정당성은 계획을 정당화하는데 충분하다(Moore, 1978: 388). 따라서 시장과 계획에 관한 논의를 시장과 정부개입과 관련 지워 검토하는데 무리가 없다.

계획의 적법성과 정당성을 다루는 주류경제학(主流經濟學)의 주장들은 고전자유주의와 현대자유주의의 2개 학파에서 확인할 수 있다. 고전자유주의(classical liberals) 또는 자유우선론자(libertarians)는 오늘날 보수주의자(conservatist)로 인용되고 있는 학자들로, 시장기능에 대해 깊은 신념을 가지고 개인자유보호와 선택과 행동의 자유제고를 위해 사회의 경제적인 문제에 대해 정부개입을 최소화하자는 주장을 펴고 있다. 현대자유주의(contemporary liberals) 또는 사회민주주의(social democrats)는 오늘날 단순히 자유주의자(liberalists)로 인용되고 있는 학자들은 시장의 기능에 결함을 인정하고 정부의 역할과 계획의 범위를 보다 확대하고 있는 수정된 입장을 가지고 있다(Harper and Stein, 1995: 16). 이들은 자본주의 체제 내에서 정부가 사회보장과 고용창출을 위하여 적극적인 역할을 담당할 것을 주장한다.

이하에서는 정부규제와 개입을 반대하는 보수주의(conservatism)를 시장주의(marketism)로, 정부개입과 계획의 필요성을 인정하는 주장들을 개입주의(interventionism)로 구분하여 시장과 계획에 대한 양자의 주장을 검토하기로 한다.

제 2 절 경제적 논쟁의 발달

I. 논쟁의 발달

1. 논쟁의 출발

시장과 계획에 대한 경제적 논의의 근원은 아담 스미스(Adam Smith)에서부터 시작하여 최근의 하이에크(F. Hayek) · 프리드만(M. Friedman) 등과 같은 학자들의 사상을 옹위하는 자유주의 전통에서 확인할 수 있다(Sorensen and Day, 1981: 390; Moore, 1978: 390).

그러나 계획에 대한 일반인과 학적인 관심의 절정은 만하임(K. Mannheim) · 타그웰(R. Tugwell) · 우톤(B. Wootton) 등과 같은 계획옹호론자(計劃擁護論者)와 하이에크(F. Hayek) · 미세즈(L. Mises) 등과 같은 자유시장수호론자(自由市場守護論者) 사이에서 1930년대~1940년대에 벌어진 「대논쟁」(The Great Debate)에서 찾을 수 있다(Klosterman, 1985: 5). 이 논쟁은 전시(戰時)의 유예기간을 거쳐, 하이에크(F. Hayek)의 「노예의 길」(*The Road to Serfdom: 1944*) 발간을 기점으로 재연되었다. 그에 의하면 계획은 성질상 획일성을 강요하는데 이는 개인의 자유를 근본적으로 파괴하는 것이라고 한다. 이러한 계획불신론(計劃不信論)을 반박하기 위해, 파이너(H. Finer)는 「반동의 길」(*The Road to Reaction: 1945*)을 발표하였다. 그는 계획으로 개인적 자유가 침해되는 것이 아니라 개인적 자유를 확보 가능하게 해준다는 견해를 피력했다.

2. 논쟁의 요점

「대논쟁」의 쟁점(爭點)은 계획이 사회적 행동에 대한 진정한 선택과 장애를 명료화하여 자유를 신장하는 것인가 또는 자유시장경제에서의 제한된 효과성에 의해 실망한 계획가들이 개인행동에 보다 강한 제약으로 사회과정에 개입하는 강압적인 권력을 추구하는가에 대한 것이다(Friedmann and Hudson, 1974: 5~6). 이와 같이 계획의 적법성에 대한 논쟁의 하나는 개인적 자유(自由)와 집단적 통제(統制)에 관한 철학적 논쟁(哲學的 論爭)에 뿌리를 두고 있다.

하이에크(F. Hayek)와 포퍼(K. Popper)는 개방사회의 옹호자로서 계획은 개인적 자유를 감소시키는 것으로 보았다. 그러나 계획의 지지자인 우톤(B. Wootton)과 만하임(K. Manheim)같은 학자들은 사회적 현실을 이해하기 위한 이성의 힘을 믿고, 계획을 인간정신의 향상으로 유도한다고 믿었다(Moore, 1978: 390).

3. 논쟁의 진전

케인즈(J. Keynes) · 비버리지(W. Beveridge) · 핸슨(A. Hansen) 등은 자유사회의 보장을 위해서도 계획은 불가피하다고 주장하고, 그것은 사회주의와 자본주의의 장점만을 취하는 계획이 필요하다고 주장하기에 이르렀다. 이러한 혼합경제이론(混合經濟理論)은 사회주의와 전통경제학의 양면에서 비판을 받았다. 사회주의 경제학자들은 혼합경제를 수정자본주의라고 비난한다. 전통경제학자들은 혼합경제란 결국 간섭주의이며, 간섭주의의 종착점은 사회주의이므로 혼합경제가 계획의 토대가 될 수 없다고 비판한다. 이러한 논란 속에서 대공황, 세계대전과 같은 객관적인 사정은 계획이 혼합경제이론에 안주하는 방향으로 전개되었다. 이러한 케인즈경제학의 영향을 받아 20세기 중반에는 대부분의 개발도상국이 국가계획을 채택했다.

그러나 최근에 계획, 규제 그리고 정부규모를 줄이고 제한하는 대신에 민간기업과 시장경쟁력에의 의존도를 높이자는 요구가 증대되고 있다. 이러한 주장의 배경에는 정부규제와 계획은 기업의 독창성과 쇄신을 억제하고 경제에 불필요한 재정적·행정적 부담을 지우기 때문에 불필요하고, 어떤 경우에는 해롭기까지 하다는 생각이 깔려 있다(Klosterman, 1985: 5).

이러한 계획에 대한 회의적 시각은 1970년대 후반 이래의 신우익(New Right)의 지적비판과 1980년대 후반 이후 나타난 동구의 통합계획붕괴에서 찾을 수 있다(Simmie, 1993: 4). 신우익(新右翼)에 속하는 학자들의 의도는 경제성장을 촉진하는 시장력(market power)의 우월성을 이론화함으로써 경제계획에 대한 사회주의적 사고에 대항하자는 것이었다(Simmie, 1993: 9). 그리고 시장주의자들은 서구 최빈국에도 미치지 못하는 성과를 기록하다 몰락한 동구의 계획경제는 통합적인 계획적 사고에 대한 근본적인 재평가를 요구하기에 이르렀다고 이해한다(Gleeson and Low, 2000: 96).

Ⅱ. 주요학파의 견해

시장주의(市場主義)의에 속하는 주요 학파는 고전학파와 신자유주의를 들 수 있고, 개입주의(介入主義)는 신고전학파, 제도학파, 케인즈학파 그리고 신고전학파종합을 각각 들 수 있다.

1. 시장주의

(1) 고전학파

고전학파 경제학은 아담 스미스(A. Smith)에 의해 창설되어 멜더스(T. Malthus), 리카도(D. Ricardo)를 거쳐 존 스튜어트 밀(J. S. Mill)에 이르는 일련의 학자들을 지칭한다.

아담 스미스(A. Smith)는 자연적 질서의 사상에 입각하여 자유방임주의(自由放任主義)를 주장하면서, 각종 통제·속박·독점행위에 대해 신랄하게 비판하였다. 규제와 개입이 없어도 '보이지 않는 손'(invisible hand)에 인도되어 목적을 달성할 수 있을 것으로 보았다. 그는 사회적 분업 밑에서 개인적 이익의 추구는 가격기구의 매개작용에 의하여 공익촉진 -즉 국부증가 효과- 를 가져 온다고 주장했다.

다수의 고전파 경제학자들은 시장을 통한 자유로운 영리추구는 경제적 번영과 사회후생의 증가를 가져오기 때문에 정부의 경제 또는 경제주체에 대한 간섭은 가능한 한 배제되어야 한다는 것이다. 그들은 정부개입이 주어진 작용을 변화시킬 수 없을 정도로 강력한 자연의 법칙과 경향에 의해 이루어지기 때문에 인위적인 개입은 실패로 귀결되고 모두에게 해악이 된다고 주장했다(정현식 외, 1997: 118~131).

고전파 경제학자들은 정부활동의 증가가 개인의 자유를 침해하기 쉽고 의존적이며 수동적인 국민의 형태를 창출할 수 있기 때문에 국가활동의 강화에 우려를 표명했지만, 효용(效用)의 관점에서 정부개입이 정당화될 수 있는 경우에는 개입을 배제하지는 않았다(정현식 외, 1997: 133~134). 예로 스미스는 국가의 의무는 사회를 다른 독립사회의 폭력 및 침략으로부터 지킬 국방의무(國防義務), 사회 내에서 계약의 보호와 소유권의 보장을 포함하는 정의의 지배를 확립하는 사법의무(司法義務) 그리고 어떤 개인 또는 소수에 의해서도 결코 성취할 수 없는 특정의 공공토목사업(公共土木事業)의 설립과 유지뿐이라고 했다(김광수, 1992: 10; 박기혁, 1997: 109). 이외에도 어린이 노동(勞動)·교육(敎育)·빈민구제(貧民救濟)에도 정부의 관심이 필요하다고 주장하였다. 결론적으로 이들은 극단적 자유방임보다는 소극적 정부(야경국가) 또는 작은 정부를 주장했다(정현식 외, 1997: 135).

스미스이래의 고전경제학의 이론을 수정 보완하여 집대성한 밀(J. S. Mill)은 기본적으로 자유방임주의를 고수하였지만 어느 정도 수정을 가하여 최대다수의 최대행복을 유지하기 위하여 필요한 경우에는 정부가 간섭하여야 한다고 주장하여 절대적인 자유방임주의에 탄력성을 부여하였다(박기혁, 1997: 229).

스미스(A. Smith)의 자유방임주의 원칙은 그 후 많은 비판을 받았고, 케인즈혁명을 야기했으며, 후진국경제에서는 자유경쟁 및 자유무역이론은 경제발전에 저해가 된다는 독일역사학파의 비판의 대상이 되었다. 그러나 이는 자유주의경제사상을 이론적 바탕으로 제시하고 지나친 규제나 정부개입의 한계점을 시사해주었다고 할 수 있다(박기혁, 1997: 142).

(2) 신자유주의

고전적 자유주의 시장경제질서의 문제점을 지적하고 이의 수정필요성을 제기한 학자들을 신자유주의자(新自由主義者)라고 한다. 이들 중에서 자유시장과 경쟁을 특히 강조하는 학자들을 우파적 자유주의자라고 부른다. 여기에 속하는 대표적인 학파로는 오스트리아학파와 시카고학파를 들 수 있다(Harper and Stein, 1995: 16; Ashford, 1993: 19).

오스트리아 학파(Austrian school)는 시장(market)을 불균형을 교정할 수 있는 자기규제장치(自己規制裝置)로 보면서, 시장이 완전경쟁적이며 동시에 균형적이면 모든 자원은 효율적으로 배분된다고 주장한다. 이러한 시장모형의 중심논점은 자유시장과정은 자원배분과정을 통해 경제성장을 촉진하고, 때문에 주요한 사회적 목표를 충족시킨다는 것이다(Ashford, 1993: 25). 이 학파의 대표적인 학자인 하이에크(F. Hayek)는 인간의 노력을 조화시키는 수단으로서 경쟁의 힘을 가능한 최대로 사용하도록 만드는 것을 지지하는 것이지, 사물을 있는 그대로 내버려둔다는 것은 아니라고 주장했다(Hayek, 1994: 41). 즉 그는 시장경제는 번영을 보장하는 최선의 방안이고, 법의 규칙과 자유라고 주장했다(Simmie, 1993: 9).

시카고학파(Chicago school)에서 자유시장정책의 대표적인 옹호자인 프리드만(M. Friedman)은 자신의 저서 「자본주의와 자유」(*Capitalism and Freedom*: 1962)에서 자본주의를 옹호하고 보다 제한된 정부를 요구했다(Ashford, 1993: 20). 그에 의하면 자본주의는 번영 · 자유 · 민주주의 그리고 형평을 제고한다고 했다. 이 학파의 학자들은 광범한 정부의 정책과 이의 결과를 검토한 후, 시장은 사회목표의 달성에 있어 정부보다 효과적인 방법이라고 결론지었다.

2. 개입주의

(1) 신고전학파

신고전학파(新古典學派)는 고전경제이론을 계승하고 튠넨(von Thunnen) · 제본스(W. Jevons) 등을 종합하여 마샬(A. Marshall)에 의해 창도되었다(강명규, 1986: 200; 박기혁, 1988: 391). 마샬(A. Marshall)은 자유방임주의가 아니라 분배면에서 정부개입을 인정하는 개혁적 자유주의 전통을 수립하였다(강명규, 1986: 200).

이 학파는 그 입장에 따라 보수주의적 신고전학파와 자유주의적 신고전학파로 구분하는데, 정부의 개입을 지지하는 입장은 후자에 속한다. 자유주의적 신고전학파에서는 전체적인 맥락에서 지난 세기 동안 나타난 정부의 경제적 중요성과 권력의 확대를 인정했다. 이로써 자유주의자들은 극단적인 자유방임을 주장하는 보수주의자들과는 달리 신고전학파이론에 대한 비판을 수용했다. 이들은 고전학파적 완전경쟁이론이란 규범적 윤리적 모형이며, 현실적으로 완전경쟁의 모형은 부적합하다고 하면서 다음 네 가지의 논거를 제시하고 있다(헌트, 1983: 666~667).

첫째, 통제되지 않은 자유시장 자본주의체제는 불안정하고 막대한 사회적 낭비를 초래하는 주기적 불황에 직면할 수밖에 없다. 따라서 정부는 이러한 불안정을 제거하지는 못한다 하더라도 적절한 금융재정정책을 사용함으로서 그것을 상당히 완화할 수 있다고 주장한다.

둘째, 그들은 그대로 방치하면 결코 완전경쟁이론에서 묘사된 방식으로 행동하지는 않을 강력한 대기업이 존재함을 인식한다. 이 경우 정부는 각종 규제를 통해 대기업들이 공공의 이익에 부합하도록 행동하게끔 강제할 수 있다고 믿는다.

셋째, 자유주의자들은 사회적으로 소비되는 몇 가지 상품이 존재하는데, 이 상품은 비록 개별자본가가 이러한 상품의 생산을 통해 이윤을 얻을 수 없다고 해도 필요한 것이며, 정부가 사회의 일반적 후생을 극대화하기 위해 이러한 상품을 생산하고 분배한다.

넷째, 그들은 외부성이 개인적 비용과 사회적 비용의 괴리를 초래한다고 생각한다. 그들은 정부가 이러한 문제를 치유할 수 있다고 주장한다.

이리하여 자유주의적 신고전학파 경제학은 극단적인 자유방임을 옹호하지 않을 뿐 아니라 경제내부에 정부(政府)가 개입(介入)하는 것을 지지한다. 그들은 정부라고 하는 '보이는 주먹'(visible fist)의 도움을 받은 '보이지 않는 손'(invisible hand)이 비록 불완전 하드라도 현재의 인간의 지식수준에서 가능한 완전성에 가장 근접해 있다고 주장한다(헌트, 1983: 667~668).

(2) 제도학파

제도학파(制度學派)는 경제순환과정에서 고전경제학적인 자연법과 자유주의

사상을 거부하고 경제질서는 사회적 인위적 제도 등에 의해 규제된다고 주장하는 학파이다(박기혁, 1988: 415; 강명규, 1986: 146). 이 학파의 대표적인 학자는 베블린(T. Veblen)이고, 미첼(W. Michell), 코먼스(J. Commons) 등에 의해 발전되어 왔다. 이들의 견해는 제2차 세계대전 이후에도 지속 발전했는데, 이들을 신제도주의(新制度主義)라고 한다. 이들은 풍요 속에서 소홀히 취급되었던 삶의 질을 중시해야 한다고 주장하는데, 갈브레이드(J. Galbraith)와 뮈르달(G. Myrdal)이 대표적인 인물이다(강명규, 1986: 156).

제도학파 경제학은 근대산업의 발달과 부의 증대에도 불구하고 자본의 집중과 집적이 일어나게 되어 여러 가지 사회경제적 모순이 발생되는 상황 하에서 다윈(C. Darwin)의 진화론적 역사인식과 퍼스(C. Peirce) 등의 실용주의가 이 제도 형성의 주요한 배경이 되었다(고든과 애덤스, 1995: xviii). 제도경제학은 19세기후반에 있어서 미국의 선진자본주의국가를 뒤따라가고 그것을 앞서기 위해 주식회사, 신용제도, 기업합동 등 인위적 제 제도를 채택한 여러 사실을 이론적으로 반영한 것인데, 이것은 뉴딜정책의 사회개량주의의 사상적 배경도 되었고, 그 후 케인즈 경제학이 미국에 들어와 발달할 온상적 역할이 되었다(김복수, 1989: 333).

제도학파에서는 자유시장주의자와는 달리 계획의 필요성과 가치를 인정하고 있다. 이 학파는 역사적 배경을 살펴보고 현 상태를 분석하고 그리고 나타난 문제들을 해결하기 위한 방안을 제안하는 계획은 분명히 가치 있는 일이라고 주장했다. 계획자체와 계획내용을 발표하는 것은 일반 시민, 사업가 그리고 정부에도 유용한 전망과 행동의 출발점을 제공한다. 이 점은 계획안이 전부가 집행되든 일부가 집행되든 간에 사실이며, 또한 계획이 지시적(indicative)이든 강제적(mandatory)이든 사실이다. 계획이 웬만큼만 합리적이라면 그 속의 많은 내용은 집행할 가치가 있다고 주장한다(고든과 애덤스, 1995: 387).

(3) 케인즈학파

케인즈학파(Keynesian school)는 케인즈(J. Keynes)의 「일반이론」(1936)이 발표된 이후 형성되었다. 독점자본주의시대의 독점적 경쟁은 전전(戰前)의 유럽경제를 유지하여온 자유방임주의를 파탄으로 몰아넣고 그 모순으로 인하여 1930년대의 세계공황을 유발하고 말았다. 자본주의의 일반적 위기라고 말하는 이러한 사태를 고전파의 이론으로는 설명하기 어려웠다. 「일반이론」은 고전파의 완전고용이론에 대하여 보다 일반적인 불완전고용의 이론을 전개하여 저축투자기구를 분석함으로서 자본의 위기를 구조적 실업에서 파악하려 했다(김복수, 1989: 456). 이 학파에 속하는 학자들은 한센(A. Hansen), 헤롯드(R. Harrod), 로빈슨(J. Robinson), 사무엘슨(P. Samuelson) 등을 들 수 있다.

케인즈(J. Keynes)의 「일반이론」은 고용 · 투자 · 저축 · 인플레이션과 같은 거시적(巨視的)인 경제문제를 본격적으로 다루는 효시가 되었다. 이는 고전경제학의 개인주의에서 벗어나 전체를 강조한 것으로 개별경제주체의 사익과 공익의 조화보다는 전체경제의 공익을 강조하는 견해를 반영하는 것이다(정현식 외, 1997: 141). 그는 시장은 고전경제학자들이 가정하는 것과 같이 완전경쟁시장이 아니고 독과점과 같은 비경쟁상태가 있어 시장의 가격기능에 결함이 있음을 지적하였다. 그의 처방은 인위적인 정부의 기능을 도입하여 결함을 보완해야 한다는 것이다. 특히 민간부문의 시장기능 자체만으로 부족하기 쉬운 유효수요를 정부의 적절한 재정 금융정책수단에 의해 보완함으로서 완전고용수준을 도달할 수 있다고 주장하였다.

케인즈의 사상은 자유방임이 종언을 고했다는 것과 불완전고용이 일반적인 경제현실이라는 것에 있었다(김복수, 1989: 474). 케인즈는 대공황이란 시장실패(市場失敗)를 적극적 개입에 의해 치유해야 한다는 의미로, '큰 정부'(big government)를 주창했으며 이러한 주장은 최근까지 주류경제학의 근간을 이루었다. 즉 케인즈경제학은 시장에 의한 자원배분의 실패를 지적하고 이러한 실패가 시장기구 자체에서 발생한다고 여김으로서 시장기구에 대한 불신을 증대시키고 정부역할증대에 대한 이론적 근거를 제공하였다(박기혁, 1997: 452~453).

케인즈 경제학(Keynesian economics)은 정부주도형의 경제정책과 자유주의를 결합시킨 혼합경제체제(混合經濟體制)를 지향했다. 그는 자유방임적 태도를 증오하고 계획과 제도적 장치를 통하여 경제문제와 사회문제에 대한 해결책을 강구할 것을 역설하였다(정운찬, 1995: 263). 케인즈의 공헌은 그의 정책처방은 뉴딜정책의 성공적인 시험으로, 학문으로서 경제학을 정부의 정책수립에 성공적으로 연결시킨데 서 찾을 수 있다(박기혁, 1997: 460).

(4) 신고전학파종합

1950년대에 이르러 케인즈 경제학은 신고전파종합(新古典派綜合)이라는 이름으로 정통 신고전파 경제학의 균형이론구조 속으로 통합되었으며, 이 학파가 제

2차 세계대전이후 미국경제학계의 주류를 이루어 왔다(이근식, 1999: 573~574; 정현식 외, 1997: 143). 사무엘슨(P. Samuelson), 힉스(J. Hicks), 토빈(J. Tobin)으로 대표하는 이 학파는 시장실패를 교정하기 위하여 정부가 경제에 적극적으로 개입할 것을 주장하였다.

이들은 케인즈의 거시이론을 계승하였기 때문에 케인지언(Keynesian)이라고도 부른다. 이들은 케인즈의 거시이론과 함께 공공경제학(公共經濟學)을 발전시켜 시장실패를 정부개입으로 시정할 수 있음을 이론적으로 보여주었다(이근식, 1999: 573~574). 공공경제학에서는 정부의 개입으로 증대되는 다수의 이익이 침해받는 소수의 이익보다 클 경우 정부의 개입을 정당화시켰다. 시장경제체제하에서 가격기구를 통한 자유경쟁의 원리를 기본으로 하되, 경기변동, 독과점, 소득분배의 불균형, 인플레이션과 같은 가격기구의 약점을 보완하고 공공재나 환경오염과 같은 시장실패의 부문에 정부가 미조정하는 방식으로 개입하도록 하는 경제운영방식을 제시한다(정현식 외, 1997: 144).

신고전파 종합이 합리적인 개인과 불합리한 시장을 동시에 가정하는 것은 논리적으로 모순이라고 비판하는 시각도 있으나, 합리적 기대의 개념을 통해 정통경제학의 중요 개념인 균형, 불완전 정보, 확율적인 변동 등의 의의를 분명히 하는데 기여하였다(정현식 외, 1997: 145~146).

제 3 절 경제적 논쟁의 대비

Ⅰ. 논 거

계획의 경제적 논거의 핵심은 시장의 실패이고, 이에 대해 시장주의자들은 정부의 실패를 제기하면서 시장기능을 강조한다. 여기서는 양자의 논리를 검토하기로 한다.

1. 시장의 기능

시장주의(市場主義)에서는 개인의 자유, 시장경제, 법의 역할 그리고 경제와 사회의 관료적 통제에 따른 폐해를 강조하고 있다. 자유기업사회는 시장경제와 법의 지배를 전제로 하고 있다. 개인이나 조직이 최소의 갈등과 불확실성 속에서 스스로의 일을 수행해 나가기 위해서는 재산권과 이의 교환(계약)과 관계되는 규칙(법률)이 필요하다. 자유는 보다 창조성을 높이고 변화하는 환경에 보다 신축적으로 대처할 수 있다. 개인의 자유를 강조하는 사회구성은 그렇지 않은 사회에 비해 보다 창조적·생산적·동적이며, 인간욕구에 대응적이며 신축적이다. 요약하면 시장주의는 자유(自由), 선택(選擇), 자유시장(自由市場), 최소정부개입(最少政府介入), 개인우선(個人優先)을 강조하며, 자유시장과 자본주의는 개인의 선택, 개인이익의 추구, 개인이익간의 조화를 제공하기 때문에 가장 좋은 체계라고 주장하고 있다(Harper and Stein, 1995: 12; Sorensen and Day, 1981: 390).

경제주체의 자유로운 경제활동은 시장에서 가격기구를 통해서 자율적으로 조정되기 때문에 국가의 개입은 필요가 없게 된다. 이러한 시장경제를 자유방임적 시장경제 또는 자유시장경제라 하며, 시장경제질서의 기본형 또는 이상형이라고도 한다. 이러한 시장경제하에서는 '보이지 않는 손'에 의하여 모든 경제활동이 자율적으로 조정되기 때문에 모든 개별경제주체의 사적이익추구는 시장에서의 경쟁을 통해서 최적의 자원배분을 가져오고 이는 사회전체의 이익으로 귀결된다는 것이다. 시장경제에서는 사적 이익과 사회적 이익 간에는 조화가 되기 때문에 사회가 추구하고자하는 경제정책목표를 국가가 별도로 세울 필요가 없다고 본다.

2. 시장실패와 정부개입

(1) 개　　념

정부개입(政府介入)의 근거(根據)를 케인즈는 거시경제학에서, 공공경제학은 시장의 실패에서 주로 찾고 있다(이근식, 1999: 505~506). 시장실패(market failure)는 시장의 과정에 여러 가지 요인이 병존하고 있어, 시장기구에 맞길 경우 효율적인 자원배분의 결과를 가져오지 않는 상황을 지칭한다. 이러한 시장실패가 존재하기 때문에 시장외적인 활동 특히 정부가 개입하여 자원배분의 효율성을 높여야 한다는 주장을 하게 된다.

(2) 유　　형

시장실패(市場失敗)의 유형은 미시적 시장실패와 거시적 시장실패로 나눌 수 있다. 미시적 시장실패(微視的 市場失敗)는 완전경쟁조건이 충족되지 않음에 따라 발생되는 비효율적 자원배분과 완전경쟁조건이 달성되더라도 발생되는 불공평한 분배의 두 가지로 나눌 수 있다. 전자의 경우로는 외부경제와 공공재를 그

대표적인 예로 들 수 있으며, 후자의 완전경쟁 저해요인으로는 독과점산업을 중심으로 한 불완전경쟁산업의 존재, 평균비용체감산업의 존재, 시장상태에 관한 불충분한 정보의 존재 그리고 위험과 불확실성이 존재한 경우이다(이만우, 1985: 160). 거시적 시장실패(巨視的 市場失敗)는 불공정한 소득배분, 실업, 경기침체 등을 들 수 있다(이만우, 1985: 189).

여기서는 시장실패를 외부성, 공공재, 수확체증, 정보의 비대칭성, 분배적 형평의 5종류의 원천 또는 유형으로 나누어 검토하기로 한다(Rydin, 1998: 179; Walker, 1981: 268; 울프, 1991: 20~29; 최병선, 1992: 67~102).

① **공공재** 공공재(public goods)는 생산과 소비가 동시에 이루어져 축적되지 않고, 비경쟁성(non-rivalry)과 비배제성(non-excludability)의 특성을 가지고 있는 재화나 서비스이다. 비배제성(非排除性)의 특성 때문에 무임승차(free rider)의 문제가 발생하고, 때문에 공공재의 공급은 시장 보다 정부의 개입이 요구되는 것이다. 비경쟁성(非競爭性)의 특성 때문에 이용자가 추가된다고 해도 추가적인 사회적 비용이 발생되지 않고, 따라서 공공재를 많이 이용할수록 사회후생(社會厚生)을 증진시키게 된다. 때문에 이러한 공공재를 정부가 제공함으로서 많은 사람이 이용하도록 하는 것이 바람직하다.

② **외부성** 외부성(externalities) 또는 외부효과(external effect)란 어떤 사람의 행동이 비(非)의도적으로 또는 대가의 교환이 없이 타인에게 이득이나 손해를 가져다주는 것을 말한다. 즉 외부효과는 가격을 통하지 아니한 효과 혹은 시장을 통하지 아니한 효과이다. 외부효과(外部效果)는 개인적인 편익이 사회적 편익보다 큰 외부경제(external economies)와 개인적인 비용이 사회적 비용보다 적은 외부비경제(external diseconomies)의 두 가지 유형이 있다. 외부경제(外部經濟)의 경우 생산활동의 결과로 얻어지는 의도하지 않은 사회적 편익이 그 활동을 하는 개인에 의해 충분히 흡수되지 않으면 그 활동은 사회적으로 바람직한 수준만큼 이루어지지 않게 되는데, 이의 예는 교육과 기술혁신이다. 외부비경제(外部非經濟)의 경우 사적비용이 사회적 비용보다 적기 때문에 사회적으로 바람직한 수준 이상으로 과다하게 이루어져 사회적으로 불이익을 초래하게 되는데, 예(例)는 공해와 교통혼잡이다. 이 경우에 외부경제는 자원배분이 사회적으로 바람직한 수준보다 낮게 이루어지거나, 외부비경제에서는 과다하게 이루어지는 등 자원배분의 왜곡을 초래한다. 따라서 자원이 효율적으로 배분되도록 외부효과를 제거하여야 한다. 즉 외부경제의 경우 원인 제공자에게 외부경제로 인한 사회적

이익을 환원시키는 방안이 필요하고, 외부비경제의 경우 자원의 과다배분이 이루어지게 하는 자에게 사회적 비용을 부담하도록 해야 한다.

③ **수확체증** 경제활동이 수확체증(收穫遞增)이나 한계비용체감(限界費用遞減)을 초래할 때 시장은 효율적이지 못한 결과를 가져온다. 비용체감의 조건하에서 비용이 가장 절감되는 생산유형은 단일생산자에 의해 이루어진다. 결과적으로 자유시장은 독점(獨占)을 낳게 되며, 독점자가 서로 다른 구매자 사이에 가격차별을 할 수 없기 때문에 시장에서 단일가격이 이루어지고, 그 결과는 비효율적이 된다. 이러한 수확체증이 있을 때는 단일기업에 의한 합병금지와 경쟁을 장려하기 위한 법적 보호와 자연독점산업의 가격과 자본에 대한 규제를 통해 경쟁적 환경하의 적정수익률이 되도록 규제하는 조치 등을 통해 정부개입을 정당화할 수 있다.

④ **정보의 비대칭성** 거래의 두 당사자 중 한 당사자가 모르는 사실을 다른 당사자가 알고 있는 상황을 가리켜 비대칭적 정보(asymmetric information)가 게재된 상황이라고 부른다. 비대칭적 정보(非對稱的 情報)로 인하여 시장이 어느 한 쪽에 있는 경제주체가 시장의 다른 쪽에 있는 재화나 용역에 대한 질을 관찰할 수 없는 상황은 역선택(adverse selection)의 문제로 귀결되고, 시장이 다른 쪽에 있는 경제주체의 행동을 관찰할 수 없는 보이지 않는 행동과 관련된 상황은 도덕적 해이(moral hazard)라는 문제로 귀결된다. 이러한 역선택(逆選擇)이나 도덕적 해이(道德的 解弛)는 시장실패의 또 다른 원인이 된다. 역선택에 의해 시장이 효율적으로 작동하지 않으면 높은 사회적 비용을 지불하게 된다. 도덕적 해이(moral hazard)도 개인의 위험부담을 줄이기 위한 노력이 개인의 손실을 줄여 줄지는 모르나 사회전체에서는 오히려 더 큰 손실을 가져다 줄 수 있다.

⑤ **분배상 문제** 완전경쟁시장 여건에서도 자원의 최적배분이 이루어지지 않는 경우가 많다. 상속된 부, 타고난 재능, 횡재(blind luck)가 있기 때문에 완전한 균형에서부터 거부(巨富)와 적빈(赤貧)이 나타나는 배분상 문제(distributional questions)가 있는 상황을 생각할 수 있다. 경제적 효율성만이 최선의 판단 기준이 아니다. 분배적 형평(分配的 衡平)은 엄격한 의미에서는 시장실패와 관계가 없지만 불완전 균형적 재분배는 윤리적 규범으로 볼 때 매우 불공평하기 때문에 사회적으로 받아들이기 어렵다. 결과적으로 자원의 적정배분에 대한 사회적 합의가 있기 때문에 정부의 과세와 소득이전계획이 최소시장개입과 함께 정당화된다.

3. 정부실패

(1) 개 념

복지경제학에서는 시장실패의 치유를 위해 정부개입을 요구한다. 이는 정부개입을 통해 시장실패를 회피하거나 교정하고, 시장력을 특정한 공공목적에 복속시키려 한다(Jessop, 2000: 13). 즉 시장실패(市場失敗)는 정부개입(政府介入)을 정당화시켜주는 주요한 이유로 본다. 시장실패에 대한 정부개입(government intervention) 주장은 국가는 모든 것을 알고, 모든 것을 할 수 있다는 이상적인 국가개념에 근거하고 있어 혼란스러운 시장과 대비된다는 생각에 근거하고 있다(Wallis and Dollery, 1999: 25).

정부개입을 통해서 확인된 시장실패를 제거하는데 언제나 적절한 것은 아니고, 더욱이 시장에의 정부개입은 다른 시장의 왜곡을 가져올 가능성이 높기 때문이다(Rydin, 1998: 179~180; 울프, 1991: 17). 시장실패에 대한 정부의 개입논리에 대해 정부의 실패도 존재하기 때문에 시장에 의한 자원배분이 효과적이라고 생각하는 것이 시장주의자들의 생각이다. 정부실패(government failure)란 시장실패에 따른 자원배분의 왜곡을 시정하기 위한 정부의 시장개입이 오히려 자원배분의 왜곡을 심화시키는 것을 말한다.

(2) 유 형

정부실패(政府失敗)의 유형(類型) 또는 원인(原因)은 다음 네 가지로 나누어 설명할 수 있다(울프, 1991: 64~86).

① 비용과 수입의 분리 시장은 어떤 활동을 행하고 생산하는데 드는 비용과 수입을 연계시키며, 이는 가격(價格)에 의해서 이루어진다. 그러나 정부활동의 경우 수입의 대부분은 조세(租稅)에 의존하고 정부가 제공하는 서비스의 생산비용과는 무관하게 이루어지기 때문에 정부산출물의 적절한 가격과 가치는 그것의 생산비용과 분리되며, 이는 자원배분이 왜곡될 가능성이 커진다.

② 내부성과 조직의 목표 기관의 성과 및 인력의 성과를 유도하고 조절하며 평가하기 위하여 비시장 조직내부에 적용되는 목표가 내부성(內部性)이다. 외부성의 존재가 사회적 비용과 편익이 의사결정자의 사적 계산속에 포함되지 않은 것과 같이, 내부성의 존재는 조직상의 비용과 편익이 공적 의사결정자의 계산을 지배하게 된다. 외부성이 시장실패의 원인이듯이 공공관료제 속에서 일어나

는 내부성은 정부실패이론의 중심이다.

③ **파생적 외부성** 시장실패를 시정하려는 정부개입이 예기치 못하는 부작용을 발생하는 수가 있는데, 그러한 부작용은 종종 공공정책이 의도한 것과는 동떨어진 영역에서 발생된다. 비시장부문에서의 파생적 외부성(派生的 外部性)은 그것을 야기한 책임이 있는 기관이 미처 깨닫지도 못하며, 그래서 그 기관의 계산이나 행동에 아무런 영향을 주지 못하는 부작용이다. 이러한 파생적 외부성은 대체적으로 늦게 나타난다. 그러므로 정치행위자들은 그들의 좁은 시계와 높은 시간적 할인율 때문에 잠재적 외부성을 간과하게 된다. 그리고 파생적 외부성은 예측하기 어렵다.

④ **분배적 불공평** 시장의 분배상 불공평을 극복하려고 했던 정부활동도 분배적 불공평을 야기할 수 있다. 정부활동에서 야기되는 분배적 불공평(分配的 不公平)은 소득이나 부로서보다는 종종 권력이나 특권으로서 표시되어 진다. 시장활동에 의한 분배적 불공평을 시정하기 위한 공공정책은 어떤 사람의 수중에 다른 사람에게 행사할 수 있는 권한을 부여하게 되는데, 이러한 권한은 의도적으로 또는 불가피하게 몇 사람에게 귀속되고 다른 사람은 배제된다. 이러한 권력배분은 불공평과 남용의 가능성이 있으며, 비시장활동은 권력뿐 아니라 소득으로 표시되는 다른 배분적 불공평을 초래할 수 있다.

Ⅱ. 정부와 계획의 기능

1. 정부의 역할

(1) 시장주의

시장주의자들은 정부실패가 존재하는 상황에서 시장에서의 정부역할은 주로 시장의 원활한 작동을 위한 규칙(規則)을 제정하고, 이를 집행하는 심판자(審判者)의 역할을 해야 한다고 주장한다. 즉 자유와 사유재산이 인정되는 개인의 사적 영역을 존중하며 경쟁이 질식당하지 않도록 보호하며, 다수에 의한 소수지배를 막는 것 등이 정부의 중요한 역할이다(유정호, 1995: 98).

하이에크(F. Hayek)는 정부역할은 내·외부의 강압에 대한 안전을 확립할 뿐 아니라, 공공재의 생산도 포함해야 하기 때문에 법질서의 유지만을 담당하는 작은 정부의 주장은 현실사회에서 타당하지 않다는 점을 인정하였다(Ashford, 1993: 29; 이근식, 1999: 532). 그는 정부의 지출과 기능을 대폭 줄이고, 정부가 공공재의 생산을 독점할 것이 아니라 민간부문의 참여를 확대하고 중앙정부의 기능을 지방정부로 분산할 것을 주장하였다(이근식, 1999: 532).

프리드만(M. Friedman)은 정부의 역할은 규칙의 제정자와 심판(rule-maker and umpire), 기술적 독점(technical monopoly)과 근린효과(neighbourhood effects) 해결 그리고 가부장적 역할(paternalistic role)의 세 가지 영역으로 한정하였다(Friedman, 1982: 25~34). 정부는 자발적 교환을 통해 경제행위가 이루어지도록 개인이 다른 개인에 의해 강제되는 것을 막기 위해 법과 질서를 유지하고, 자발적으로 성립된 계약을 이행시키고, 재산권의 의미를 규정·해석·집행하고, 화폐제도를 설정하는 것 등을 정부를 통해 마련해 왔다는 것을 의미한다(Friedman, 1982: 27). 시장실패 중 정부개입의 근거가 되는 기술적 독점(technical monopoly)을 제한하고 근린효과(neighbourhood effects)를 극복할 수 있는 정부의 활동을 제한적으로 인정하였다. 그리고 기존의 가부장적 국가(paternal state)의 기능을 가능한 한 축소하고 스스로 책임질 수 없는 개인들에 대해서는 민간기구에서 보호할 수 있도록 정부가 보조해 주는 등 최소한의 생활을 국가가 보장하는 공공복지제도는 인정하였다.

(2) 개입주의

케인즈(J. Keynes)는 침체되는 자본주의를 구하기 위해서는 고전학파의 자유방임은 포기되어야 한다고 주장했다. 그에 따르면 이윤을 목적으로 하는 기업에만 투자할 것이 아니라 정부가 적극적으로 개입하여 투자의 상당부문을 사회화 내지 공유화하여야 한다는 것이다. 그리고 유효수요(有效需要)를 창출하기 위해 비록 생산적이지 못한 투자도 해야 한다고 했다. 그는 정부가 재정정책과 금융정책의 섬세한 조정을 통해 경기변동을 축소 내지 방지해야 하며, 장기적으로는 정부지출의 확대와 저이자율의 유지를 통한 관리통화제도를 주장했다. 물론 그는 단기적으로는 통화정책을 통한 간접적인 유효수요창출보다는 재정지출(財政支出)을 강화하여 직접적으로 유효수요를 창출할 것을 주장하였다(정운찬, 1995: 257).

2. 계획의 기능

(1) 시장주의

시장주의의 계획에 대한 관념은 다음과 같이 요약할 수 있다(Flyvbjerg and Petersen, 1982: 25). 자유로운 개인에게는 모든 가능성이 개방되어 있다. 시장

구조와 경쟁의 보이지 않은 손은 모든 독립적인 개인행동 사이의 상호작용에서 최선의 사회적 결과를 보장한다. 어느 누구도 개인이상을 알 수 없다. 때문에 전체사회를 위한 계획은 비논리적이고 어리석은 일이다. 누구도 전체사회의 미래를 위한 계획을 할 수 없다. 계획을 하게 되면 몇 사람의 가치들이 사회의 나머지 사람들의 방향을 결정하게 된다. 화폐, 국가, 정책, 법원 그리고 국방 같은 사회제도는 어떠한 의식적 계획의 결과가 아니다. 모든 제도들은 개인적 행동들의 상호작용의 무의식 결과들이다. 개인수준의 의식과 계획은 사회적 수준의 무의식이나 즉흥과 연결된다. 이것이 자유적 견해이고, 사회계획을 비판하는 하이에크(F. Hayek)와 프리드만(M. Friedman)의 견해이다.

(가) **하이에크**

하이에크(F. Hayek)는 사회주의계획은 계획이 요구하는데로 사람들이 행동하기를 강요하기 때문에 집권화된 권력이 요구되며, 개인의 선택은 계획이 요구하는데로 보다 제약되기 때문에 사회주의는 점진적으로 노예제(奴隷制)로 유도된다고 했다. 그는 사회제도는 주로 계획되지 않은 것이고, 이를 수용한 사람들이 혜택을 받았기 때문에 성공적으로 발전하고 생존한다고 보았다. 언어와 시장은 계획되지 않았지만 일정한 규칙에 따르는 구조화된 제도의 예이다. 그는 진부적이고 자연발생적인 질서를 계획된 사회에 비해 선호했다(Ashford, 1993: 26). 이외에 그가 계획을 반대한 이유는 현대사회의 복합성과 관련된다. 즉 사회와 경제적 과정은 너무 복합적이기 때문에 어떠한 계획가나 계획가들이 완전히 이해할 수 있는 능력 밖이다. 그리고 정보의 양이 제한되어 있기 때문에 계획가들은 문제를 위험스러울 정도로 단순화하여 처리하게 된다는 것이다(Thornley, 1993: 20; Rosser, 2005: 1014).

그러나 그가 인정한 계획에 대한 견해는 다음과 같다(Hayek, 1994: 39~41).

> 계획은 모든 사람들이 우리의 공동문제들을 가능한 한 합리적이고 동원할 수 있는 선견(foresight)을 가능한 한 많이 사용해서 다루기를 바란다는 사실 때문에 인기가 있다. 이런 의미에서 철저한 운명론자가 아닌 사람은 모두 계획가이고, 모든 정치적 행위는 계획의 행위이며, 다만 좋은 계획과 나쁜 계획 그리고 현명하고 선견적 계획과 우둔하고 근시적 계획의 차이가 있을 뿐이다. 경제학자들이 이와 같은 일반적인 의미의 계획을 반대하는 것은 아니다.
>
> 그러나 계획가들은 개인들이 개별적 계획에 따라 다양한 행동을 하도록 하는 것만으로는 충분하지 않다고 본다. 계획가들이 요구하는 것은 사회의 자원이 어떻

> 게 명료한 방법으로 특정목표에 기여하도록 의식적으로 관리할 것인가를 기술한 단일의 계획이다. 이 계획에 따라 모든 경제활동의 중앙통제가 요구된다고 보고 이러한 의미의 계획을 반대한다.

하이에크가 반대한 것은 중앙경제계획(central economic planning)으로, 이는 시장을 방해하고 개인자유를 억제하는 위험하고 비효율적인 장치로 여겼다. 그러나 그는 계획자체나 도시계획에 대해 반대한 것은 아니다. 즉 그는 도시계획으로 시장을 대체하는 것에 대해서는 반대했지만, 불완전한 토지시장을 교정하기 위한 실제적 조치로서 도시계획에 대해서는 수용하는 입장이었다(Taylor, 1998: 134; Allmendinger, 2002: 95~96).

개인적 및 정치적 자유 모두에 해로운 계획의 측면은 그것의 명령적 속성이다. 그러나 명령(command)은 중앙계획을 포함한 계획의 고유한 특성은 아니다. 하이에크는 계획에 대해 과장한 것은 분명하다. 자유에 문제를 주는 것은 계획의 본질이 아니고, 명령 특히 항구적인 명령이다. 그러나 하이에크는 자유사회에서도 전시에 한시적으로 명령계획을 사용할 필요성을 수용했다(Rosser, 2005: 1015).

(나) 프리드만

프리드만(M. Friedman)도 번영과 적정한 경제성장은 계획보다는 시장에 의해 성취된다고 주장했다. 그는 계획이 추구하는 것보다 시장이 더 낳고 더 합리적으로 작용한다고 주장했다(Simmie, 1993: 10). 시장기구 이상으로 효율적인 장치가 없다고 믿고 있는 시장주의자에게 계획은 극단적으로 간섭하는 것이고, 기본적으로 반생산적 활동으로 보고 있다. 계획은 권위적이고, 과도한 통제와 규제로 관료적 곤경을 야기하는 것으로 보고 있다. 계획의 역할을 확대하고 규제환경을 심화하는 것은 권력의 집중을 야기하여 전체주의적 사회의 망령을 야기하는 것으로 염려한다(Banerjee, 1992: 524).

시장이 계획보다 낫다는 주장의 근거는 다음과 같이 요약할 수 있다(Simmie, 1993: 17~19).

> 첫째, 공공계획체제에는 심각한 결함이 있고, 통제체제도 정치적 맥락에서 시장과 법적 체제로 바뀌고 있다.
>
> 둘째, 도시의 중요한 문제는 빈곤인데, 이의 해결은 계획가와 관계없으며 계획가의 개입은 문제를 악화시킨다.
>
> 셋째, 계획이 만드는 중요한 문제는 시장의 적절한 작동을 방해한다.
>
> 넷째, 계획비용 때문에 계획은 부의 창출을 감소시켜 왔다.

다섯째, 계획과 정치 간의 강한 관계로 여러 형태의 부패가 발생되며 자신들의 목적을 위해 잘 조직된 압력집단은 계획체계를 이용한다.

여섯째, 계획가는 자신의 가치를 사회에 부과한다.

마지막으로 계획체계 자체에 의해 발생되는 비용의 문제가 있다. 계획과정의 지연은 개발업자의 비용지불을 요구하고, 토지공급의 제약은 지가와 주택가격의 상승을 가져온다.

시장주의(市場主義)의 계획에 대한 비판의 오류(誤謬)는 경제적 근대성빈곤과 정치부인의 양면에서 검토될 수 있다(Banerjee, 1992: 527~530). 시장주의의 지적 뿌리가 자본주의의 자유이념에 바탕을 두고 있으나 이의 접근방법은 과학적 방법론, 실증주의에 바탕을 두고 과학의 수리적 영역을 중시하고 정성적(定性的)인 측면을 도외시한다. 시장주의는 몰역사적(沒歷史的)이고, 사회적 기억이 없으며, 미래에 대한 관념이 없다. 시장주의자들은 계획(計劃)과 규제(規制)를 동일시하고 있다. 그러나 어떤 계획가도 선출된 법정기관의 승인 없이는 규제할 수 없는 것이다. 마찬가지로 계획이 규제하는 것이 아니라 정치(政治)가 규제한다는 사실을 간과하고 있다. 그리고 시장주의자들은 공공계획과 민주주의의 연계를 비판하고 있다. 계획은 특정 이익집단의 하녀이기 때문에 계획이 민주적이라는데 회의적이다. 민주주의가 언제나 시장경제에서 존재하는데도 불구하고 시장경제는 언제나 민주주의 없는 상황을 상정하고 있다.

(2) 개입주의

계획의 필요성을 강조한 대표적인 학자로 파이너(H. Finer), 우톤(B. Woottoon), 만하임(K. Mannheim) 그리고 케인즈(J. Keynes)를 들 수 있다.

(가) 파 이 너

파이너(H. Finer)는 주로 하이에크(F. Hayek)의 주장에 대해 비판함으로서 계획의 필요성을 역설하였다(Finer, 1945: x~xi).

하이에크는 계획(planning)은 사회주의(socialism)이고, 사회주의는 집단주의(collectivism), 집단주의는 파시즘(fascism)·나치즘(nazism)·공산주의(communism)라고 주장한다. 환언하면 계획은 독재와 같고, 독재의 오류는 국가에 의한 계획의 오류이다. 때문에 국가는 경쟁(competition)을 강요해야 하며, 헌법에 경쟁을 보장하는 규정을 만들어 이를 영구히 개정하지 못하도록 해야 한다는 것이다. 그는 만약 정부계획(government planning)이 있다면 법의 규칙이 없기 때문에 국민들은 이를 저지해야 한다. 사회안전을 위한 계획은 있을 수 없다. 민주주의는 물신적이고 유행적이다. 완전고용은 우리 미래의 최우선 사항은 아니다 라고 주장했다(Finer, 1945: xii).

이러한 하이에크의 주장에 대해 파이너는 책임있는 정부는 민주주의이고, 이의 결점에도 불구하고 다른 독재정권이나 다른 형태의 정부에 비하여 우리를 해방하고 자유를 진작한다. 또한 하이에크(F. Hayek) 주장의 명백한 오류의 하나는 자유는 재산이 주는 것이 아니라 자유는 민주주의의 결실인 점은 간과하고 있는 점이라고 반박했다(Finer, 1945: xii).

(나) 우 톤

우톤(B. Wootton)의 계획에 대한 입장은 다음과 같다.

> 계획은 공공기관의 경제적 우선순위에 대한 의식적이고 사려깊은 선택이다. 계획은 개인의 의사결정도 포함할 뿐 아니라, 국가이상의 조직에도 적용 가능하다(Wootton, 1945: 6~8).
>
> 계획의 정당성은 경제적 우선순위에 대한 집단적 의사결정으로, 개별적 실패는 감소되고 자유는 확대되며 개인이 하고자 하는 일에 대해 보다 많은 기회를 갖게 해 준다(Wootton, 1945: 19~20). 즉 ① "모든 사람을 위한 혜택"으로 적절하게 기술할 수 있는 목표가 존재하고, ② 이 목표들은 상당한 정확성을 가지고 확인할 수 있고, ③ "모든 사람을 위한 혜택과 모든 사람을 대신한" 의사결정의 의무가 있는 사람은 이들 목표를 지속적으로 추진해야 함을 의미 한다.

(다) 만 하 임

만하임(K. Mannheim)은 보이지 않는 손이 실패하여 우리를 곤궁에 빠트렸기에 민주주의적 계획을 통해 이를 대체해야 한다고 주장한다. 그의 민주주의적 계획은 단순한 경제계획만을 의미하는 것이 아니라 사회전반의 재건을 위한 계획을 말한다(코저, 2003: 536).

그는 계획을 도덕의 문제로 보면서 다음과 같이 설명하고 있다(Gleeson and Low, 2000: 90).

> 우리의 과업은 계획에 의한 사회체계의 구축에 있는데, 계획은 다음의 특성(特性)을 갖고 있다. 민주적 통제에 따르는 자유를 위한 계획, 독점을 위한 계획이 아니라 완전고용과 자원개발과 같은 풍요를 위한 계획, 절대평등보다는 사회정의를 위한 계획, 계급 없는 사회는 아니지만 극단의 부와 빈곤이 사라진 계획, 가치 있

는 전통의 포기 없이 진보로 이끄는 계획, 권력의 집중과 분산간의 균형을 위한 계획, 인성의 성장을 촉진하기 위해 사회의 점진적 변환을 위한 계획을 지향한다.

(라) 케 인 즈

케인즈(J. Keynes)는 하이에크에게 보낸 편지에서, 정당하게 사고하고 행동하는 지역사회에서는 위험한 행동도 안전하게 이루어질 수 있다고 지적했다. 이는 바른 사람이 하기만 한다면 정부계획이 기본적 자유에 위협이 되지 않는다는 의미로 해석할 수 있다. 아울러 그는 "우리가 바라는 것은 무계획이나 보다 적은 계획이니라, 확실히 더 많은 계획을 원한다는 것을 말하고자 한다. 그러나 계획은 지도자나 추종자들 모두가 자신의 도덕적 기반을 공유하면서, 지역사회에서 가급적 많은 사람들이 참여해야 한다"고 지적했다.

여기서 케인즈가 지적한 자신의 도덕적 기반(own moral position)은 법의 지배(the Rule of Law)를 언급한 것이 아니라, 광범한 정부계획이 개인적 자유를 가장할 수도 있다는 위험을 인식한 것이다. 환언하면, 계획가들은 특정 개인, 직업, 산업, 또는 지역들에 호의 또는 악의를 행사할 힘를 가지고 있기 때문에, 선량한 사람이 권력을 갖고 일반대중은 자유의 정신을 갖도록 바라자는 의미이다(Christainsen, 1993: 50~52).

제 4 절 통합적 접근

Ⅰ. 거래비용계획이론

1. 의 의

계획은 전통적으로 공공개입과 관련지었으며, 계획의 논거는 공공재와 정부활동에 대한 복지경제학주장에 기초해 왔다. 그러나 계획은 공공부문에만 국한되는 것이 아니고, 시장경제하의 민간부문에서도 장래활동에 대한 계획을 수립하고 있다. 많은 계획에 관한 논의들이 공공부문과 민간부문의 구별에 두고 있지만 양자 간의 경계가 모호해지고 있다. 즉 공사협력(public-private partnership), 민영화(privatization), 제3당 정부(third party government)와 같은 개념들의 등장에 따라 양자 간의 경계가 사라지고 있음을 시사하는 것이다(Alexander, 1994:

341). 전통적인 계획의 논거(rationale)는 이러한 현상을 포용하지 못하고, 만일 시장실패가 공공개입을 요구한다면 왜 집단적인 의사결정은 계획을 필요로 하는가에 대한 답을 제공하지 못하고 있다(Alexander, 1994: 341~342).

알렉산더(E. Alexander)는 거래비용계획이론(去來費用計劃理論)은 계획과 시장의 양분론을 결합할 수 있는 이론으로서 의미가 있는 것으로 보았다. 그는 거래비용이론(transaction cost theory)을 비시장과 조직 간의 영역에까지 연장하여 거래비용계획이론(transaction cost theory of planning)을 제시하였다(Alexander, 2001; 1994: 342). 이 이론은 계획을 시장자체로서 설명을 시도하는 이론으로서, 시장실패에 대한 대응으로서 공공개입을 설명하는 기존의 계획합리성의 제약을 보완하는 의미를 갖는다(Alexander, 1992a: 191).

2. 이론의 내용

(1) 거래비용과 계획의 정당성

거래비용(transaction cost)은 경제적 교환을 촉진하는 비용 또는 경제체제의 운영에서 발생되는 비용이라 할 수 있다(Wallis and Dillery, 1999: 66). 고전경제학에서는 구입자와 판매자간의 계약은 시장거래를 조정하고, 오직 비용만이 재화와 서비스의 생산에 관련된다고 주장한다. 그러나 실제의 거래(去來)는 정보비용(거래계약 시 비용과 공급자료 그리고 계약성과를 모니터링하는 데 있어서의 생산요소비용과 생산 질에 관한 정보 등)이나 거래특이적 자산의 투자비용과 같은 기타 비용들과 관련된다. 여기서 거래특이적 투자(去來特異的 投資)는 구매자의 명세서에 따른 특화된 생산을 공장에 요구하는 것과 관련된다. 인적자원도 거래특화적 투자의 또 다른 영역이다. 보다 전문화된 기술을 획득하기 위기 위한 훈련비용과 (전문서비스를 위한 전문상담자와 고객 간의 관계처럼) 특정관계에서 당사자들 간의 신뢰구축을 위한 시간과 에너지에 대한 투자이다.

거래비용은 거래가 발생되는 곳은 어디에서나 발생한다. 결과적으로 가격화되지 않은 거래비용은 모든 곳에 나타난다. 가격화되지 않은 거래비용이 도처에서 발생되기 때문에 이는 외부성의 상황을 일으키고, 때문에 시장실패는 거래가 발생되는 모든 곳에서 발견할 수 있다(Zerbe and McCurdy, 1999: 563). 시장실패(외부성)가 도처에 존재하기 때문에, 제한 없는 정부개입의 정당성을 제공한다(Zerbe and McCurdy, 2000: 11). 즉 코스(R. Coase)의 거래비용은 일반적인 의미에서 정부개입(government intervention)의 지적지지시각(知的支持視覺)을 제공해오고 있고, 때문에 공공계획에 대한 이론적 기반이 되고 있다(Lai, 2005: 9). 따라서 거래비용이론은 학문적 계획담론의 발판을 획득해오고 있다(Sage, 2006: 225).

(2) 계획과 조직

완전시장에서 거래는 계획되지 않은 것들이다. 여기서의 거래결정은 상황과 이용가능한 정보에 비추어 기본적 고려와 상호조정을 통해 이루어진다. 이는 상당히 비공식적이고 직관적이다. 여기서의 집단적 결과도 계획되지 않은 것이다.

시장은 집단적 결정을 위한 계획이 필요하지 않지만, 계층적 조직에서는 계획이 필요하다. 단일의 단선조직(單線組織)들은 장래의 우연성을 충족하기 위해 그들의 목표를 조정하고 장래행동노선을 평가하는 공식과정으로서 계획이 필요하다. 이를 전략계획(戰略計劃)이라 한다. 코스(R. Coase)는 가격체계의 사용은 무비용이 아니기 때문에 개인들은 회사를 만든다고 주장한다. 환언하면, 기업가들은 가격체계의 사용과 관련된 거래비용을 줄이려는 노력으로 회사를 만든다는 것이다(Zerbe and McCurdy, 1999: 561).

조직의 범위, 복잡성 그리고 규모가 늘어남에 따라 계층적 통제는 공통의 목표를 확인하고 집행하는데 충분하지 않다. 계획은 상호작용적 과정으로 장래의 결정과 행동을 인도할 합의된 준거의 틀을 만들어 상이한 조직단위의 분산적 목표들에 협력토록 만들고 있다. 이것이 조화된 계획이 된다. 대기업(大企業)이라면, 마케팅부서와 생산부서의 협의 없이 시장목표를 설정할 수 없고, 시장전략이 채택되었어도 신중한 계획이 각 단위별- 마케팅, 재정, 생산 등- 과업을 분담하는 집행이 필요하다. 조직이 확장되고 분화됨에 따라 내부와 외부 이해관계자들의 상호의존성도 증가하고, 조직과 환경의 구별도 보다 희박해진다. 이 정도의 규모에서 논의는 조직 내의 조화적 계획을 벗어나 조직간 체제의 계획으로 확대된다. 대부분의 계획은 이런 종류의 계획이다.

지방정부(地方政府)의 기본계획(master plan)은 지방정부 자신과 주민 및 기업의 입지와 투자결정들과 시장이 할 수 없는 이들 결정간의 조화를 위한 준거의 틀로서 의도된 것이다. 지정된 조직단위에서 다루는 명령적인 규제의 틀은 이러한 계획들을 보완한다. 이러한 공공기관, 가구, 개발업자, 기타 이익단체들의 준계층적 체제는 시장에서의 엄청나게 높은 거래비용 때문에 존재한다.

(3) 조정과 집행기능

거래비용계획이론은 계획과 조정을 연결하기 때문에 관심을 갖게 한다. 앞에서 고찰한데로 단순한 조직에서의 계획은 전략계획의 하나로서 기능하지만, 보다 복합적인 조직과 조직간 체제의 조정단위에서의 계획은 공동목표(共同目標)나 명령구조(命令構造)에 연계되어야 한다. 이러한 조직에서는 조정계획(調整計劃)이 단순계층통제의 제약에 대한 반응으로 작용한다.

조정계획은 장래상황에서 어떻게 무엇을 할 것인가를 도와주는 계획이 아니라, 결정된 것을 어떻게 이루어지도록 할 것인가를 결정하는 계획이다. 따라서 조정계획은 우연적 상황에서 목표를 설정하고 행동노선을 결정하는 전략계획과 선택된 전략을 집행하는 것과를 연결한다. 때문에 조직과 조직간 조정에 효과를 미치는 계획의 역할을 인지하고 고려하면 거래비용계획이론은 계획과 집행의 잊혀진 연결고리를 맺어준다. 즉 조정계획은 계획가에게 관련 집행행위자들의 확인과 상호작용, 그들의 제약, 장려책, 조직상 가치를 평가하여 집행에서 적극적 역할을 제공한다.

Ⅱ. 계획과 시장과의 관계

1. 시장과 정부

(1) 양자의 관계

시장실패와 정부실패는 상반된 이론과 정치 및 이념적 입장에 있지만, 양자모두 공공－민간의 이분적 구별과 시장과 정부에 독자적 영역에 대해 제로섬(zero－sum) 개념을 공동으로 가정하고 있다. 때문에 한편으론 정부실패의 비판자들은 경제를 공적으로 자유롭고, 동등하고 자율적인 경제행위자들 간에 서로 유리하고 자발적인 거래가 이루어지는 장소라고 보고, 다른 한편으론 국가를 민간인들의 자유를 침해는 조직화된 강제라는 전제를 가지고 있다. 반대로 시장실패의 비판자들은 정부를 주민들의 특정적이고, 이기적이며 단기적 이익에 대항하여 공익을 추구하는 권능을 부여받은 주권기관으로 본다. 양자모두 정부가 많으면 시장이 작아지고, 그 반대도 성립하는 것으로 본다. 최근에 등장한 거버넌스(governance) 개념은 양자의 경직된 구별을 거부하고 양자의 협력과 조화를 강조한다(Jessop, 2000: 15; Alexander, 2001).

시장과 정부사이의 선택은 복잡하며 단순한 양자택일적인 것이 아니다. 만약 지배적으로 선호되는 선택이 시장이라 해도 중요한 비시장의 역할이 남게 되고 또한 불가피한 시장실패의 이유 때문에 비시장의 역할은 남아야 한다. 특히 이러한 비시장역할(非市場役割)은 국방이나 국가안전과 같은 순수공공재의 생산, 시장기능의 작동에 필수적인 법률적 그리고 다른 환경적 조건의 설치 및 유지, 사회에 수용될 수 있는 안전망의 구성 그리고 사회가 받아들일 수 있는 정도의 분배적 정의의 기준을 제공해 주는 적절한 재분배 업무나 사업계획의 공급 등과 관계된다(울프, 1991: 153). 한편 지배적으로 선호되는 선택이 비시장수단에 의한 의사결정이라 해도 시장역할(市場役割)의 중요성이 남게 될 것이며, 불가피하게 만연될 수밖에 없는 비시장실패의 이유 때문에 그러한 시장의 역할도 반드시 남아야 한다(울프, 1991: 153~154).

시장과 정부의 범위와 목적은 혼란스러운 것은 아니다. 시장은 단기에 제한된 자원을 배분하는데 효율적이고, 국가는 장래의 투자를 위한 도관(導管)이다. 더욱이 국가는 투명성, 접근성, 공정성의 관점에서 시장을 조직한다. 때문에 장래의 시나리오가 무엇이든 정부와 시장은 공존할 것이다(Boyer and Drache, 1996: 3).

계획은 국가 대 시장의 관계에서 파악할 것이 아니라 계획의 일반적 특성 중 미래에 대처한다는 의미에서 파악해야 할 것으로 본다. 미래에 대처하는 체계적 노력은 시장과 정부는 물론 모든 체계에서 요구되는 생존의 필수적 조건이다. 계획 없이 변화하는 환경에 대처할 수 없고, 변화에 적응하거나 변화를 유인할 수 없는 것이다. 따라서 계획만이 시장과 정부의 양분적인 접근을 연결시킬 수 있는 연결고리의 역할을 한다고 할 수 있다.

(2) 정부의 역할

[표 4-1]은 정부의 역할을 효율성과 효과성의 측면에서 국가기관의 능력을 고려하여 국가의 개입정도에 따라 3개의 수준으로 나누어 제시하고 있다(Wallis and Dollery, 1999: 56~57).

최소기능(minimal functions)은 매우 낮은 능력을 갖고 있는 국가에서도 법과 질서제공, 재난구호 등과 같은 기능들은 모두 국가에서 제공해야 한다.

중간기능(intermediate functions)은 공공교육, 사회복지서비스 등과 같은 기능들은 국가에 의해 제공되어야 하지만, 최소기능역할과는 달리 이의 제공방법은 국가의 능력수준에 따라 차이가 있을 수 있다. 즉 경우에 따라 이들 기능에 대한 정부공급과 정부생산은 분리할 수 있다.

| 표 4-1 정부의 역할 |

	시장실패 대처	형평의 개선		
최소 기능	순수공공재 제공: 국방, 법과 질서 재산권 거시경제관리 공중보건	빈곤층보호: 반빈곤사업 재난구제		
중간 기능	외부성 대처: 기초교육 환경보호	독점규제: 이용시설규제 반트러스트정책	불완전정보극복: 보험(건강, 생명, 연금) 재정규제 소비자보호	사회보장제공: 재분배적 연금 가족수당 실업수당
적극 기능	민간활동조화: 시장육성 집단적 창의성	재배분: 재산재배분		

자료: Wallis and Dollery, 1999: 56(World Bank Development Report 1997; 27에서 인용).

마지막으로 적극기능(activist functions)은 새로운 시장의 창출과 기존시장과의 협력제고를 위한 정부의 개입과 관련된 것이다. 이에 대한 정부의 개입은 정부의 능력에 따라 신중하게 접근해야 한다.

2. 계획과 시장

(1) 이원성 논의

계획에 대한 전통적 설명은 선견(forethought)과 합리성(rationality)과 관계된다. 사회적 업무로서 계획은 시장실패에 대한 반응으로 복지경제학의 시각에서 설명되었다. 이러한 설명은 명시적 또는 묵시적으로 계획이 공공부문과 자유시장 사이의 양분사이에서의 공공과 정부개입을 의미한다.

시장경제와 통제체제간의 양분법적 접근은 실물경제를 설명하는데도 한계가 있다. 예를 들면 시장경제를 추구하고 있는 미국에서도 국내총생산 중에서 공적으로 배분된 자원의 추정비율은 대략 37~50%에 이르고 있으며, 서구의 대부분의 국가들은 이 보다 더 높은 비중을 차지하고 있다. 반대로 어떠한 계획체계도 시장경제를 회피할 수는 없다. 체제의 양분은 시장해결과 계획개입간의 선택과는 관계없다. 실제적인 문제는 언제 개입하고, 어떤 개입유형이 비효율성과 비형평성을 최소화하고, 개입의 효과성은 무엇인가 하는 점이다(Richardson and Gordon, 1993).

(2) 상호보완성

계획과 시장은 사회경제적 문제해결의 두 개의 주요한 대안적 방법이다. 모든 경제협력개발기구(OECD)국가들이 시장경제의 기능에서 정도의 차이는 있지만 국가가 개입하는 혼합경제이기에 계획과 시장 양자가 사회경제적 정책작성에 영향을 미치고 있음은 자명하다. 비록 계획이 시장경제의 일부분으로 보아야 한다고 해도, 계획과 시장 간에는 지속적인 긴장이 있다. 일반적으로 사회경제적 문제에 대한 좌파적 정책은 국가개입주의를 의미하는 계획의 방향을 선호하고, 우파적 입장은 국가부재를 의미하는 시장지향적 정책을 취한다. 복지국가체제의 최근의 변환은 보다 시장지향적인 정책작용을 지향한다(Pennings, 1999: 745).

계획은 시장주도적 개발에 대항하기보다는 지지하는 모습이 되어야 한다. 따라서 계획가의 기능은 시장의 기능부조화를 교정하거나 시장과정을 촉진하는 것이다. 때문에 계획활동은 주로 경제적인 종류이며, 가격구조와 기업정신의 건전한 이해가 요구된다고 지적하고 있다(Taylor, 1998: 135).

계획과 시장의 역할과 범위는 계획대상문제의 성격, 이용가능한 계획자원(시간, 재원) 그리고 계획의 환경(국가, 사회의 여건)에 따라 차이가 있게 마련이다. 그리고 계획은 하나의 이유에 의해서만 이루어지는 것이 아니라 여러 이유에 의해 이루어진다. 계획이 시장의 기능을 보조하거나 대처한다는 주장은 계획이 수행하는 여러 가지 기능과 목적을 단순화시켜서 파악하고 있는데 그 원인이 있다(Banerjee, 1992: 527~530).

논쟁의 초점은 계획대 비계획의 문제가 아니라 계획의 정도, 계획의 실제적 원리 그리고 기술적 방법과 해결책의 개발에 대한 것이다(Fluvbjerg and Petersen, 1982: 27). 더 이상은 왜(why)의 문제가 아니고, 얼마나 많이(how much) 그리고 어떻게(how)의 문제로 요약할 수 있다. 즉 계획에 대한 현대적 논의의 핵심은 계획을 할 것인가 말 것인가 보다는, 누가 어떻게 계획할 것인가에 초점이 모아져야 한다(Burchell and Hughes, 1979: xxxvii; Alexander, 2001; Brooks, 2002: 37).

3. 시장지향적 계획

시장지향적 계획(market-oriented planning)은 시장(市場)이 개발의 개요·속도·내용을 결정하고, 정부(政府)는 시장조정의 일반구조를 제공하고 재산소유자간에 발생되는 갈등을 조정하는 역할에 국한하여야 한다는 것이다(Staley and

Scarlett, 1998).

시장지향적인 계획은 다양한 형태로 존재하고 있다. 린드(H. Lind)는 장래비전의 설정, 법적 권리 그리고 재정자원의 3가지 요인을 고려하여 지방정부의 계획유형을 5가지로 구분하여 제시하고 있다(Lind, 2002).

이상형(ideal style)은 정부가 계획의 비전과 목표설정을 주도하고, 계획과 관련한 강한 법적 뒷받침에 의해 의사결정을 수행하고, 계획자원은 정부가 조세 등의 방법으로 조달한다. 이러한 이상형은 공공부문주도의 강력한 계획형태로서 민간부문은 종속적인 위치에서 공공부문이 주문하는 활동에 국한된 역할을 수행하게 된다.

신북구형(new nordic style)은 정부가 강력한 법적 뒷받침 하에 비전을 설정하지만 계획집행에 민간자본이 필요하다. 이는 정부의 제한된 계획재정을 확보하기 위해서는 민간부문과의 협력적 계획을 추구한다.

이상형과 가장 대비되는 것은 영국의 대처(Thatcher) 수상시절에 나타난 계획유형이다. 여기서는 계획의 비전이나 목표는 정부영역 밖에서 이루어지고, 정부는 계획을 결정하는 법적 권한을 상실하고, 정부의 재정적 지위는 계획집행에서 중요하지 않다. 이를 추세계획(trend planning)이라고도 부르는데, 여기서 시장의 주요 기능을 시장에 인계하고, 공공계획은 민간부문에 개입하지 않는 것이라고 생각한다.

미국(America)에서 논의하고 있는 계획의 개념은 정부는 계획집행을 위한 강력한 도구를 가지고 있지만, 이는 시민의 의사를 바탕으로 통제되어야 한다는 것이다. 이러한 미국형(American style) 계획은 정부는 특별히 장기적인 비전을 갖고 있지 않을 뿐만 아니라 계획투자를 위한 특별한 재정자원도 확보하고 있지 않는다.

코스(R. Coase)의 이론에 근거한 코스형(Coasian style)은 재산권이 잘 정의되고, 행위자들은 합리적이며 완전한 정보를 갖고, 거래비용이 없다면, 공적계획은 필요하지 않다는 생각이다. 여기서 국가의 유일한 역할은 재산권을 정의하고 보호하는 것이다. 코스형과 미국형의 차이는 거래비용발생여부에 따라 구별된다. 그리고 전자는 총재산가치의 극대화를 중점으로 하는 반면에 후자는 다수 유권자의 재산가치극대화를 추구한다.

계획을 시장지향적 경제의 맥락에서 조화시키는 것은 균형의 문제이다. 상대적 역할들은 국가와 시기에 따라 다르지만, 시장이 보다 효과적이라는 주장이 많은 상황에서 균형은 계획의 역할을 허용하는데서 찾을 수 있다. 이러한 시각에서 개발계획은 ① 장기비전에 대해 정치가와 계획가간의 대화촉진, ② 공론화의 장치, ③ 장기적 구조 하에서 우선순위의 설정, ④ 지역개발의 불균형을 교정하는 단계의 설정, ⑤ 인간발달의 불균형을 교정하고, 성장과 인간발달의 연결을 강화하는 단계의 설정 등의 역할을 할 수 있다(UNDP, 2000: 3).

▌표 4-2 시장지향적 계획유형 ▌

유 형 / 지 표	이 상 형	신북구형	대 처 형	미 국 형	코 스 형
비 전	강	강	약	약	약
법적 권리	강	강	약	강	강(작은 문제)
재정 자원	강	약	무관	약	약

자료: Lind, 2002.

참고문헌

강명규, (1986), 「경제학사」(서울: 방통대 출판부).

김광수, (1992), 「고전학파」(서울: 아시아문화사).

김복수, (1989), 「경제학설사」(서울: 대왕사).

박기혁, (1997), 「경제학사」(서울: 법문사).

이근식, (1999), 「자유주의사회경제사상」(서울: 한길사).

이만우, (1985), 「후생경제학」(서울: 법문사).

정현식 · 유임수 · 김광수, (1997), 「정치경제학과 경제주의」(서울: 서울대 출판부).

최병선, (1992), 「정부규제론」(서울: 법문사).

박명호, (1997), 경제활동에서의 정부와 시장의 역할, 한국비교경제학회, 편, 「비교경제체제론」(서울: 박영사), 139~165.

유정호, (1995), 하이에크가 보는 정부의 역할, 조순 외, 「하이에크연구」(서울: 민음사), 75~100.

정운찬, (1995), 하이에크와 케인즈, 조순 외, 「하이에크연구」(서울: 민음사), 245~281.

고든과 애덤스(Gordon, W. and Adams, J.: 임근배 · 정행득 공역), (1995), 「제도주의 경제학」(서울: 비봉).

울프(Wolf, Jr., C.: 전상경 역), (1991), 「시장과 정부」(서울: 교문사).

코저(Coser, L.: 신용하 · 박명규 역), (2003), 「사회사상사」(서울: 시그마프레스).

헌트(Hunt, E.: 김성구 · 김양화 공역), (1983), 「경제사상사 II」(서울: 풀빛).

Alexander, E., (1992a), "A transaction cost theory of planning", ***Journal of the American Planning Association***, 58; 2(1992): 190~200.

____________, (1992b), "A Transaction Cost Theory of Planning", ***Journal of the American Planning Association***, 58; 2(1992): 190~200.

____________, (1994), "To plan or not to plan, that is the question: transaction cost theory and its implications for planning", ***Environment and Planning B***, 21(1994): 341~352.

____________, (2001), "Why planning vs markets is an oxymoron: asking the right question", ***Planning & Markets***, 4; 1(2001).

Allmendinger, P., (2002), ***Planning Theory***(N. Y.: Palgrave).

Ashford, N., (1993), "The ideas of the new right", Jordan, G. and Ashford, N., (eds.), ***Public Policy and the Impact of the New Right***(London: Pinter Publishers), 19~ 45.

Banerjee, T., (1992), "Antiplanning undercurrents in US planning education: antithesis or ideology?", ***Environment and Planning B***, 20: 519~536.

Boyer, R., (1996), "State and market", Boyer, R. and Drache, D., (eds)., ***State against Markets***(London: Routledge), 84~113.

__________and Drache, D., (1996), "Introduction", Boyer, R. and Drache, D., (eds.), ***State against Markets***(London: Routledge), 1~27.

Branch, M., (1998), ***Comprehensive Planning for the 21st century***(London: Praeger).

Brooks, M., (2002), ***Planning Theory for Practitioners***(Chicago: APA Planners Press).

Brown, G., (2003), "State and market: Towards a public interest test", ***The Political Quarterly***, 74; 3(2003): 266~284.

Burchell, R. and Hughes, J., (1979), "Planning theory in the 1980's– A search for future directions", Burchell, R. and Hughes, J., (eds.), ***Planning Theory in the 1980's–A Search for Future Directions***(N. J.: Center for Urban Policy Reaearch), xvii~liii.

Campbell, S. and Fainstein, S., (1996), "Introduction: The structure and debates of planning theory", Campbell, S. and Fainstein, S., (eds.), ***Readings in Planning Theory***(Cambridge, Mass.: Blackwell), 1~14.

Christainsen, G., (1993), "What Keynes really said to Hayek about planning", ***Challenge***, 36; 4(1993): 50~53.

Faludi, A., (1973), ***Planning Theory***(Oxford: Pergamon).

Finer, H., (1945), ***Road to Reaction***(Boston: Little, Brown and Co).

Flyvbjerg, B. and Petersen, V., (1982), "Planning in the 33 years after '1984'". Healey, P., McDougall, G. and Thomas, M., (eds.), ***Planning Theory: Prospects for the 1980s***(Oxford: Pergamon), 23~42.

Friedman, M., (1982), ***Capitalism and Freedom***(Chicago: The Univ. of Chicago Press).

Friedmann, J. and Hudson, , B., (1974), "Knowledge and Action: A guide to planning theory", ***Journal of the American Institute of Planners***, 40; 1(Jan. 1974): 2~16.

Gleeson, B. and Low, N., (2000), "Revaluing planning: Rolling back neo–liberalism in Australia", ***Progress in Planning***, 53(2000): 83~164.

Grunening, G., (2001), "Origin and theoretical basis of New Public Management", ***International Public Management Journal***, 4(2001): 1~25.

Harper, T. and Stein, S., (1996), "Postmodernist planning theory: The incommensurability premise", Mandelbaum, S. and Burchell, R., (eds.), ***Explorations in Planning Theory***(N. J.: Center for Urban Policy Research), 414~429.

Hayek, F., (1994), ***The Road to Serfdom***(Chicago: The Univ. of Chicago Press).

Hosseini, H., (1999), "The state and market, their functions and failures in the history of economic development thought", ***Managerial Finance***, 25; 3/4(1999): 19~37.

Jessop, B., (2000), "Governance failure", Stoker, G., (ed.), ***The New Politics of British Local Governance***(London: Macmillan), 11~32.

Klosterman, R., (1985), "Arguments for and against planning", ***Town Planning Review***, 56; 1(1985): 5~20.

Krueger, A., (1990), "Government failures in development", ***Journal of Economic Perspectives***, 4; 3(1990): 9~23.

Lind, H., (2002), "Market-oriented land use planning: A conceptual note", ***Planning and Markets***, 5; 1(Sept 2002).

Moore, T., (1978), "Why allow planners to do what they do? A justification from economic theory", ***Journal of the American Institute of Planners***, 44; 4(1978): 387~398.

Moroni, S., (2004), "Towards a reconstruction of the public interest criterion", ***Planning Theory***, 3; 2(2004): 151~171.

Pennings, P., (1999), "European social democracy between planning and market", ***Journal of European Public Policy***, 6; 5(1999): 743~756.

Pennington, M., (2000), ***Planning and the Political Market***(London: Athlone Press).

Richardson, H. and Gordon, P., (1993), "Market planning: Oxymoron or common sense?", ***Journal of the American Planning Association***, 59; 3(Summer 1993): 347~352.

Rosser, Jr., J., (2005), "The Road to Serfdom and the world economy: 60years later", ***European Journal of Political Economy***, 21(2005): 1012~1025.

Rydin, Y., (1998), ***Urban and Environmental Planning in the UK***(Hampshire: Macmillan).

Sager, T., (1994), ***Communicative Planning Theory***(Hants: Avebury).

________, (2006), "The logic of critical communicative planning: Transaction cost alteration", ***Planning Theory***, 5(2006): 223~254.

Simmie, J., (1974), ***Citizens in Conflict: The Sociology of town planning***(London: Hutchinson).

Smith, Richard W., (1973), "A theoretical basis for participatory planning", ***Policy Science***, 4(1973): 275~295.

________________, (1978), ***Public participation in planning and design***, Unpublished Ph. D. Dissertation, Univ. of California, Berkeley.

Sorensen, A. and Day, R., (1981), "Libertarian planning", ***Town Planning Review***, 52; 4(October, 1981): 390~402.

Staley, S. and Scarlett, L., (1998), "Market oriented planning: Principles and tools for the 21st century", ***Planning and Market***, 1; 1(Sept, 1998).

Taylor, N., (1998), ***Urban Planning Theory since 1945***(London: Sage).

Thornley, A., (1993), ***Urban Planning under Thatcherism***(London: Routledge).

UNDP, (2000), "Planning and the market", ***SURF***(January, 2000): 1~13.

Walker, B., (1980), "Urban planning and social welfare", ***Environment and Planning A***, 12(1980): 217~225.

__________, (1981), ***Welfare Economics and Urban Problems***(London: Hutchinson).

Wallis, J. and Dollery, B., (1995), "A communitarian perspective on government failure", ***International Journal of Social Economics***, 22; 4(1995): 33~48.

______________________, (1999), ***Market Failure, Government Failure, Leadership and Public Policy***(N. Y.: St. Martin's Press).

______________________, (2001), "Government failure, social capital and the appropriateness of the New Zealand model for public sector reform in developing countries", ***World Development***, 29; 2(2001): 245~263.

Wootton, B., (1945), ***Freedom under Planning***(North Carolina: Univ. of North Carolina Press).

Zerbe, Jr., R. and McCurdy, H., (1999), "The failure of market failure", ***Journal of Policy Analysis and Management***, 18; 4(1999): 558~578.

______________________________, (2000), "The end of market failure", ***Regulation***, 23; 2(2000): 10~14.

제 5 장 계획의 인식론

제 1 절 개 요

Ⅰ. 의 의

프리드만(J. Friedmann)은 계획이 지식(知識)과 행동(行動)간의 관계, 보다 구체적으로는 사회적 지식(社會的 知識)과 사회적 행동(社會的 行動)간의 관계를 다루는 학문이라면, 계획이론은 지식과 행동을 연결하는데 관심을 가져야 한다고 했다(Los, 1981: 65). 이는 계획이론(計劃理論)은 인식론과 밀접한 관계를 맺고 있고, 상이한 인식론(認識論)은 상이한 방법으로 계획에 영향을 미치게 된다는 의미이다.

인식론(epistemology)이란 앎의 이론이다. 앎이란 알려지는 대상(對象)과 아는 주관(主觀)과의 관계에서 성립하는 것 -즉 대상과 주관 또는 존재(存在)와 사유(思惟)사이에서 성립되는 것- 이다(헤센, 1986: 13). 따라서 인식론은 이 양자 간의 관계성립에 관한 일반적인 조건을 연구대상으로 한다. 인식론 또는 지식론(知識論)은 지식의 본성과 그 영역, 지식이 이루어지는 전제조건들과 토대 그리고 무엇인가를 안다고 주장할 때 그 주장이 일반적으로 어느 정도의 신뢰성을 갖고 있는지 등을 탐구의 대상으로 한다. 이러한 의미에서 계획도 지식의 성격에 대한 철학적 사고의 확고한 기반을 가져야 한다. 즉 계획과업을 수행하는데 있어 지식과 행동을 연결하는 일관되고, 직관적으로 만족하며, 작동가능한 방법을 제공하는 적절한 인식론이 요구된다(Innes de Neufville, 1983: 53).

인식론은 지식의 이론이고, 정당화 전략(正當化 戰略)이다. 그것은 누가 지자(knower)가 될 수 있고, 지식으로 입증되기 위해서는 어떠한 검증신념을 통과

해야 하며, 어떤 종류의 사물이 알려져야 하고, 객체의 속성, 연구자와 그 주제 간의 적절한 관계, 지식추구의 목적에 대한 질문들에 대해 구상한다(Sandercock and Forsyth, 1992: 45).

Ⅱ. 인식론의 변천

1. 인식론의 발달

서구의 계획사고의 주류는 오랜 동안 실증주의(實證主義)가 차지하고 있었다. 실증주의의 가정을 받아들이기 때문에 인간은 합리적이며 공리적인 존재라는 것을 당연하게 여긴다. 따라서 계획의 주류적 사고(主流的 思考)에서도 사실과 가치의 분리를 가정하는바, 계획의 목적에 대한 합리적 논의는 생각할 수 없었다. 말하자면 기능적 합리성(技能的 合理性)만이 허용되는 것이다. 이 접근의 방법론적 기초는 계획가들이 문제의 계량적 측면만을 고려하는 상황을 야기한다(임길진, 1995: 132). 이러한 계획전통을 이어받아, 1980년대 중반까지 지배적인 계획이론모형은 합리주의에서 근원한 합리적 계획모형(rational planning model)이였다. 이에 대한 비판의 증가와 이론적, 방법론적인 보완에도 불구하고 이를 대체할 수 있을 정도로 충분한 지지를 받은 어떠한 경쟁적인 아이디어군도 아직까지는 나타나지 않고 있다(Alexander, 1984: 62; Hemmens, 1980: 259; Muller, 1998).

합리모형의 고삐를 이어받을 새로운 패러다임의 후보자는 현재까지는 없지만, 구태여 제시하자면 알랙산더(E. Alexander)는 우연성접근(contingency approach)의 가능성을 고려했다. 그는 계획과 관련된 의사결정원리의 새로운 패러다임이 될 수 있는 우연성이론(contingent theory)이 비판이론(critical theory)같은 추상적 모형으로부터 논리적인 틀을 차용한다면, 새로운 패러다임으로 충분히 발전할 수 있을 것으로 전망했다(Alexander, 1984: 67). 아울러 그는 새로운 패러다임이 없는 상황에서 계획가는 경험적 연구의 통찰력과 실생활 경험의 실용적 교훈으로 결합된 합리모형을 지속적으로 보완해 나가야 한다고 주장했다. 이는 그의 우연성패러다임(contingency paradigm)의 철학적 바탕으로서 비판이론(critical theory)을 가정하고 있음을 의미하는 것이다. 이러한 측면에서 현대의 여러 철학자 중에 하버마스(J. Habermas)는 최근에 나타나고 있는 여러 계획접근의 지적인 기반을 제공하고 있으며, 합리계획의 대안으로 의사소통계획(意思疏通計劃)에 대한 관심이 증대되고 있다(Muller, 1998).

2. 주요 사회사조

사회가 새로운 시대 −즉 포스트모던(postmodern)− 에 접어들게 됨에 따라 새로운 계획의 개념이 요구되고 있다. 그리고 경제, 문화, 정치의 세계화는 변화된 감각, 전망 그리고 기대를 유도하고 있다.

다양한 사회문제를 대상으로 하고 있는 계획은 단일의 패러다임(paradigm)에 의해 지탱할 수 없다. 즉 특정시대와 환경의 정치, 사회, 경제, 물리적 여건을 반영한 사회사조(社會思潮)의 변화발달에 따라 다양한 계획모형이 제시되고 있다. 서구의 지적사고(知的思考)는 여러 번의 패러다임 변환(paradigm shift)을 해오고 있는데, 이러한 변화가 계획세계에 직·간접적인 영향을 주고 있다.

여기서는 서구(西歐)의 사상발달과정 중에서 계획이론의 형성 발달에 중요한 영향을 준 사상(思想) −특히 사회의 진보(進步)와 발전(發展)에 관한 것− 을 중심으로 고찰하기로 한다. 본 장(章)에서는 다양한 사회사상 중에서 특히 현대계획에 중요한 의미를 갖는 계몽주의, 합리주의, 실증주의, 현상학, 구조주의, 비판이론 그리고 포스트모더니즘에 대해서 검토하기로 한다(Greed, 2000: 240; Innes de Neufville, 1983: 53~57; Denhardt, 1994; 커니, 1992: 8).

제 2 절 계몽주의

I. 의 의

1. 개 념

칸트(I. Kant)는 계몽(Enlightenment)을 스스로 자초한 보호로 부터의 해방이라고 했다. 여기서 보호(tutelage)란 다른 사람의 지시 없이는 자신의 이해를 사용하지 못하는 인간의 무능력이다. 나태와 비겁함이 그 원인이라고 보았다(Gunder, 2003a: 247). 다시 말하면, 칸트는 계몽(啓蒙)이라는 말을 '인간이 다른 사람들의 의견에 굴종(屈從)하는 것으로부터 해방(解放)되어, 자기 자신의 독립적 이성을 행사할 마음의 준비가 되어 있는 것'이라고 정의했다(램프레히트, 1994: 481). 계몽은 아이디어·태도·지각 등의 복합적인 혼합으로, 신화·종교·미신의 비합리성으로부터의 해방이고, 인간속성의 어두운 측면은 물론 권력의 자의적인 사용으로 부터의 해방을 약속하는 합리적인 사회조직의 형태이고 합리적인 사고방식이다(Allmendinger, 2002a: 157).

계몽주의(啓蒙主義)의 기본원리는 17세기의 과학자·합리주의자로부터 유래하였다. 계몽사상(啓蒙思想)의 근원(根源)은 18세기 영국이고, 그 지엽(枝葉)은 스코틀랜드, 독일, 이태리, 스페인 그리고 신세계까지 펴졌다. 그러나 프랑스가 계몽사상 전체에 지도적 위치를 차지하였다. 주요한 사상가는 볼테에르(F. Voltaire), 몽테스큐(C. Montesquieu) 그리고 루소(J. Rousseau) 등이다(브린튼 외, 1994: 384~389).

2. 특 성

계몽주의(啓蒙主義)가 전파한 주제는 이성(理性)의 우월성(優越性)이다. 이성(reason)을 잘 활용하면 사람은 타고난 권리로서 자유(自由)와 평등(平等)을 알게 되고, 결국 행복한 삶을 보장해줄 새로운 사회를 세울 수 있을 것이다(주명철, 1995: 396). 이성은 실존을 규제하고 있는 자연법을 발견할 것이며 그리하여 인류의 진보를 보증할 것이라고 사람들은 믿었다(브린튼 외, 1994: 384).

인간이성에 대한 신앙은 록(J. Locke)으로부터 온 것이며, 자연법에 대한 신앙은 뉴턴(I. Newton)에서부터 나왔다. 뉴턴은 천체 및 지상의 물체의 운동법칙을 수학공식으로 바꾸어 놓았다. 당시 사람들에게 전 우주가 동일한 물리법칙의 지배를 받는다는 사실을 알게 된 것은 놀라운 일이었다(매뉴엘, 1990: 30).

계몽의 중심목적은 지식을 통한 자유의 사상이다. 인간여건은 이성, 경험주의, 과학, 보편주의, 진보, 개인주의, 용인, 자유, 세속성 등의 원리들을 통하여 개선될 수 있다고 믿었다(Allmendinger, 2002a: 158).

Ⅱ. 이론의 내용

1. 논의주제

17세기 형이상학체계에서의 이성(理性)은 영원한 진리의 영역이며, 인간정신과 신의 정신에 공통된 진리영역이었다. 이성의 행위는 곧 신적(神的)인 것에 참여하는 것을 의미했다(카시러, 1995: 29).

18세기의 위대한 저술은 모두 자유(自由)의 문제를 다룬다. 개인적 자유에서 경제적 자유에 이르기까지 모든 영역에서 주장되었다. 그리고 자유보다 더 논란의 대상이 된 평등(平等)에 관한 문제도 다루었다. 이러한 자유와 평등은 무엇보다 행복을 위한 것이었다. 이성에 대한 믿음은 사람에게 자유와 평등을 되찾아 주어 그를 행복한 존재로 만들어 줄 것이라고 믿는데서 비롯된다. 이 문제를 설명하기 위해 계몽사상가들은 자연(自然)이라는 주제를 발전시켰다. 계몽사상가들에게 자연은 현실과 이상을 함께 설명하고, 경험과 규범을 함께 지향하는 개념으로, 새로운 도덕을 세우는데 바탕을 이루는 개념이다(주명철, 1995: 398).

계몽주의에서 강조하는 자유가치(自由價値)들은 다음을 포함한다(Harper and Stein, 1995b: 12). ① 개인의 평등(equality) - 모두는 양도할 수 없는 개인권리와 공평하고 불편부당한 처리할 수 있는 권리부여, ② 자유(liberty) - 가치 있는 삶으로서 좋은 삶을 살기 위한 선책의 자율 또는 자유, ③ 용인(tolerance) - 좋은 삶에 대한 대립된 개념들의 다원성을 수용과 존경, ④ 합리적, 사색적 선택(rational, reflective choice) - 삶의 개념에 대한 비판적 평가, ⑤ 자유롭고 동등한 사람들 간의 협력의 공평한 체계로서 사회, ⑥ 법치(rule of law) - 모든 사람에게 법의 불편부당한 적용, ⑦ 자유수호에 대한 정부의 제1차적 역할, ⑧ 정부의 강압적 권력의 제한을 포함한다. 이들 가치들의 많은 것은 실제적 조건이나 결과보다는 법적 및 정치적 과정의 설계에 초점을 두는 과정적 정의(procedural justice)의 강조로 인도한다.

계몽주의 사상가들은 왕의 신권에 반하여, 권리와 책임의 주체로서 개인(個人)의 중요성을 주장했다. 스스로의 생활과 삶을 추구하는 개인의 권리, 참정권, 이익추구적인 경제조직에 바탕을 둔 민주주의(民主主義)에 대한 현대서구개념은 이 시기에 형성되었다. 진보적 사유(進步的 思惟)라는 가장 포괄적 의미에서 계몽주의는 인간이 가지고 있는 두려움을 없애고 인간을 주인으로 세우고자 하는 목표를 추구해 왔다(호르크하이머와 아도르노, 1993: 26).

모든 것은 체계적 방법이나 과학으로 이성에 합리적으로 적용함으로써 알 수 있다. 신에 대한 신앙은 과학과 이념적 이상 자체에 대한 믿음으로 전환되었다. 자연은 단순히 인류에 봉사하기 위해 존재하는 것이었다. 자연(自然)은 인간의 진보를 위해 정복 또는 통제되어야 했었다. 이 물질화는 효율성의 가치가 부과된 사회체계와 조직을 만들었다고 보았다(Gunder, 2003a: 260).

2. 분석방법

계몽사상가들은 진리를 엄격한 합리주의적 방법(合理主義的 方法) 내지 과학적 방법(科學的 方法)으로부터 도달할 수 있는 사실과 이론만을 인정하였다(매뉴엘, 1990: 35). 그들은 앞 시대의 두 사상가 -즉 연역법(演繹法)을 주장한 데카르트(R. Descartes)와 귀납법(歸納法)을 주창한 베이컨(F. Bacon)- 의 사상을 기본원칙으로 채택했다.

18세기 철학은 뉴턴 물리학의 방법을 받아들여 일반화시켰다. 이제 분석은 단지 수리물리학의 도구로서 끝나는 것이 아니라, 모든 사유 일반에 대한 필수불가결의 도구가 되었다. 이성을 지식·원리 내지 진리의 내용으로 보는 것이 아니라, 기능적인 힘으로 본다. 이성의 가장 중요한 기능은 분해하고 연결하는 것이다. 이런 분석작업 후에 이성은 그 자신이 규정한 법칙에 좇아서 환원된 요소들을 다시 모아짜서 전체를 만들어 내기 때문에 이성은 전체의 구조를 이해하게 된다(카시러, 1995: 28~30).

물질을 다루는 기술(技術)과 이론화의 배경이 되는 과학정신(科學精神)이 계몽주의정신에서 가장 중요한 요소의 하나였다. 과학정신은 신학의 독단에 맞서 싸우는 철학 즉 계몽사상 못지않게 자연에 대한 실험으로 종교의 미신을 타파해 가는 중요한 도구였기 때문이다(주명철, 1995: 390). 지식의 한 형태로서 과학은 신의 본질과 그의 인간에 대한 관계를 파악하려는 노력에서부터 자연적 우주의 새로운 법칙을 발견하고 있는 비형이상학적인 관심을 돌려 놓았다(매뉴엘, 1990: 33).

3. 연구영역

계몽주의는 자유·평등이라는 인간의 권리에 대한 근본적인 질문을 던지고, 정치, 경제, 교육 그리고 자연법과 진보에 관한 신앙을 강화하였다(브린튼 외, 1994: 387~395; 주명철, 1995: 399~402).

① 정 치 계몽사상가들은 정치제도의 정확한 형태에는 관심을 기울이지 않았다. 사회가 자유롭게 되고 이성의 법에 따라 지배된다면, 진보·정의·행복한 생활이 보장된다는 가정하에 정체(政體)는 그것이 군주제·귀족제·공화제 등 무엇이건 간에 중요한 것이 아니라고 생각했다. 그리고 계몽사상가들은 점진주의자(漸進主義者)들이었다. 사회의 해방은 결열이나 혁명과 같은 맹목적 폭력이 없이 이루어져야 한다고 생각했다(매뉴엘, 1990: 55).

② 경 제 중농학파(重農學派)인 케네(F. Quaney)는 토지(土地)가 부의 유일한 근원이고 농업은 부를 증대시켜 준다고 주장했다. 중농학파가 역설한 것은 '하도록 내버려두고, 가도록 내버려 두라'(laissez faire, lassez passer)는

것으로, 살게 하고 또 살도록 하라, 자연으로 하여금 자기 길을 가게 하라는 것이었다. 이 학파는 국가는 자연적 경제력의 자유로운 움직임을 방해해서는 안되고, 농업생산에 필요한 사유재산에 간섭해서는 안된다는 것이다. 아담 스미스(Adam Smith)는 자유방임(自由放任)의 고전적 경제이론을 공식화했다. 그는 국부(國富)의 근원은 물품생산에 있다고 했는데, 이는 농업에 비해 상공업의 중요성을 강조한 것이다. 그리고 개인의 경제적 자유와 국가 간의 자유무역이 다 같이 자연법칙이라고 주장하면서 정부의 기능은 수동적인 경찰의 지위까지 낮추었다.

③ 교 육　　교육에 있어서도 루소(J. Rousseau)는 「에밀」(*Emile*)에서 자유방임적인 방법을 강조했다. 교육의 목적은 사회에서 완전한 역할이 가능하도록 개인의 자발성과 독창성을 최대로 이용할 수 있게 준비하는 것이었다.

Ⅲ. 계몽적 계획

1. 계획여건

계획문화(計劃文化)의 근원은 계몽이라고 부르는 철학적, 사회적 변혁과 지적 바다에서 발달되어 왔다(Healey, 1997: 7). 계몽주의사상가들은 과학적 사유형식을 사회와 정치이론의 영역에 적용하려 했다. 이들을 통해 합리성(合理性)과 이성(理性)이 제고되었으며, 과학(科學)은 사고와 진보의 보편적 기반이 되었다.

계몽은 이성(reason), 경험주의(empiricism), 과학(science), 보편주의(universalism), 진보(progress), 개인주의(individualism), 인내(tolerance), 자유(freedom), 인간성의 획일성(uniformity of human nature), 세속주의(secularism)의 특징을 갖고 있다. 이러한 요인들이 현대성(modernity)을 구축하고, 지난 2세기 동안 현대자본주의, 자유주의, 민주주의를 포함한 서구의 사회적 특징을 나타내게 되었다. 현대성의 혁명은 현대사회를 개인주의화(individualization), 세속화(secularization), 공업화(industrialization), 문화적 차별화(cultural differentiation), 상품화(commodification), 도시화(urbanization), 관료화(bureaucratization) 그리고 합리화(rationalization)로 지속적으로 인도한다(Allmendinger, 2001: 11~15).

결과적으로 나타난 정치적, 경제적 과정의 복합성은 부의 창출과 함께 나타난 사회적 불평등의 확산, 체계적인 격리(계급, 성, 윤리성, 인종), 환경오염과 시장과정의 주기적 붕괴 등은 국가와 도시 내에 전개되는 사회-공간적 관계에 대한 관리에 대한 관심을 제고시키는 결과를 가져왔다. 이러한 동적이며 상호배치되는 힘에 의해 미약한 시장(市場)의 작용보다는 미래를 추적한 계획(計劃)의 구축에 호의(好意)를 갖게 되었다. 이러한 계획추구의 주요 자원은 과학적 지식과 도구적 합리성이다. 과학적 지식(scientific knowledge)은 현재의 문제를 확인하고 미래의 가능성을 예측하는 객관적 기반이 된다. 도구적 합리성(instrumental rationality)은 논리적이고 체계적인 방법으로 목표(무엇이 달성될 수 있을 것인가?)에 대한 수단(어떻게 할 것인가?)의 관계에 초점을 둔다.

2. 사회개혁의 방향

계몽주의자들은 악(惡)을 환경(環境)과 동일시하고, 선(善)을 인간의 본성(本性)과 동일시하였다. 인간은 선하게 태어났으나 사회에 의하여 악하게 된다. 인간을 선하게 하는 길은 사회가 가져다주는 부패로부터 본성적인 선함을 보호하는 것이다. 구체적으로 말하면 개인(個人)들을 개혁(改革)하는 길이 사회(社會)를 개혁(改革)하는 것이라고 생각했다(브린튼, 1993: 399).

사회개혁과 관련하여 계몽주의자들은 크게 두 갈래로 분류할 수 있다. 비교적 소수의 현명하고 재주 있는 사람이 권위를 가지고 환경을 조종하면 조작하는 사람과 조작받는 사람이 모두 행복하게 될 수 있다고 믿는 일부와, 필요한 것은 오직 현존하는 나쁜 환경을 파괴하고 말살하는 것이며 그렇게 하면 모든 사람이 완전한 환경을 창조하는 데 자발적으로 협력하게 되리라 믿었던 다른 일부이다. 첫째 그룹은 현명한 통치자나 훈련받은 공무원들의 계몽된 전제주의(enlightened despotism)운동이다. 둘째 그룹은 보통사람의 건전하고 지각을 믿는 민주주의 방법과 극단적인 시각에서 모든 정부를 없애야 한다는 철학적 무정부주의자들이 포함된다(브린튼, 1993: 401~402).

(1) 권위주의적 계획방향

계몽된 전제주의의 신봉자들은 권위주의적(權威主義的) 입장에서 문제가 되는 환경의 조작을 신뢰하는 입장을 취했다. 계몽된 이성(reason)을 사용할 수 있도록, 훈련된 사람들에게 속한 권위를 활용하여 환경을 조작하고 조성하는 것이 옳은 것이고 또 필요하다고 생각했다. 공장이나 기타 사업의 작은 영역에서도 계몽주의의 권위주의적 측면에 잘 호응하는 조직·능률·합리화를 추구하였다. 이러한 입장에 있었던 대표적인 사람이 오웬(R. Owen)과 벤담(J. Bentham)이다(브린튼, 1993: 403~405).

오웬(R. Owen)은 스코틀랜드의 뉴라나크(New Lanark)에 있는 방직공장의 소유자이며 경영자였다. 뉴라나크는 산업혁명에 따른 열악한 공장환경을 개선한 모범적인 공장과 주거환경을 조성한 공간이었다. 그러나 그 곳에는 산업민주주의는 없고, 오직 오웬의 말이 법률이었고, 그가 환경을 조정하였다. 벤담(J. Bentham)은 최대다수의 최대행복을 위해 고통과 쾌락을 사회개혁의 수단으로 활용하는 방안을 제시하였다. 갖가지 쾌락과 고통을 분류·측정하면서, 상벌제도를 통해 사회적 또는 도덕적으로 바람직하지 않은 행동에 대해서는 고통을 더 많이 부과하는 방안을 고안했다. 이러한 환경의 조성은 가부장적(家父長的) 권위에 의해 위로부터 설계하였다.

(2) 자유주의 또는 무정부주의적 계획방향

사회개혁의 두 번째 입장은 사람들이 민주주의적 절차에 의하여 필요한 환경의 변화를 가져올 수 있는 제도나 법률을 자발적으로 만들어 살아가는 것을 기대하는 자유주의적(自由主義的) 입장과 극단적인 무정부주의자(無政府主義者)가 있다. 전자의 입장에 루소(J. Rousseau)가 있고, 후자의 견해는 고드윈(W. Godwin)에서 발견할 수 있다(브린튼, 1993: 405~412).

루소(J. Rousseau)는 개인이 사회계약(社會契約)에 서명함으로서(비유적으로 어떤 사회에 태어남으로서) 개인은 자연적인 단순한 자유를 포기하고 그 대신 일반의지에 복종하는 아주 큰 자유를 얻는다. 만일 그렇게 하지 않으면 그는 옳은 일에 반역하는 것이 되고, 사실상 자신의 이기적 의지의 노예가 되고 만다. 이런 경우에 그를 강요하여 복종하게 하는 것이 그를 자유롭게 하는 것이라는 주장이다. 급진주의자(急進主義者)인 고드윈(W. Godwin)은 사람들을 복종하게 하고, 복종하려 하고, 또 법률들을 정해서 따르도록 하기 때문에 문제가 발생한다고 주장했다. 만일 사람들이 스스로 원하는 것을 자유롭게 할 수 있다면 그리고 모든 사람이 편견·광신·무지로부터 완전히 해방된다면 그때는 모두가 합리적으로 행동할 것이라고 생각했다.

제 3 절 합리주의

Ⅰ. 의 의

1. 개 념

합리주의(Rationalism)란 이성(理性)에 합치되게 존재하며, 이성에 합치되게 움직인다는 원리이다(임상우, 1995: 347). 합리적(rtional)이라는 말의 어원적 근원은 이성(reason)이라는 의미의 라틴어 'ration'에 있다(Allmendinger, 2002a: 53). 어의적(語意的)으로 '합리적'(rational)이란 말은 '비율(ratio)에 맞는'이라는 뜻을 갖는다(임상우, 1995: 347). 이성은 수학적 비율로 표현할 수 있음을 의미한다. 이는 인간이 수학문제에 내재되어 있는 이성적 질서를 합리적으로 풀어내듯이 우주의 질서도 이성적으로 풀 수 있음을 의미한다.

합리주의(合理主義)의 형성에는 르네상스의 인문주의(Humanism)에서 비롯된 인간중심주의(人間中心主義)가 큰 영향을 주었다. 합리주의의 인간중심적 사고는 중세의 대전제였던 '신의 완전성'의 자리에 '인간이성의 완전성'이 대신 들어앉는 것을 의미했다(임상우, 1995: 349). 합리주의자들은 합리적인 것이 자연스러운 것이며, '초자연적인 것은 없다'라는 입장에 기울어져 있다. 스펜서(H. Spencer)는 '알 수 없는 것(즉 신)'이 있다고 한다면, 우리가 그를 알려고 하거나 혹은 그에 관하여 알려고 하는 것은 어리석은 일이라고 주장했다(브린튼, 1993: 345). 합리주의는 이 우주에서 신과 초자연적인 것을 제거하고, 남아있는 자연적인 것은 과학적 연구방법(科學的 硏究方法)에 의해 이해할 수 있는 대상으로 여겼다(정상모, 1998: 31).

2. 특 성

지성사적 의미에서 합리주의는 현대의 근간을 이루고 있는 가장 중요(重要)한 사조(思潮)의 하나이다. 그것은 서구근대사회의 형성에서 하나의 정신적 대전제가 되었고, 또한 일관성 있는 대원칙으로 근대사회의 응집성을 유지해 왔기 때문이다. 이러한 의미에서 합리성(合理性)은 근대성(近代性)과 대치되어도 무방한 개념이다(임상우, 1995: 345).

서양의 사상적 전통의 중심적 위치를 차지하고 있는 합리주의는 세상을 이해하는 방법이다(Baum, 1977: 403~404; Alexander, 1992: 39). 첫째, 이는 사람들이 세상을 경험하는 방법을 나타낸다. 사람들은 자기의 경험들이 합리적으로 이해되기를 기대한다. 사유과정(思惟過程)이 유일한 적법적 이해모형이며, 감성적 감각은 적절한 방법으로 생각하지 않는다. 둘째, 서양문화에서 합리적 사고는 과학(科學)이다. 더욱 중요한 것은 과학과 합리주의는 분석방법(分析方法)인데, 사람들은 분석을 통해 세상을 이해해야 함을 의미한다. 이는 사람이나 상황을 이해하기 위해서는 전체를 부분화하여 축소하고, 이 작은 부분이 전체의 진정한 의미를 내포하고 있다고 가정한다.

마지막으로 합리주의는 문제해결방법(問題解決方法)을 암시한다. 특정한 재능과 방법에 의해 다루려는 대상을 인지한 다음, 사람들은 목표에 대한 수단의 효율적인 관계를 계산하는 합리성의 개념에 부합되도록 당면한 문제를 해결해야 한다고 주장한다. 여기서 합리성의 개념은 문제해결방법을 생각할 때 측정가능한 비용과 편익을 고려하고, 경제적 비용-편익의 비(比)가 극대화되는 방안을 강구해야 한다.

근대사회가 합리성의 기초 위에 세워진 것이지만, 현대세계에서는 전통적인 합리성으로 해결하기 어려운 여러 가지 문제들에 직면하게 되었다. 따라서 현대에 들어 합리성의 붕괴에 대한 논의가 이루어지고, 더욱이 탈근대성에 대한 논의는 합리성의 해체에 대한 논의로까지 발전하고 있다(임상우, 1995: 345). 합리주의 철학은 제1차 세계대전 이후 쇠퇴하기 시작했는데, 이는 그때부터 새로 대두하기 시작한 논리적 실증주의학파의 반격 때문이었다.

Ⅱ. 이론의 내용

1. 합 리 성

(1) 의 미

만약 계획에 관한 모든 논의와 토론을 지배하는 하나의 주제가 있다면 그것은 바로 합리성이다(프리드만, 1998: 96). 합리성(合理性)은 목표달성의 시각에서 대안적 수단들을 체계적으로 고려하고 평가해야 함을 의미한다. 이러한 의미에서 보면, 합리성은 특정한 가치와 연관되지 않은 가치중립적이기 때문에 선오(good or bad)의 문제가 아니다(Alexander, 1992: 39~40).

서구에서 합리성은 모든 것을 측정하는 표준이다. 계몽주의이래로 합리성은 다음 3가지를 요구한다(King, 2000: 272~273).

① 합리적 행동을 지배하는 도구적 행동(좋은 목표에 대한 좋은 수단)

② 합리적 신념과 도덕성을 지배하는 객관주의(모두에게 동등하게 적용하는 보편적인 표준군의 준거)

③ 의사결정과정을 지배하는 분석적 수단(복합적 문제를 보다 단순한 구성요소로 분해)

(2) 분 류

합리성(合理性)의 개념에 대해 최초로 설명한 학자는 베버(M. Weber)이다. 그가 계획이론에 계속적으로 영향을 끼치게 된 것은 그가 합리적 행동을 위한 조건규명에 몰두했기 때문이다. 그는 행동과 관련하여 합리성의 형태를 형식적(形式的) 합리성과 본질적(本質的) 또는 실질적 합리성으로 구분하였다(프리드만, 1998: 97). 형식적 합리성(formal rationality)은 수단과 효율성에 관련된 것이다. 그것은 목표와 관련되지 않는다. 목표가 주어진다면, 형식적인 합리적 접근은 가장 효율적이며 효과적 방법으로 그들 목표를 달성할 수 있는 것을 추구한다. 본질적 합리성(substantial rationality)은 목표들과 그들의 평가와 관련된다. 이성과 논리는 본능이나 전통의 비용으로 아직도 사용되고 있지만, 단순히 효율성이나 효과성 이상과 관련된다(Allmendinger, 2002a: 54).

만하임(K. Manheim)도 베버(M. Weber)와 유사한 방법으로 합리성을 기능적(技能的) 합리성과 실질적(實質的) 합리성으로 구분했다(Smit and Rade, 1980: 99; 프리드만, 1998: 100). 기능적 합리성(functional rationality)이란 일련의 행동이 기능적으로 합리적인가 여부는 명료한 목적과 상관성이 있는 기능조직, 관찰자의 관점에서 볼 때 결과에 대한 실현가능성의 기준에 부합할 때 합리적으로 본다. 이 합리성은 수단에 관한 합리적 행동에 국한한다. 환언하면, 기능적 합리성은 주어진 목표에 대해 이를 달성하기 위한 수단에 대해 초점을 둔다. 때문에 이러한 제한된 합리성은 기술적-도구적(technical-instrumental) 합리성이다. 실질적 합리성(substantial rationality)은 목표를 선택하고 감추어진 가치의 노출을 지향한다. 이는 계획과정에서 상이한 가치체계를 갖고 있는 참여집단간의 심도 있는 상호작용을 의미한다. 목표설정과 관련하여 계획가와 의사결정자간에는 상호학습과정이 있어야 하고, 목표에 관한 상이한 논리에 대한 교환효과가 있어야 함을 의미한다.

2. 합리모형

합리성에 기반한 합리모형(rational model)의 개념은 드로르(Y. Dror)에 의해 처음 제시되었고, 계획의 측면에서는 에디슨(Eddison, 1973)과 캄히스(M. Camhis)에 의해 논의되었다. 사이먼(H. Simon)은 공식조직의 관점에서 특화된 합리성의 정의를 사용하고 있는데, 합리성은 행동의 결과가 평가될 수 있는 일정한 가치체계에서 행동대안의 선택과 관계된다. 합리적 행태는 모든 대안을 검토한 후 의사결정자에게 만족(또는 효용)의 극대화를 약속하는 의사결정을 의미한다. 이것이 사이먼(H. Simon)의 만족화 접근(satisficing approach)으로, 모든 대안을 고려하는 의사만족(spurious satisfaction) 보다는 만족할 만한 대안만을 추구하는 접근을 추구하게 된다. 이는 그의 제한된 합리성(bounded rationality)의 개념으로 유도하는데, 이는 복합적 문제를 정의하고 해결하기 위한 인간사고의 능력은 현실세계의 목적적 합리적 행태에서 요구되는 문제의 규모에 비해 너무 적다는 것이다(Yewlett, 1985: 213).

린드블름(C. Lindblom)도 사이먼(H. Simon)의 입장을 지지하여, 이상적으로는 합리적 종합적 접근이 바람직하지만 인간지적능력과 이용가능한 정보의 실제적인 제약 때문에 실제적으로 적용하는 데는 한계가 있다고 보았다. 따라서 최적 대안(optimum alternatives)보다 만족할(satisfactory) 만한 대안을 추구하게 된다. 즉 합리모형에 바탕한 합리성의 개념은 의사결정과 계획작성에서 제한된 가치만을 가지게 된다고 주장했다.

Ⅲ. 합리적 계획

합리적 계획(rational planning)은 합리적-연역적(rational-deductive) 계획과 합리적-종합적(rational-comprehensive)계획으로 구분할 수 있다(Camhis, 1979: 16~17). 이 구분은 계획과정에서의 목표의 지위에 의해 이루어진 것이다.

1. 합리적-연역적 접근

계획은 철학적 합리주의(合理主義)에서 과학적 설명은 논리적 연역법(演繹法)의 형태를 취해야 한다는 점과 전체적이며 완전한 체계에 대한 생각의 두 가지 관념을 물려받았다(Camhis, 1979: 24).

완전체계에 대한 관념은 여러 학자들에 의해 제시된 유토피아에서 발견할 수 있는데, 플라토(Plato)의 「공화국(Republic)」을 시작으로, 16세기에 모아(T. More)의 「유토피아」(Utopia)를 거쳐, 19세기말~20세기 초의 하워드(E. Howard)의 「전원도시」(Garden City), 페리(C. Perry)의 근린개념(Neighbourhood Concept) 그리고 꼬르뷔제(Le Corbuiser)의 도시가 이의 예이다. 이러한 모든 접근방법은 연역적-과학적 형태의 설명에 따라 표현할 수 있다(Camhis, 1979: 27~29).

[그림 5-1]에서와 같이 가치/목표는 과학적 설명과 유사하게 연역체계의 법칙을 나타내고, 공리체계에서는 공리와 비교된다. 계획을 연역하거나 목표나 목적에서 행동을 설정하는 경우 많은 어려움에 직면하게 된다.

▎그림 5-1 연역적 접근 ▎

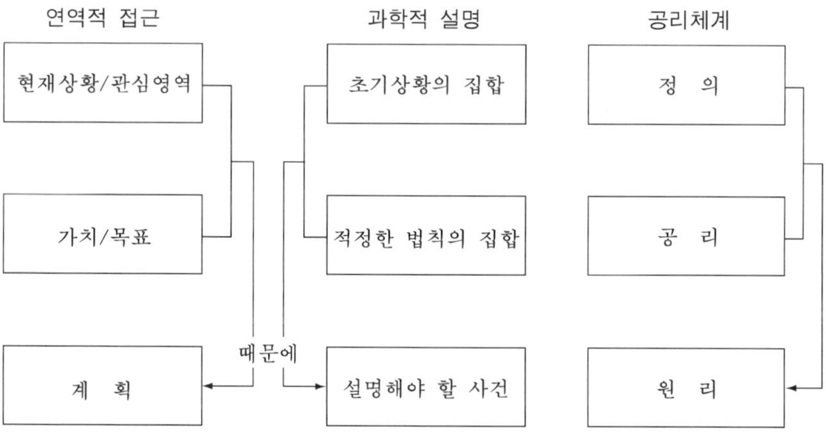

자료: Camhis, 1979: 28.

2. 합리적 종합주의

합리적 종합주의는 논리실증주의(論理實證主義)를 사회에 적용을 시도한 계획구조였다. 여기서는 합리성을 실증적 지식과 도구적 계산으로 정의했다. 이러한 지식(知識)은 객관적(客觀的)이고 일반적(一般的)일 것을 요구한다. 정치가는 가치를 선택하고, 계획가는 과정화된 사실을 제공했다. 이 접근은 과학적 분석방법이며, 문제해결을 위한 특수한 방법이고, 성취해야 할 목표의 관점에서 대안적 수단을 고려하고, 평가하는 방법이다(Hemmens, 1980: 259).

이 계획이론의 전통은 어떻게 결정이 보다 합리적으로 이루어질 수 있는가에 주로 관심을 갖고 있다. 이 이론의 바탕에 의한 인간모형은 사람의 다른 사람과의 관계는 순전히 도구적 관점에서만 정의되는 관계로, 효용극대화의 존재로서만 파악한다. 결정(보통 자원의 적정배분)은 기술된 문제에 대한 단일의 최선의 해답에 이를 때 합리적이라고 부른다. 때문에 결정이론은 논리와 실제에 관한 규칙의 기술을 시도한다. 최근에는 합리주의자들이 그들의 사고를 결정이론에서 정책과학에까지 확대하고 있다(Friedmann and Hudson, 1974: 3).

제 4 절 실증주의

Ⅰ. 의 의

1. 개 념

실증주의(Positivism)는 생시몽(C. Saint-Simon)이 처음 사용하고, 콩트(A. Comte)에 의해 하나의 철학적 사조로 발전하였다. 실증주의(實證主義)는 계몽주의에서부터 1950년대 후반에 이르기까지의 주도적인 패러다임이였다(Greed, 2000: 240). 이 주의는 발달과정 중에 경험주의(經驗主義)와 합리주의(合理主義)의 성격이 결합(結合)되고, 현대에는 수학적이며 경험적 기술만이 의미 있는 것이라고 주장하는 논리실증주의로부터 수학과 논리적 전통을 가미하였다(McConnell, 1981: 26~27; 김명기, 1994: 83).

실증주의는 꽁트(A. Comte), 밀(J. S. Mill), 스펜서(H. Spencer)에 의해 정립된 고전실증주의에서 현대의 논리실증주의에 이르기까지 변화 발전하고 있다.

2. 특 성

실증주의(實證主義)는 이용가능한 지식에 기반하여 인간생활을 체계화하기 위한 이론이다. 때문에 가상적 지식에 반하여, 실증적(實證的)이고 확실(確實)한 지식(知識)에 바탕을 둔다(McConnell, 1981: 26). 실증주의는 자연보다는 인위성을 다루고 혹은 인위성을 통한 자연을 다룬다(최종덕, 1995: 405).

실증주의자들은 형이상학적 사변이나 철학적, 사변적 당위개념에 비판을 가했고, 자유·평등·주권재민 등의 개념들을 공허하고 실체가 없는 말장난으로 보았다. 그러나 실증주의자들은 그러한 이상과 목표 자체를 거부한 것이 아니라 그것을 도출하는 방법을, 즉 목표달성자체를 위해 그 쟁취의 방법이 전제조건도 없이 현실을 사상한 것이라는 점에서, 거부한 것이다. 방법론적 측면에서 '실증적'이라는 말은 자연과학적 방법을 모형으로 사회현실과 사실을 일반화시킨다는 요구를 부각시킨다(박영은, 1994: 183~186).

Ⅱ. 이론의 발달과 내용

1. 고전실증주의

고전실증주의(Classical Positivism)의 창시자는 콩트(A. Comte)이다. 그러나 실증주의(實證主義)의 철학적 원천은 베이컨(F. Bacon)의 사상으로서 그는 당시 연역적 방법의 대안으로서 귀납적 방법을 창안했다. 이 과학적 방법은 면밀한 관찰과 실험에 의하여 특수한 사실로부터 어떤 법칙을 일반화시키는 것이라 하였다(김명기, 1994: 87).

콩트(A. Comte)는 주어진 것, 사실적인 것, 실증적인 것으로부터 철학이 출발하여야 한다고 주장하며, 본질에 대한 물음이나 사실의 원인에 대한 물음을 무용한 것으로 철학에서 배제하려 했다. 그는 현상형식으로 주어지는 사실을 그대로 받아들이고 그것들의 일정한 법칙에 따라 정돈하며 알려진 법칙에 의하여 미래를 예견하는 것이 실증철학의 과제라고 했다(강대석, 1991: 371).

콩트는 사회개선을 위해 실증주의체계를 제시했으며, 사회의 구제는 과학적 지식에 의해 이루어지고, 신학의 자리에 실증과학이 들어서야 한다고 주장했다. 그리고 그는 일반적 사실들 또는 법칙들은 사건발생의 규칙성을 기술하고 있는 한에서는 사상(事象)에 대한 유일한 타당한 과학적 설명이자 실천적 유용성을 끌어낼 수 있는 유일한 종류의 지식이라고 주장한다(사하키안, 1993: 311~313).

2. 논리실증주의

논리실증주의(Logical Positivism) 혹은 신실증주의(新實證主義)는 1920년대 초 쉴릭(M. Schlick), 카르납(R. Carnap) 등의 비엔나 학파(Vienna Circle)에 의해 전개·발전되었다(사하키안, 1993: 385; 강대석, 1991: 385).

논리실증주의자들의 기본적인 신조는 입증성 원리(verifiability principle)로, 검증될 수 없는 명제는 무의미하다는 것이다. 즉 한 명제가 논리법칙과 일치하는가를 확인하는 논리적 검증(論理的 檢證)과 경험과 일치하는가를 확인하는 경험적 검증(經驗的 檢證)을 주창하며 이 두 검증을 벗어나는 모든 명제들은 무의미한 것으로 간주한다(강대석, 1991: 386). 특히 이들은 분석적이지 않고 경험적으로 증명할 수 없는 윤리적 문장(행동의 선오, 정오 등을 기술하는 것)은 인식적으로 의미 없으며, 진(眞)도 위(僞)도 아니라고 주장한다.

논리실증주의(論理實證主義)는 존재와 당위, 사실과 가치를 엄격히 구별하는 이원론(二元論)에 입각하고 있다. 이 주의는 논리상의 구별을 현실생활의 구별과 혼동시키고 있으며, 가치맹목적, 가치중립적(價值中立的) 입장을 취하므로 도리어 정치적으로 이용될 가능성을 배제할 수 없다. 그리고 복잡한 세계를 안이한 이원론으로 처리하고, 형이상학적·윤리적·미적 세계의 폭넓은 경험을 미숙한 방법으로 포기하고 있다는 비판이 따른다(김규정, 1998: 66).

분석철학(分析哲學)은 미, 영, 스칸디나비아 국가들에서 확산된 신실증주의의 한 형태이다. 분석철학의 주요 과제는 전통적인 철학문제를 언어분석의 방법에 국한시켜 해결하려는데 있다. 언어를 논리적으로 분석하면서 이들은 철학적인 내용의 진위 대신에 명제(命題)의 의미(意味)와 무의미성(無意味性)을 진리의 척도로 내세운다. 분석철학은 대략 1930년대에 발생했으며, 비엔나학파가 와해된 후인 1950년대 중반부터 실증주의를 주도해 나갔다(강대석, 1991: 388~389).

3. 비판적 합리주의

논리실증주의에 대한 반작용으로 등장한 비판적 합리주의(批判的 合理主義)는 포퍼(K. Popper)와 알베르트(H. Albert) 등에 의해 제기되었다. 포퍼(K. Popper)는 비엔나학파의 논리적 실증주의와 논쟁하면서 비판적 합리주의를 발전시켰다(강대석, 1991: 402). 그는 비엔나학파의 논리적 실증주의로부터 연유했다고 생각한 귀납적 논리의 문제점을 제기했다. 논리적 관점에서 관찰 또는 실험의 결과를 설명하는 것과 같은 단일진술(singular statement)에서 가설 또는 이론과 같은 보편진술(universal statement)을 추론하는 귀납적 방법은 결코 명백하지 않다고 비판하면서, 연역주의(deductivism)를 주창하였다(고든과 애덤스, 1995: 130~131).

포퍼(K. Popper)는 자유민주주의의 기초가 흔들리고 있을 때에 과학철학의 토대 위에서 자유사회의 존립을 옹호했을 뿐 아니라, 자유사회의 적(敵)인 전체주의와 그 급진적인 이데올로기 정치를 비판하여 많은 공감을 얻음으로서 자유민주주의(自由資本主義)의 가치를 재인식시키는데 크게 기여했다. 그가 비판하는 자유사회의 적은 역사법칙주의이고 사회를 전체론(Holism)으로 파악하는 태도나 대규모의 사회계획을 주장하는 유토피아주의이다. 사회를 개인들에 의해 구성된 집합체로 보지 않고, 종족·국가·계급 등 집합적 전체로 다루는 사회이론은 반드시 개인의 자유를 희생시키게 된다는 것이다. 역사에는 필연적인 법칙이 있다고 주장하는 역사법칙주의(歷史法則主義)는 역사법칙에 따라 허황된 예언을 하게 되고 추상적인 유토피아적 사고에 빠져 간단한 구호와 단순화 주장으로 기성사회를 한꺼번에 전면적으로 변혁시키는 과격주의를 낳게 된다는 것이다(신일철, 1988: 40~41).

포퍼(K. Popper)는 전면적이며 급진적 개혁보다는 착실하게 부분적인 수정을 거듭해 나가는 사회공학이 훨씬 바람직하다고 말한다. 이러한 정치철학은 그의 반증주의(反證主義)적 과학관에서 비롯된 것이다. 그는 과학에서 어떤 이론이나 법칙도 모든 경험적 사실을 빠짐없이 검증한다는 것은 불가능하기 때문에, 어떤 이론이 진리로 받아들이는 것은 아직 반증의 예가 나타나지 않은 동안, 즉 반증을 이겨내는 동안만 잠정적으로 진리라는 것이다(신일철, 1988: 41~43).

Ⅲ. 실증적 계획

1. 방법론상 의미

'실증적'(positive)이라는 말은 계획이론에서 경험적(經驗的)이라는 말과 같이 사용되는 경우가 많은데, 이 경우 실증이론은 계획실무에 대한 경험적 일반화의 발달과 다르지 않기 때문이다. 일반적으로 실증적(實證的)이라는 단어는 비정치적(非政治的), 기술주의적(技術主義的) 그리고 가치중립적(價値中立的)인 계획유형과 관련된다(Poulton, 1991: 225; 강대석, 1991: 409).

실증주의는 자연과학적 방법이 모든 진리탐구를 위한 최선의 방법이라고 믿으며, 이를 사회현상의 연구·분석에도 그대로 적용해야 된다고 하는 일원론적인 방법론을 주장하고 있다(김명기, 1994: 83). 인식론적으로 실증주의자의 연구결과는 진위로 나타낼 특정한 가정의 검증으로서 구성되어 있다. 방법론적으로 실증주의는 계량화, 관찰, 실험을 사용하는 과학적 방법에 바탕을 두고 있다(Greed, 2000: 240).

꽁트(A. Comte)는 완전사회는 합리적 과정과 합리적 통제를 통해서 도출된다고 했다. 즉 그에 의하면 과학(science)은 선견(prevision)으로부터, 선견(先見)은 통제(control)로부터 나온다고 해석했는데, 실증주의와 계획과의 연계는 통제를 통해 이루어지는 것으로 본다(McConnell, 1981: 26).

2. 계획접근

계획이론에 많은 영향을 준 인식론(epistemology)은 실증주의이다(Innes de Neufville, 1983: 53~54). 실증주의는 연구자를 사실에 대한 공평한 관찰자로 보는 과학적 방법(科學的 方法)에 바탕을 두고 있다. 실증주의는 많은 분야에서 분석적 발전과 경험적 발견을 유도해 왔다. 예를 들면 계획의 모형으로써 아는 사람(knower)과 행하는 사람(doer)과의 실증적 분리는, 계획가를 가치중립적인 기술자이거나 행동가 중의 하나이여야 하고 양자를 겸할 수는 없다고 주장한다.

실증적 계획에서는 의사결정자가 어떤 행동을 해야 할 것인가에 대한 기초적인 정보를 제공하는 방법의 하나로서, 계획가는 목표를 수립하게 된다고 생각한다. 실증적 견해는 계량적 문제(計量的 問題)에 대한 관심을 촉발하고, 의미·의도·가치에 대한 연구를 억제한다. 법칙의 탐구는 전체체계의 이해를 위한 노력보다는 제한된 가설의 사용을 촉진하는데 있다. 계획이론의 효과는 단순원리의 탐구와 실제에 대한 많은 양적연구의 성격에서 발견할 수 있다.

실증주의는 규범적 과정이론(規範的 過程理論)을 강조하는데, 이는 사실, 문제, 모형과 이론들의 객관성을 수용하고 문제들을 기술적인 시각에서 바라보는 경향이 있기 때문이다. 경험적 과정이론(經驗的 過程理論)은 일상의 계획실제를 개선할 수 있고 합리적 계획의 이상에 보다 근접할 때에만 중요하다고 생각했다. 예를 들면 파루디(A. Faludi)는 규범이론은 어떻게 계획가가 합리적으로 진행해야 하는가에 관심을 갖는 반면에, 행태적 접근은 계획가들이 합리적 행동을 수행하는데 있어서의 제약에 보다 관심을 갖는다고 주장했다(Los, 1981: 78).

제 5 절 실용주의

Ⅰ. 의 의

1. 개 념

실용주의(Pragmatism)는 19세기 후엽 퍼스(C. Peirce)에 의해 창시되고, 제임스(W. James), 듀이(J. Dewey) 등에 의해 전개된 미국철학이다(사하키안,

1993: 329). 실용주의라는 말은 행동(act)을 의미하는 그리스어 'pragma'에서 유래했다(McConnell, 1981: 27; 사하키안, 1993: 333).

실용주의(實用主義)는 20세기 제1사분기 동안에, 적어도 미국에서는, 가장 영향력 있었던 철학적 분파였다. 이 주의는 논리실증주의(Logical Positivism)의 발흥에 따라 빛을 잃었다가, 1970년 이후의 후기실증주의(Post-Positivism)의 맥락에서, 로티(R. Rorty), 푸트남(H. Putnam), 번스타인(R. Bernstein), 조스(H. Jos) 등의 저술과 함께 재등장했다(Harrison, 2002: 157~158).

실용주의는 합의된 자유민주적 구조 내에서 실제적이며 상식적 해결에 대한 미국직 관심을 반영한 것이나(Allmendinger, 2002a: 115). 이들 학자들의 핵심적인 주장은 일상생활을 어떤 식으로든 변화시키지 않는 철학이론은 별다른 가치를 지니지 않는다고 주장한다(스텀프 · 피저, 2005: 587). 실용주의는 앎이나 존재보다는 행동의 철학이다(Hoch, 1984: 335).

2. 특　　성

실용주의는 19세기 철학의 두 가지의 분리적 추세의 통합필요성에 따라 발생했다. 하나의 추세는 과학적, 경험적, 확률론적, 객관적, 효용적, 세속적 그리고 민주적으로 특징지을 수 있다. 다원주의로부터 영향받은 이 추세는 인간을 일상적 생태적 또는 기계적 과정에서 단순한 요소들로 묘사한다. 다른 경향은 이상적, 합리적, 낭만적, 초월적으로 기술하는 것으로, 사람을 우주적 구상에서 중심적 위치를 둔다(Snider, 2000: 126).

실용주의의 특성(特性)은 다음 몇 가지 점으로 요약할 수 있다(김동식, 2002: 53~60).

첫째, 실용주의는 불변성이나 영원성을 추구하는 전통의 형이상학을 비판하고 생성과 변화를 강조하는 세계관, 미래를 향해 열린 세계관을 옹호한다. 실용주의는 세계에 대한 개선 -혹은 인류의 번영과 복리를 위한 행위나 활동- 을 소중한 가치로 설정한다. 그것은 현재보다 더 나은 미래를 지향하는 사상이며, 진보(進步)를 믿는 사상이다. 그 것은 인간적 가치의 실현을 위해 목적, 지식의 성장, 진보 등의 가치를 강조한다.

둘째, 실용주의는 진리인 관념이나 앎을 얻는데 있어서 실천성(實踐性)을 강조한다. 그것은 진리란 실험과 실증 그리고 실천을 통해 증명되고 검증되어야 한다고 천명한다. 사변적 이론에만 매달리는 것은 의미가 없다. 경험을 통해 확인되고 실생활에 유용한 결과를 주는 것이 더 의미있고 유용한 것이다. 그러므로 실용주의는 경험, 결과, 행동을 강조하는 반사변적인 성격을 포함한다.

셋째, 실용주의는 자연주의적(自然主義的)이다. 그것은 시공간 안에 머물지 않는 초자연성을 인정하려 하지 않으며 과학적 방법을 중시한다는 의미에서 자연주의적이다. 그것은 인간의 이해에 있어서 자연주의적이며, 다윈의 영향을 받아 진화론적 견해를 피력한다.

Ⅱ. 이론의 발달과 내용

1. 이론발달

실용주의는 사상적으로 영국의 경험론과 공리주의적인 전통을 계승 발전시키는 한편, 대륙의 합리론이나 독일의 관념론 등에 대한 비판적 수용의 자세를 취하면서, 세계와 경험과 진리 등에 대한 새로운 안목의 체계를 정립하여 독자적인 사상을 형성한 것이다. 그것은 19세기에 발달한 다윈의 진화론을 대표로 하는 생물학과 신생학문으로 발전하던 심리학 등 과학적 성과에 지대한 영향을 받아 과학을 매우 중시하였다. 아울러 그것은 미국인들의 청교도 정신을 계승하면서 새로이 발전한 산업사회의 요구를 수용하고자 하는 사상이었다. 따라서 이는 이 사상은 초월적이라기보다는 매우 일상적이며 현실중심적인 관점을 중시하는 사상이었다. 아울러 이는 여러 측면을 종합하여 형성 발전시킨 절충적인 사조이다(김동식, 2002: 49~50).

미국 실용주의 발달은 제임스(W. James), 퍼스(C. Peirce), 미드(G. Mead)가 활약하던 19세기말 20세기 초의 초기모던(1900~1931), 양차 대전과 듀이(J. Dewey)의 연구를 포함하는 모던시기 그리고 20세기말 자본주의의 사회적 구조와 문화적 논리에 실용주의를 삽입한 로티(R. Rorty)와 하버마스(J. Habermas)의 노력을 포함하는 포스트모던시기로 구분할 수 있다(Denzin, 1996). 여기서 듀이와 로티(R. Rorty)를 신실용주의자라고 부른다.

2. 이론의 중점

실용주의자들은 전통적인 선험적, 도덕적, 형이상학적인 이론화를 피하고, 점진적이며 실용적인 세계관을 가지고 있다. 문제에 대한 철학적 접근보다, 듀이와 로티는 실제적 접근을 주장한다. 행동으로써 '행함과 만듬'(doing and making)은 인식된 문제를 바꾸고 해결을 제공한다. 듀이는 지식은 경험의 한 측면이고, 이론화보다는 문제를 구체화하는데 실제와 지성을 적용하는 것을 강조한다(Allmendinger, 2002b: 116).

실용주의자들은 이론들을 문제해결의 도구로서 보고 판단한다. 그들은 특히 문제해결과 관련된 결과에 관심을 갖는다. 현실은 행동을 촉진하는 문제상황에서 시작된다. 행동은 결과를 고려하여 판단한다. 경험은 결과를 통해 최선의 과정을 보이기 때문에, 실용주의는 도구적 이성에 의해 특징화된다(Shields, 1996). 듀이의 실용적 규칙인 "어떠한 생각도 결과에 의해 판단하라"는 말은 아이디어나 규범들은 그들의 도구적 가치로 축소되어야 하는 것을 암시한다(Boham, 1999: 461).

실용주의에 있어서 사고의 기능은 점진적 개선의 도구이다. 그 방법이 사고와 행동, 이론과 실천, 사실과 가치의 통합을 꽤하면서 사고의 기능은 신념의 안정, 만족, 회복을 가져오게 하는 역할을 할 뿐 아니라 미래의 행동을 위한 투자로 이해되어야 한다. 과학은 실용주의에 있어 가장 믿을 만한 탐구방법이다. 그러나 그러한 도구주의적 이해로 인해 과학은 수단적, 도구적, 노동절약적, 공학적 기술로 편향된다(신일철, 1988: 177~178).

Ⅲ. 실용적 계획

1. 실용주의

초기 실용주의자들의 핵심적 특징은 ① 지식의 오류가능성에 대한 인식, ② 진리에 대한 지식의 관계보다 지식의 결과에 대한 강조, ③ 추상적 이론보다는 경험의 강조, ④ 신념/행동, 이론/실제, 사실/가치, 지성/감성과 같은 현대과학과 철학의 이분법에 대한 거부, ⑤ 공동체와 사회적 관계의 중심성 그리고 ⑥ 현실창조와 사회적 실제의 형성에서 언어의 중요성의 인식을 포함한다(Harrison, 2002: 158).

계획활동의 정당성에 대해 중심적 역할을 하는 두 관심영역은 선행(doing good)과 바름(being right)이다(Hoch, 1984: 335). 선행에 대한 관심은 계획을 주로 도덕과 정치적 선입견으로 보는 건이다. 여기서는 계획활동을 좋은 영향이라는 측면에서 정당화한다. 바름에 대한 관심은 계획이란 사상을 논리적이고 정확하게 분석하는 능력에 의해 정당화하는 기술적 활동으로 이해하는 것이다. 이러한 의미에서 예측성(predictability)과 개연성(probability)은 효과적 계획의 준거가 된다. 바름에 대한 지지자들은 계획활동의 방법론과 기술적 질에 초점을 두고, 사용하는 분석적 과정의 타당성과 신뢰성과 관련지워 그들의 행동을 방어한다.

2. 신실용주의

신실용주의(新實用主義)에서 강조하는 실용적 계획은 다음 5가지 특징이 있다(Allmendinger, 2001: 151). 첫째, 계획은 오랜 시간에 걸쳐 변화하는 목적에 종사하는 우연적이며 진보적 활동이다. 둘째, 계획은 현실을 밝히기보다는 현실의 이해를 위한 실제적 목적에 종사한다. 계획이론은 '아이디어군들이 우리 주위 세계를 다룰 능력을 어떻게 도울 수 있는가?'하는 선에서 평가되어야 하는 경쟁적인 담론이 된다. 셋째, 계획의 미시적 정치상황에 초점을 두고 지식과 행동의 점진적이며 소통적 기반을 강조한다. 넷째, 추상적 기반주의보다는 선택과 우연성에 대한 실용적 초점은 윤리적 숙고를 강조한다. 무엇을 행동할 것인가에 대한 객관적 기준의 결여는 정치적 과정을 통한 선택에 대해 비판적 숙고를 요구한다. 마지막으로 실용적 접근은 그러한 사고의 실용성을 검토함으로서 구조적 사고를 벗겨나갈 수 있고 보다 기관 중심적 모형을 강조한다.

신실용주의는 비근본주의(진리, 도덕성 그리고 정당성은 초월적, 형이상학적이 아니라 자연적으로 본다), 반불가결(의미는 일반적이며 총체적인 해석적 설명에 의존한다)이며, 오류적(질문은 목표에 대한 절대적 개념없이 구체적 문제해결의 맥락에 의존하는 즉흥적 과정) 그리고 비과학적이다. 신실용주의는 절대적 이원주의에 대한 아이디어를 거부한다. 이론(theory)의 중요성을 강조하지 않으며, 이론과 실제는 행동에 대한 반응의 계속적 과정으로 본다. 정당성(justification)은 점증적인데, 이는 우리는 전체로서 우리의 세계관에 대해 정당화하거나 의문시할 수 없다는 의미이다(Harper and Stein, 1995a: 239).

제 6 절 현 상 학

Ⅰ. 의 의

1. 개 념

현상학적 방법은 19세기말에 후설(E. Husserl)에 의하여 형성되었으며, 그는 이를 체계적으로 발전시키고 하나의 분명한 철학적 시각을 지칭하기 위해 현상학(Phenomenology)이란 용어를 사용하였다(커니, 1992: 9). 현상학(現象學)이라는 말은 구체적 현상(具體的 現象)을 연구의 출발점과 대상으로 하는 학문이라는 의미이다(Benveniste, 1990: 75~76; 이선관, 1996: 17; 전경갑, 1996: 68).

현상학적 철학은 오랫동안에 걸쳐 발달했다. 이 발달은 후설(E. Husserl), 하이데거(M. Heidegger) 그리고 메를로 퐁티(M. Merleau-Ponty)의 저술을 통해 추적할 수 있다. 하이데거는 후설의 통찰을 지식과정의 괘적에서 세계적 존재로 만드는 세계관으로 명료화했다. 메를로 퐁티는 지식의 구체성을 더욱 강조했다(Morçöl, 2005: 4).

2. 특 성

후설(E. Husserl)의 현상학은 실증주의(實證主義)와 자연주의적 경험주의(經驗主義)에 대한 비판(批判)으로 제기되었다. 그는 과학자들이 그들의 오감을 통해 그들 주위의 세계를 쉽게 그리고 직접적으로 탐구할 수 있고, 객관적인 외부세계의 실제들을 정확하게 반영하는 일련의 지식을 만들어 낼 수 있다는 실증주의의 근본가정에 도전하고 있다. 그리하여 그는 경험주의에서 주장한 인간의 외부에 대한 피동적인 입장을 반박하고 인간정신의 능동적인 측면을 강조하여 인간의식(人間意識)의 구조(構造)에 대한 연구를 현상학(現象學)의 중심과제(中心課題)로 삼았다(김명기, 1994: 162).

현상학은 사변적 형이상학과 신칸트주의의 관념론 및 그 연역적 방법론을 거부하고, 직관(直觀)의 참된 원칙과 직관에 의한 본질의 통찰에로 소급함으로서 철학의 전통적인 문제들과 개념들을 해명하고 해결하려고 한다. 초기 현상학자들의 공통적 연구주제는 '사상(事象) 그 자체로 돌아가라'는 구호로 특징(特徵)지을 수 있는데, 이는 사변적·주관적·구성적 관념의 세계로부터 객관적·본질적 그 자체로 전환하려는 시도로 이해할 수 있다.

현상학의 근본주의정신은 어떠한 견해나 이론 혹은 입장도 이성적 비판 없이 철학적 사유의 시원(始原)으로 수용하지 말고 그리고 또 어떠한 연구방법도 비판적 성찰 없이 허용하지 말라는 정신(ethos)을 말한다(이선관, 1996: 11~14). 이 현상학적 구호는 철학과 학문의 수행에 있어 전통과 권위에서 나오는 갖가지 선입견(先入見) 혹은 선판단(先判斷)으로부터 벗어나서, 문제 그 자체로부터 기인하는 요구에 자유롭게 몰두하여 연구의 시원(始原)을 획득해야 한다는 요구이다(이선관, 1996: 35).

Ⅱ. 이론의 내용

1. 접근방법

현상학을 수립하기 위해서는 일차적으로 이루어져야 할 작업은 '사태자체로'라는 구호가 말해 주듯이 철학이라는 학문의 정체에 대한 일체의 선입견에 대해 일단 판단정지한 후, 그러한 선입견에서 벗어나 철학이 다루고자 하는 다양한 유형의 '사태자체로' 귀환하는 것이다. 이처럼 사태자체로 귀환하는 작업을 가능하게 해주는 것이 '현상학적 환원'이다(이남인, 2004: 42). 이러한 현상학적 환원방법은 현상학적 환원, 형상적 환원 그리고 선험적 환원의 3단계의 방법에 따른다(전경갑, 1993: 68~74).

① **현상학적 환원**(phenomenological reduction) 이는 우리의 의식에 외재하는 독립적 실재의 존재를 수락해온 자연적 태도를 배제 또는 판단중지(epoche)함을 의미한다. 객관적 세계와 그것을 인식하는 인간이 있는데, 거기에서 객관적 세계가 존재한다는 확신을 차단하면 주체의 의식만 남는다. 이것을 현상학에서는 선험적 주관(先驗的 主觀)이라든가 순수의식(純粹意識)이라고 한다. 또는 자연주의적 세계관의 확신을 제거하고 순수의식을 도출하는 이 과정을 초월론적 환원이라고도 부른다.

② **형상적 환원**(eidetic reduction) 두 번째 단계는 형상적 환원 또는 본질직관이 필요하다. 현상학적 환원을 통하여 '사실 그 자체'를 순수하게 지향하게 된 의식은 아무 전제 없이 대상세계의 개별적 사례에 대한 순수의식에 귀착하였다. 그러나 우리의 의식은 여기서 한 걸음 더 나아가 개별적 사례들에 내재된 보편적 본질을 직관적으로 파악하여야 한다. 이와 같이 경험적이고 구체적인 사례로부터 관념적이고 보편적인 본질(eidos, 形相)을 추구하는 방법이 형상적 환원(形相的 還元)이며, 이를 본질직관(本質直觀)이라 한다.

③ **선험적 환원**(transcendental reduction) 형상적 환원에 의하여 직관된 본질은 구체적인 경험영역을 넘어서 관념적으로 의미화(ideation)된 것이다. 그러면 과연 다양한 의식의 흐름에 통일적인 의미를 부여하는 궁극적 근원, 의미구성의 궁극적 원천은 무엇인가? 바로 이와 같은 문제점을 해결하기 위해 궁극적 근원으로 다시 질문해 가는 방법으로 제기된 것이 선험적 환원(先驗的 還元)이다. 따라서 선험적 자아, 선험적 주관성에 귀착하는 선험적 환원은 현상학적 방법

의 셋째 단계이다. 선험적 환원은 경험적 자아에서 선험적 자아(先驗的 自我)로 되돌아가는 것이다.

요약하면 현상학적 환원이 실존(existence)에 대한 판단중지라고 한다면, 형상적 환원은 개별성으로부터 보편성을 추구하는 방법이고, 관념적인 보편성에서 궁극적인 근원을 되물어가는 방법이 선험적 환원이다.

2. 실존현상학

현상학은 후설과 가장 밀접한 소위 초월적 또는 순수현상학과 순수현상학에서 파생된 것으로 슈츠(A. Schutz)의 저작에서 나타나는 실존현상학으로 나눌 수 있다(버렐·모오간, 1990: 285~293).

실존현상학(existential phenomenology)은 하이데거(M. Heidegger), 사르트르(J. Sartre), 슈츠(A. Schutz)의 저서와 연관을 갖는다. 슈츠(A. Schutz)는 의식의 흐름 속에서 의미의 기원을 찾는 가운데 의미의 현상학적 분석에 착수한다. 그는 의식이란 그 자체로서는 아무런 의미도 갖지 못하는 단절 없는 산 경험의 흐름이라고 한다. 의미는 자신을 되돌아보고 지나온 일을 숙고해 보는 성찰과정에 의존한다. 의미란 행위들에 회고적(retrospectively)으로 부여된 것으로 오직 경험된 것만이 의미가 있다. 이렇게 성찰(省察)을 통해 의미를 부여하는 과정은 행위자 자신이 추구하는 목적이나 목표를 스스로 밝혀내는 것에 의존한다고 말한다(버렐·모오간, 1990: 290).

슈츠(A. Schutz)는 일상생활(日常生活) 속에서 의미에 대한 분석이 목적에 적절한 것이기는 해도 현상학적 환원에 의하여 얻어지는 초월적 지식(超越的 知識)을 필요로 하지는 않다는 점을 인식하였다. 그는 사회세계의 실존을 자연직 태도에서 제시하는 데로 받아들이고 초월적 주관성과 상호주관성의 문제와 관련하여 후설(E. Husserl)이 제기한 일련의 문제들 전체를 무시함으로서 상호주관적 이해(相互主觀的 理解)의 문제에 초점을 두었다(버렐·모오간, 1990: 291).

슈츠(A. Schutz)는 우리가 타인의 행동을 유형화하고 우리 주변세계를 이해하기 위해 이용하는 축적된 지식은 상황에 따라 변화한다고 말한다. 우리는 다양한 실제의 세계 속에 살고 있으며 그 각각은 의미의 제한된 영역들에 따라 정의된다. 따라서 그에게 있어서는 일상생활세계(日常生活世界)의 구조적 의미(構造的 意味)를 이해하는 문제가 주요 관심사였다. 이 세계를 그 집단적 복잡성 속에서 파악하고 그 본질적 면모를 요약하고 탐구하며 그 다양한 관계를 추적하는 것은 그의 중심적 과제였다(버렐 · 모오간, 1990: 292).

Ⅲ. 현상학적 계획

1. 접근방법

현상학에 의하면 개별학문들은 개개의 특정한 물음의도에 따라 특정한 현상에 관한 문제들을 다루는 학문이라고 이해할 수 있다(이선관, 1996: 17). 이러한 의미에서 계획이론(計劃理論)은 계획현상(計劃現象)에 관한 이론(理論)이라고 말할 수 있다. 사회과학(社會科學)에서 현상학적 접근(現象學的 接近)은 세상에 대한 가정과 견해, 개인적으로 추구하는 설명 · 감정 · 욕구 그리고 가치에 대한 이해에서부터 출발한다. 사람들이 문제와 기회에 어떻게 접근하는가를 이해하고, 사람들이 어떻게 사고하고 행동하는가를 인지할 때, 어떤 정보나 지식이 상이한 행동을 일으키는가를 이해할 수 있다. 이와 같이 현상학은 가치와 가정에 대한 이해를 강조하기 때문에 현상학적 접근방법이 계획이론가들의 관심을 받게 된다.

기본적으로 식자(knower)들은 현상을 자신의 독특한 시각에서 이해하려한다. 즉 현상(現象)의 이해에는 의미(meanings)와 의도(intentions) 등과 같은 주관적이고 측정불가한 문제들(issues)이 포함되어 있을 뿐 아니라, 이러한 개념들이 이해의 중심이 되고 있다. 사실(facts)은 커뮤니티내에서 사회적으로 구축되며, 이의 의미파악은 커뮤니티 구성원들이 공유하고 있는 이해에 따르게 된다. 때문에 사람들은 주관적 현상에 대해 자신의 생각과 가치판단을 중지하고, 연구되는 상황과 여건에 위치시켜서 파악할 필요성이 제기된다. 사람 간에 공통성이나 상호주관성이 있기 때문에 사상(事象)의 여건과 의미를 충분히 알아서 행동의 이유를 해석할 수 있다. 사람들은 복합적 상황을 의미 있게 하고 이를 경험적 지식과 추상적 지식을 연관시키는 해석기법을 통해 배운다. 개방적(開放的), 탐색적(探索的) 그리고 정성적(定性的)인 연구결과는 사람들의 사상과 태도의 상세한 설명을 가능하게 해준다. 만약 행위자와 연구자간에 상황에 대한 해석이 상이할 때에는 협상과정을 통해 해결할 수 있다(Innes de Neufville, 1983: 54~55).

현상학은 계획가들로 하여금 인간행동을 올바르게 이해하도록 한다. 현상학에 따르면 사회적 실체라는 것은 인지과정에 따라 생성되고 소멸되는 것이다. 그러므로 현상학의 방법은 경험적이다. 따라서 형상학적 방법을 사용하면 계획가들은 계획과정의 경험적 측면들을 제대로 이해할 수 있다. 현상학에서는 이론, 가정,

가설 그리고 개념들을 통해 미리 이루어진 정의는 거부한다. 현상학적 방법을 사용하기 때문에 계획가들에게는 현상을 현상자체로 검토하는 것이 가능해진다. 따라서 계획가들은 사실을 수집하여 행동 및 행태를 예측하는 법칙을 만들고자 하는 실증주의의 목적을 폐기할 수 있다. 계획의 실증주의적 접근을 인과적 설명을 목표로 하는데, 현상학의 목적은 인간실존의 본질을 이해하는 것이다. 계획에서 현상학을 적용하는 것은 계획가들이 사건의 원인을 찾는 것보다 그 사건의 의미를 추구하도록 해준다. 이는 현상학의 적용이 계획에서 의사소통과정, 상호이해 그리고 공동적 가치형성과정 등을 개선할 수 있음을 암시한다(임길진, 2003: 169~170).

2. 이론과 실제와의 관계

현상학은 계획의 딜레마에 대해 일정한 대안을 제시한다. 예를 들면, 계획가는 공평한 기술자와 주관적인 이해자(理解者)의 양자가 될 수 있다. 실제로 계획가의 기술적 전문성의 일부는 사실에 대해 사회적으로 공유된 의미를 확인·작성하는 능력에 바탕을 두고 있다. 이 연구는 계획문제에 대해 종합적인 동시에 특정한 접근을 허용한다. 때문에 현상학은 실증적 견해보다도 더욱 실제와 근접된 지식을 제공할 수 있다. 그리고 현상학적 접근은 계획에 대한 새로운 이미지와 개념의 추구 기회를 제공한다.

현상학적 접근방법의 계획이론에 대한 기여는 연구와 실제를 통해 조명할 수 있다. 예로 숀(D. Schon)은 고객문제를 해결함에 있어 실무자들의 사고과정과 분석전략을 관찰하고 경청하였다. 그는 반응적 실무자(reflective practitioners)들은 제한된 방법으로 실증주의자의 원리나 이론의 지식을 사용하지만, 경험에서 도출된 일반화에의 의존도가 높을 뿐 아니라 특정문제는 특정한 해결책을 요구할 가능성에 있기 때문에 주의할 필요가 있다고 주장한다. 실무자와 고객은 양자가 문제의 구성과 해결에 서로 만족할 때까지 일종의 협상과정에서 상호작용하며 작업한다. 다른 예로 볼란(R. Bolan)은 계획이론을 실무자의 입장에서 이해하려 하고, 보다 공식적·제도적·전문적 이론 간의 관계를 검토했다. 그의 분석은 언어·행동에 이르는 참여자의 의미 그리고 각 계획사례(planning episode)의 독특성에 대한 분석을 강조했다. 그의 연구에 의하면 정치적, 사회적으로 의미 있는 지표들은 긴 협상과정과 대중과 전문가의 이해의 수렴을 반영을 통해서 개발되어진다는 결론을 얻었다.

제 7 절 구조주의

Ⅰ. 의 의

1. 개 념

구조주의(Structuralism)는 19세기 후반에 소쉬르(F. Saussure)가 정립한 현대언어학의 연구방법을 20세기 초·중반에 레비-스트로스가 사회인류학의 영역에서 구체화시켰으며, 이후 1960년대에 이르러 전성기를 맞이하여 사회과학은 물론 자연과학에 까지 영향을 끼친 방대한 시대적 조류이며, 분석적 방법론이다(신문수, 1998: 647).

1970년대부터 나타나기 시작한 후기구조주의(Poststructuralism)는 구조주의와 공통의 문제틀을 가지면서도 보편적인 구조의 해체를 주장하는 급진적인 흐름이다. 이 주의는 서구역사에서 보편적 이성이 초래한 전체주의적 억압을 문제삼으면서 보편적인 이성과 진리로 무장하지 않은 체, 이질성·우연·단절·차이의 작용과 언어·권력·욕망·기호의 자율적 운동 등을 통해 새로운 사고의 가능성을 모색하는 이론으로, 라캉(J. Lacan), 데리다(J. Derrida), 푸코(M. Foucault) 등에 의해 주창되고 있다(양운덕, 1996: 240~241). 이 후기구조주의(後期構造主義)는 포스트모더니즘의 우산 속에 포함되어 있는 하나의 개념이다(김욱동, 1997: 16).

구조주의자들이 말하는 구조(構造)는 일차적으로 언어구조를 의미하지만, 체계적 특성을 갖는 구조를 연구의 대상으로 하고, 실재를 사물과 사회적 사실을 통해 규정하지 않고 요소들 간의 관계를 통해 규정한다(스윈지우드, 1994: 321; 신문수, 1998: 648).

2. 특 성

인간주체와 사회구조, 주관적 의식과 객관적 구조간의 관계는 사회이론의 주요 쟁점이다. 현상학이 인간중심적인 것과는 대조적으로 구조주의는 객관적 구조의 결정적 역할을 강조해 왔다. 구조주의 사상가들은 인간을 객관적 구조의 수인(囚人)으로 보고, 현상학이 표방하는 의식적 주체란 하나의 환상이라고 생각했다(전경갑, 1996: 159~160). 구조주의에서는 언어, 예술, 음악의 기저에 있는 숨겨진 가치와 이해의 표출을 위해 담론의 해체(deconstruction)를 강조했었다.

구조주의(構造主義)의 주요 논점(論點)과 그 의미(意味)는 다음과 같이 정리할 수 있다(키트와 어리, 1996: 153~156; 김태수, 1996: 202~205; 신문수, 1998: 674~675; 김형효, 2000: 496~501).

① 현상을 개체적 요소로 분해하여 원자적(atomism)으로 연구하는 것을 반대한다. 오히려 각 체계는 서로 상관된 요소로 조직된 집합으로 연구되어야 한다는 방법론적 전체주의(methodological holism)의 입장에 선다.

② 어떤 현상을 파악함에 있어 관찰 가능한 실체도 중시하지만, 관찰 불가능한 이면의 실체도 중시한다. 따라서 구체적인 구조뿐 아니라 추상적인 구조도 연구대상이 된다.

③ 표면적 현상과 그 현상의 이면에는 인간 심성 안에서 발생학적으로 전달되는 구조화된 장치가 있다고 전제한다. 이러한 선험적 경향이 구조의 성격과 특성을 결정하며, 변형을 거치는 과정에도 구조의 성격은 계속 유지된다고 본다.

④ 언어적 분석에서 개발된 방법과 구별이 비언어학적이면서도 형태상으로는 부호와 같은 사회활동에도 응용될 수 있다고 가정한다.

⑤ 어떤 의미는 이원적 반대(또는 대조)의 개념을 통해 파악할 수 있다. 예를 들면, 상·하, 음·양, 고·저를 서로 대비해야 상호이해할 수 있다.

⑥ 사회현상의 이면에는 복잡한 심층적 구조와 역사성을 포괄하고 있기 때문에, 그 현상의 역사를 캐는 것보다는 그것과 그것의 환경 등과의 구조적 관계를 탐구하는 것이 더 적절하다.

⑦ 구조주의자들은 사회생활의 다양한 측면 안에는 등형태적(isomorphic)구조를 가정한다. 그들은 가족의 규칙, 경제의 규칙 그리고 언어의 규칙사이에 체계적 규칙성을 발견하게 되며, 그러한 것들은 단일의 집합에서 나온 모든 변형들이라는 의미이다.

⑧ 어떤 현상의 주체(subject)설정에 있어 인간주의(Humanism)보다는 구조주의(Structrualism)의 입장에 선다. 즉 어떤 현상은 인간의지에 의해 결정되기보다는 그것을 제약하는 구조에 의해 결정된다는 것이다.

⑨ 주체를 대상에 대립시키고, 주체에 의해 추상화된 대상의 본질을 지식으로 간주하는 포괄적인 인식론, 곧 광의의 경험주의를 반대한다. 즉 선험성을 부인하며 경험에 의해 얻어지는 지식만을 인정하는 실증주의를 반대하는 구조주의는 선험성을 인정하며 비경험적이고 심층적인 논리구조도 인정한다.

구조주의와 대비하여 후기구조주의(後期構造主義)는 상대적으로 다음의 특성을 가지고 있다(김태수, 1996: 223~224).

첫째, 전체적인 구조보다는 개체의 존엄성과 자유를 인정한다.

둘째, 사고의 경직화 및 학문의 과학화를 배격하며, 인본주의적 태도를 지향한다.

셋째, 역사의 중요성을 인정하고, 역사를 탐구의 대상으로 취급한다.

넷째, 자아와 주체를 중요시한다.

다섯째, 절대적인 진리를 거부하고, 이분법적 사고방식으로부터 탈피하여 타자를 인정하고 포용한다.

여섯째, 모든 기호와 그것들의 재현능력을 불신한다.

Ⅱ. 이론의 내용

1. 구조주의

(1) 소쉬르의 언어학

소쉬르(F. Saussure)는 언어를 연구하는데 구조주의적 접근을 기반을 제시했다. 그는 주어진 말(words)과 주어진 목적물(objects)간의 관계는 자의적인 것으로, 말로서 '사과'와 목적물로서의 '사과'간에는 필연적인 관계가 있는 것은 아니다. 각각의 언어는 각 단어들이 지시한다고 여겨지는 물리적인 대상들과 의미 있는 연관이 없는 닫힌 형식체계이다. 하나의 단어는 옷감의 실과 같은 것으로서 그 기능이 다른 주변의 실들과의 짜임과 관련해서만 결정된다. 이에 따라 한 언어의 모든 부분들은 커다란 사회구조체계로부터 그 의미를 획득한다. 때문에 언어를 이해하기 위해서는 상징체계의 구조와 그것을 구성하는 다양한 요소들 간의 관계를 이해할 필요가 있다(Murdoch, 2006: 4; 스텀프 · 피저, 2005: 748~749).

소쉬르(F. Saussure)는 그의 언어학의 짝 개념으로 랑그(언어)와 파롤(말) 그리고 기표(signifier)와 기의(signified)를 제시하고 있다. 언어를 구성하는 내적 구성요소들의 체계로서 랑그(langue)는 언어의 자율성을 가르키는 개념이면서 동시에 언어사용자가 임의로 창조한다거나 변화시킬 수 없다는 점에서 언어의 사회성을 지적하는 것이다. 랑그의 구체적 실현으로서 빠롤(parole)은 개별적이며 이질적이고 부분적이다. 랑그가 연주의 규범인 악보라면 빠롤은 매번 조금씩 다른 연주행위 그 자체이다. 기표(signifier)가 하나의 기호가 가지는 소리 혹은 문자적

이미지인 반면에 기의(記意)는 기호를 통해 우리가 가지게 되는 개념적 의미이다 (스윈지우드, 1994: 322; 신문수, 1998: 651; 김영필, 1998: 174).

소쉬르의 핵심적 요지는 언어현상은 언어외적 실재와 관계없이, 그 자체로서는 아무 의미가 없는 구성요소들 간의 차이의 구조에 따라 결정되기 때문에, 인간주체는 의미화의 원천이 아니라 오히려 언어기능의 산물이라고 보았다(전경갑, 1996: 160). 즉 의식적 주체는 하나의 환상이며, 의미화의 중심은 언어체계의 구조에 있기 때문에 의식주체로서의 인간개념은 의미화의 중앙무대에서 추방되어야 한다는 것이다. 기호체계인 언어는 외적실재를 반영하는 것(실증주의자들이 주장하듯이)이 아니라, 세계를 조직하고 실재를 정의하려는 의미작용의 영역을 이루는 것이다(스윈지우드, 1994: 324).

(2) 레비-스트로스(C. Levi-Strauss)의 구조인류학

프랑스 인류학자인 레비-스트로스(C. Levi-Strauss)는 언어가 모든 사회현상의 원형이라고 가정하고, 언어연구를 이끄는 가정과 방법들은 어떠한 사회적 사실에도 적용될 수 있다고 보았다(신문수, 1998: 655). 그는 친족, 신화, 의식, 결혼, 요리, 토템세계를 기본단위(單語나 音素와 유사)로 보고, 이 들의 시공간적 차이와 상호관련성을 분석하여 사회형태의 기능을 통제하는 보편적인 법칙을 발견하고자 했다. 그는 이러한 일반적인 법칙이 실제로 무의식적인 정신적 구조하고 생각했다(사이드만, 1999: 323~324). 따라서 그는 모든 사회제도와 문화제도에 공통된 사회적 무의식 즉 무의식의 구조를 확인하여야 한다고 주장한다. 인간은 이러한 사회적 무의식의 소산인 상징체계에 의하여 구성되고, 이에 종속되는 존재이며, 의식이라는 것은 항상 무의식(無意識)의 구조(構造)를 통해서 가능하므로 이른바 의식적 주체에게 철학적 우선권을 부여할 하등의 이유가 없다는 것이 그의 근본사상이다(전경갑, 1996: 41).

그는 사회문화적 현상을 연구함에 있어서 가시적이고 표면적인 경험현상을 단서로 하되, 이를 진정한 실재로 보지 않고, 표면적인 현상형태를 규제하는 비가시적이고 본질적인 심층의 구조적 원리를 논리적으로 추론하였다. 경험적으로 관찰할 수 있는 다양한 현상형태의 이면에는 표면현상을 생성하는 구조가 있고, 심층의 구조는 비록 관찰은 불가능하다고 하더라도 실재한다는 것이 그의 실재론적 입장이다(전경갑, 1996: 34). 예로 결혼의 구조분석을 통해 가족관계를 구조주의적으로 해명했다. 언어학에서 빌려온 빠롤-랑그의 방법에서 보면, 표층적인 결혼

현상인 빠롤의 배후에는 친족조직의 심층에 있는 기호 즉 랑그를 발견할 수 있다는 것이다(신일철, 1991: 13~15). 언어는 문화의 산물이며, 문화를 구성하는 요소 중의 하나이다. 모든 문화는 상징체계의 총합으로 생각할 수 있고, 이러한 상징체계의 총합인 문화는 언어, 혼인법칙, 경제적 관계, 예술, 과학, 종교 등을 포함하며, 이들 각 체계는 여러 다른 층위에서 서로 의사소통(communication)이 이루어진다.

2. 후기구조주의

(1) 라깡의 언어학적 정신분석

라깡(J. Lacan)의 이론은 언어의 상징에 관심을 가져, 어떻게 욕구와 정체성의 체계를 만드는 언어가 주체에 이동하는가에 대한 것이다. 결과적으로 인간의 욕구, 정체성, 신념에 대한 그의 통찰은 개인적 소망과 사회적 목표 간의 관계에 대한 새로운 조망을 하였다(Gunder, 2003a: 280~281).

라깡(J. Lacan)은 정신분석이론과 구조언어학의 주요 이론을 종합하여, 종래의 합리주의 철학과는 다른 주장을 폈다. 즉 인간주체라는 것이 통합되고 일관된 의식의 존재가 아니라 끝없는 결핍과 욕망의 존재이며, 선험적이고 자족적인 주체가 아니라 외적 상징체계에 의하여 끊임없이 구성되는 과정속의 존재라는 것을 밝히려 했다. 그는 프로이드의 정신분석이론과 소쉬르의 구조언어학 사이에는 유사성이 있음을 발견하였다(전경갑, 1996: 166~170).

정신분석학(精神分析學)의 가장 중요한 과제는 무의식세계를 연구하는 것이고, 무의식의 연구는 소위 '꿈'에 관한 언어적 분석을 통해 가능해진다. 꿈의 분석은 꿈의 다양한 내용이 간단한 한 가지 현시적인 꿈의 내용으로 중첩되어 표현되는 현상으로서 압축(condensation)과 잠재적인 꿈의 중요한 내용, 사회 윤리적으로 큰 문제가 될 수도 있는 중요한 내용이 사소한 것으로 표현되는 무의식적인 장치인 치환(displacement)에 의해 수행된다. 이러한 프로이드의 압축과 치환은 구조언어학(構造言語學)의 의미론적 은유(semantic metaphor)와 통사론적 환유(syntatic metonymy)에 각각 상응한 기능을 갖는다는 것이다. 라깡은 압축과 치환을 통한 무의식의 구조적 기능은 결국 은유와 환유라는 언어학적 수사능력이 없다면 불가능하기 때문에 언어가 곧 무의식의 조건이라고 했다(전경갑, 1996: 166~169).

언어는 기표들에 의해 구조화된 질서이다. 언어를 사용한다는 것은 실재하는 사물을 대신해 기표가 들어선다는 것을 의미하며, 기표를 통해서만 사물이 존재함을 의미한다. 그리고 기표를 사용하는 순간, 기표는 기표를 둘러싸고 있는 질서 속에 포섭된다. 즉 기표를 사용한다는 것은 기표들이 조직하는 특정한 상징적 질서로 들어가는 것이다. 여기서 기표와 주체사이에 분열이 발생하고 이를 '담론 속에서의 주체의 소외'라고 한다. 이러한 분열을 통해서 알 수 있는 것은 무의식이 있는 그대로의 나와 언어라는 상징적 질서에 포섭된 나 사이에서 형성된다는 것이다(이진경, 1995: 252~254).

(2) 데리다의 해체이론

해체(Deconstruction)는 포스트현상주의와 포스트구조주의의 가장 중요한 지적운동의 하나이고, 이의 지도적 인물이 데리다(J. Derrida)이다. 그의 사상은 궁극적 근원을 반대하는 반근원주의(antifoundationalism)이고, 이를 논증하기 위하여 해체적 방법을 이용하였다(Sarup, 1993: 32~34).

데리다(J. Derrida)의 해체전략은 말과 글, 자연과 문화, 본질과 현상, 표현과 지시같은 이원적 대립뿐 아니라, 중심과 주변, 정상과 비정상, 이성과 감성 등 우리의 삶에 깊이 새겨진 대립 항 중 전자에 특권적 지위를 부여하는 서열적 인식을 정당화할 수 있는 확실한 기준은 없다는 것이다. 이러한 이원적 대립과 그 폭력적 서열제도는 절대적 기준이 있어서라기보다는 오히려 문화적 자의성에 근거한 상징체계의 폭력이며, 정당성이 결여된 자의적 권력이다. 따라서 기존의 서열제도를 단순히 전도하는 것보다는 근본적으로 서열제도자체를 삭제 하에 두어야 한다는 것이다(전경갑, 1996: 152).

해체(解體)의 단계(段階)는 근원주의 철학의 논리에 따라 상정해 온 기존의 서열에 모순을 드러내어 이를 전도(reversal)하는 단계와, 모순되고 근거 없는 폭력적인 서열제도 그 자체를 완전히 제거(displacement)하는 단계로 구성된다(전경갑, 1996: 151~152). 해체의 첫 단계는 텍스트를 정밀 분석하여 텍스트에 상정된 이원적 대립체계를 발견하고, 이원항목의 전자에 특권적 지위를 부여하는 이유를 텍스트자체의 논리에 따라 철저히 심문하고, 그 논리에 내포된 모순을 지적함으로써 기존의 이원적 대립이 근거 없고 그래서 폭력적인 서열제도임을 밝힌 후 이를 전도(顚倒)하는 것이다. 즉 이 단계에서 글보다 말을 우선시하던 것을 말보다 글을 우선시하는 새로운 서열제도로 전도한 것이다. 이는 지배와 종속을 종속과 지배로 전도한 것뿐이고, 지배구조 자체는 변함이 없기 때문에 서열제도 자체를 단순히 전도하는 것은 무의미하다는 것이다. 그래서 해체의 둘째 단계는 이원적 대립체계로부터 위계성과 서열성 그 자체를 제거(除去)함으로서 폭력적인 서열제도가 다시 형성되지 않도록 인식의 구조를 근본적으로 변환하는 단계이다. 음성중심주의를 해체하는 경우에, 문자언어체계에 특권을 부여하기보다는 오히려 쓰기를 재정의 함으로서 음성언어와 문자언어간의 위계적 대립이 재출현하지 않도록 하고 양자가 상호보충적 기능을 하도록 새로운 쓰기 개념을 도입하는데 특징이 있다.

데리다의 철학적 반근원주의(反根源主義)는 모든 근원, 중심, 기준 및 궁극적 의미를 거부하는 허무주의의 길, 다른 한편으로 해석의 자율성과 다양성을 예찬함으로서 언술적 도전과 저항을 정당화하는 비판적 잠재력을 발휘할 수 있는 길을 터놓았다(전경갑, 1996: 137).

(3) 푸코의 지식과 권력이론

푸코(M. Foucault)의 사상은 현상학과 구조주의와의 지적대립을 배경으로 형성되었다. 그는 현상학은 의식적 주체를, 구조주의는 무의식적 구조를 가지고 각기 다양한 현상을 총체론적으로 설명하는 궁극적 근원 혹은 본질로 설정하고 있다는 점에서 양자 모두 해체되어야 할 로고스 중심주의적 오류를 범하고 있다고 지적한다. 그가 현상학과 구조주의를 동시에 극복하고 후기구조주의의 단계에 진입한 것은 고고학에서 계보학(genealogy)으로의 방법론적 전환을 이룩한 이후였다(전경갑, 1996: 184~185).

푸코(M. Foucault)의 계보학(系譜學)은 다음의 특성을 나타낸다((사이드먼, 1999: 347; 전경갑, 1996: 191~194).

① 계보학은 객관적 지식의 탐색, 확실한 지적기초, 본질 그리고 역사의 기원과 종점을 포함하는 거대이론을 포기한다. 총체론적 역사관을 해체하고, 궁극적 근원 그리고 역사의 진보를 전제하는 모든 전통철학은 근거 없는 관점주의로 냉소하면서, 차이와 다양성, 우연성과 불연속성 그리고 총체론적 인식의 전체주의적 횡포로부터 해방시키려 하여, 그의 사회철학은 탈현대적이다.

② 사회구성도 어떤 단일한 본질의 재현이 아니라, 다양한 계열간의 복합과 균열 그리고 차이로 나타나며, 각 영역은 그 자체의 구조적 리듬에 따라 역사적으로 변모하기 때문에 권력현상도 지역적으로 분산되지 않을 수 없다. 현대사회의 권력현상을 분석하기 위해서는 권력을 중앙집권적인 국가권력으로 규정하기보다는 사회의 풀뿌리수준에서 작용하는 힘의 관계로 개념화한다. 이와 같이 국부적이고

지역화된 공간에서 작용하는 권력과 저항의 역학관계 특히 시민의 일상적인 행동양식과 태도, 그들의 행위, 그들에 작용하는 권력의 전술과 전략에 초점을 두어야 한다는 것이다. 이러한 관점에서 그는 권력분석은 하향적 보다는 상향적 접근이 타당하다고 강조한다(Bevir, 1999).

③ 계보학은 과학이나 인류의 발전을 도모할 것을 주장하지 않는다. 계몽주의의 과학적 문화와는 반대로 계보학은 사회재구성을 지향하는 계획을 제공하지 않는다. 계보학에는 사회의 유토피아적 전망이 부족하다.

④ 지식과 권력은 은밀하게 유착되어 있다는 것이다. 이는 모든 지식은 그 자체가 권력을 내포하며, 어떤 권력도 지식의 정당화 없이는 행사될 수 없다는 것이다.

푸코는 현대성의 핵인 이성중심주의가 생성되어 온 과정을 치밀하게 재구성함으로써 그러한 관념이 보편적 타당성을 주장할 수 없음을 명시하고, 각 시대에 우리가 가지고 있는 스스로에 대한 개념은 그 시대에 특유한 권력-지식의 연계의 생산물에 지나지 않음을 주장한다(윤평중, 1992: 198~199).

푸코는 사회에 대한 계몽주의 시각을 버릴 것을 촉구한다(사이드먼, 1999: 345~346). 그는 사회의 본질적 구조나 의미 혹은 역사적 시기에 대한 이해를 목표로 하는 사회이론을 거부하였다. 그는 계몽주의 전통과 반대로 사회과정의 분산되고 다원화된 개념을 위하여 총체적, 체계 혹은 유기적 전체로서의 사회이미지를 포기했다(사이드먼, 1999: 363).

Ⅲ. 구조주의적 계획

1. 고찰시각

후기구조주의는 지식행동의 근원을 제공하는 신과 유사한 초월적 주체 또는 본질적인 인간속성으로 인간을 여기는 인문주의(Humanism)를 거부하는 것을 포함하여 형이상학적 신념을 거부한다.

형이상학적 사고(形而上學的 思考)는 모든 것을 예측할 수 있거나 절대 진리를 향한 인간의 역사적 진보에 대한 고정적이며 영원하고 의심의 여지없는 근본적 신념을 가지고 있다. 초월적 주체에 대한 관념과 같은 형이상학적 구축과 관련한 핵심문제는 자신의 기반이 신 또는 인간을 설명할 수 없는 폐쇄체계를 나타내는데 있다. 반대로, 후기구조주의시각(後期構造主義時角)은 모든 기반이 문화적, 역사적으로 구축되었음을 증명하는데 바치고 있다(Gunder, 2003a: 242).

2. 학자별 시각

라깡(J. Lacan)의 사고는 일상생활은 물론 사회과학과 인문학에서의 지식과 주관적 상식에 대한 많은 가정을 파괴하고 도전한다. 그는 계획에서 언어, 담론 그리고 문화적 의미의 중요성을 수용한다. 라깡이론은 많은 계획의사결정의 기저를 이루는 주관성 및 해석의 문제에 대한 이해를 높인다(Hillier and Gunder, 2003: 240~241).

인류의 지속적 진보발전을 추적하는 것을 지지하는 계몽주의의 진화론을 대신해 인간주체의 다원적인 형성을 분석한 푸코(M. Foucault)는 진보와 퇴보의 꼬리로 환원하지 않으면서 역사적 연속성과 불연속성, 질서와 갈등의 과정을 강조한다(사이드먼, 1999: 363). 푸코는 과학적 지식은 여러 시대를 거쳐 발전한다는 합리주의적 편견을 지적한다. 계몽주의가 꿈꾸었던 지식의 직선적 발전을 고발하면서 지식의 우연성 -즉 불연속성- 을 강조한다(김영필, 1998: 183). 오히려 과학적 혹은 문화적 지식은 과학이전의 구조 -즉 우리의 합리적 지식에 숨겨져 있는 긍정적 무의식(positive unconscious)- 에 의존하고 있다는 사실을 강조한다. 모든 형태의 합리적 지식은 이 긍정적인 무의식에 대항하면서 인간 주체가 만들어 놓은 환상일 뿐이라는 것이다(김영필, 1998: 184).

푸코는 권력은 자체로서는 억압적이 아니라고 주장한다. 권력관계는 상품뿐만아니라 쾌락, 지식 그리고 담론 및 진리까지도 생산하기에 그들의 산출물이 생산적일 수 있다고 주장한다. 계획담론은 하나의 사회적 통제형태이고 주체성을 만드는 한 측면이다. 계획가처럼 훈련된 전문가는 개혁과 통제를 하는 공공재의 하나이상의 변이를 제고하기 위한 치유의 목가적 임무를 가지고 있다. 목가적 권력(pastoral power)을 불러일으켜, 계획가들은 사회의 선은 물론 자기자신의 선을 위해 요구되는 그들의 제약을 정당화한다고 보았다(Gunder, 2003a: 264).

만일 계획이론가들이 권력에 너무 초점을 맞추면 다른 실태들을 외면할 수 있다. 모든 것은 권력과 권력구조 내에서 재해석되어야 한다. 모든 관계들과 구조들을 권력의 관점에서 본다면 지역사회, 연대, 신뢰와 같은 관계나 구조의 다른 중요한 측면을 잃게 되는 우리의 이해를 심각하게 왜곡하게 된다. 이러한 왜곡된 이해는 매우 부적절한 해결책에 의해 해결되는 방법으로 문제에 접근을 인도할 수 있다(Stein and Harper, 2003: 131).

제 8 절 비판주의

Ⅰ. 의 의

1. 개 념

비판이론(Critical Theory)은 1920년대와 1930년대에 독일 프랑크푸르트대학의 「사회조사연구소」(The Institute for Social Research)를 중심으로 한 학자들에 의해 형성되었기에, 이들 비판이론가를 보통 프랑크푸르트학파(Frankfurt school)라고 부른다. 호르크하이머(M. Horkheimer)가 이 학파의 선도적 역할을 했다. 1950년대 이후 제2세대를 맞게 되는데, 이를 대표하는 하버마스(J. Habermas)는 이론의 발전에 주도적 역할을 했다(Rasmussen, 1996: 11; 박정호, 1996: 142).

비판이론가들은 현상유지 이데올로기로 이용되는 모든 이론은 전통이론으로 규정하고 비판하였으나, 그 중에서도 특히 실증주의를 대표적 전통이론으로 규정하고 이를 철저하게 비판하였다(전경갑, 1996: 287). 비판이론의 주된 관심은 1950년 이후 현대산업사회의 기술적 합리성에 의해 은폐된 구조적 모순을 폭로함으로서 마르크스주의의 새로운 해석을 시도하면서 현대 사회과학에 결정적으로 영향을 미쳤다(김명기, 1994: 197~198).

2. 특 성

인간의 비판적 이성(critical reason)을 중요시하고 가치비판적(valuc critical) 입장을 취하고 있는 비판적 접근방법(critical approach)은 현대사회관계의 지나친 합리화를 비판함으로서, 그러한 합리화로 초래된 사회지배기구로부터의 인간해방에 중점을 두는 접근방법이다(김규정, 1998: 82). 즉 이 접근방법은 현대생활에 있어서의 사회적 지배의 근원을 찾아 이성을 통하여 자유를 실현시키고 인간의 성장, 발전을 저해하는 사회적 제약으로부터의 해방에 주로 관심을 갖는 이론이다.

비판이론의 특징(特徵)은 다음과 같이 요약할 수 있다(전경갑, 1996: 288~289).

첫째, 비판이론은 이론의 실천지향성(實踐指向性)을 강조하고 실천적 의도를 가진 이론이다. 비판이론은 인간의 삶의 조건을 개선하려는 실천적 관심이 그 특징일 뿐 아니라 스스로의 운명을 결정하려고 하는 자기 반성적이고 자아의식이 있는 인간의 노력에 의해서 현실을 개선할 수 있다고 본다. 따라서 사회변혁의 주체인 우리 개개인이 비판적 성찰력(批判的 省察力)을 함양할 수 있도록 하기 위하여 우선 현대사회의 구조적 모순과 이데올로기를 비판하고 허위의식을 폭로하는 것이 비판이론의 역할이다.

둘째, 가치중립적 사회과학 혹은 초연한 연구를 강조하는 실증주의(實證主義)의 주장을 거부(拒否)한다. 실증주의가 가치중립성을 강조하고 있으며 실증주의의 객관주의적 환상이 자본주의와 사회주의 등 기존체계를 정당화하는 이데올로기라는 점에서 이를 철저히 배격한다.

셋째, 비판이론은 사회적 현상에 대한 객관적 이해 그 자체를 반대하기보다는 어떤 사회적 현상을 특정의 역사적 맥락에서 인식주체의 구성적 활동과 관련시키는데 주된 관심을 두는 것이 특징이다.

넷째, 다양한 사회현상의 저변에 숨겨진 본질(本質)을 파악하는 것이 비판이론의 관심이므로 비판이론은 본질적이고 근본적인 비판을 강조한다. 비판이론은 실재의 본질을 탐구하기 위하여 현상과 본질을 구별하고 주어진 현실을 무비판적으로 수용하는 것이 아니라 이론의 끊임없는 부정적 기능을 강조한다.

Ⅱ. 이론의 내용

프랑크푸르트학파의 제1세대 비판이론가들이 실천과 유리된 이론의 자율성을 주장한 것과는 달리, 하버마스(J. Habermas)는 이론(理論)과 실천(實踐)의 불가분성(不可分性)을 강조하였다. 그리고 전자가 실증주의를 전면적이며 철저하게 배격한 것과 달리 그는 실증주의적 방법을 비판적으로 수용하고 있다(전경갑, 1996: 307). 그리고 전자가 도구적인 이성을 일관되게 비판한 것과 달리 그는 도구적 이성의 비판과 함께 민주적 상호작용의 가능성 및 의사소통적 이성의 가능성을 제시하고 있는 것이 특징이다(전경갑, 1996: 308).

1. 의사소통적 합리성

하버마스의 이론은 도구적 합리성을 대신하는 합리성을 모색했다. 그 합리성은 우리와 타자간의 의사소통적 실제(communicative practice)에 기반한 것이다

(Gunder, 2003a: 271).

하버마스(J. Habermas)는 효율성의 극대화를 지향하는 목표달성은 도구적 합리성에 지배되고 있다고 주장하면서, 도구적 합리성이 의사소통합리성보다 중요해 가고 있음을 느꼈다. 따라서 그는 상이한 견해를 갖는 사람들 간의 대화를 통해 형성되는 주체 간(inter-subjective)의 의사소통을 주장한다.

도구적 합리성에 근거한 행위자는 효용성의 극대화라는 관점에서 행동을 선택하고 수단을 측량한다. 이에 비해 의사소통적 합리성의 영역에서는 행위자가 상호이해를 가장 중요한 목표로 삼는다. 여기서는 합의를 통해 서로간의 행동을 조정하면서 상호작용하는 행위자들의 상황에 관한 공동의 이해에 이르는 것이 최우선의 목표이다(윤평중, 1992: 206~207).

2. 이상적 담화상황

하버마스(J. Habermas)에 의하면 자연을 대상으로 하는 경험적 분석적 과학에서는 실증주의가 적합하나, 그 밖의 모든 진리는 인간들 간의 강제가 없는 자유로운 토론에 의한 합의(合意)에 의한다고 했다. 이러한 대화나 토론에서는 참가자간에 왜곡되지 아니한 평등한 발언기회가 보장되어야 하며, 이러한 상황을 '이상적 대화상황'이라고 했다(신일철, 1988: 33; 커니, 1992: 258). 자유로운 이상적 담화상황(理想的 談話狀況)이 전제되지 않는다면 의사소통행위의 목적성은 근거를 잃게 된다. 그에게 있어서 진정한 합리성은 '합의'다. 그런데 후기산업사회의 합리화 및 능률화는 극단화할수록 노동의 도구적 행위만을 기형적으로 확대시켜 진정한 합의의 영역인 공공성을 쇠퇴시키고, 도구주의적 기능주의 합리성으로 나아가고 있다는 것이다. 그는 사회의 진화는 생산력의 발전이 아니라 언어의 영역인 커뮤니케이션 행위에 의해 사회적 학습이 축적되어야 가능하다고 주장했다(신일철, 1988: 33).

하버마스(J. Habermas)는 의사소통행동(意思疏通行動)과 담론(談論)이라는 스스로 합의의 의미를 갖는 두 가지 유형의 의사소통을 구별했다. 의사소통적 행동(communicative action)은 구어적 언어의 사용과 관계된다. 구어적 언어(collogquial language)는 담화에서 타당성(妥當性)의 요구에 따라야 함을 가정하고 있다. 결과적으로 의사소통적 행동의 밑바탕에는 침묵에 대한 합의가 있다. 그러나 언어가 이상적(理想的) 담화(談話)의 기준에 맞게 이루어진 의사소통을 담론(discourse)이라 부른다.

하버마스는 개인 간에 효과적인 의사소통을 위한 조건 또는 타당성(妥當性)으로 다음 4가지를 제시했다(Kumar and Paddison, 2000: 207).

① 사람이 다른 사람과 의사소통할 때는 말하려는 것이 다른 사람이 이해할 수 있는 것이어야 한다. 이 첫 번째 타당성은 이해성(comprehensibility)이다.

② 사람이 다른 사람과 의사소통할 때는 말하려는 것이 사실에 입각한 진실이어야 한다. 이는 진실성(truthfulness)이다..

③ 사람이 다른 사람과 의사소통할 때는 말하려는 것이 성실해야 한다. 이는 성실성(sincerity)의 타당성이다.

④ 사람이 다른 사람과 의사소통할 때는 말하려는 것이 사회의 주어진 규범 내에서 타인의 입장을 이해할 수 있어야 한다. 이 네 번째 타당성은 적법성(legitimacy)이다.

Ⅲ. 비판적 계획

1. 계획의 실제

비판이론은 계획사고에 중요한 교훈을 제공한다(Benveniste, 1990: 77). 이 이론에서는 계획가가 변화를 가져올 수 있도록 적극적 활동을 취하도록 촉구한다. 그리고 이 이론은 계획가에게 기술주의자(technocracy)의 가면 뒤에 숨어있지 말고 진실을 적극적으로 추구하고 빠르게 찾으라고 주문한다. 실제로 계획가는 단순한 기술자라기보다는 정치적이며 관리적 역할을 수행할 기회가 종종 있다. 때문에 계획가들은 정치가와 관리자들처럼 그들이 추구할 가치와 목적을 인지할 필요가 있다.

비판적 계획이론(critical theory of planning)은 어떻게 기존의 사회와 정치-경제관계가 왜곡된 커뮤니케이션, 모호한 문제, 신뢰와 합의의 조작, 뒤틀린 사실과 가능성에 대해 실제로 작용하는가를 제시한다(Forester, 1989: 139). 비판적 이론가들은 계획이론에 대해 가장 풍부하고 유용한 아이디어를 제공하고 있다(Innes de Neufville, 1983: 55~56). 그러나 이들 이론가의 작업은 상대적으로 접근하기 어렵고 광범하게 사용할 수 있는 개념으로 발달되지 못하고 있다.

비판이론을 계획에 적용하기 위해서는 많은 노력이 요구된다. 어떻게 담론이 변화를 유도하는가? 어떻게 실천을 지식으로 변환시키는가? 이 비판이론은 스스로 많은 딜레마를 만들고 있지만, 계획사고(計劃思考)를 풍부하게 하고 재생시키는 희망의 근원이다.

2. 의사소통계획

(1) 의 의

하버마스(J. Habermas)는 체계합리성을 반대하면서 의사소통적(意思疏通的), 참여적 계획(參與的 計劃)을 주장했다. 그의 의사소통계획이론은 계획의 인식론적 기반인 비판을 통해 계획실제를 새롭게 하기 위해 제안되었다. 이 이론에서는 현대계획의 실제를 지지하는 인식론인 도구적 합리성의 우월성을 비판하고, 계획실제의 민주화, 담론적 지역사회의 능력부여, 이성의 형태 그리고 계획실제에서 제외시켰던 가치체계를 강조하는 의사소통합리성을 강조한다(McGuik, 2001: 195~196). 의사소통행동이론(theory of communicative action)은 기술적이 아닌 규범적 이론이고, 실체적인 아닌 과정이론이며, 계획과 의사결정의 중요한 패러다임이 되고 있다(Alexander, 1996: 52~54).

(2) 이론의 내용

하버마스(J. Habermas)의 비판적 의사소통이론(批判的 意思疏通理論)의 핵심은 한편으론 관료적 또는 자본적, 비민주적 기관들의 무력한 의사소통력과 다른 한편으론 민주적 정치비판, 상호이해 그리고 자결적인 합의들 간의 상호모순에 있다(Forester, 1980: 276). 이상적으로는 어떠한 정치적 비판과 기술적 분석도 가능하도록 만드는 상호이해를 바탕으로 상세한 분석을 하고, 정치적으로 방해받지 않는 토의와 상식이 가능한 중요한 준거점(reference point)이 되도록 함으로써 의사소통이 이루어지도록 하는 것이다.

그러나 현실적으로 일정한 의사소통왜곡(예: 불완전한 정보)은 불가피하고, 어떠한 정치·경제구조에서는 그러한 왜곡은 필연적으로 나타난다. 그러나 왜곡된 의사소통 중 많은 부분은 불가피하지 않거나 인위적이기 때문에, 그러한 왜곡은 극복할 수 있다. 예로 소득과 부의 불균형에 대한 기만적인 적법화, 자본주의 생산관계의 조직에서 세습되고 만들어진 소비자 이념, 전문적 권력의 방어를 위해 대중의 무지를 조작하고, 인종·윤리·성별에 따른 억압같은 것은 교정가능한 왜곡된 의사소통이다(Forester, 1980: 276). 대부분의 경우 정치적인 소통왜곡은 자연적인 것이 아니라 정치적인 인조물이다. 따라서 이러한 왜곡된 의사소통의 교정과 주체 간 의사소통의 촉진이 그의 비판적 의사소통이론의 목표이다.

(3) 영 향

포레스터(J. Forester)는 하버마스(J. Habermas)의 생각을 계획기관의 계획실무연구에 적용했다. 그는 의사소통합리성(communicative rationality)의 개념을 계획이론에 연결하여 어떻게 대화가 계획에 대한 억압적인 정치적 경계를 극복하는데 사용할 수 있음을 보여준다.

대화(對話)는 프리드만(J. Friedmann)의 거래계획(去來計劃)의 주요한 구성요소이다. 비판이론에서 대화는 이상적 담화상황에서만 일어난다. 이상적인 담화상황은 일반화된 이익과 따라서 사회의 목표는 합리적으로 도출될 수 있음을 의미한다.

하버마스(J. Habermas)의 이론은 담화와 참여를 통해 계획의 수립, 작성을 추구하는 협력계획(協力計劃), 참여계획(參與計劃) 그리고 합의계획(合意計劃) 등의 개념으로 발전되고 있다.

3. 비 판

하버마스(J. Habermas)의 의사소통합리성에는 이론, 실제 그리고 가치의 3가지 측면에서 비판이 이루어지고 있다(Tewdwr-Jones and Allmendinger, 1998: 1978~1987).

① 이론적 관심 의사소통계획은 이론이라기 보다는 민주주의의 참여적 관점에 바탕한 생활견해(life view)의 하나라고 볼 수 있다. 의사소통합리성은 왜곡되지 않은 의사소통(undistorted communication), 개방성(openness) 그리고 압박의 결여(lack of oppression)에 대한 것이라고 요약할 수 있다. 의사소통합리성은 자원의 배분자와 도구적 합리성의 기반이 되는 시장(market)을 비판한다. 그리고 의사소통합리성은 사회의 개인적 기반을 반대하고, 지역사회기반 또한 합의기반에 대한 접근을 강조한다. 의사소통합리성은 합의에 이를 수 있다는 점을 기본가정으로 설정하고 있다. 그러나 합의에 이르지 않으면 어떻게 할 것인가에 대한 명확한 답의 제공이 미흡하다. 그리고 의사소통합리성에 비해 도구적 합리성은 바람직하지 못한 것으로 간주하고 있으나, 도구적 합리성은 자유주의의 불가피한 부산물이다.

② 실제적 관심 지역사회담론무대내의 모든 이해당사자들은 지역사회의 민주주의 제고를 위해 노력해야 한다는 가정은 지나친 가치판단이다. 실제의 담론의 장에서 이해당사자 등은 상이한 목적과 가치 그리고 전문적 의제를 소유

하게 되는 것이 보통이다. 아울러 담론의 장에 참석하고 있는 모든 사람은 동일한 감각을 갖도록 동일한 욕구를 공유하고 있다는 윤리적 가정에도 문제가 있다. 이러한 가정은 인간심리적 속성과 관계되지 않는 것으로, 참여자 모두의 합의는 계획논쟁과정의 필수적인 상이한 의제와 상이한 목표일 때에만 긍정적 속성으로 여길 수 있는가 하는 점이다. 의사소통합리성은 지역사회의 모든 부문이 소통계획담론이 포함될수 있다고 가정하고 있지만 이를 어떻게 달성할 것인가에 대해서는 구체적인 언급이 없다.

③ 가 치 의사소통합리성에 내재된 가치와 관련된 여러 문제를 확인할 수 있다.

첫째, 의사소통계획실무에서 전문계획가의 역할과 위치에 관한 문제를 제기할 수 있다. 의사소통합리성이론에서는 담론과정에서 중앙과 조화적인 역할 또는 전문가의 역할이 행정 엘리트의 정치·권력적 함정에서 빛을 잃는 경우가 많다.

둘째, 계획의 초기 단계에서 의사소통적 입장을 취하는 행위자들의 역할과 참여를 제한하거나 억제하는 것이 무엇인가에 대해 언급하지 않았다.

셋째, 담론의 장에 참여하는 이해당사자들이 토론되어야 하는 문제에 대해 정직과 성실로서 토론하기 위해 동일한 시각의 완전한 지식을 갖고 있다고 가정하는데 문제가 있다.

넷째, 의사소통적 또는 협력적 계획가는 계획실제에서 알고 있는 특정한 처방을 옹호하지 못하는 상황도 있다.

마지막으로, 최근까지 협력적 실무에서 소추의 권리(rights of appeal)에 대해 거의 언급하지 않고 있다. 해결되지 않는 분쟁을 위해서는 의사소통적 행동이론에 대한 지배원리(dominant principle)보다는 조정과정의 수용을 통해 해결을 모색해야 한다.

제 9 절 포스트모더니즘

Ⅰ. 의 의

1. 개 념

포스트모더니즘(Postmodernism)은 모더니티(modernity)에 대한 공동의 불만으로부터 발흥한 것이다. 포스트모더니즘(脫現代)은 처음엔 문학과 예술을 중심으로 논의되기 시작한 용어지만 점차 그 영역을 확대하여 인간의 삶과 관련된 거의 대부분의 영역이 직·간접으로 영향을 받고 있으며, 때문에 20세기 후반이후를 특징짓는 시대정신이며 세계관이 되었다(Goodchild, 1990: 120; 김욱동, 1995: 668~669).

포스트모더니즘은 다수의 상이하고 대립적인 성향의 요소들을 통합한 것으로 볼 수 있다. 즉 포스트모더니즘은 구조주의, 낭만주의, 현상학, 실존주의, 해석학, 비판이론, 마르크스주의 그리고 무정부주의를 받아들여 변형시켰고, 그것들을 초월했다(로제나우, 1998: 37).

2. 특 성

현대성(modernity)의 이념들은 이성적인 주체, 주체의 인식에 의해 재현될 수 있는 실재, 실재를 구성하는 본질적 법칙 그리고 그 법칙의 합목적적인 진보성에 대한 신념으로 특징(特徵)지워진다(윤평중, 1992: 198). 그러나 오늘날 서양사상의 지평위에 전개되는 다양한 사조들의 공통적인 깨달음은 근·현대까지 당연하고 자연스러운 것으로 여겨져 온 현대성의 이념들이 급변하는 오늘날의 사회역사적 현실을 해명하고 포착하는데 역부족이며, 스스로가 배태(胚胎)한 부작용과 모순을 척결할 수 없다는 아픈 시대적 자의식이다(윤평중, 1992: 198). 이러한 자각은 궁극적으로 포스트모더니티(postmodernity)에 대한 모색으로 이어진다.

포스트모더니즘은 모더니즘의 실패와 그것에 대한 해방적 사업의 결과로서 나타났다. 모더니즘(Modernism)은 인간지식의 성장은 모두에게 바람직한 미래로 인도한다고 가정한 진보의 신화에 근원하고 있다. 과학과 기술을 통한 진보의 측면에 대한 과도한 강조는 과학주의(과학과 그 방법이 유일한 지식원이라는 주장), 실증주의(오직 실증지식만 타당하다는 주장), 근본주의(일반적 진리에 대한 절대적 기반을 구축할 수 있다는 신념) 그리고 절대주의로 인도한다. 그리고 모더니즘의 과학·기술·예술의 진보는 무지·빈곤·후진·압제로부터 인간성을 자유롭게 하고, 자신의 운명의 주인인 주민들을 계몽한다고 보았다. 그러나 포스트모더니즘의 여건은 진보에 대한 거대한 설화의 적법성에 의문들에 있다. 해방의 아이디어에 대한 신념은 전쟁, 핵실험, 환경위기 그리고 도시사회문제의 완고함에 의해 깊이 훼손되었다(Garrick and Rhodes, 1998; Harper and Stein, 1995: 233).

포스트모더니즘(Postmodernism)은 해체적(解體的), 반기초주의(反基礎主義),

비쌍대적(非雙對的) 그리고 다원성(多元性)과 상이성(相異性)의 촉진(encouraging of plurality and difference)의 특성을 갖고 있다(Milroy, 1991: 183). 여기서 해체적(deconstructive)은 전통적인 신념에 회의적인 거리를 두거나, 보다 적극적으로는 이에 대체할 수 있는 가치를 도출한다는 의미이다. 반 기초주의(anti-foundationalist)는 진리의 기초로서 보편성을 제거하는 것을 말하며, 비쌍대적(nondualistic)이란 진리와 의견, 사실과 가치간의 분리를 포함한 이원론을 위태롭게 하는 주관성과 객관성의 분리를 거부하는 감각이다.

Ⅱ. 이론의 내용

1. 이론의 중점

포스트모더니즘은 근대 사회과학이 철학적 근본주의, 계몽주의의 유산, 근대과학의 방법론적 가정을 무비판적으로 수용하는 것을 혐오한다. 포스트모던주의자들은 근대성이 산출한 모든 것들 -즉 서구문명의 축적된 경험, 산업화, 도시화, 첨단기술, 치열한 생존경쟁- 을 비판한다. 그리고 그들은 근대에서 우선시 했던 자유민주주의, 인간주의 , 평등주의, 중립적 절차, 몰인격적 규칙, 합리성에 도전한다. 그들은 근대성이 더 이상 해방의 원동력이 아니고, 오히려 복속, 탄압, 억압의 원천이라고 주장한다(로제나우, 1998: 25~31).

포스트모던주의자들은 과거에 대한 현재의 우월성 또는 전근대에 대한 근대의 우월성에 의문을 제기한다. 그들은 농촌의 일상생활보다 지식인들의 복잡한 도시생활양식을 선호하지 않는다. 근대성이 배제시킨 정서, 감정, 직관, 관습, 전통, 종교적 감정과 같은 것들을 다시 중요한 것으로 부각한다. 행정학이나 공공계획분야에서 합리적 조직이 의문시되면서 중앙집권적 계획은 퇴조되고 전공자나 전문가들에 대한 신뢰는 철회되었다(로제나우, 1998: 26~28).

2. 부문별 강조점

포스트모더니즘은 문화적, 철학적, 역사적, 사회적, 경제적, 정치적 그리고 자연과학적 현상의 8가지 관점에서 검토할 수 있다(김욱동, 1995: 669~696).

포스트모더니즘은 철학적 관점(哲學的 觀點)에서 그 이전의 입장과는 큰 차이를 보여준다. 새로운 철학의 입장은 프랑스에서 1960년대 말부터 대두되기 시작된 포스트구조주의가 잘 반영한다. 포스트구조주의자들은 실재를 총체적이고 통일적인 것으로 파악하여온 전통적인 철학가와는 달리 실재를 편린적(片鱗的), 이질적(異質的), 다원적(多元的)인 것으로 파악하였다. 그리고 모더니즘 철학가들은 어느 한 핵심적 이론에 기초하여 삶의 현상을 총체적으로 설명하려 했으나 이러한 거대이론(meta-narratives)의 붕괴가 포스트모더니즘의 특성으로 나타났다.

20세기 중엽까지 객관주의 역사이론(歷史理論)이 역사학의 주류를 이루고 있었다. 역사기술도 일종의 과학적 방법론에 따라 과학적 엄밀성과 객관성을 유지하지 않으면 안 되는 객관주의적 역사이론은 20세기 중반에 들어 점차 도전을 받게 되어 역사기술에 있어 주관성을 강조하게 되었다.

사회이론(社會理論)에서도 포스트모더니즘은 종래와는 전혀 다른 입장을 가진다. 20세기후반의 사회를 후기산업사회 또는 탈산업사회라고 한다. 농경사회에서 산업사회를 거쳐 포스트산업사회로 진입하였다. 현대사회를 소비사회, 탈합법화시대, 또는 포스트모던사회라고 부른다.

포스트모더니즘의 경향은 경제분야(經濟分野)의 여러 국면에 걸쳐 그 징후가 나타나기 시작하였다. 이 가운데서 제조업의 쇠퇴와 서비스업의 증대와 같은 현상은 주목할 만하다. 경제적 생산에서는 단일품종 대량생산에서 다품종 소량생산 그리고 주문생산형태로의 변환을 나타내 포드주의에서 포스트 포드주의로의 이행을 보이고 있으며, 소비에서도 대량소비보다 고가품의 소량소비, 근검절약보다 과소비의 현상이 나타나게 되었다. 경제영역에서, 대량공업생산을 위한 경제활동의 집중은 보다 세련되고 다양한 소비자취행에 따라 분산 및 특화로 나아가게 되었다. 그리고 실물재화주변에 구조화된 경제와 자본축적을 통한 권력행사로부터 서비스와 변덕스러운 소비가 지배적인 모습으로 변모되는 것을 볼 수 있다(Tew, 2002: 20).

정치영역(政治領域)에서 나타나는 포스트모던 현상은 고전적인 마르크스주의의 붕괴에서 찾을 수 있다. 유산자와 무산자, 지배계급과 피지배계급 사이의 계급투쟁을 역사의 원동력으로 파악하고 노동자 계급을 사회주의적 변혁의 주체로 파악한 고전적 마르크스주의는 19세기 말엽과 20세기 초엽의 산업자본주의를 설명하는데는 적합한 이론이 될지 모르지만 20세기 말엽이후의 다원적이고 복잡한 사회적 정치적 현상을 설명하기에는 부적절하다(김욱동, 1995: 687). 포스트모던 정치이론은 민족주의에서도 나타난다. 세계화속에서도 민족주의적 경향이 강하게 보인다. 그리고 전체주의가 쇠퇴하고 단일한 민족을 중심으로 힘이 모아지는 경향도 발견할 수 있다. 이러한 탈중심적 경향은 국제정치 뿐 아니라 한나라의 정치에서도 발견할 수 있다. 즉 중앙집권화가 쇠퇴하고 지방분권화가 중시되고 있다. 이를 사회학에서는 후기산업사회, 탈산업사회라고 한다.

엄밀성과 객관성을 중시하는 자연과학(自然科學)에도 포스트모더니즘이 깊숙이 침투하고 있다. 근대화와 산업화의 과정에서 발전과 문명이라는 이름아래 인간은 자연을 파괴했고, 각종 공해문제를 유발하고 있다. 생태학의 문제는 포스트모더니즘 문명비판과 관련을 맺고 있다. 포스트모더니즘 과학은 안정성보다는 불안정성을, 객관성보다는 주관성, 연속성보다는 단절을 추구한다.

Ⅲ. 포스트모던 계획

1. 계획환경의 변화

계획이론에 대한 포스트모더니즘의 영향은 증가되고 있는데, 그 이유의 하나는 합리적 종합적 모형(合理的 綜合的 模型)의 붕괴(崩壞)다(Harper and Stein, 1996: 414; Hoch, 1992: 206). (과학적, 도구적)합리성의 기반이 파괴된 후에 이를 대체하는 패러다임이 나타나지 않고 있다. 즉 계획이론은 모더니즘과 포스트모더니즘 사이의 패러다임 변환의 시기에 놓여 있다.

포스트모던 계획을 발전시키는데 두 개의 접근시각이 중요한 의미를 갖는다. 하나는 포스트모던시각에서 계획을 비판하는 것이고, 다른 하나는 보다 직접적인 노선을 취하면서 포스트모던계획구조의 발전을 모색하는 것이다. 포스트모던시각에서의 계획에 대한 비판은 계획에서의 권력의 '감추어진 세계'(hidden world)를 해체하려 했던 푸코같은 저자들의 작업에서 도출하려한다. 다른 학파는 계획의 '어두운 측면'(dark side)이라고 명명되어진 것에 초점을 두고 있다. 그러한 견해들은 현대성의 비판을 따르고, 현대성의 해방측면에 대한 그들의 신념은 보다 사악한 힘들의 도구로 추정되었었다. 두 번째 접근은 보다 직접적인 노선을 취하고, 어떻게 포스트모던 계획이 실제로 보이거나 작동하는가에 대한 아이디어를 개발하기 시작한다. 예를 들면 포스트모던에서의 계획은 개방성과 유동성과 같은 중요주제와 관련되어야 한다고 주장하면서, 포스트모던 계획가는 종합성, 단일성 또는 강제적 권위에 대한 열망이 없이, 의식적으로 분절되고, 우연적이며, 비선형적이어야 한다는 것이다(Allmendinger, 2002a: 172～173).

2. 계획의 초점

사회가 포스트모던 사회로 변환됨에 따라 18세기의 이상(理想)에서는 발견되지 않았던 상이한 계획의 개념이 요구되었다. 경제, 문화, 정치적 세계화는 변화된 감성, 전망, 기대를 인도했다. 입장과 가치의 다원적 사회에서는 하나의 특수한 견해를 부과하고 이를 다른 것에 대해 정당화하는 것은 어렵다. 이러한 부분화는 사회이론과 계획에 심각한 영향을 주었다. 전통적인 계획의 견해는 관찰의 중립성과 경험의 주어짐, 분명한 언어의 이상과 이론적 해석으로부터의 자료의 독립성, 이론선택을 위한 지식과 선택조건의 일반성에 대한 신념에 기초하고 있다. 이러한 상황에서 일정한 이론발달의 궤도에는 불확실성(indeterminancy), 비공약성(incomensurability), 변이(variance), 다양성(diversity), 복합성(complexity), 의도성(intentionality)이 나타나게 되고, 이것이 계획의 관념에 영향을 준다(Allmendinger, 2001: 5). 이의 하나의 결과는 협력계획, 신실용주의, 포스트모던 해석을 포함한 다양한 후기 경험적 이론적 시각이 출현, 재출현하게 되었다. 주도적 사고에 도전할 수 있는 상이한 패러다임을 허용할 정도로 신축적인 접근이 필요한 상황이다. 이러한 여건에서 계획은 어떤 방향으로 가야 하는가?

(1) 비공약성 전제

이 전제(前提)는 지역사회가 공약성(公約性)이 없다는 것이다. 이는 지역사회의 이야기, 담론 그리고 그들의 언어가 상호 이해하기 어렵다는 것이다. 이 전제의 의미는 외부의 비판은 설득력이 없고, 합의추구의 대화는 헛된 것이라는 것이다. 이 서로 다른 지역사회는 합리적 방법에 의한 대화를 통해서 상호작용할 수 없기 때문에 오직 하나의 작용모형은 권력에 의한 것이다. 사회를 구성하는 목소리와 지역사회의 다원성(multiplicity)과 계획가에 의한 이러한 목소리들의 억압은 담론(discourses)을 전체화한다고 주장한다. 계획가들은 거대한 설화(narratives)에서 후퇴하였다. 맥두갈(G. McDougall)은 계획이론은 지방적, 개인적이 되어 가며, 정치적 · 경제적·사회적 구조가 상호 맞물리는 과정의 강화를 경험하게 된다고 말한다. 포스트모던에서는 어떠한 오케스트라(orchestra)적 설화, 보편적 지식이 아닌 절대적인 기반지식의 어떠한 가능성도 거부하며, 지역사회들간의 대화나 합리적 합의는 불가능하다고 믿는다. 이러한 문화(지역사회들)가 극복하기 어렵게 다양하다는 견해는 대화나 토론을 하는 것은 무익하다는 위험한 결론에 이르게 한다(Harper and Stein, 1996: 415~416).

그러나 이러한 견해는 새로운 지역사회에 대한 오해와 잘못된 형이상학적 기능에 대한 것에서 나타난 것이다(Harper and Stein, 1996: 417~421). 지역사회는 공동의 언어에 의한 유산, 신념, 태도, 희망, 역사, 문화의 특징을 공유하고 있다. 때문에 지역사회간 차이에 대한 접근방법의 하나는 서로 대화할 수 있도록 익숙하지 않은 언어를 지역사회의 언어로 바꾸는 것이 중요하다. 개념구조나 세계관(world view)의 차이는 신념이나 의견의 차이로 볼 수 있다. 때문에 문화간 차이는 문화내부의 차이로 볼 수 있다. 다른 지역사회와의 대화는 우리 지역사회 내에서의 대화와 유사하다. 지역사회 내와 지역사회간의 번역, 소통, 대화를 인식한다면, 사람 또는 지역사회간에 합의의 가능성도 있다. 여기서 하버마스(J. Habermas)의 이상적인 대화의 상황을 상정할 수 있다.

(2) 우연성과 계획이론

계획에 우연성 접근을 적용하자는 주장은 계획이 사전에 결정되지 않고 문제상황에 따라 좌우되기 때문에 계획과정도 우연성으로 이해해야 한다는 것이다(Bruton and Nicholson, 1987: 63). 전통적인 과정이 계획선택 이전에 종합적인 상세한 계획을 작성하고 집행과정 중에는 계획내용에 충실할 것을 요구하는 청사진적 접근을 택하는데 비해, 우연성접근(contingency approach)의 옹호자들은 집행 중에 발생하는 일탈을 관리 잘못으로 생각하는 경우가 많다.

우연성계획(contingency planning)은 과업의 적정한 설계, 조직구조, 집행을 위한 관리과정은 계획이 집행되는 특정한 상황에 따라 우연성을 인정하는 계획이다. 계획을 수립 집행하는 데는 다양한 영향인자를 고려해야 하는데, 계획가들이 초기에는 이러한 상황들을 종합적으로 고려하지 못하고, 집행과정 중에 이러한 변화를 고려하여 계획내용을 변화할 가능성을 인정한다. 이 접근은 사회경제적 여건의 불확실성을 고려하여 계획의 변화를 인정한다(Rondinelli, et al., 1989: 46~47). 우연성계획(偶然性計劃)의 대표적인 예는 생명보험이다. 이는 최소비용으로 우연성 또는 알 수 없는 위기를 편향시키거나 흡수하는 효과가 나타날 수 있는 조건을 만드는데 목적이 있다(Bolan, 1975: 509).

계획은 계획작성과 집행을 위한 이용가능자원, 계획이 만들어지는 사회와 정치형태, 계획되는 체계의 현재상태, 기타 다른 힘들과 요인들 때문에 우연적일 수 있다(Harris, 1996: 491). 계획에 사용되는 방법도 동일한 이유로 우연적이다. 계획가는 이러한 우연성에 대비하여야 한다.

참고문헌

강대석, (1991), 「현대철학의 이해」(서울: 한길사).

김규정, (1998), 「행정학원론」(서울: 법문사).

김동식, (2002), 「프래그머티즘」, 대우학술총서 545(서울: 아카넷).

김명기, (1994), 「사회이론」(서울: 한국방송통신대학교).

박영은, (1994), 「사회학 고전연구」(서울: 백의).

신일철, (1988, 1991), 「현대철학사상의 새 흐름」(서울: 집문당).

이남인, (2004), 「현상학과 해석학」, 서울대학교 인문학연구총서 23(서울: 서울대출판부).

임길진, (1995), 「미래를 향한 인간적 계획론」(서울: 나남).

임길진, (2003), 「21세기의 도전」(서울: 나남).

전경갑, (1993), 「현대와 탈현대의 사회사상」(서울: 한길사).

윤평중, (1992), "하버마스와 탈현대 논쟁의 철학적 조명", 한국현상학회, 편, 「생활세계의 현상학과 해석학」(서울: 서광사), 195~218.

김욱동, (1995), 포스트모더니즘, 김영한·임지현, 편, 「서양의 지적운동」(서울: 지식산업사), 659~691.

______, (1997), 포스트모더니즘과 포스트구조주의, 김욱동, 편, 「포스트모더니즘과 포스트구조주의」(서울: 현암사), 11~55.

김태수, (1996), 구조주의의 이해, 쟝 삐아제, 외(김태수 편), 「구조주의의 이론」(서울: 인간사랑), 181~243.

박정호, (1996), 비판이론, 박정호, 외 3인 편, 「현대철학의 흐름」(서울: 동녘), 137~144.

신문수, (1998), 구조주의, 김영한, 편, 「서양의 지적운동 II」(서울: 지식산업사), 647~682.

이선관, (1996), "현상학적으로 사유함"이란 무엇을 말하는가?, 한국현상학회, 「현상학의 근원과 유역」(서울: 철학과 현실사), 11~58.

이진경, (1995), 라캉: 도둑맞은 편지, 도둑맞은 무의식, 한국산업사회연구회, 편, 「탈현대사회사상의 궤적」(서울: 새길), 239~270.

임상우, (1995), 합리주의, 김영한·임지현, 편, 「서양의 지적운동」(서울: 지식산업사), 345~372.

정상모, (1998), 과학의 합리성: 논의를 위한 기초와 하나의 도식, 한국분석철학회, 편, 「합리성의 철학적 이해」(서울: 철학과 현실사), 29~72.

조지형, (1995), "실용주의", 김영한·임지현, 편, 「서양의 지적운동」(서울: 지식산업사), 427~463.

주명철, (1995), 계몽주의, 김영한 · 임지현, 편, 「서양의 지적운동」(서울: 지식산업사), 373~404.

최종덕, (1995), 실증주의, 김영한 · 임지현, 편, 「서양의 지적운동」(서울: 지식산업사), 405~426.

고든과 애덤스(Gordon, W. and Adams, J.: 임근배 · 정행득 공역), (1995), 「제도주의 경제학」(서울: 비봉).

램프레히트(Lamprecht, S.: 김태길 외 2인 역), (1994), 「서양철학사」(서울: 을유문화사).

로제나우(Rosenau, P.: 안승국 역), (1998), 「현대사회과학의 이해」(고양: 인간사랑).

매뉴얼(Manuel, F.: 차하순 역), (1990), 「계몽사상시대사」, 탐구신서 114(서울: 탐구당).

버렐 · 모오간(Burrell, G. and Morgan, G.: 윤재풍 역), (1990), 「사회과학과 조직이론」(서울: 박영사).

브린튼(Brinton, C.: 최명관 · 박은구 공역), (1993), 「서양사상의 역사」(서울: 을유문화사).

브린튼 · 크리스토퍼 · 울프(Brinton, C., Christoper, J. and Wolf, R.: 양병우 외 3인 역), (1994), 「세계문화사」 중(서울: 을유문화사).

사럽(M. Sarup: 전영백 역), (2005), 「후기구조주의와 포스트모더니즘」(서울: 조형교육).

사이드만(Seidman, S.: 박창호 역), (1999), 「지식논쟁: 포스트모던시대의 사회이론」(서울: 문예출판사).

사하키안(Sahakian, W.: 권순홍 역), (1993), 「서양철학사」(서울: 문예출판사).

스윈지우드(Swingewood, A.: 박성수 역), (1994), 「사회사상사」(서울: 문예출판사).

카시러(Cassirer, E.: 박완규 역), (1995), 「계몽주의철학」(서울: 민음사).

스텀프 · 피저(S. Stumpe · J. Fieser: 이광래 역), (2005), 「소크라테스에서 포스트모더니즘까지」(서울: 열린책들).

커니(Kearney, R.: 임헌규 · 곽영아 · 임찬순 공역), (1992), 「현대유럽철학의 흐름」, 한울총서 92(서울: 한울).

키트와 어리(Keat, R. and Urry, J.: 김태수 역), (1996), 구조와 구조주의, 쟝 삐아제, 외(김태수 편), 「구조주의의 이론」(서울: 인간사랑), 145~180.

프리드만, (Friedmann, J.: 원재무 · 서충원 공역), (1998), 「계획이론」(서울: 보성각).

호르크하이머와 아도르노(Horkheimer, M and Adorno, T.: 이진우 역), (1993), 계몽의 변증법, 이진우, 편역, 「포스트모더니즘의 철학적 이해」(서울: 서광사), 25~41.

Alexander, E., (1984), “After rationality, what?”, ***Journal of the American Planning Association***, 50;1(winter 1984): 62~69.

____________, (1992), ***Approaches to Planning***(Philadelphia: Gordon and Breach Science Publishers).

____________, (1996), “After Rationality: Towards a Contingency Theory for Planning”, Mandelbaum, S. et al., (eds.), (1996), ***Explorations in Planning Theory***

(N. J.: Center for Urban Policy Research), 45~64.

Allmendinger, P., (2001), ***Planning in Postmodern Times***(London: Routledge).

_______________, (2002a), ***Planning Theory***(Hampshire: Palgrave).

_______________, (2002b), "Towards a post-positivist typology of planning theory", ***Planning Theory***, 1; 1(2002): 77~99.

Baum, H., (1977), "Toward a Post-Industrial Planning Theory", ***Policy Science***, 8: 401~421.

Benveniste, G., (1990), ***Mastering the Politics of Planning***(San Francisco: Jossey-Bass Publishers).

Bevir, M., (1999), "Foucault, Power, and Institutions", ***Political Studies***, 47; 2(Jun 1999): 345~359.

Boham, J., (1999), "Theories, practices, and pluralism", ***Philosophy of the Social Sciences***, 29; 4(1999), 459~480.

Bolan, R., (1975), "Emerging view of planning", Branch, M., (ed.), ***Urban Planning Theory***(Pen.: Dowden, Hutchinson, and Ross), 499~515.

Bruton, M. and Nicholson, D., (1987), ***Local Planning in Practice***(Cheltenham, England: Stanley Thornes Ltd).

Camhis, M., (1979), ***Planning Theory and Philosophy***(London: Tavistock).

Denhardt, R., (1994), "Critical theory revisited", ***Journal of Public Administration Research & Theory***, 4; 3(July 1994): 419~423.

Denzin, N., (1996), "Post-pragmatism", ***Symbolic Interaction***, 19; 1(1996): 61~75.

Forester, J., (1980), "Critical theory and planning practice", ***Journal of the American Planning Association***, 46; 3(July 1980): 275~286.

___________, (1989), ***Planning in the Face of Power***(Los Angeles: Univ. of California Press).

Friedmann, J. and Hudson, B., (1974), "Knowledge and Action: A Guide to Planning Theory", ***Journal of American Institute of Planners***, 40; 1(Jan. 1974): 2~16.

Garrick, J. and Rhodes, C., (1998), "Deconstructive organizational learning: the possibilities for a postmodern epsistemology of practice", ***Studies in the Education of Adults***, 30; 2(1998): 172~183.

Goodchild, B., (1990), "Planning and the modern/postmodern debate", ***Town Planning Review***, 61; 2(April 1990): 119~137.

Greed, C., (2000), ***Introducing Planning***(London: Athlone).

Gunder, M., (2003a), "passionate planning for the others' desire: an agonistic response to the dark side of planning", ***Progress in Planning***, 60(2003): 235~

319.

__________, (2003b), "Planning policy formulation from a Lancanian perspective", ***International Planning Studies***, 8; 4(2003): 279~294.

Harper, T. and Stein, S., (1995a), "Out of the postmodern abyss: Preserving the rationale for liberal planning", ***Journal of Planning Education and Research***, 14 (1995): 233~244.

______________________, (1995b), "A Classical Liberal Approach to Planning Theory", Handler, S., (ed.), ***Planning Ethics***(N. J.: New Brunswick), 11~29.

Harris, B., (1996), "Planning technologies and planning theories", Mandelbaum, S., Mazza, L. and Burchell, R., (eds.), ***Explorations in Planning Theory***(N. J.: Center for Urban Policy Research, Rutgers, The State Univ. of New Jersey), 483~496.

Harrison, P., (2002), "A pragmatic attitude to planning", Allmendinger, P. and Tewdwr-Jones, M., (eds.), ***Planning Futures***(London: Routledge), 175~171.

Hemmens, G., (1980), "New directions in planning theory: introduction", ***Journal of the American Planning Association***, 46; 3(July 1980): 259~260.

Hillier, J. and Gunder, M., (2003), "Planning fantasies? an exploration of potential Lacanian framework for understanding development assessment planning", ***Planning Theory***, 2; 3(2003): 225~248.

Hoch, C., (1984), "Doing good and being right: The pragmatic connection in planning theory", ***Journal of Planning Education and Research***, 50; 3(Summer 1984): 335~345.

_______, (1992), "The paradox of power in planning practice", ***Journal of Planning Education and Research***, 11; 3(Spring 1992): 206~215.

Innes de Neufville, J. (1983), "Usable Planning Theory: An Agenda for Research and Education", Checkoway, B., (ed.), ***Strategic Perspectives on Planning Practice***(Mass.: Lexington), 43~62..

King, C., (2000), "Talking beyond the rational", ***American Review of Public Administration***, 30; 3 (2000): 271~291.

Kumar, A. and Paddison, R., (2000), "Trust and collaborative planning theory: the case of Scottish planning system", ***International Planning Studies***, 5; 2(2000): 205~223.

Los, M., (1981), 'Some reflexions on epistemology, design and planning theory', Dear, M. and Scott, A., (eds.), ***Urbanization and urban planning in capitalist society***(London: Methuen), 63~88.

McConnell, S., (1981), ***Theories for Planning***(London: Heinemann).

McGuik, P., (2001), "Situating communicative planning theory: context, power, and knowledge", ***Environment and Planning A***, 33(2001): 195~217.

Morçöl, G., (2005), "Phenomenology of complexity theory and cognitive science: Implications for developing an embodied knowledge of public administration and policy", ***Administration Theory & Praxis***, 27; 1(2005): 1~23.

Muller, J., (1998), "Paradigms and planning practice: conceptual and contextual consideration", ***International Planning Studies***, 3; 3(Oct. 98): 287 ~302.

Murdoch, J., (2006), ***Post-structuralist geography***(London: Sage).

Poulton, M., (1991), "The case for a positive theory of planning, Part 1: What is wrong with planning theory", ***Environment and Planning B***, 18(1991): 225~232.

Rasmussen, D., (1996), "Critical theory and philosophy", Rasmussen, D., (ed.), ***Handbook of Critical Theory***(Cambridge, Mass.: Blackwell), 11~38.

Rondinelli, D., , Middleton, J. and Verspoor, A., (1989), "Contingency planning for innovative project", ***Journal of the American Planning Association***, 55; 1(Winter 1989): 45~56.

Sandercock, L. and Forsyth, A., (1992), "Feminist theory and planning theory", ***Planning Theory***, 7-8(2003): 45~49.

Sarup, M., (1993), ***An Introductory Guide to Poststructuralism and Postmodernism*** (Athens: Univ. of Georgia Press).

Smit, J. and Rade, N., (1980), "Rational and non-rational planning", ***Long Range Planning***, 13(April 1980): 87~101.

Snider, K., (2000), "Rethinking public administration's roots in pragmatism: The case of Charles A. Beard", ***The American Review of Public Administration***, 30(2000): 123~145.

Stein, S. and Harper, T., (2003), "Power, trust, and planning", ***Journal of Planning Education and Research***, 23(2003): 125~139.

Tew, J., (2002), ***Social Theory, Power and Practice***(Hampshire: Palgrave).

Tewdwr-Jones, M. and Allmendinger, P., (1998), "Deconstructing communicative rationality: a critique of Habermasian collaborative planning", ***Environment and Planning A***, 30(1998): 1975~1989.

Yewlett, C., (1985), "Rationality in planmaking: a professional perspective", Breheny, M. and Hooper, A., (eds.), ***Rationality in Planning***(London: Pion), 209~228.

제 6 장 계획의 접근모형

제 1 절 개　　요

Ⅰ. 의　　의

1. 개　　념

접근방법(approach)이란 학문의 연구방향을 정하여 주고, 문제와 자료의 선정기준을 가리키는 것이다. 하나의 학문분야에서 어떤 접근방법이나 견해가 지배적인 위치를 차지하여 연구자들로 하여금 자기분야의 현상을 바라보는 세계관을 마련해주어서 문제선정과 해답의 방향을 제시해 주고 논의의 일관성을 갖게 해주는 경우, 이와 같은 견해를 패러다임(paradigm)이라고 부른다(강신택, 2002: 19~20).

계획이론은 패러다임변화의 과정으로 해석할 수 있다. 쿤(T. Kuhn)은 패러다임이란 이론, 공유하고 있는 신념과 가치의 학문적 기반(disciplinary matrix)이며, 과학적 및 전문적 공동체를 연결하는 문제해결을 위한 공동의 레파토리라고 했다(Alexander, 1984: 62; Muller, 1998). 이러한 패러다임은 넓은 의미의 모형(model)과 동의어로 사용되기도 한다(강신택, 2002: 20).

모든 인간과 대부분의 사회체계는 다양한 계획모형을 사용하고 있다. 직면하고 있는 위험(threats)과 기회(opportunities)에 따라, 어느 면에서는 상의하고 합의를 강조하는 모형을 모색하고, 다른 측면에서는 커다란 비전(vision)의 추구에 따른 집행속도를 중시하는 것과 같이 다양한 레파토리(repertoire) 가운데서 필요한 계획모형(計劃模型)을 선택하여 사용하게 된다(Mandelbaum, 1996: 459). 그리고 한 모형이 기대하는 성과를 달성하지 못하면, 다른 모형으로 사용의 전환을 모색한다. 한 쪽에 난관이 있으면 다른 형태를 모색한다. 종합계획도 추구해보고 어려움이 있으면 다른 모형을 통해 보완하고자 한다. 따라서 계획의 접근모형별 특성과 장단점을 파악하는 것은 계획의 실제적 적용의 차원에서 중요한 의미를 갖는다.

2. 발 달

계획의 접근모형은 1950년대와 1960년대에는 과정계획이론(過程計劃理論)에 주로 관심을 갖는 합리계획모형에 의해 지배되었다. 이 합리계획모형(合理計劃模型)에서는 인간문제에 과학적 지식과 이성의 적용으로 종합적으로 인간행복과 복지가 증가되는 보다 나은 세상이 가능할 것으로 본다. 그리고 이 모형은 합리적 개인(계획가)에 의해 과학적으로 합리적인 방법의 적용을 통해 추구하는 목표를 성취할 수 있을 것이라고 가정했다(Watson, 2002: 178~179).

1970년대에 들어 합리계획모형에 대한 비판적 시각이 계획이론가들과 실무자들 사이에서 등장하게 되었다. 일부는 합리모형의 부적절성을 지적하고(예: 점증주의), 일부는 계획가의 상이한 역할을 기술하는 시도를 하고(예: 옹호계획), 또 다른 일부는 자본주의사회에서 계획의 역할에 대한 분석과 의문을 제기(예: 정치경제적 접근)했다(Watson, 2002: 179).

1980년대 초부터는 의사소통 또는 협력계획이 지배적인 이론적 담론이 되고 있다. 그러나 이러한 의사소통적 접근과 병행하여 신실용이론(neo-pragmatics), 비판이론(critical theory), 푸코적 시각(Foucauldian perspectives) 그리고 계획실제(planning practice) 등의 지적전통이 혼재되어 있다(Tewdwr and Allmendinger, 2002: 206).

계획이론의 영역에서는 주기적인 변화가 이루어지고 있다. 과거의 주도적 이론들이 계속되는 상황 가운데서 새로운 이론들이 등장하고 있다. 지난 10여 년간에 힐리(Healey)가 '의사소통적 전환'(communicative turn)이라고 기술한 것처럼 많은 학자들이 의사소통계획에 관심을 기울여 오고 있다. 하버마스주의자, 실용주의자 등 관련이론들의 급격한 출현은 인네스(J. Innes)의 표현처럼 새로운 패러다임(new paradigm)의 출현이라고 선언할 정도에 이르렀다(Huxley and Yiftachel, 2000: 333).

[표 6-1]은 제2차 세계대전 이후로 발달된 계획전통을 4개의 정책모형과 관련하여 계획유형을 정리한 것이다(Geertman, 2006: 870).

| 표 6-1 계획전통의 발달 |

시 기 \ 특 성	계획전통	계획유형	정책모형
1950~1960년대 이후	합 리 성	청사진계획	종합적 합리주의
1960~1970년대 이후	과 정 적	과정계획	부분점증주의
		옹호계획	다원주의
		비판계획	구조주의
1970~1980년대 이후	전 략 적	전략계획	혼합주사
1980~1990년대 이후	참 여 적	의사소통계획	사회적 상호작용

자료: Geertman, 2006: 871에서 재작성.

Ⅱ. 모형의 분류

1. 학자별 분류

계획의 접근모형에 대해 학자에 따라 다양한 분류가 있다(Woltjer, 2000: 20). 프리드만(J. Friedmann)은 참여계획(participatory planning), 기업계획(corporative planning), 정책계획(policies planning) 그리고 명령(command) 또는 중앙계획(centralized planning)의 4가지 유형으로 구분하였다.

팔루디(A. Faludi)는 청사진계획(blueprint planning)과 과정계획(process planning), 합리적 종합적 계획(rational comprehensive planning)과 부분점증계획(disjointed incremental planning) 그리고 규범계획(normative planning)과 기능계획(functional planning)으로 분류하였다.

이외에 학자들에 따라 적응계획(adaptive planning), 개발계획(developmental planning), 전략계획(strategic planning), 운영계획(operational planning), 거래계획(transactive planning), 옹호계획(advocacy planning) 등의 접근이론이 제시되고 있다.

2. 허드슨(B. Hudson)의 분류

허드슨(B. Hudson)은 계획이론의 영역에서 주도적 위치를 차지해온 총괄(synoptic) 또는 합리적 종합적 계획전통(rational comprehensive planning tradition)의 단점에 대한 대안으로 제기된 점증(incremental), 거래(transactive),

옹호(advocacy), 급진계획(radical planning)의 4개 전통의 특성을 선정된 지표를 통해 비교 설명하였다(Hudson, 1979: 389~398). 이 분류는 계획가들을 상황에 맞는 적정한 이론을 고르는 명장(master craftsmen)으로 생각하는데 근거하고 있다(Allmendinger, 2002b: 81).

허드슨(B. Hudson)은 각각의 계획전통을 비교 분석하기 위해 각 전통의 내부적 특성과 계획노력의 역사적 결과를 고려하여, 공익(公益), 인간차원(人間次元), 타당성(妥當性), 활동가능성(活動可能性), 실체이론(實體理論) 그리고 자아반응(自我反應)의 5가지 지표를 사용하였다(Hudson, 1979: 391~395). 공익(public interest)은 배분적 정의의 원리 및 갈등처리과정을 포함한 중요한 사회적 문제와 다원적 이익의 조정방법과 관련된 이론에 중점을 둔다. 인간차원(human dimension)은 계획의 개인적, 정신적 영역에 대한 영향에 대한 것으로, 기능적 목표이외에 심리사회개발, 존엄성, 자립성 등과 같은 것에 대한 관심의 정도이다. 타당성(feasibility)은 학습과 이론의 적용상 용이성에 대한 것이다. 활동가능성(action potential)은 아이디어를 실행에 옮길 수 있는 능력과 관련된다. 실체이론(substantive theory)은 사회문제와 사회변화과정에 대한 기술적이며 규범적 이론이 있는가에 대한 것이다. 비공식적 정보에 의한 예측능력, 장기적이며 간접적인 결과의 추적 능력, 행동의 기회와 제약에 대한 역사적 관점을 포함한다. 자아반응(self reflective)은 계획이론이 자신의 이론적 제약에 대해 명쾌하게 대처하고 있는가의 여부에 대한 것이다.

[표 6-2]는 계획모형별 장점과 단점을 대비한 것이다. 공익(公益)에 대해 옹호계획과 급진계획, 타당성(妥當性)에 대해서는 총괄계획과 점증계획 그리고 인간

Ⅰ 표 6-2 허드슨(B. Hudson)의 계획이론 분류 Ⅰ

지표 \ 이론	총괄계획	점증계획	거래계획	옹호계획	급진계획
공 익	○	○	○	●	●
인간차원			●		○
타 당 성	●	●			
행동가능성	○	○	○	○	○
실체이론		○	○		○
자아반응			○	○	○

●: 강한 관심 ○: 부분적 관심 공란은 약한 관계

자료: Hudson 1979: 382.

차원(人間次元) 측면에서는 거래계획이 각각 상대적인 강점을 가지고 있음을 알 수 있다.

3. 알렉산더(E. Alexander)의 분류

계획 속에 포함할 수 있는 다양한 행동을 기술하는 노력으로서, 다양한 계획모형을 상정할 수 있다. 알렉산더(E. Alexander)는 계획모형에 대한 세 가지 범주화 기준을 제시하고 있다(Alexander, 1992: 94~106).

첫 번째는 가장 단순하면서도 직관적인 것으로, 계획모형을 관심대상(關心對象)에 따라 구별하는 것이다. 즉 계획을 실체적(substantive) 또는 부문적-기능적 측면에 따라 구분한 것으로, 물리(physical) · 경제(economic) · 사회(social) · 교통(transportation) · 환경계획(environmental planning) 등과 같이 분류하는 방식이다.

둘째는 보다 개념적인 것으로, 계획을 도구적(instrumental) 측면에서 보는 것으로 계획유형이 달성하고자 하는 것과 사용도구(使用道具)에 따라 어떻게 다른가를 나타낸다. 이 범주에 속하는 계획모형은 규제계획(regulatory planning), 배분계획(allocative planning), 개발계획(developmental planning), 예시계획(indicative planning) 등이다.

마지막으로 서로 다른 계획모형을 역사적 회고와 현대적 관찰에서 확인할 수 있는 것으로, 맥락적(contextual) 접근이라 부를 수 있다. 이 접근은 상이한 사회·정치적 맥락(社會 · 政治的 脈絡)과 이념에 따른 것으로, 어떤 생각을 갖고 누구를 위해 누가 계획하며, 계획의 사고에는 명료한 계획의 논리적 바탕과 숨겨진 사회와 정치적 의제를 포함하는가 하는 것이다. 이 범주에는 종합계획(comprehensive planning), 옹호계획(advocacy planning), 관료계획(bureaucratic planning) 그리고 급진계획(radical planning)을 포함한다.

본 장(章)에서는 알렉산더(E. Alexander)의 분류방식을 고려하여, 계획모형을 맥락적, 기능적 그리고 도구적 특성에 따라 합리모형(合理模型), 정치모형(政治模型) 그리고 수단모형(手段模型)으로 범주화하고, 각 범주별로 주요한 계획이론모형을 검토하기로 한다.

제 2 절 합리모형

Ⅰ. 합리적 종합적 계획

1. 의 의

(1) 개 념

합리모형(rational model)은 계획작성과 정책결정에 있어 최대한의 합리성을 추구하는 모형이다(Levy, 1997: 323). 이 모형은 정통적인 주류계획모형(主流計劃模型)으로, 합리적 종합적 모형(rational comprehensive model), 총합적 방법(synoptic model), 또는 근원적(root) 접근이라고 한다(Alexander, 1984: 63). 이 계획개념은 수장계획(master plan) 또는 일반계획(general plan)이라는 용어로도 부른다. 종합적 합리적 계획의 순수한 개념적 모형은 메이어슨(M. Meyerson)과 반필드(E. Banfield)에 의해 1955년에 제시되었다(임길진, 1995: 104; Watson, 2002: 178~179).

합리계획모형은 르네상스 이후 서구사고의 중심주제가 되고 있는 합리주의개념에 뿌리를 두고 있다. 여기서 합리주의(rationalism)는 과학적 분석방법, 문제해결에 대한 특정한 접근방법으로 확인할 수 있다. 아울러 이 접근방법은 달성하고자 하는 목표의 관점에서 대안적 수단을 체계적으로 고려하고 평가하는 것을 요구한다(Alexander, 1984: 62).

종합계획의 개념은 계획에서 과학주의가 점차 증대하는 시대조류에 따라 발전을 거듭했고, 최근에는 신인문주의(新人文主義) 학자들에 의해 그 중요성이 재발견되고 있다(임길진, 1995: 106). 종합계획은 문제를 체제적 관점(systems viewpoint)에서 고찰하며, 설정된 목표에 대해 달성수단에 초점을 두고, 수학적 모형(數學的 模型)을 많이 사용하는 특성이 있다(Hudson, 1979: 388).

(2) 특 징

합리적 계획의 특성(特性)은 합리성, 일반성, 종합성 그리고 논리성으로 요약할 수 있다(Innes, 1996: 462). 여기서 합리성(合理性)이란 계획대상의 모든 필수적인 환경적 요소를 고려하여 계획하고, 공익을 제고하는 계획, 정치적 의사결정에 도움을 주는 전문적 기술적 지식의 제공이 중요하다는 의미이다. 일반성(一

般性)이란 계획의 주요 주제(main issues)에 대해 거시적 구상(big ideas)을 제시하는데 초점을 두고 있음을 의미한다. 종합성(綜合性)은 분석의 종합성, 대안의 도출·평가·선택이 종합적으로 진행되어야 한다는 뜻이다. 논리성(論理性)은 사실과 판단에 의해 확인된 명료한 논법으로 설명하고, 과학적인 분석에서 다루지 않은 가치판단·기준 그리고 원리도 아울러 검토해야 한다는 것이다.

이 접근의 특징(特徵)은 다음과 같이 요약할 수 있다(Lndblom, 1995: 37; 유훈, 1992: 68~69).

① 가치나 목표는 명료하게 파악할 수 있다.

② 계획작성은 목표-수단 분석의 접근방법으로 이루어지는 것으로, 먼저 목표가 고립화되고, 이어서 이를 달성하기 위한 수단을 추구한다.

③ '좋은' 계획의 검증은 바람직한 목표에 대한 가장 적절한 수단에 비추어 이루어진다.

④ 분석은 모든 중요한 관련사항을 고려하여 종합적으로 이루어진다.

⑤ 이론에의 의존도가 높다.

이 모형은 계획가가 완전한 정보를 바탕으로 종합적 분석과 최적의 대안선택이 가능하다고 보는 당위적이고 이상적인 접근방법이다. 합리적 계획가는 수단의 선택을 기술적인 문제로 보고, 효율성의 관점에서 결정하는 것을 주장하는 가치중립적인 전문가로 본다(Geertman, 2006: 870).

2. 계획과정상 의미

이 모형에서 제시하고 있는 계획단계(計劃段階)는 학자에 따라 차이가 있지만, 대체로 문제정의, 가치명료화, 목표선정, 대안작성, 대안별 결과의 예측, 대안의 평가와 선택, 대안집행을 위한 구체계획의 개발, 검토와 평가의 단계로 진행된다(Levy, 1997: 324; Dunn, 1994: 275; Anderson, 1979: 9~10).

① **문제정의** 계획가는 다른 문제들과 분리될 수 있거나 적어도 다른 문제들과 의미 있게 비교할 수 있는 계획문제에 직면한다고 본다. 그리고 계획가(들)는 모든 이해관계자간에 합의가 있는 계획문제를 확인해야 한다.

② **가치명료화 · 목표설정** 계획가는 가치·목표·목적을 명료하게 정의할 수 있고, 중요성에 따라 등급화할 수 있다고 본다.

③ **대안작성 · 선택** 계획가는 목표달성을 위한 모든 대안들을 작성·검토한다. 대안선택을 위해 모든 결과는 예측되어야 하고, 모든 대안들을 목표달성

의 측면에서 비교해야 하며, 목표달성을 극대화할 수 있는 대안을 선택해야 한다.

④ 대안의 집행 · 관리 선택된 대안은 가장 효율적, 효과적으로 목표를 달성할 수 있도록 집행하고, 관리해야 한다.

종합적 계획모형에서는 계획가(計劃家)를 모든 대안을 도출하여, 대안들의 모든 결과를 확인하여 최선의 결과를 가져오는 대안을 선택하는 사람이라고 했다(Altshuler, 1965: 302; Woltjer, 2000: 18). 즉 계획가는 전문적, 과학적, 기술적 기법으로 다른 사람의 수요를 확인할 수 있으며 합리적 분석을 통해 계획제안을 개발하는 권위와 자율성을 갖고 있을 뿐 아니라 이를 집행할 권한도 갖고 있다고 가정한다(Alexander, 1992: 102).

3. 장 · 단점

(1) 장 점

일반적으로 문제해결을 위한 종합적 접근은 계획가에게 전문적 조언에 필요한 적법성을 제공하는데, 이는 다음의 세 가지 이유 때문이다(Benveniste, 1989: 61).

첫째, 종합적 접근은 부분적 접근보다는 훨씬 많은 정보를 만들 수 있는 체계적 견해(systems view)를 제공한다.

둘째, 종합적 접근은 계획가에게 여러 기관에서 정보를 획득할 수 있는 적법성을 부여한다.

셋째, 이 접근에서는 전체체계에서 다루어야 할 문제를 다루도록 허용한다. 때문에 부분적 이익보다는 공공재에 보다 높은 관심을 갖는다.

(2) 비판과 제약

합리적 종합적 계획에 대한 비판은 1950년대 중반이후부터 린드블름(C. Lindblom)과 사이먼(H. Simon)으로부터 나타났다(Woltjer, 2000: 18; Alexander, 1984: 63). 사이먼(H. Simon)에 의하면 합리계획모형은 완전한 정보와 동시에 모든 대안을 고려하는 규범적 합리성(normative rationality)을 요구하고 있는데, 이는 현실적인 의사결정상황에서는 충족할 수 없다는 점에서 비판했다. 오히려 합리적 선택을 가져오는 의사결정의 실제상황은 종합적이 아니고 제한적이라는 것이다. 이러한 상황에서는 계획은 목표를 달성하는데 있어 극대화(maximize)하기보다는 만족화(satisfy)를 위해 노력한다는 것이다. 린드블름(C. Lindblom)은 완전합리성과 총체적 견해는 제한된 인식능력을 가지고 있는 계획가와 정책결정자의 상황에서는 맞지 않는다는 것이다.

알슈러(A. Altshuler)는 종합적 계획은 실제적으로 타당하지 못할 뿐 아니라 정치적으로도 생존할 수 없고, 그 범위의 종합성과 취급내용의 일반성 때문에 의미 있는 대중적 토의는 실제로 불가능하다고 지적하고 있다(Innes, 1996: 460). 기본적인 면에서 종합적 계획에서 요구하는 계획가의 전문성은 실제 개인이 구비할 수 있는 범위 이상을 요구한다. 그리고 계획가가 공익을 측정하고 이를 목표로 변환하는 작업을 할 것을 기대하나 이는 불가능한 작업이다. 정치적으로 공익은 정치적 의지에 의해 창조되기보다는 일정하게 존재한다는 가정에 대해 매우 비판적이다. 반필드(E. Banfield)는 다음 4가지 점에서 종합계획은 달성할 수 없는 이상이라고 비판한다(Bolan, 1975: 500~501). (5년 이상 되는) 장기적 미래를 예측할 능력이 없고, 모두가 동의할 수 있는 목표를 발견할 수 없고, 정치체계의 분산적 특성 그리고 목표를 달성할 효과적인 수단에 대한 지식의 결여를 들고 있다.

이와같이 합리적 종합적 계획은 의해 여러 측면에서 비판(批判)을 받고 있는데, 다음 몇 가지 점으로 요약할 수 있다(Levy, 1997: 324~325; Anderson, 1979: 10~11; Camhis, 1979: 35; Faludi, 1973: 151; 안해균, 1992: 257~258; 유훈, 1992: 69).

① 인간의 제한된 지적 능력을 수용하지 않는다.
② 정보의 불완전성을 수용하지 않는다.
③ 분석상 높은 비용을 수용하지 않는다.
④ 실패를 수용하지 않는다.
⑤ 결정에 있어 사실과 가치의 구별곤란성을 수용하지 않는다.
⑥ 체계의 개방성을 인정하지 않는다.
⑦ 계획문제의 다양성을 인정하지 않는다.

(3) 영 향

주도적 패러다임으로서 합리성의 붕괴(崩壞)에 대한 반응(反應)은 무엇인가? 여기에 알렉산더(E. Alexander)는 의례(儀禮), 회피(回避), 포기(抛棄), 모색(摸索)의 4가지 반응으로 범주화하였다(Alexander, 1996: 47~51; 1984: 64~66).

첫째, 의례적 반응(ritual response)은 계획교육과 실무에 광범하게 확산된 것으로 파격의 일부는 인정하지만 계속하여 합리모형에 집착한다.

둘째, 회피반응(avoidance response)은 사회과학자들 간에 공통으로 나타나는 것으로 합리패러다임에 기술적 의사결정모형을 대체하거나 합리모형의 수정을 하는 것과 관계된다. 사이먼(H. Simon)의 만족화(satisficing)와 린드블름(C. Lindblom)의 부분점증은 이 범주에 속하는 예이다. 어쨌거나 이들 모형은 합리적 모형에 대해 그들 스스로 제시했던 동일한 비판들에서 자유롭지 못했다. 즉 그들은 현실세계에서 지지되기 어려운 가정의 수를 합리모형에 비해 한정하는데 불과했다. 때문에 이를 회피반응(回避反應)이라고 할 수 있다.

셋째, 포기반응(abandonment response)은 합리모형이 불필요하기 때문에 포기해야 한다는 것이다. 이 범주의 반응은 대안적 패러다임으로 실체적 모형을 제안했는데, 체계기반분석, 거래 또는 급진계획 그리고 비판이론(critical theory)도 이 범주에 속한다.

마지막으로 모색반응(search response)은 합리모형의 대안으로서 근본적으로 상이한 모형을 제안한다. 합리모형에 대신하여 우연성이론(contingency theories)들이 제시되고 있는 것은 여기에 해당된다.

Ⅱ. 부분점증계획

1. 의 의

(1) 개 념

부분점증모형(disjointed-incremental model)은 린드브름(C. Lindblom)이 합리적 종합계획의 한계를 인정하고 이의 대체모형으로서 제기한 이론이다. 이 접근이론은 반필드(E. Banfield), 브레이브르크(D. Braybrooke), 린드브름(C. Lindblom), 윌다브스키(A. Wildavsky) 등에 의해 정련(精鍊)되면서 현실적으로 적용가능한 접근모형으로 발전되었다(안해균, 1992: 265).

이 접근방법은 인간의 지적능력의 한계와 의사결정의 기술적인 제약을 감안한 현실적이며 보수적인 접근방법이다. 이 방법은 모든 대안을 고려하기 보다는 한정된 대안을 추출하여 평가하고, 최적의 대안을 기대하지 않을 뿐 아니라 선정된 결정사항에 대해 계속적인 평가와 조정을 추구하고 있다. 린드브름(C. Lindblom)은 고정된 목표의 설정을 거부하고, 대신에 계획가들이 그들의 목표를 상호조정(mutual adjustment)하는 활동을 기술하였다. 이러한 점진적, 한계적 변화의 과정을 '대충하기'(muddling through)라고 했다.

(2) 특 징

이 접근의 특징(特徵)은 다음과 같다(Lindblom, 1995: 37; Faludi, 1973: 151~154; Hobbs and Doling, 1981: 133).

① 대안들의 특징적 차이만을 고려한 평가와 선택

② 제한된 대안의 수를 고려

③ 각 대안별로 제한된 수의 결과만 고려

④ 정책에 따른 목표의 수정

⑤ 자료의 재구축적 처리

⑥ 연속적인 분석과 평가

⑦ 분석과 평가의 치유적 지향

⑧ 분석과 평가의 사회적 부분화

2. 계획과정상 의미

부분점증접근의 계획과정별 의미는 다음과 같이 요약할 수 있다(Anderson, 1979: 11; Dunn, 1994: 275~276; 안해균, 1992: 266~267; 유훈, 1992: 73~74).

① **계획문제** 당면하는 계획문제는 지속적으로 재정의(再定義)된다. 점증주의는 목표-수단간의 조정을 지속적으로 할 수 있도록 하여, 문제를 보다 관리가능한 모습으로 바꾸는 효과를 갖는다. 문제를 특정시점에 완전히 해결하기보다는 지속적으로 치유한다.

② **목표설정** 일단 정립된 목표도 대안의 탐색과 선택과정 중에서 재조정 내지 수정한다. 현재상태에서 점증적(즉 소량)으로 차이가 있는 목표들만 고려한다. 그리고 목표와 목적간에 상호조정을 한다.

③ **대안작성** 대안탐색에 있어 기존의 정책과 크게 다르지 않은 몇 개만을 추출하여 달라지는 부분을 토대로 선택한다. 각 대안에 대한 제한된 수의 결과만을 고려한다. 의사결정자는 문제를 다룸에 있어 오직 일정한 대안만을 고려한다. 그리고 대안들을 정해진 절차에 따라 분석하고 평가한다.

④ **대안선택** 대안을 분석평가할 경우 몇 개의 대안에 국한한다. 각 대안에 대하여 예상되는 결과도 몇 가지에 한정시켜 분석한다. 사회의 많은 집단과

분석과 평가에 대한 책임을 공유하기 때문에 계획선택은 부분화된다. 문제에 대한 단일의 결정 또는 최적의 해결은 없다. 각 대안별로 제한된 수의 중요한 결과만을 평가한다.

3. 제 약

부분점증모형은 다음 몇 가지의 제약점이 있다(유훈, 1992: 74~75).

① 이 모형이 타당성을 유지하기 위해서는 현행 결정의 결과가 대체로 만족스러운 것이어야 하고, 해결해야할 문제의 성격이 안정성을 지니고, 문제해결을 위해 이용가능한 수단 역시 안정성을 지니는 3가지의 전제조건이 충족되어야 한다. 그러나 이러한 전제조건은 선진국에서나 충족될지 모르나 급격한 변동을 거듭하는 개도국에서는 적합치 않다.

② 이 모형은 지나치게 보수적이며 쇄신을 저해한다.

③ 결정이 타성에 흐르기 쉬우며 새로운 대안을 적극적으로 모색하는 노력을 소홀히 하기 쉽다.

④ 당파간의 협상과 상호조절을 강조하는데 이러한 과정에 있어 강자가 유리하고 약자가 불리하게 마련이다. 즉 이 입장에 의한 결정은 강자를 과대대표하고 약자는 과소대표하게 된다.

Ⅲ. 혼합주사 접근

1. 의 의

(1) 개 념

합리적 종합적 계획은 이상적이고, 추구할 만한 가치가 있지만, 현실적으로 성취할 수 없다. 부분점증계획도 합리적 종합적 계획이 당면한 문제에 대해 해답을 제공하지 못하기 때문에 합리적 종합적 계획의 대안이 되지 못한다. 합리적 종합적 계획의 아이디어는 진정으로 포기한 일이 없고 아직도 추구할 가치가 있는 이론으로 남아 있다. 이러한 여건 하에서 에찌오니(A. Etzioni)는 합리적 종합적 계획과 부분점증주의를 타협하기 위한 시도로서 혼합주사(mixed scanning) 접근방법을 제시하였다(Camhis, 1979: 56).

혼합주사모형(混合走査模型)을 사용하는 결정자는 근본적인 결정과 지엽적인 결정을 구별한다(유훈, 1992: 76). 근본적(根本的)인 결정에 있어서는 결정자의 목표를 달성하기 위한 대안을 광범하게 모색하나 합리모형과 달리 세부적인 문제는 생략한다. 그러나 지엽적(枝葉的)인 결정은 근본적인 결정에 의하여 설정된 맥락(context)안에서 점증적으로 이루어지게 된다는 것이다. 이 모형은 두 요소가 각각 상대방의 결함을 시정하고 중화하는 역할을 담당하게 된다. 지엽적 결정에 있어서의 점증주의는 합리모형의 비현실적 측면을 극복하며 근본적 결정에 있어서의 합리주의는 점증주의의 보수적 편견을 시정하는 역할을 담당하게 된다(유훈, 1992: 77).

혼합주사는 광범한 주제에 대해 일반자료를 수집 및 평가하고, 특정한 이슈에 대한 상세한 분석을 하는 접근방법이다. 그리고 이 접근은 순수한 합리적 결정을 확보하는데 제한된 인간능력을 인식하고, 합리적 종합적 과정에 적용된 체계분석 기법에 가치를 부여한다(Smith and Stupak, 1994: 362~363).

(2) 특　　성

에찌오니(A. Etzioni)는 그의 접근방법을 기상위성을 사용한 지구의 기상관측을 예를 들어 설명했다. 공간전체를 상세하게 점검하고자 하는 합리주의나 과거에 유사하게 진정되었던 지역에 초점을 두는 부분점증주의와는 달리, 혼합주사는 두 개의 카메라를 사용하여, 광각(broad angle)카메라에 의해 공간전체를 개괄적으로 조사한 후(합리모형), 이상지역이 발생되는 경우 정밀렌즈에 의해 해당지역을 상세하게 조사하는 방법(부분점증적 모형)을 혼합하는 것과 같다(Camhis, 1979: 57).

혼합주사(混合走査)는 두 가지 이론이 혼합된 것이기 때문에 서로 구별되고 상호관련된 과정으로 이루어져있다. 기본방향을 결정하는 높은 수준의 본질적인 정책결정과정과 기본결정을 준비하고 이를 수정하는 점진적 과정으로 이루어진다.

에찌오니(A. Etzioni)는 합리모형은 결정권한이 집중되어 있고 통제계획지향적인 속성을 가지는 전체주의 사회체계에 적합하며, 부분점증모형은 다원적이고 합의지향적인 민주주의 사회체계에 적합한 모형이라고 할 수 있으며, 혼합모형(混合模型)은 능동적 사회(active society)가 갖추어야 할 전략이라고 한다(안해균, 1992: 272).

2. 계획과정상 의미

이 접근방법은 기본적으로 모든 관련대안을 나열하여 검토하고, 문제가 있는 것은 제외하는 과정을 반복하여 하나의 대안이 남을 때까지 계속한다. 이러한 의사결정과정은 다음의 과정(過程)으로 진행된다(Camhis, 1979: 58~59; 안해균, 1992: 270~271)

① 계획결정자가 작성된 모든 대안 중에서 적절하다고 생각되는 것들을 검토한다. 이때 종합적 합리성에 입각하여 검토되는데, 집행이 불가능한 것, 결정권자의 기본적 가치에 위배되는 것, 집행과정 중에 지지를 얻어야 할 이익집단의 가치에 상반되는 것은 채택되지 않는다.

② 채택된 대안들을 중심으로 좀더 상세하게 위와 같은 과정을 반복하여 최종적으로 하나의 대안만을 남게 하든가 아니면 어느 대안을 채택해도 무관한 단계에까지 이른다.

③ 채택된 대안을 집행하는데 관련된 결정을 하게 된다. 집행에 비용이 많이 들거나 좀더 장기적인 영향을 미치는 집행단계는 뒤로 미루는 것이 좋으며, 집행에 관련된 정보를 보충하는 시점을 정하여 정보가 수집되는데로 좀더 거시적인 조사를 다시 시도한다.

④ 이상과 같은 여러 차원의 조사를 위해서 각 차원에서 어느 정도의 시간과 자원을 할당할 것인가에 관한 원칙을 종합적 합리성에 입각하여 세워놓아야 한다.

3. 제 약

이 모형은 처방적(處方的)인 모형(模型)으로서 장점(長點)도 있지만, 다음의 단점(短點)이 있다(유훈, 1992: 77).

① 근본적인 결정의 중요성을 강조하나, 근본적인 결정이 에찌오니(A. Etzioni)가 주장한 것처럼 중요한가는 의문이다. 어떤 경우에는 근본적인 결정이 대체적인 방향을 제시하는 것처럼 중요성을 지니나 많은 경우 결정이 그가 주장하는 것처럼 조직적으로 이루어지는 것은 아니다. 많은 경우 결정이 선례나 타성에 따라 이루어진다.

② 근본적인 결정과 지엽적인 결정의 구별을 중시하나 이의 구별기준을 명확하게 제시하지 않고 있다.

제 3 절 정치모형

Ⅰ. 옹호계획

1. 의 의

(1) 개 념

데비도프(P. Davidoff)에 의해 1965년에 제창된 옹호계획(advocacy planning)은 당시의 중앙집권적이고 기술관료적인 가치관에 바탕을 둔 계획유형에 대한 반작용으로, 법률체계와 유사한 계획모형으로서 옹호계획(擁護計劃)을 창안하였다. 이 모형에서 계획가는 특정한 이익 -특히 현재의 정치적 영향구조 하에서는 잘 반영하지 못하는 이익- 을 옹호하는 역할을 해야 한다고 주장했다(Alexander, 1992: 103; Poulton, 1991: 271; 김원, 1977: 53~54).

이 개념은 법조계에서 형성된 피해구제절차(被害救濟節次)로부터 연유된 것으로, 강자에 대한 약자의 이익을 보호하는 것처럼 사회적으로 혜택받지 못한 주민의 이익을 옹호하기 위한 노력으로부터 시작되었다. 이 방식은 대안적 계획안들이 정부 이외의 이익집단에 의해 옹호될 수 있도록 하는 제도적 환경을 요구한다. 이러한 의미에서 데비도프는 계획기관들은 계획제안에 대한 정치적 지지를 획득하기 위해 다른 계획집단들과 경쟁하는 것이 요구된다고 했다(Sage, 2001: 511). 이 계획을 다원계획(plural planning)이라고 하는데, 이는 민간, 공공 그리고 비수익부문(non-profit sectors) 들에 의해 만들어진 다수의 계획들이 계획의 전체적인 질을 개선할 수 있다고 생각하기 때문이다.

데비도프의 옹호 및 다원주의에 대한 주장은 계획이 가치중립적인 과업이라기보다는 어떠한 행동을 취해야 할 것인가에 대한 경쟁적 시각을 갖는 정치적(政治的) 과정(過程)으로 본다(Peterman, 2004: 267~268). 그리고 그는 문제에 대한 처방(prescription)은 바람직한 목표에 기반하기 때문에, 적절한 계획적 행동은 가치중립적인 입장에서 처방할 수 없다고 주장한다. 따라서 계획의 실제에서 정치적 가치와 사회적 가치를 공개적으로 초대하여 검토하고 토론하는 것이 중요하며, 이러한 입장의 수용은 계획가가 기술자로서만 행동하고 처방하는 계획을 거부하는 것을 의미한다(Blecher, 1971: 10). 옹호계획으로의 전환은 정치와 독립적으로 조언을 제공하는 전통적인 종합계획모형과의 결별을 의미한다(Hoch, 1994:

301; Allmendinger, 2002a: 133).

(2) 대두배경

① 상황여건 옹호계획은 1960년대의 사회적 항의와 정치적 혼란에 영향을 받았다. 흑인과 백인들은 대규모행진, 연좌 등의 민권운동을 전개했다. 학생도 운동에 가담하여 베트남에서의 전쟁을 반대하는 캠퍼스 중심의 항의를 전개하였다. 지방거주자들은 철거방식에 의한 도시재개발방식에 항의하고, 인종주의·빈곤·흑백격차의 확대에 분노하게 되었다. 많은 사람(특히 흑인)들이 대도시로 이주하여 중심지에 빈민지역을 형성했고, 그 곳은 실업, 불충분한 교육, 나쁜 보건환경, 퇴락하는 하부구조, 수준이하의 주택 등의 퇴락지역으로 사람이 거주하기 적합하지 않은 공간이 되었다. 흑인들이 도심에 이주함에 따라 백인중산층은 교외로 이주하였다. 민간기업과 공공기관들은 대도시를 재구성하였다. 예를 들면 은행들은 도심에 대한 투자를 기피했고, 건축업자는 교외지역에서 새로운 주거지를 조성하고, 이에 따라 관련된 많은 기업들이 교외를 선호하게 되었다. 연방정부의 프로그램도 도심의 회생보다는 교외지역개발에 초점을 두었다. 이러한 상황에서 계획가들은 전문기술자로서 비정치적인 입장에서 의사결정자의 조언자로서 역할을 하면서, 물리계획을 통한 도시문제 해결에 초점을 두었기에 문제해결에 한계가 있었다(Checkoway, 1994: 140).

② 이론적 배경 인간은 외형뿐만 아니라 사회 및 문화적 정체성도 각각 차이가 있다. 이러한 차별성이 옹호계획의 출발점이 된다. 본질적인 차이는 상이한 수요, 자원 그리고 계획실제를 의미한다. 민주적 계획이론은 이러한 차이를 인정하고 존중한다. 많은 민주적 이론들은 대중 또는 다수의 이익을 공익과 동일시 하지만, 옹호계획가들은 전체에서 분리된 집단들의 중요성을 강조하고 다수결을 피하고자 한다. 아울러 옹호계획은 빈곤층과 소수계층을 효과적으로 제외시키는 피상적 다원주의의 정치적 관행과 획일적인 물리계획, 독립적인 계획위원회 그리고 쉽게 접근하기 어려운 공익에 전념하는 전문가 문화에 대한 반작용으로 시작되었다. 데비도프의 제안은 계획가들이 소외계층에 서비스를 제공함으로써 보다 포괄적인 다원주의를 만드는데 기여할 수 있을 것이라는 것이다(Clavel, 1994; Allmendinger, 2002a: 144).

데비도프(P. Davidoff)는 계획가들이 스스로 적정하다고 생각하는 것을 옹호하는 것에 대해 그들의 고객들이 지지할 것으로 생각했다. 때문에 그는 계획가들은 공개적인 정치적 과정에서 자신들의 가치를 표현하고, 집단들이 자신들의 계획을 형성 개발하도록 해야 한다고 주장했다(Checkoway, 1994: 141). 그는 사회의 모든 집단이 자신의 길을 옹호할 수 있어야 하고, 특히 빈곤층을 대표하는 조직의 선출이 중요하다고 했다. 그는 현재의 계획구조는 다원주의에 방해가 된다고 주장했다. 즉 대중에 책임이 없는 장(長)이 지배하고, 사회와 경제적 여건에 대한 지식이 없는 계획가에 의해 관리되는 단일의 계획기관이 단일의 전략과 선택을 제한하는 단일계획(unitary plan)을 작성하고 있는 문제점을 지적했다(Checkoway, 1994: 141).

(3) 특 성

전통계획과 옹호계획 간에는 4가지의 기본적인 차이가 있다(Peterman, 2004: 268).

① 전통계획이 정치에서 이격된 기술적 과정으로 생각되는데 비해, 옹호계획가들은 모든 결정들이 정치적 의미를 가지고 있고 자원배분문제는 가치중립이 아니라고 인식한다.

② 전통계획은 일반대중의 이익을 대변하는 목표에의 도달을 시도하지만, 옹호계획가들은 일반이익(general interest)은 없다고 믿는다. 대신에 그들은 사회구성원 모두가 이해하고 접근할 수 있는 계획작성을 위해 노력하고, 사회에서 덜 혜택받는 사람들의 이익을 보다 적절히 반영하는 계획을 만들기 위해 노력한다.

③ 전통계획가들은 그들의 전문성을 일반대중의 욕구를 충족하기 위해자원을 배분하는데 위임되어져 있다고 믿는다. 옹호계획가들은 일반대중보다는 고객들을 대신하여 옹호하는 행동을 해야 한다고 믿는다.

④ 전통계획가들은 객관적이기 위해 노력하고, 계획을 객관적 사실의 발견과정으로 특징지을 수 있는 반면에, 옹호계획가들은 유사한 견해를 가진 고객을 대변하고 잘 대변되지 못한 집단을 대변함으로써 자신의 가치를 집행한다.

2. 계획과정상 의미

이 전통의 중심적 주장(中心的 思想)은 자유민주사회에서는 권력의 현저한 집중보다는 분산(分散)된 형태를 취하는 경우가 많고, 선거를 통하여 주민의 참여(參與)를 허용하고, 다양한 경쟁적 압력집단에 가입하여 자기들의 견해를 피력할 수 있는 기회를 보장하고 있으며, 각 압력집단은 반대집단에 대해 자기집단의 특정한 견해를 옹호할 수 있다는 생각에 바탕을 두고 있다. 이 모형의 의사결정환경과 계획결정과정의 특성은 다음과 같다((Judge, 1995: 14; Mazziotti, 1982: 209~212; Kirk, 1980: 57).

(1) 의사결정환경

① 다원적 사회와 권력분산 다원주의자들은 사회는 소규모 특별이익집단의 집합체로서 구성되어 있다고 본다. 이 집단들은 서로 다른 권력기반을 갖고, 자기들에 영향을 주는 결정에 영향력을 행사하기 위해 다양한 기법을 사용하게 된다. 따라서 사회의 어떤 집단도 주도적으로 권력을 행사할 수 없도록 분산(分散)되어 있다.

② 민주적 의사결정 정치과정은 개방적이고 민주적이며, 의사결정자에의 접근이 용이하고, 개인과 집단을 위한 수많은 통신채널이 특징적으로 나타난다. 이 접근은 여론이 정책변화에 중요한 역할을 하고 정치활동은 주민의 이익에 의해 결정되는 특성이 있다. 이러한 다원적 견해(多元的 見解)는 주민들이 자기들과 관련된 문제를 위해 스스로 조직할 권리와 능력을 강조하는 복음(福音)주의적 의미를 갖고 있다. 만일 개인이 동등한 지위를 가지고 있다고 생각되면 그들의 특정한 이익을 요구하기 위해 스스로 조직할 수 있는 동등한 기회를 가져야 한다.

(2) 계획작성과 선택

사회에는 다원적 가치(多元的 價値)가 혼재하고 있음으로, 단일의 계획보다는 복수의 다원적 계획을 수립하여 선택·실천하는 것이 바람직하다고 보고 있다. 데비도프는 계획에도 공화당과 민주당의 견해가 있어야 하고, 보수적 계획과 진보적 계획이 있어야 하며, 민간시장에서 지지하는 계획과 정부통제를 지지하는 계획이 있어야 한다는 신념을 가지고 있었다(Peattie, 1968: 81). 이 접근에 의하면 정책결정에 있어서 정부가 성안한 공공안(公共案)과 주민이 중심으로 만든 민간안(民間案)을 비교 검토하여 좋은 계획안을 선택하여 실천하는 것이다. 이는 미국에서 선거시 민주, 공화 양당이 각각 문제해결의 처방을 제시하는 것과 같이, 또 법정에서 원고, 피고가 각각 자기주장을 옹호하는 것과 같이 계획형성에서도 이 논리를 채택하자는 것이다(김원, 1977: 53).

다원주의(多元主義)는 주민들에게 대안적 선택안을 보다 잘 알리고, 계획기관들이 다른 정치적 지지집단과 경쟁하도록 촉진하는 계획방법이다(Checkoway,

1994: 139). 이 접근방법에서의 계획결정은 경쟁적인 이익집단(利益集團)간의 정치적 행동의 결과로 합의에 도달한다고 가정하고 있다. 이 경우 개발업자, 중산층 등은 강력히 자기 이익을 대변할 수 있지만, 빈곤층은 그렇지 못한다. 빈곤층은 다수이며 종종 정치적으로 영향력 있는 집단이지만 다른 서비스에 비해 계획서비스에 대한 우선순위는 낮은 편이다(Poulton, 1991: 271). 이 옹호계획은 사회정책형성을 막후협상에서 개방적인 형태로 변환시키는 효과를 가져왔다.

데비도프는 경쟁적인 계획들의 가능성에 대해 제기한다. 현재는 주로 공공기관에 의해 작성된 단일계획에 의존하는 경우가 대부분인데, 옹호접근에 의하면 서로 다른 집단들에 의해 다수의 계획들을 준비할 수 있다. 이들 계획들의 일부는 공공기관의 계획내용과 직접적으로 배치된다. 단순하게 단일의 공식적인 계획에 반대하기 보다는, 여러 집단들이 공공계획안을 그들 자신들의 것과 같은 것의 하나로 간주한다. 결과적으로 아이디어의 경쟁을 가져온다(Allmendinger, 2002a: 139).

(3) 계획가와 정부의 역할

데비도프(P. Davidoff)는 계획가의 가치중립적인 입장이 달성 불가능하다는 것을 인식하고, 계획가는 실천자(practitioners)가 되어야 된다고 주장한다. 그리고 계획가는 이익의 옹호자로서 정치적 과정에 자유롭게 개입할 수 있어야 한다고 주장한다(Campbell and Marshall, 1999: 473).

이 모형에서 정부는 경쟁집단 간의 경기규칙을 제정, 시행하고, 정치적 조정이 이루어지는 것을 승인하는 것 이외의 어떠한 독립적 역할도 하지 않는다. 때문에 시장경쟁과 유사한 의미를 갖는 정치경쟁은 개별정부의 활동, 계획, 조정의 필요성은 제거해야 한다고 가정한다. 즉 이러한 상황에서 정부의 역할은 대립되는 이익을 수용하고 균형을 유지하는 권력균형(balance of power)역할과 경쟁적 이익들이 잘못 사용되는 것을 감독하고 규제하는 심판이론(referee theory)적 역할의 두 가지로 한정된다(Kirk, 1980: 57).

3. 장 · 단점

(1) 장　　점

데비도프(P. Davidoff)는 계획은 자원과 기회가 결여되어 있는 사람들의 여건을 개선하고 자신들의 삶에 영향을 미치는 결정에 전통적으로 제외되었던 집단의 대표와 참여를 확장하여 사회문제를 다루는 과정이라고 보았다. 그는 계획가는 참여민주주의와 긍정적 사회개혁을 제고하고, 사회의 빈곤과 인종주의를 극복하며, 빈부의 격차를 줄이는 역할을 하는 것으로 생각했다(Checkoway, 1994: 139).

데비도프는 옹호계획은 계획과정에서 3가지 이점(利點)이 있다고 주장한다(Kirk, 1980: 140; Campbell and Marshall, 1999: 473; Allmendinger, 2002a: 139). 첫째, 계획작성이 특정한 사회적 목표를 요구하기 보다는 과정상 공정성을 요구하게 되고, 계획내용과 선택에 있어 주민과 보다 큰 교감을 가질 수 있는 수단으로서 역할을 할 수 있다. 둘째, 정치적 지지를 획득하기 위해 계획집단들이 서로 경쟁할 수 있도록 만든다. 때문에 보다 양질의 계획안이 작성될 수 있다. 그러나 이익집단에 의한 어떠한 반대나 대안적 계획이 부재한 경우에는 공공기관에서는 그들의 작업을 개선할 노력을 기울이지 않는 경우도 많다. 셋째, 탁월한 계획을 만들어 내야 한다는 비판의 부담에서 벗어날 수 있다.

(2) 한 계

데비도프의 옹호접근은 여러 문제를 야기한다(Allmendinger, 2002a: 140~141; Marris, 1994: 143~144)

① 계획가들은 자신들과 유사한 가치를 가진 고용자들을 찾고자 한다고 보았다. 그러나 단일의 세계관을 가진 조직은 없기에, 대부분의 고용자들, 조직들, 기관들은 복합적인 시각을 가지게 된다. 때문에 동질적인 가치를 조직으로 단순하게 묘사하는 것은 비현실적이다.

② 어떻게 경쟁적인 계획안들을 판결할 것인가 하는 것이다. 데비도프(P. Davidoff)는 사회문제에서 올바른 해결책은 누구도 알 수 없고, 다만 적절한 정책은 의사결정단위가 적정할 때에만 가능하다고 주장했다. 그러나 계획이 보수 대 진보, 시장 대 개입의 양자택일적인 상황에서는 누가 선택할 것인가 하는 문제에 직면하게 된다.

③ 옹호계획의 핵심적인 약점은 법적 옹호(法的 擁護)를 통해 갈등을 해소하는 방법과 민주적 정치과정(政治的 民主過程)을 거쳐 해결하는 것과는 근본적으로 다르다는 것을 간과했다는 점이다. 법과 주민참여에 의해 계획가가 그들의 고객에 대신하여 참여의 권리를 주장하고, 고객들이 그들의 제안을 준비하는데 도움을 주게 되는 경우, 민주적으로 선출된 정부가 법적 범위 내에서 계획을 작성하고 확정하는 것이 적법하지 않다고 주장하기 어렵다

(3) 영 향

옹호계획은 계획사고(計劃思考)의 발달에 중요한 영향을 주었다(Benveniste, 1989: 68). 이는 계획가로 하여금 누구를 위한 계획인가에 대해 생각해 보도록 했다. 이는 빈곤 또는 소외계층이 그들이 필요로 하는 것이 무엇인가에 대해 검토하고 이를 계획에 반영함으로써 계획의 적법성을 확보하는 수단으로 이해하는 계기가 되었다.

옹호계획은 그 기본적 사고를 변경·보완하여, 형평계획, 진보계획, 또는 권능계획의 이름으로 계획사고와 실무에 영향을 주었다.

① **형평계획**(equity planning) 옹호계획을 지지하는 집단 내에서 일부 계획가들은 계획을 집행하는데 사회적 형평과 재분배의 목표를 추구하게 되었다. 이것이 형평계획이 되었다(Metzger, 1996).

형평계획(衡平計劃)은 옹호계획가들이 그들의 연구·분석·조직적 기술을 사회의 소외계층을 확인하고, 동원하며, 그들에게 자원을 재분배하기 위한 정책과 프로그램을 집행하는데 사용한다(Metzger, 1996). 형평계획가들은 제약되지 않은 자유시장은 항상 형평의 결과를 가져오는 것은 아니라고 생각하고, 모든 시민들은 특정한 주요 재화와 자원에 동등한 권리를 가지고 정부는 이들 권리들이 존중되는 것을 보장하는 의무를 갖는다고 믿는다(McGary, 2004: 82). 이러한 시각에서 크름홀즈(N. Krumholz)는 「클리브랜드 정책계획보고서」(Cleveland Policy Planning Report)를 작성했다. 이 보고서는 도심의 부동산개발중심의 물리계획에서 탈피하여 빈곤, 근린파괴, 투자감퇴, 불균형된 서비스공급 같은 문제를 진단하게 되었다. 계획에서 형평의 문제는 제한된 주택, 고용, 교통선택의 기회를 갖고 있는 사람들에게 선택의 영역을 확대함으로서 달성될 수 있다는 것이다.

② **진보계획**(progressive planning) 포레스터(J. Forester)의 진보계획은 전통적인 옹호계획을 순화시킨 것이다. 진보계획(進步計劃)은 의사결정에서 제외된 소외계층에 대해 정보, 기술적 자원, 중대한 분석(critical analysis)을 제공하여, 그들의 이익이 개선(advance)되는 것을 추구한다. 이 계획은 잘못된 정보를 예측·수정하는 체계적인 시도와 왜곡과 불공평에 대한 직접적인 대중적 관심도 포함한다. 이 계획에서는 소통(communication)의 중요성을 강조한다. 그러나 이 계획은 단순하게 의사소통적 왜곡(communicative distortion)의 비판에 국한하지 않고, 자본주의적 경제구조의 근본적 변화의 필요성을 제기한다(Harper and Stein, 1992: 112).

③ **권능계획**(empowerment planning) 권능계획(權能計劃)은 옹호계획이 효과적이지 못한 몇 가지 문제를 거론한다. 첫째, 사회의 불평등은 지식의 결핍에 의해서가 아니라, 사회의 엘리트들이 현상유지로부터 혜택받기 때문에 발생한다고 본다. 따라서 권능계획은 사회의 권력구조의 변화를 추구하고, 빈곤하고 혜택받지 못한 사람들의 개인적 및 집단적 권능제고에 초점을 둔다. 둘째, 권능계획은 사람들이 행동하도록 조직하는 것을 강조하는 것이다. 행동과 구체적인 결과가 없는 끝없는 회합은 가장 몰두하고 있는 주민들의 정신까지도 파괴하고, 때문에 행동은 언제나 권능계획의 통합부문이다. 셋째, 대부분의 다른 계획들과 달리, 권능계획은 근린주민이 소지한 일상적 지식이 계획가들이 소유한 과학적 또는 기술적 지식과 동등하게 중요하다는 사실을 인지한다. 마지막으로, 권능계획의 목적은 물리적 구조의 변화를 넘어서, 개인적 향상과 사회적 변화를 위해 개인에 권한을 부여하는 것을 목적으로 한다.

권능계획은 계획작성, 집행 그리고 정책개혁에서 주민의 개입을 강조한다. 이러한 신념은 일생의 경험을 통해 주민들은 그들의 근린에서 무엇이 오류인 것을 알고, 많은 경우에 어떻게 일을 좋게 만들 것인가를 안다. 계획가의 역할은 주민의 지식을 추가하고, 변화를 가져오는데 필요한 조직 및 재정자원에의 접근을 만드는 것이다.

Ⅱ. 거래계획

1. 의 의

(1) 개 념

프리드만(J. Friedmann)에 의해 제기된 거래계획(transactive planning)은 기술적 계획가와 고객사이의 의사소통상 넓어지는 간극(間隙)을 매우기 위한 시도로 등장한 것이다(Friedmann, 1973: 171). 여기서 '거래'(transactive)란 계획가의 과정화된 지식과 고객의 개인적 지식을 면대면(面對面)으로 교환함으로서 이루어진다. 다른 말로는 거래(去來)란 양자 간의 대화(對話)와 상호학습(相互學習)의 특징을 나타낸다(Sager, 1994: 5; Poulton, 1991: 271).

거래계획접근은 기본적으로 사회학습이론(social learning theory)과 개인간 상호작용(interpersonal interaction)에 바탕을 두고 있다. 여기서 계획가의 일은 사람간의 공동의 이해를 촉진하고, 고객과 함께 상호학습을 중시한다. 예를 들면 거래계획에서는 이론적 지식을 보유한 사람들과 실천적 구체적 지식을 보유한 사람간의 상호학습이 이루어진다. 계획가의 과업은 개방성, 대화 그리고 사회실험의 위험을 수용할 의지에 의존하는 사회학습에 사람들이 참여하도록 독려하는 것이다.

사회학습이론가(社會學習理論家)들은 논리적 실증주의와 합리적-종합주의 모델에 반대하면서, 개인적 지식의 사회적 학습에 중점을 두었다. 이 접근을 후기 합리계획(post rational planning)이라고 부르기도 한다. 이 접근의 발흥은 옹호계획의 실패에 따른 것이다.

(2) 이론적 배경

프리드만(J. Friedmann)이 이 이론을 착상하게 된 배경에는 몇 가지 이유가 있다(김원, 1977: 57~58). 첫째, 후기산업사회에서는 인간의 가치를 정확히 판단하기 어렵다. 둘째, 미국처럼 복합적 사회체계에서는 인간상호 간의 이해가 요청된다. 셋째, 현대의 발달된 기술과 기법에 의해 전체적인 상황을 이해하기는 쉽지만 개체를 이해하는 데는 한계가 있기 때문에 상호간의 이해가 이루어져야 한다는 것이다.

계획가들과 고객들의 의사소통상 어려움이 따른다. 이는 전자(前者)들이 주로 현실로부터 추상화되고 이론과 과학적 방법에 따라 일정한 가정에 따라 조작된 가공된 지식에 의해 주로 작업하는데 비해, 그의 고객들은 경험으로부터 직접적으로 도출된 개인적 지식에 따라 작업하는 것과 같이 양자 간에는 아는 방법에 차이가 있기 때문이다. 계획가의 언어는 개념적이고 수학적이며, 그들의 생각을 도표 등을 통해 의사소통하고자 한다. 그러나 고객은 개념, 모형, 이론에 익숙하지 않고, 고객의 언어는 계획가들의 것보다 덜 명확하다. 고객의 언어는 계획가의 공식적 어휘에 통합하기는 어렵더라도 특정한 작업적 의미가 있다. 고객의 언어는 맥락에 따라 변하지만, 표현방식은 사용한 실제 용어처럼 중요하다. 이것이 계획가들이 문자보다도 언어적 의사소통을 선택하는 이유이다(Friedmann, 1973: 172~174).

거래계획의 주요 요소는 대화(對話)로서, 사고, 도덕적 판단, 감정, 감정이입(empathy) 등이 행위에 융합될 수 있을 것으로 믿는다(Camhis, 1979: 76). 이러한 형태의 커뮤니케이션을 제고하기 위해서는 계획가와 함께 모두가 학습하는 것을 배워야 한다. 상호학습과정에서 계획가는 이론과 과학적 방법을 중심으로 하는 과정적 지식을 제공하고, 고객은 개인적 지식을 제공한다. 양자 간에 상호학습이 이루어지기 위해서는 동일한 가치를 갖는 것이 중요하다. 주어진 문제상황에서, 계획가들은 개념, 이론, 분석, 지식, 새로운 과정에 기여하고, 고객은 맥락의 내밀한 지식, 현실적인 대안, 규범, 우선순위, 타당성판단에 기여한다(Friedmann, 1973: 187).

2. 계획과정상 의미

계획과정(計劃過程)은 개인 간의 부단한 연계를 통해 지식을 행동으로 변환시키는 것이다. 프리드만(J. Friedmann)에 의하면 거래계획은 학습사회(learning society)이 필요하며, 이를 위한 사회의 재구성은 사람의 재교육에서부터 시작해야 한다(Friedmann, 1973: 223).

프리드만(J. Friedmann)은 사회를 3개의 층(three tiers)을 갖는 세포적 구조(細胞的 構造)를 상정했다(Mayer, 1985: 96~97; Camhis, 1979: 76).

기층(base tier)은 언어적 커뮤니케이션에 기반한 면대면(face-to-face) 상호작용을 하는, 약 12명 정도의 소규모·특별·과업지향적인 작업집단(working group)으로 구성되어 있다. 이 집단의 구성원은 서로 개방적이고, 지도자를 스스로 선택한다. 개인구성원은 여러 집단에 동시에 속하며, 각각의 집단은 일정한 자치와 책임을 가지고 스스로 인도하게 된다. 각 작업진단(作業集團)의 구성원은 집회에 참여하게 되고, 집회의 지도자는 의사결정권의 분화에도 불구하고 전체적이고 균형된 시각을 유지할 책임이 있고, 이러한 작업집단의 도덕적 통합을 제공한다.

중간층(middle tier)은 작업집단의 모든 구성원들로 이루어진 회합(assembly)들로, 각 회합(會合)은 8개 정도의 작업집단 또는 약 80명의 구성원으로 이루어진다. 회합의 기능은 공동문제에 대해 조정하고 상급기관에 행동을 제안하는 일을 한다.

최상층(highest tier)은 법인계획체(corporate planning body)로, 각 회합에서 10명씩 뽑힌 사람들로 구성된다. 이 법인층(法人層)은 중앙정부 의사결정기구와 직접 연계된다. 이의 기능은 체계 전체적인 정책을 승인하기 위해 회합에서 제기한 수요와 여건에 대한 정보를 처리하며, 회합과 작업집단에 수행해야 할 과업을 내려 보내는 역할을 한다. 이러한 법인구조는 정책결정이 일어나는 각급 수준의 정부에서 만들어질 수 있을 것이다. 정부단위의 규모에 따라 법인구조에 추가적인 층이 부가될 수 있을 것이다.

프리드만(J. Friedmann)은 이러한 제안이 타당하기 위해서는, 최대로 성인 남자 1/3의 참여가 기대된다고 했는데, 이는 미국의 공공의사결정에서 기본이 되는 예비선거의 참여수준을 나타낸 것이다(Mayer, 1985: 97). 이러한 하위단위가 모여 상위단위를 형성하고 최종적으로는 사회체계가 통합되고 사회적 교도가 발생한다(Camhis, 1979: 76).

3. 장 · 단점

(1) 장 점

거래계획은 과학적 및 기술적 지식의 취득 및 이용을 인간화하는데 있다(Friedmann, 1973: 190). 이의 강점(强點)은 동등한 가치와 참여민주주의에서 나온다. 거래계획은 신뢰성, 공동의 지식, 지역사회의 참여, 양자적 책임 그리고 긍정적인 상호의존성 특성을 갖는 협력적 학습을 포함한다.

개인과 지역사회들은 공공문제와 해결책에 대해 다양하고, 부분적이며, 종종 양립할 수 없는 시각들을 가지고 있다. 이들 부분적 견해들이 교차하는 곳에서 함께 학습하는 것은 많은 현대의 계획과 정책문제에 대한 사회적으로 신뢰할 만한 해결책을 도출하는 민주적으로 적법한 유일한 수단이다. 사회학습에 대한 이해와 제고 없이는 부분적인 이념들이나 합리성들의 충돌에 대한 이성적 해결의 희망이 없다(Holden, 2008: 3).

거래계획(去來計劃)은 사람들로 하여금 그들의 복지를 지배하는 사회적 과정에 대한 통제를 증대시키는데 도움을 줄 수 있는 분권화된 계획기관의 발달과 관련된다. 이 계획은 '계획이 사람들에게 재화와 용역의 공급에 어떠한 역할을 하느냐?' 하는 점에서 평가하는 것이 아니라, '계획의 사람에 대한 효과' -즉 존엄성과 효과성, 가치와 행태, 협력을 통한 성장능력, 관대성- 에 의해 평가된다는 것이다(Hudson, 1979: 389).

(2) 제 약 점

거래계획에서의 참여비용(參與費用)은 여러 방향에서 급속히 증가할 것이다. 공공의사결정에 이용되는 정보의 양은 증가되고, 따라서 결정의 질도 제고될 것이다. 정보전파에는 시간이 많이 소요된다고 하더라도 정보획득에는 시간이 적게 소용된다. 이러한 구조의 채택은 사회의 부유층을 강화시키는 도구로서 공유성의 윤리에 의한 현재의 정치적 지배윤리에 대한 대체가 요구된다. 이 접근의 주요 비판점(批判點)은 매우 시간소모적이며, 개별적 주관적인 특성을 갖고 있다는데 있다.

Ⅲ. 협력계획

1. 의 의

(1) 개 념

오늘의 계획이론들은 참여, 의사소통, 대화를 강조하는 사람중심의 새로운 계획을 위한 참여적 전환(participatory turn)의 길을 취해오고 있다. 포레스터(J. Forester)와 힐리(P. Healey)가 협력계획에서 가장 잘 알려진 선두주자이다(Kumar and Paddison, 2000: 205).

힐리(P. Healey)는 참여자들이 그들의 상호이익들을 표현하는 행동에 대해 합의에 이르는 과정을 기술하기 위해 협력계획(collaborative planning)이라는 말을 사용했고, 1990년대 후반이래로 계획이론분야의 핵심용어가 되고 있다(Fainstein, 2000: 457; Harris, 2002: 22).

협력계획(協力計劃)은 다양한 계획이론을 포용하는 것으로, 논쟁계획(argumentative planning: Fischer and Forester), 심의계획(deliberative planning: Forester), 비판이론(Forester) 그리고 계획실제(Hoch) 등이 이와 관련된다(Brand and Gaffikin, 2007: 284~285).

(2) 출현배경

계획이론의 담론을 지배해 오고 있는 의사소통적 또는 협력계획발달의 중요한 요인의 하나는 하버마스(J. Habermas)에 의해 도출된 의사소통개념에 의해 실증적인 합리주의관념을 대체한 것이다(Campbell and Marshall, 1999: 472).

계획이론의 기반적 인식론이 문화적 다양성, 강화되는 시민사회 그리고 포스트모더니즘의 해체적, 반기초적, 다원적 경향으로부터 출현한 철학적 비판에 의해 최근에 도전받아왔었다. 의사소통계획이론(communicative planning theory)은 이러한 도전들에 대한 반응으로 등장했다(McGuirk, 2001: 195). 의사소통모형은 합리모형의 적용을 통해 달성할 수 없는 단일의 공익을 상정하는 계몽적 담론을 전개하는 전문가들에 의한 하향적 계획에 대한 반작용으로 등장하였다(Fainstein, 2000: 453).

협력계획은 다음 네 가지 요인에 의해 영감을 받았다. 첫째, 계획이 상호작용적 과정이라는 인식이다. 둘째, 계획은 복합적이고 동적인 제도적 환경에서 발생되는 거버넌스활동이다. 셋째, 장소와 영역의 질을 유지 및 제고하는 계획에 대한 관심이다. 마지막으로 계획이 사회적 정의에 대한 도덕적 관여에 의해 동인되었다(Healey, 2003a: 104).

2. 이론적 기반

(1) 이론기반

계획이론에서 의사소통적 전환에 가장 중요한 기여는 하버마스(J. Habermas)의 노력에 의한 것이다. 그는 의사소통적 합리성(communicative rationality)의 시각에서 주체 간 의사소통과 사회적 행동의 문제를 검토했다(Hillier and Gunder, 2003: 227).

의사소통계획의 규범적 목적은 도구적 합리성(instrumental rationality)을 하버마스의 의사소통합리성(communicative rationality)의 관념으로 대체하는 것이다. 하버마스는 이성에 대한 도구적 합리성의 주관-객관 개념과 주체 간 숙려와 논쟁을 통해 환류적으로 생성된 이성의 형태인 의사소통합리성을 구별한다. 의사소통합리성은 물리적 사상의 세계, 내면경험세계, 역할과 규범이 중첩되는 사회세계에서 주체의 실제적 의식을 도출한 것으로 알려졌다(McGuirk, 2001: 196).

(2) 방 법 론

협력계획의 인식론적 기반의 실제적 의미는 계획을 위한 지식기반을 확대하기 위해 지식의 이질성을 이용한다. 이를 위해 인식된 이해를 가지고 있는 모든 사람들을 확인해야 하고, 모든 이해당사자들은 동등하게 알리고, 경청하고 존경되어져야 한다. 협력계획은 하향적 전문적 판단, 다수결, 또는 사전결정된 입장주변에서의 다툼보다는, 동등한 참여자들 간에 포용적이고 개방적인 대화의 출현에 의한 결정을 요구된다.

이러한 이상적인 상황은 집권화된 입법체계에 의한 정치적 지배덕분에 성취될 수 있는 것은 아니다. 때문에 협력계획은 대의제에서 실시간에 면대면 상호작용이 이루어지는 심의(deliberation)가 있는 참여형태의 거버넌스(governance)로의 전환이 요구된다. 그러한 상황에서 계획은 주민을 위한 것이 아닌, 주민에 의한 상황에서 작성되어져야 한다(Brand and Gaffikin, 2007: 290).

3. 계획과정상 의미

협력적 계획과정의 구성요소는 다음과 같다(Peterman, 2004: 271).

① 문제설정단계(problem setting phase)에서 이해당사자들이 협력적으로 작업에 관여하는 것을 확보하고, 협력적 과정을 촉진하는 구조를 개발한다.

② 방향설정단계(direction setting phase)에서 이해당사자들이 문제확인, 정보교환, 갈등해소, 공동목표결정, 합의도출, 집행행동의 확인에 함께 한다.

③ 집행단계(implementation phase)에서 이해당사자들이 집행의 구조와 접근방법의 수립, 집행행동 그리고 결과의 모니터링과 측정하는 것을 함께 한다.

계획작성과 집행에 있어 모든 이해당사들이 포함되는 목표를 달성하기 위해서는 다음 사항에 대한 논의가 있어야 한다(Kumar and Paddison, 2000: 206～208).

① 협력계획이론은 상호작용적이며 해석적 과정으로 정의되기 때문에, 이해당사자들간의 상호작용이 필수적이다.

② 상호작용과 담론의 영역은 모두가 우호적이고 지지적 환경 하에서 모든 이해당사자들을 포함하여 그들 스스로에 의해 설계, 재설계된다.

③ 상호작용은 의사소통합리성의 조건하에서 이루어진다. 의사소통합리성은 특정한 토의상황하의 이해당사자들이 이상적 대화상황을 충분히 수행할 수 있어야 한다.

④ 이해당사자들은 상이한 의미체계를 가지고 있기 때문에 서로 다르게 세상을 보고 이해한다. 모든 지식의 형태가 타당하고, 타인에 비해 우월한 시각은 존재하지 않는다.

⑤ 이해당사자들은 관심을 갖는 모든 문제에 대해 완전한 합의를 이룰 수 없다. 차이점은 논의되지만, 경시되지 않는다.

⑥ 이해당사자들은 다른 시각을 존중한다. 모든 이해당사자는 서로 듣고 말할 수 있는 목소리와 귀를 갖고 있다.

⑦ 이해당사자들은 심각한 문제에서 자신과 타인의 신념과 가치에 대해 반응할 수 있다. 이는 그들은 그들 자신의 견해와 타인의 담론을 평가할 능력을 가지고 있음을 의미한다.

⑧ 상호작용은 상호학습의 목적이 있다.

⑨ 협력계획여건 하에 만들어지는 계획이나 정책은 이해당사자들의 담론과

관련된 의미체계를 포함할 수 있다.

4. 문 제 점

의사소통이론의 문제(問題)는 실제적 적용에서 나타난다. 첫째, 대화에 기반한 계획은 집행에 심각한 문제를 노정하고, 이를 시행한다고 해도 기존의 권력집단의 지속적인 지배를 받게 되는 문제를 야기한다. 두 번째의 실용적인 문제는 참여과정에 오랜 시간이 요구된다는 것이다. 셋째, 계획가들이 의제설정(agenda setting)을 그만둘 때 대안을 구상하는데 어려움이 따른다. 마지막으로 계획이 협소한 공간적 범위를 대상으로 수행된다면 참여계획의 목표와 참여계획과정사이에 잠재적 갈등이 발생할 수 있다(Fainstein, 2000: 458~460).

제 4 절 수단적 모형

Ⅰ. 예시계획

1. 의 의

(1) 개 념

예시계획(indicative planning)은 정부의 일방적인 계획수립이나 집행방식을 지양하고 민·관의 협조와 간접적인 영향력의 행사를 통해서 국가계획을 작성 운영함으로서 국민으로부터 경제전망에 대하여 신뢰를 갖게 하고, 기업으로 하여금 이에 합치되는 투자 및 경영계획을 수립하도록 유도하는 계획방식이다(김신복, 1992: 95; 유훈, 1991: 247).

예시계획의 아이디어는 1936년 초에 미드(J. Meade)에 의해 언급되었고, 프랑스에서 1946년에 계획을 시작함에 따라 경제학자들이 광범하게 논의하게 되었다(Estrin and Holmes, 1983: 7). 이 계획은 1960년대에 학자들과 정책작성자들에 큰 인기를 얻다가, 그 이후 시장해결에 대한 신념과 의존도의 증가에 따라 그 중요성이 약화되었다(Brada and Estrin, 1990: 523).

(2) 특 징

예시계획(豫示計劃)은 가계·기업·조직 등 경제주체들이 국가계획에서 제시한 방향과 목표에 따르는 것이 국민경제는 물론 자신에게도 이익이 된다는 인식을 갖도록 설득하여, 이들의 의사결정에 영향을 주고자 한다. 즉 이 계획은 공공부문에서 작성한 계획에 대해 합리적인 계획과정과 계획내용에 의해 영향집단을 설득하고, 확정된 계획에 따라 자신의 결정을 하도록 유도하는 계획이다. 때문에 주요한 영향을 받는 집단과 그들의 계획과정에의 적극적 관여와의 상호작용은 예시계획의 전제조건이다(Alexander, 1992: 101).

예시계획은 정보의 공동이용 및 제공의 중요한 요소를 가지고 있다. 동시에 이 계획을 통제국가에서 수행하는 계획들과 구별되는 특징은 기업, 소비자, 노동조합 어느 누구에게도 계획목적달성을 위해 강요하지 않는다는 점이다. 정부자신은 계획목표를 달성하기 위해 어떠한 공식적인 방법도 강요하지 않고, 실제로 계획목표를 달성하기 위해 비교적 낮은 수준의 협정을 한다. 그러나 기관들은 계획의 집행을 추구한다고 가정하고, 과세, 보조금과 같은 간접적인 정부의 수단에 의존한다(Brada and Estrin, 1990: 524~525).

2. 이론적 근거

(1) 논　　리

예시계획은 정보특성(情報特性)에 따른 시장실패(市場失敗)를 지양한다. 시장은 사람들의 평가, 비용 그리고 표현된 의도를 전달하는 장치이고, 시장실패는 경제주체들 간에 자유롭게 또는 저렴하게 소통될 수 있는 경제적으로 가치 있는 정보들이 전달되지 않을 때 발생한다. 순수예시계획은 그러한 문제를 재정적 유인책이나 강요 없이 자발적으로 그러한 정보를 제공하여 해결하는 것이다. 실제계획체계는 그러한 순수한 예시적인 것은 없지만, 공공정책수단에서 예시적 요소를 발견할 수 있다(Estrin and Holmes, 1990: 532).

예시계획은 불확실한 상황에서는 자원배분이 모든 사람의 행태에 대한 정보를 개인과 기업에 제공함으로써 개선할 수 있다는 생각에 바탕을 두고 있다(Estrin and Holmes, 1983: 7).

(2) 역　　할

예시계획의 잠재적 역할(役割)은 정보의 공동이용, 체계적인 기대변경의 장치 그리고 정책조정으로 구분할 수 있다(Estrin and Holmes, 1990: 532~538; Cazes, 1990: 609~613).

① **정보의 공동이용**(information pooling) 경제주체들이 장기계약을 주저하는 중요한 이유는 장래에 어떤 일이 발생할 것인가를 잘 알지 못하기 때문이고, 이는 시장처럼 계획에 대해서도 부정적인 시각을 갖도록 한다. 따라서 장기계획을 작성하고 원활한 의사소통이 어려운 상황에서 예시계획의 정당성은 정보처리와 확산의 공동이용에 있다.

② **권고적 효과** 두 번째 역할은 보다 거시경제적인 것으로, 만일 예시계획에서 총합수요(aggregate demand)가 빠르게 성장한다고 예상하면, 기업들은 그들의 계획된 투자를 증가시키는데 자신감을 가지게 된다. 물론 예시계획은 성장만 관심을 가질 필요는 없고, 인플레이션기대도 유사한 방법으로 기여할 수 있다

③ **계획과 정책의 조화** 정보의 공동이용과 체계적인 기대수정 양자는 순전히 기술관료적 계획기관에 의해 수행될 수 있다. 개발도상국의 예시계획은 정부의 발표가 신뢰할 만하고, 선택된 정책들이 외부여건에 의해 필요로 하며, 결과는 계획가에 의해 예측되는 것이라고 기업들을 설득하는 과정으로 볼 수 있다. 계획과 정부정책이 전적으로 분리되는 곳에서는 비효율적이 되지만, 계획과정이 정치적 기관에 의해 전체적으로 통제되는 것으로 보인다면 그것을 신뢰할 수밖에 없다.

3. 계획과정상 의미

(1) 방법론상 특징

프랑스의 예시계획의 계획방법상 특징은 다음 세 가지로 요약할 수 있다(김신복, 1992: 96; 이영선, 1997: 30~31).

① 여러 분야와 산업으로부터 모인 전문가들로 구성된 근대화위원회(modernization commission)가 주도하여 계획을 수립한다. 이 위원회에는 고용주, 노동자, 정부각료, 전문가 등 사회 각계각층이 참여하여 이들의 의견수렴은 물론 계획의 철학과 방향을 주지시킬 수 있는 통로가 된다. 이와 같이 다수의 전문가들을 계획수립에 참여하게 하는 것은 중요한 정보를 확산하고 위험부담을 감소시키자는 의도가 깔려 있다.

② 공공소유권을 통한 계획이다. 프랑스는 산업부문에서 매우 높은 공공소유체제를 지니고 있는 국가이다. 교통, 전력, 통신, 항공, 석탄산업 그리고 기타 주요한 은행과 기업에서 높은 공공소유비율을 나타내고 있으며, 이것이 계획의 수립과 집행에 중요한 의미를 갖는다.

③ 정부가 민간부문에 대해 유인책과 통제방법을 적절히 혼합한다는 점이다. 즉 조세감면, 융자, 관세율 조정 등 유인체계를 통해서 계획이 지향하는 방향으로 민간투자를 유도하고 산업도 보호·육성하게 된다.

(2) 계획수립단계

예시계획을 정착시킨 프랑스의 국가계획수립단계는 중점목표설정을 위한 기초작업, 계획안의 구체화 및 조정작업 그리고 계획안에 대한 심의와 승인의 세 부문으로 나눌 수 있다(김신복·노화준, 1998: 340~346).

첫째 단계는 중점목표설정(重點目標設定)은 예비전망을 토대로 관련기관의 협의와 검토를 거쳐 이루어진다. 새로운 계획작성을 위한 작업은 시행연도보다 2년쯤 전에 기존계획의 집행과 함께 추진된다. 우선 국립통계청(INSEE)에서 새로운 계획의 목표연도에 나타날 것으로 전망되는 경제 사회 전반의 주요 지표에 관한 잠정예측자료를 종합기획처에 제공하며, 그것을 토대로 정부 각 부처는 새로운 계획에 대한 요망사항을 제시하게 되는데, 이를 종합하여 계획작성지침을 작성한다. 근대화위원회에서는 몇 개의 관련 소위원회를 구성하여 그러한 지침을 기초로 계획기간 동안의 주요 문제점과 정책목표를 규명하여 정부에 보고서를 제출한다. 정부는 종합기획처를 중심으로 이를 검토, 조정하여 '계획기간동안의 목표선택에 관한 보고서'를 발간한다.

둘째 단계는 근대화위원회를 중심으로 구체적인 분석(分析)과 조정(調整)을 행하는 기간이다. 각 부문별로 많은 소위원회들이 구성되어 정부의 보고서를 검토하고 계획목표를 구체화하며 그것을 달성하기 위한 정책수단을 개발한다. 이 과정에서 국립통계청과 종합기획처에서는 관련통계와 정보를 제공한다.

근대화위원회(近代化委員會) 중에서 수평적 위원회(水平的 委員會)는 계획을 전반적으로 조정하고 체계화하는 기능을 수행하며 수직적 위원회(垂直的 委員會)는 이익집단간의 의견조정 및 부문별 기초자료작성의 책임을 맡는다. 수평적 위원회는 계획의 총괄적 조정과 체계화 등 전반적인 문제를 다룬다. 일반재정경제, 노동력, 국민생활, 지역계획, 과학기술 등의 분과 위원회로 구성되며, 각 분과는 독자적인 작업반을 갖는다. 수직적 위원회는 특정한 전문분야의 계획내용에 대하여 정부, 기업, 노동조합, 농민단체, 전문가, 직능단체 등의 이해관계집단간의 정보교환과 의견조정을 통하여 합의를 형성함으로서 계획초안을 작성한다. 수평적 위원회의 일반경제재정분과는 계획전체의 골격을 형성하는 예비작업, 각 위원회간의 조정작업, 제1차 최종 종합안의 작성 등 계획과정을 주관하는 역할을 한다. 이 단계에서 각주의 지사는 지역별 개발계획에 관한 보고서를 작성하여 종합계획처에 제출하며, 종합기획처에서는 재무부, 국립통계청 등과의 협력 하에 근대화위원회의 보고서, 지역개발보고서, 기타 자료들을 종합하여 최종계획안을 작성한다.

셋째 단계는 계획안의 심의(審議)와 승인단계(承認段階)이다. 작성된 최종 계획안은 상설자문기구인 경제사회심의회에 제출되어 검토를 받는다. 그러나 자구수정정도의 조정에 그치는 경우가 대부분이다. 정부의 계획안은 마지막으로 의회에 제출되어 투표를 거쳐 법률의 형태로 채택된다.

4. 장 · 단점 및 영향

(1) 장 · 단점

예시계획은 기업의 기대에 영향을 주고 장래의 전망에 대한 불확실성을 감소시킴으로써 다른 조건이 같다면 투자의 수준제고와 경제산출의 성장을 가져온다(Brada and Estrin, 1990: 526).

그러나 예시계획이 장래에 대한 경제주체의 기대를 조화시켜 경제적 효율성을 개선한다는 주장을 비판자들은 수용하지 않는다. 이는 미래에 대해 다양한 견해를 갖는 것은 쇄신과 기업성의 기회를 촉진하는데 중요하기 때문이다. 그러한 비판은 동적인 구조적 변화를 촉진하거나 산업정책을 집행하는 도구로서 예시계획을 평가하는데 중요한 의미를 갖는다.

여기서 예시계획이 쇄신을 향한 관리적 노력을 촉진하는 비전을 제공하는 예시계획의 능력이 있다는 견해와 장래에 대한 공동의 견해에 대한 시각은 보다 의욕적이고 전향적인 관리자의 기업적 의욕을 제한하는 경향이 있다는 견해간에 교호관계에 놓여 있다(Brada and Estrin, 1990: 527).

(2) 영 향

프랑스 국가계획수립과정에는 각 부문의 행정관료는 물론 계획전문가, 노동조합대표, 직능단체대표 등 각계각층이 광범위하게 참여(參與)할 수 있도록 제도적 장치를 마련하고 있다. 이러한 계획과정에서의 광범한 참여는 각계의 욕구와 이익을 반영하고 중지를 모의는 수단이 될 뿐 아니라 수립된 계획의 실현에도 기여한다. 민관의 대표로 계획수립에 참여한 사람들이 사실상 계획실천의 주체들이기 때문에 광범한 참여를 통해 작성된 계획은 스스로 실현되기를 기대하게 된다.

이와 같이 프랑스의 국가계획은 능동적인 참여의 소산이기 때문에 유도계획(誘導計劃)의 성격을 갖는다. 계획집행에 있어 법적 제도적 강제성이 없지만 모든 경제주체가 능동적인 참여를 통해 자발적인 실천이 이루어지고 있다. 자유경제원칙에 따라 경제활동을 영위하되 공동으로 설정한 목표에 따르는 것이 국민경제와 지신에 다 같이 유익하다고 생각하여 이에 따르는 것이 계획집행의 요체이다.

예시계획은 상세한 계획수치보다는 경제사회발전의 기본방향과 철학을 제시하는데 중점을 두며 계량적인 목표달성여부에 정부가 책임을 느끼지 않는다. 이와 유사한 계획방식을 채택하고 있는 국가는 여러 나라이다. 노르웨이는 1930년대 이래로 그리고 프랑스, 일본, 스웨덴, 네덜란드는 제2차 세계대전 직후부터 예시계획을 하였다(Estrin and Holmes, 1990: 538).

한국에서는 1962년 이래로 일련의 5개년 경재개발계획을 수립, 시행해 왔다. 이들 계획들은 국가경제와 사회목표에 대한 최선의 단일정보원으로서 기능했고, 경제개발이 일정문제를 해결해 오면서 어떻게 목표들이 변화해 왔는가를 제시한다. 계획들은 발전을 촉진하기 위해 계획이 무엇을 해야 하고, 자본주의 자유경제에서 정부와 계획의 적정한 역할이 무엇인가에 대한 문제를 제기했다. 특히 자원배분에서 정부역할을 적게 하고 시장이 그 역할을 많이 해야만 경제적 성과가 개선되는 것인가에 대한 문제를 제기했다(Kuzents, 1990: 657).

이들 계획들은 민간경제결정을 하는데 필요한 정보를 개선했고, 정부경제정책들과 조정되어 왔다. 그것은 또한 새로운 산업의 개발을 촉진해왔고, 계획목표집행을 위해 민간기업에 주로 유인책을 제공하여 수출과 수출경쟁력을 제고해왔다. 이러한 5개년 경제개발계획의 특성은 예시적, 조정적, 지시적 기능을 수행했다(Kuzents, 1990: 658).

Ⅱ. 전략계획

1. 의 의

(1) 개 념

전략계획(strategic planning)은 급격하게 변화하고 성장하는 민간기업의 장래를 관리하고 효과적으로 계획하기 위해 발생한 것이다(Kaufman and Jacobs, 1996: 323; Liou, 1998: 269). 전략계획(戰略計劃)은 동적인 환경에서 조직은 무엇이고, 어떠해야 하고, 왜 그렇게 작용하는가를 구체화하고 제시하는 기본적 결정과 행동에 관한 노력이다(Bryson, 1995: 4~5; Poister and Streib, 2005: 46). 이 계획에서는 기업과 조직이 무엇에 관여해야 하는가를 정의하고, 기업이 환경의 위험을 최소화하고 기회를 극대화하기 위한 활동과 조화되고, 이용가능한 자원과 조직의 활동을 어울리게 하는 조직의 장기적 방향에 관심을 갖는다. 환경이 계속하여 변하기 때문에, 전략계획도 외부환경과 균형되거나 조화를 유지하기 위해 지속적으로 변해야 한다는 것이다(O'Regan and Ghobadian, 2002: 418). 전략계획의 목적은 장기적으로 조직과 환경간의 양호한 균형을 유지하는 것이다(Poister and Streib, 2005: 45~46).

전략계획은 주로 조직(組織)에 초점을 두고, 조직의 성과를 높이기 위해서는 무엇을 해야 할 것인가를 다룬다. 이와 같이 조직을 강조하기 때문에 이 계획은 정부와 공공기관이 최근에 당면하고 있는 복잡한 변화를 다루는데 도움을 줄 수 있을 것으로 기대하고 있다. 즉 민간부문에서 발달한 전략계획접근은 공공부문의 조직이 급변하는 여건을 효과적으로 다룰 수 있도록 일련의 개념, 과정 그리고 도구들을 제공하는 역할을 할 수 있을 것으로 생각한다(Bryson and Roering, 1987: 9).

(2) 발생배경

전략계획은 군대작전에서 기원했다. 전쟁 중에는 우군의 강점을 이해하고 적군의 강점도 알아야 할 필요가 있다. 장군들에 의해 높은 수준의 계획이 이루어지고, 이를 군대내의 각급 수준에서 집행한다. 군대환경에서 계획은 계층적이고, 보다 큰 조직들과 공유할 수 없는 비밀들이 많다. 일개 병사는 왜 자기가 특정지역에 가도록 명령받았는가를 알 수 없지만, 명령을 따라야 한다. 장군들에게 계획하는 주요 이유는 적군에 비해 상대적 이점을 갖도록 하는 것이다(Geyer, 2006: 4).

1950년대에 기업에서 그들의 경쟁자들에 대해 경쟁적 이점을 갖기 위해 군대와 유사한 전략계획을 사용하기 시작했다. 많은 점에서 기업관리자들이 사용했던 방법들은 군대에서 사용되었던 것들과 유사했다. 조직의 최고수준에서만 계획에 참여하고, 조직의 나머지 수준에서는 보다 상위기관의 명령만을 따른다. 전략계획은 최근에 모든 수준의 정부에서 강조되어 오고 있다. 아울러 지난 20여 년에 비영리부문(non-profit sector)에서도 조직관리도구로서 전략계획을 사용해 오기 시작했다. 사용이유는 많은 조직들이 설립되고, 재원, 숙련인력 그리고 서비스 공급에 대한 경쟁이 보다 심해졌기 때문이다(Geyer, 2006: 4~5).

(3) 특 징

전략계획이 전통적 장기계획이나 종합계획과는 현저하게 다르다. 전략계획은 전통계획에 비해 보다 행동지향적이고, 광범하고 다양한 이해관계자들을 고려하고(참여적), 외부적 기회와 위험과 내부적 강점과 약점에 주의를 주며, 실제적 또는 잠재적 경쟁자들을 고려한다(Bryson and Roering, 1987: 9). 그리고 전략계획도 문제는 무엇이고, 목표는 무엇이며, 어떻게 목표를 달성할 것인가에 대한 질문과 관련되지만, 그것들을 종합적으로 달성할 수 있거나 최선의 해결안이 존재한다고 가정하지는 않는다(Benveniste, 1990: 77~78).

계획은 통제하거나 예측하기 어려운 불확실한 미래에 관계되기 때문에 많은 어려움에 직면해 있다. 이러한 불확실성을 줄이기 위한 접근노력 중의 하나는 단기행동을 강조하면서 신축성을 유지하고자 하는 것인데, 이것이 전략적 선택의 철학적 바탕이 되고 있다. 전략적 접근은 장래에 취할 수 있는 방향의 범위를 탐구하고, 신뢰할 만한 단일계획안을 선택할 수 있는 능력을 억제하는 불확실성의 성격을 탐구하는 것과 관계된다. 이는 불확실성을 줄이기 위해서는 어떤 행동을 택해야 되고, 바람직한 방향으로 유도하기 위해서는 어떤 결정이 이루어져야 하는가와 관련된다(Roberts, 1980: 52~53). 즉 많은 전략계획에서는 우리의 예측능력을 강하게 불신한다. 그리고 종합계획과는 달리 전략계획은 결코 완료하지 않고, 언제나 부분적이며 선택적이다(Benveniste, 1990: 78).

기업전략계획의 주창자들은 전통적인 공공계획이 제 기능을 수행하지 못했으며, 자원의 기반이 감소되는 상황에서 일어나는 변화에는 전략계획이 보다 효과적이라고 주장한다(Kaufman and Jacobs, 1996: 324). 전략계획의 주요한 특징(特徵)은 다음과 같다(Albrechts, 2004: 747).

① 제한된 수의 전략적 핵심문제영역에 초점을 둔다.

② 기회와 위험의 맥락에서 강점과 약점을 결정하는 의미에서 환경에 대해 비판적 견해를 취한다.

③ 외부적 추세, 세력, 이용가능한 자원을 연구한다.

④ 주요한 이해당사자들을 확인하고 모은다.

⑤ 계획과정 중에 광범하고 다양한 참여를 허용한다.

⑥ 권력구조, 불확실성 그리고 경쟁적 가치들을 고려하여 서로 다른 수준에서 장기적 비전, 시각 그리고 전략을 개발한다.

⑦ 계획작성구조를 설계하고, 공간변화에 영향을 미치고 관리하기 위해 결정

구조를 개발한다.

⑧ 새로운 아이디어와 과정을 구축하여 상이한 영역에 영향을 주기 위해 이해의 방법, 합의구축방법, 조직 및 동원방법을 만든다.

⑨ 결정, 행동, 결과, 집행 그리고 모니터링, 피드백, 수정을 통합하는데 초점을 둔다.

2. 계획과정상 의미

전략계획과정은 학자에 따라 약간의 차이가 있으나, 대체로 조직이나 지역사회의 현재의 상황과 장래의 궤적을 점검하고, 목표를 설정하며, 목표달성을 위한 전략을 세우고, 결과를 측정하는 단계들로 이루어진 순환적 과정이다. 여기서는 전략계획과정을 다음 10단계의 상호 연계된 단계로 구분하고, 이를 임무와 목표설정, 상황분석, 전략과 계획의 작성 및 선택 그리고 계획집행 및 평가의 4개로 범주화하여 설명하기로 한다(Bryson, 1995: 22~37; Bryson and Roering, 1987: 10~12).

(1) 임무와 목표설정

① 계획과정에 대한 합의 첫째 단계의 목적은 주요한 내부의사결정자 또는 여론 선도자들 간에 전체적인 계획노력과 계획단계에 대해 합의하는 것이다. 조직 내의 주요 의사결정자의 지지와 관여는 계획의 성공을 위해 중요하고 조직 외부의 중요인사의 관여는 계획집행에 중요한 의미를 갖는다. 이들 의사결정자들, 집단들, 또는 조직들 간의 초기합의에서는 계획의 목적, 계획단계, 주어진 조건, 다룰 주제, 보고서의 양식과 제출시기 등에 관한 내용을 포함한다.

② 조직의 명령사항 확인 계획대상기관에 관한 공식과 비공식적인 명령사항(mandates)은 조직이 당면하고 있는 각종 '해야 할 일'(musts)들로 구성되어 있다. 그러나 실제로는 조직들이 공식적으로 해야 될 업무와 해서는 안 되는 업무에 대해 정확히 알고 있는 경우가 거의 없다.

③ 조직의 임무와 가치의 명료화 조직의 임무(missions)는 위임사항과 선후관계에 있는 것으로 조직의 존재사유에 해당된다. 정부기관과 비영리단체는 조직이 추구하는 사회적 또는 정치적 수요와 일치되어야 함을 의미한다. 조직의 목표를 명료화함으로서 조직이 협력하거나 경쟁해야 할 영역을 확정하고 조직의 장래방향을 명료화할 수 있다. 조직의 임무를 기술하기에 앞서 이해관계자

(stakeholders)에 대한 분석이 있어야 한다. 여기서 이해당사자는 결과에 의해 영향을 받게 되는 개인, 집단, 또는 다른 조직이 해당되며, 정부의 이해당사자는 시민, 납세자, 서비스 수령자, 정부기관, 고용자, 노동조합, 이익집단, 정당, 기타 정부 등이다. 임무기술은 간단명료하여, 하나의 문단(paragraph)이나 또는 약해서 표어(slogan)수준이 될 수 있다.

(2) 상황분석 및 문제점 도출

④ 조직의 내 · 외부 환경의 평가 전략계획의 중심적 특징은 하바드 정책모형(Harvard policy model)에서 도출된 'SWOT'라는 축어(縮語)로서 요약할 수 있다. 계획대상의 목표달성을 위한 행동전략의 도출을 위한 기반으로, 이의 강점(strengths), 약점(weaknesses), 기회(opportunities) 그리고 위험(threats)을 평가한다. 계획팀은 기회(機會)와 위험(危險)을 확인하기 위해 조직외부의 환경을 점검해야 한다. 강점(强點)과 약점(弱點)을 확인하기 위해 조직내부도 점검해야 한다. 여기서 기회와 위험은 대체로 현재보다는 장래에 대한 것이고, 강점과 약점은 장래보다는 현재에 대한 것이다. 기회와 위험을 파악하기 위해서 전략계획팀에서는 고객집단, 납세자, 경쟁자, 또는 협력자들을 포함한 다양한 이해관계자 집단들은 물론 다양한 정치, 경제, 사회, 기술적 힘과 추세를 모니터해야 한다. 조직의 강점과 약점을 모니터하기 위해서는 자원(투입), 현재의 전략(과정) 그리고 성과(산출)를 모니터해야 한다.

⑤ 조직이 당면하고 있는 전략적 문제의 확인 전략계획과정의 지금까지의 단계들은 전략적 문제의 확인으로 인도된다. 전략적 문제(strategic issues)는 조직의 위임사항 · 임무와 가치, 제품과 서비스수준, 고객 · 이용자 · 비용지불자, 비용 · 재정 · 조직 · 관리에 영향을 주는 기본적 정책문제나 심각한 도전이다. 이러한 전력문제의 기술은 간단명료하게 하고, 영향인자를 포함시켜야 하며, 문제를 기술하지 않았을 때의 결과도 포함해야 한다.

(3) 전략과 계획의 작성 및 선택

⑥ 전략과 계획의 작성 전략은 앞 단계에서 확인된 문제를 다루기 위해 개발한다. 전략개발(strategy development)은 전략문제의 해결을 위한 실제적 대안의 확인으로부터 시작된다. 여기서 대안의 달성을 위한 장애요인들을 확인한 다음에 대안의 달성을 위한 제안을 개발한다.

⑦ **전략과 계획의 검토와 채택** 전략이 작성되고 나면 계획팀에서는 채택을 위한 공식적 승인이 요구된다. 전략과 계획이 소규모의 단일 기관을 위해 개발되었다면 이는 앞의 여섯 번째 단계와 통합할 수 있으나, 지역사회를 위한 계획이나 조직의 네트웍을 위한 계획의 경우는 독립된 단계가 필요하다.

⑧ **효과적인 조직 비전(vision)의 확립** 이 단계에서는 조직은 계획의 전략과 전체적인 잠재력이 성공적으로 집행되었을 때의 모습을 기술해야 한다. 이 내용은 조직성공의 비전(vision of success)에 대한 것이 주가 된다. 이러한 기술은 조직의 구성원들이 계속적인 관찰이 없이도 계획을 통해 무엇을 기대할 수 있는가를 알려준다.

(4) 계획집행 및 평가

⑨ **효과적인 집행과정의 개발** 전략계획은 행동지향적 계획유형이기 때문에 집행과 연결되었을 때에만 유용하다. 이 단계도 단일의 소규모 조직에 대한 계획의 경우는 여섯 번째 단계에 포함시킬 수 있으나 대부분의 조직간, 정부간 계획에서는 독립된 단계로 행동계획(action plans)을 작성하여 진행하는 것이 바람직하다.

⑩ **전략과 전략계획과정의 재평가** 집행이 진행 중에도 전략과 계획과정에 대한 검토가 중요하다.

3. 장 · 단점

(1) 장　　점

전략계획은 중요한 문제들을 달성할 수 있고, 대중을 교육할 수 있으며, 합의를 구축하고, 자원을 효과적으로 사용할 수 있으며, 공·사의 협력을 유도할 수 있는 장치를 구축할 수 있다는 혜택이 있다(Kaufman and Jacobs, 1996: 324).

민간부문에서 발달된 전략계획을 공공부문 또는 비영리조직에서 활용함에 따라 예상되는 혜택(惠澤)은 다음과 같다(Bryson, 1995: 7).

① 가장 중요한 혜택은 전략적 사고와 행동을 촉진한다는 것이다. 이는 조직 내·외부 환경과 여러 행위자의 이익에 관해 보다 체계적인 정보를 수집할 수 있고, 조직학습에 대한 관심을 제고하고, 조직의 장래방향을 명료화하며 그리고 행동의 조직상 우선순위의 확립을 유도할 수 있다.

② 두 번째 혜택은 개선된 의사결정이다. 전략계획은 조직이 당면한 중요한

문제와 도전에 초점을 맞추고 주요 의사결정자가 그것에 대해 무엇을 해야 하는가를 이해하는 것을 도와준다. 전략계획은 조직이 그들의 전략적 의도를 작성하고 명료하게 커뮤니케이션 하는 것을 도와준다. 전략계획은 장래의 결과에 비추어 오늘의 결정을 하는 것을 도와준다. 전략계획은 의사결정을 위한 밀접하고 옹호할 수 있는 기반을 개발하고 각급 수준과 기능의 결정결과를 조화하는 것을 도와줄 수 있다. 마지막으로 조직의 통제영역을 명료화할 수 있다.

③ 세 번째 혜택은 조직의 반응성을 높이고, 개선된 성과를 통해 앞의 두 가지 효과에 환류할 수 있다. 전략계획에 관여하는 조직들은 주요한 조직상 문제를 명료화하여 대처하고, 내·외부적인 수요와 압력에 현명하게 반응하며, 급격하게 변화하는 환경에 효과적으로 대처하는 것을 촉진한다.

④ 마지막으로 전략계획은 조직구성원에 직접적인 혜택을 주는 것을 도와준다. 정책결정자들의 그들의 역할을 더욱 잘 할 수 있게 되고, 책임을 충실하게 수행하며 조직구성원간의 팀웍을 잘 할 수 있게 한다.

(2) 비판과 대응

전략계획에 대한 비판점에 대해 다음 시각에서 적절히 재검토하고, 대응해야 할 것이다(Hughes, 1998: 162~165).

① 임무나 목표를 결정하는 것이 어렵고 의미가 없을 수도 있다. 그러나 정치가나 중앙기관들은 예산과 관련된 의사결정의 일부로서 명료한 목표와 목적을 갖는 계획을 요구한다. 장기적으로 경쟁적인 상황에서 불명료한 목표로서 생존하기는 점점 어렵게 되고 있다.

② 전략적 관리는 경직되게 기관에 초점을 둘 것을 강요하고 있으며, 장기적인 계획은 변화하는 환경에 적응하기 어려운 점도 있다. 이러한 문제는 전략계획을 순환적 과정으로 보고 일정기간별로 계획을 수정하고 집행을 잘 수행함으로서 해결할 수 있다.

③ 창조성과 혁신에 대한 비판이 따르고 있다. 전략계획과정자체는 혁신적이고 창조적이어야 한다. 실제로 이 계획은 기존의 정적인 모형에 비해 혁신적 기회를 제공하고 있다.

④ 전략개념이 매우 상이한 공공부문에 적용한다는 것은 한계가 있다. 전략관리가 민간부문에서는 성공적이고 상당한 타당성을 갖고 있지만 이를 공공부문에 적용하는 데는 아직 문제가 있다. 이는 목표의 문제로, 공공부문이 그들의 행

동에 대한 목표를 설정하는 것이 어려운 일이다.

⑤ 책임성의 문제가 있다. 만일 전략이 조직에 의해 만들어진다면, 이는 정치가들의 의견투입기회를 빼앗게 되고 이는 책임성의 문제를 야기한다. 그러나 전략계획과 관리는 정치적 의사결정을 대체하는 것이 아니라 조직과 주요 이해관계자의 혜택에 의해 문제가 제기되고 해결되는 방법으로 정치적 의사결정을 개선하는 방안을 추구하고 있다.

⑥ 목표설정의 어려움이 있다. 공공부문조직의 목표는 매우 부정확하기 때문에 어떠한 정책도 의미 없게 만들어 버린다는 것이다. 그러나 전략적 관리과정은 정확한 목표설정문제의 난관에 봉착함이 없이도 의미 있는 전략을 만들 수 있다.

⑦ 공공부문은 어떠한 장기적 시각도 실패할 수밖에 없는 단기적 시간범위를 갖고 있다. 시간범위가 문제가 될 수 있지만, 이는 계속적인 수정보완을 통해 변화하는 환경에 적응할 수 있다.

참고문헌

강신택, (2002), 「사회과학연구의 논리」(서울: 박영사).

김신복, (1983, 1992, 1998), 「발전기획론」(서울: 박영사).

_____ · 노화준, (1982, 1998), 「개발기획론」(서울: 방통대 출판부).

안해균, (1992, 1998), 「정책학원론」(서울: 다산출판사).

유 훈, (1992), 「정책학 원론」(서울: 법문사).

_____, (1991), 「행정학원론」(서울: 법문사).

이영선, (1997), 「경제계획론」(서울: 박영사).

임길진, (1995), 「미래를 향한 인간적 계획론」(서울: 나남).

김 원, (1977), "도시계획이론", 강병기 · 김원 · 이종익, 편, 「도시론: 이론과 분석」(서울: 법문사), 49~62.

Albrechts, L., (2004), "Strategic (spatial) planning reexamined", ***Environment and Planning B: Planning and Design***, 31(2004): 743~758.

Alexander, E., (1984), "After rationality, what?", ***Journal of the American Planning Association***, 50; 1(winter 1984): 62~69.

___________, (1992), ***Approaches to Planning***(Philadelphia: Gordon and Breach Science Publishers).

___________, (1996), "After Rationality: Towards a Contingency Theory for Planning", Mandelbaum, S. et al., (eds.), (1996), ***Explorations in Planning Theory*** (N. J.: Center for Urban Policy Research), 45~64.

Alfasi, N. and Portugali, J., (2007), "Planning rules for a self-planned city", ***Planning Theory***, 6; 2(2007): 164~182.

Allmendinger, P., (2002a), ***Planning Theory***(Hampshire: Palgrave).

Allmendinger, P., (2002b), "Towards a post-positivist typology of planning theory", ***Planning Theory***, 1; 1(2002): 77~99.

Altshuler, A., (1965), ***The City Planning Process***(Ithaca: Conell Univ. Press).

Anderson, J., (1979), ***Public Policy-Making***(N. Y.: Holt, Rinhart and Winston).

Benveniste, G., (1990), ***Mastering the Politics of Planning***(San Francisco: Jossey-Bass Publishers).

Black, J., (1968), "The theory of indicative planning", ***Oxford Economic Papers***, 20; 3(1968): 303~319.

Blecher, E., (1971), ***Advocacy Planning for Urban Development***(N. Y.: Prager).

Bolan, R., (1975), "Emerging view of planning", Branch, M. C., (ed.), ***Urban Planning Theory***(Pen.: Dowden, Hutchinson, and Ross), 499~515.

Brada, J. and Estrin, S., (1990), "Advances in the theory and practice of indicative planning", ***Journal of Comparative Economics***, 14; 4(1990), 523~530.

Brand, R. and Gaffikin, F., (2007), "Collaborative planning in an uncollaborative world", ***Planning Theory***, 6; 3(2007): 282~313.

Bryson, J., (1995), ***Strategic Planning for Public and Nonprofit Organizations***(San Francisco: Jossey-Bass Publishers).

__________ and Einsweiler, R., (1987), "Strategic Planning: Introduction", ***Journal of the American Planning Association***, 53; 1(1987): 6~8.

__________ and Roering, W., (1987), "Applying Private-Sector Strategic Planning in the Public Sector", ***Journal of the American Planning Association***, 53; 1(1987): 9~22.

Campbell, H. and Marshall, R., (1999), "Ethical frameworks and planning theory", ***International Journal of Urban and Regional Research***, 23(1999): 464~478.

Camhis, M., (1979), ***Planning Theory and Philosophy***(London: Tavistock).

Cazes, B., (1990), "Indicative planning in France", ***Journal of Comparative Economics***, 14; 4(1990), 607~620.

Checkoway, B., (1994), "Paul Davidoff and advocacy planning in retrospect", ***Journal of the American Planning Association***, 60; 2(Spring 1994): 139~143.

Clavel, P., (1994), "The evolution of advocacy planning", ***Journal of the American Planning Association***, 60; 2(1994): 146~149.

Dunn, W.,(1994), ***Public Policy Analysis: An Introduction***(Englewood Cliffs, N. J.: Prentice Hall).

Estrin, S. and Holmes, P., (1983), ***French Planning in Theory and Practice*** (London: George Allen & Unwin).

Estrin, S. and Holmes, P., (1990), "Indicative planning in developed economies", ***Journal of Comparative Economics***, 14; 4(1990), 531~554.

Fainstein, S., (2000), "New directions in planning theory", ***Urban Affairs Review***, 35; 4(2000): 451~478.

Faludi, A., (1973), ***Planning Theory***(Oxford: Pergamon).

Fischler, R., (2000), "Communicative planning theory: a Foucauldian assessment",

Journal of Planning Education and Research, 19(2000): 358～368.

Foley, J. and Lauria, M., (2000), "Plans, planning and tragic choices", ***Planning Theory & Practice***, 1; 2(2000): 219～233.

Frank, J. and Holmes, P., (1990), "A multiple equilibrium model of indicative planning", ***Journal of Comparative Economics***, 14; 4(1990), 791～806.

Friedmann, J., (1973), ***Retracking America: A theory of transactive planning*** (N. Y.: Anchor books).

Geertman, S., (2006), "Potentials for planning support: a planning-conceptual approach", ***Environment and Planning B: Planning and Design***, 33(2006): 863~880.

Geyer, Y., (2006), ***Strategic Planning, Handbook series for community-based organizations***(Cape Town: IDASA).

Gunder, M., (2003), "Passionate planning for the others' desire: an agonistic response to the dark side of planning", ***Progress in Planning***, 60(2003): 235～319.

Harper, T. and Stein, S., (1992), "The centrality of normative ethical theory to contemporary planning theory", ***Journal of Planning Education and Research***, 11;2 (Winter 1992): 105~116.

Harris, N., (2002), "Collaborative planning: From theoretical foundations to practice forms", Allmendinger, P. and Tewdwr-Jones, M., eds., ***Planning Futures: New Directions for Planning Theory***(London: Routledge), 21～43.

Hayden, D.,, (1994), "Who plans the USA? A comment on 'advocacy and pluralism in planning'", ***Journal of the American Planning Association***, 60; 2(1994): 160～161.

Healey, P., (2003a), "The communicative turn in planning theory and its implications for spatial strategy formation", Campbell, S. and Fainstein, S., (eds.), ***Readings in Planning Theory***(Oxford: Blackwell), 237~255.

_________, (2003b), "Collaborative planning in perspective", ***Planning Theory***, 2; 2(2003): 101～123.

Hillier, J. and Gunder, M., (2003), "Planning fantasies? an exploration of potential Lacanian framework for understanding development assessment planning", ***Planning Theory***, 2; 3(2003): 225～248.

Hobbs, F. D. and Doling, J. F., (1981), ***Planning for Engineers and Surveyors*** (Oxford: Pergamon).

Hoch, C., (1994), ***What Planners Do: Power, Politics, and Persuasion***(Chicago: Planners Press).

Holloway, D., (2004), "Strategic planning and Habermasian informed discourse: reality or rhetoric", ***Critical Perspectives on Accounting***, 15(2004): 469～483.

Holden, M., (2008), "Social learning in planning: Seattle's sustainable development codebooks", ***Pregress in Planning***, 69(2008): 1～40.

Hudson, B., (1979), "Comparison of Current Planning Theories: Counterparts and Contradictions", ***Journal of the American Planning Association***, 45; 4(Oct. 1979): 387～405.

Hughes, O., (1998), ***Public Management and Administration***(N. Y.: St. Martins's Press).

Huxley, M. and Yiftachel, O., (2000), "New paradigm or old myopia? Unsettling the communicative turn in planning theory", ***Journal of Planning Education and Research***, 19(2000): 333～342.

Innes, J., (1996), "Planning through consensus building", ***Journal of the American Planning Association***, 62; 1(Autumn 1996): 460～472.

________, (2004), "Consensus building: Clarifications for the critics", ***Planning Theory***, 3; 5(2004); 5～20.

Judge, D., (1995), "Pluralism", ***Theories of Urban Politics***(London: Sage), 13～34.

Kaufman, J. and Jacobs, H., (1996), "A Public Planning Perspective on Strategic Planning", Campbell, S. and Fainstein, S., (eds.), ***Readings in Planning Theory*** (Masschusetts: Blackwell), 323～343.

Kirk, G., (1980), ***Urban Planning in a Capitalist Society***(London: Croom Helm).

Khisty, J., (2000), "Can wicked problems be tackled through abductive inferencing?", ***Journal of Urban Planning and Development***, 126; 3(2000): 104～118.

Krumholz, N., (1999), "Equitable approaches to local economic development", ***Policy Studies Journal***, 27; 1(1999): 83～95.

Kumar, A. and Paddison, R., (2000), "Trust and collaborative planning theory: the case of Scottish planning system", ***International Planning Studies***, 5; 2(2000): 205～223.

Kuzents, P., (1990), "Indicative planning in Korea", ***Journal of Comparative Economics***, 14; 4(1990), 657～676.

Lane, M., (2001), "Affirming new directions in planning theory: Comanagement of protected areas", ***Society and Natural Resources***, 14(2001): 651～671.

Levy, J., (1997), ***Contemporary Urban Planning***(N. J.: Prentice-Hall).

Lindblom, C., (1995), "The Science of 'Muddling Through'", Stein, Jay M., (ed.), ***Classic Readings in Urban Planning***(N. Y.: McGraw-Hill), 35～48.

Liou, K., (1998), "Strategic planning and economic development: concepts and issues-a symposium", ***Public Admistration Quaterly***, 22; 3(Fall, 1998): 267～276.

Mandelbaum, S., (1996), "Designing planning processes", Mandelbaum, S., Mazza, L. and Burchell, R., (eds.), ***Explorations in Planning Theory***(N. J.: Center for Urban Policy Research, Rutgers, The State Univ. of New Jersey), 459~461.

Marris, P., (1990), "Advocacy planning as a bridge between the professional and the political", ***Journal of the American Planning Association***, 60; 2(1990): 143~146.

Mayer, R., (1985), ***Policy and Program Planning: A Developmental Perspective*** (Englewood Cliffs, N. J.: Prentice-Hall).

Mazziotti, D., (1982), "The Underlying Assumptions of Advocacy Planning: Pluralism and Reform", Chris Paris, (ed.), ***Critical Readings in Planning Theory***(Oxford: Pergamon), 207~225.

McGary, H., (2004), "The new conservatism and the critique of equity planning", ***Philosophy & Geography***, 7; 1(2004): 79~93.

McGrath, M., (1998), "Strategic planning within a postmodern context", ***Journal of Humanistic Counseling, Education & Development***, 37; 2(1998): 78~84.

McGuirk, P., (2001), "Situating communicative planning theory: context, power, and knowledge", ***Environment and Planning A***, 33(2001): 195~217.

Metzger, J. (1996), "The theory and practice of equity planning: an annotated bibliography", ***Journal of Planning Literature***, 11; 1: 12~26.

Muller, J., (1998), "Paradigms and planning practice: conceptual and contextual considerations", ***International Planning Studies***, 3; 3(1998): 287~302.

O'Regan, N. and Ghobadian, A., (2002), "Formal strategic planning: The key to effective business process management?", ***Business Process Management Journal***, 8; 5(2002): 416~429.

Peattie, L., (1968), "Reflections on advocacy planning", ***Journal of the American Institute of Planners***, 34; 2(1968), 80~88.

Peterman, W., (2004), "Advocacy vs collaboration: Comparing inclusionary community planning models", ***Community Development Journal***, 39; 3(2004): 266~276.

Poister, T. and Streib, G., (2005), "Elements of strategic planning and management in municipal government: Status after two decades", ***Public Administration Review***, 65; 1(2005): 45~56.

Poulton, M.., (1991), "The case for a positive theory of planning, Part 1: What is wrong with planning theory", ***Environment and Planning B***, 18(1991): 225~232.

Roberts, M., (1980), ***An Introduction to Town Planning Techniques***(London: Hutchinson).

Rydin, Y., (2003), ***Urban and Environmental Planning in the UK***(Basingstake, Hampshire: Palgrave).

Sage, T., (1998), "Loyalty and the impossibility of Paretian advocacy planning", ***Journal of Planning Education and Research***, 18(1998): 103~112.

________, (2001), "Planning style and agency properties", ***Environment and Planning A***, 33(2001): 509~532.

________, (2002), "Deliberative planning and decision making", ***Journal of Planning Education and Research***, 21(2002): 367~378.

________, (2006), "The logic of critical communicative planning: Transaction cost alteration", ***Planning Theory***, 5(2006): 223~254.

Smith, S. and Stupak, R., (1994), "Public sector downsizing decisio-making in the 1990s: Moving beyond the mixed scanning model", ***Public Administration Quarterly***, 18: 3(Fall, 1994): 359~379.

Tewdwr, M. and Allmendinger, P., (2002), "Conclusion: Communicative planning, collaborative planning and the post-positivist planning theory landscape", Allmendinger, P. and Tewdwr-Jones, M., (eds.), ***Planning Futures: New Directions for Planning Theory***(London: Routledge), 206~216.

Watson, V., (2002), "Do we learn from planning practice?", ***Journal of Planning Education and Research***, 22(2002): 178~187.

Woltjer, J., (2000), ***Consensus Planning***(Hampshire: Ashgate).

제 7 장 주민참여계획

제 1 절 개　　요

Ⅰ. 의　　의

1. 개　　념

(1) 정　　의

일반적으로 참여(participation)란 이해당사자들(stakeholders)이 자신들에 영향을 미치는 의사결정과 선택에 영향을 주거나 통제를 공유하는 것을 말한다(McCracken and Narayan, 1998: 4; Rydin, 1999: 186). 참여(參與)는 의사결정에 의해 영향을 받는 집단에게 의사결정에 영향을 줄 기회를 제공하는 과정이다. 따라서 주민참여(citizen participation)는 주민에게 영향을 줄 수 있는 결정이나 계획이 주민이 개입할 수 있는 기회를 제공하여 결정에 영향을 미치도록 하는 과정이다(Glass, 1979: 180).

안스타인(S. Arnstein)은 참여를 다음과 같이 정의한다(Arnstein, 1969: 216).

> 참여는 '갖지 못한 주민'(have-not citizens) -즉 현재 정치적 경제적 과정에서 제외된 사람- 들이 장래에는 포함될 수 있도록 하는 권력의 재배분이다. 이는 '갖지 못한 사람들'이 어떻게 정보가 공유되고, 목표와 정책이 설정되며, 조세원이 배분되고, 사업계획이 운영되고, 혜택들이 나누어지는가를 결정하는데 참가하도록 하는 전략이다. 간략하게 이는 그들을 풍요로운 사회의 혜택을 공유할 수 있도록 하는 의미 있는 사회개혁에 포함될 수 있는 수단이다.

(2) 관련용어

계획가는 계획의 작성과 집행에 있어 이해관계자의 참여를 보장하고, 대립되는 이해 간에 어느 정도의 합의를 도출하기 위해 노력한다. 그러나 아직까지도 많은 계획할동은 이익들이 부적절하게 대변되는 가운데 진행되고, 결과적으로 비효과적인 결과나 불일치 같은 부작용이 나타날 수 있다. 최근에 이러한 문제들에 대해 적극적으로 대처해야 할 필요성을 제기한 문헌들이 많이 나타나고 있다.

참여관련용어는 학자별로 다양한 말과 개념을 사용하고 있으나, 최근에 많이 사용되는 용어는 의사소통계획(communicative planning), 논쟁적 계획(argumentative planning), 토론을 통한 계획(planning through debate), 포괄적 담론(inclusionary discourse), 합의계획(consensus planning) 등이다(Allmendinger, 2001: 124; Woltjer, 2000: 2; Tewdwr-Jones and Thomas, 1998: 128).

(3) 의미변천

참여의 개념은 맥락적(脈絡的)이기 때문에 시대적인 상황과 문제의 내용에 따라 그 의미가 변한다. 최근에 제기되고 있는 주민참여는 다음의 두 가지 점에서 전통적인 개념과 구별된다(Thomas, 1995: 3~4). 첫째, 주민의 적절한 역할에 대해 전통적인 견해는 계획결정에 국한시켰지만 새로운 견해는 채택된 계획이 어떻게 운영되는가 하는 계획집행에 초점을 두었다. 둘째, 엘리트중심의 주민참여에서 저소득층의 범주를 포함하는 주민의 범위를 확대했다.

진정한 참여(authentic participation)는 모두가 계획의 전 과정에 영향을 줄 잠재력을 가지고, 깊고 계속적으로 개입하는 것이다. 때문에 참여를 기존 실무에 추가하기보다는 계획과 행정의 필수적 부문으로 본다. 진정한 참여에서는 대중을 의사결정구조에서의 심의과정(deliberation process)으로 본다(King, et al., 1998: 320). 이러한 의미의 참여는 전통적 참여와는 확연한 차이가 있다. 진정한 참여는 주민중심적이며 문제와 직접적으로 접촉할 수 있도록 하기 때문에, 주민이 의사결정과정과 결과에 대한 영향이 의사결정자들과 즉각적이며 동등한 기회를 가진다(King, et al., 1998: 321).

2. 대두배경

(1) 상황맥락

주민참여의 초기적인 기반은 지역사회개발에 대한 자발적 참여와 관련되었고,

이것이 1960년대의 시민권리 및 반전운동을 포함한 사회적 행동주의로 확대되었다(Jackson, 2002: 8). 이는 이 시기에 발생된 사회문제, 특히 환경문제 · 빈곤층의 생활환경 · 역사보전 등의 현안과제들에 대해, 정부가 효과적으로 대처하지 못했기 때문에 주민참여를 통해 해결방안을 강구할 필요성을 반영한 것으로 볼 수 있다(Gil and Lucchesi, 1979: 55).

의사결정에서 대중참여증대를 위한 노력은 1970년의 지역사회개발노력(community development initiatives), 1980년대의 소비자지향(consumer orientation) 그리고 1990년대의 반응적 공공서비스(responsive public services)를 강조하는 흐름에서 그 역사적 배경을 찾을 수 있다(Barnes, et al., 2003: 379).

주민참여의 확대요구는 다음의 여건변화에서 추가적인 이유를 확인할 수 있다(Thomas, 1995: 5~6). 사람들의 교육수준(敎育水準)이 높아짐에 따라 그들의 생활에 영향을 미치는 결정에 보다 많은 관여를 요구하게 되었다. 정보통신기술의 발달에 따라 정보(情報)에 대한 접근이 용이해지고, 집권적 의사결정의 바탕인 정보의 중앙통제가 약화되었다. 그리고 진정한 민주주의(民主主義)를 달성하기 위해서는 정책결정과정에 보다 광범하고 효과적인 주민참여가 되도록 요구하게 되었다.

(2) 이론적 배경

1960년대 후반 이래로 계획이론에서는 전문가중심의 합리적 종합적 계획접근에서 참여계획(參與計劃)의 중요성을 강조하는 주장들이 나타나기 시작했다. 아울러 주민참여(住民參與)는 탈현대(postmodernity)적인 상대성의 견해가 계획과정에 적용된 결과로 그 중요성이 다시 제기되고 있다(Filion, 1999). 즉 계획환경에서 상이한 목소리들의 출현은 후기포드주의(post-fordism)에 따른 중산층붕괴(中産層崩壞), 탈현대의 가치분화(價値分化) 그리고 전문성(專門性)에 대한 불신추세와 일치한다. 이러한 새로운 시각에 따라 전문가의 비전(vision)을 중심으로 하면서 최소의 주민참여를 수용하던 전통적인 계획입장에서, 보다 적극적인 참여과정을 지향하는 방향으로 바뀌어 오게 되었다.

계획에서 주민참여를 강조하는 경향은 1990년대 이래로 더욱 증대되고 있다. 이는 계획이론이 인간중심적인 측면에서 참여를 강조하는 방향으로 바뀌게 되었다. 이에 따라 참여를 기반개념으로 하는 의사소통계획(意思疏通計劃) 또는 협력계획(協力計劃)의 중요성이 증대되고 되고 있다(Allmendinger, 2001: 123).

(3) 제도의 도입

미국(美國)에서의 참여에 대한 공식적, 법적 장치의 시작은 1954년의 「도시재개발법」(Urban Renewal Act)에서 찾을 수 있다(Day, 1997). 즉 재개발기구에서 구성 운영하는 조언기관에 시민지도자가 참여하도록 하는 규정을 두게 되었다. 그러나 일반주민들의 참여는 초기에는 장려되지 않았지만 점차 참여가 확대되었다. 1966년의 「시범도시와 재개발법」(Demonstration Cities and Metropolitan Development Act)은 모형도시(Model Cities)로 알려지고 있는데, 주민들의 갈등을 회피하기 위해 광범한 주민참여를 제공하도록 했다.

영국(英國)에서는 계획작성 초기단계에서 대중참여방법을 모색하기 위해 구성된 스케핑톤 위원회(Skeffington Committee)의 보고서인 「사람과 계획」(People and Plans: 1969)이 대중참여를 위한 중심적인 준거점이 되고 있다(Rydin, 1999: 185).

한국(韓國)에서는 1981년 「도시계획법」개정에 의해 도시기본계획수립시 주민참여를 의무화한 것이 참여계획의 제도화의 사례이다.

Ⅱ. 참여의 목적과 기능

1. 목 적

(1) 철학적 목적과 실용적 목적

계획에서 주민의 역할이 증대되어야 한다는 요구는 철학적이며 실용적인 측면의 고려사항에 근거하고 있다(Sewell and Coppock, 1977: 1~2).

철학적 고려(哲學的 考慮)는 민주사회에서 개인은 자기에게 영향을 미치는 문제에 대해 자기의 견해를 알리고, 상의받고, 표현할 권리를 갖고 있다. 그러나 현실적인 상황은 개인의 견해를 표출하고 정보를 전달할 수 있는 효과적인 커뮤니케이션 통로가 부족하고, 정부의 의사결정과정에서 소외당하고 있다고 느끼는 주민의 수가 증가되고 있는 현상과 관련된다.

실용적 고려(實用的 考慮)는 계획이나 의사결정이 주민의 선호나 열망을 정확하게 파악하지 못해서 부정확한 목표가 형성되고 수단이 선택되고 있다. 이에 따라 계획은 실패하고 주민의 지지도 확보하지 못하여 사회경제적 의미에서 매우 낭비적인 계획이 되고 있는 현상과 관련된다.

(2) 행정적 목적과 주민입장의 목적

주민참여의 목적(目的)은 참여를 행정적 목적의 성취를 위한 도구로 이해하는 행정적 관점과 주민에게 정책이나 계획의 결정에 실제적인 역할을 제공하는 수단으로 이해하는 주민의 입장으로 구분할 수 있다(Glass, 1979: 181~182; Cogan, et al., 1986: 283~284; Hampton, 1977: 29~30; Sanoff, 2000: 9).

행정적(行政的) 측면에서의 참여목적은 계획이나 의사결정에 주민이 관여함으로서 정부에 대한 주민의 신뢰를 증진시키고 정부의 결정과 계획을 보다 잘 수용하도록 하며 문제의 해결을 체계 내에서 이루어지도록 하는데 있다. 정보교환(information exchange), 교육(education), 지지기반구축(support building)은 행정적 목적이다. 여기서 정보교환(情報交換)이란 계획가와 주민이 생각과 관심사를 함께 하는 것이다. 교육(教育)은 계획과 정보를 주민에게 알리고, 왜 그리고 어떻게 계획하는가를 상세히 알리는 목적이 있다. 그리고 지지구축(支持構築)은 제안된 계획과 정책에 대해 호의적 분위기를 조성하는 활동과 관계된다.

주민입장(住民立場)에서는 계획, 의사결정, 서비스 인도를 향상시키기 위해 계획과 의사결정에 주민의 의견을 제시할 기회를 제공받는데 있다. 주민입장의 참여목적에는 의사결정보완(decision making supplement)과 대표적 투입(representational input)이 포함된다. 여기서 의사결정보완(意思決定補完)은 계획과정에 주민이 영향을 발휘할 수 있는 기회를 증대시켜 계획내용이나 의사결정을 보완하도록 하는 목표이다. 대표적 투입(代表的 投入)은 계획에 지역사회의 욕구가 반영되도록 특정문제에 대해 지역주민의 견해를 확인하려는 노력이다. 계획형성에 주민투입(citizen input)의 장치를 제공함으로서 참여는 통제의 느낌을 제공한다. 그리고 참여의 결과는 공동체(community) 의식을 느끼도록 한다. 적극적인 사회적 접촉의 증가는 집단적인 정치력을 통한 영향의 증대는 물론 공동체의 느낌을 배양한다. 즉 참여는 공동체의 느낌을 제고하는 주요 요인이 된다(Julian and Reischl, 1997).

2. 참여의 효능

확대된 참여는 행정과 정치기관의 대표성과 반응성을 증대하고, 주민의 정치적 효과성을 높이며, 행정적 판단력의 남용을 억제하는 행동이기 때문에 바람직하

| 표 7-1 참여계획의 긍정적 결과 |

계획 과정	계획 산물
• 모든 중요 이익의 표현 • 계획과정의 후반단계에서의 시간과 금전 절약 • 정부의 대중신뢰 향상 • 관련 참여자에 대한 정확한 정보 • 정치가와 관료의 적법성에 대한 시민의 신뢰 • 보다 민주, 개방, 책임, 투명에 대한 욕구와 결합 • 공간계획과정에 대한 보다 큰 영향과 통제 • 대중인식과 책임의 확대 • 예상되는 갈등의 예측으로서 제휴와 협력구축	• 계획에 필요한 정보의 질의 개선 • 다양한 원천과 경험으로부터의 획득한정보사용 • 기술과 설계의 질에 추가한 주관적이고 시장지향적 질의 포함 • 사회의 수요와 필요에 대한 정확한 정보 • 특정한 상황과 수요에 적합한 계획과정 • 계획결정에 대한 강한 기반 • 계획영향에 대한 양호한 이해와 지식 • 계획결정의 높은 상황적 연관

자료: Woltjer, 2000: 222.

다고 여긴다. 다시 말하면 주민집단과 공공이익집단의 정치적, 행정적 업무에의 활동과 참여의 증가는 국민의 정치적 의식을 배양하고 주민들의 광범하고 효과적인 참여를 촉진하며 정치기관의 반응성과 적법성을 제고한다(Cupps, 1977: 478~479).

[표 7-1]은 주민참여의 긍정적인 효과를 계획과정과 계획산물의 양 측면에서 종합 정리한 것이다(Woltjer, 2000: 222).

3. 참여의 도덕윤리

참여는 의무(義務), 효용(效用), 정의(正義) 그리고 도덕윤리(道德倫理)의 4가지의 도덕적인 이론 틀에서 검토할 수 있다(Zajac and Bruhn, 1999).

(1) 의무기반 참여

도덕성(morality)은 보통 의무로서 구성되어 있다. 사회는 부당(wrong)한 것을 정하여 그러한 행동에 관여하지 않는 소극적 의무(negative duties)를 부과한다. 아울러 일정한 행동은 바르고 선하기 때문에 제고해야 하는 적극적 의무(positive duties)를 제시한다. 만일 참여적 의사결정이 조직내외의 개인의 자율, 존엄 그리고 자기실현의 가치를 갖는다면, 참여를 도덕적 의무(道德的 義務)로 받아들여야 한다.

의무론자(deontologist)는 조직들이 참여를 허용, 조장, 촉진해야 할 의무를 갖는다는 입장을 갖고 있다. 참여자체가 선이라는 관념이상의 논리적 바탕은 필요없다. 때문에 계획의 의사결정에서 완전한 참여가 보장될 수 있도록 허용할 의무가 있다. 이들의 입장에서는 참여가 의무라면 결과에 관계없이 이를 수행해야 한다고 생각한다. 환언하면, 참여에 의해 계획된 변화가 어려운 상황에서도 참여는 의무로서 간주된다. 계획은 주민에게 설명할 의무뿐만 아니라 주민이 참여하도록 하는 의무도 있다(Harris, 1996: 494).

(2) 효용기반 참여

효용주의자(效用主義者)들은 참여가 어떻게 계획된 변화에 영향을 줄 것인가에 관심을 갖는다. 이들은 참여를 선(good) 자체이기보다는 목표를 향한 수단(手段)으로 본다. 공공영역에서, 민주원리와 주민참여가 다수의 이익과 선호를 균형화하고 합리화하는 수단으로서 받아들여지고 있다(Kaza, 2006: 256).

의사결정자에게 대중의 선호가 무엇인가를 발견하는 것은 주민들의 현장의 지식을 포함시킴으로써 의사결정을 개선할 수 있다. 그리고 이러한 주민참여는 공공결정의 적법성을 갖도록 한다(Innes and Booher, 2004: 422~423).

(3) 정의기반 참여

주민참여는 공평성과 정의를 진전시키는 목적을 갖는다(Innes and Booher, 2004: 422~423). 롤즈(J. Rawls)는 사회와 경제체계가 사회에서 가장 혜택을 적게 받는 계층이 최대의 혜택을 받을 때 정의를 얻었다고 주장할 수 있다고 했다. 이 '공평으로서 정의'의 원리는 사회에서 가장 혜택을 적게 받는 계층에 봉사할 수 있는 사회질서의 도출을 기대하고 있다.

이 정의(正義)의 원리는 가장 덜 혜택받는 계층과 고객이 가장 큰 참여기회를 갖도록 조직체계를 구성함을 의미한다.

(4) 덕목기반 참여

덕목기반윤리(virtue-based ethics)는 개인의 도덕적 질(質)의 개발에 특히 초점을 둔다. 참여에 대한 덕목기반접근(德目基盤接近)은 참여자에게 보다 이성, 협력, 덕의 능력을 개발할 기회를 제공한다. 즉 이 접근은 개별참여자에게 참여의 권리에 대한 논의에 앞서 도덕적, 지적 적합성을 검토하도록 해준다.

제 2 절 참여계획의 논거

Ⅰ. 민주주의와 참여

1. 인간가치와 참여

참여에 동조적인 주장들의 공통적인 주제는 주민참여는 본질적 가치(intrinsic value)를 가지고 있다고 생각한다는 점이다(Day, 1997). 아리스토텔레스(Aristotle)의 가정(假定)처럼, 주민참여는 인간의 최고능력을 유인하고 개발하도록 하기 때문에, 본질적으로 선(good)으로 여긴다. 주민참여의 본질적 가치(本質的 價値)에 대한 가장 영향력 있는 주장은 루소(J. Rousseau)와 밀(J. S. Mill)의 민주이론(民主理論)에서 발견할 수 있다(Day, 1997).

루소(J. Rousseau)는 「사회계약」(*The Social Contract*)에서 정치적 의사결정은 각 시민들의 개별적 참여가 중요하다는 생각을 바탕으로 그의 정치이론을 전개하였다. 그는 이상적인 의사결정상황은 어떠한 조직화된 집단도 존재하기 아니하고 오직 개인들만 있는 상황이라고 했다. 이는 조직화된 집단이 자기들의 특정한 의지가 보다 지배적이 되도록 만들기 때문이라고 했다. 각 개인들이 참여과정을 통해 사회적으로 책임 있는 행동을 하도록 한다면 일반의지(general will)는 존재하지 않는다고 주장한다. 참여는 사람들의 생활과 환경에 의미 있는 통제를 부과하기 때문에 개인의 실제적 자유는 증대된다. 집단적 결정은 개인이 보다 쉽게 수용할 수 있으며, 지역사회에의 귀속감은 배양된다. 따라서 참여를 보장하지 않는 제도와 장치는 자유를 확보하기 어렵게 만든다고 주장한다.

밀(J. S. Mill)도 참여적 민주주의이론을 기술하면서, 참여제도 내에서만 적극적이고 공공적인 정신이 배양된다고 주장했다(Day, 1997). 이러한 참여를 통해 개인들은 민주주의를 배우게 된다는 것이다.

2. 민주주의와 참여

(1) 민주적 엘리트주의와 참여민주주의

주민참여와 관련하여 민주주의모형(民主主義模型)을 민주적 엘리트주의와 참여민주주의로 나누어 고찰할 수 있다(Thomas, 1996: 174~177).

민주적 엘리트주의(democratic elitism)에서는 민주주의를 주민의 주기적 지지가 요구되는 정치적 엘리트간의 경쟁에 관계되는 제도로 본다. 이 견해에서는 계획문제나 계획결정에 종사하거나 사람이나 일반개인들은 주로 기술적(技術的)인 시각(視覺)을 가지고 있고, 주민참여는 부분화된 관심사항이다. 그러나 기술관료 또는 정치적 엘리트가 주민의 견해를 포함시키기를 바라는 이유는 조작적 의도(操作的 意圖)에 근거한다. 즉 주민들의 내면적인 신념과 가치를 확인함으로써 의사결정에서의 대중이 제외되는 것을 피할 수 있다. 또한 의사결정과정에서 반대입장에 있는 주민들을 표면상 포함시켜서 논쟁적인 결정(controversial decisions)을 적법화할 수 있는 방법으로 활용할 수 있다.

참여민주주의(participatory democracy)모형에서는 주요한 사회기관(social institutions)의 의사결정에 주민이 직접관여(direct involvement)하는 것이 개인의 자아발달(自我發達)에 필수적이라고 본다. 이 견해에서는 참여가 목표달성을 위한 수단일 뿐 아니라, 목표(目標)의 일부(一部)라고 생각한다.

(2) 신다원주의모형과 신우익모형

1980년대 이후 영국(英國)에서 영향력을 발휘하고 있는 또 다른 시각의 민주주의모형(民主主義模型)인 신다원주의모형과 신우익모형을 통해 참여를 검토할 수도 있다(Thomas, 1996: 176~177).

신다원주의모형(neo-pluralist model)은 민주적 정치체계를 경쟁적인 이익집단들이 개인적 의사결정과 정책영역에서 영향을 행사하는 것으로 보았다. 고전적인 다원주의모형이 의사결정을 이익집단간의 갈등과 토론의 장으로 묘사하면서도 정책에 대한 토론이 특정한 집단에게 계속해서 혜택을 제공하기 위해 이루어지는 권력의 체계적인 불균형을 무시했다. 그러나 신다원주의(新多元主義)는 권력의 불균형 에 대항하는 조치의 중요성을 인지하고, 참여는 이를 제고하기 위한 수단이라고 본다.

신우익모형(new right model)에서는 민주국가의 중심적 특성을 법의 규칙(rule of law)으로 보고, 법과 질서의 유지와 외부침략에 대한 사회방어를 위해 사회와 경제생활에의 국가영향을 제한해야 한다고 보았다. 이러한 시각에서 참여의 필요성을 인정한다.

(3) 심의민주주의와 참여

주민참여는 대의제 민주주의(代議制 民主主義)의 위기(危機)의 맥락에서 논의되는 경우도 많다. 이 위기는 주기적인 선거는 유권자의 바람을 충분히 반영하지 못하고 있을 뿐 아니라, 다음 선거에 직접적인 영향을 주지 않는 장기적 문제를 다루는 것도 실패했다는 불만에서 찾을 수 있다. 따라서 주민들은 의사결정에 자신들의 바램과 욕구를 반영할 수 있는 다른 방법을 강구하게 되는데서 참여의 논리의 일부를 발견할 수 있다.

심의(deliberation)는 개방적이고 조용하고 심사숙고적인 대화이며, 상이한 견해를 존경한다. 그것은 이용가능한 자료에 비중을 두고, 대안적 가능성을 고려하고, 관련성과 가치에 대해 논의하며, 제시된 논의의 균형에 의해 최선의 대안을 선택하는 의사소통과정이다. 참여자들은 스스로의 이익을 위한 관여하기보다는 다른 사람들의 투입으로부터 배우는 심의자로서 행동해야 한다(Sage, 2002: 367; Campbell and Marshall, 2000: 327). 심의민주주의(deliberative democracy)가 정치학의 중심과제가 되고 있으며, 심의가 계획이론에서도 이론적 기반이 되고 있다. 즉 심의는 의사소통계획의 핵심이 되고 있으며, 협력계획에서도 중요한 의미를 갖는다. 의사소통계획에서 심의민주주의는 필수적인 요소이다(Sage, 2002: 367).

Ⅱ. 의사소통성의 논리

1. 합리계획과 합의계획

지난 20여 년간 계획이론에 관한 논쟁의 발달은 합리주의패러다임에 대한 변환에 초점을 맞추어 왔다. 합리주의모형(合理主義模型)에 의하면 계획가의 역할은 복지극대화와 문제해결에 있었다. 이는 바람직한 결과를 달성하기 위한 전략과 정책도구의 설계를 통해 이룰 수 있다고 보았다. 이에 반하여 계획의 새로운 패러다임(paradigm)은 계획은 지역사회, 정치, 공공의사결정에 깊이 내재되어 있는, 상호작용적·소통적 활동으로 이해하는 견해이다(Healey, 1999: 1129). 즉 1970년대 초에 들어 의사소통계획(communicative planning)이 합리적 계획의 대안으로 제시되었다. 이 계획은 실제적인 면에서 보다 정치적이며, 가치자체로서 참여를 강조한다(Woltjer, 2000: 19). 그리고 이 계획은 커뮤니케이션(communication)에 관심을 갖고 있고, 사회변화를 목적으로 하며, 계획을 정치에서 분리하지 않는다.

의사소통모형(意思疏通模型)은 존 듀이(J. Dewey)에 의해 개발된 실용주의(pragmatism)와 하버마스(J. Habermas)에 의해 제시된 의사소통적 합리성

(communicative rationality)에 의해 도출되었다. 의사소통이론에서는 계획가의 주요 기능을 사람들의 이야기를 듣고 상이한 견해가운데서 합의(合意)를 도출하는데 두고 있다. 의사소통계획이론(意思疏通計劃理論)의 규범적 목적은 도구적 합리성(instrumental rationality)을 하버마스(J. Habermas)의 의사소통적 합리성(communicative rationality)으로 대체하는데 있다(McGuik, 2001: 196). 의사소통적 합리성(意思疏通的 合理性)은 대화의 기반이 되는 공동의 의미와 이해속에 합의를 구축하기 위한 협력적이며 반사적(reflexive)인 과정을 포함한다.

의사소통계획이론(意思疏通計劃理論)의 특징인 대화와 합의를 강조하여 합의계획(合意計劃)이라고 이름붙여 사용하기도 한다. 합의계획(consensus planning)의 주요 특징은 공공작업(public works)과 같은 계획산출물이 다양한 의견들(opinions)을 바탕으로 만들어진다는 점이다(Woltjer, 2000: 6). 여러 의견들(opinions)을 강조하는 것은 의사결정의 선택이 의사소통합리성에 기초하고 있음을 의미한다. 양호한 해결은 사람들이 동의한다는 것이다. 동의에 이르기 위해서는 계획문제에 관련된 이해당사자가 상호작용과 대화의 과정에 참여해야 한다. 그러한 의사소통과정의 이상적 결과는 의사소통합리성에 바탕을 둔 합의이다. 이는 의사소통적 실무에 종사하는 사람들은 합의를 추구해야 하고, 그들의 상호작용은 하버마스(J. Habermas)의 이상적 대화상황(ideal speech situation)에 따라야 한다는 의미이다. 협력계획의 목적은 의사소통적 조건하에서 토론 후에 합의적 정책결과를 달성하기 위해 계획과정에서 모든 이해당사자가 관여하는 데 있다(Kumar and Paddison, 2000).

2. 합의계획과 참여

참여계획(參與計劃)에서는 권력(權力)이 많은 행위자에 분산(分散)되어 있음을 가정한다. 통제(統制)는 중앙적 권위보다는, 심의(deliberations)에서 나온 자발적 승낙(compliance)에 바탕을 두고 있다. 이 계획의 강조점은 산출보다는 과정(過程)에 둔다. 계획가의 역할은 촉진자(促進者) 또는 조정자(調停者)이다. 이는 갈등해소와 정보와 전문적 지식의 제공에 초점을 둔다. 이 유형의 계획은 계획에 의해 영향을 받는 개인이나 집단의 이익을 위해 종사한다.

합리계획(合理計劃)에서는 참여는 중요한 문제가 아니다. 합리계획에서의 참여는 기존의 공식과정에 따라, 상호작용(interaction)이나 대화(dialogue)보다는 정보제공과 교육적인 특징을 나타낸다. 커뮤니케이션은 주로 전문가와 의사결정자

간에 이루어진다. 계획가는 주로 기술적 전문가로서 역할을 수행한다. 이들의 기술적, 과학적 지향은 의사소통논리보다 효과성과 인과성에 초점을 둔다(Woltjer, 2000: 21~22).

[표 7-2]는 합리계획(合理計劃)과 합의계획(合意計劃)의 특징을 비교한 것이다. 양자는 배타적이 아니고, 보완적 관계이다. 합리계획이 종합적, 합리적 선택에 바탕을 둔데 비해, 합의계획은 상호작용과 토론에 초점을 두고 있다.

| 표 7-2 합리계획과 합의계획의 특징비교 |

지 표 \ 계 획	합리 계획	합의계획
참 여	관심사항이 아님	광 범
커뮤니케이션	전문가에서 의사결정자	주 체 간
계 획 가	기술적 전문가	협 상 자
권 력	집 권	분 산
통 제	함 축	명 시
계획유형	경험적 유도	개 입
강 조 점	기술적, 과학적 논리	소통적 논리
효 과 성	목표달성	합 의
투 명 성	전 문 가	참 여 자

자료: Woltjer, 2000: 22.

제 3 절 참여방법

Ⅰ. 참여의 설계

1. 의 의

양질의 참여는 만족(滿足)할 만하고, 접근가능(接近可能)하며, 심의적(深意的)이어야 한다. 접근(access)은 대표(representation)와 밀접하게 연결되기 때문에 중요하다. 대표는 공적성에 대한 대중적 인식 때문에 중요하고, 그것은 문제에 대한 철저한 이해를 기반한 효과적 의사결정에 필수적이다. 양질의 참여는 참여자들을 만족시켜야(satisfying) 한다. 의사결정자들이 주민의 논평을 심각하게 받아들이는 것처럼 믿게 하고 결과적인 결정이 그들의 고려사항들을 반영할 때

만족을 증가시킬 수 있다.

심의(deliberation)는 참여자들이 어떠한 행동들이 공동재에 기여하는가에 대한 합리적 담론에 관련되는 것에 개방적이며, 존경심을 갖고 철저하게 논의하는 것이다. 개방적(open)이고 철저(thorough)하다는 것은 상이한 견해들도 그들의 사고에 대한 완전한 목소리를 낼 기회를 가져야 한다. 존경심을 바탕으로 하는 논의는 상이한 견해에 대핸 비록 갈등을 유발하드라도 경청하고 그 가치를 인지하는 것을 포함한다. 심의적 논의는 집단적 비전을 개발하는데 필수적이다(Halvorsen, 2003: 536).

2. 고려사항

성공적인 참여를 위해서는 다음 사항을 고려해야 한다(Jackson, 2002: 12~13; Cogan, et al., 1986: 299~304).

① 성 실 주민참여가 성공적이기 위해서는 정의와 반응성에 대해 인식할 필요가 있다. 참여는 정치가 및 그들의 정치·기술적 조언자들이 모든 사람들을 위한 보다 좋은 환경을 만들기 위한 진정한 노력으로 참여자들과 함께하는 것이다.

② 명료한 목표 목표와 성과지표는 무엇보다 먼저 확인해야 할 필요성이 있는 중요한 고려인자이다. 참여프로그램은 전체적인 계획과정의 목표에 밀접하게 관련되어야 한다. 이의 역할은 목표를 달성하는데 요구되는 주민정보(住民情報), 지지(支持) 또는 투입(投入)의 속성과 범위를 확인하여 도출할 수 있다.

③ 이해당사자 확인 의사결정에 의해 영향을 받는 사람들, 즉 이해당사자들, 은 효과적이며 직접적으로 계획과정에 참여할 수 있어야 한다. 어떤 상황은 전체로서 대중의 참여가 요구되지만, 보통은 제안된 결정에 의해 영향을 받는 특정한 집단의 확인이 필요하다. 주민참여는 이들 집단의 특별한 욕구에 적합하게 설계되어야 한다.

④ 전략적 의사소통 영향을 받는 주민들에 의무적으로 정보를 소통하는 것은 참여에서 중요하다. 주민은 그들의 노력을 계획과정에 통합하고 결정에 연결하는 것을 확인해야 한다. 주민들은 사실의 조사, 목표의 설정, 대안적 행동노선의 개발과 평가, 대안의 선택을 포함한 의사결정과정(意思決定過程)의 모든 단계에 기여(寄與)할 수 있다. 모든 단계는 계획과정에 공여하고, 주민들은 그들의 참여가 최종결정에 어떻게 기여하는가를 명확하게 알려야 한다.

3. 설계내용

참여문제의 개념화를 위해서는 누가(who), 무엇에 대해(what), 어디서(where), 어떻게(how) 그리고 언제(when)에 대한 질문에 답해야 한다(Sanoff, 2000: 11~12; Sewell and Coppock, 1977: 7~11; Thomas, 1995: 11~12).

Ⅱ. 참 여 자

1. 참여여건

참여자(參與者)의 문제는 성공적인 주민참여를 위해 매우 중요한 의미를 갖는다. 참여자들이 관련주민이나 일반대중에 대한 적절한 대표들인가? 중요한 이익들이나 시각들이 제외되었는가? 그들은 양호한 판단과 결정을 위한 정보와 능력을 가지고 있는가? 참여자들은 참여하지 않은 사람들에 반응적이고 책임감이 있는가? 때문에 누가 참여에 적합하고 개인이 어떻게 참여자가 되는가 하는 문제는 중요하다(Fung, 2006: 67).

이상적인 의사결정은 문제에 대한 법적인 이해관계자(利害關係者) 모두의 입장을 고려하여 결정해야 한다(Sewell and Coppock, 1977: 7). 어떤 경우는 어떤 사람이 이익을 받고, 어떤 사람이 비용을 지불해야 하는가가 분명할 수 있지만, 많은 경우는 모든 법적인 이해당사자를 확인하는 것이 어렵다. 보통은 이익집단(利益集團)이나 자기의 견해를 일정한 통로를 통해 표현하는 관심있는 개인(個人)들에 의존하는 경향이 많다. 그러나 여러 이유로 자신의 견해를 잘 표출하지 못하는 빈곤층 등 소수집단이 존재하고 있는 것도 사실이다. 그리고 어떤 개인들은 자신들의 이해와는 관계없이 원론적으로 정책이나 제도에 반대하기도 한다. 여기서 특정문제에 대해 누가 법적인 이해를 갖고 있는가를 정확하게 결정하는데 어려움이 따른다.

일반적으로 주민들은 대부분의 계획문제가 자신에게 분명하고 직접적인 영향을 주지 않거나 계획이나 계획결정에 개인적인 개입으로 변화를 가져올 것 같지 않으면 무관심(無關心)하는 경향이 있다. 대부분의 문제들이 일상적이며 그것을 책임지는 공무원들에 맡기려 한다. 따라서 제한된 사람들이 전략적으로 기존 이익집단에 관심을 가지고, 정책에 위험을 느끼고 영향의 기회를 추구하는 사람들을 부추겨 특별집단을 구성한다(Sewell and Coppock, 1977: 8). 여기서 중요한 것은 주민의 일부만 참여하는 경우가 많은데, 이들 참여자는 주민들 중에서 보다 교육을 많이 받고, 소득이 높으며, 정치적인 식견을 갖는 사람들의 참여도가 높다는 점이다.

2. 구 분

파겐스(M. Fagence)는 참여자를 선출된 대표, 공무원, 일반주민, 외부기관, 상담자의 5개 집단으로 구분하였다(Fagence, 1977: 141~142). 선출된 대표(elected representatives)는 지방정치무대의 정치가들로서, 의사결정자로서의 역할이 기대되는 집단이다. 공무원(public servants)은 기술적 관료로서 정치가의 조언을 하는 전문가이다. 일반주민(the public)은 이질적인 주민들로 구성된 집단으로 행태의 다양성을 보인다. 이들 집단은 전체로서 대중(the public en masse), 이익으로 분화된 주민(the interest-differentiated public) 그리고 개인으로서 주민(the public as individual)으로 나눌 수 있다. 외부기관(external agencies)은 상급정부, 공사, 기타 정부관련기구의 관료적 또는 정치적 대표들을 지칭한다. 상담자(consultants)는 특정한 기술적 결함을 치유하기 위해 종사하는 특정한 기술과 전문성을 갖고 있는 사람들을 말한다.

이러한 파겐스(M. Fagence)의 분류는 참여자를 일반주민만을 생각하는 전통적인 접근보다는 그 범위를 확대한 것으로 볼 수 있다. 특히 계획이나 의사결정에 의해 직접적으로 영향을 받는 지역 내의 주민들에 국한한 것이 아니라, 외부인들도 참여자의 범주에 포함시키고 있다.

3. 확인방법

관련주민을 파악하는 접근방법에는 하향적 방법(下向的 方法)과 상향적 방법(上向的 方法)이 있다(Thomas, 1995: 59~68).

하향적 접근(top-down approach)은 관리자가 참모의 도움을 받아 참여자를 선정하는 방법이다. 관리자는 먼저 문제에 대해 어떤 유형의 주민들이 흥미를 가질 것인가, 누가 직접적으로 영향을 받는가를 확인한다. 이러한 주민들을 대표하는 집단들을 확인하기 위해 조직화된 집단의 리스트의 이용가능성을 점검한다. 조직내 구성원과 브레인스토밍(brain storming)을 통해 보다 많은 아이디어를 도출할 수 있다. 지역사회의 유력인사와의 접촉을 통해 보다 많은 제안을 받을 수도 있다. 초기단계에 중요도에 따라 이해당사자를 구분하는 것은 일부를 제외시킬 위험이 따른다. 공공의사결정이 이익집단에 너무 편도되어 관심을 보이지 않은 집단은 제외시킬 위험도 있음을 염두에 두어야 한다. 관리자는 문제에 대해 흥미를 갖고 있지만 조직되지 않은 주민의 중요성을 간과해서는 안 된다.

잠재적 주민의 출현 가능성에 대비하여 관리자는 관련 주민의 확인작업에 일부는 상향적 접근(bottom-up approach)을 사용해야 한다. 이 접근방법에서는 관리자는 주민이 스스로를 정의하고 참여할 수 있도록 해야 한다. 그러나 관리자가 단순하게 수동적 위치에만 있을 필요는 없고, 상향적 접근의 기회를 제고하는 적극적 역할이 요구된다. 또한 관리자는 특정문제에 대해 주민들이 어떻게 생각하는가를 파악하기 위해 주민조사(citizen survey)를 통해 주민의 참여를 자연스럽게 유도할 수도 있다.

Ⅲ. 참여과정과 단계

1. 참여과정

주민이 관심을 갖는 문제는 매우 다양하다. 일상적인 문제의 의사결정에는 참여가 거의 요구되지 않지만, 이해가 대립되는 전략적 문제(戰略的 問題)에 대해서는 적극적인 참여가 요구된다(Sewell and Coppock, 1977: 9). 그러나 문제는 어떻게 전략적 문제를 확인하는가 하는 어려움이 따른다.

주민참여는 모든 계획과정(計劃過程)에서 중요한 의미를 갖고 있지만, 참여에 따른 기여(寄與)의 정도는 참여대상문제의 공간적 범위에 따라 차이가 있다(Cogan, et al., 1986: 285). 대체로 참여의 공간적 범위가 작은 지방정부에서는 참여효과가 전 계획과정에서 크게 나타나고, 중앙정부차원의 참여효과는 제한적이다. 이는 주민들의 이해관계가 큰 문제일수록 참여의 효과가 크고, 일반적인 문제는 관심이 적은데서 연유한 것으로 볼 수 있다.

계획의 전 과정에서 참여가 중요하지만, 특히 중요한 의미를 갖는 단계는 목표설정(目標設定), 대안선택(代案選擇) 그리고 계획평가(計劃評價)의 3개 과정이다. [표 7-3]은 계획과정별로 주민참여가 특히 요구되는 단계를 참여자별로 정리한 것이다.

▎표 7-3 계획과정별 참여 ▎

계획 과정 \ 참여자	주 민	계 획 가	공 무 원
1. 계획목표설정	◉	○	◉
2. 자료 수집		◉	
3. 대안 작성		◉	
4. 대안의 선택	◉	○	◉
5. 계획 집행	◉	◉	◉
6. 환 류		◉	◉

주: ◉: 주요 역할 ○: 보조역할

자료: Gil and Lucchesi, 1979: 566.

(1) 목표설정

주민참여에 의해 계획목표를 설정하기 위해서는 먼저 계획의 범위, 성격, 필요성을 중심으로 지역의 대중매체를 통해 계획의 시작을 주민들에게 홍보함은 물론 참여의 방법과 수단에 대해서 제시할 필요가 있다. 목표설정의 출발은 설문조사 등의 방법을 활용하여 계획대상의 현안문제와 주민의 바램을 파악하여 이를 정련화하는 과정을 거치는 것이 바람직하다(정환용, 1983: 12).

전통적으로 계획목표의 설정을 위한 표준적 과정은 주로 참모의 책임과 관계되는 것으로 보며, 목표설정은 이 목표는 지역사회 목표에 대한 계획가의 지각에 바탕을 둔 것으로 보았다. 계획가의 목표기술의 근원은 한편으론 계획가가 대중, 주민집단, 압력집단과의 외형적 접촉과 다른 한편으론 계획가가 갖고 있는 '목표의 내용은 무엇이 되어야 하는가?'에 대한 스스로의 가치와 직관의 결합에 의해 이루어진다(Robinson, 1972: 37).

참여에 의한 목표설정은 다음의 점에서 주의(注意)가 요구된다(Smith and Hester, 1982: 25).

첫째, 순응적이고 정형화된 참여형식은 다양한 견해와 이질적인 주민참여의 장점을 억제할 수 있다.

둘째, 책임을 참여자에 분산시켜 누구도 목표 또는 목표설정관련행동에 책임을 지지 않는 결과를 가져온다.

셋째, 참여에 의한 목표설정은 결과에 대한 과도한 기대를 유도한다.

넷째, 도시사회의 조직이 크고 복합적일 때는 참여과정이 비인간화될 가능성이 있다.

(2) 대안선택

주민참여와 관련된 의사결정은 주민참여와 영향이 없는 자율적 의사결정, 주민의 역할이 제한되지만 의미 있는 협의적 의사결정 그리고 관리자와 주민들이 공동으로 의사결정에 광범한 영향력을 갖는 대중의사결정의 세 가지 접근으로 나눌 수 있고, 이를 세분하여 다음의 다섯 가지 접근방법을 생각할 수 있다(Thomas, 1995: 39~40).

① **자율적 관리결정**(autonomous managerial decision) 주민참여 없이 관리자가 혼자서 문제를 해결하거나 의사결정을 한다.

② **수정된 자율적 관리결정**(modified autonomous managerial decision) 관리자가 주민의 일부로부터 정보를 획득하지만, 결정은 집단적인 영향을 반영하기도 하고 그렇지 않을 수도 있는 상태에서 혼자 결정한다.

③ **부분화된 주민협의**(segmented public consultation) 관리자는 주민의 일부와 분리되게 문제를 함께 하면서 생각과 제안을 들어서 이러한 집단의 영향을 반영하여 의사결정한다.

④ **단일의 주민협의**(unitary public consultation) 관리자는 동질적인 단일의 집단과 문제를 함께 협의하면서 생각과 제안을 받아서 집단의 영향을 반영하여 의사결정한다.

⑤ **주민의사결정**(public decision) 관리자는 다양하게 소집된 주민들과 문제를 함께 하면서 관리자와 주민들이 해결을 위한 합의를 시도한다.

(3) 계획평가와 모니터링

참여에 의한 모니터링과 평가는 계획의 평가와 모니터링 단계에 여러 이해당사자가 관여하는 협력과정이다. 모니터링은 계획의 전 과정에서 진행되고, 평가는 중간이나 완료시처럼 특정시점에서 이루어진다.

참여에 의한 평가와 모니터링은 기존의 방법에 비해 여러 점에서 대비된다. 전통적 방법(傳統的 方法)은 계획의 변화된 수요를 확인하고 반응하기 보다는 관리나 재정적 책임을 다하기 위해 선형적(linear)·사전결정적(predetermined)·발췌식(extractive) 과정으로 이루어지며, 중립적 견해를 확보하기 위해 계획에서 독립적이거나 일정한 거리를 유지하는 외부전문가가 필요하다고 여긴다. 반면에 참여적 방법(參與的 方法)은 보다 개방적이고 순환적 방법을 사용하며, 이해당사자 스스로가 연구·분석·발견 그리고 제안한다. 그리고 참여평가와 모니터링 활동의 주제는 계획 이전보다는 계획과정 중에 결정하며, 계획의 결과는 물론 과정의 질에 대한 평가도 한다(McCracken and Narayan, 1998: 193).

2. 참여단계

(1) 단계의 구성

안스타인(S. Arnstein)은 주민참여단계(住民參與段階)를 8개의 칸을 갖는 사다리(ladder)에 비유하여 설명하고 있다(Arnstein, 1969: 217).

맨 밑 부분의 조작(manipulation)과 치유(therapy)는 진정한 참여와는 배치되는 비참여 단계로, 이는 사람들에게 계획에 참여하거나 사업계획을 수행하게 하도록 하는 것이 아니라 권력보유자가 참여자를 교육하거나 치료하는데 목적을 둔다.

통보(informing)와 협의(consultation)는 형식주의의 수준을 나타내는 것으로 소외계층이 그들의 의견을 제시하거나 청취할 수 있는 단계이다. 그러나 이 단계에서는 주민의 견해가 권력에 의해 보장받을 수 있는 힘이 결여되어 있다. 다섯 번째 칸인 회유(placation)는 소외계층이 조언할 수 있는 바탕은 조성되었지만 권력보유자가 결정권을 갖고 있기 때문에 단지 형식주의의 높은 수준으로 볼 수 있다.

┃ 그림 7-1 주민참여단계 ┃

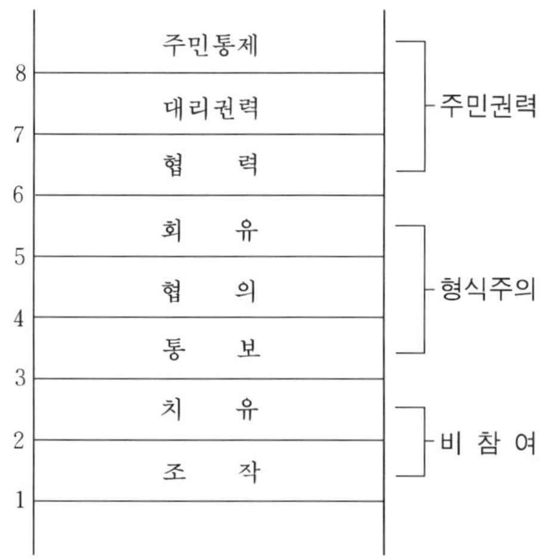

자료: Arnstein, 1969: 217.

칸이 높아짐에 따라 의사결정에서 주민의 힘이 증가하는 것을 나타낸다. 협력(partnership)의 단계에서 주민들이 전통적인 권력자들과 교섭할 수 있게 되었다. 가장 위에 위치한 대리권력(delegated power)과 주민통제(citizen control)에서는 소외적인 주민이 의사결정위치에서 다수를 점하거나 완전한 관리자적 권력을 향유하게 된다.

(2) 단계별 특성

각 단계별 특징은 다음과 같다(Arnstein, 1969: 218~224)

① **조작**(manipulation) 주민참여의 이름으로 사람들은 무비판적인 조언위원회나 조언기구의 구성원이 되어 주민을 교육시키거나 지지를 얻기 위한 목적으로 사용한다. 진정한 주민참여보다는 권력보유자의 P.R. 장치로 참여를 왜곡한다.

② **치유**(therapy) 행정가들은 무능(powerlessness)을 정신적 질병과 유사하다고 가정하고 있다. 이러한 가정 하에 주민이 참여하는 가장무도회에서 전문가 또는 계획가들은 주민들을 집단치유(集團治癒)를 주도한다. 이러한 형태의 참여는 주민이 광범한 활동에 관계되지만 초점은 병을 일으킨 본질적인 치유보다는 병 자체의 치유에 둔다.

③ **통보**(informing) 주민에게 그들의 권리, 책임 그리고 선택사항을 알려주는 것은 주민참여적법화의 첫 단계이다. 그러나 관리로부터 주민에게 주는 일방통행적 정보흐름이 강조되기 때문에 환류나 협상의 힘이 없다. 계획과정의 후반부에 계획관련정보를 제공하게 되면 주민들은 그들의 참여하여 사업계획에 영향을 미칠 기회를 거의 얻기 어렵다. 이런 일방적 커뮤니케이션에 많이 사용하는 도구는 뉴스매체, 팜플렛, 포스터, 질문에 대한 응답이다.

④ **협의**(consultation) 주민의 의견을 구하는 것은 완전참여를 위한 적법화의 첫 걸음이다. 그러나 주민과의 협의(協議)가 다른 형태의 참여와 결합되지 않고는 주민의 관심사와 생각이 고려된다는 보장이 없기 때문에 사다리에서 이 칸은 아직도 속빈 강정이다. 사람들과 협의를 위해 가장 많이 사용하는 방법은 태도조사, 근린회합, 공청회이다.

⑤ **회유**(placation) 아직도 형식주의가 분명하지만, 이 수준에서 주민들은 어느 정도의 영향력을 행사하기 시작한다. 주민들은 조언할 수는 있지만 조언의 적법성이나 타당성의 판단의 권리는 권력보유자에게 있다. 주민들이 실제로

회유되는 정도는 주민들이 우선순위를 정하는데 있어서의 기술적 지원의 질과 이러한 우선순위를 정하는데 압력을 행사하기 위해 지역사회가 조직화된 정도의 두 가지 요소에 의해 결정된다.

⑥ **협력**(partnership)　　이 단계에서는 권력이 주민과 권력보유자 사이에 협상을 통해 재분배된다. 그들은 공동의 정책부서, 계획위원회 그리고 난국해결장치와 같은 구조를 통해 계획과 의사결정의 책임을 공유하는데 동의한다. 그리고 쌍방거래(give-and-take)의 형태를 통해 경기원칙을 확립한 후, 일방적인 변화를 추구하지 않는다. 협력(協力)은 지역사회에 주민지도자가 책임성이 있고, 주민집단이 그들의 지도자에 노력한 만큼 사례할 수 있을 정도의 재정자원이 있고, 필요한 인력을 고용할 수 있을 정도의 조직화된 권력기반이 있을 때 효과적이다. 이러한 구성 속에서 주민들은 계획의 결과에 대해 진정한 협상적 영향을 행사할 수 있다.

⑦ **대리권력**(delegated power)　　주민과 공복사이의 협상은 주민들이 특정한 계획이나 사업계획에 대한 의사결정에서 주도적인 권위를 갖게 되는 결과를 가져올 수 있다. 이 수준에서는 주민들이 스스로 사업계획의 주민에 대한 책임을 보장하는 단계에 이르게 된 것이다. 주민과의 계획에 대한 차이를 해소하기 위해 권력보유자는 다른 목적에 의한 압력보다는 협상과정을 시작할 필요성을 느끼게 된다.

⑧ **주민통제**(citizen control)　　지역사회의 근린통제에 대한 수요는 증대되고 있다. 참여자나 주민들이 정책과 관리의 모든 책임을 지고, 프로그램과 기관을 지배할 수 있는 정도의 권력을 갖게 된다.

Ⅳ. 참여기법

1. 형태와 평가기준

(1) 참여형태

참여기법은 다양한데 관여의 적극성 또는 수동성 정도에 따라 홍보(弘報), 대중교육(大衆敎育), 대중투입(大衆投入), 대중상호작용(大衆相互作用) 그리고 대중협동(大衆協同)의 5가지로 구분할 수 있다(Cogan, et al., 1986: 292~298).

① **홍보**(publicity)　　P.R. 노력이 없이는 정부관료들은 스스로가 유권자들과 유리되는 위험을 갖게 된다. 정보확산은 상대적으로 솔직해야 하며, 포스터

(posters), 스티커(stickers), 티셔츠(T-shirts)로 사용할 수 있는 슬로건(slogan)이나 로고(logo)는 단순한 도안이 될 수 있다. 팜플렛(brochures), 전시(displays) 등은 보다 실질적인 정보를 전달 할 수 있다. 라디오나 TV의 알림도 효과적인 수단의 하나이다. 이들 기법은 설득하여 대중지지를 얻기 위해 설계되었고, 수동적 소비자로서의 주민과 관련된 것이다.

② **대중교육**(public education)　　기자회견, 뉴스전달, 신문기사, 뉴스레터(newsletter), 기록물(documentary), 슬라이드 쇼(slide show), 편람(handbook), 정보센터(information centers), 대중회합(public meetings) 등은 특정 주제에 대해 대중교육을 하기 위한 수단이다. 모든 자료들은 이해하기 쉬어야 한다. 시민조언위원회(citizen advisory committee)에서는 자료의 명료성, 간결성, 이해성을 검토하도록 하는 것이 좋다. 시기도 중요한데, 의사결정하기 전에 주민들이 정보를 흡수하도록 충분한 시간을 주어야 한다. 이 기법들은 주민들에게 비교적 완전하고 균형된 정보를 제공하여 스스로 자신의 결론에 이르도록 한다.

③ **대중투입**(public input)　　주민들의 특성, 욕구, 의식에 관한 정보는 효과적인 계획과 정책결정에 필수적이다. 흔히 계획가들은 자신들이 대중의 필요와 욕구가 무엇인가를 알고 있다고 가정한다. 대중투입프로그램은 주민들이 자신의 의견을 표현하도록 장려하여, 공공결정에 영향을 주고자 한다. 공청회, 여론조사, 투표기법, 델피(delphi) 등의 기법들이 여기에 포함된다. 이 기법들은 주민들로부터 아이디어와 의견들을 유인해 낸다. 이 기법들은 주민들의 의견(input)이 최종결정에 영향을 준 정도를 알려주는 환류장치와 결합한다면 매우 효과적이다.

④ **대중상호작용**(public interaction)　　앞에서 언급한 기법들은 일방통행적인 커뮤니케이션과 관련된다. 상호작용적 기법들은 주민과 계획가들이 아이디어를 공유하고, 서로의 견해에 반응하며, 질문하고, 대안을 작성하고 검토하도록 한다. 효과적인 대중상호작용의 핵심은 대중집회나 공청회에서 나타나는 '우리/그들'(we/they)의 이분법을 제거한다. 이들 기법은 대립보다 협력을 배양한다. 대중워크숍(public workshop)은 주민들이 관료, 선출된 공무원, 계획가들과 집적 상호작용할 수 있는 기회이다. 주민, 관료, 의사결정자들이 모여서 개최하는 협의회(conference)도 상호작용을 위한 또 다른 수단이다. 이 기법이 유용하게 이용되는 때에는 각 참여자들은 각각의 견해를 표현할 기회를 갖고, 다른 사람들의 아이디어에 반응하며, 합의를 위해 작업하게 된다.

⑤ **대중협력**(public partnership)　　여기서는 주민들이 최종적인 의사결

정에 공식적 역할을 제안한다. 대부분의 경우, 주민들은 공식적인 계획기관에 조언위원회의 기능을 수행한다. 이들 조언위원회(advisory committees)는 직업·이익·지리적 위치로 나누거나, 구체적인 목표의 범주로 나누어 10~15인으로 구성되어 운영된다.

(2) 평가기준

참여기법의 평가준거(評價準據)는 과정의 효과적인 구축과 집행과 관련되는 수용기준(acceptance criteria)과 과정의 주민의 수용과 관련된 과정기준(process criteria)으로 나눌 수 있다(Rowe and Frewer, 2000: 11~17).

수용준거(受容準據)는 대표성, 독립성, 초기참여, 영향 그리고 투명성의 준거를 포함한다. 대표성(representativeness)은 참여자는 영향받는 주민을 대표할 수 있도록 광범하게 표본추출되어야 한다. 독립성(independence)은 참여과정이 독립적이고 편견 없는 방법으로 수행되어야 한다. 초기참여(early involvement)란 참여자는 가능한 한 계획의 초기에 개입되어야 한다는 의미이다. 영향(influence)은 참여과정의 결과는 계획이나 정책에 진정한 영향을 주어야 한다. 투명성(transparency)은 참여과정이 투명하여 참여자는 무엇이 진행되고 어떻게 결정이 이루어지는가를 알 수 있어야 한다.

과정준거(過程準據)는 자원접근성, 과업정의, 구조화된 의사결정 그리고 비용효과성의 준거를 포함한다. 자원접근성(resource accessibility)은 참여자들은 그들의 신념을 성공적으로 수행할 수 있도록 적절한 자원에의 접근이 이루어져야 한다. 여기서 필수적인 자원은 정보, 인적, 물적 그리고 시간 자원을 포함하는 개념이다. 과업정의(task defintition)는 참여과업의 성격과 범위가 명료하게 정의되어야 한다. 구조화된 의사결정(structured decision making)은 참여행사는 의사결정과정에서 구조화되고 전시되는 적정한 장치를 사용해야 한다. 비용효과성(cost-effectiveness)은 참여과정은 일정한 의미에서는 비용-효과적이어야 한다.

2. 분 류

(1) 구조화의 정도에 따른 구분

참여기법(參與技法)은 구조화의 정도에 따라 비구조화 기법(非構造化 技法)과 구조화 기법(構造化 技法)으로 구분할 수 있다(Glass, 1979: 183~184).

비구조화 기법(unstructured techniques)은 계획가와 주민사이에 직접적인 접촉이 되도록 설계된 기법이다. 여기서 비구조화란 참여행위를 둘러싸고 있는 구조가 결여하고 있음을 나타낸다. 이 기법과 관련하여 계획가들은 누가 참여하고, 얼마나 많은 주민이 참여하고, 어떤 종류의 정보가 산출되는가 등에 대한 통제를 거의 하지 못한다. 이 기법에서는 주민들이 자기들의 특정한 견해와 문제를 나타내거나 계획가에 반응한다. 이 기법은 계획가와 주민들 간에 의견, 태도, 정보를 면대면으로 교환할 수 있는 기회를 만든다.

구조화 기법(structured techniques)에서는 계획가가 '누가 얼마나 참여할 것인가?'를 통제할 수 있다. 이 기법은 계획가, 시장 또는 시의회에서 참여자를 선정할 수 있는 공식적 과정과 관계된다. 그리고 이 기법은 교육과 지지구축목적에 활용되는데 유용하다.

(2) 적극성의 정도에 따른 구분

참여기법은 적극성의 정도에 따라 능동적 과정(能動的 過程)과 수동적 과정(受動的 過程)기법으로 구분할 수 있다(Glass, 1979: 184).

능동적 과정기법(active process techniques)은 잘 개발되고 정의된 과정을 통해 참여행위가 발생되는 노력이라고 기술할 수 있다. 여기서 능동적 기법이라고 하는 이유는 일련의 기술된 활동에 주민들이 직접적으로 관여할 수 있기 때문이다. 이 범주의 기법들은 계획가들에 유용한 정보를 제공하여 의사결정을 보완하는 역할을 하게 된다.

수동적 과정기법(passive process techniques)은 가장 잘 구조화된 기법이며 잘 발달된 방법론을 갖고 있다. 이 기법을 수동적이라고 하는 이유는 주민들이 계획가들과 직접적으로 접촉할 기회가 없기 때문이다. 이 기법들은 대표적 투입의 목적에 활용된다.

(3) 참여기법의 특성에 따른 구분

파겐스(M. Fagence)는 참여수단을 전통적(傳統的), 쇄신적(刷新的), 자립적(自立的) 범주로 구분하여 설명하고 있다(Fagence, 1977: 272~327).

전통적 수단(conventional means)은 주민참여계획에서 일반적으로 사용하고 있는 참여수단으로 비교적 저렴하고 계획가나 행정가에게 많은 시간과 의사결정에의 책임을 많이 요구하지는 않으면서도 주민의 기대가 큰 전통적으로 사용해 온 기법들이다. 이 범주에 속하는 수단은 전시회(exhibitions), 공청회(public hearings), 팜프렛(pamphlets) 등을 이용한 정보유포, 설문조사(questionnaire surveys)에 의한 정보수집 등을 들 수 있다.

계획기관에서는 계획가와 계획의 적용을 받는 주민간의 지적인 대화를 이루기 위한 효과적인 방안 강구에 노력하고 있는데, 이러한 시도로서 전통적인 참여수단보다 쇄신적이고 영향이 큰 참여수단이 쇄신적 방법(innovative means)이다. 이의 범주에는 델피 방법(delphi method), 명목집단방법(nominal group method), 샤레트 방법(the charrette) 등이 포함된다. 이 기법에의 참여자는 평균이상의 지적 수준을 요구하고 각 기법은 참여자의 유의적(有意的)인 선택에 의존하고 있는 공통적 특색을 갖고 있다.

자립적 방법(self-help means)은 주민 스스로의 자발적 참여를 강조하는 방법으로 정보 수집과 의사 결정 보완을 위하는 목적을 갖고 있는 것으로 잘 발달된 수단은 특별위원회(task force), 자립적 편람(self-help manuals) 등을 들 수 있다.

3. 주요 기법

(1) 전통적 기법

(가) 전 람 회

전람회(exhibition)기법은 대부분의 계획기관이 계획안을 단순하고 도식적으로 표현하여 주민들과 의사소통하기 위해 전통적으로 많이 사용하여 왔다. 전시의 요체는 단순하고 이해하기 용이해야 하지만, 관람자가 스스로 판단할 수 있도록 적절한 상세성도 확보해야 한다(Fagence, 1977: 276). 전시장소(展示場所)는 의사소통성(communicability)에 중요한 의미를 갖는데, 대체로 사람들이 많이 모이는 보행자몰, 쇼핑센터, 교통터미널 등이 좋다.

(나) 공청회나 공공회합

주민참여에 관해 논할 때, 관료들은 주로 공청회(public hearings)나 공공회합(public meetings)같은 방법에 주로 의존한다. 그러나 이 방법에 대한 비판(批判)은 세 가지이다. 첫째, 공공집회(公共集會)에 참석하는 사람들은 일반주민을 대표하지 못한다. 둘째, 참석자가 대표자라고 하더라도 표현되는 의견은 그렇지 못하다. 셋째, 대중이 정부의 결정에 영향을 미치는 경우가 거의 없다. 이러한 비판에 대해 이를 잘못 관리한데서 기인한 것으로 보고 이의 보완이 있으면 좋은 참여방안으로 활용할 수 있다고 본다. 공공회합은 참여의 목적을 정보획득이나 조언적 의사결정에 국한하고, 참여를 희망하는 주민들이 편리한 시간과 장소에서 이루어지도록 하고, 참여주민의 대표성을 강화하는 보완책을 강구한다면 그 효과성을 증대할 수 있다(Thomas, 1995: 114~115).

공청회(公聽會)는 관리자가 주민과 정보를 교환하고자 할 때 주로 사용한다. 여기서 정보교환이란 양자 간의 쌍방적 커뮤니케이션을 의미한다. 그리고 공청회는 광범한 주제보다는 비교적 간단한 문제에 사용하는 것이 효과적이며, 관련 주민이 최소한 부분적으로라도 조직화되지 않았을 때 기대기능을 수행할 수 있다(Thomas, 1995: 119). 조직화된 집단에서는 공개적인 공공회합은 그들의 적법성에 대한 도전으로 간주하기 때문이다.

(2) 쇄신적 기법

(가) 브레인스토밍

① **개 념** 창조성을 일으키는 가장 오래되고 잘 알려진 브레인스토밍(brainstorming)은 오스본(A. Osborn)에 의해 1938년에 개발된 것으로, 아이디어들을 모아서 특정한 문제들을 해결하기 위한 의도를 가진 일단의 사람들에 의해 이루어진다(Jones and Twiss, 1978: 98). 가능한 많은 해결책의 창출, 정리되지 않은 생각(wild ideas)의 장려, 비판은 허용하지 않고 판단은 보류하지만, 도출된 사고의 상호작용을 통해 시너지(synergy)를 불러일으키고자 한다. 이 방법의 첫째 목적은 아이디어를 최대한 모으는데 있다.

② **방 법** 작업집단의 구성원은 의장 또는 지도자의 주도적 개성의 영향을 최소화하기 위해 5명~10명 이내로 구성하는 것이 적절하다. 참여자가 이 방법에 경험이 없을 때는 이에 대한 설명과 자유분방한 사고가 가능한 분위기 조성을 위한 예비기간을 갖는 것이 중요하다. 이 기법은 패널구성원을 주제하는 의장 또는 통제자에 의해 인도하는 것 이외에는 비교적 비구조화된 다음의 4개 단계(段階)로 진행된다(Jones and Twiss, 1978: 98~102).

첫째, 문제의 정의(definition of problems): 문제의 정의와 재정의(再定義)를 통해 참여자 모두가 문제를 명료하게 이해하여 다른 참여자들의 의견에 기여하거나 수용할 수 있게 한다. 정의는 패널에서 처음에는 제시하지 않았던 핵심문제에 초점을 맞춘다.

둘째, 아이디어의 도출(generation of ideas): 사회자 또는 의장은 어떠한 비판이나 판단을 허용하지 않음으로서 자유사고를 요구 또는 장려해야 한다. 여러 반응과 응답이 나타났을 때, 사회자는 이미 언급된 종류에 논의를 가중시키는 질문을 제시하도록 한다. 가장 유별난 생각(wildest idea)의 개발이 추가적 사고를 조장하는 장치이다.

셋째, 사고의 범주화: 시간의 제약과 반응이 고갈되었을 때는 기록을 검토하고, 관련된 사고와 집단으로 범주화한다.

넷째, 판단과 평가: 마지막 단계로 재정리된 사고들은 문제해결의 적합성 관점에서 판단하고 평가한다. 여기서 가장 바람직하지 않은 것은 제거하고 보다 깊이 논의할 가치가 있는 것은 남겨둔다.

③ 브레인 라이팅 브레인스토밍방법의 응용방법으로, 브레인 라이팅(brainwriting)과 같은 방법도 사용할 수 있다. 이들 방법은 동시에 같은 장소에 만날 수 없는 집단의 경우 사용할 수 있다(Sanoff, 2000: 71~72).

㉠ **갤러리**(gallery): 각 구성원에 이젤(easel)과 큰 종이를 주고, 문제에 대한 아이디어를 기록할 시간을 주고, 시간종료를 제시한다. 참여자는 각 이젤을 돌아보고 자기 자리에 돌아와서 추가와 수정을 하게 한다. 이 때 아이디어의 편승(hitchhiking)도 일어난다. 기록들은 수합하여 다른 팀에게 평가를 위해 전해진다. 이 방법은 집단 앞에서 말하는 것이 불편하게 생각하는 사람에게 특히 효과적이다.

㉡ **핀 카드**(pin card): 사람들이 큰 테이블에 앉아서 카드에 아이디어를 기록한다. 카드는 회람하고, 참여자는 그들의 아이디어를 추가하고 원래의 아이디어를 개선한다. 그리고 카드는 다른 팀이 평가하도록 수합한다.

㉢ **명목집단방법**(nominal group technique): 문제가 제시되면 참여자는 조용히 앉아서 5분 동안에 아이디어를 기술한다. 아이디어는 모아져 토의하고, 투표하고, 선택을 위해 순위화한다. 이 기법은 아이디어 창출과 아이디어 평가의 두 가지 목적이 결합된 것이다.

㉣ **델피방법**(delphi method): 이 기법은 기록된 브레인스토밍으로부터 시작하여 최선의 아이디어에 대한 합의에 이를 때까지 계속한다. 여기서 참여자는 익명으로 남아 있고, 직접적인 상호작용이 일어나지 않으며, 그 때문에 아이디어는 질문지나 컴퓨터방법을 통해 수합한다. 아이디어가 수합된 후 이를 나열하고 평가를 위해 회람하고 각 참여자를 등급화한다. 이 과정은 합의에 이를 때까지 계속 한다.

④ **상호작용 브레인스토밍**(interactive brainstorming) 구두와 기술 브레인스토밍 기법은 각 접근의 장점을 살리기 위해 결합할 수 있다. 약 20여명의 집단이 상호작용 브레인스토밍에 참여하여 아이디어를 기술하는 기간과 아이디어에 대한 토론을 포함한다.

㉠ **아이디어 제기**(idea trigger): 각 참여자가 아이디를 기록하는 초기의 침묵의 활동 후에 각 참여자는 차례로 그들의 리스트를 읽는다. 구성원들이 자기의 리스트를 읽는 동안 다른 참여자는 새로운 아이디어 또는 다른 사람의 아이디어를 히치하이킹(hitchhiking)한다. 이러한 과정을 거쳐 아이디어를 다음에 평가하기 위해 수합한다.

㉡ **패널양식**(panel format): 20~30명 정도의 많은 집단이 참여한 경우, 5~10명의 참여자가 패널을 형성하여 다른 구성원 앞에서 구두로 브레인스토밍하게 된다. 집단의 구성원은 패널들의 생각을 듣고 자신의 생각이나 다른 사람의 생각을 히치하이킹하여 기록한다. 이 과정이 완성된 후 패널과 청중의 아이디어들은 다음의 평가를 위하여 수합한다.

(나) 델피방법

① **개 념** 전문가의 판단은 예측기술에서 주요한 기여를 할 수 있고, 특히 정량적인 기법이 결여되었을 때 중요한 의미를 갖게 된다. 집단적 합의의 연마에 의한 직관적 사고의 개선책인 델피기법(delphi technique)은 랜드회사(Rand Corporation)의 헬머(O. Helmer)와 그의 동료들에 의해 1948년에 개발되었다(Jantsch, 1972: 82).

이는 기본적으로 브레인스토밍(brainstorming)을 정련한 것으로, 양자의 차이는 많은 전문가의 의견을 모음에 있어 전문가 스스로 자기의 생각을 다듬고, 전문가 상호간에 의견교환을 방지하는 점에 있다. 이 기법은 위원회, 전문가패널 그리고 기타 집단과정의 명백한 비효과성에 대한 관심에서 나타난 것이다. 즉 이 기법은 각 집단기법들이 하나 또는 수명의 사람에 의해 집단이 지배당하고, 동료집단의 의견에 따라야 한다는 압력, 개성상 차이와 개인 간 갈등, 권위적 위치에 있는 사람의 의견에 공개적으로 반대하기 곤란함 등에 의해 나타나게 되는 커뮤니케이션의 왜곡을 회피하기 위해 설계된 것이다(Dunn, 1994: 242).

델피기법은 다음의 5가지 기본 원칙이 있다(Dunn, 1994: 242~243).

㉠ **익명성**(anonymity): 모든 전문가들은 익명성이 엄격히 보장된 물리적으

로 분리된 개인에 대해 반응한다.

㉡ **반복성**(iteration): 개인의 판단은 모든 참여 전문가들에게 둘 이상의 라운드를 통해 통합하고 조사결과를 알려주어 앞선 판단을 수정하거나 사회학습이 되도록 한다.

㉢ **통제된 반추**(controlled feedback): 통합된 판단의 커뮤니케이션은 설문지 응답에 대한 요약 조치 형태로 발생한다.

㉣ **통계적 집단응답**(statistical group response): 개별 응답의 요약은 중심치, 분산도, 빈도분포같은 형태로 나타낸다.

㉤ **전문가 합의**(expert consensus): 전문가의 합의는 최종적이며 가장 중요한 산출이다.

② **방 법** 미래에 대한 일련의 질문 또는 사상에 대한 기술이 개별적인 예측을 질문받은 전문가들에게 회람(回覽)한다. 이렇게 하여 얻은 반응은 분석하여 그들의 예측에 대한 이유를 제시하기를 바랐던 전문가들에게 다시 제공한다. 계속되는 다음단계의 질문은 상호소통의 장치이고 처음의 예측에 대한 수정을 유도하는 정보를 제공하는 역할을 한다.

델피 패널(delphi panel)들은 서로 만날 수 없고, 통제본부를 통해 라운드의 진행을 통해 커뮤니케이션이 이루어진다. 대부분의 경우, 패널들은 제1라운드에 적절한 주제(질문)에 대한 질문을 받게 된다. 델피의 투시적 객관적 적용에서는 예를 들면 특정영역(예, 정보기술, 우주탐험, 생의학 등)에서 50년 이내에 어떤 비약적인 발전이 예상되는가 하는 질문을 받게 된다. 다음 라운드에서는 특정사상(特定事象)의 시기, 가능성, 타당성 그리고 바람직함 등에 대한 추정에 대해 질문받게 된다. 매 라운드 후에는 패널들로부터 받은 답변들은 통제본부에서 종합하여 추정의 범위와 분포에 관한 정보는 패널들에게 배부한다. 예를 들면, 추정의 결과는 중위수 또는 사분위법(四分位法)의 의해 나타내 패널들과 커뮤니케이션이 이루어지도록 한다. 델피연습의 주요 목적은 패널들로 하여금 전체 중에 자기의 답이 어디에 위치하는가하는 느낌을 알려주어 라운드를 진행하면서 응답의 분포 폭을 줄이는데 있다.

전문가 패널의 선정은 이 기법의 성공에 매우 중요한데, 요구되는 전문성의 범위를 결정하는 것이 요구된다. 전문가의 수도 중요한데, 이용가능성 때문에 제한되지만 보통 10~50명 정도가 수용가능하다(Jones and Twiss, 1978: 229).

이 방법의 전통적인 접근방법은 다음과 같이 진행된다(Jones and Twiss,

1978: 230~231).

제 1 라운드: 패널들에게 그들의 예측을 설문지에 기입하여 관리자에게 회신(보통은 우편)할 수 있도록 한다. 질문지가 수집되면 관리자는 중위수, 사분위 범위를 계산한다.

제 2 라운드: 응답자에게 제1라운드의 자료를 회송하고, 각 응답자의 예측의 사유를 제시하고, 재예측하도록 한다. 관리자는 제1라운드처럼 결과를 계산하고, 제시된 예측사유를 통합한다.

제 3 라운드: 응답자에게 제2라운드의 결과와 예측사유들을 회송하고, 새로운 예측과 코멘트를 제시하도록 한다.

제 4 라운드: 제3라운드처럼 진행한다.

4라운드 이상 진행할 수도 있지만, 보통은 그 이상은 의미가 적은 것으로 본다.

(다) 명목집단기법(nominal group technique)

① **개 념** 이 기법은 문제의 성격과 가능한 해결책에 대한 불확실성이나 불일치가 존재하는 상황에서 사용하는 주제(topic)나 문제(issue)에 대한 개인적 판단을 허용하는 구조화된 소집단모임의 방법이다. 이 기법은 문제를 확인하고 해결책을 탐색하며 우선순위를 확립하는데 유용한 방법이다(Moore, 1994: 10).

② **방 법** 명목집단과정은 참여자들이 10명이 넘지 않도록 소집단으로 구분하는 경우, 어떤 규모에도 사용할 수 있다(Glass, 1979: 186). 이 명목집단의 이상적인 규모는 5~9인이며, 평균규모집단의 경우 75분 내에 만족할 정도로 완료될 수 있도록 해야 한다. 이 기법을 시행하기 전에 먼저 과업의 중요성과 목적 그리고 결과의 사용에 대해서 알림과 동시에 진행단계를 요약하여 설명한다(Moore, 1994: 11~12).

이 기법의 시행은 다음 4단계로 이루어진다(Moore, 1994: 13~18).

제 1 단계: 기술할 아이디어(ideas)의 조용한 발상

참여자 개인에게 개별질문지를 배부하고, 문제를 낭독하고 간단히 응답하도록 한다. 단 모든 참여자는 침묵 하에 독립적으로 응답하도록 주의시킨다. 이 단계에 허용시간은 4~8분이다.

제 2 단계: 아이디어의 회람적 기록(round-robin recording)

이 단계의 목적은 집단의 생각을 수집하는데 있다는 것을 설명하고, 주체 측

에서 참여자에게 다가가면 자기의 생각을 토의와 수정 없이 구두로 발표하도록 하고, 지도자는 이를 편철지(編綴紙)에 가급적 빠르게 기술하고 순서대로 번호를 매긴다. 이러한 과정을 반복하여 충분하게 의견이 개진되었으면 이를 모든 사람들이 볼 수 있도록 벽에 게시한다. 이 단계는 15~25분의 시간이 소요된다.

제 3 단계: 열거된 아이디어의 연속적 토의

이 단계의 목적은 제시된 아이디어의 명료화에 있다. 각 항목을 순서대로 읽고 코멘트를 부탁한다. 구성원들은 찬부를 적지만, 제4단계에서 독립적으로 투표하는 경우 토론은 필요하지 않다. 소요시간은 항목 당 2분 이내로 한다.

제 4 단계: 투표

참여자는 가장 중요한 것이 무엇인가를 확인하고 그들의 선호에 순위를 정하는 것이다. 각 참여자에게 가장 중요한 항목 다섯 가지를 선정하여 미리 배부한 카드의 중앙에 아이디어를 적고 상단좌측에 순서를 정하여 기재한다. 각 구성원들에게 4~5분 내에 우선순위를 정하여 제출하도록 한다. 이를 바탕으로 순위를 종합 집계하여 발표한다.

③ 장 점 이 기법은 짧은 시간에 비교적 생산적인 결과를 도출할 수 있으며, 아이디어 개발을 위해 초기단계에 사용할 수 있는 기법이다(Moore, 1994: 21~23). 이 기법은 모두가 참여하고, 목소리 큰 참여자를 배제하거나 최소수준을 유지하도록 하고, 명료한 결론을 도출할 수 있다는데 있다(Glass, 1979: 186~187).

(라) 샤레트(Charrette)

샤레트(Charrette)는 전차(chariot) 또는 마차(cart)를 가르키는 불어(佛語)로서, 19세기 파리의 에꼴 데 보자르(Ecole des Beaux-Arts)에서 건축설계안를 수집하는데 사용한 방법이다(Sanoff, 2000: 48~51). 설계안 제출자는 움직이는 마차 속에서까지 설계안을 다듬어, 기한(deadline)을 맞추어 제출하는 모습에서 유래한 기법이다.

이 기법은 구조화된 일정과 개방적인 참여과정과 함께, 3개의 설정된 과정을 포함한다. 첫째는 아이디어 창출(idea generation)로, 모든 관련집단 간의 지식전이(知識轉移)가 이루어지도록 한다. 둘째로 제공된 아이디어에 대한 대화적 담론(dialogic discourse)이 요구된다. 마지막으로 문제해결은 제안과 대안이 제공되도록 한다.

샤레트과정은 성공적인 목표설정과정이며 공동의 교환과 학제적인 문제해결 접근방법이다. 이는 명료하게 확인된 문제에 대한 구체적 목표에 적용할 수 있는 성공적인 참여설계전략이다. 이 기법의 목적은 집행에 관여하는 모든 주민대표자들의 통합된 지지를 얻을 수 있고, 변화를 가져오기 위해 필요한 권력구조의 개입을 얻을 수 있다는 점이다.

(3) 자립적 기법

(가) 조언위원회

주민참여는 각 이익집단을 대표하는 조언위원회(advisory committees)를 통해 추구될 수 있다. 지방정부수준에서 계획가들은 이 위원회를 계획에 대해 조언하고, 목표확인을 도우며, 평가를 돕는 역할에 사용한다(Glass, 1979: 185).

이 기법을 사용하는 장점(長點)은 다음과 같다(Thomas, 1995: 121). 첫째, 다수집단의 이해와 관계되는 결정을 할 때에 이 방법이 효과적이다. 둘째, 이 위원회의 구성원들은 특정이익집단보다 지역사회 전체를 대표하여 생각하는 것을 장려할 수 있다. 마지막으로 결정에 있어 대중의 지지를 획득하는데 좋은 방안이다.

그러나 이 접근에는 위험(危險)도 따른다(Thomas, 1995: 121~122). 첫째, 위원회의 구성원들이 조직목적과 반하게 결합하여 비정상적인 결과를 도출할 수 있다. 둘째, 어떻게 위원회의 구성원들이 대중을 잘 대표할 수 있는가에 대한 위험이 있다.

(나) 옴부즈만과 활동중심

옴부즈만(ombudsman)제도는 스칸디나비아에서 발달한 제도로, 정부기관 또는 민간기업에 대한 요구나 불만사항에 대한 반응을 얻기 위해 주민을 도와주기 위한 목적으로 정부나 기업에서 고용된 중립적인 제3당이다(Thomas, 1995: 154).

옴부즈만은 이들의 독립적 성격 때문에 해당기관의 분노를 발생시킬 위험이 없이 불평을 해결할 수 있다. 활동중심(action centers)은 행정적 옴부즈만의 사무소의 기능을 한다. 양자의 차이점은 이 활동중심은 민간기업의 불만에까지 활동을 확대하지 않는다는 것이다.

(다) 워크숍(workshops)

워크숍은 여러 유형의 참여기법의 장치들이다. 워크숍은 인간관계에 대한 학습의 기회를 제공하는 경험에 관계하는 주민들을 의미한다. 학습은 문제해결을 위한 새로운 시각과 접근방법의 반영, 개발, 검증에서 요구하는 개인적으로 관계되는 경험이 성장할 때 가장 기능적이 된다. 워크숍은 목표를 공유하고 있는 사람들간의 높은 수준의 상호작용을 달성한다. 워크숍은 참여자들이 탐구하고자 하는 이슈에 대해 서로 학습하고자 할 때 사용하는 계획된 이벤트이다. 워크숍 개발의 중요한 구성요소는 집단유착(group cohesion)이다. 이 경우에 집단구성원들이 서로를 알 수 있는 기회를 제공하는 것이 중요하다(Sanoff, 2000: 80~82).

(라) **집단과정**(group process)

협력적이고 긍정적인 집단과정은 사람들이 아이디어를 공유하고 서로의 작업의 질을 개선하는 것이다. 확정집단의 추천 규모는 8명으로 각각은 다른 사람들이 반응하게 될 제안을 가져야 한다.

이 과정의 규칙은 다음과 같다(Sanoff, 2000: 72~73).

1. 지도자는 없고, 다만 한 사람의 심판 또는 계시자만 있다.
2. 각각은 5~10분에 걸쳐 자기의 아이디어를 발표한다. 다른 사람들은 각각 1~2분씩 반응한다.
3. 각각은 긍정적으로만 반응하는데, "만약 내가 당신이라면, 나는 … 할 것이다"의 형식으로 말한다.
4. 발표자는 반응은 하지 않고, 각각의 확정적 반응을 가능한 한 완전하게 기록한다. 이 반응의 기록이 가치 있는 결과이다.
5. 모든 사람들이 반응한 후, 발표자는 모든 긍정들에 대해 반응하고, 이들을 다음을 위해 통합을 시도한다.

(마) **어항계획**(fishbowl planning)

어항계획의 기본목적은 공공사업계획에 관련된 모든 이해관계인이나 조직이 모두 볼 수 있도록 보장하는 것이다. 관련 주민들은 계획의 전 과정에서 계획가를 감시하고 그들의 아이디어, 관점 그리고 대안을 제시하게 된다(Sanoff, 2000: 54~55).

(4) 인터넷을 이용한 참여방법

계획과정에서 컴퓨터기술의 이용을 통해 참여를 제고할 수 있다. 특히 인터넷(internet)의 사용을 통해 계획과정과 정책을 보완하고 지지하는 참여의 기능을 수행할 수 있도록 할 수 있다(Craig, 1998: 400). 인터넷은 주민들이 계획가는 물론 계획기관과의 즉각적이고 용이한 접근을 가능하게 해준다. 그리고 계획가나 계획막료들이 주요한 주민들과 전자우편(e-mail)을 통해 의견을 교환할 수 있다. 시급성이 요구되는 긴급문제에 대해서도 주민들의 의견을 얻을 수 있다. 이러한 컴퓨터기술을 통한 참여가 언제나 유용한 합의를 도출하는 것은 아니지만, 건설적인 아이디어를 획득하는데 유용한 방법의 하나가 될 수 있다.

인터넷을 이용한 참여는 계획기관과 주민과의 의견교환뿐만 아니라, 계획기관과 주민 간은 물론 주민들 간의 의견교환도 가능하다. 이를 위한 방법으로 웹회의(web conferencing)도 사용할 수 있다(Craig, 1998: 401). 회의결과는 한 곳에 주제별로 저장하여 회의에 참가하지 못한 주민들이 회의내용을 검토하여 의견을 제시할 수도 있다. 각 회의(conference)는 주관자(host or organizer)를 두어 이를 관리하도록 해야 한다. 전체적으로 컴퓨터를 통한 참여의 폭을 넓히고 실제성을 부여하기 위해서는 주민들이 컴퓨터기술을 통해서 계획에 참여하는 방법에 대한 교육과 홍보가 중요하다.

[표 7-4]는 참여기법을 참여목적에 관련하여 정리한 것이다. 각 기법별로 참여

▍표 7-4 참여목적과 참여기법 ▍

참여목적 \ 참여기법	대중매체	개방회합	대중집회	조사	델피	워크숍	회합	조언위원회	공청회	케이블 T.V.
최대표출	●	–	–	○	–	○	●	–	○	○
특정대중접근	○	–	●	○	●	●	○	○	○	–
최소자금	–	●	○	–	–	–	–	○	●	●
최소시간	–	●	○	–	–	–	–	–	●	●
최소막료노력	–	●	○	–	–	–	–	○	●	–
광범한 공공투입	–	–	–	●	–	○	○	–	–	●
특정한 공공투입	–	–	●	●	●	●	●	●	○	–
새로운 생각도출	–	–	–	–	●	●	●	●	–	–
지지구축	●	–	○	○	○	○	○	●	–	●
갈등해소	–	○	–	–	●	●	○	●	–	–
목표설정	–	–	–	●	●	●	●	●	–	●
정치적 수용성	●	○	○	○	–	–	–	●	●	○
접근/편의성	●	–	○	●	○	–	–	–	–	●

●: 강한 관계 ○: 약한 관계 –: 제한적 관계

자료: Cogan, et al., 1986: 298.

목적에 대한 기여도에 차이가 있음을 확인할 수 있다. 따라서 목적에 따른 기법의 선택이 중요하다.

제 4 절 참여의 문제점

Ⅰ. 참여의 문제점

계획과정에서의 주민참여는 그 자체로서 선(善)이라고 생각하고 있다. 참여기회를 부인하는 것은 민주적 전통을 배신하는 것처럼 생각하기에 이르렀다. 주민참여의 아이디어는 시금치를 먹는 것처럼 그것이 좋기 때문에 누구도 원칙적으로 반대하지 않는다(Arnstein, 1969: 216). 그러나 참여의 필요성을 제기하는 많은 지적에도 불구하고, 계획의 실제에서는 많은 문제와 혼란이 나타나고 있다.

주민참여프로그램에 대해 입장에 따라 상이한 관점에서 회의적(懷疑的)인 견해를 제시한다(Cogan, et al., 1986: 283). 참여에 대해 의사결정자들(decision makers)은 방해주의자(obstructionist)들에 의해 독점되고 있다고 비판하고, 계획가들(planners)은 기술적인 속성이라고 믿고 있는 결정사항에 대해 주민들에 의해 방해받고 있다고 개탄하며, 주민들(citizens)은 이미 모든 결정이 이루어진 후에 단순한 표식(token)으로 시행한다는 염려를 나타낸다.

여기서는 주민참여의 문제점을 경제적 낭비, 의사결정의 비효율성, 대의정치의 약화 그리고 이기적 참여의 4가지 문제로 집약하여 검토하기로 한다(Benveniste, 1990: 47; Day, 1997; Gil and Lucchesi, 1979: 567~574; Lauber and Knuth, 1998; 정환용, 1983: 91~92).

1. 경제적 낭비

가장 많이 지적하고 있는 점은 주민참여에 의해 의사결정이 지연됨으로서 시간, 금전상의 지출(支出)이 증대(增大)되어 경제적 낭비(economic waste)라는 것이다. 의사결정에 보다 많은 사람이 관여하게 된다. 그리고 관련공무원의 유지(維持)와 훈련(訓練)은 물론, 공청회 · 필요한 정보의 인쇄 등의 집행비용 그리고 참여를 위한 주민의 교육과 훈련 등을 위해 추가적인 재정배분이 요구된다. 때문에 참여계획은 시간과 자원소비적인 것으로 생각한다. 그리고 많은 이해관계자의 다양한 이해를 해결하기 위한 복합적 과업은 개방적인 민주적 포름(forum)에서는 쉽게 달성하기 어렵다.

2. 의사결정의 비효율성

주민참여에 반대하는 두 번째 주장은 정부의 비효율성(inefficiency in government)이다. 주민참여에 의해 의사결정과정에서 추가적으로 상의하고, 경청하고, 수용해야 하기 때문에 결정을 지연하게 되어 결정(決定)의 적시성(適時性)을 상실할 가능성이 있다. 그리고 주민참여의 증가는 정부운영에 있어 이미 내재하는 권력투쟁을 강화하는 결과를 가져온다. 이러한 문제는 지방행정에서 권력에의 유착을 가져온다. 이러한 요인들의 결과로 정부의 효율성도 감소됨은 물론 주민참여의 중요성도 약화될 수 있다.

비전문가인 주민들의 참여로 현대행정에서 다루고 있는 복잡하고 전문적인 계획문제를 효과적으로 다룰 수 없어 결과적으로 행정의 전문화를 저해하게 된다. 그리스의 투표와는 달리, 현대국가는 참여민주주의가 의존하고 있는 면대면 관계를 촉진하기에는 너무 거대하고 복잡하다. 여기에 높은 정도의 주민동원은 합의보다는 정치적 갈등을 높여서, 자유가 근본적으로 의존하는 사회적 안정성을 파괴한다. 전문가와 대중 양자가 관련된 의사결정과정은, 아마추어정신(amateurism)과 지방주의(parochialism)의 제고에서 보인 것처럼, 지연되고 꼬일 수 있고, 때문에 기관의 성과를 방해하는 것으로 인식되어진다.

3. 대의정치의 약화

주민참여를 조언적 권력에 한정하지 않은 경우 대의제 정치의 약화를 가져올 수 있다는 점을 지적하고 있다. 이 견해는 선출된 공무원은 그들의 선거구민에 책임이 있고, 그들의 행동과 맞지 않으면 선거에서 효과적으로 다룰 수 있다. 그러나 반대로 주민집단은 그들의 결정이나 행동에 대해 법적인 의미에서 어떠한 책임(責任)도 지지 않는다. 즉 시민집단은 대의정부의 제도를 우회하여 그들의 지역사회 내에서 자의적으로 행동하게 된다. 만일 주민참여가 모든 주민들의 정책참여선택이 도덕적으로 동등하다면 책임 있는 정부기관들은 중립적 역할만을 해야 하고, 주민들의 행동에 관여하기 보다는 단순히 주민들의 선택을 결합하는 조치를 취할 수밖에 없다는 비판에 직면한다.

대표성과 권위의 결여는 대중의 증가된 불만을 갖게 하는 핵심적인 이유가

되는 것으로 보인다(Irvin and Stansbury, 2004: 59).

4. 이기적 참여

마지막으로 주민참여에 반대하는 것은 주민참여가 특정한 지역, 집단, 개인의 구체적이고 단기적인 제한된 이익에 초점을 두기 때문에 긍정적인 참여효과를 가져오지 못한다는 점을 지적한다. 근린주민집단은 그들의 편협한 이해관계에 따라 의사결정을 하게 되어, 사회가 분리된 모습으로 나타나게 된다. 많은 사람들은 문제가 직접적이고 구체적인 이익에 관련된 경우에 국한하여 계획과정에 참여하게 된다. 그리고 주민들이 특정 이익집단의 압력이나 영향력이 과도하게 클 경우 그러한 압력에 따르지 않을 수 없어 오히려 행정의 공평성이 저해될 수 있다. 또한 행정당국이 주민의 반발을 무마하거나 책임을 회피하기 위해 주민참여를 역으로 이용하는 경우 참여가 조작으로 흐를 가능성이 크다.

참여과정의 결과는 주민선택이나 이익의 총합을 진정하게 반영하지 못하는데, 왜냐하면 비교적 소수가 참여의 기회의 이점을 향유하기 때문이다. 참여는 많은 시민들이 소유하지 못한 기술, 자원, 시간 등을 요구하기 때문에 현대산업사회에서는 사치에 불과하다. 또 다른 문제는, 사람들은 문제가 그들의 직접적이면서 구체적인 이해관계와 관련된 것으로 인식될 때에만 관련하고자 하는 경향이 있다(Day, 1997).

최근에 계획활동에 공공이익집단, 주민조직의 활동, 개입 그리고 영향이 급격히 증가하고 있다. 주민집단들은 모든 계획과정에의 참여를 요구하고 있고, 보다 많은 계획정보를 요구하고 있으나 님비(not in my back yard: NIMBY)로 알려진 반 개발항의(anti-development protest)에서 처럼 이기적인 접근은 참여에 대해 회의적인 시각을 갖게 한다(Barlow, 1995: viii). 참여계획에 의해 예상되는

표 7-5 합의계획의 부정적 결과

계획 과정	계획 산출
• 열성참여자, 선택적 참여에 의한 계획 • 지지자보다 반대자와 함께하는 계획 • 대중이익보다 집단이익 추구 • 비용많고, 장황하고, 통제할 수 없는 계획 • 많은 수와 다양한 참여자에 따른 복합적 계획과정	• 단기, 개별이익에 의해 결정되는 해결책 강조 • 시장성과 자율적 사업계획에서의 분리된 사고 • 전략적 공간계획의 집착에 대한 낮은 관심 • 직업적 전문성과 기술적 지식의 퇴락한 중요성 • 진부한 해결책으로 유도하는 순응과 타협의 강조

자료: Woltjer, 2000: 223.

부정적인 문제는 [표 7-5]와 같이 계획과정(planning process)과 계획산출(planning product)로 나누어 고찰할 수 있다(Woltjer, 2000: 223).

Ⅱ. 계획가의 딜레마

주민참여는 계획가에게 여러 문제(問題)를 야기하는데, 철학적(哲學的), 심리적(心理的) 그리고 정치적(政治的) 문제로 나누어 볼 수 있다(Gil and Lucchesi, 1979: 571~574).

1. 철학적 문제

주민참여계획과 관련한 기본적 문제는 전문성(professionalism) 대 대중적 의사결정에 대한 것이다. 전문교육을 받은 계획가의 전문지식에 의한 결정은 일반 주민들의 결정에 의해 대체될 수 없다. 반대로 주민들은 자신들의 근린과 삶에 영향을 주는 결정에 대해서는 자신들이 통제해야 한다고 느낀다. 주민참여에 대한 자신들의 태도에 따라 계획가들은 주민통제가 필요하지 않다고 생각하는 사람으로부터 자신들의 계획제안에 주민집단을 사용하는 사람에 이르기까지 다양하다.

일부 계획가 집단에서는 주민참여를 P.R.로 생각하는 경우도 있다. 이들은 주민집단은 계획가의 제안을 지지해야 하지만, 통제해서는 안된다고 생각한다. 이들 계획가는 계획을 주민이 직접참여하기에는 너무 기술적인 것이라고 본다. 다른 계획가 집단은 주민들은 자신의 이해와 관련된 계획에 참여할 권리를 가졌지만, 계획과정은 기술적인 것이기 때문에 주민참여는 제한해야 한다고 생각한다. 또한 계획가의 전문성에 주민의 투입요소가 균형되어야 한다고 본다. 또 다른 계획가들은 그들의 계획을 집행하는 권력기반으로 주민참여를 이해한다. 주민의 압력은 집행에 필요한 것으로 보기 때문에 이들은 주민집단을 필수적 요소로 본다. 그러나 계획은 하나의 활동이 아니고 많은 요소들의 복합적 과정이다.

2. 심리적 문제

개인으로서 계획가들은 지역사회를 위해 계획을 한다. 주민과의 관계에서, 계획가들은 주민의 특정한 수요를 인지하고, 주민집단에 동정적일 수 있다. 동시에 계획가들은 계획의 관료적 한계와 예산상 제약을 알고, 정치적·경제적 현실을 주민에게 설명해야 할 때도 있다. 때문에 계획가는 때때로 주민에게는 정부의 대표로 인식되어 공청회 등에서 주민들로부터 적의와 좌절을 접하게 된다.

계획가들은 주민의 면전(面前)에서 계획의 최종적인 수락의 책임에 직면하게 된다는 것이다. 주민들은 계획가가 계획결정과 자원배분에 최종적인 답을 할 수 있는 것으로 믿는다. 반대로 계획가가 권력이 없다는 것을 알게 되면 주민들은 계획가와 시간낭비를 하려고 않는다. 따라서 계획가와 주민 간에는 상호이해 속에 의사소통하기가 대단히 어렵다.

3. 정치적 문제

계획가들은 윤리와 소득에 의해 분리된 경쟁적인 이익집단간의 대립을 조정하는 문제에 직면한다. 각 집단별로 수요와 접근방법이 다르기 때문에 이들 모든 집단의 의견을 파악하기는 불가능하다. 지역사회의 규모는 계획가들이 주민들의 접촉을 제한하게 된다. 계획가들은 주민대표와 접촉하게 되는데, 이들 대표는 종종 자천(自薦)대표이거나 이익집단의 대표인 경우가 있어 주민들의 대표로서 활동하지 않는 경우도 있다. 참여자들이 지역전체의 이익보다는 특수계층의 이익만을 대변할 가능성이 많으며 이 경우 참여자의 대표성이 문제가 된다.

특정계획이 지역사회전체와 관련된 이익과 특정지역과 관련된 이익과 대립되는 경우가 발생한다. 이는 우선순위의 문제이지만, 계획자체가 특정지역에 관한 것일 때 계획가들은 지역사회 전체의 이익을 주장하는데 어려움이 따른다.

참고문헌

정환용, (1983), "도시계획과정별 시민참여수단에 관한 연구", 「지역개발연구」(전남대), 15; 1(1983): 73~96.

Allmindinger, P., (2001), ***Planning in Postmodern Times***(London: Routledge).

Arnstein, S., (1969), "A ladder of citizen participation", ***Journal of the American Institute of Planners***, 35(July 1969): 216~224.

Barnes, M., Newman, J., Knops, A., and Sullivan, H., (2003), "Constituting 'the public' in public participation", ***Public Administration***, 81; 2(2003): 379~399.

Benveniste, G., (1990), ***Mastering the Politics of Planning***(San Francisco: Jossey-Bass Publishers).

Campbell, H. and Marshall, R., (2000), "Public involvement and planning: Looking beyond the one to the many", ***International Planning Studies***, 5: 3(2000): 321~344.

Chisholm, R. and Vansina, L., (1993), "Varieties of participation", ***Public Administration Quarterly***, 57(1993): 291~315.

Cogan, A., Sharpe, S., and Hertzberg, J., (1986), "Citizen participation", So, F., et al., (eds.), ***The Practice of State and Regional Planning***(Illinosis: APA), 283~305.

Craig, W., (1998), "The internet aids community participation in the planning process", ***Computer, Environment and Urban Systems***, 22; 4(1998): 393~404.

Cupps, D., (1977), "Emerging Problems of Citizen Participation", ***Public Administration Review***, 37; 5(Sept/Oct, 1977): 478~487.

Day, D., (1997), "Citizen participation in the planning process: an essentially contested concept?", ***Journal of Planning Literature***, 11; 3(Feb.97): 421~434.

Dunn, W.,(1994), ***Public Policy Analysis: An Introduction***(Englewood Cliffs, N. J.: Prentice Hall).

Fagence, M., (1977), ***Citizen Participation in Planning***(Oxford: Pergamon).

Filion, P., (1999), "Rupture or continuity? Modern and postmodern planning in Toronto", ***International Journal of Urban & Regional Research***, 23; 3(1999): 21~44.

Forester, J., (1989), ***Planning in the Face of Power***(Los Angeles: Univ. of California Press).

Fung, A., (2006), "Varieties of participation in complex governance", ***Public Administration Review***, 66; December(2006): 66~75.

Gil, E. and Lucchesi, E., (1979), "Citizen Participation in Planning", So, F., et al., (eds.), ***The Practice of Local Government Planning***(Washington, D. C.: ICMA), 552~575.

Glass, J., (1979), "Citizen participation in planning: the relationship between objectives and techniques", ***Journal of the American Planning Association***, 45; 2(1979): 180~189.

Halvorsen, K., (2003), "Assessing the effects of public participation", ***Public Administration Review***, 63; 5(2003); 535~543.

Hampton, W., (1977), "Research into public participation in structure planning", Sewell, W. and Coppock, J., eds., ***Public Participation in Planning***(London: John Wiley & Sons), 27~42.

Harris, B., (1996), "Planning technologies and planning theories", Mandelbaum, S., Mazza, L. and Burchell, R., (eds.), ***Explorations in Planning Theory***(N. J.: Center for Urban Policy Research, Rutgers).

Innes, J. and Booher, D., (2004), "Reframing public participation: Strategies for the 21st century", ***Planning Theory & Practice***, 5; 4(2004): 419~436.

Irvin, R. and Stansbury, J., (2004), "Citizen participation in decision making: is it worth the effort?", ***Public Administration Review***, 64; 1(2004); 55~65.

Jackson, L., (2002), "Consensus progresses in land us planning in British Columbia: the nature of success", ***Progress in Planning***, 57; 1(2002): 1~90.

Jantsch, E., (1972), ***Technological Planning and Social Futures***(London: Cassell/ Associated Business Programmes Ltd).

Jones, H. and Twiss, B., (1978), ***Forecasting Technology for Planning Decisions***(London: Macmillan Press).

Julian, D. and Reischl, T., (1997), "Citizen participation—lessons from a local united way planning process", ***Journal of the American Planning Association***, 63; 1(Summer 1997): 345~355.

Kaza, N., (2006), "Tyranny of the median and costly consent: A reflection on the justification for participatory urban planning process", ***Planning Theory***, 5; 3(2006): 255~270.

King, C., Feltey, K., and Susel, B., (1998), "The question of participation: Toward authentic public participation in public administration", ***Public Administration Review***, 58; 4(1998): 317~326.

Kumar, A. and Paddison, R., (2000), "Trust and collaborative planning theory: the case of the scottish planning system", ***International Planning Studies***, 5; 2(Jun 2000): 205~223.

Lauber, T. and Knuth, B., (1998), "Refining our visions of citizen participation", ***Society and Natural Resources***, 11; 4(Jun 1998): 411~424.

McCracken, J. and Narayan, D., (1998), ***Participation and Social Assessment: Tools and Techniques***(Washington, D. C.: IBRD).

McGuik, P., (2001), "Situating communicative planning theory: context, power, and knowledge", ***Environment and Planning A***, 33(2001): 195~217.

Moore, C., (1994), ***Group Techniques for Idea Building***(London: Sage).

Moynihan, D., (2003), "Normative and instrumental perspectives on public participation", ***American Review of Public Administration***, 33; 2(2003): 164~188.

Robinson, I., (1972), "Introductory Note(s)", Robinson, I. M., (ed.), ***Decision- Making in Urban Planning***(Beverly Hills: Sage), 33~41, 95~102, 177~183, 311~318, 391~394.

Rowe, G. and Frewer, L., (2000), "Public participation methods: a framework for evaluation", ***Science, Technology, & Human Values***, 25; 1(2000): 3~29.

Rydin, Y., (1999), "Public Participation in Planning", Cullingworth, B., (ed.), ***British Planning***(London: Athlone Press), 184~197.

Sage, T., (2002), "Deliberative planning and decision making", ***Journal of Planning Education and Research***, 21(2002): 367~378.

Sanoff, H., (2000), ***Community Participation Methods in Design and Planning*** (N. Y.: John Wiley & Sons).

Sewell, W. and Coppock, J., (1977), "A perspective on public participation in planning", Sewell, W. and Coppock, J., (eds.), ***Public Participation in Planning*** (London: John Wiley & Sons), 1~14.

Smith, F. and Hester, Jr., R.,(1982), ***Community Goal Setting***(Penn.: Hutchinson Ross).

Tewdwr-Jones, M. and Thomas, H., (1998), "Collaborative action in local plan-making: planners' perceptions of 'planning through debate'", ***Environment and Planning B***, 25(1998): 127~144.

Thomas, H., (1996), "Public participation in planning", Tewdwr-Jones, Mark, (ed.), ***British Planning Policy in Transition***(London: UCL Press), 168~188.

Thomas, J., (1995), ***Public Participation in Public Decisions***(San Francisco: Jossey-Bass).

Woltjer, J., (2000), ***Consensus Planning***(Hampshire: Ashgate).

Zajac, G. and Bruhn, J., (1999), "The moral context of participation in planned organizational change and learning", ***Administration & Society***, 30; 6(Jan. 99): 706~733.

제 8 장 계획의 작용모형

제 1 절 계획의 작용환경

Ⅰ. 체계적 계획이론

1. 체계의 의의

(1) 개 념

옥스퍼드 영어사전(Oxford English Dictionary)에 의하면, 체계(system)란 복합적 전체(a complex whole), 연결된 물건이나 부분(a set of connected things or parts), 전체로 생각되는 지식이나 신념의 구성부문(a department of knowledge or belief considered as a whole), 구성의 방법(a method of organization)이라고 정의하고 있다(Ratcliffe, 1974: 104).

체계(體系)는 복합적이며 통일적인 전체를 형성하는 상호작용적(interacting), 상호관계적(interrelated), 또는 상호의존적(interdependent) 구성요소의 집단이다(Anderson and Johnson, 1997: 2).

체계구성요소의 특징(特徵)은 위계질서, 상호의존성 그리고 투과성이다(밀러, 2006: 81~83).

① **위계질서** 체계는 단순한 부분들의 집합이 아니라, 체계구성요소들이 위계질서(hierarchical ordering)를 포함한 복잡한 방법으로 구성되어 있다. 여기서 위계질서(位階秩序)는 하나의 체계는 하부조직으로 구성되었고, 어떤 상부조직의 일부가 되고 있음을 말한다.

② **상호의존성** 상호의존성(interdependence)은 하나의 체계구성요소의 기능이 다른 구성요소에 의존하는 것을 의미한다. 인간의 몸은 상호의존성(相

互依存性)이 매우 높아서, 하나의 기능은 다른 구성요소의 기능과 연계되어 있다. 따라서 하나의 구성요소가 기능하지 못하면, 다른 구성요소도 작용하지 못하고, 결국 전체 체계도 무너지게 된다.

③ 투과성 체계구성요소의 세 번째 특징은 정보와 자료가 오가는 투과적인 경계가 있다는 것이다. 투과성(permeability)의 정도는 체계에 따라 어떤 것은 개방적이고 어떤 것은 폐쇄적이다. 모든 생물학적, 사회학적 체계는 생존을 위해 어느 정도의 투과성(透過性)을 지녀야 한다.

(2) 작용과정

체계는 '투입(投入)－처리(處理)－산출(産出)'의 과정을 갖는다. 체계는 재료 또는 환경으로부터 투과적인 경계를 통해 들어온 정보를 투입(input)이라 한다. 체계에 입력된 내용은 변형과정을 거치는데 이를 처리(disposal)라고 한다. 마지막으로 체계는 변형된 산출(output)을 환경에 내 놓는다(밀러, 2006: 83).

체계의 과정은 두 가지의 특징을 지니고 있다(밀러, 2006: 83～84).

첫째는 교환과정(交換過程)으로 투입과 산출과정에서 드러난다. 재료와 정보의 투입과 변형된 재료와 정보의 산출은 체계 밖의 환경과 교환과정을 거쳐야 한다. 이 과정은 체계경계의 투과성(透過性)과 밀접한 관계가 있다. 어떤 체계는 교환과정을 높이기 위해 투과성을 높이는 반면, 어떤 체계는 상대적으로 폐쇄적이다. 일반적으로 체계의 투과성과 교환이 증가함에 따라 변화하는 환경에 적응력을 높일 수 있다.

두 번째 과정은 환류(還流)로, 처리부분에 있어서 중요하다. 처리(處理)는 체계를 함께 움직이는 구성요소들 간에의 상호의존관계가 있고, 환류는 이들 구성요소들 간의 상호의존적 기능을 원활하게 하는 정보이다. 체계 내에 환류(feedback)가 있을 때 적응(adaptation)도 가능하다. 그러한 체계를 복합적응체계(complex adaptative system)라고 부르며, 자기조직, 상호발전 그리고 긴급의 3가지 특징이 있다. 이 체계는 스스로의 내부조직구조를 발전시키는데, 이를 자기조직(self-organization)이라 한다. 상호발전(co-evolution)은 하나는 환류하여 체계나 다른 체계의 다른 부분들에 영향을 미치는 것으로, 체계부문들간의 상호작용적 변화와 관련된다. 긴급(emergence)은 낮은 수준의 규칙에서 보다 상위질서의 복잡화로의 이동을 의미한다(Waldman, 2007: 272).

(3) 개방체계와 폐쇄체계

체계의 이해를 위해 가장 많이 사용하는 개념이 개방체계(開放體系)와 폐쇄체계(閉鎖體系)의 구별이다.

폐쇄체계(closed system)는 체계외부로부터의 어떠한 투입도 용납하지 않는 존재로서, 구성부문들의 기능과 구성부문간의 상호관계가 주요한 연구과제이다. 따라서 이러한 폐쇄체계는 체계구성요소간의 균형(equilibrium)을 지향하고, 이의 안정(安定)은 환경으로부터 유입되는 에너지를 규칙화하는데서 확보할 수 있다. 충분하지 못한 에너지가 수입되어 이러한 안정이 파괴될 때, 체계는 엔트로피의 과정을 경험하게 된다. 여기서 엔트로피(entrophy)란 모든 조직형태는 해체와 죽음을 지향한다는 자연의 법칙을 말한다.

개방체계(open system)는 체계와 이의 환경과의 관계에 초점을 둔다. 여기서는 내적균형개념 대신에 항상성(homeostasis)을 강조한다. 이는 여러 힘들간의 동적균형(動的均衡)과 환경과의 지속적인 에너지 교환을 의미한다. 이 체계에서는 물질과 에너지의 유입과 산출을 지속시켜 안정적 상태를 유지한다. 외부로부터의 에너지 유입은 체계내부의 형태를 심각하게 동요시키지 않으며, 시간이 경과함에 따라서 복합성과 구성부문들의 분화가 증가됨으로서 질서가 조장된다(이용필, 1999: 13~14).

개방체계의 특성의 하나는 환류(還流)이다. 넓은 의미에서 환류(feedback)는 산출에너지의 일부가 투입으로 되돌아오는 것을 말한다. 환류는 모든 자기수정형태(self-correcting behavior)의 핵심에 놓여 있다. 환류는 소극적 환류(negative feedback)와 적극적 환류(positive feedback)가 있다. 소극적 환류(消極的 還流)는 체계로 하여금 이전의 작동에 의해서 생긴 행동의 결과를 시정하게 함으로서 목표를 달성하는 데 그 본질이 있다. 이런 의미에서 소극적 환류는 체계작동의 정상적 범위로부터 일탈된 결과를 최소화시키는 것이다. 적극적 환류(積極的 還流)는 체계로 하여금 정상적 범위로부터 더욱더 일탈하도록 자극시킴으로써 체계가 불안정하게 한다. 이러한 상황은 체계내의 하위단위들 간의 상호작용을 더욱 증폭시키거나 또는 보강시킴으로써 체계를 와해시키거나 파괴시킬 수 있다. 이러한 위기상황은 적극적 증폭환류(positive amplifying feedback)의 결과라고 하겠다(이용필, 1999: 19~21).

2. 체계이론의 발달

(1) 일반체계이론

초기의 체계이론발달은 1920년대에 생물학에서 유기체(organism)를 생명과학의 기본요소로 고려하여 발전했다. 이 유기체적 개념의 초기 옹호자가 버탈란피(Ludwig von Bertalanffy)였다(Hughes and Mann, 1969: 330).

버탈란피는 일반체계이론(general system theory)을 주창했다. 그는 1940년대 중반이후 1950년대에 걸쳐 자연과학과 사회과학의 모든 과학적 현상을 설명하기 위해 일반체계이론(general systems theory)을 제시했다. 즉 그는 모든 현상은 서로 관련되어 있는데, 사회(societies)는 집단을 포함하고, 집단(groups)은 개체를, 개체(individuals)는 기관을, 기관(organs)은 세포를, 세포(cells)는 분자를, 분자(molecules)는 원자(atoms)를 각각 함유하고 있다고 주장했다. 그는 이러한 현상을 체계(systems)라 했다. 그리고 그는 이들 모든 체계를 설명할 수는 있는 법칙과 원리를 추구했다. 그가 제시한 이론은 모든 과학적 지식의 정수를 명료화하고 통합할 수 있는, 높은 추상화 수준에서 일반화하는 것을 포함한 것으로 이를 그는 일반체계이론(general systems theory)이라 불렀다.

버탈란피는 일반체계이론(一般體系理論)은 체계과학(體系科學), 체계기술(體系技術) 그리고 체계철학(體系哲學)의 3개 측면에서 많이 적용하고 있다고 했다(Satty and Kearns, 1985: 15~16).

체계과학(systems science)은 물리, 행태, 사회 과학에서 경험적 방법으로 체계개념의 적용을 모색한다. 이는 과거의 과학적 사고와 질문의 형태를 주도했던 요소적/감축적 접근(elenmentalistic/reductionalistic approach)에 비해 전체(whole)와 전체성(wholeness)에 대한 과학적 탐구를 강조한다. 체계과학에서는 분석대상체계의 구성요소간의 상호작용과 상호관계패턴 및 복합성수준을 평가하고자 한다. 여기서는 서로 다른 체계의 유사성과 상이성을 확인하기 위해 사이버네틱스(cybernetics)와 네트워크이론(network theory)은 물론 수학모형을 널리 사용한다.

두 번째 측면은 체계기술(systems technology)로서, 체계이론의 적용을 통해 산업과 사회에서 발생되는 문제에 초점을 둔다. 이 영역에서는 구체적 문제의 실제적 해결을 모색하기 위해 체계분석(systems analysis), 관리과학(management science), OR(operation research), 컴퓨터과학(computer science), 산업공학

(industrial engineering)에서 체계이론의 개념을 활용하고 있다.

마지막으로 체계철학(systems philosophy)은 새로운 과학 패러다임으로써 '체계'를 도입하는 사고(thought)와 세계관(world view)의 재정립과 관련시킨다. 체계철학은 다양한 학문분야에서 형성된 이론의 상호의존성과 상호관련성의 개념화를 추구한다.

(2) 체계적 계획이론의 등장

1960년대 후반에 들어 계획이론의 영감(靈感)은 체계이론에서 찾고 있었다(Taylor, 1998: 60). 이러한 새로운 계획의 개념은 새로운 과학으로서 1948년 미국의 수학자인 위너(N. Wiener)에 의해 확인(確認)·명명(命名)된 사이버네틱스(cybernetics)에서 연유한 것이다(Hall, 1992: 229). 사이버네틱스(人工頭腦學)는 많은 현상 -특히 사회·경제·생물 또는 물리적 특성을 갖고 있는 현상들-은 복합적인 상호작용체계(complex interacting systems)로 볼 수 있다는 것이다. 때문에 효과적인 통제를 위해서는 전체로서 체계의 작용을 이해할 필요가 있으며, 그렇지 않은 경우는 체계의 일부분을 통제하기 위해 취한 행동은 다른 곳에서 예상하지 못한 효과를 나타낼 수도 있다는 것이다.

사이버네틱스에 기반한 계획을 체계계획(systems planning)이라고 하는데, 이는 계획과 통제하고자 하는 체계(또는 체계들)와의 상호작용에 관한 생각이다(Hall, 1992: 230). 이러한 체계적 시각에서 계획을 이해하고 계획활동을 기술한 대표적인 학자로서는 맥러글린[J. McLoughlin: Urban and Regional Planning (1969)], 팔루디[A. Faludi: Planning Theory(1973)] 그리고 채드윅[G. Chadwick: A Systems View of Planning(1978)]을 들 수 있다(Allmendinger, 2002: 43).

Ⅱ. 계획환경체계

1. 계획의 작용환경

환경(Environment)은 계획의 대상(對象)이며, 또한 계획(Planning)은 환경의 구성부문(構成部門)이다. 여기서는 환경을 체계이론(體系理論)의 관점에서 설명하기로 한다(Ozbekhan, 1969: 101).

경험적인 의미에서 환경(環境)은 인간의 전체적 경험적 환경(milieu)이라고 할 수 있는데, 이는 모든 차원의 자연(nature), 사회(society), 제도(institutions)

그리고 인간의 기술로 창조한 인조물(artifacts)을 포함한다. 그리고 환경은 우리의 시·공간상의 문화(culture), 생활방식(ways of life) 그리고 모든 비공식적 관계의 관습(manners)까지를 포함한다. 때문에 인간의 축적된 기억은 물론 역사까지를 포함한다(Ozbekhan, 1969: 101).

이러한 광범한 의미의 환경은 생활/자연중심환경, 사회/인간중심환경 그리고 사물/기술중심환경으로 범주화할 수 있다(Ozbekhan, 1969: 101~102). 목적적 인간활동으로서 계획(計劃)은 사회적 맥락 -즉 인간/사회(human/social)중심의 환경- 에서 이루어진다. 즉 계획은 인간/사회 중심적 환경에서 이루어지고, 이 인간/사회 환경은 생활/자연(life/nature)과 사물/기술(thing/ technology) 중심환경을 포함한 전체환경의 틀 속에 위치하고 있다(Ozbekhan, 1969: 106).

일반적으로 계획을 인간활동으로 정의했기 때문에 유기체모형(organismic model)으로 설명할 수 있다. 전체로서 환경(environment)은 계획을 포함한 상위체계(meta-system)로 부를 수 있다. 여기서 S(계획)와 MS(상위체계로서 환경)간에 9개의 특성(characteristics)과 5개의 속성(properties)을 확인할 수 있다(Ozbekhan, 1968: 111~118).

▎그림 8-1 계획의 작용환경 ▎

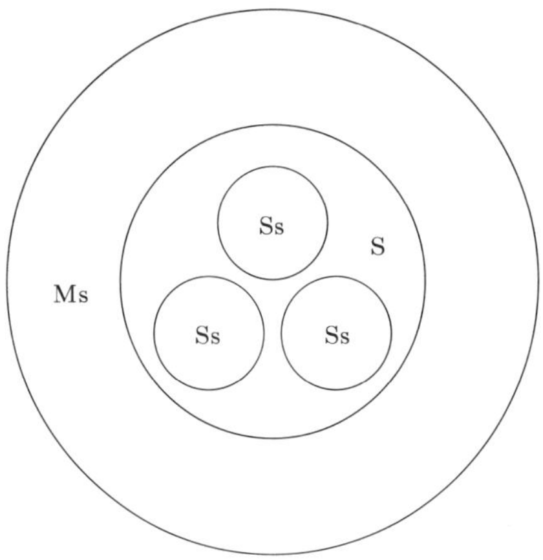

만일, S ≡ 체계(System) ≡ 인간활동의 일반적 예로서 계획이라면,
그러면 MS ≡ 체계(Meta System) ≡ 전체환경(인간/사회, 생활/자연, 사물/기술환경포함)
Ss ≡ 하위체계(Sub-Systems) ≡ 계획의 구성요소
자료: Ozbekhan, 1974: 111.

2. 특 성

① **경계**(boundaries) 계획(planning)은 환경을 변화시킬 목적으로, 경계를 넘어서는 행동으로 이루어진 개방체계(open system)이다. 반대로 환경(environment)도 계획에 대해 영향을 주는데, 환경은 계획을 인도하는 가치(values), 목적(purposes), 방향(directions) 그리고 기술(technologies)을 제공한다. 계획이 수립되면 이는 개인, 제도, 자연환경 등에 영향을 미치게 되는 것처럼, 정보의 형태로서 투입-산출의 교환이 이루어진다. 반대로 환경이 투입요소를 제공하면, 계획의 작용은 자족적(self-contained)이 되고 계획의 영역은 체계의 공간범위에 제약되게 된다. 이러한 상황이 발생되면 계획은 폐쇄체계(closed system)로 볼 수 있다. 때문에 체계로서 계획은 관찰수준과 운영환경에 따라 개방과 폐쇄체계의 양면적 특성(兩面的 特性)을 지니고 있다고 말할 수 있다(Ozbekhan, 1968: 112). 즉 보다 상위계획체계는 환경과 개방적(開放的)으로 상호작용하는데 비해, 보다 하위수준의 계획활동은 폐쇄적(閉鎖的)으로 작용할 수 있다.

② **행태**(behaviour) 합리성(rational)을 특정한 규칙에 따라 이루어지는 사유작용(intellection)이라고 정의할 수 있다면, 계획은 합리적이라고 말할 수 있다. 만일 계획이 합리적이라면 의식적(conscious)이어야 한다. 그러나 규칙이 수립되고 나면, 계획과정은 일상화(routinization)되어 자동적(自動的) 또는 무의식적(無意識的)으로 전개되는 경우도 있다(Ozbekhan, 1968: 112).

③ **안정상태**(steady state) 계획이 동학적인 안정상태(steady state dynamics)에 기여하는 방법은 복합적이다. 한편으론 계획은 목표달성과 장기적 행동패턴을 통해 환경에서 안정상태를 유지할 목적을 갖는 활동들의 집합체(conglomerate)이다. 계획은 환경적 상위체계(environmental meta system)가 전위(dislocations)와 불균형(imbalances)으로 위협받는 경우에는 반 파괴적(counter-disruptive)인 영향을 행사할 수 있다. 다른 한편으론, 계획이 개방체계로서 투입과 산출요소가 자유롭게 유동하는 체계로 이해할 때에는 개방체계적인 기능수행이 안정상태(安定狀態)에 기여한다고 말할 수 있다(Ozbekhan, 1968: 112). 대체로 상위수준에서의 개방계획은 목표달성과 장기적 행동을 통해 환경적 안정상태를 달성하지만, 폐쇄계획은 단지 국지적 안정상태만을 달성하는데 그친다.

④ **변화에 대한 저항**(resistance to change) 인간/사회체계는 안정상태의 파괴에 저항하는 경향이 있지만, 계획은 변화에 저항적일 필요가 있는 것은

아니다. 이론적으로 모든 계획들은 의지(will)에 따라 변화될 수 있다. 더욱이 계획은 변화를 유도하고, 이는 계획의 주요 기능이다. 그러나 어떤 상황에서는 계획이 매우 변화에 저항적일 수 있다. 계획이 폐쇄체계에서 운영되는 경우에는 변화 저항적인 경향이 나타나고, 때문에 환경의 요구에 즉각적인 반응을 할 수 없다. 그러나 계획은 항상 변화에 저항적이 아니고, 변화창조적(change creative)인 경우도 있다(Ozbekhan, 1968: 113).

⑤ **변화와 창조성의 조정**(adjustment to change and creativity) 계획은 계획과 환경간의 적응적 방법(adaptive mode)을 통해 환경의 진보를 수용하게 된다. 그러나 경직성과 제도화의 증가에 따라 계획은 환경의 진보추세에 접촉을 상실하고 비적응적(non-adaptative)이 되어 가기도 한다. 인간사회체계의 기본특징의 하나는 창조성(創造性)인데, 이 관념은 보다 쉽게 적응하게 하는 방법이며, 환경을 변화하게 하는 능력이다. 계획은 환경에 이러한 종류의 변화를 일으켜야 하는 활동이다(Ozbekhan, 1968: 113).

⑥ **일상화의 경향**(tendency toward routinization) 인간사회체계에는 시간이 경과함에 따라 기계적이 되고, 때문에 일상적으로 되어 가는 과정이 존재한다. 이러한 경향은 폐쇄적인 계획유형에서 나타난다. 특정한 문제들에 대해 편의적 해결을 추구하는 계획은 전체적으로 일상화(日常化)되는 경향이 있다. 이러한 경향은 매우 강하기 때문에 계획도 여기서 자유로울 수 없다. 때문에 가장 창조적이고 개방적인 계획도 고정적 장치(fixed arrangements)로 발전되고, 적어도 일부는 일상화되는 경향이 있다(Ozbekhan, 1968: 113~114).

⑦ **에너지**(energy) 인간사회체계에서의 에너지는 광범하게 분포되어 있으며, 느리게 동원된다. 반대로 계획은 에너지의 집중기(concentrator)와 동원자(mobilizer)로 행동한다. 이러한 의미에서 계획은 기계와 유사하다. 에너지의 비교적 신속한 집중과 동원은 모든 양호한 계획의 기본적 기능이기 때문에 개방체계로서의 계획에서도 이러한 특징은 나타난다. 여기서 핵심점은 에너지는 전략적으로 집중되어 있지만 계획의 전체 공간에 분배되어 있지 않다는 사실이다(Ozbekhan, 1968: 114).

⑧ **재생산성과 장래성**(reproductivity and futurity) 계획은 인간처럼 스스로 재생산하지 못하는 존재이다. 재생산(再生産)의 개념을 장래성(將來性) -즉 계속성- 의 원리로 바꾼다면, 이를 계획에 두 가지 방법으로 적용할 수 있다. 하나는 장래성에 관한 한 계획이 직접적인 현실지향적인 결정보다는 장래지

향적인 활동으로 구체화할 수 있는 활동이라는 점이다. 다른 하나는 계획이 제도화되는 경우에 자기 영속화되는 경향이 있다. 폐쇄계획체계(閉鎖計劃體系)일수록 영속성이 증대되는 방향으로 작용하는 경향이 있다. 이러한 특징은 계획을 정당화시켜 주는 변화(變化)의 원리(原理)와 배치(背馳)되지만, 계획의 가장 큰 병리학적 특징의 하나이다(Ozbekhan, 1968: 114).

⑨ **기능적 통일성**(functional unity) 기능적 통일성의 특징은 부분이나 하위체계들이 내부적 일치성을 갖고 조화롭게 작용하는 것을 의미하는 것으로, 계획의 기본적 특징의 하나이다. 계획은 상위체계와의 조화를 보장할 뿐 아니라, 기능적 단위의 요구를 만족시켜야 한다(Ozbekhan, 1968: 114~115).

3. 속　　성

체계의 여러 특성에서 다음의 속성들을 확인할 수 있다(Ozbekhan, 1968: 115~116).

① **엔트로피**(entropy) 계획에서는 유기체모형(organismic model)과 같이 엔트로피의 관념은 포함할 필요는 없다. 다만 포함해야 하는 것은 계획이 폐쇄적이냐 개방적이냐에 따라 당면하게 되는 고정조직(fixed organization)이냐 또는 보다 상위수준조직(higher levels of organization)을 지향하는가에 대한 문제이다. 때문에 고려하는 계획수준에 따라 기계적(machine-like), 반복적 조직(repetitive organization)과 창조성을 지향하는 상위계획유형(higher types of planning)으로 구분된다(Ozbekhan, 1968: 115).

② **자기규제와 자기적응**(self-regulation and self-adaptation) 인간사회체계는 자기규제적(自己規制的)이고 자기적응적(自己適應的)이다. 최저기계수준(lowest mechanistic level)에서의 계획은 자기규제적이고, 자기적응적이라고 말할 수 있다. 보다 상위의 기능적 수준에서는 인간사회체계는 유기체형(organismic mode)으로 작용하고, 환경의 사상(事象)에 반응하기 때문에 의식적인 면에서 자기규제적이고 자기적응적이 된다. 더욱 높은 수준에서의 계획의 기능은 변화를 지배하는 법칙의 제정에 의해 환경이 달성하려고 하는 자기 적응적이며 자기 규제적인 양식에 기여하는 기능을 한다(Ozbekhan, 1968: 115~116).

③ **동일귀착성**(equifinality) 동일귀착성은 체계는 변화에 상이한 조건들을 거치면서 동일한 최종상태에 도달할 수 있다는 것을 의미한다. 이는 체계의 구성요소들은 상호의존적 작용을 하고, 이들 구성요소들은 체계의 목표에 도달하

기 위해 매우 복잡하고 다양한 과정을 거쳐 통합되어 동일한 최종상태에 이르게 하기 때문이다(밀러, 2006: 84~85). 계획은 폐쇄적이고 기계적인 성격을 가질 때 전체적으로 결정론적이다. 반대로, 보다 높은 수준에서 계획은 유기체적 환경이 되고 비결정적이며 완전히 신축적(伸縮的)이 된다. 환언하면 이 수준에서 동일귀착성의 개념을 계획에 적용할 수 있다(Ozbekhan, 1968: 116).

④ **인과성**(causality) 인간사회체계가 비결정적이라는 사실은 비인과적(non-casual)이라는 것을 지적한다. 여기서 보다 저수준이고 폐쇄적인 계획체계가 결정론적인 것은 특징상 인과적(因果的)으로 만들지만, 고차원의 개방적인 계획체계는 비인과적이다(Ozbekhan, 1968: 116).

⑤ **환류**(feedback) 인간사회환경에서 환류는 목표유인적(目標誘因的)이다. 폐쇄계획체계에서도 환류는 목표유인적(goal derived)이지만, 목표로부터의 편향(deflections)에 대해 사전결정된 방법으로 반응하도록 조직되었다는 의미에서는 통제된 환류체계(controlled feedback system)적으로 작용한다. 고수준개방계획체계에서의 환류는 환경에서처럼 목표유인적이다(Ozbekhan, 1968: 116).

4. 작용상 특성

체계의 특징과 속성을 통해서 볼 때, 계획은 기계와 유사한 체계로 작용하기도 하고, 인간행동모형으로서 이해할 수도 있다. 이러한 기계와 인간행동은 유사한 면도 있지만 상치되는 면도 많다(Ozbekhan, 1968: 116~119).

① **기계적 계획모형** 기계적 계획모형(mechanistic model of planning)이라고 말은 폐쇄체계에서의 계획수준을 의미하며, 계획체계 외부에서 고안된 목표에 따라 해결방안을 구축하는 계획접근을 의미한다. 이는 계획의 내부조직이 외부의 목표에 종사하기 위해 설계되고, 프로그램되고, 지시되어 움직이는 것이 마치 기계처럼 작동되기 때문에 붙여진 이름이다. 이런 유형의 계획을 지배하는 핵심적이고 필요한 조건은 목표가 설정되는 또 다른 높은 수준의 계획의 존재이다. 이러한 기계적 계획유형과 수준을 운영계획(operational plan)이라 한다. 이 계획유형은 해결책은 기존의 이용가능한 기술의 적용을 나타내는 경향이 있다. 이 유형의 활동은 목표보다는 수단을 강조한다. 이러한 계획유형은 진정한 의미의 계획이라기 보다는 문제해결적 특성을 나타낸다.

② **인간행동모형** 이 모형에서의 계획특징은 지향하는 목표설정자체를 포함하고 있는 것으로 정의할 수 있다. 이 접근에 의한 계획은 결과가 새롭게 발

명하거나 창조된 것으로, 운영계획처럼 주어진 것의 조작에 의한 결과에 이르도록 하는 해결책을 추구하지는 않는다. 여기서는 목표가 의미하는 것이 무엇이고 이 개념이 무엇과 관계되는가를 파악하는 것이 중요하다.

제 2 절 인간사고와 계획기능

Ⅰ. 인간사고의 작용

1. 인간의 사고

사고(thinking)는 일정 범위의 이성, 경험의 기억, 합리적 결정의 작성을 하는 의식적인 마음(conscious mind)을 갖는 것이다. 목적적 인간을 포함한 복합적응체계(Complex Adaptation System: CAS)가 사고체계(thinking system)이다. 사고체계(思考體系)는 다양한 의도들을 가질 수 있고, 미래를 선택할 있기 때문에 독특하다.

복합적응체계(複合適應體系)인 동물도 자유의지(free will)를 가지고 사고한다. 그러나 개미는 복합구조를 만들지만 예술을 창조하지 않는다. 새는 환경변화에 반응하지만 저술하지는 않는다. 사고체계(thinking system)와 복합적응체계(CAS)간의 중요한 차이는 목적성(purposefulness)이다. 사고체계로서 인간은 단일, 다수 그리고 종종 모순적인 목적들을 가지고 있다. 사고체계의 두 번째 특징은 창의성(creativity)으로, 이는 현재 생각한 것 이상으로 가고자 할 때, 이미 알고 있는 것을 어떻게 사용할 것인가를 안출하는 능력이다. 사고체계에서 사고(thinking)는 이전에 본 일이 없는 새로운 아이디어를 만들고, 목적적으로 행동하는 능력과 관련된다(Waldman, 2007: 272~273).

사고체계(思考體系)는 인간을 포함하고, 인간은 항상 학습한다. 학습(learning)은, 개선으로 인도하기를 바라는, 변화의 전조이다. 공부, 지시, 또는 경험에 의한 지식 또는 기예의 취득으로서 학습은 개인, 집단 그리고 국가수준에서까지 발생할 수 있다. 학습의 전제조건은 적절한 유인책, 자유재량의 에너지, 활력 있는 환경, 필요한 기질(substrate), 계획 그리고 시간이다(Waldman, 2007: 273).

사고체계의 이해를 위해 먼저 톱니, 바퀴, 지렛대, 도르레 또는 컴퓨터 칩에서의 미세한 연계로 이루어진 기계를 생각하자. 기계체계(machine system)의 구성부문은 예측가능하고, 반복적이며, 통제가능한 방법으로 상호작용한다. 구성부문들은 독자적으로 작용하는 기능은 없지만, 체계에 함께 조정되면, 그들의 상호작용은 유용한 기계를 만든다. 동일한 예가 제조체계로서 조립라인(assembly line)에서 사람들이 구성부문처럼 기능하고 예측가능하고 통제가능한 방법으로 제품을 생산한다(Waldman, 2007: 272).

2. 인간사고와 계획기능의 유사성

계획은 복합적인 사회체계를 대상으로 하는 개념적 일반체계(conceptual general system)이다(Chadwick, 1978: 63). 따라서 체계로서 계획을 이해하기 위해서는 계획에 관여하는 기관들의 구성요소(構成要素)는 무엇이고, 이들 요소간의 상호관계(相互關係)는 어떠한가를 파악하는 것이 중요하다. 즉 각각의 구성부문들이 모여 전체로서 계획현상이 어떻게 이루어지고 있는가를 설명하는 노력이 요구된다. 계획기관(planning agencies)의 모형은 계획기능이 작업적(목적적) 사고에 관여하는 인간사고(human mind)와 유사성이 있다는 가정에 기초하고 있다. 이러한 양자 간의 유사성에 대해서는 찬반양론이 있을 수 있다(Faludi, 1973: 54~60).

(1) 지지의 견해

유사성(類似性)을 지지하는 입장은 두 가지로 요약할 수 있는데, 첫째는 어떻게 지적사고(知的思考)가 작용하는가에 대한 규범적 견해(規範的 見解)와 둘째는 인공두뇌학(cybernetics)영역 사고의 많은 부분은 인간사고의 모형구축(模型構築)과 통한다는 시각이다(Faludi, 1973: 54~57).

(가) 규범모형으로서 지적사고

목표를 추구하는 개인과 계획 간의 유사성의 첫 번째 이유는 인간이 지적사고(intelligent thinking)를 할 때와 개인이 목표를 추구할 때에, 상식적인 관념은 물론 규범적 사고(規範的 思考)를 공유하게 된다는 것이다. 여기서 작업적 사고(operational thinking)에 관여하는 지적사고(知的思考)는 다음의 의미를 갖는다.

① 환경(environment)에 대해 작용하고, 환경으로부터 자원을 도출하고, 환경을 변형시킨다. 이는 환경에 대한 완전통제를 의미하는 것은 아니고, 현재는 물론 장래에도 영향을 미칠 요인들에 대한 적응가능성을 말하는 것이다. 때문에 지적인 사람은 자원을 고갈시키지 않고 신중한 예측을 바탕으로 현명하게 사용하게

된다.

② 의식적(consciously)으로 작용하는데, 이는 자신의 사고, 관여, 행동의 영향, 행동들 간의 관계를 인지하고 있음을 의미한다. 이러한 인지를 통해 이용가능한 선택범위 내에서 스스로를 변화시켜 자신의 목표달성의 기회를 증대시킨다.

③ 자신의 제약(limitations), 특히 자신이 개발하고 평가할 수 있는 선택의 수의 제약을 인지하고 있다. 이러한 인지를 통해 최선의 결과를 달성하기 위해 이러한 제약에 대처하기 위한 전략을 도출한다.

이러한 견해를 종합하면, 지적인 사람은 자신의 환경(環境)을 변환(變換)시켜 자신의 성장(成長)을 위해 자원을 도출할 목적으로 행동하는 사람으로 기술할 수 있다.

(나) 인간사고의 인공두뇌모형

유사성의 두 번째 이유는 인공두뇌학(人工頭腦學)영역에서의 많은 사고는 인간사고(人間思考)의 탐구와 연결되어 있다. 때문에 이러한 모형을 계획이 어떻게 작동하는가를 설명하는데 사용할 수 있다. 여기서 인공두뇌학(cybernetics)은 인도(guidance)와 통제(control)에 관한 연구이다. 계획과 작업적 사고가 모두 일종의 통제의 행사와 관련되기 때문에 인공두뇌학과의 관련성은 명백하다.

계획을 설명하는 모형은 통제환류체계(controlled feedback systems)로 이루어진 학습체계이다. 특히 학습체계(learning system)모형은 인간행동의 탐구에 중요한 기억(memory)을 포함하고 있다. 이 기억(記憶)은 계획을 포함한 어떠한 목적적 작용에도 필수적이다.

(2) 반대의 견해와 이의 비판

반대의 견해는 이 계획모형은 현실상황을 너무 단순화(單純化)시키는 문제점을 갖고 있으며, 계획기관의 구조모형을 작성하는 것이 개인과 기관에 함께 적용하는 데는 한계가 있기 때문에 모형작성작업이 무의미하다고 생각한다(Faludi, 1973: 57~60).

(가) 단순화된 모형

계획기관들은 여러 개체들이 다양한 위치를 차지한 조직이다. 계획과 개인사고(individual thinking)간의 유사성에 대한 반대논리는 이의 단순화(simplification)에 있다. 계획기관은 개인 의사결정자에 비해 '내부적으로 보다 분화되어 있고, 보다 많은 지식과 보다 정교한 의사결정기술을 사용하며, 의사결정과정이 보다 제도화, 조직화되어 있다'는 점에서 보다 복합적(複合的)이다.

이러한 단순화에 대한 비판에 대해, 두 가지 점에서 반론(反論)을 제기할 수 있다. 첫째, 현상을 기술한다는 것은 단순화작업이고, 모형도 예외는 아니다. 모형의 장점은 그것을 단순화하는 방법에 따라 특화되어 있다는 점이다. 작업적 사고에 관여하는 인간사고의 구성요소처럼 계획기관도 동일목적에 관련되는 구성요소들을 갖고 있기 때문에 양자 간에 유사성이 있다고 할 수 있다. 두 번째 반론은 정도의 문제(matter of degree)라는 점이다. 다른 시각에서 보면, 개인은 계획기관과 분화도, 특정정보의 사용, 의사결정기술 그리고 조직화정도의 차이라고 볼 수 있다.

(나) 계획에서의 조직요인 대 개별요인

이 주장의 본질은 조직구조(organizational structure)라기 보다는 조직구성원의 질에 관한 문제이다. 계획조직이 어떻게 창조적 과업을 수행할 수 있는가를 고찰하면서도, 개인적인 의사결정의 시각에서 계획작용을 고찰하는 것은 특히 이해하기 어려운 문제라고 비판한다.

어떤 의미에서는 조직(組織)의 의사결정이 개인(個人)보다는 우월할 수 있다. 그러고 개인은 변할 수 있지만 기관은 그 구조가 변하지 않는 한 어느 정도는 동일하다. 때문에 조직의 성과는 개인에 의존하는 것이 아니라 조직의 구조와 조직 내의 과정이라는 쌍둥이 요인에 의해 이루어진다.

Ⅱ. 계획모형의 구성

1. 학습체계로서 인간사고

(1) 학습체계

환경(環境)에 대해 통제(統制)를 행사하는 것은 안정상태(steady state)를 유지하기 위한 목적이다. 이러한 사례는 직선도로에서의 차의 운전 또는 특정한 수온의 유지 등을 들 수 있다. 후자의 기능을 수행하는 도구인 온도조절기(thermostat)는 인공두뇌체계 또는 통제된 환류체계의 사례이다.

통제(統制)된 환류체계(還流體系)의 많은 과정이 안정상태를 유지하기 위한 목적이기 때문에, 인간사고(human mind)모형은 이러한 체계의 특성을 포함하고 있다. 그러나 인간은 안정상태유지할 뿐 아니라 목표의 변경과 관련된 결정도 한다. 이러한 목표를 변경할 수 있는 체계는 환류체계(feedback system)와 함께 기억(memory)을 포함한 학습체계(learning system)이다(Faludi, 1973: 60).

(2) 통제된 환류체계

통제된 환류체계(controlled feedback system)는 환경의 현재상태와 환경에 대한 행동의 효과를 측정하는 수신기(receptor), 탐지기로부터 수신된 정보에 따른 대안적 반응들 사이에서 선택하는 선별기(selector) 그리고 선별기로부터의 지시에 의해 환경에 변화를 만드는 효과기(effector)로 구성되어 있다(Faludi, 1973: 60~62).

고정된 목표와 관련된 통제된 환류체계를 하위환류과정(下位還流過程)이라고 말할 수 있다. 그러나 계획기능은 물론 인간사고의 많은 부분에서는 새로운 정보의 유입에 의해 변화하는 목표와 관련되는 경우가 있다. 이러한 경우의 환류를 상위환류과정(上位還流過程)이라고 할 수 있다. 전자의 예는 자동온도조절기(thermostat)이고, 후자의 예는 학습체계(learning system)이다. 양자 간의 차이는 유용한 정보의 보전, 즉 기억(memory)의 존재여부이다. 기억(記憶)은 학습에 의해 구체화되는 상위기준에 따라 대안선택의 평가를 가능하게 한다.

▌그림 8-2 통제된 환류체계▐

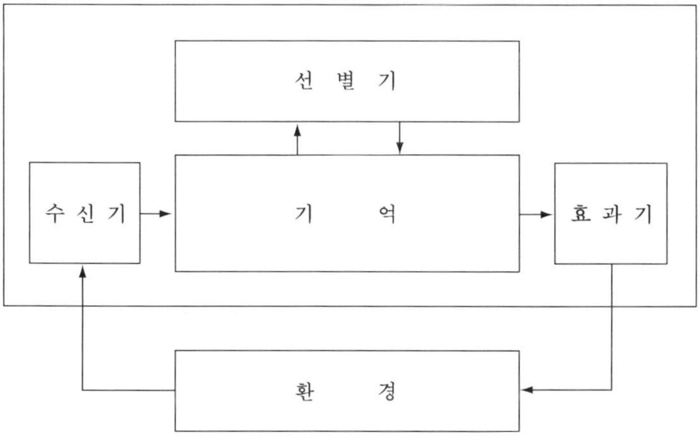

자료: Faludi, 1973: 63.

2. 기 술 상

(1) 구성요소

계획(행위프로그램의 작성을 의미)은 제안된 행동이 바람직한 결과를 가져온다는 예상과 관련되어 있다. 세상을 묘사(representation)하고, 그것을 바탕으로 예측하는 것을 이미지(images)와 프로그램(programmes)으로 나타낼 수 있는데, 이를 기술상(技術像)이라 할 수 있다. 보다 구체적으로 말하자면, 기술상(technology-image)은 이미지(images), 프로그램(programmes) 그리고 목표(goals)로 구성되어 있다(Faludi, 1973: 62~63).

어떤 사람이든 행동을 시작할 때는 기술상의 세 가지 구성요소가 작동하게 된다. 예로, 자동차 운전자가 곡선도로에 접근하는 경우를 생각해 보자. 운전자는 무사고 운전이라고 하는 목표(goal)에 포함된 기술상에 의해 핸들(wheel)을 조정하게 되는데, 여기서 이미지(image)는 핸들의 위치와 사고를 피할 수 있는 차량의 위치이며, 프로그램(programme)은 차를 원하는 방향으로 움직이게 하는 핸들조작이라고 할 수 있다. 여기서 이미지(image)는 목표를 달성하기 위한 환경에

▌그림 8-3 기술상과 기억▐

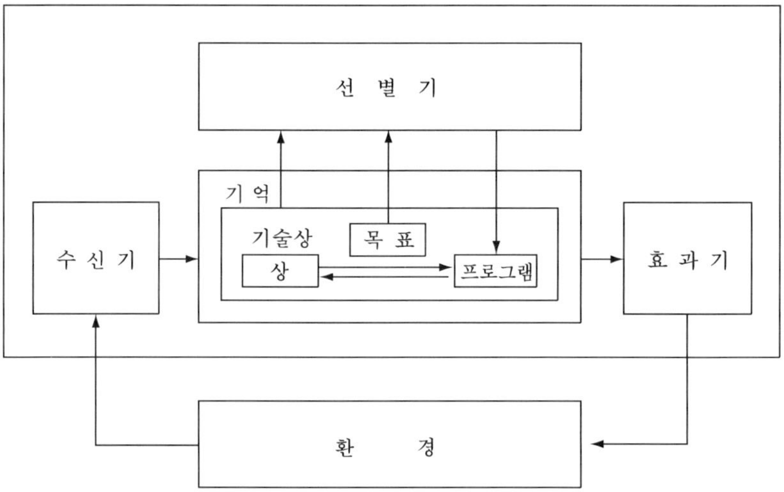

자료: Faludi, 1973: 64.

대한 생각이며, 프로그램은 이미지에 따라 목표를 달성하기 위한 일련의 행동에 대한 생각이다. 이러한 이미지와 프로그램은 목표와 함께 기술(technology)을 형성하게 된다(Faludi, 1973: 63~65).

(2) 이미지와 인간지식

인간은 많은 이미지(image)를 갖고 있는데, 각 부분이미지들이 모여 전체 이미지를 구성한다. 이러한 이미지는 환경에 대한 주사(scanning)에 의해 형성된다. 환경에 대해 주사(走査)할 때는 이미 형성된 이미지로서의 선행경험(先行經驗)에 의해 선택이 이루어진다(Faludi, 1973: 65).

환경에서 자료를 선택할 때 일부는 환경에 대해 과거에 형성된 이미지와 지식에 의하고, 일부는 목표에 의해 이루어진다. 즉 모든 사람은 자신의 감각적 장치에 의한 여과기(filters)를 갖고 있는데, 이것이 마음속에 있는 목표에 의해 도색(塗色)되게 되고, 이 도색된 여과기가 환경자료에 대한 선택기능을 수행한다. 여기서 환경정보의 선택은 두 개의 여과기(濾過機)에 의해 이루어진다. 하나는 수신

❙ 그림 8-4 계획기능의 계획기관에의 적용 ❙

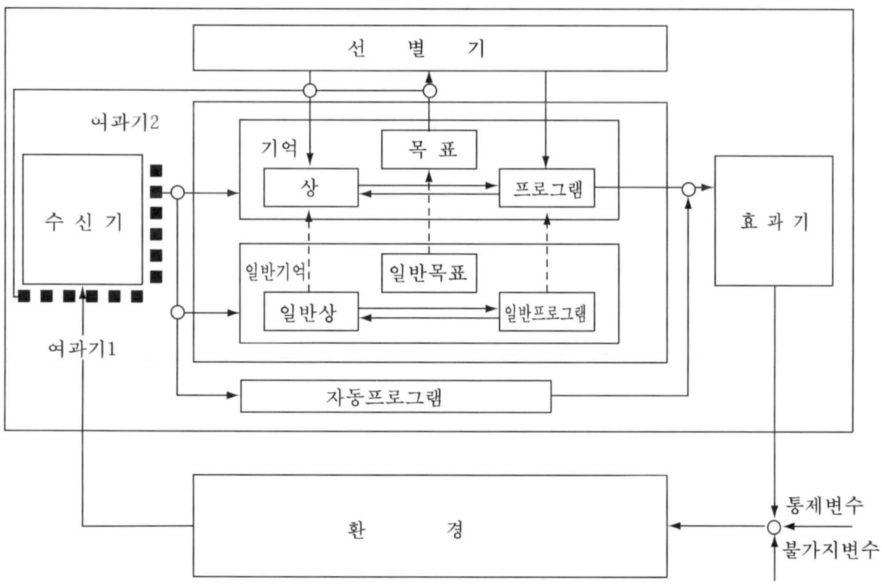

자료: Faludi, 1973: 72.

기에 도달하기 이전에 정보연구의 방향에 대한 선택과 관련되고, 다른 하나는 수신기에 도달한 정보를 기술상에 전달하는 과정에서의 선별의 기능을 수행한다(Faludi, 1973: 65~66).

단순한 학습체계모형(學習體系模型)에서는 환경에 대해 사람들이 자동적으로 반응하게 되는 수신기(受信機)와 효과기(效果機) 사이에 단락(short-circuit)이 있다. 즉 환경정보가 수신기를 통해 의식적인 이미지에 전달하는 것이 아니라 자동프로그램(automatic programmes)에 의해 수신기에서 효과기로 직접 연결하도록 유도하게 된다. 이러한 자동적 행동(自動的 行動)은 많은 연습을 통해서 이루어지고, 이는 환경에 대한 반응속도를 크게 증대시키는 역할을 하게 된다(Faludi, 1973: 66~71).

(3) 환경의 제약과 시차

환경(環境)은 다양한 변수(變數)들로 구성되어 있는데, 이는 우리가 알고 있는 변수와 알지 못하는 변수로 나눌 수 있다. 여기서 알고 있는 변수 중에서도 통제할 수 있는 변수와 통제할 수 없는 변수로 나눌 수 있다. 알고 있는 변수이지만 통제불가한 변수를 제약요인(constraints)이라 하고, 알지 못하는 변수(unknown variables)를 불확실성(uncertainty)의 요소라고 한다. 통제가능변수(統制可能變數)가 많은 경우에는 환경을 지배하기 용이하지만, 제약요인이 많을 때는 단지 수용해야만 하고, 불가지변수(不可知變數)가 많을 때는 어떻게 해야 할지를 몰라 계획주체는 표류하게 되어, 다만 환경에 대해 최초의 단서라도 확보하기 위해서 기다려야만 한다.

모형(模型)을 정련(refinement)하기 위한 마지막 작업으로 시간적 요인(時間的 要因)을 고려해야 한다. 모든 과정에는 시차(time-lag)가 존재하는데, 이는 내부시차(內部時差)와 외부시차(外部時差)로 구분할 수 있다. 내부시차(internal time-lag)는 환경으로부터 받은 정보에 대해 행동을 취하는데 소요되는 시간의 합계이며, 외부시차(external time-lag)는 행동에 의해 효과를 나타내는데 소요되는 시간의 합계를 의미한다. 이러한 시차의 존재는 행동에 의해 기대하는 효과가 나타나기 전에 변화(change)가 발생할 수 있다는 점이다. 모형에서 시차가 크고 불가지변수(不可知變數)의 비중이 높으면 예측은 신뢰할 수 없게 된다(Faludi, 1973: 73~75).

3. 계획기관의 구성

[그림 8-5]는 계획기관(計劃機關)의 일반적 모형을 나타낸 것이다(Faludi, 1973: 75~79). 수신기(受信機)는 조사부서(survey unit)로 부를 수 있는데, 이는 연구부서(research section)의 하나이다. 오늘날 대부분의 연구부서(研究部署)는 다른 부서를 위해 정보를 수집하고 변환시키는 역할을 수행한다.

개발계획부서(development plan section)는 기술상을 나타내는 개발계획(開發計劃)과 프로그램을 만들어 낸다. 여기서는 조사에서 정보를 도출하고, 자신의 기억과 선별기(selector)로부터 받은 지침에 따라 계획을 작성한다. 더욱 중요한 것은 여기서 목표를 도출해 낸다는 것이다.

선별기(選別機)는 공공기관의 경우 입법기관이나 위원회(委員會)이다. 이 기관에서는 개발계획부서(開發計劃部署)에서 제안한 대안들 가운데서 계획을 선택하는 기능을 수행한다. 때문에 이는 결정의 선택자(decision-taker)이며, 의사결정에의 참여기능을 수행한다.

▌그림 8-5 인간사고와 계획기관 ▌

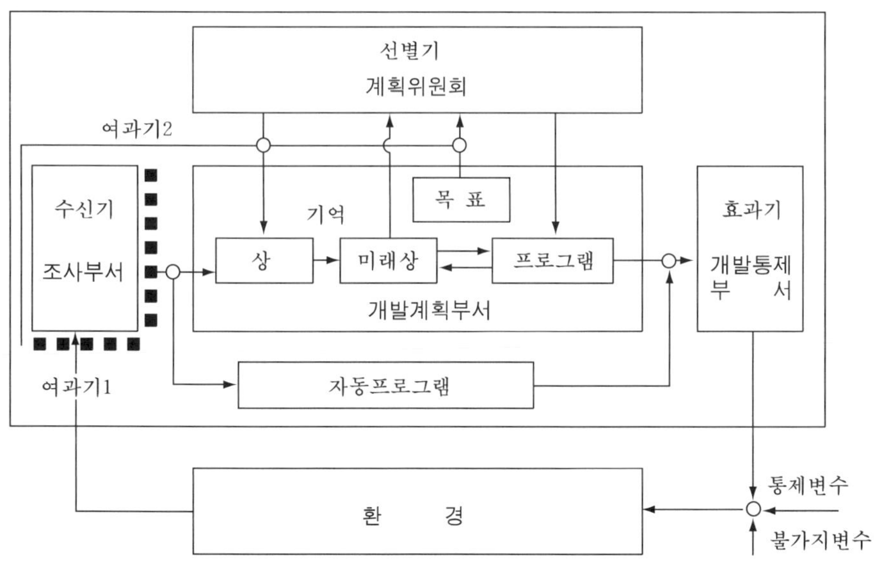

자료: Faludi, 1973: 78.

효과기(效果機)는 통제변수를 조작하는 계획기관의 구성부문이다. 개발계획에 따라 계획을 허가하는 개발통제부서(development control section)가 여기에 해당된다. 여기서의 핵심적 기능은 계획집행(計劃執行)이다.

제 3 절 계획기관의 작용

계획기관모형이 어떻게 작용(作用)하는가를 구체적으로 파악하기 위해서는 계획과정별로 구체적 활동내용과 관련 변수들을 고려하여 종합적으로 검토하여야 할 것이다. 여기서는 계획과정 중 중요한 의미를 갖는 3단계, 즉 해결할 문제의 정의, 합리적 프로그램의 작성 그리고 프로그램의 집행과 반추에 대하여 검토하기로 한다(Faludi, 1973: 81~104).

Ⅰ. 문제의 정의

1. 문제란?

채드윅(G. Chadwick)은 '문제(problem) = 목표(goal) + 목표에 대한 장애(impediment)'라는 공식(公式)을 제시했다. 이 정의는 문제를 하나의 주체에 의해 추구하는 목표와 환경에 대한 그의 이미지 사이의 긴장상태(緊張狀態)로 본 것이다. 이와 같이 문제(問題)를 긴장상태(state of tension)라고 정의하는데 3가지 이점(利點)이 있다. 첫째, 문제는 주체가 경험한 것에 국한함으로서 문제가 객관적 사실이라는 어떤 생각도 제거했다. 둘째, 이러한 정의는 주체가 조직이든 개인이든 간에 다 적용할 수 있다. 셋째, 계획이 현재에 발생하는 문제를 다루는가 또는 미래의 차원을 다루는가에 관한 논쟁을 없앨 수 있다(Faludi, 1973: 82~85).

계획이 적극적으로 환경에 대해 행동하는 것을 의미하는 것인지 또는 소극적인 의미에서 계획가들이 단순히 자기들의 영향권 내에서 일어난 일에 반응하는 것인지 여부에 대해 사람들은 종종 의문을 제기한다. 그러나 문제를 긴장상태로 정의할 경우, 양자의 견해를 함께 수용할 수 있다. 즉 어떤 목표달성에 대한 새로운 장애를 가져오는 환경변화가 있을 수 있고, 또한 어떤 상황에서는 목표정의 자체도 변할 수 있다. 어떤 경우이든 긴장(緊張)은 주체의 마음(mind)에서 발생되는 것이고, 때문에 문제가 발생할 수 있는 것이다. 환경자체에는 문제가 없다는 것은 "집은 문제가 없는데, 사람이 문제를 갖고 있다"는 미국 속담이 이를 간명하게 나타내고 있다.

문제를 주관적(主觀的)인 긴장상태(緊張狀態)로 정의하는 것은 조직은 물론 개인에 적용할 수 있고, 따라서 개인과 계획기관 사이의 유사성을 논의하는 견해와 일치된다. 조직은 일정 목표를 달성하기 위해 존재하고, 목표에 대한 장애를 인지하게 되면 개인이 그렇듯이 긴장을 경험하게 된다. 이러한 긴장은 조직(組織)과 개인(個人) 모두 긴장의 근원을 제거하기 위한 시도, 즉 문제해결을 촉진하게 된다. 계획기관은 가장 효과적인 방법으로 문제를 해결하기 위한 목적으로 프로그램을 작성하는데 전문화된 하나의 조직단위이다. 모든 조직(組織)은 문제를 합리적으로 풀고자 하기 때문에 하나의 계획기관(計劃機關)으로 볼 수 있다.

이러한 문제정의(問題定義)는 계획이 현실문제(現實問題)를 다루어야 하는가 또는 미래문제(未來問題)만을 다루어야 하는가 하는 논쟁에 도움을 줄 수 있다. 일부는 현재에도 충분한 문제가 존재하기 때문에 미래문제라는 회피적 개념보다는 현실적인 문제를 다루어야 한다는 주장이 있다. 반대로 계획은 미래지향적인 특성을 갖고 있다고 주장하는 사람도 있다. 그러나 시간은 지속적이며, 문제의 치유는 장래의 이미지에 의한 행동을 의미한다. 계획은 시간적인 대상기간에 따라 상이한 계획유형으로 구분할 수는 있지만, 장래를 위한 계획과 현재를 위한 계획으로 구분하기는 어렵다.

▌그림 8-6 계획작용과정▐

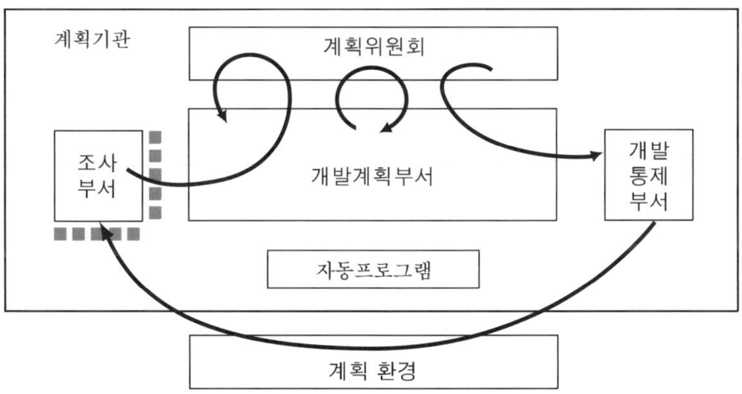

자료: Faludi, 1973: 83.

2. 이미지의 변화

문제를 주체의 목표와 그의 이미지 사이의 긴장상태라면, 문제는 양자의 변화로부터 발생한다고 할 수 있다. 이미지(images)가 정보의 패턴이라면, 이는 새로운 정보를 이용할 수 있을 때만 변경할 수 있다. 이러한 이미지 변화에는 급격한 변경(變更), 적응(適應), 추가(追加)의 세 가지 방법이 있다(Faludi, 1973: 86~87).

① **급격한 변경**(radical change)　　어떤 경우, 하나의 새로운 메시지(message)가 기존 이미지의 전체적인 포기를 요구할 수 있는데 이는 매우 고통스러운 과정이다. 이미지는 목표와 관계되어 있고, 자신의 일부가 된다. 사람들은 이미지의 변경(變更)을 싫어한다. 과학자들은 그들의 이미지에 집착하는 경우가 종종 있다. 그러나 대체로 과학자, 보통 사람 그리고 계획기관들은 이미지의 방어경계를 침투하는 증거들이 쏟아질 때 그들의 견해를 급격히 바꾼다. 선박을 서쪽으로 항해해서 동쪽으로 귀항했을 때 지구는 평평하다는 이미지는 마침내 무너지고 반대의 주장을 배우게 된다.

② **적응**(adaptation)　　많은 경우 변경들은 의미가 적다. 시간의 진전에 따라 사람들은 모든 경우에 배우자에 대해 갖고 있는 좋은 이미지를 완전히 포기하기보다는 인간적인 약점을 수용한다. 그들은 포기대신 적응(適應)에 의해 초기의 비현실적 이미지를 약간 개작한다.

③ **추가**(addition)　　메시지는 이미지에 첨가할 수 있다. 이런 경우는 이미지의 한 면을 깊숙이 탐색하는 경우에 발생한다. 종종 이러한 추가(追加)는 전에 많이 보았던 거리를 실제 걸어 봄으로서 간극을 채울 수 있다. 도로망에 대한 이미지는 변하지 않지만 특정부문의 이미지는 보다 상세화될 수 있다.

3. 문제정의의 의미

현재 이미지의 변화는 장래이미지(future image)의 변화를 수반한다. 이러한 새로운 장래이미지는 긴장을 유발하고 문제를 야기할 수 있다. 장래이미지가 형성되고 나면, 선별기(選別機)가 작동하고 그 이미지에 문제가 있는가 여부를 결정해야 한다. 주체(subject)는 이미 예전에도 유사한 이미지를 다루었고, 때문에 일정한 견해를 갖거나 새로운 견해를 형성할 수 있다. 이러한 견해들은 이미지에 부합되게 정확하게 형성해야 할 필요가 있고 이를 작업적 목적(objectives)이라고 한다(Faludi, 1973: 87~88).

목적(objectives)은 목표달성(goal achievement)의 장애요인이 제거되어 긴장이 사라진 상태 —즉 가상적이지만 상상할 수 있는 상황— 에 대한 기술적 언명(descriptive statement)이다. 때문에 목적(objectives)은 주체가 세상을 인지하는 방법과 주체의 목표(goals) 사이의 교량을 제공한다. 주체가 일련의 목적(objectives)을 작성했을 때, 그의 문제가 정의되었다고 말할 수 있다.

문제정의(問題定義)는 난제이고, 관련된 목적을 즉시 설정하는 것은 매우 어렵다. 목적설정과정(目的設定過程)은 긴장으로부터 자유로운 세계를 보다 상세하게 기술해가는 연속적(連續的)이며 반복적(反復的) 과정이다. 각 과정마다, 잠정적인 목적기술은 전·후 이미지의 특징을 비교하여 상호관련성여부를 파악해야 한다. 그러하지 않은 때에는, 목적을 다시 설정하거나 목적에 적합한 유사한 이미지를 기억에서 찾아서 이용해야 한다. 그러나 적정한 이미지를 기억(memory)이 보유하고 있는 저장소에서 이용할 수 없고, 현재의 이미지에 맞는 목표를 고쳐서 기술하기 어려울 때에는, 전체적으로 여러 조건을 충족시킬 수 있는 이미지가 발견될 때까지 새로운 탐구작업을 계속해야 한다.

이미지에 부합되게 목적이 작성되었을 때 문제가 적절히 정의되었다고 한다. 그러나 언제나 이 단계에 이르는 것은 아니다. 주요한 난관이 있을 때는 불만족스럽게 정의된 상황에서도 계획을 진행하는 것이 필요하다. 잠정적으로 정의된 문제의 집행과정 중에도 보다 새로운 조명을 할 수 있기 때문이다(Faludi, 1973: 88).

Ⅱ. 합리적 프로그램의 작성

1. 프로그램의 추론

프로그램(programme)을 작성한다는 것은 목표달성을 위해 문제상황의 통제변수들을 조작할 목적으로 행동(行動)의 유형(類型), 강도(强度) 그리고 시기(時期)에 관한 의도들(set of intentions)을 안출(案出)하는 것을 의미한다. 프로그램은 과거에 사용된 것에 기초할 수도 있지만, 일상적인 해결방안이 없을 때는 새로운 해결책을 모색해야 한다(Faludi, 1973: 88~97).

여기서 두 가지 경우를 구별해야 한다. 첫째, 문제가 목표와 장래 이미지간의 비교를 통해 모호함이 없이 정확성을 갖는 프로그램을 도출하는 경우이다. 단순한 예로 중앙난방체계에서 과도한 난방비 지출을 억제하기 위해 X원을 감액해야 하는 문제에서, 난방체계의 시간당 비용이 Y원이라는 이미지를 갖고 있을 때는 문제에 대한 답은 현재보다 X/Y시간만큼 가동을 줄여야 한다. 문제구성은 정확하여 목표를 달성할 수 있는 하나의 프로그램을 비교적 정확하게 추론할 수 있게 된다. 두 번째 경우는 문제가 상세하게 구성되지 못하여 목표를 달성하기 위하여 하나 이상의 프로그램에서 추론해야 하는 상황이다. 여기서는 첫 번째 경우의 상황과는 다르게 일정한 지침이 요구된다. 두 가지 사례 모두에서 추론은 중요한 역할을 한다.

2. 최선의 프로그램의 발견

앞의 중앙난방체계처럼 하나의 프로그램을 단위비용과 같이 '경험법칙'에서 추론하는 경우는 계획에서는 매우 드물고, 대부분의 경우 목적을 달성하기 위한 여러 개의 프로그램을 작성한 후에나 가능한 것이다. 이는 법칙이나 초기조건에서 하나의 프로그램을 추론할 수 있는 경우보다는 선택영역(area of choice) −즉 활동공간(action space)− 내에서 확인할 수 있다(Faludi, 1973: 92~94).

어떻게 여러 프로그램에서 하나를 확인할 수 있는가? 사이먼(H. Simon)이 주장하는 것처럼 만족화(satisficing)는 많은 의사결정자가 사용하는 과정이다. 여기서 만족화란 최적을 선택하기보다는 모든 조건을 만족하는 하나의 프로그램을 확인하는 전략이다. 그러나 의사결정자가 고립적 문제를 다루는 경우는 반대가 없을 것이지만, 어떤 결정이 동시에 또는 순차적으로 많은 문제를 야기하는 것을 다루어야 하는 경우에는 논쟁의 소지가 있다.

하나의 프로그램선택은 자원의 지출을 의미하고, 한 문제에 소비된 자원은 다른 문제의 해결에는 사용할 수 없다. 따라서 합리적인 행위자는 자기의 자원사용을 절약하여 가능한 많은 문제를 대처하려 한다. 그는 목표의 달성과 자원지출간에 가장 유리한 비율을 추구하는데, 이를 프로그램의 적정화(optimizing)라고 한다.

합리적으로 프로그램을 작성하는 접근방법 가운데 적정화기법(optimization techniques)과 합리적 계획과정(rational planning process)을 구별할 수 있다. 여기서 전자(前者)는 문제상황을 기술하는 변수들이 양적으로 정의되는 경우에 사용되며, 후자(後者)는 질적으로 정의되는 상황에 사용된다. 합리적 계획과정은 적정 프로그램이 확인될 때까지 여러 단계의 프로그램작성과 새로운 문제정의와 관계된다.

3. 잘못 정의된 문제의 해결

최적 프로그램(optimal programme)의 확인이 실패하는 이유는 주로 잘못 정의된 문제(ill-defined problems) 때문이다. 이러한 잘못 정의된 문제는 장래 이미지(future image)를 정확히 형성할 수 없기 때문이다. 이를 프렌드와 제솝(J. Friend and W. Jessop)은 불확실성이 계획에 영향을 미치는 첫 번째 유형 즉 환경에 관한 불확실성(UE: Uncertainity concerning the Environment)이라고 했다(Faludi, 1973: 95).

만일 장래이미지가 불확실하다면, 목적들(set of objectives)을 설정하는 것이 어렵다. 합의된 목표들(agreed goals)이 있다고 하더라도, 목적군(a set of objectives)을 작성하는 것은 분석적인 결정과 함께 정치적 결정도 요구된다. 이를 프렌드와 제솝(J. Friend and W. Jessop)은 두 번째 유형의 불확실성으로 가치에 관한 불확실성(Uncertainity concerning values: UV)이라고 했다(Faludi, 1973: 95~97).

여기에 추가하여 프로그램작성에 관한 지식들이 분화(fragment)되어 있기 때문에 행동공간(action space)의 제약에 대한 명료한 관념을 형성하기 불가능하다. 그러나 이러한 상황에서도 합리적 계획과정은 합리적 프로그램 작성에 최선의 접근방법이 되고 있다.

잘못 정의된 문제에 대처하기 위해서는 활동공간(活動空間)의 제약을 확인하기 전이라도 의사결정규칙(decision rule)이 도입되어야 한다. 적정화는 모든 가능한 프로그램에서 최선을 발견하는 것을 의미하고, 행동공간의 제약이 적절히 확인되지 않은 상황에서는 모든 가능한 프로그램을 열거할 수 없고, 확인되지 않은 프로그램이 있기 때문에 최선을 선택할 수 없다는 표면적인 모순이 따르게 된다. 때문에 적정화 시도는 무익한 것으로 보일 수 있다(Faludi, 1973: 95~97). 그러나 지식이 제한된 현실상황에서는 불확실하게 인지한 활동공간에서 비 록 일시적이라고 하더라도 확실성을 가질 때까지는 합리적 프로그램(rational programme)을 제시하지 않는 것보다는 최적프로그램(optimal programme)으로 도약하는 것이 보다 유망한 접근방법이다.

Ⅲ. 집행과 환류

최적프로그램이 확인되면 나머지는 단순하다. 집행행동은 프로그램에 의해 환경에 영향을 주기 위해 자원을 동원한다. 이러한 자원(資源)들은 계획기관의 효과기(效果機)기능을 수행하는 개발통제기관(開發統制部署)들이 스스로 보유할 필요는 없지만 그들이 자원에 접근할 수는 있어야 한다(Faludi, 1973: 97~98).

효과기(效果機)가 프로그램에 의해 기술된 자원을 행동으로 바꾸는 것은 환경을 변화시키기 위한 목적이다. 집행결과가 예상과 다른 효과가 나타나는 것은 문제정의와 프로그램작성상의 오류(誤謬)에서 기인한다. 예를 들면 이미지(image)가 잘못 형성된 경우도 있다. 또는 활동공간의 제약에 대한 추론이 잘못된 경우도 있다. 어떤 경우는 결과가 목표에 미치지 못하지만 본래의 의도와 아직도 긍정적 관계를 유지하고 있을 수 있다. 이 경우에 환경에 작용하는 이미지(像)는 수정되어야 한다. 프로그램의 집행결과로 약간의 불가지변수(不可知 變數)가 명확해졌을 때는 이미지에 대한 추가적인 수정(adaptation)이 요구된다. 그러나 대부분의 경우 이러한 여러 가지가 요인들이 혼합된 경우로서 계획과 집행의 차이가 발생한다.

환류에서 어떤 경우 의도하지 않은 결과가 성공을 알리는 메시지(message)보다 중요한 때도 있다. 성공은 이미 알고 있는 것을 확정해 주지만 실패는 학습을 유도한다. 이러한 목적에서 이미지의 구체화하는가를 위해 실패의 분석도 중요하다. 이미지의 변화는 문제정의, 프로그램작성, 집행에 전체적으로 새로운 과정을 촉발한다.

제 4 절 합리적 계획의 한계와 접근

합리적인 계획의 수립과 집행을 추구하는 과정중에 계획가들은 일정한 제약에 직면하게 된다. 이러한 합리적 계획의 한계에 대처하는 방법은 여러 가지가 있을 수 있으나, 여기서는 계획전략과 창조적 계획에 대해서 검토하기로 한다(Faludi, 1973: 105~126).

Ⅰ. 합리적 계획의 문제와 대처

1. 정보처리능력의 제약

합리적 계획의 주요 문제는 계획주체가 겪고 있는 정보처리능력(information handling capacity)의 제약에 대처하는 것이다. 왜 정보처리능력에 제약이 따르는가? 그 이유는 단순하게 인간의 기억(human memory)에 제약이 있기 때문이다. 더욱 중요한 것은 이 기억이 즉각적인 문제해결에 필요한 정보를 포함하고 있는 단기기억(short-term memory)으로 분화되어 있다는 점이다. 이 단기기억(短期記憶)은 기억(memory) 자체보다 더욱 그 용량이 제약되어 있다. 사람들이 즉각 파악하고 회상할 수 있는 음절이나 숫자의 수가 매우 제약되어 있다. 심리학자들은 단기기억용량이 7개항 이상을 초과하지 못한다는 것을 발견했다(Faludi, 1973: 105~106).

계획기관은 많은 항목(items)들은 동시에 다루어야 한다. 합리적 계획과정(rational planning process)에서는 추구하는 모든 목표에 대해 모든 대안적 프로그램을 평가해야 한다. 그리고 합리적 계획과정은 종합적이기 때문에 관련된 모든 정보를 종합적으로 검토해야 한다. 그러나 계획기관은 여러 개인들의 능력에 의존하고, 때문에 그들의 기억력의 풀(pool)에 의존하게 된다. 따라서 가장 성공적인 팀도 그들의 활동에서 요구되는 대량의 정보를 동시에 보유하는 데는 한계가 있다. 이러한 정보처리능력(情報處理能力)의 제약은 개인과 계획기관 모두가 당면하고 있는 중요 문제이다(Faludi, 1973: 106).

2. 제약의 대처방안

개인들은 이러한 제약에 대처하고 있는가? 단기기억(短期記憶)의 제약에도 불구하고 사람들은 7개항 이상을 기억하고 있다. 자동차 운전, 비행기 조정, 책 저술의 예와 같이 수많은 정보를 동시에 평가하고 있다. 그러나 대부분의 일상상황에서 사람들은 수많은 정보를 합리적으로 다루고 있다. 어떻게 그렇게 할 수 있는가를 안다면 계획기관들도 그들의 문제에 대처하는 방법에 대한 것을 알 수 있을 것이다(Faludi, 1973: 107).

사람들은 기억의 제약을 극복하기 위해 일정한 전략을 사용해야 한다. 이는 여기서 사용하는 계획전략이라는 말과 유사하다. 계획전략(planning strategies)

은 대량의 정보를 다룸에 있어 자신의 능력의 제약을 고려하여 주체가 합리적 결정을 취하도록 하는 접근방법이다(Faludi, 1973: 107).

계획전략(計劃戰略)은 보통 과거 경험의 도움을 받는다. 그러나 주체가 이전의 지식이 없는 전연 새로운 상황에서 어떻게 반응해야 하며, 문제해결에 적합치 못한 기술상을 어떻게 변경할 것인가 하는 상황이 있을 수 있다. 여기서 새로운 상황에 적절한 반응을 개발할 수 있는 창조적 노력이 요구된다(Faludi, 1973: 107).

Ⅱ. 계획전략

1. 정보에 패턴부과

정보에 패턴(pattern)을 부과하여 제약을 극복하는 것을 이해하기 위해서는 인간의 패턴인식능력의 작용을 파악해야 한다. 먼저 사람들은 단기기억에서는 7항목 이상을 기억할 수 없다는 점에서 시작하자. 알파벳은 26자이고, 모두가 기억한다. 많은 문자로 구성된 전체 문장이나 문단을 기억할 수도 있다. 어떻게 그렇게 되는가를 알게 된다면 인간기억이 복합성에 어떻게 대처하는가를 이해할 수 있다(Faludi, 1973: 108).

밀러(G. Miller)는 대부분의 사람들이 문자처럼 여러 개의 문자로 구성된 음절(音節)도 쉽게 기억할 수 있는 사실을 발견하고, 단기기억의 문제는 큰 문제가 되지 않는다고 결론을 내렸다. 즉 인간두뇌는 패턴인식이라는 재능 또는 개별 항목처럼 쉽게 재구성하는 능력을 갖고 있다. 기억력 검사에서 주체는 그들의 단기기억능력을 초과할 때는 항목들의 끈(stings)의 재능을 사용한다. 사람들은 문자군으로 구분하여 기억하면서 이들을 상호 연결시킨다. 환경으로부터 오는 정보에 패턴을 부여하는 인간두뇌의 이러한 능력의 중요성은 사람의 연설을 보면 알 수 있다(Faludi, 1973: 108).

환경으로부터의 정보에 패턴을 부과하는 방법은 일상화(日常化), 순차적 의사결정(順次的 意思決定) 그리고 혼합주사(混合走査)라는 세 가지 계획전략이 있다(Faludi, 1973: 109~113).

① **일상화**(routinization)   인간에겐 자동프로그램과 같은 것으로, 수신기(受信機)에서 효과기(效果機)사이에 단락(short circuit)이 있다. 인간이 환경에 어떻게 대처하는가를 이해하는 데는 이 단락이 중요하다. 자동프로그램은 단기

기억의 부담을 줄여 주는데, 특히 신속함이 필요할 때 더욱 그렇다. 초보운전의 경우, 차를 정지하기 위해서는 어느 다리를 어떻게 사용해야 하는가를 매번 결정해야 하기 때문에, 빠르기 반응하지 못한다. 오랜 연습을 통해 그의 반응이 그의 감각기능에서 오른쪽 발에 직접 연결되어 반응의 강도와 시기가 이 과정에서 몸에 배어 있을 때만 그는 차를 부드럽고 효과적으로 정지시킬 수 있다.

소방연습, 군대훈련, 시험공부전략 그리고 계획기법들은 시간은 적고 압력은 클 때 바른 행동을 바른 순서에 의해 할 수 있도록 해준다. 이러한 프로그램을 실습해 둠으로서 그들의 성과를 자동화하여 행동을 목적인 방향으로 조작할 수 있다. 모든 경우 이들 일상화된 프로그램은 언제 프로그램을 불러낼 것인가를 결정하는 규칙에 의해 나타내어지는데, 이 규칙은 의사결정자의 문제를 줄이기 위해 간명한 명령적 기술의 형태로 존재한다.

② **순차적 의사결정**(sequential decision making)　　단기기억력을 초과하는 정보처리를 하기 위한 하나의 방법으로 하나를 해결하고 다른 문제를 해결하는 방법으로 전체문제를 순차적으로 해결할 수 있도록 구분하는데, 각각은 의사결정자의 정보처리능력을 초과하지 아니하도록 한다. 이의 전제조건은 부호화하고 순서를 판단하는 법칙을 만들 수 있다는 데 있다. 이것 역시 정보에 전체적 패턴을 부과하는 것이다.

③ **혼합주사**(mixed scanning)　　패턴인식에 기반한 계획전략의 마지막은 혼합주사이다. 책을 저술할 때의 사례를 검토해 보자. 처음에 저서(著書)의 전체적인 구조하에 장별 구성을 검토하고, 개별 장의 변경에 따라 전체의 구조를 재검하게 된다. 이는 장(章)과 절간, 절(節)과 문단(文段)간 등에도 같은 접근을 하게 된다. 프로그램작성에서 광의의 시각과 협의의 시각을 수시로 빠르게 왔다갔다하여 만족할 만한 구상을 하게 된다.

에찌오니(A. Etzioni)는 혼합주사라는 말을 명명하면서 다음의 예를 제시하였다. 일단의 보병부대가 적성지역을 통과할 때, 해당지역의 종합적 탐색은 위험할 정도로 느리고, 특정지역에 한해 상세한 탐색을 하는 것은 다른 곳에서의 급습의 위험이 있다. 때문에 지역을 전체적으로 주사하여 문제의 일반적 패턴을 부과하고 특정지역에 대한 상세한 탐색과 함께 나아가는 것이다. 이런 방법으로 생존가능성이 증대되는 것이다.

2. 합리적 계획의 통제된 보류

의사결정자들이 그들의 제약에 대처하는 두 번째의 접근방법은 합리성 주장을 단순하게 보류하는 것이다. 이는 다음의 세 가지 이유 때문이다. 첫째, 합리적 선택의 행사에 의해 문제를 해결할 수 없는데도 이를 지향하는 것은 초점이 없을 뿐 아니라 낭비적이다. 둘째, 계획될 수 있는 일에 계획자원을 집중함으로써 성공 가능성은 증대된다, 셋째, 통제된 방법으로 합리적 논쟁을 보류할지 여부를 결정하는 것도 합리적 결정자체를 나타낸다.

합리적 판단을 보류하는 정도에 따라 만족화(滿足化), 선험적 결정(先驗的決定) 그리고 무작위 결정(無作爲 決定)의 세 가지 전략으로 세분할 수 있다(Faludi, 1973: 113~116).

① **만족화**(satisficing) 만족화는 사이먼(H. Simon)이 일정수준의 만족을 달성하기 위한 노력을 지칭하기 위해 만들어 낸 말이다(Ackoff, 1970: 7). 합리성이 요구하는 최적화를 달성하기 곤란하기 때문에 일정한 목표수준(보통 최소수준)을 정하여 이의 달성에 만족하고 추가적인 요구는 자제한다. 여기서 만족을 나타내는 달성수준은 의사결정자가 결정한다.

② **선험적 결정**(a-priori decision-making) 합리적 선택을 하는 것이, 의사결정자의 능력 밖이고, 다른 전략에 의해서도 해결되지 않은 핵심적인 선택이 남아 있지만, 하나의 대안을 꼭 선택해야만 하는 상황을 가정하자. 이 경우 선택의 명료한 기준은 없지만 자신의 선호(preference), 즉 선험(先驗)에 따라 선택하는 것이 결정하지 않는 것보다는 합리적이다.

③ **무작위 결정**(random decision-making) 개인적인 선호(選好)도 존재하지 않은 경우는 무작위 결정이 합리적이다. 예로 식량의 존재에 대한 어떠한 단서도 없는 환경에서 방황하는 생명체가 할 수 있는 유일한 최선책은 무작위적 이동이다.

3. 창조적 계획

지금까지 논의한 계획전략은 주로 사전에 획득한 지식에 의존한 것이었다. 조직(組織)에서 축적된 경험(accumulated knowledge)은 노동의 분화(division of labour)를 가져온다. 이는 좁은 기술상(technology-image)에 바탕을 두고 철저히 제한된 수렴적 사고(convergent thinking)에 의존하는 프로그램작성의 경우에 나타난다. 그러한 프로그램이 형성되지 못한 곳에서는 사고의 경직성을 이완하는 문제에 직면하게 된다.

개인적 사고(individual thinking)에서도 이와 유사하다. 자신의 사고의 경직성을 이완할 능력을 갖고, 표준적인 범위 밖에서 해결책을 모색하는 사람을 창조적(creative)이라고 한다(Faludi, 1973: 116~117).

창조적 계획(創造的 計劃)과 창조적 사고(創造的 思考)를 하는 개인간에는 유사성이 있는데, 여기에는 두 종류의 상이한 사고가 관련된다. 하나는 비교적 잘 정리된 구조 내에서 이루어지고 합리적 사고의 견해에 따르지만, 이러한 구조 밖의 상황에는 대처할 수 없는 경우를 생각할 수 있다. 다른 유형은 정리는 덜되었지만 놀랄 만한 해결책으로 이끌고 최종적으로는 전연 새로운 기술상(technology-image)의 선택으로 유도한다. 여기서 전자를 수렴적 사고(收斂的 思考)라 하고, 후자를 발산적 사고(發散的 思考)라고 한다. 이 양자를 결합할 때, 변화하는 환경에 창조적(創造的)으로 반응(反應)할 수 있다. 여기서 수렴적 사고(convergent thinking)는 하나의 문제에 하나의 정답을 발견하기 위한 목적을 갖고 있으며, 과학이나 수학에서 요구되는 논리적 사고를 요구한다. 발산적 사고(divergent thinking)는 문제에 대해 수많은 가능한 답을 만들어 낼 목적을 가지고 있는데, 이러한 답들은 어느 것도 다른 것보다 정확할 필요는 없다. 이 사고는 논리적 정확성보다는 다양성과 풍족함의 특징이 있다(Faludi, 1973: 117~118).

사람들은 자기의 현행기술상과 일반기술상간에 서로 침투할 수 있게 하여 그의 사고가 경계를 넘어설 수 있어서 수렴적 사고의 경직성을 완화할 수 있는 기능을 갖고 있다. 계획기관도 현행기술상만을 옹위하고 사회 전체가 보유하고 있는 일반기술상을 포함하지 못하고 있기에 경직성이 따른다. 따라서 계획기관의 창조성은 계획기관의 제도적 경계 밖에서 오는 정보에 개방되도록 하는 것이 절실히 요구된다. 즉 창조적 계획(創造的 計劃)은 집중적 사고와 분산적 사고간의 교차(oscillation)에 의해 만들어질 수 있다(Faludi, 1973: 118~119).

이러한 관점에서 계획기관이 복합적 문제(complex problems)의 창조적 해결책(creative solutions)을 모색하기 위해서는 환경에 대한 새로운 정보에 개방적 사고(open-minded)를 가져야 한다. 이러한 의미에서 주민참여를 통해 자신들이 갖지 못한 일반적 기술상(general technology-image)에 접근함으로써 창조적 계획의 가능성을 높일 수 있다(Faludi, 1973: 122).

참고문헌

이용필, (1999), 「사회과학연구와 새로운 패러다임」(서울: 서울대출판부).

밀러, 캐서린(안주아 · 신명희 · 이희복 역), (2006), 「조직커뮤니케이션」(서울: 커뮤니케이션북스).

Allmendinger, P., (2002), ***Planning Theory***(Hampshire: Palgrave).

Amey, L., (1986), ***Corporate Planning: A Systems View***(N. Y.: Praeger).

Anderson, V. and Johnson, L., (1997), ***Systems Thinking Basics***(Willoston, VT, USA: Perasus Comm. Inc.).

Faludi, A., (1973), ***Planning Theory***(Oxford: Pergamon).

Hughes, J. and Mann, L., (1969), "Systems and planning theory", ***Journal of the American Institute of Planners***, 35; 5(1969): 330~333.

Laszlo, E. and Laszlo, A., (1997), "The contribution of the systems sciences to the humanities", ***System Research and Behaviour Science***, 14; 1(1997): 5~19.

Morcöl, G., (2005), "A new systems thinking: Implications of the science of complexity for public policy and administration", ***Public Administration Quarterly***, (Fall, 2005): 297~320.

Ozbekhan, H., (1969), "Toward a General Theory of Planning", Jantsch, E., (ed.), ***Perspectives of Planning***(Paris: OECD), 47~155.

Peterson, G., (1997), "Minds and bodies: Human and divine", ***Zygon***, 32; 2(1997): 189~206.

Waldman, J., (2007), "Thinking systems need systems thinking", ***Systems Research***, 24(2007): 271~284.

제 3 편 계획과정론

제 9 장 계획문제와 목표설정

제 1 절 계획과정구분

Ⅰ. 의 의

1. 개 념

계획과정(計劃過程)에 대한 논의는 '어떻게 계획할 것인가?'에 대한 문제와 같다. 최근에 계획활동의 과정적 측면에 대한 관심증대와 함께 계획의 범위와 목적에 대한 많은 변화가 나타나고 있다(Lichfield, et al., 1975: 17). 이러한 계획의 철학과 접근방법에 대한 변화의 상당부문은 계획중점이 건축과 공학에서 경제·사회·정치적 고려사항으로 바뀌고 있는데서 찾을 수 있다. 즉 계획접근방법의 변화에 따라 사회·경제·정치적 속성의 문제가 계획정책의 분석과 토론에서 그 중요성이 증가되고 있고, 이에 따라 계획과정에 대한 관심도 높아지고 있다.

계획과정(planning process)이란 검토가 요구되는 문제, 대안적 해결책 그리고 이들 대안의 상대적 장점들의 속성에 대한 이해를 높이기 위한 의도를 가진 활동노선이라고 정의할 수 있다. 계획과정에 대해 학자들은 주로 대안들 가운데서 선택에 이르도록 하는 과업(tasks)과 활동들(activities)에 대해서는 관심을 가지고 있었지만, 이들 과업과 활동들이 어떻게 수행되어져야 하는가에 대해서는 관심이 적었다. 예를 들면 예측은 어떻게 하고, 평가는 어떻게 하는가에 대해서는 방향을 제시할 의도가 없었다(Lichfield, et al., 1975: 18). 따라서 계획과정에 대한 연구에서는 단순하게 각 단계의 활동들이 무엇으로 구성되어 어떻게 진행되는가 만을 검토하기보다는, 각 세부적 활동의 내용과 방법에 대한 검토가 요구된다.

계획과정의 분석은 계획모형과 계획가의 역할에 대한 여러 질문으로 유도된다(Alexander, 1992: 8). 즉 계획이 이루어지는 상황의 어떤 특징이 계획의 결과에 영향을 미치는가, 계획실무자가 계획의 모형·맥락·역할에 대한 이해를 높이기 위해 계획과정을 어떻게 적용할 것인가 하는 것 등이다.

2. 특　　성

계획과정은 다음의 특성(特性)을 가지고 있다(안해균, 1998: 132~133).

① **합리적 과정**　　계획과정은 계획이 합리적(合理的)으로 선택되고, 실현되고, 평가되는 일련의 활동으로 구성되어 있다.

② **정치직 과정**　　각 단계별로 다양한 개인·집단 그리고 기관이 참여하여 직·간접적인 영향력을 행사함으로써 자신들에게 유리한 방향으로 계획이 이루어지도록 유도한다. 따라서 계획과정은 갈등과 타협이 존재하는 정치적 과정(政治的 過程)이다.

③ **순환적 과정**　　계획은 상호관련된 활동군으로 구성되어 있고, 각각의 활동단계간에는 환류과정을 거쳐 상호 보완, 정련하는 순환적(循環的), 동태적(動態的) 과정(過程)이다. 계획과정은 명확한 시작도 없고 확실한 끝도 없는 계속적 과정(continuous process)이어야 하고, 새로운 문제가 발생하면 새로운 해결을 위한 과정이 요망된다((Lichfield, et al., 1975: 18; Cross, 1975: 5).

④ **복합적 과정**　　계획과정은 다수의 활동주체들이 복합적(複合的)으로 개입하는 동태적인 참여과정이다. 따라서 각 참여자들의 세력, 이해관계에 따라 계획의 방향과 내용이 변하는 경우도 있다. 그리고 계획과정에 상이한 여러 집단이 조직적으로 연대하여 참여하는 경우도 있다.

Ⅱ. 접근방법

1. 선형적 접근과 순환적 접근

계획에 대한 이해의 시각에 따라 계획과정에 대한 견해의 차이를 발견할 수 있다. 과거에는 계획을 '바람직한 미래의 최종상태'(desired future end state)를 상세히 기술하는데 중점을 둔 반면에, 새로운 입장에서는 '계획의 목표와 목표달성의 대안적 방안'에 초점을 두었다(Hall, 1992: 228~230).

과거의 계획에서는 단순한 직선적(直線的)인 계획과정(計劃過程)을 지향했다. 대표적인 사례는 게데스(P. Geddes)의 '조사(survey)－분석(analysis)－계획

(planning)'을 들 수 있다. 그의 3분류방식은 불명확한 점도 있지만, 계획은 조사가 필요하고 처방을 위한 진단이 요구된다는 점을 처음으로 지적한데 그 의미가 있다.

이에 비해 새로운 입장에서는 대안들의 가능한 결과를 추적하고, 행동노선을 선택하기 위해 목표에 비추어 평가하고, 계획가의 의도와 체계의 실제적인 상태간의 일탈을 제거하기 위한 모니터링의 반복을 강조하고 있다.

이러한 새로운 계획개념은 사이버네틱스(cybernetics)에서 유래했다. 이의 중심개념은 사회현상은 복합적 상호작용체계로서 모든 구성부문의 행태도 체계의 측면에서 관찰·기술해야 되고, 적절한 통제장치를 통해 체계의 행태를 특정방향으로 유도할 수 있음으로써 통제자의 특정한 목적을 달성할 수 있다고 본다는 점이다. 이러한 배경하에 발달한 체계적·순환적 계획접근(體系的·循環的 計劃接近)은 맥러글린(B. McLoughlin), 체드윅(G. Chadwick), 윌슨(A. Wilson) 등에 의해 발달되었다(정환용, 1999: 159~160).

2. 합리적 종합적 접근과 부분점증접근

계획을 어떻게 합리적으로 수행할 것인가 하는 합리적 계획과정(合理的 計劃過程)은 합리적 종합적 접근, 부분점증접근 그리고 혼합주사의 3가지로 구분할 수 있다(Bracken, 1981: 16~21).

합리적 종합적(合理的 綜合的) 접근방법은 상황의 종합적 분석과 최적의 대안선택이 가능하다고 보는 당위적이고 이상적인 방법이다. 여기서는 계획과정은 기본적으로 목표설정, 대안작성, 평가, 집행, 모니터링의 단계들로 구성되어 있다고 본다(Hobbs and Doling, 1981: 101~103; Hudson, 1979: 388). 이 모형의 특징은 순환적 계획과정(循環的 計劃過程)으로 이해하는 점과 어느 단계든 앞단계를 재평가한다는 점에서 체계분석(體系分析)과 유사하다(Hobbs and Doling, 1981: 102~103).

부분점증적(部分漸增的) 접근방법은 인간의 지적능력의 한계와 의사결정의 기술적인 제약을 감안한 현실적이며 보수적인 접근방법이다. 모든 대안을 고려하기보다 한정된 대안을 추출하여 평가하고, 최적의 대안을 기대하지 않을 뿐 아니라 선정된 결정사항에 대해 계속적인 평가와 조정을 추구하고 있다(Hobbs and Doling, 1981: 133).

완전한 합리성과 실용적인 점증주의 사이의 현실적인 입장에서 제시된 접근방법이 혼합주사(混合走査)모형이다. 이 접근은 가치분석을 통한 기본방향을 설정하는 높은 수준의 정책결정과정과 낮은 수준 또는 기술적 과정으로 실태를 파악하고 문제를 정의하여, 기본적 결정의 실제적 결과를 예측·평가하는 과정으로 구분하였다.

[그림 9-1]은 계획과정에 대해 합리적 접근과 순환적 시각에서 종합하여 예시한 내용이다(Chapin and Kaiser, 1979: 72~76). 작업적인 합리적 계획과정은 문제정의에서 목표설정, 대안작성, 평가선택에 이어 집행에 이르는 일련의 활동들

▌그림 9-1 합리적·순환적 계획과정▐

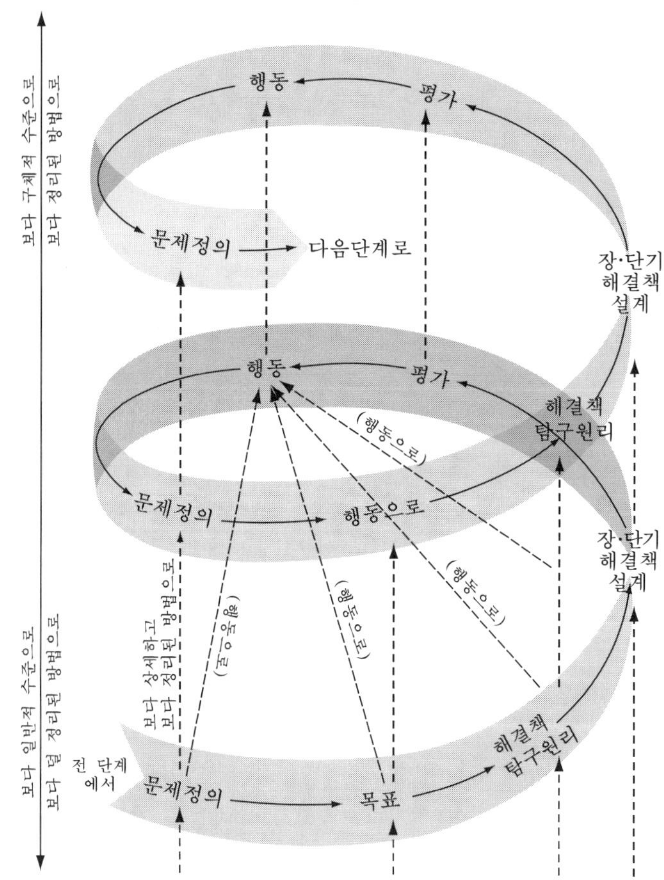

자료: Chapin and Kaiser, 1979: 75.

을 단계별로 제시하고 있다. 순환적인 정련화(精練化)과정을 통해 일반적인 수준에서 구체적인 모습으로 그리고 조잡한 방법론에서 보다 정리된 체계적인 접근에 이르는 일련의 활동체계를 통합하여 제시하고 있다.

Ⅲ. 과정구분

1. 구분사례

정책학분야에서는 정책과정에 대해 라스웰(H. Lasswell)이 지성(intelligence), 제창(promotion), 처방(prescription), 간청(invocation), 적용(application), 종결(termination) 그리고 평가(appraisal)의 7단계를 최초로 제시하였다. 그 후에 여러 학자들에 의해 수정된 다양한 단계유형이 제시되었으나, 의제설정(agenda setting), 정책작성(policy formulation), 의사결정(decision making), 집행(implementation) 그리고 평가(evaluation)을 구분한 것이 정책과정에 대한 전통적인 방법이 되고 있다(Jann, and Wegrich, 2007: 43). 정책작성단계는 아직도 발전하고 있다. 먼저 문제를 정의하고 아젠다를 설정하며, 다음으로 정책이 개발·채택·집행되며, 마지막으로 이들 정책은 종료되건 재개시되든 간에 효율성과 효과성의 관점에서 평가된다(Jann, and Wegrich, 2007: 44).

계획활동에 대해서도 학자에 따라 다양한 모델이 제시되고 있으나, 적정한 행동과정과 단계에 합의는 없는 상태이다(Lichfield, et al., 1975: 19). 살리(R. Sarley)는 1960년대의 문헌을 중심으로 33개 모델을 검토하여, 계획과정을 문제인식, 자료수집, 기술, 목표결정, 설계, 평가, 의사결정, 집행 그리고 재검토의 9개 단계로 요약하여 제시했다(Sarley, 1972: 11).

2. 본서의 구분

모두가 수긍할 수 있는 표준적인 계획단계구분은 발견하기 어렵지만, 본서에서는 목표설정, 조사분석, 대안작성·선택 그리고 계획집행·관리의 4단계로 대별하고, 각 단계별로 세부단계를 구분하여 고찰하기로 한다. 각 단계는 내부의 세부단계 간에 환류를 거치고, 단계간의 환류도 수행하는 순환적 접근을 거쳐 계획이 수립·집행되는 것이 바람직하다([그림 9-2] 참조).

계획문제(計劃問題)와 목표설정단계(目標設定段階)에서는 기존의 자료를 바탕으로 개괄적인 목표를 설정하고, 이 개괄목표(概括目標)에 의해 계획대상환경의 문제를 확인한다. 문제확인(問題確認)은 또한 계획조사분석과정과의 반복적인 환류를 통해 문제의 내용을 구체화하고 이를 구체목표(具體目標)설정과 연결시킨다. 이렇게 설정된 목표도 대안작성·선택, 계획집행평가의 과정을 거쳐 다시 정련하는 일련의 환류과정을 거쳐서 확정되게 된다.

계획조사(計劃調査)와 미래예측단계(未來豫測段階)는 계획대상체계의 현상을 파악하기 위한 계획조사(計劃調査), 이러한 계획대상환경의 미래의 모습을 예측하는 미래예측(未來豫測) 그리고 계획대상의 현재와 미래를 나타내는 자료를 정리하고, 해석·관리하는 자료분석(資料分析)의 단계로 구성한다. 이러한 계획조사·분석활동은 계획의 전 과정과 밀접한 관계를 맺고 있다.

대안작성(代案作成) 및 대안선택단계(代案選擇段階)는 설정된 목표와 계획환경의 조사분석을 통해 목표달성을 위한 대안을 작성(作成)하고, 평가(評價)하여 선택(選擇)하는 세부과정으로 구성한다.

선택된 대안은 공식적인 절차를 거치면 계획으로 확정된다. 확정된 계획의 집행관리단계(執行管理段階)에서는 계획내용대로 집행(執行)하고, 집행에서의 일탈을 사전에 예방하는 계획관리(計劃管理) 그리고 집행에 의한 목표성취도와 영향정도를 파악하는 영향평가(影響評價)의 활동들로 구성한다.

▌그림 9-2 계획 과정도 ▌

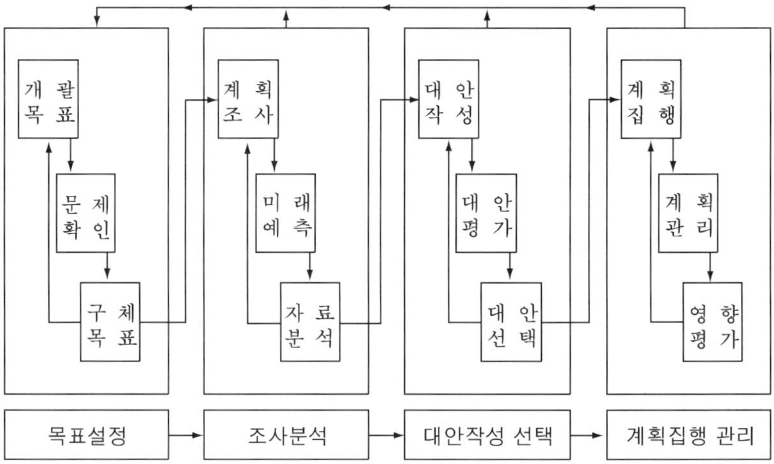

자료: Sarley, 1972, 11에서 재구성(정환용, 1999: 161).

제 2 절 계획문제

I. 의 의

1. 개 념

(1) 용 어

존스(C. Jones)는 문제와 관련된 용어(用語)로, 사건, 문제, 공적문제, 이슈 등을 구별하고 있다(김병진, 1989: 72~73).

사건(events)이란 문제를 옹위하고 있는 광의의 개념이다. 문제(problems)는 사건들 가운데서 해결이 필요한 것들을 말하고, 공적문제(public problems)란 문제가 당사자는 물론 제3자에게도 영향을 미치는 것으로 사적인 해결이 어려운 것을 말한다. 이슈(issues)는 공적문제 중에서 집단간의 지위나 자원분배와 관련된 인식된 갈등이다. 인식된 문제는 공적행동을 심각하게 고려하는 의제를 취하는데, 이를 의제설정(agenda-setting)이라 한다(Jann and Wegrich, 2007: 45). 여기서 의제(議題)는 관료나 이들과 관련된 사람들이 주어진 시간내에 심각하게 고려해야 하는 주제나 문제의 나열표이다.

(2) 정 의

문제의 정의는 문제가 무엇인가를 인지하고, 그 문제의 원인, 구성요소, 결과 등에 관하여 잠정적인 진단을 내리는 과정이라고 할 수 있다(유훈, 1992: 206; 정정길, 1998: 303).

계획문제(計劃問題)는 다양한 의미를 함축하고 있으나, 상황, 괴리, 기회로 요약하여 파악할 수 있다(Drey, 1990: 32~40).

상황(狀況)으로서의 문제는 행동에 앞서 어떤 사고와 준비가 필요하지만, 그러한 준비된 반응이 결여된 상태를 의미한다. 이와 같이 문제를 요구되는 준비된 반응을 갖추지 못한 대상에 대한 자극이라고 한다면, 그러한 자극상황을 정의함으로써 문제는 정의되어진다.

괴리(乖離)로서의 문제는 현재의 상태와 바람직한 상태 사이의 괴리를 문제라고 보는 입장과 괴리자체는 문제가 아니고 해결할 수 없는 괴리가 문제라고 보는 두개의 입장을 포함한다. 전자(前者)의 입장에서 문제를 목표달성의 장애요인

(障碍要因)이라고 규정할 수 있다(Chadwick, 1978: 124; Young, 1966: 76). 이는 계획주체가 추구하는 계획목표와 그가 인지하는 계획환경에 대한 이미지 사이의 긴장관계(緊張狀態)라고 풀어서 이해할 수 있다(Faludi, 1973: 82).

기회(機會)로서의 문제란 문제를 개선의 기회로 생각하는 입장이다. 이는 문제를 주어진 기회를 실현할 수 있는 여러 수단들 간의 선택의 상황으로 본다.

2. 중 요 성

계획은 의사결정과정처럼 현재의 상태에 대한 불만족(不滿足)으로부터 시작한다. 문제가 없다면 계획적인 행동의 필요성도 없다. 이는 계획은 인지된 문제와 변화에 대한 뚜렷한 욕구로부터 출발한다는 의미이다. 환언하면 무엇인가 바람직하지 못한 상태가 계획대상 내에 존재함을 인지함에서부터 계획은 출발한다. 문제의 확인은 계획과정의 첫 단계로서 중요성이 있으며, 문제정의의 목적은 해결의 요체를 파악하는데 있다.

문제의 진단은 행동의 준거가 되는 바람직한 상태에 대한 이미지(image)에 따라 결정된다. 대부분의 계획이 이루어지고 있는 제도적 상황에서 계획가들이 그들의 과업에 대한 설명을 들었을 때는 문제진단이 거의 이루어진 상태이다. 즉 계획가에 주어진 과업자체가 문제를 인지할 수 있는 대안적 방안의 범위를 한정시키는 역할을 하게 된다(Alexander, 1992: 75).

문제정의(問題定義)는 다음 세 가지 점에서 중요성(重要性)을 갖는다(정정길, 1998: 304). 첫째, 문제정의는 목표설정(目標設定)의 전제조건이다. 계획목표를 결정하기 위해서는 계획문제의 정확한 파악이 반드시 선행되어야 한다. 둘째, 문제정의는 문제해결책(問題解決策)을 내포하고 있다. 그러나 현실적으로는 문제의 실체를 정확히 파악하기도 전에 문제해결을 모색하는 경우가 많다. 이는 문제에 효과적으로 대처하지 못하게 하는 요인의 하나가 된다. 셋째, 문제정의는 갈등 또는 경쟁관계에 있는 목표와 수단의 우선순위(優先順位)를 판단할 수 있게 한다. 따라서 문제정의는 문제에 따라 발생될 수 있는 집단간의 갈등과 대립을 타협, 협정하는 근거가 될 수 있다.

3. 특 성

문제는 상호의존성(相互依存性), 주관성(主觀性), 인위성(人爲性) 그리고 동학성(動學性)의 특성을 가지고 있다(Dunn, 1994: 140~141; Bruton and

Nicholson, 1987: 52~54).

첫째, 상호의존성(interdependence)이란 한 영역의 문제는 다른 영역의 문제에 영향을 미치고 있음을 나타낸 것이다. 실제로 문제는 독립적 실체가 아니라 문제의 전체적인 체계 속의 일부를 이루고 있다. 때문에 문제의 체계는 분석적 접근 -문제를 구성요소나 부분으로 분해하는 방법- 으로는 해결하기 어렵거나 불가능하다. 어떤 경우는 하나의 문제를 푸는 것보다 관련된 여러 문제들을 동시에 다루는 것이 효과적일 경우가 있다. 상호의존적인 문제체계는 총체적 접근(holistic approach)으로 파악하는 것이 중요하다.

둘째, 수관성(subjectivity)이란 문제가 발생되는 외부적 여건은 주관적인 선택으로 정의, 분류, 설명 그리고 평가되는 것을 말한다. 문제는 객관적인 의미도 있지만 주관적인 성격이 강하다. 예로 대기오염은 대기 중 가스나 미세한 물질의 수준으로 객관적으로 정의할 수 있지만, 공해에 관한 같은 자료도 상이한 방법으로 해석할 수 있다. 문제는 실체가 아니고 불만족 또는 위협적인 현실의 표현으로서 심적구성 즉 상상력의 산물(figment of imagination)이다. 즉 문제는 인식밖에는 존재하지 않는 주관적인 구성이다(Vakki, 1994).

셋째, 인위성(artificiality)이란 인간이 어떤 문제상황을 바꾸고자 하는 열망이 있을 때만 가능하다는 의미이다. 문제는 주관적인 판단의 산물이고, 객관적인 사회여건의 법적 정의에 의해 수용된다. 때문에 문제는 사회적으로 구성, 유지, 변화된다. 문제는 그것을 정의하는 개인과 집단을 떠나서는 존재할 수 없고, 이는 본래부터 문제를 가지고 있는 사회는 없다는 의미이다.

마지막으로 동학성(dynamics)의 특성은 문제에 대한 여러 정의가 가능한 것과 마찬가지로 주어진 문제에 대한 해결책도 다양하다는 의미이다. 따라서 문제와 이의 해결책은 항상 유동적이다.

Ⅱ. 분 류

문제는 여러 기준(基準)에 의해 분류(分類)할 수 있다. 호그우드와 군(B. Hogwood and L. Gunn)은 문제의 맥락, 내부적 성격, 영향 그리고 소요경비의 관점에서 분류한다(유훈: 1992, 198~202).

문제의 맥락(脈絡)은 분석을 위한 시간적인 여유가 있는가, 정치적으로 얼마나 중요한 의의를 지니고 있는가, 의사결정당사자가 해당 문제에 대해 얼마나 고정된 견해를 갖고 있는가 그리고 분석대상문제가 도시문제 전체에서 어느 정도의 중심성(centrality)을 갖는가 등과 관련된 것이다. 문제의 내부적 성격(內部的 性格)은 문제의 검토에 있어 선택의 여지는 어느 정도인가, 문제의 성격이나 해결방안에 대해 어느 정도 합의가 있는가, 문제와 관련된 불확실성의 정도는 얼마나 되는가 그리고 주관적인 가치판단이 얼마나 많이 개입되고 있는가 하는 것이다. 문제의 영향(影響)은 결과의 규모, 대상집단의 규모, 영향의 심도, 파급효과 등과 관련된다. 소요경비(所要經費)는 행동과 분석에 소요되는 경비와 관련된 것이다.

여기서는 문제분류의 여러 기준 중에서 문제를 구조화정도(構造化程度)와 문제를 구성하는 변수특성(變數特性) 그리고 수단과 목표의 관계에 따라 각각 분류하여 고찰하기로 한다.

1. 구조화정도에 의한 분류

문제의 상대적 복합성(複合性)에 의해 결정되는 구조(structure)에 따라, 양호한 구조화 문제, 보통의 구조화 문제 그리고 잘못 구조화된 문제의 3개 범주로 구분할 수 있다(Dunn, 1994: 145~146).

양호한 구조화 문제(well-structured problems)는 하나 또는 수명의 의사결정자와 적은 수의 대안과 관련된 문제이다. 문제의 효용성(가치)은 의사결정자의 선호(preference)에 따라 명료하게 등급화된 목표(goal)에 대한 합의(consensus)를 나타낸다. 각 대안의 결과는 확실하게 알려졌거나, 수용가능한 오차(위험)범위 내에 있다. 이 문제의 전형(prototype)은 모든 대안의 모든 결과를 미리 전산입력할 수 있는 완전히 전산화 가능한 결정문제이다. 계획기관에서 하급수준의 운영문제(operational problems)는 대체로 잘 구조화된 문제인 경우가 많다.

보통의 구조화 문제(moderately structured problems)는 하나 또는 수명의 의사결정자가 상대적으로 제한된 수의 대안을 다루게 되는 문제이다. 효용(가치)은 잘 구조화된 문제처럼 분명하게 등급화 된 목표에 대한 합의를 반영한다. 그러나 대안들의 결과들은 확실하지 않을 뿐 아니라, 수용가능한 오차범위 내에서 계산할 수 있는 것도 아니다. 이의 표준모형은 죄수의 딜레마(prisoner's dilemma)의 예와 같은 정책시뮬레이션(policy simulation) 또는 게임(game)이다.

잘못 구조화된 문제(ill-structured problems)는 가치가 알려지지 않았거나 일관되게 등급화할 수 없는 많은 수의 의사결정자와 관련되는 것으로, 경쟁적인 목표간에 갈등이 나타난다. 대안들과 이의 결과는 알 수 없고 위험과 불확실의 추정

▎표 9-1 문제의 구조 ▎

요소 \ 구조	양 호	보 통	불 량
의사결정자	1인 또는 소수	1인 또는 소수	다 수
대 안	제 한	제 한	무 제 한
가 치	합 의	합 의	갈 등
결 과	확 실	불 확 실	모 름
가 능 성	계 산 가능	계 산 불 가	계 산 불 가

자료: Dunn, 1994: 146.

은 불가하다. 이러한 문제의 표준모형은 완전히 자동적인 결정문제로 어떤 하나의 대안도 다른 대안과 대비하여 선택할 수 없다([표 9-1] 참조).

2. 변수의 성격에 의한 분류

문제의 형성은 문제의 정의에 사용된 변수의 수와 이들 변수의 정확성에 따라 상이하다. 이에 따르면 문제는 단순(單純), 혼합(混合), 복합(複合) 그리고 상위문제(上位問題)의 4개 유형으로 구분할 수 있다(Cartwright, 1973: 182~184).

단순문제(simple problems)는 계산가능한 특정수의 변수들에 의해 정의되는, 완전하게 이해될 수 있는 문제들이다. 혼합문제(compound problems)는 구성부문들의 전부가 아닌 일부만 알려진 문제로, 계산가능한 불특정 수의 변수에 의해 정의된다. 이 문제는 하나이상의 단순문제들로 구성되어 있음을 의미한다. 복합문제(complex problems)는 특정한 수의 변수로 정의되지만, 변수들은 계산할 수 없는 것들이다. 이 문제는 비투명성, 다목적성, 상황의 복합성 그리고 시간·지역적 효과의 특징을 가지고 있다(Fernandes and Simon, 1999: 225~226). 상위문제(meta problems)는 계산불가능한 불특정 수의 변수들에 의해 정의되는 것으로, 4가지 유형중 가장 정확도가 낮다. 이 문제는 문제가 존재하는 것은 인지하고, 일부 특정변수가 관련되는 것을 알고 있지만, 정확하게 어떤 특정변수가 관련되는지를 알지 못한다.

문제들을 구별하기 위해 빈곤문제(貧困問題)를 예로 생각해 보자(Cartwright, 1973: 184). 단순문제로서 빈곤은 연소득이 삼천불($3,000) 이하를 의미한다. 혼합문제는 빈곤은 연소득 삼천불($3,000) 이하이지만, 초등학교미만의 교육수준이고, 기준이하의 주거수준에서 거주하고 있음을 의미한다. 복합문제로서 빈곤은 생활에 필요한 기초적 수요도 충족시킬 수 없음을 의미한다. 상위문제로서 빈곤은 상대적인 사회적 박탈을 의미한다.

문제의 내용과 유형에 따라 그 해결방법도 각각 다르다(Cartwright, 1973: 184~185). 단순문제는 완전한 분석과 계획된 적정화를 통해 문제를 해결할 수 있으며, 혼합문제는 계산가능한 변수의 분석을 통해 문제의 일부를 이해하고 이 부분의 적정화를 위한 계획이 이루어지고, 복합문제는 전체적인 상황이 허용하고 필요한 범위내에서 문제의 모든 변수를 분석함으로써 문제를 해결한다. 상위문제는 문제의 일부분에서 일정한 개선을 추구하는 부문에 한해 일정 변수를 중심으로 분석하여 문제를 해결하여 한다([표 9-2] 참조).

표 9-2 변수성격에 따른 문제유형

정확성 / 변수수	계산 가능	계산 불가
특정	단순 문제	복합 문제
불특정	혼합 문제	상위 문제

자료: Cartwright, 1973: 183.

3. 목표와 수단의 관계에 의한 분류

계획가가 당면하는 문제의 여건을 목표와 수단의 두 가지 시각에서 범주화할 수 있다. [표 9-3]에서 종축은 수단(means)으로서, 무엇을 어떻게 할 것인가에 대한 지식(knowledge) 또는 기술(technology)을 의미한다. 횡축에 제시하고 있는 것은 목표(goal)이다. 이들 각각은 확실성/불확실성에 따라 이분된다. 수단(手段)은 알려진 것(known: 可知)과 알려지지 않은 것(unknown: 不可知)로 구분하는

표 9-3 목표-수단에 의한 문제유형과 공공대처

목표 / 수단	합의	비합의
가지	A: 가지수단, 합의 목표 프로그램밍	C: 가지수단, 비합의 목표 <u>교 섭</u>
불가지	B: 불가지수단, 합의 목표 <u>실 험</u>	D: 불가지수단, 비합의 목표 <u>혼 돈</u>

* 밑줄 친 내용은 공공대처

자료: Christensen, 1985: 64.

데, 이는 특정목표를 달성하는데 효과적인 것으로 증명되었는가 여부를 의미한다. 목표(目標)는 합의(agreed)와 비합의(not agreed)로 구분되는데, 이는 목표는 가치부과적이고 대문에 알거나 알지 못하는 것으로 증명될 수 있기 때문이다 (Christensen, 1985: 63).

이 두 개의 변수를 고려하여 계획을 특징지을 수 있는 4개의 문제상황으로 범주화할 수 있다(Christensen, 1985: 64~69).

① 가지수단과 합의목표 알려진 수단과 합의된 목표의 유형은 전통적 관료제에 필요한 조건이다. 목표와 수단 모두가 확실하다면 공공행동은 반복적인 프로그램에 설정할 수 있는 기준과 일상적 과정을 통해 규정될 수 있다. 합의된 목표와 효과적 기술의 여건은 영원히 의존할 수는 없다. 이론이 잘 구축되고 효과적인 것으로 증명되었어도, 사회적 여건과 가치의 변환은 계획적인 적용을 위협한다.

② 불가지수단과 합의목표 많은 공공문제가 속한 이 범주의 여건은 현실적 문제(합의된 목표)에 증명된 해결책(불가지 수단)이 없을 때의 공공개입과 관련된다. 공무원들은 시행할 수 있는 해결책을 점증적, 시행착오적으로 추구함으로써 실용적으로 수단의 불확실성을 다루는 것이 보통이다. 그러나 종종 공식적 연구를 통해 효과적인 수단을 체계적으로 모색한다. 어쨌거나, 대부분의 공공프로그램은 문제의 원인규명보다는 해결책 모색에 있다.

③ 가지수단과 비합의 목표 이는 효과적이며 증명된 방법이 있지만, 목표에 대한 불확실성이나 갈등이 존재하는 상황을 나타낸다. 이 여건은 교섭을 요구한다. 반대론자들과 소통하는 방법은 갈등의 수준과 인식에 영향을 준다. 때문에, 교섭은 동시에 여러 목표들을 달성하는 기술을 수용하여 잠재적 난관을 약하게 하거나 거래를 통해 다양한 이해관계를 보상할 수 있다.

④ 불가지수단과 비합의 목표 이는 다수 또는 조율되지 않은 목표들과 이를 달성하기 위한 알려진 효과적 수단이 없는 상황을 나타낸다. 이들 여건은 혼돈에 빠져 있기 때문에 수단과 목표 양자에 대한 불확실성으로 명료한 사례를 도출할 수 없다. 그럼에도 불구하고 이러한 상황은 일반적이다. 목표들은 모호하고 가변적이며, 사실들은 불분명하다. 이러한 목표와 수단의 불확실성상황에서 명료하고 공유된 목표의 초점을 두고 작동가능한 수단에 초점을 두는 지도자 없이는 상황은 방향 없이 표류하게 된다.

Ⅲ. 구성과 분석단계

1. 구성단계

문제구성(問題構成)은 문제탐구(問題探究), 문제정의(問題定義), 문제상술(問題詳述) 그리고 문제감지(問題感知)의 4개의 상호의존적인 단계로 이루어진다(Dunn, 1994: 148~150).

(1) 문제탐구

문제구성의 전제는 문제상황(problem situation)에 대한 인지이다. 문제상황(問題狀況)에서부터 계획가는 문제탐구(problem search)의 작업에 들어가게 된다. 이 단계에서의 목표는 단일문제를 발견하기보다는, 여러 이해관계자들을 대변하는 다양한 문제의 발견에 있다. 계획가는 계획과정전반에 걸쳐 동적이며 사회적으로 구성배분되는 경쟁적인 문제구성상황에 직면하게 된다.

실제로 계획가는 상위문제(metaproblem)에 직면하게 되는데, 상위문제란 다양한 이해관계인(stakeholders)이 가지고 있는 문제영역이 관리할 수 없을 정도로 방대하기 때문에 잘못 구성되게 되는 문제들의 문제(problem of problems)를 지칭한다.

(2) 문제정의

상위문제(上位問題)에서 실체문제(substantive problem)로 이동함에 있어, 계획가는 가장 기본적이고 일반적인 의미의 문제정의를 시도한다. 예를 들면 문제가 경제, 사회, 정치적 문제인가를 결정한다.

만일 실체문제(實體問題)가 경제적 문제라고 개념화되면, 계획가는 재화 및 서비스의 생산과 소비에 관련된 요소로서 다루게 된다. 이러한 개념구조의 선택은 특정한 현실에 대한 세계관, 이념, 신념의 선택과 유사하다.

(3) 문제상술

실체문제가 정의되고 나면 보다 상세하고 구체적인 공식문제(formal problem)가 구성된다. 실체문제에서 공식문제(公式問題)로 이동하는 과정은 문제상술(problem specification)로서 수행된다.

여기서 어려운 문제가 발생하게 되는데, 잘못 구성된 실체문제와 공식적으로 표명된 문제 간에는 미묘함이 따르기 때문이다. 문제구성의 가장 중요한 문제의 하나는 실체문제와 공식문제가 원래의 문제상황에 잘 부응할 수 있을 것이냐 하는 것이다.

(4) 문제감지

문제상황을 실체적인 모습으로 표현하기 위해 계획가들은 개념화작업을 시작하게 되며, 이를 바탕으로 보다 상세하고 구체적인 모습으로 공식화하게 되며, 이를 인지하게 된다.

문제구성은 문제자체의 동학성과 문제인식에 있어 불확실성(계획대상환경의 외생변수에 의한 작업환경의 불확실성, 문제인식주체의 불완전한 지식에 따른 선택의 불확실성 그리고 목표와 우선순위의 모호성과 관련된 정책의 불확실성)의 특성이 있다(Rietveld, 1980: 23). 때문에 계획문제를 난삽한 문제(wicked problems)로 간주하고 있다([그림 9-3] 참조).

그림 9-3 문제구성 국면

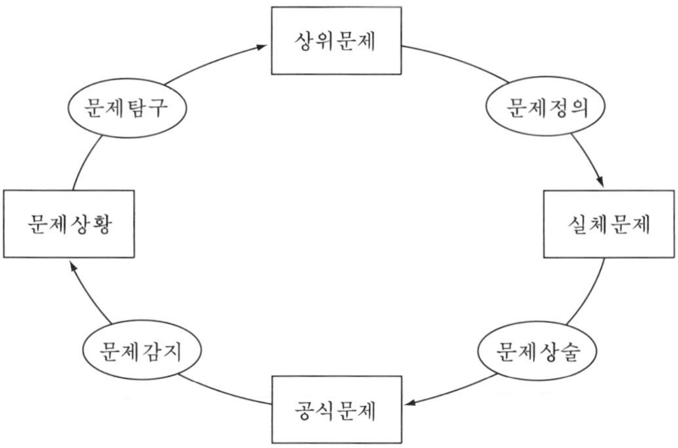

자료: Dunn, 1994: 149.

2. 분석단계

문제의 확인·분석은 계획작성의 가장 기반적인 작업으로, 그 중요성이 크다. 이 활동은 주요 영역의 정의, 문제와 욕구의 나열, 문제와 욕구에 관련된 여건의 확인 그리고 여건의 원인 확인의 단계로 구분할 수 있다.

문제의 파악은 문제의 원인, 결과 그리고 이들 간의 인과관계를 파악하는 것을 의미하고, 이를 위해서는 문제의 개괄적 파악, 문제의 심각성 파악, 문제발생의 원인파악 그리고 문제의 미래상황예측의 4가지 작업을 포함한다(정정길, 1990: 342~351). 문제의 개괄적 파악은 문제를 구성하고 있는 요소들의 개괄적 구조를 파악하는 작업을 의미한다. 문제의 심각성 파악은 문제의 규모, 범위, 강도를 중심으로 문제의 중요성과 심각성을 파악한다. 문제발생원인파악은 문제발생의 원인, 원인간 관계, 원인과 결과간의 인과구조를 파악하는 것을 말한다. 치유적 목표의 경우 문제해결이 그 내용이므로, 문제가 미래에 어떠한 모습이 될 것인가를 파악하는 것은 대단히 중요하다.

3. 문제구성과 주민욕구

주민의 욕구를 파악하고, 이를 바탕으로 계획하는 것은 계획과정의 필수적인 접근과정이다. 브레드쇼(J. Bradshaw)는 욕구를 규범(規範), 의식(意識), 표현(表現), 비교욕구(比較慾求)로 나누어 설명하고 있다(최일섭·이창호, 1993: 138~141).

규범욕구(normative need)는 전문가들에 의해 규정된 욕구이다. 이 욕구의 강점은 계량화가 쉽고 구체적인 변화의 표적을 제공하는 것이며, 약점은 그 기준이 사람마다 다를 수 있고 시간에 따라 변화할 수 있어 논란의 여지가 있다는 점이다. 의식욕구(felt need)는 개개인이 느끼는 욕구로 원함과 같다. 이는 주로 조사를 통해 확인하는 것인데, 개개인마다 욕구가 다르기 때문에 주민 전체의 욕구로 추정하는 데는 한계가 있다. 표현욕구(expressed need)는 수요에 의해 느껴진 욕구가 행동으로 표출된 것이다. 이 욕구는 주민들의 숨겨진 바램이 겉으로 드러난 것이라는 점에서 중요한 의미를 갖는다. 비교욕구(comparative need)는 각각 다른 집단에 존재하는 서비스의 수준상의 차이를 설명하기 위해 도입된 개념이다. 다시 말하면, 한 집단이 갖고 있는 서비스의 수준이 다른 비교집단이 이용하는 서비스의 수준보다 못할 경우 그 집단은 동 서비스가 필요하다고 보는 것이다. 그러나 집단의 특성을 무시하고 두 집단을 단순 비교하는 것은 제약이 따른다.

욕구조사(慾求調査)는 누구의, 무슨 욕구를, 어떻게 파악할 것인가 하는 문제로 요약할 수 있다(최일섭·이창호, 1993: 167~166). 누구의 욕구인가 하는 문제는 관심집단 또는 관심지역이 누구냐에 따라 그 범주의 수가 달라진다. 무슨 욕구인가를 파악하는 문제도 어려운 작업이다. 욕구의 내용은 관심영역에 따라 필요서비스의 내용에 따라 구분할 수 있고, 계층별로 구분할 수도 있다. 어떻게 측정할 것인가는 측정방법(測定方法)과 관련된 문제이다. 대상집단에게 욕구를 직접 물어보는 직접방법, 이차적 자료나 주민공청회 등을 이용하는 간접방법으로 나눌 수 있다. 욕구조사는 숨겨진 욕구를 측정하여 파악하는 것이기 때문에 타당도와 신뢰도가 높은 측정방안을 강구해야 한다. 조사된 자료를 체계적으로 정리하여 우선순위화하는 작업도 중요하다.

제 3 절 계획목표

Ⅰ. 의 의

1. 개 념

(1) 정 의

사전(Webster)에 의하면, 목표(goal)란 '노력이나 욕망이 지향하는 최종점(end)'이라고 정의하고 있다. 그리고 목표를 '도달(reaches)이 아니라 지향(trends)'이라고 말하고 있다. 이는 목표가 여행자들에게 위치가 아니라 방향을 제공한다는 뜻이다. 이러한 사전적 정의가 의미하는 것은, 목표는 의도한 이동의 방향 또는 추세를 기술한 것이지 일정한 입지를 의미하는 것은 아니다. 그리고 목표(goal)는 이상적이고, 추상적인 말로 표현해야 하며, 추구해야 할 가치이지 달성해야 할 목적물(object)은 아니다는 의미이다(Young, 1966: 78).

일반적으로 목표(goal)란 장래에 달성하고자 하는 바람직한 최종상태를 말한다. 즉 계획집행기간의 끝에 달성될 것으로 기대되는 최종상태(最終狀態)의 여건이나 상호관계를 의미한다. 따라서 계획목표는 계획에 의해 달성하고자 하는 바람직한 미래의 상태를 의미한다(Young, 1966: 78; Smith and Hester, 1982: 23).

(2) 중 요 성

목표설정(目標設定)은 문제와 욕구분석 다음에 따르는 과정으로 합리적 계획과정의 요충점(crux point)이다(Chadwick, 1978: 120). 목표가 주어진 것으로 여기는 공학적, 설계적인 문제해결과는 달리, 계획에서는 목표설정을 이의 달성을 위한 설계만큼 중요하게 여긴다(Young, 1966: 77). 이러한 의미에서 계획은 근본적으로 목표설정과정이고, 이 목표가 성취되도록 수단을 설계하는 과정이라고 정의할 수 있다(Young, 1966: 78; Chadwick, 1978: 127). 즉 계획은 수단을 목표와 연결시키는 지적과정이다. 때문에 계획은 목표지향적 활동이라고 할 수 있다. 목표의 중요성(重要性)은 다음과 같다(Smith and Hester, 1982: 2~3; 김신복, 1983: 125).

첫째, 계획작성의 방향을 제시하고 집행과정에서의 행동지침, 집행결과 및 성과를 평가하는 준거가 된다.

둘째, 목표설정은 계획문제를 명료화하고 창조적인 문제해결을 유도할 수 있다.

셋째, 목표에 근거한 계획은 주민의 지원과 긍정적 활동을 유도할 수 있다.

넷째, 목표설정은 지역사회의 계층별 욕구와 가치를 파악할 수 있다.

다섯째, 목표설정은 참여자에게 계획문제와 계획방향을 제시함으로서 장기적인 교육적 가치를 갖는다.

2. 요 건

목표가 정책의 개발, 집행, 평가의 제 과정에서 실효성 있는 지침 또는 준거로서의 기능을 다하기 위해서는 다음 몇 가지 요건(要件)을 구비해야 한다(김신복, 1982: 108~110; 이종열, 1988: 168~169).

① **비괴리성** 설정된 목표(stated goal)와 실제목표(real goal) 사이에 괴리가 있어서는 안된다. 공식적인 목표는 이상적이고 합리적인 목표를 표방하지만 실제 계획을 통해서 달성하려는 목표는 다른 경우가 있다. 표방된 목표와 실제 목표 간에 차이가 있어서는 안 된다.

② **적합성** 목표는 해결해야 할 문제나 지향하는 미래상황에 비추어 타당성이 있어야 한다. 이는 목표의 적합성(適合性)과 적절성(適切性)을 의미한다. 여기서 적합성(appropriateness)은 여러 요소 중에 가장 바람직한 요소를 목표로 선정했는가 하는 점이고, 적절성(adequacy)은 목표의 수준이 적정하게 설정되었는가를 의미한다.

③ **내적 일관성** 목표들 사이에는 내적 일관성(internal consistency)이 있어야 한다. 종적인 면에서 상·하위 목표 간에 목표-수단의 연쇄관계가 형성되어야 하며, 횡적으로도 목표들 간에 상충되지 않아야 한다.

④ **실제성** 목표는 구체적이고 실제적(practical)이어야 한다. 추상적이

고 모호한 목표를 구체적이고 작업적 형태로 변환시키는 작업이 계획이 당면한 중요한 과제의 하나이다. 목표가 지나치게 추성적이거나 애매모호하게 되면 대안의 탐색이나 계획의 집행, 평가에서 적절한 기준이 될 수 없으며 혼란을 야기할 수 있다.

⑤ **타당성** 목표는 인적, 물적 자원 등의 제약요인에 비추어 실현가능한(feasible) 것이어야 한다. 실현가능성이 없는 목표는 결국 실패로 끝날 뿐 아니라 자원의 낭비마저 초래하게 된다.

3. 구 조

(1) 종적 관계

(가) 구조와 특성

목표는 책임과 관심이 어떻게 구분되고 주어진 시간 내에 개인의 바램을 얼마나 넓게 또는 좁게 보느냐에 따라, 수단(means)과 목표(ends)의 역할을 동시에 하는 이중적인 성격을 갖고 있다(Young, 1966: 79). 이를 '목표-수단 연계'(end-means chain)관계라 한다. 이는 목표의 계층구조에서 각 목표는 보다 상위목표의 수단적 역할을 수행함과 동시에, 보다 하위목표에 대해서는 상위목표로서 기능을 하게 되는 관계를 나타내는 말이다. 즉 하위목표는 상위목표를 달성하기 위한 수단이 된다. 따라서 계획은 수단을 목표와 연결시키는 지적과정으로 목표는 포괄적이고 추상적인 목표를 구체화하는 과정에서 여러 계층의 하위목표들이 등장하고 따라서 목표 간에 종적 연계관계가 형성되게 된다.

목표체계의 위계구조(位階構造)에서, 상위목표(上位目標)일수록 추상적·일반적·가치함축적인 성격이 강하며, 하위목표(下位目標)일수록 구체적·특수적·실제적인 면이 강하다. 그리고 목표의 위계에 따라 하위목표에 접할수록 보다 구체적이고 명료한 시간적 범위가 주어지는 것이 보통이다(김신복, 1983: 127).

(나) 목표간의 관계

① **목표와 가치** 목표는 '이상화된 장래상태'(idealized future state)를 의미하는데, 이는 일정한 가치의 표현(expression of value)이다(Mayer, 1985: 114). 때문에 목표는 구체적으로 표현된 가치체계로 이해할 수 있다. 즉 목표는 의사결정자의 기본적인 규범과 가치로부터 도출됨을 나타내는 말이다(Alexander, 1992: 54). 이러한 의미에서 가치(value)는 목표보다 광범하고 추상적인 개념이다. 즉 목표(goal)는 가치에 비해 '보다 특정한 바람직한 상태'(more specific desirable state)를 지칭한다. 여기서 가치(value)는 높은 값어치(worth)와 바람직 함(desirability)을 가지고 있는 것으로 행동(action)을 일으키는(motivating) 것이다(Chadwick, 1978: 125).

② **목표와 목적** 목표(goal)는 이상(理想)이고, 추상적인 용어로 표현되어야 한다. 그리고 이는 추구해야 할 가치(value)이지 달성해야 할 대상은 아니다. 이러한 목표(goal)에서 목적(objectives)이 형성되는 것이다. 목적은 달성하고 측정할 수 있는 것이다. 목표는 목적에 비해 보다 광범하고 일반적인 언명이며, 목적은 최종상태의 여건 또는 목표 달성에 요구되는 일정기간의 변화의 율 또는 양을 의미한다(Young, 1966: 78; Chadwick, 1978: 126).

목표(goal)는 목적(objectives)과 비교하여 다음의 특징을 나타낸다(Mayer, 1985: 114).

① 이는 보다 광범하고 일반적 기술이다.

② 이는 행동할 의도를 반영한 부정동사 형태로 표현된다.

③ 광범하고 일반적인 기술이기 때문에 이의 달성은 측정할 수 없고, 진행상

▎그림 9-4 목표의 구조 ▎

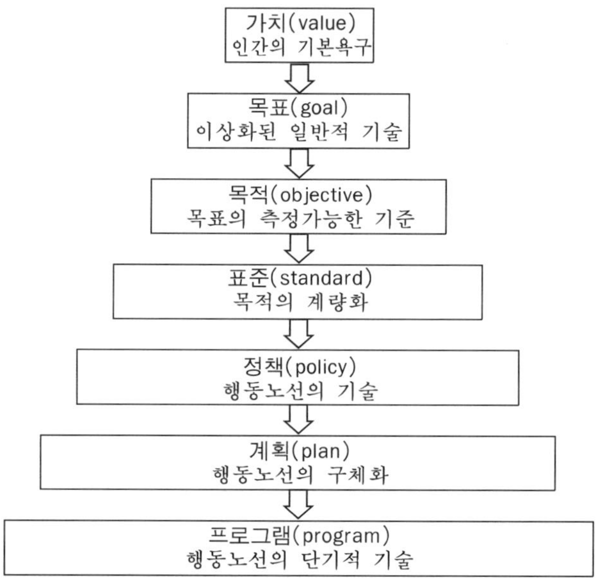

자료: Costells, 1974: 60.

황을 목적에서 도출한 특정한 목적에 의해 측정할 수 있다.

④ 장래에 대한 이상화된 기술이기 때문에, 주어진 계획범위 내에서는 실현할 수 없다.

⑤ 가치표현으로서 목표는 의사결정체계와 관련지워야만 의미가 있다. 목표는 주어진 가치의 선호를 반영하기 때문에 이의 선호가 표현된 사회집단 밖에서는 타당성이 없다.

이러한 관계를 통해서 볼 때 목표의 구성은 계층(階層)을 이루고 있으며, 가치(價値)가 최고의 위치에 있고, 여기서 목표(目標), 목적(目的) 그리고 기준(基準) 등이 상호연쇄적으로 도출되는 관계에 있음을 알 수 있다(Young, 1966: 78; Chadwick, 1978: 126).

(2) 횡적관계와 우선순위설정

목표간에는 횡적(橫的)으로도 경쟁적(競爭的)인 관계에 있는 경우가 많다. 이러한 상호모순, 대립상태에 있는 목표간의 관계에 우선순위(優先順位)를 부여하여 목표간의 관계를 조정하고 중점적으로 추진할 목표의 우선순위를 결정하는 것이 목표설정에서 중요한 의미를 갖게 된다. 상호대립적인 목표들 간의 우선순위를 부여하기 위해서 고려할 수 있는 기준은 본질적 기준, 수요, 필요성, 편익 등을 생각할 수 있다(유훈, 1992: 220~221).

본질적 기준(本質的 基準)은 잠재적 기회가 성숙된 것, 해결이 가능한 문제에 우선순위를 부여하는 방법이다. 목표로서 기회가 성숙하지 못한 것이나 달성불가능 한 목표는 제외시키고 나머지 목표 중에서 우선순위를 부여하는 방법이다. 사용자나 고객의 수요(需要)가 높은 사업이나 계획에 우선순위를 부여한다. 필요성(必要性)은 문제의 보편화정도, 문제의 영향, 영향집단의 규모와 대상, 정치적 관심도와 관련된 것이다. 그리고 편익(便益)은 비용-편익 분석에 의한 사회적 편익이나 경제적 편익이 얼마인가 하는 것이다. 실현가능한 목표 중에서 능율성과 공평성을 고려하여 우선순위를 정하는 것이 요구된다.

4. 목표와 비전

계획과 관련하여 비전설정(visioning)이라는 말은 1990년대 중반에 등장한 개념이다. 비전(vision)은 이전에도 많이 사용했지만, 1980년대까지는 주로 개인이 갖는 특별한 통찰력과 창조성과 관련된 것들이었다(Shipley and Michela,

2006: 224). 많은 계획활동은 비전설정에서 시작하거나 또는 일정단계에서 비전을 표현한다. 때문에 계획에서는 비전의 기술이 요구된다.

비전과 비전설정에 대한 합의된 정의가 없다. 그러나 일반적으로 계획에서 비전의 기술은 바람직한 또는 이상화된 장래상태의 기술, 또는 그러한 목표에 대한 이미지나 그림이다. 그리고 비전설정(visioning)은 합의된 비전(vision)에 도달하는 과정이다(Shipley and Michela, 2006: 224; Strange and Mumford, 2005: 122).

불확실한 장래를 예측하는 최선의 방법은 그것을 창조하기 위해 창의성과 반응성을 갖는 것이라는 생각을 바탕으로 비전계획(vision planning)을 하게 된다. 비전설정은 장래시제를 생각하는 것이고, 급격하고 심대한 변화의 시기를 경험된 현재로 추론하기보다는 상상된 장래로 추적하여 이해하는 것이다. 비전계획은 관료적 일상적인 것이 아니라, 직관적 위험수용, 즉흥성 그리고 창의적인 모습이다(Gaffikin and Sterrett, 2006: 162).

비전설정은 주민들의 가장 깊은 곳에 있는 열망과 가치에 반향(resonate)하여야 계획집행에 유리하다. 그러나 오늘날처럼 다원화된 사회에서는 비전설정에 대한 합의에 이르는 것이 쉬운 일이 아니다. 설령 합의가 이루어진다 해도 가장 낮은 공통분모를 기반으로 하게 될 우려가 있다(Gaffikin and Sterrett, 2006: 163~164).

비전설정은 참여적인 지역사회기반의 활동을 통해 수행되지만, 정치 또는 지역사회 지도자들과 같은 선택된 집단의 개입으로 이루어지기도 한다(Shipley and Michela, 2006: 224). 영국의 「지방정부법」(Local Government Act, 2000)에서, 지방기관들은 핵심적인 이해당사들과의 파트너쉽에 의해 만들어진 장기적인 공동비전에 의한 지역사회전략을 수립하는 의무를 부과했다. 이러한 비전적 접근(visionary approach)은 지속가능한 지역사회를 만들기 위한 전략일 뿐 아니라, 보다 통합적인 참여적 업무를 강조하는 시각과 조화를 이룬다(Gaffikin and Sterrett, 2006: 160).

Ⅱ. 설정과정

1. 설정여건

(1) 설정환경

목표설정활동은 목표설정과 계획환경과의 동적인 상호작용에 초점을 둔 일반체계모형(general systems theory)에 의해 설명할 수 있다(Smith and Hester, 1982: 25).

목표설정을 위한 주요 투입요소(投入要素)는 목표설정에 관여하는 주민, 정치지도자, 공무원, 관계전문가, 외부 컨설턴트 등의 집단적 지식, 능력, 경험 등이다. 목표설정활동이 작동하는 체계기능(system function)은 자원, 욕구, 커뮤니케이션 그리고 조직운영을 포함한다. 이러한 기능적 활동의 외부 산출물(産出物)은 명료하게 조정된 목표들이 된다.

목표설정에 영향을 주는 외부요소(外部要素)는 체계환경으로서 계획대상환경(計劃對象環境)이다. 여기서 문제가 되는 것은 설정된 목표 또는 산출물(産出物)이 어떻게 다음 단계의 체계기능과 체계환경에 의해 조정되느냐 하는 점이다.

(2) 설정상 문제

목표설정과 관련하여 계획가는 4가지의 방법론적 문제(方法論的 問題)에 직면하고 있다(Robinson, 1972: 34).

① 전체적 목표들에서 특정한 기능적 목표들과 관련된 과정의 확립

② 의미 있는 목표선택과 관련하여 주민과 상의하는 과정의 개발

③ 주민이 목표선택시 유용하게 사용할 수 있는 수단의 도출

④ 광범한 목표를 특정한 목적과 운영기준으로 전환

2. 설정단계 및 방법

(1) 설정단계

목표설정활동이 이루어지는 체계기능으로서 목표설정은 목표확인(目標確認), 명료화(明瞭化), 순위화(順位化)의 3단계로 구분 진행된다(Smith and Hester, 1982: 25).

첫 번째 단계인 목표확인(goal identification)은 개인과 지역사회의 가치와

잠재력을 면밀히 검토하는 단계이다. 이 과업에서는 생활에서의 선입견(先入見)과 침잠(沈潛)된 기본적 욕구(基本的 慾求)를 도출하는 것은 대단히 어렵지만, 성공적인 목표설정은 이러한 작업에서 출발한다. 주민과 기관들이 갖고 있는 꿈과 긍정적 반응으로부터, 이들이 계획에 거는 기대의 실마리를 찾을 수 있다.

목표의 명료화(goal clarification)는 첫 단계에서 감각과 감정으로 확인한 목표를 보다 완전하게 이해하고 기술하고자 하는 것이다. 목표는 그 지각여부에 따라 ① 명료한 설정으로 관찰자에게 알려진 목표, ② 관련 개인과 집단과 이들과 접촉한 관찰자에게는 명료하지만 전체적으로는 표현되지 않고 감춰진 목표, ③ 소유하고 있는 개인과 집단의 잠재의식 속의 목표의 세 가지로 구분할 수 있다(Smith and Hester, 1982: 25). 이러한 측면에서 보면 목표의 명료화는 목표를 구체적으로 표면화시키는 노력이라고 할 수 있다.

목표의 우선순위화(goal prioitization)는 일정 기준에 의해 목표를 조정하고 질서를 부여하는 과정이다. 우선순위설정작업은 목표의 명료화작업으로 표현되지 않은 잠재적인 목표를 명료화함으로써 과업의 어려움의 일부를 완화할 수 있다. 우선순위설정에 있어 최종순위는 기술적 타당성과 목표달성비용이 반영되는 경우가 가끔 있다.

(2) 설정방법

(가) 전문가중심설정

고객은 문제를 인지하고 이의 해결을 위해 계획가를 고용하면서도, 문제에 대한 인지도는 매우 제한된 범위에서 이루어지고 있다. 그들은 주로 현재의 불편에 초점을 주로 두고 미래의 변화에 대해서는 관심을 적게 갖는다. 따라서 고객들은 계획가에게 분명하게 목표를 제시하지 않게 되고, 때문에 계획가가 목표결정에 상당부분에 걸쳐 주도적인 역할을 수행하게 된다(Chadwick, 1978: 120).

영(R. Young)은 전문가의 활동을 중시하면서 다음 5단계를 제시했다(Young, 1966: 82~84).

① 관심범위의 확립 관심의 범위(perimeter of concern)는 행위자의 책임영역의 범위와 이러한 책임의 수행에 따른 영향의 범위를 의미한다. 예를 들어 정부의 활동이 주민들의 생활에 대한 제2차적 효과를 갖고 있다면, 그러한 효과는 무엇인가에 대한 인식에서부터 목표설정은 출발해야 한다.

② 선택범위의 확립 관심범위내의 가능한 목표들 중에서 선택이 이루

어진다. 논리적으로는 무한한 선택의 수가 고려될 수 있지만, 상식적으로는 바람직한 정도를 나타내고 결실의 가능성을 보이는 주요 선택에 한해서만 확인하는 것이 필요하다.

③ **목표간 관계의 검토** 목표간 관계에 대한 개요적인 검토를 통해서도 다양한 관계의 존재를 확인할 수 있다. 즉 어떤 목표는 다른 목표의 수단관계이고, 어떤 것들은 상호배타적이고, 어떤 것들은 서로 제약적인 관계가 되기도 한다. 가장 바람직한 목표들을 설정하기 위해서는 이러한 관계들이 결정되어야 한다. 이들 단계가 순차적으로 이루어지지만 이들 관계에 비추어 측정가능한 목표로 수정하고 전환하는 작업이 지속적으로 진행되어야 한다.

④ **목표(들)의 상대적 평가** 목표의 일정한 평가가 최종결정 전에 필요하다. 이 단계는 일부는 앞 단계와 동시에 진행되지만, 이 단계를 진행하는 것은 보다 많은 고려를 통해 보다 많은 목표들을 제거하면 과업이 보다 쉬워진다. 목표들에 상대적인 가치를 부여하기 위해서는 현재상황에 대한 분석이 필요하고, 설문조사(attitude survey)가 중요하다. 잠재적인 목표들이 확인되면 개괄적인 위계를 설정할 수 있고, 목표들 간의 알려진 관계를 통해 선택을 할 수 있는 설문지를 만들 수 있다. 일반적으로 상위계층의 목표는 하위계층의 목표보다 중요하기 때문에 상이한 계층의 목표를 평가하도록 하는 것은 무익하다.

⑤ **정책으로서 목표의 확립** 마지막으로 목표의 기술을 준비하고 목표를 채택하게 된다. 이 목표의 기술은 상대적 가치에 대한 지시 없이 단일의 목표 또는 목표의 나열이 되어서는 안되고, 주요한 추구사항이 무엇이고 하위목표들이 어느 정도까지 제약으로 작용하는 가를 나타내야 한다.

계획가가 주도하는 전문가중심목표설정에는 여러 문제점(問題點)이 제기된다(Chadwick, 1978: 121~125). 첫째, 계획가는 주로 중산층에 속하며 이념적 제약과 정치·사회·문화·심미적 색채를 갖고 있다. 때문에 전체적인 문제인식과 목표설정에 제약이 따르게 된다. 둘째, 계획가는 그들 고객들의 목표 간에 갈등이 존재할 때에는 어려움에 직면하게 된다. 만일 계획가를 공공기관에서 고용했다면 그 공공기관에서 제시한 목표에 한정할 것인가, 또는 보다 폭넓은 대중을 대상으로 목표를 확인하는 작업을 수행할 것인가 대수 집단과 소수집단간의 갈등은 어떻게 조정할 것인가 누구의 목표를 근간으로 계획을 작성할 것인가의 어려움이 따른다.

(나) 주민참여설정

계획가 주도적인 목표설정시 당면하게 되는 문제를 해결하기 위해서는 무엇보다 주민참여에 의한 목표설정이 중요하다(Robinson, 1972: 37). 이러한 관점에서 채드윅(G. Chadwick)은 다음의 8단계를 제시하고 있다(Chadwick, 1978: 127~128).

① **고객의 확인** 영(R. Young)의 관심의 범위(perimeter of concern)에 해당된다. 계획이 '누구를 위한 것인가'를 분명하게 하는 것이다. 계획이 개인, 집단, 단체, 또는 전체사회를 위한 것인가, 목표는 누구의 어떤 욕구(needs)를 충족시킬 것인가를 검토해야 한다.

② **고객들 간의 가치분포확인** 가치는 무엇인가? 얼마나 넓게 소유하고 있는가? 어떻게 측정할 것인가? 목표는 종합적인가? 목표들은 연속적인가 또는 분절적인가? 전이가능한가 또는 내부적인가? 무한한가 또는 유한한가?

③ **목표의 계층적 정리** 어떤 목표가 가장 중요한가? 어떤 목표가 다른 목표의 하위 목표인가? 어떤 목표 간에 갈등이 있는가? 갈등을 어떻게 해소할 것인가? 목표들은 교환가치가 있는가 또는 대안은 있는가? 목표들 간에 협상과 교환가능성은 있는가? 가치를 평가할 수 있으며, 가치의 가감과 교환이 가능한가? 욕구의 배열은 기본적으로 전문가의 의사결정에 의해 이루어지지만 주민들의 의식도 고려해야 한다.

④ **목표별 기준확립** 여기서 계획의 시간적 조망을 고려한다. 즉 어떤 것이 목표의 성취 가능성을 제약하는가에 대한 것이다.

⑤ **목표별 측정수단의 적용** 각 목표별로 측정수단을 대비하여 평가한다. 그리고 각 수단들은 수용 가능하고, 타당한가에 대해서도 검토한다.

⑥ **계획문제의 표현** 목표의 최종적인 형태로서 구체적으로 계획문제를 표현한다.

⑦ **수단의 설계** 이는 계획작성의 핵심적인 내용의 일부가 된다.

⑧ **수단의 평가** 수단들이 타당한가, 수용가능한가, 이의 결과는 무엇인가, 목표를 전부 달성할 수 있는가 또는 부분만 달성하는가 하는 점에 중점을 둔다.

Ⅲ. 참여적 설정기법

계획목표설정은 기본적으로 주민참여(住民參與)를 바탕으로 하는 것이 바람직하다. 따라서 목표설정기법도 참여의 기능에 따라 여러 가지로 구분할 수 있다. 여기서는 스미스와 헤스터(F. Smith and R. Hester)가 제시한 8개 범주의 기법을 중심으로 검토하기로 한다(Smith and Hester, 1982: 42~59)

1. 기술보완기법

(1) 특　징

성공적인 목표설정을 위해서는 특별한 기술이 요구되고, 이를 위해 전문적인 옹호자, 기술적 상담자, 조정능력을 가진 조정자들에 대한 의존도가 매우 높은 기법이 이 범주에 속한다.

이 기술보완기법(skill-supplemented techniques)을 일반주민들이 활용하는 것을 제한하지는 않지만, 상담이나 다른 보완서비스가 추가적으로 요구되는 것이 보통이다. 그러나 주민들이 전문가들로부터 보완을 받는 것은 시간과 비용 면에서 제한되는 경우가 많다.

(2) 주요 기법

① **옹호기법**　이 기법에서는 개인이나 집단이 자기들의 목표를 논쟁으로 방어하거나 개진한다. 옹호(advocacy)는 보통 공식적인 의사결정구조 밖에서 이루어지고, 이를 공식적인 목표설정에 반영되도록 압력을 행사한다. 목표설정시 과학적, 법적, 재정적 또는 기타 전문적 고려사항이 요구되는 경우에는 전문가의 조력이 매우 효과적이다.

② **조　정**　조정자(coordinator)는 목표설정활동의 설정자 또는 촉진자로서 모든 이익집단과 접근가능하다. 조정자는 주민을 대신하여 목표를 확인하고, 이를 주민들이 부인하지 않아야 한다. 때문에 조정자가 성공적으로 업무를 수행하기 위해서는 광범한 지지와 존경을 받아야 한다.

③ **기술조력**　이 기법도 주민들이 기술적인 측면에서 목표설정이나 목표에 보다 큰 영향을 줄 수 있도록 기술적인 지원(technical assistance)을 제공하는 것이다. 이러한 지원을 받지 못하면 보통의 주민들은 관련자료부족, 분석이해의 한계 때문에 목표설정참여가 제한된다.

④ **커뮤니티 센터**　커뮤니티 센터(community center)는 주민들이 지역사회 집단의 대표들과 함께 지역사회의 목표를 도출하기 위해 함께 모인 장소를 의미한다.

⑤ **다원적 목표설정** 이 기법은 확인된 이익집단들이 독자적인 목표를 개발하기 위해 자원을 제공하고 기술을 지원한다. 다원적 목표설정(plural goal setting)은 이해당사자들이 자기들의 목표를 제출하기 이전에 예상되는 장애요인이나 제약점을 확인하여 보완하려는데 목적이 있다.

(3) 적 용

기술보완기법들 중에서, 조정기법은 목표확인에 특히 유용하다. 옹호, 기술조력, 커뮤니티센터는 목표의 명료한 기술적 수단으로서 의미를 갖는다.

2. 조정행동기법

(1) 특 징

이들 공식화된 장치는 비교적 내용이 자유롭고 다양한 상황에 폭넓게 응용할 수 있다. 모두 쌍방향의 의사소통을 사용하고, 예외적으로 면대면 의사소통을 사용하기도 한다. 이 조정행동기법들(mediated action techniques)은 공평성을 달성하려 하고, 개인이나 집단의 높은 접근성을 강조한다.

(2) 주요 기법

① **중 재** 중재(arbitration)는 갈등조정(conflict mediation)이라고도 부르는 것으로, 독립적인 집단의 도움을 받아 목표에 대한 개인과 집단의 갈등을 생산적인 모습으로 바꾸는 기법이다. 이 기법의 장점이면서 단점은 참여자간의 타협이 이루어지지 않은 경우 조정자의 최종결정에 대한 의존도가 높다는 점이다.

② **갈등명료화** 이 기법은 제3집단에 의해 촉진된 커뮤니케이션을 통해 집단간의 갈등이나 목표명료화를 달성하기 위한 목적이다. 의사결정책임은 상호합의에 의해 갈등을 해소하기 위해 조정안을 제출하는 주민에 있다. 명료화는 진정한 문제를 표시하고 잘못된 문제를 포기하게 한다.

③ **방문센터** 방문센터(drop-in centers)는 주민들이 그들에게 관심있는 목표와 정책에 대한 정보를 얻기 위해 잠시 들려 정보를 보고 가져가는 장소이다. 센터의 직원은 주민의 질문에 반응하고, 주민의 견해를 경청하며, 기관의 다른 구성원에 전달한다.

④ **직통전화** 이 전화응답체계는 전화를 건 사람이 질문할 수 있고, 개인적 반응이나 기록된 메시지를 나중에 받을 수 있다. 직통전화(hot line)는 통화

내용을 기록하고 분석할 때 목표설정의 도구가 된다.

⑤ **옴부즈만** 옴부즈만(ombudsman)은 주민과 정부를 연결하는 역할을 하는 행정관료이다. 이들은 정부의 고용자이지만, 그 역할은 주민의 이익을 대표하고, 알리고, 촉진한다. 옴부즈만은 주민들의 불평과 불만족한 목표를 다룸에 있어 주민의 욕구에 민감해야 한다.

(3) 적 용

목표확인에 적합한 조정행동기법은 직통전화, 옴부즈만, 방문센터이다. 갈등명료화기법은 목표명료화기법으로서 중요한 의미를 갖는다. 사회적 갈등은 상호배타적인 목표로 정의할 수 있기 때문에 갈등의 기반에 대한 명료화는 목표명료화의 직접적인 수단이 된다. 그리고 조정행위기법 중에서 중재는 목표의 우선순위를 정하는데 가장 잘 적용할 수 있다.

3. 공개과정기법

(1) 특 징

이 공개과정기법(open process techniques)들은 시간, 공간 그리고 참여자 수에 있어 약간의 제약이 따르지만, 참여의 구조, 내용 등 전체적으로 신축적인 기법이다. 이 기법은 참여자의 이동성이 높고, 회합은 자립적인 행사가 되도록 설계된다.

(2) 주요 기법

① **어항목표설정** 이는 목표기술에 있어 모든 이익들에 대해 주민들이 지지나 반대를 표현하도록 해서, 주민들이 목표를 수용하거나 재수정하도록 영향을 미치도록 하는 기법이다. 어항(fishbowl)이란 여러 기법의 특징을 총칭하는 용어인데, 공통분모는 그들의 개방성(開放性)이다. 이 기법의 범주에는 공공회합, 팜프렛(pamphlet), 워크숍(workshop), 뉴스레터(newsletter) 등이 포함된다. 이 기법의 장점은 다양한 접근방법이 가능하다는 점이다. 즉 어떤 사람에겐 뉴스레터가 가장 좋고, 다른 사람에게는 다른 기법이 적합할 수 있다.

② **근린회합** 근린회합(neighborhood meetings)은 특정한 근린의 거주자를 위해 열리는 회합이다. 이 기법은 근린의 개선과 개발에 영향을 미칠 계획에 대해 주민들의 생각을 도출하기 위해 사용된다.

③ **커뮤니티 회합** 커뮤니티 포름(community forum)이라고도 불리우는 이 회합은 주민집단, 조직, 협회에 의해 조직된 것이다. 이상적으로는 회합후원기관이 목표설정과 관련하여 어떤 이해관계도 없는 것이 좋다. 이 회합이나 포름은 목표설정과 관련하여 주민의 시각과 관심을 확인하는데 기여할 수 있다.

(3) 적 용

근린회합은 목표확인에 가장 좋은 개방과정기법이다. 대체로 지역사회나 근린이 목표설정과 관련된 전체적 분석을 위해서는 너무 동질적이고 편협한 시각을 갖고 있는 경우가 많다. 그러나 어항활동은 보다 광범한 견해를 촉진한다. 어항목표설정의 중심적 목표는 목표의 우선순위를 결정하여, 관련된 결정과 정책들이 높은 수준의 목표에 반응하도록 하는데 있다.

4. 집중과정기법

(1) 특 징

이 기법들은 초점, 의제 그리고 배분된 시간이 제약되어 있다. 참여는 심도있게 이루지나 참여자는 선택적이다. 이 집중과정기법(focused process techniques)들은 개인간 의사소통의 기술수준에 크게 의존한다. 참여자들은 과업의 중요성을 인식하고 참여기간에는 다른 활동과 스스로 격리된다.

(2) 주요 기법

① **샤레트**(charrette) 이 기법은 문제의 복합성에 따라 수일에서 수주에 이르는 고정된 기간내에 이해관계인들이 모여서 집중적으로 목표설정작업을 진행한다. 이 기법은 비용이 많이 들고 조직하기 어려운 점이 있으나, 참여자 상호간의 깊은 이해를 바탕으로 성공적인 결론을 내릴 수 있는 장점이 있다.

② **특별위원회**(task force) 이 위원회는 목표설정과 관련된 잘 정의된 문제해결이나 특정한 과업에 종사하는 주민들로 구성된 특별위원회이다. 이는 과업의 달성을 위한 임시기구이다. 이의 장점은 신속하게 동원하여 처리하는 능력에 있다. 이 기법은 보다 개방적이고 대의적 기법과 병행하여 사용하면 효과적이다.

③ **연구집단**(study groups) 이 기법은 집단조정자(facilitator)와 6~10명의 구성원으로 구성되어 있다. 조정자는 관련된 문제에 대해 토의를 유도하고, 집단의 분위기를 각각의 의견에 서로 반응하도록 유도한다. 이 집단의 주요

기능은 적정한 정보를 수합하고 해석한다. 진행과정에 구성원들은 이익집단의 문제와 가치의 상세한 부분까지를 이해하게 된다.

(3) 적 용

이들 어느 기법도 목표확인만을 위한 기법은 아니지만, 특별위원회는 목표확인의 보조적인 기법으로 활용할 수 있다. 연구집단은 목표명료화의 가장 유용한 기법이다. 샤레트기법은 최종적인 목표의 결정에 다른 기법보다 유용하다.

5. 대의과정기법

(1) 특 징

이 대의과정기법들(representative process techniques)은 민주적 전통과 일치하고, 비용이 적게 든다. 이 기법들은 대표로 봉사할 이해당사자와 전문가들의 의지에 좌우된다. 이는 전통적인 민주적 의사결정형태를 따랐기 때문에 익숙하고 광범하게 받아들이고 있다.

(2) 주요 기법

① **주민조언위원회** 이 기법은 지역사회기관에서 일단의 주민집단에게 목표설정과 관련하여 지역사회의 생각과 태도를 대표할 수 있도록 하는 것이다. 주민조언위원회(citizens' advisory committee)가 완전한 독립적 조언집단이 되기 위해서는 이의 대표성을 보장할 수 있도록 구성원을 확대해야 한다.

② **공공목표에 관한 주민대표** 목표에 주민투입의 통합을 위한 수단으로 주민을 대표로서 선출 또는 임명한다.

③ **근린의회** 이 기법은 이웃에 사는 사람들의 개인적 연계와 공동이익에 유리하다. 이 근린의회(neighborhood council)기법은 근린의 자립적 목표와 독립적이거나 근린의회의 연결망의 일부로서 운영된다. 의회에서는 의견과 논리가 정연한 사람을 유인하는 경향이 있다. 따라서 비록 유용한 방법이지만 덜 교육받는 사람들을 제외해서는 안된다.

(3) 적 용

대의기법들은 목표확인에는 잘 적용하기 어렵다. 주민대표기법은 주민의 이익을 명료화하고 균형화하는 데 유용한 수단이다.

6. 교육과정기법

(1) 특 징

이 교육과정기법들(educational process techniques)은 장기적인 교육개발과 참여목표설정이라는 두 가지 목적을 가지고 있다. 참여는 규모와 비용에 의해 제한된다. 혜택은 주민들의 참여능력을 제고하고 지역사회의 계획된 개발에 기여한다.

(2) 주요 기법

① **설계참여**(design-in) 주민들과 함께 계획대상공간의 지도, 모형 그리고 사진을 가지고 구성, 재구성해 봄으로서 계획가나 설계자가 지역사회의 목표를 보다 잘 이해하고, 대안적 설계안을 보다 효과적으로 시각화할 수 있다. 이의 장점은 계획의 잠재적 사용자가 추상적인 가치와 목표를 구체적인 물리적 실체로 변환시키는데 있다.

② **시뮬레이션**(simulation) 이는 선정된 참여자가 가상적인 상황에서 게임 또는 역할놀이를 함으로서 위험부담 없이 계획의 효과를 예측할 수 있다. 이 기법은 확인된 목표의 존재는 가정하지만, 목표의 선택의 논리적 결과를 명료하게 제시하는데 기여한다.

③ **가치분석**(value analysis) 이 기법은 선택된 참여자가 자기들의 선택의 이유를 주관적으로 기술하도록 하고, 이들 기준에 따라 대안의 지역사회영향을 등급화하도록 한다. 이는 지역사회에서 가장 지배적인 가치에 의해 대안을 선택하는데 사용한다.

④ **워크숍**(workshops) 주민들이 문제에 대한 토론에 참여하고, 논의된 아이디어, 결정, 추천사항은 요약하여 보고서로 정리한다. 새로운 아이디어에 개방적이기 때문에 사실교육과 가치명료화를 결합한 것이 된다.

⑤ **집단 동학**(group dynamics) 이 기법은 일단의 집단구성원들이 개인적 가치를 보이고, 지역사회의 이익에 대한 상호작용을 명료화하기 때문에 지역사회 목표설정에 유용하다. 이 기법들은 소규모집단, 훈련된 지도자 그리고 구조적 과정의 특징을 공통적으로 가지고 있다. 주요 기법은 브레인스토밍, 명목집단, 역할게임 등이다.

⑥ **정책포착**(policy capturing) 이 기법은 개인이 고백한 가치, 목표,

정책들간에 내부적 불일치성을 표출시키기 위해 고안된 것이다. 주민들은 먼저 가치조사에 응하고, 다음에 목표와 정책선택에 응하도록 한다. 다음에 분석전문가의 도움으로 어떤 가치에 의해 어떤 목표나 정책을 선택했는가를 스스로 파악하도록 한다. 이는 복합적인 지역사회문제를 그들의 내재적 가치의 명료화와 우선순위에 의해 재평가하도록 해준다.

(3) 적　　용

모든 교육과정기법들은 목표확인과 명료화에 중요한 기여를 할 수 있다. 이 기법들을 통해 주민들이 스스로 무엇을 바라는가를 알 수 있도록 해준다.

7. 조사기법

(1) 특　　징

이 기법들은 표본추출과 자료의 통계적 분석을 포함한 과학적 전통에 의한 정보수집기법이다. 이 기법들은 정보의 획득의 측면에서는 효과적이다. 이 조사기법(survey techniques)들은 조사설계, 표본설계, 조사관리 그리고 자료분석에 있어서의 전문가의 기술에의 의존도가 높다.

(2) 주요 기법

① **주민조사**(surveys of citizens)　　여기에는 설문지조사, 전화조사, 면접조사를 포함해 여러 형태가 있는데, 대부분 추출된 표본에서 정보, 의식 그리고 의견을 수집하는데 있다. 조사는 계획가들이 목표에 대한 주민들의 주관적 견해를 이해하는데 도움을 준다.

② **델피**(delphi)　　이 기법은 주민에서 선발된 집단이 구조화된 질문과 문제에 반응할 목적으로 패널(panel)을 구성한다. 패널은 목적에 따라 다양한 이익과 전문성을 반영하여 구성할 수 있다. 이 기법은 객관적인 자료가 없는 상황에서 장래여건을 평가하는데 유리하며, 특히 장기목표설정에 유용하다.

③ **주민투표**(citizen referendum)　　이 방법은 여러 대안적 목표와 정책을 승인 또는 반대하는데 있어, 주민의 의견을 표현하기 위한 수단으로 활용된다. 이 기법은 목표대안에 대한 확인과 명료화가 이루어진 후 목표설정의 우선순위결정에도 적용할 수 있다.

④ **매체중심투표**(media-based issue balloting)　　주민들의 대안적 목

표에 대한 이해와 선호를 대중매체를 통해 표현하는 방법이다. 주민들의 목표선택은 라디오, T.V., 신문에 표현하고, 일부의 주민에게는 우편으로 의견을 표하거나 그들의 선호를 전화하도록 유도한다.

(3) 적 용

전화조사, 면접, 델피 등은 목표확인을 위한 가장 적합한 기법이다. 델피(delphi)는 의사결정에서 전문가의 기술과 지식이 중요한 전제인 경우에 가장 혜택이 크다. 그리고 이 기법은 목표의 명료화에도 유용하다. 주민투표(citizen referendum)와 대중매체를 통한 문제에 대한 투표방법도 최종적인 목표의 우선순위를 정하는데 사용할 수 있다.

8. 공공정보기법

(1) 특 징

이 기법들은 목표와 정책과 관련된 정보의 표현에 사용된다. 주민참여는 수동적이고, 비용은 최소이다. 이 범주의 속하는 기법만으로는 목표설정효과가 제한된다.

(2) 주요 기법

① **공개정보회합**(open information meetings) 이는 일반주민들에게 목표에 관한 정보를 표현하기 위해 설계되었다. 특징적으로 이 기법은 기관대표에 의해 발표되고 주민참여자를 위한 질의 응답기회가 있다. 보통 회합은 토론하기 위해 충분한 시간을 갖기에는 규모가 너무 크다. 반응은 박수나 야유로서 나타난다.

② **공청회**(public hearings) 이는 주민참여와 목표설정에 가장 많이 사용할 뿐 아니라 가장 오용되는 기법이다.

(3) 적 용

공공정보기법들은 표현될 수 있는 재원지침, 법적 제약 그리고 환경기준에 관한 상대적인 목적자료가 있는 경우 목표설정에 유용하다. 공개정보회합은 목표고려사항의 경계를 정하는데 도움을 준다. 공청회도 주민의 긴장과 불만족이 지역사회에 높을 때 계획기관에 신호를 줄 수 있지만, 공청회 자체만으로는 문제나 목표설정에 충분한 진단을 위한 자료를 제공하지 못한다.

참고문헌

김병진, (1989), 「정책학개론」(서울: 박영사).

김신복, (1983, 1992, 1998), 「발전기획론」(서울: 박영사).

안해균, (1992, 1998), 「정책학원론」(서울: 다산출판사).

유 훈, (1992), 「정책학 원론」(서울: 법문사).

이종열, (1988), 「정책학 원론」(서울: 대왕사).

정정길, (1998), 「정책학원론」(서울: 대명출판사).

______, (1990), 「정책결정론」(서울: 대명출판사).

정환용, (1999), 「도시계획학원론」(서울: 박영사).

최일섭 · 이창호, (1993), 「사회계획론」(서울: 나남).

던(W. Dunn), (남궁 근, 외 3인 역), (2005), 「정책분석론」(서울: 법문사).

드레이(Drey, D.: 강근복 역), (1990), 「정책분석과 문제정의」, 한국학술진흥재단번역서 78, (서울: 대광문화사).

Alexander, E., (1992), ***Approaches to Planning***(Philadelphia: Gordon and Breach Science Publishers).

Bracken, I., (1981), ***Urban Planning Methods: Research and Policy Analysis***(London: Methuen).

Bruton, M. and Nicholson, D., (1987), ***Local Planning in Practice***(Cheltenham, England: Stanley Thornes Ltd).

Cartwright, T., (1973), "Problems, Solutions and strategies: A Contribution to the Theory and Practice of Planning", ***Journal ofo the Ameriacan Institute of Planners***, 39; 3(May, 1973): 179~187.

Chadwick, G., (1978), ***A Systems View of Planning***(Oxford: Pergamon).

Chapin, F. and Kaiser, E., (1979), ***Urban Land Use Planning***(Urbana, Illinois: Univ. of Chicago).

Christensen, K., (1985), "Coping with uncertainity in planning", ***Journal of the American Planning Association***, 51(1985): 63~73.

Cross, D., (1975), ***Forecasting in Urban and Regional Planning***(London: Social Science

Research Council).

Dunn, W.,(1994), ***Public Policy Analysis: An Introduction***(Englewood Cliffs, N. J.: Prentice Hall).

Faludi, A., (1973), ***Planning Theory***(Oxford: Pergamon).

Fernandes, R. and Simon, H., (1999), "A study of how individuals solve complex and ill-structured problems", ***Policy Sciences***, 32(1999): 225~245.

Gaffikin, F. and Sterrett, K., (2006), "New visions for old cities: the role of visioning in planning", ***Planning Theory & Practice***, 7; 2(2006): 159~178.

Hall, P., (1992), ***Urban and Regional Planning***(London: Routledge).

Hobbs, F. and Doling, J., (1981), ***Planning for Engineers and Surveyors***(Oxford: Pergamon).

Hudson, B., (1979), "Comparison of Current Planning Theories: Counterparts and Contradictions", ***Journal of the American Planning Association***, 45; 4(Oct. 1979): 387~405.

Jann, W. and Wegrich, K., (2007), "Theories of the policy cycle", Fischer, F., Miller, G., and Sidney, M., (eds.), ***Handbook of Public Policy Analysis***(London: CRC Press), 43~62.

Lichfield, N., Kettle, P. and Whitbread, M., (1975), ***Evaluation in the Planning Process***(Oxford: Pergamon).

Mayer, R., (1985), ***Policy and Program Planning: A Developmental Perspective***(Englewood Cliffs, N. J.: Prentice-Hall).

Robinson, I., (1972), "Introductory Note(s)", Robinson, I., (ed.), ***Decision-Making in Urban Planning***(Beverly Hills: Sage), 33~41, 95~102, 177~183, 311~318, 391~394.

Sarley, R., (1972), ***The Planning Process***(London: School of Environmental Studies, UCL).

Shipley, R. and Michela, J., (2006), "Can vision motivate planning action?", ***Planning, Practice & Research***, 21; 2(2006): 223~244.

Smith, F. and Hester, Jr., R.,(1982), ***Community Goal Setting***(Penn.: Hutchinson Ross).

Strange, J. and Mumford, M., (2005), "The origins of vision: Effects of reflection, models, and analysis", ***The Leadership Quarterly***, 16(2005): 121~148.

Vakki, G., (1994), "Formulating the right planning problem", ***Journal of Planning Literature***, 8: 3(1994): 240~259.

Young, R., (1966), "Goals and goal setting", ***Journal of the American Institute of Planners***(March 1966): 76~85.

제10장 계획조사와 미래예측

제 1 절 계획조사

Ⅰ. 의　　의

1. 개　　념

(1) 정　　의

계획조사(計劃調査)와 관련하여 자주 혼용하는 개념이 자료와 정보이다. 여기서 자료(data)는 실제현상에 대한 관찰의 결과이다. 정보(information)는 자료를 통합·조작·치환(순서의 변환)하거나 일정수준의 이해에 도달하기 위해 설계된 통계적·수학적·대수적 변화의 결과이다. 정보(情報)는 문제의 해결이나 패턴을 나타내기 위해 필요한 지식의 수준이다. 가장 높게 개발된 지식(knowledge)의 수준이 지성(intelligence)으로, 이는 복합적인 정보와 자료로부터 필수적인 요소들을 획득할 수 있는 체계의 능력이다(Catanese, 1979: 92). 이 능력은 의사결정자에게 모형(模型), 모사(模寫), 지표(指標), 추세(趨勢) 등의 표현방식으로 그들이 무엇을 알아야 하는가를 알려준다. 이들 자료(資料), 정보(情報), 지성(知性)간의 관계는 종적이며 순환적 관계를 이루고 있다.

일반적으로 계획가는 자료의 수집가이기보다는 사용자이다. 때문에 자료수집은 전문적인 자료수집가에게 맡기고, 계획가는 정보와 지성의 문제에 보다 많은 관심을 가지면서 의사결정에 필요한 정보와 지성의 형태로 자료를 사용하는데 초점을 두어야 한다(Catanese, 1979: 93).

(2) 중 요 성

계획은 자료(資料)와 정보(情報)로부터 출발한다. 이는 이를 통해 현실세계의 여건이 기술되고, 계획가가 성취하려고 하는 사회의 목표와 열망이 도출될 수 있기 때문이다. 즉 계획은 계획대상환경(計劃對象環境)의 현재의 상황에 대한 조사(調査)로부터 시작된다. 계획가는 계획대상이 '어떤 모습이 되어야 할 것인가?'(what should be?)를 모색하기에 앞서, '현재의 모습이 어떤 것인가?'(what is?)를 먼저 알아야 한다(Nishikawa, 1982: 32). 환언하면 자료의 수집·처리·조직과 정보산출의 목적은 복합적인 계획이 이루어지는 환경을 이해하는데 있다(Han and Kim, 1989: 296). 때문에 계획가의 주요 역할은 효과적인 계획결정을 도울 수 있는 정보를 산출, 분석하는데 있다.

모든 목적적 행동은 정보의 소유·사용에 바탕을 두는데, 계획도 예외는 아니다. 계획가는 어떤 정보가 필요하고, 어떻게 이를 획득하며, 조직·사용할 것인가 그리고 정보의 사용과 계획과정의 다른 부문과는 어떤 관계가 있는가 하는 문제를 다룬다(McLoughlin, 1969). 계획의 합리성은 정보체계의 관리에 있다. 정보가 많으면 보다 나은 계획, 보다 나은 결정을 내릴 수 있다. 보다 신속히 대응할 수 있는 정보는 조직운영의 효율성을 제고할 수 있고, 보다 높은 효율성은 지역사회의 수요에 보다 잘 반응할 수 있다(Hoos, 1967: 177).

정보는 지식을 개선하고 보다 나은 결정을 하는 과정에 사용된다. 의사결정은 이용가능한 정보에 기반해야 한다는 것은 분명하다. 의사결정과정에서 정보는 각 단계별로 상이한 역할을 한다. 즉 의사결정이전단계에서는 배경적 역할, 의사결정단계에서는 도구적 역할 그리고 의사결정이후단계에서는 모니터링의 역할을 각각 수행한다(Stephenson, 1998: 238).

2. 자료의 분류

(1) 수집방법에 의한 분류

자료(data)는 제1차 자료와 제2차 자료로 구분할 수 있다(Krueckeberg and Silvers, 1974: 31). 여기서 원초 자료원(original source)에서 사용자가 직접(first-hand) 수집한 자료를 제1차 자료(primary data)라 하고, 다른 사람이 수집한 간접(second-hand)자료를 제2차 자료(secondary data)라 한다. 여기서 제3차 자료도 가능한데, 이는 원자료(original data)를 특정인이 정보목적으로 사용한 것을 다른 사람이 가설검증을 위해 사용할 때 이르는 말이다.

제1차 자료를 획득하는 주요 기법으로는 조사(調査)와 관찰(觀察)이 있다. 조사(survey)는 정보수집을 위해 가장 일반적으로 사용하는 기법인데, 조사진행 방법은 응답자가 스스로 질문에 답하고 기술하는 방법(設問調査)과 면담자의 질문에 응답자가 답하고 면담자가 기술하는 방법(面談調査)의 두 가지가 있다. 조사를 통해서만 필요한 모든 정보가 획득되는 것은 아니다. 상세한 정보를 획득하는 다른 유용한 방법은 체계적인 방법으로 보고, 듣고, 기록하는 관찰(observation) 기법이 있다.

계획문제에 관한 많은 정보들은 이미 다른 기관에 의해 수집된 상태이고, 이러한 정보는 출간된 형태나 기계를 사용하여 읽을 수 있는 형태(테이프, 디스크 등)로 도서관을 비롯하여 여러 공·사 기관에 비치되어 있는 경우가 많다. 이러한 제2차 자료를 발견하여 사용하는 것은 계획가가 비교적 저렴한 비용으로 배경정보(background information)를 개발할 수 있게 하고, 특정한 계획문제분석에도 사용할 수 있게 한다. 즉 제2차 자료는 저렴하고, 접근이 용이하고, 쉽게 분석이 가능하다는 장점(長點)이 있다. 그러나 기존정보의 수집과 관련하여 당면하게 되는 주요 문제(問題)는 어떤 정보가 이용가능하고, 어디에 위치하며 어떻게 접근할 것인가 등이다. 이러한 이용가능한 관련 통계치들이 수집된 후에는 그 자료들이 신뢰할 만하고, 자료는 완전하며, 취급한 지리적 범위, 정보의 조사시기 등을 검토해야 한다(Hawtin, et al., 1994: 51~65).

(2) 성격에 의한 분류

정보 또는 자료는 그 성격에 따라 경성(硬性) 대 연성(軟性), 양적(量的) 대 질적(質的) 자료로 구분할 수 있다.

경성자료(hard data)는 계량화할 수 있는 자료(quantitative data)로서 보통 통계적인 형태로 나타나고, 연성자료(soft data) 또는 질적자료(qualitative data)는 통계적 정확성은 허용하지 않지만, 개인의 경험에 대한 주관적 측면 즉 통계학 바탕의 느낌과 태도를 나타낸다(Hawtin, et al., 1994: 52).

양적자료(量的資料)는 주로 센서스자료, 통계연보, 백서 등의 형태로 관련기관에서 발행하고 있다. 질적자료(質的資料)는 태도, 신념, 느낌, 인상, 의견에 대한 통찰력을 제공해준다. 이 정보는 문제를 확인하고 어떤 문제를 다룰 것인가를 결정하는데 도움을 주며, 양적자료에 대한 새로운 통찰과 생각을 제공하며, 계획대상의 특성을 보다 명료하게 이해할 수 있도록 한다(Hawtin, et al., 1994: 61).

이 정보의 자료원은 신문과 잡지, 사진과 비디오, 각종 모임의 메모, 기록, 일기 등 이다.

(3) 수준에 의한 분류

자료는 그 수준에 따라 분류할 수 있다. 최저수준은 명목 또는 범주자료이고, 서열 또는 순위자료, 간격자료 그리고 비율자료로 상향된다(Whicker and Miller, 1999: 22).

명목(nominal) 또는 범주자료(categorical data)는 관찰결과를 분류하여 범주별로 배치하는 것으로 구성되어 있다. 범주내에서의 관찰결과는 동질적이고, 상이한 범주의 관찰결과는 이질적이다. 서열자료(ordinal data)는 순위자료(ranked data)이다. 서열자료의 순위는 매우 정확하기 때문에 각각의 사례가 자신의 독특한 순위를 가질 수 있다. 간격자료(interval data)는 서열자료가 구체화하는 방향에서 거리의 개념을 추가한 것이다. 간격척도는 척도에서의 측정점간에 같은 간격이나 거리를 갖는다. 비율자료(ratio data)는 절대영점(true zero point)를 가지고 있으며, 간격자료의 특징도 가지고 있다. 절대영점(絶對零點)은 크기의 개념을 구체화하고, 곱하기와 나누기의 수학을 허용한다. 예를 들면 소득과 비중을 포함한다. 이항대립자료(dichotomous data)는 두 범주, 0과 1, 을 갖는다. 종종 이항대립자료는 특정한 특징이 결여되면 관찰결과를 0으로, 그러한 특징이 명백하면 1로 코딩한다(Whicker and Miller, 1999: 23~25).

3. 조사연구과정

조사연구(survey research)를 수행하는 데는 최선의 조사유형선정, 좋은 질문의 개발, 조사자의 결정, 조사결과의 분석이라는 4가지 사항을 고려해야 한다(Mitchell, 2007: 370).

조사연구과정(調査硏究過程)은 필요정보와 자료원의 파악, 자료수집 그리고 자료분석의 3가지 과제로 구분할 수 있다(Krueckeberg and Silvers, 1974: 30). 그러나 이는 ① 조사목적의 정의와 다른 자료수집기법에 대한 고려, ② 주요 질문의 확인, ③ 조사도구와 관찰방법의 설계, ④ 표본유형과 크기의 선택, ⑤ 표본단위의 선택, ⑥ 도구와 예상분석과정의 사전검증, ⑦ 필요시 도구의 재설계, ⑧ 조사의 관리, ⑨ 응답의 코딩과 편집, ⑩ 결과의 분석, ⑪ 결과의 해석으로 단계를 세분하여 진행할 수 있다(Sawicki, 1979: 152).

Ⅱ. 자료수집

1. 수집준비

표본조사(標本調査)는 모집단을 구성하고 있는 구성단위들 가운데 일부만을 조사대상으로 추출하여 조사하는 것을 말한다. 그러나 의사결정자들은 이들 표본집단의 성격이나 반응만을 파악하고자 하는 것이 아니고 모집단(母集團) 전체에 대한 것을 알고자 하기 때문에, 표본이 모집단을 대표할 수 있는가 하는 점이 중요한 관심사이다.

표본추출방법(標本抽出方法)은 확률(確率)표본추출과 비확률(非確率)표본추출로 나누어진다. 전자(前者)는 모집단으로부터 알려진 확률에 따라 표본추출하는 것으로 무작위표본추출(無作爲標本抽出), 계통표본추출(系統標本抽出), 층화표본추출(層化標本抽出), 군집표본추출(群集標本抽出) 등이 이 범주에 속한다. 확률에 의하지 않고 판단(判斷), 편의(便宜), 쿼터(quarter)에 의한 표본추출 등은 후자(後者)에 속하는 방법들이다(노화준, 1985: 177~186; Krueckeberg and Silvers, 1974: 38~39; Northrop, 1999: 103~108).

(1) 확률표본추출

① **무작위표본추출**(random sampling) 이 방법은 표본추출의 기본적 기법으로, 모집단을 구성하고 있는 모든 구성요소들이 동일한 표본추출기회를 제공한다. 여기서 제기되는 문제가 표본추출을 위한 모집단의 리스트(list)를 어디서 구하며, 어떻게 추출하는가 하는 문제이다. 표본추출을 위한 리스트로 인명부, 전화번호부, 차량등록부 등이 많이 사용되고 있으나, 유의할 점은 오래된 자료나 전화나 차를 소유하지 못한 계층이 계통적으로 제외되는 편견은 없도록 해야 한다. 무작위 선택을 위해 난수표(tables of random numbers)를 활용하는 경우가 많다. 단순하게 임의 쪽(page)의 난수표를 보고 임의의 종·횡열(縱橫列)에서 시작하여 필요한 수의 표본을 선정하면 된다.

② **계통표본추출**(systematic sampling) 이 방법은 모집단의 구성요소들을 특정한 순서에 따라 나열한 후, 매 'n' 번째를 표본으로 추출하는 방법이다. 예를 들면, 알파벳순서로 100명의 학생이 있고, 이 중 6명의 학생을 표본추출하고자 하는 상황을 가정하자. 먼저 100을 6으로 나누면 16과 나머지가 있다. 여

기서 매 16번째의 학생을 추출하면 된다. 여기서 시작점은 난수표에서 하나의 수를 택하면 된다. 10을 택하면 추출된 표본은 10, 26, 42, 58, 74, 90이 된다.

③ **층화표본추출**(stratified sampling) 이 방법은 모집단을 동질집단(同質集團)으로 분리하여, 각 집단별로 무작위표본추출 또는 계통표본추출을 하는 방법이다. 표본의 규모는 연구대상문제에 따라 집단의 크기에 비례하거나 비례하지 않을 수 있다. 동질성의 준거는 조사목적에 따라 차이가 있다.

④ **군집표본추출**(cluster sampling) 이 기법은 모집단을 여러 이질적인 구성요소들을 포함하는 몇 개의 소집단(cluster)으로 나누고, 여기서 무작위 또는 계통표본추출하는 방법이다. 이 기법은 층화표본추출과 유사하지만, 차이점은 소집단(小集團)이 이질적(異質的)으로 정의된다는 점이다. 이는 표본규모를 줄이기 위한 대안적 수단으로 표본의 대표성을 보장하면서 비용을 줄일 수 있다. 모집단을 동질적으로 층화하기가 어려울 때, 각 군집이 모집단을 균형된 횡단면을 대표하도록 하여 계통 또는 무작위표본추출하는 방법이다.

(2) 비확률 표본추출

① **판단에 의한 표본추출** 이 기법은 모집단의 구성요소들 가운데 표본에 포함되어야 할 대표성 있는 항목을 선정하는 데 있어 개인적 판단(個人的判斷)에의 의존도가 높은 표본추출방법이다. 이 기법은 소규모조사에서는 확률표본조사보다 유용한 경우도 있지만, 통계적인 표본추출오차를 추정할 수 없다는 결함이 있다.

② **편의에 의한 표본추출** 이 방법은 조사자가 쉽게 이용가능한 대상들을 표본으로 선정하는 방법이다. 이 방법은 시간과 자원의 제약이 있을 때 사용할 수 있으나, 대표성을 확보하기 어려운 단점이 있다.

③ **쿼터에 의한 표본추출** 이 방법은 표본이 모집단의 특성을 대표할 수 있도록 미리 각 특성을 나타내는 하위집단별로 표본수를 배정하여 표본을 추출하는 방법이다. 문제는 쿼터 선정기준에만 맞는 표본을 대상으로 조사할 수 있기 때문에 표본추출오차가 클 가능성이 높다는 점이다.

2. 수집방법

조사방법(調査方法)은 응답자가 스스로 조사설문지(調査說問紙)를 완성하는 자기완성설문(self-completion questionnaires)과 다른 사람이 응답자에게 질문하는 면접조사(interview survey)로 구분할 수 있다. 자기완성조사는 보통 응답자에게 우편배달된다. 이러한 우편조사(postal survey)는 비교적 쉽고, 관리하기 용이하고, 많은 사람들과 접촉할 수 있는 장점(長點)이 있지만, 낮은 회수율, 제한된 표시방식질문에의 이용가능성, 선정된 응답자 이외의 응답가능성 등의 단점(短點)이 있다(Hawtin, et al., 1994: 87).

조사방법은 전통적으로 관찰조사(觀察調査), 면접조사(面接調査) 그리고 설문지조사(說問紙調査)의 3가지가 주로 사용된다.

(1) 관찰조사

① 의 의　　관찰조사(觀察調査)는 조사자의 감각작용을 통해 조사대상에서 자료를 모으는 방법이다. 관찰방법(observational methods)은 기술·가정·이론의 작성 또는 검증과 같은 경험적 목적에 맞게 관찰대상조직 본래의 행태와 환경을 선택·유발·기술·기호화하는 것이다(Selltiz, et al., 1976: 253~254). 여기서 선택(selection)은 관찰자가 그들의 연구관찰을 편집하거나 초점을 두는 것을 말하고, 유발(provocation)은 관찰자가 관찰대상의 자연스러움을 파괴하지 않는 범위에서 연구환경을 수정할 수 있음을 의미한다. 기록(recording)은 현장기술, 범주체계 등을 사용하여 사상들을 기록하는 것이며, 기호화(encoding)는 이러한 기록된 자료들을 상이한 행태의 빈도집계와 같은 자료의 축소(reduction)와 같은 방법으로 단순화하는 과정이다.

② 구 분　　관찰방법(觀察方法)은 관찰자의 참여정도(參與程度)에 따라 참여(參與)·준참여(準參與)·비참여(非參與) 관찰(觀察)로 나눌 수 있다(김해동, 1990: 346~358). 참여관찰(participant observation)은 관찰대상의 내부에 들어가서 그 구성원의 일부가 되어 공동생활에 참여하면서 관찰하는 방법이다. 준참여관찰(quasi-participant observation)은 관찰대상의 생활일부에만 참여하는 관찰방법이다. 비참여관찰(non-participant observation)은 조사자라는 신분을 밝히고 관찰하는 조직적 방법이다.

③ 설계시 고려사항　　관찰조사설계시 고려사항(考慮事項)은 관찰자, 관찰내용과 범주, 관찰단위와 표본추출, 관찰자의 추리 그리고 관찰의 신뢰도와 타당성에 관한 것이다(김광웅, 1992: 258~261).

관찰조사에서는 다른 조사방법과는 달리 주관이 개입될 가능성이 가장 높기 때문에 관찰자(觀察者)의 역할이 중요하다. 조직적 관찰(통제관찰)에서는 관찰절차가 통제되기 때문에 주관성의 개입이 어느 정도 제한되지만, 비조직적 관찰(비통제관찰)에서는 오로지 관찰자의 능력과 성실성에 의존하기 때문에 관찰자의 성품과 자세에 따라 관찰결과의 신뢰성이 결정된다.

관찰내용(觀察內容)과 범위(範圍)는 무엇을 관찰할 것인가 -즉 가설검증을 위해 어떤 자료를 수집할 것인가- 하는 문제이다. 관찰내용을 분명히 하고 가능한 한 범주로 나누어 본다는 것은 정확한 자료를 얻어 신뢰도를 높이겠다는 의도이긴 하지만, 관찰내용이 경직될 수 있기 때문에 상황에 임해서 신축성 있게 진행해 나갈 수 있어야 한다.

관찰단위(觀察單位)의 결정은 관찰단위의 신뢰도·타당도와 관계가 깊다. 즉 지나치게 세밀한 단위를 관찰하게 되면 내용의 신뢰성은 확보될지 모르지만 타당성은 의심스럽다. 표준화되지 않고 전반적인 것을 관찰하는 경우엔 그 반대가 된다. 관찰의 표본추출(標本抽出)은 사건표출(event sampling)과 시간표출(time sampling)이 있다. 사건표출(事件表出)은 관찰내용이 사건중심으로 언제, 어떤 사건이 왜 생기느냐를 관찰하기 위해 선정하게 되는 것이고, 시간표출(時間表出)은 일정한 시각에서의 특정한 행태와 같은 것을 관찰하기 위한 것이다.

관찰자료의 신뢰도(信賴度)를 높이기 위해 관찰자의 주관이 개입되는 것은 억제되어야 하나, 표면에 나타나지 않은 내면의 현상에 대한 관찰을 하기 위해서는 관찰자의 추리(推理)를 허용할 필요가 있다. 이때 오차를 줄이기 위해서는 복수의 관찰자를 동원하여 추리결과를 비교하여 공통점을 찾아낼 수 있다. 또한 관찰의 신뢰도를 높이기 위해서 훈련을 통한 기술의 습득과 향상, 도구(녹음기, 사진기 등)의 사용, 복수의 평가 등을 생각할 수 있다. 아울러 신뢰도를 높이기 위해서는 관찰 이외의 방법에 의해 자료를 구해보는 방법을 병행할 수 있다.

④ 관찰의 기록 관찰의 기록(記錄)에는 현지조사 노트를 비롯하여 녹음, 사진, 인공물, 지도 및 기타 관찰대상인 사회적 상황을 묘사한 일체의 것들이 포함된다. 특히 관찰기록시 유의할 사항은 어떤 종류의 언어와 상징 또는 기호를 사용할 것인가 하는 문제이다.

관찰을 기록하는 데는 3가지 기본원칙(基本原則)을 고려해야 한다(한상복, 1984: 217~218). 첫째, 언어확인(言語確認)의 원칙으로 관찰기록에 사용된 언어를 확인하기 위해서 그것이 관찰자의 언어인지, 행위자의 언어인지, 또는 사회과학의 용어나 그것들의 혼합인지를 기록에 표시하고 말한 사람이 누구인지를 확인할 수 있도록 기록해야 한다. 둘째, 축어(逐語)의 원칙으로서 사람들이 말하는 것을 한 마디 한 마디 그대로 옮겨 써서 관찰보고를 더욱 생생하게 할 경우에는 자료분석 또는 보고시 오류를 방지할 수 있다. 셋째, 구체(具體)의 원칙으로 관찰하고 기록할 때는 지나친 일반화나 추상적인 표현을 피하는 것이 좋다.

⑤ **장단점** 관찰방법을 사용하는 목적은 주로 관찰대상에 대한 행태패턴(behavioral pattern)을 기술하는데 유리하며, 다른 방법보다 더 많은 자료를 수집할 수 있는 방법일 뿐 아니라, 일반화에 용이하고 행태의 예측에 유리하는 등의 장점이 있기 때문이다(Selltiz, et al., 1976: 254~256). 세부적인 장점(長點)은 관찰대상의 행동을 그때그때 기록할 수 있고, 의식적으로 회피하거나 언어로 표현하기 어려운 현상이나 사람에의 접근이 가능한 방법이라는 점이다(김광웅, 1992: 261~262; 김해동, 1990: 341~342).

관찰조사의 단점(短點)은 관찰대상행위를 현장에서 포착해야 함으로 그러한 행위가 발생할 때가지 기다려야 하고, 관찰이 곤란하거나 외부로 표출하기 곤란한 문제에는 적용하기 어렵고, 관찰자의 주관적·선택적 관찰로 객관성을 상실할 우려가 있으며, 전부를 동시에 관찰하지 못하는 한계성이 있고, 관찰사실에 대한 해석에 객관성이 부족하고, 관찰당시의 특수한 상황에서 특수한 행위가 발생했을 가능성을 배제하기 어렵다는 점이다(김해동, 1990: 341~342; 김광웅, 1992: 262~263).

(2) 면접조사

① **의 의** 면접(interview)이란 면접자(interviewer)가 응답자와의 언어적 상호작용과정을 통하여 응답을 얻는 방법이다. 면접의 특징(特徵)은 세 가지로 요약할 수 있다(김광웅, 1992: 290~291). 첫째, 면접은 새로운 분야의 탐색적 도구로서 사용된다. 즉 면접을 통해 새로운 변수를 발견하고 변수간의 관계를 밝히며 가설을 정립해 볼 수 있다. 둘째, 연구의 주된 자료수집도구로서 사용된다. 여기에는 진단적 성격을 띤 면접이 해당된다. 셋째, 주된 연구방법을 보완하는 방법으로 사용된다. 면접의 성패는 면담자(面談者)의 능력과 관계되지만, 더욱 중요한 것은 피면접자(interviewee)가 긍정적인 수용태세(receptiveness)를 갖추도록 하는 것이다.

② **종 류** 면접방법(面接方法)은 면접의 목적(目的)에 따라 진단적 면접과 조사면접, 면접에의 참여자(參與者)의 수에 따라 집단면접과 개인면접 그리고 면접내용(面接內容)의 구성에 따라 표준화 면접과 비표준화면접으로 구분할

수 있다(김해동, 1990: 358). 구조화면접(structured interview)은 미리 준비한 표준화설문지를 통해 응답자에게 면접하는 것으로, 응답자간의 비교가 용이한 장점이 있는 반면에 매우 딱딱한 대화로 인해 제한된 정보만을 획득할 수밖에 없다. 반구조화 면접(semi-structured interview)은 정형화된 설문지에 의하지 않고 다룰 질문이나 문제의 점검표에 기초하여 진행하는 방법으로, 비공식적 대화를 통해 다양한 정보를 획득할 수 있는 장점이 있으나 이를 표준화하여 분석하기 어려운 단점이 있다(Hawtin, et al., 1994: 88).

③ 고려사항 면접은 다음의 사항을 고려하여 진행하는 것이 필요하다. 면접착수단계에서 면접자는 피면접자와 친밀한 인간관계를 형성하면서 자신이 누구이며, 왜 이러한 조사를 행하며, 어떻게 피면접자가 선정되었으며, 이 일을 위한 피면접자의 기여도 등을 주지하여 피면접자가 불안을 느끼지 않도록 해야 한다(김광웅, 1992: 293~298). 그리고 면접자는 정직, 성실, 객관적인 입장에서 면접을 실시해야 한다.

④ 장단점 자료수집을 위한 조사기술로서 면접은 개별적 상황에 높은 신축성과 적응성을 가질 수 있고, 문맹을 포함한 모든 사람에 대해 조사가 가능하며, 질문지에 대한 회수가 필요하지 않기 때문에 비교적 공평한 자료를 얻을 수 있는 장점(長點)이 있다(김해동, 1990: 360; 김광웅, 1992: 301). 단점(短點)은 광범한 지역에 흩어져 있는 많은 사람들을 대상으로 하자면 많은 노력과 비용이 소요되고, 면접조사원의 편견과 그릇된 판단이 작용할 가능성이 있으며, 면대면 조사이기 때문에 오히려 진실된 응답을 기피할 가능성도 있다(차배근, 1994: 142).

(3) 질문지 조사

① 의 의 질문지(質問紙) 또는 조사표(questionnaire)는 원칙적으로 응답자 스스로가 자신의 의견을 기입할 수 있도록 작성된 조사도구이다. 이 조사방법은 사회조사에서 가장 널리 활용되는 조사도구이지만, 그 특색이자 제약점은 질문지에 표시된 질문의 한도 내에서만 자료의 수집이 가능하다는 점이다.

조사표조사는 연구주제 및 목표의 기술, 조사항목의 선정, 질문작성, 질문지 구축, 예비조사 그리고 결과의 분석, 해석 및 보고의 단계로 진행된다(Robbins, 1999: 87~88; 김해동, 1990: 386~403).

② 질문작성 질문지의 질문형식(質問形式)은 개방식 질문(open

questions)과 폐쇄식 질문(closed questions)이 있다. 전자(前者)는 질문을 일정한 범주로 나누지 않고 응답자로 하여금 자유롭게 답변하도록 하는 질문이고, 후자(後者)는 응답자에게 응답의 자유를 주지 않고 제시된 범주 내에서 응답하도록 하는 형태이다. 여기서 폐쇄식 질문은 응답방식에 따라 찬부식, 선다식, 서열식, 평정식 그리고 조합비교식 질문방식이 있다(김광웅, 1992: 283~286).

질문에 사용된 어귀(語句)는 간단명료하고, 전문용어보다는 보통사람이 이해할 수 있는 수준의 단어와 문장을 구사하고, 오해의 소지가 있거나 애매모호한 어법과 표현은 피해야 한다. 하나의 질문에 하나의 아이디어가 포함되어야 하고, 질문은 두 사람이상이 동일하게 이해할 때 신뢰성을 갖는다. 그리고 질문은 코딩하여 컴퓨터에 입력할 수 있으며, 편견이나 오류 없이 분석될 수 있어야 한다(Robbins, 1999: 87~91).

③ 질문지설계 질문의 순서와 질문지의 전체적인 양상은 매우 중요하다. 지시사항(instructions)에는 연구자, 연구자소속 그리고 연구목적을 설명하는 내용이 질문지의 처음에 있어야 한다. 그리고 모든 질문사항은 비밀이고, 연구목적이외에는 사용되지 않는다는 점도 강조해야 한다. 아울러 연구자는 지시사항에 감사의 기술도 포함해야 한다(Robbins, 1999: 95).

질문순서의 배열(配列)은 피조사자가 무의식적으로 앞의 질문에 영향을 받아서 왜곡된 답변을 할 가능성이 있기 때문이다. 따라서 질문의 순서는 다음을 고려하는 것이 좋다(김광웅, 1992: 287).

첫째, 응답자가 흥미를 갖게 할 수 있는 질문을 앞에 배열한다.

둘째, 관련되는 질문은 한 곳에 묶어서 배열하되, 검증을 위해서는 몇 개의 질문을 분리시킨다.

셋째, 일반적 질문부터 시작하여 차차 특수한 질문으로 올라갈 수 있도록 한다.

넷째, 핵심이 되는 질문은 질문지의 중간 이후에 오도록 한다.

다섯째, 조사목적과 직접적 관계없는 것은 맨 마지막에 놓아 일관된 사고에 대한 간섭을 피한다.

질문지에서 질문(質問)의 수(數)에 대한 관심은 응답자로 하여금 많은 시간을 소모하게 하여 권태를 느껴 올바른 조사가 되지 않을 우려가 있기 때문이다. 그래서 한 시간 이상 응답자에게 시간을 할애하게 하는 것은 무리이며, 대개 15분 정도의 조사취지와 목적의 설명 그리고 30분 이내에 조사가 이루어지도록 해야 한다. 이를 감안한다면 질문의 수는 30개 정도를 넘지 않는 것이 좋다(김광웅,

1992: 286~287).

④ 예비점검 예비점검(pretesting)은 이 점검 이전에는 명료하게 나타나지 않는 불확실과 모호성을 제기하기 위한 것이다. 이 조사는 질문의 신뢰성과 타당성을 보강하는데 있다. 일반적으로 두 가지 유형의 예비점검이 수행된다. 하나는 연구자가 시안을 동료, 친구, 관계자들에게 읽고 의견을 얻기 위한 것이다. 두 번째 점검은 목표집단에 질문지를 비추어 보는 것이다. 이 두 가지 사전점검을 통해 질문지를 조정하여 확정한다(Robbins, 1999: 96~97).

⑤ 조사방법 질문지 조사방법(質問紙 調査方法)에는 우송조사, 전화조사 그리고 집합조사가 주로 사용되고 있다. 우송조사(郵送調査)는 질문지를 표출된 피조사자에게 우송하여 기록케 한 후 반송을 받는다. 우송시에는 반드시 주소와 반송유표가 붙은 별도의 봉투를 동봉해야 한다. 회수율이 낮지만 적은 비용으로 넓은 지역에 걸쳐서 조사할 수 있다. 전화조사(電話調査)는 시사성이 있는 문제에 대해 전화를 이용하여 조사를 한다. 집합조사(集合調査)는 일정한 장소에 피조사자를 모아 놓고 질문지를 배포하여 응답을 구하는 방식이다.

⑥ 장단점 설문조사는 많은 응답자를 대상으로 비교적 짧은 기간에 적은 노력과 비용을 들여 간편하게 실시할 수 있으며, 익명성이 보장되므로 솔직하게 자기의견을 피력할 수 있고, 시간적 제약이 없기 때문에 확실한 응답을 할 수 있다는 장점(長點)이 있다(차배근, 1994: 143). 단점(短點)으로는 응답자가 응답내용을 제대로 이해하지 못한 경우 올바른 응답을 하지 못하고, 익명성 때문에 피상적이고 성의 없는 응답을 할 수 있으며, 상세한 내용을 파악하는 데는 한계가 있다(차배근, 1994: 143~144).

Ⅲ. 자료의 처리

자료처리(data processing)는 수집된 자료를 분석에 이용할 수 있는 형태로 정리하는 과정으로, 설문응답의 검토, 편집, 부호화, 입력으로 이루어진다(채서일, 1990: 393~394).

1. 검토 및 편집

편집은 자료정리(資料整理)의 제1단계로서 수집된 자료를 점검하여 오기, 누락 등을 시정하는 것이다. 수집해온 자료는 잘못된 기입, 불완전한 기입, 알아보기 어려운 기입내용을 바로 잡아서 자료처리의 다음단계를 순조롭게 진행하기 위한 것이다. 편집(editing)은 설문지의 각 항목에 대한 응답을 일정한 기준에 의해 분류함으로써 보다 정확한 자료를 얻는 과정으로, 무응답의 처리, 자유응답(open-ended question)의 처리 등에 관한 것이다(채서일, 1990: 395).

자료의 편집과정에서 주의를 기울여야 할 사항은 다음과 같다(김해동, 1990: 488~489; 박용치, 1989: 827; 채서일, 1990: 395~396).

① **일관성**(consistency) 자료의 편집과정은 전체자료에 대한 일관성을 유지하면서 수행되어야 한다.

② **완전성**(completeness) 응답하지 않은 항목을 편집과정에서 보완하는 방법이 필요한데 응답자와 재접촉 또는 설문지내의 다른 항목으로부터 추론하는 방법을 흔히 사용한다. 그러나 이러한 과정을 통해서도 보완되지 않은 것은 미취득 자료(missing data)로 처리하여 제외시킨다.

③ **명확성**(clarity) 면담자의 편견이나 조작된 자료를 찾아내는 것으로 각 면담자별로 응답이 일관적인 항목을 비교하거나 응답의 정확성과 무관한 응답패턴을 찾아냄으로서 보다 정확한 자료를 얻을 수 있다.

④ **가독성**(readability) 자료는 읽기 용이한 형태로 바꾸어야 한다.

2. 부 호 화

부호화(符號化)는 일정한 부호지침(codebook, coding guide)에 따라 조사표의 각 항목을 계통적인 숫자나 기호로 바꾸어 부호지(coding sheet)에 옮겨 놓는 작업을 뜻한다. 이는 부호화를 통해 자료분석을 용이하도록 하기 위한 목적이 있다.

3. 입 력

부호지에 숫자와 부호로 옮겨진 자료는 카드에 천공(穿孔)하게 된다. 천공(punching)을 위해서는 계산기용 카드를 이용하거나 또는 계산기에 직접 입력할 수 있다. 입력형식은 계산기의 형태에 따라 결정되는데, 개인컴퓨터는 직접입력하고, 중형컴퓨터에는 입력카드를 사용하는 것이 보통이다. 자료입력이 끝나면 오류를 파악하기 위한 검토가 이루어져야 한다.

Ⅳ. 자료의 분석

1. 의 의

자료분석(data analysis)이란 수집된 자료에서 일정한 패턴을 발견하거나, 자료사이의 유사성이나 차이성을 발견하고, 자료사이의 선후관계 또는 인과관계를 발견하여 자료사이를 연결시켜 주는 일을 말한다(안문석, 1984: 244).

자료분석기법은 계획문제, 그 영향 그리고 해결방법에 따라 양적기법과 질적기법으로 구분하여 사용되고 있다. 그러나 연구방법에서 질적인 것이 아닌 것은 당연히 양적이거나 그 반대라고 말하기 어렵기 때문에 질적-양적의 이분적 접근은 정확하지 않다(Gabrielian, 1999: 167).

질적연구(qualitative research)란 연구문제를 이해하는 목적으로 적은 수의 표본으로 진행하는 구조화되지 않은 탐색적 연구방법을 말한다. 양적연구(quantitative research)는 구조화된 측정을 이용하여 모든 연구대상에게 일관된 측정을 적용하고 자료의 수량화가 되어 있기 때문에 통계분석에 의해 결과를 해석할 수 있는 연구방법이다. 여기서 구조화(structured)의 의미는 측정과정에서 미리 정해진 순서와 방법에 의하여 일관성을 가지고 모든 연구대상에게 공통적으로 적용되면서 자료수집이 이루어지는 경우를 말한다(이군희, 2004: 162).

2. 양적 통계적 방법

양적 통계적 분석방법은 모수분석(母數分析)과 비모수분석(非母數分析)으로 나눌 수 있다. 여기서 자료에 대한 분포를 가정하고, 분포의 특성을 나타내는 모수(parameter)에 대하여 추정하는 과정을 거치는 것이 모수분석(parametric analysis)이다. 이에 비해 자료의 분포가 정규분포와 너무 다르게 나타나면서, 자료의 수가 적은 경우에는 정규분포를 가정한 통계분석은 잘못된 결과를 제공하게 된다. 이 경우 사용되는 방법이 비모수분석(nonparametric analysis)이다. 이 분석은 자료가 어떠한 형태의 분포를 따르더라도 적용할 수 있으므로 분포와 무관한 방법이라 부르기도 한다. 이 분석에서 주로 사용되는 통계량은 도수(frequency), 부호(sign), 순위(rank)이다. 도수는 주로 명목척도의 변수를 대상으로 적용되며, 부호는 양의 부호와 음의 부호가 몇 개 있는 지를 파악하는 분석방법이다. 순위는 자료값을 크기순으로 나열하였을 경우 몇 번째에 해당하느냐 하는 것이다(이군희,

2004: 541).

(1) 변량분석

분석에서 고려되는 변수(變數)의 수(數)에 따라 단일변량분석(univariate analysis), 2변량분석(bivariate analysis) 그리고 다변량분석(multivariate analysis)으로 구분할 수 있다.

① **단일변량분석** 한 번에 하나의 변수만을 분석하는 단일변량분석(univariate analysis)에서는 도수분포(度數分布), 집중경향측정(集中傾向測定) 그리고 분산도(分散度) 측정방법이 주로 사용된다.

도수분포(frequency distribution)란 변수의 각 범주의 관찰치가 어떻게 분포되어 있는가를 나타내는 것으로 막대, 꺾은 선 그림 등을 사용하는 경우가 많다. 이때 종축은 응답의 빈도(頻度)를 나타내고, 횡축은 척도척(尺度尺)에 응답의 분포를 나타낸다.

집중경향(集中傾向)은 분포의 중심 또는 평균반응을 나타내는 것으로, 그 산출방법은 산술평균(mean), 중위치(median), 최빈치(mode)가 많이 사용된다. 산술평균(算術平均: $\bar{x}$, M)은 수적 평균으로 모든 응답 값(score)을 합산하여 응답수로로 나눈 값이다. 중위치(中位値: Mdn)는 관찰수를 같은 수로 양 등분하는 점에 해당된다. 최빈치(最頻値: M_o)는 가장 빈번히 발생되는 값이다(노화준, 1985: 41~51).

분산도(dispersion)도 분포를 나타내는 주요한 특징의 하나이다. 여기서 분산도(分散度)란 한 분포안의 사례들이 집중경향치를 중심으로 밀집 또는 분산되어 있는 정도를 말한다(노화준, 1985: 51~59). 분산도측정을 위해 많이 사용되는 지수들은 범위, 변량, 표준편차이다. 범위(range)는 한 분포내에서 최고점수와 최저점수 사이의 간격으로 최고점수에서 최저점수를 뺀 값을 말하여 보통 'R' 로 표시한다. 변량(variance: S^2)은 분산이라고도 하며, 한 분포안의 점수가 평균으로부터 떨어져 있는 방향을 편차(deviation)라고 한다. 이들 편차의 값을 모두 합하면 그 값이 '0'이 되는데, 이 편차의 총합의 값이 '0'이 되지 않도록 편차를 자승한 값이 변량(變量))이다. 표준편차(standard deviation: S)는 분산도의 지수로서 가장 일반적으로 사용되는 것으로, 변량에 제곱근을 씌운 값이다.

② **2변량 분석** 2변량분석(bivariate analysis)은 두 변수간의 관계를 기술하는 분석으로, 대상변수의 특성에 따라 측정기법도 달라진다. 여기에는 명목

적 관계와 서열적 관계의 측정으로 구분할 수 있다. 전자(前者)는 명목변수(名目變數)간의 관계를 측정하는데 적합한 것으로 구트만(Gutttman)의 예측가능계수(coefficient of predictability)가 있는데, 이를 구트만의 람다(Guttman's Lambda: λ)라고 한다. λ는 하나의 명목변수가 다른 명목변수에 대해 어느 정도 예측근거를 제공하는가를 측정하는 것으로, 그 값은 1(완전예측)에서 0(무의미한 예측)이다. 후자(後者)는 서열변수(序列變數)간의 관계를 측정하는데 사용되는 계수로, 굿만과 크루스칼의 감마[Goodman & Kruskal's Gammer(G)]가 있다. 이 감마(G)는 대칭적 통계치로 순서가 동일한 쌍의 수(N_s)와 순서가 상이한 쌍의 수(N_d)를 통해 계산한다. 이 값은 동일순서의 쌍(same order pairs)이 상이한 순서의 쌍(different order pairs)에 우월할 때에는 감마(G)의 값이 정(正)이고, 후자가 우세하면 부(負)로 나타나며, 두 변수의 순위가 같으면 1이 된다.

③ **다변량분석** 다변량분석(多變量分析)은 세 개 또는 그 이상의 변인들간의 인과관계를 규명하기 위한 분석방법이다. 예를 들면 X라는 효과는 Y와 Z라는 효과를 동시에 일으킬 수 있으며, X는 Y에, Y는 Z에 영향을 미치는 상호작용적 관계를 갖는 경우가 많다.

(2) 관계분석

분석의 목적이 변수들간의 관계를 파악하기 위한 관계분석(關係分析)은 종속관계(dependence)분석과 상호관계(interdependence)분석기법으로 구분할 수 있다. 전자(前者)는 변수를 독립변수와 종속변수로 나누어 독립변수의 변화가 종속변화에 어떻게 영향을 미치는가를 분석하는 기법으로 분산분석(分散分析), 회귀분석(回歸分析), 판별분석(判別分析)이 많이 사용된다. 후자(後者)에는 상관관계분석(相關關係分析)이 포함된다.

① **상관관계분석** 상관관계(correlation)는 변수들간의 관계를 나타내는 것이다. 여기서 상호관계의 정도를 나타내는 지수를 상관계수(correlation coefficients)라고 한다. 상관계수는 관계의 두 가지 특성을 지수화하는데, 하나는 관계의 정도(magnitude)이고 다른 하나는 관계의 방향(direction)을 나타낸다(오택섭, 1987: 184). 여기서 전자는 변수들이 함께 변화하는 크기를 말하고, 후자는 변수들이 같은 방향(정적)으로 변하는지 혹은 반대 방향(부적)으로 변하는지를 나타낸다.

② **분산분석** 분산분석(Analysis of Variance: ANOVA)이란 실험의

결과 관측된 변동량을 분산개념으로 파악한 다음, 이러한 분산이 각 요인에 기인하는 부분과 우연히 발생되었다고 볼 수 있는 부분으로 구분하여 비교함으로서 각 요인의 영향력 유무에 관한 판정을 시도하는 기법이다. 이 기법에서는 독립변수를 인자(factor)라고 하는데, 인자(因子)가 하나인 모형을 일원분산분석(一元分散分析), 둘인 경우를 이원분산분석(二元分散分析)이라고 한다(유지성 · 오창수, 1995: 347~348).

③ **회귀분석** 회귀분석(regression analysis)은 1877년에 갈톤(F. Galton)이 아버지의 신장과 아들의 신장간에 어떤 관계가 있는가 하는 것을 연구하는데서 비롯되었다(편인범, 2001: 352). 이 기법은 단순히 변수들간의 관계만을 파악하는데 그치는 것이 아니라, 그 관계를 이용하여 예측의 근거로 사용하고자 하는 분석방법이다(오택섭, 1987: 217). 회귀분석(回歸分析)은 독립변수의 수에 따라 단순회귀분석(simple regression analysis)과 다중회귀분석(multiple regression analysis)으로 나눈다. 전자는 하나의 종속변수(Y)와 하나의 독립변수(X)의 관계를 다루고, 후자는 알려진 2개 이상의 독립변수로부터 알려지지 않은 종속변수의 값을 예측하는데 사용되는 통계기법이다.

④ **판별분석** 판별분석(discriminant analysis)에서는 연속변수(continuous variable)가 아닌 명목변수(nominal variables)를 종속변수로 사용한다. 판별분석(判別分析)이란 하나 이상의 변수를 사용하여 다른 한 변수의 값이 속할 집단이나 범주를 구분하는데 사용되는 방법이다(오택섭, 1987: 285). 여기서 두 개 이상의 독립변수가 사용되는 경우를 다변량판별분석(multiple discriminating variables)이라고 한다.

(3) 비모수분석

변수가 명목척도나 서열척도로 측정된 경우에는 모수적 방법에 의해 분석하기 어렵다. 이러한 경우에 비모수통계(nonparametric statistics)분석기법을 사용한다. 여기서 비모수적 방법(nonparametric procedures)이란 모수(母數)에 연관되지 않거나 모집단에 대한 가정을 필요로 하지 않는 분석방법을 지칭하고, 이와 관련된 이론과 방법을 다루는 학문을 비모수통계학(nonparmetic statistics)이라 한다(유지성 · 오창수, 1995: 512).

비모수적 방법(非母數的 方法)은 모수적 방법에 비하여 몇 가지 유리(有利)한 점이 있다. 첫째, 모집단이 정규곡선이거나 어떤 특정한 형태의 분포이어야 한다는 가정이 필요하지 않다. 둘째, 일반적으로 이해하기 쉽다. 셋째, 공식적으로 순서를 만들거나 순위를 찾을 필요가 없다. 또 하나의 결과가 다른 것보다 더 좋은 경우가 있다. 이런 경우나 측정이 그렇게 정확하지 않아도 될 경우에도 쓸 수 있다. 그러나 이 기법은 자료 중에 일부는 무시하고, 모수검정만큼 유효하거나 명확하지 못하다는 단점(短點)이 있다(편인범, 2001: 478~479).

비모수분석에는 적합도분석과 독립성검정 등이 사용되고 있다. 적합도검정(goodness-of-fit test)란 연구자가 가정한 분포를 따르는지의 여부를 자료를 이용하여 검정하는 방법을 말한다. 독립성검정(independence test)은 적합도검정의 한 형태로서, 두 변수가 서로 독립적이라고 가정하고, 기대도수를 계산한 다음 관측도수와 비교하게 된다. 두 변수에 대한 독립성은 첫 번째 변수를 예측함에 있어서 두 번째 변수는 아무런 역할도 하지 못하고 있다는 의미로서, 두 번째 변수의 값과는 무관하게 첫 번째 변수의 값이 결정된다는 의미이다(이군희, 2004: 542~559).

3. 질적 해석적 방법

(1) 의 의

질적연구(qualitative research)는 사회적 구조주의(constructionism)와 해석주의(interpretivism)에 기반한 것이다. 연역적(deductive)인 양적연구와는 달리, 질적연구는 보통 귀납적(inductive)이다. 해석주의는 인간행동을 내재적으로 의미 있는 것으로 보기 때문에 질적연구는 객관적인 방법에서 행동의 주관적 의미를 해석(행위자의 신념, 욕구 등을 파악)한다. 이 맥락 내에서 연구자(주체로서 탐구자)가 객체(인간행동의 의미)에 대한 지식을 획득하는 지적인 과정이다(Sadovnik, 2007: 420).

최근에 비실증적인 질적방법에의 의존도가 증가하고 있는 것은 다음 두 가지 이유 때문이다. 첫째, 현실, 객관성, 인과성에 대한 상식적인 실증적 관념을 훼손하는 가상현실의 이미지와 텍스트가 많아진 정보시대가 도래했다. 둘째, 중립적인 과학적 가정에 대해 의문을 제기하고 가치주관적인 질문을 제기하기 시작하는 비판이론가, 후기구조주의자, 포스트모던이론가들의 교리가 발달하고 있다(Gabrielian, 1999: 168).

(2) 주요 기법

현실은 사회적으로 구축되고 협상된다는 견해에 따라, 질적연구자들은 현실의 상황적, 맥락적으로 변화하는 속성을 발견하기 위해 노력한다. 이를 위해 질적연구자들은 다양한 방법론적 접근과 표본추출기법을 사용한다. 이 중 중요한 것은 다음과 같다(Sadovnik, 2007: 421~423: Yanow, 2007: 411; Gabrielian, 1999: 187~190).

① 민족지 민속지(ethnography)는 일단의 사람이나 개인들이 그(들)의 맥락에서 심층연구하는 것과 관련된다. 그것은 기술적이면서 해석적인 측면에서 주체의 내부자견해를 제공한다. 따라서 이 기법은 기능적 견해, 내부자 스스로의 견해 그리고 현상적 견해를 포함한다. 민속지 및 참여관찰은 집단의 시각에서 어떤 집단의 문화를 기술하는 방법으로 이해할 수 있다.

② 행동연구 이 방법은 특정한 실무, 조직맥락 또는 생활방식을 개선하는데 목적이 있다. 행동연구(action research)는 조직내에서 실무에 직접적으로 영향을 주고자 하는 연구자들이 가장 많이 사용한다. 예를 들면, 교육연구자들은 조직면화를 집행하는데 어떤 일이 협력적으로 이루어지고 어떤 일이 그렇지 않는가를 발견하기 위해 학교의 선생과 교장과 함께 행동연구를 수행한다.

③ 사례연구 사례연구(case study)는 질적 또는 양적인 다양한 자료원으로 사용되는 전체적이며 심층적 조사이다. 이들 사례연구는 탐색적, 설명적, 기술적인 3가지 유형이 있다.

④ 기반연구 기반이론연구(grounded theory research)의 일반적 목적은 현상의 이해를 위한 이론의 구축에 있다. 이의 주요 기여는 자료로부터 체계적인 방법으로 이론을 생성하는 것이다. 분석적 귀납과정을 사용함에 있어, 기반이론연구는 특정자료의 관찰에 기반한 상향적 접근으로부터 이론을 상세하고 계속적으로 구축한다. 사례를 시간에 따라 점검하는 과정에서, 연구자는 관찰된 현상을 설명하기 위해 새로운 이론들을 계속적으로 수정하거나 개발한다.

제 2 절 미래예측

Ⅰ. 의 의

1. 개 념

(1) 예 측

예측(豫測)을 나타내는 말은 여러 가지가 있으나, 각각의 의미는 서로 다르다. 예측(forecast)은 확률론적 기술이다. 추세투사(projection)는 주어진 지식범위 내에서 체계의 장래상태를 추세에 의해 파악하는 투시기법(透視技法)에 의한 방법이다. 예측(prediction)은 비개연적 기술로 명료한 이론적 가정에 바탕을 두고 있다. 추정(conjecture)은 정통한 사람 또는 전문가의 판단에 바탕을 둔 것이다(Dunn, 1994: 190). 예상(anticipation)은 일정한 신뢰수준에서 가능한 미래에 대해 논리적으로 구축된 모형이다(Chadwick, 1978: 158). 그리고 예언(prophecy)은 예방을 위해 아무 것도 할 수 없는 미래의 사상(事象)을 말한다(Cross, 1975, 3).

수동적인 추세투사(projection)에서는 개연적 평가가 없다. 그러나 전통적인 예측(prediction)은 명시적 또는 묵시적인 개연적 평가를 한다. 예언(prophecy)은 순수한 예측(forecast)의 변형으로, 냉정하고 운명적인 예측이다. 예시(prognosis)는 대안을 평가하는 방법의 하나이며, 이러한 평가는 목표에 의한 것이 아니라 실재적인 가능성(potential)을 바탕으로 한다. 여기서 가능성(potential)은 특정지역에서의 사회 및 경제적으로 창출된 가능성(possibilities)과 관련된다(Strand, 1999: 335).

(2) 미 래

어떠한 형태의 예측이든 간에 미래에는 잠재적(潛在的), 개연적(蓋然的) 그리고 규범적(規範的) 미래(未來)의 3가지 형태를 대상으로 하고 있다(Dunn, 1994: 194~195).

잠재적 미래(potential future)는 최종적으로 발생되는 상태와 구별되는 일어날 수도 있는 장래상태이다. 이는 반드시 발생하는 미래가 아니라 발생할 가능성이 있는 미래를 말한다. 개연적 미래(plausible future)는 자연과 사회에서의 인과관계를 상정하는 경우 계획가가 아무런 조치를 취하지 않으면 반드시 도래하리라 생각되는 장래상태이다. 규범적 미래(normative future)는 분석자의 미래에 대한 욕구, 가치, 기회에 대한 개념과 일치하는 잠재적이면서 가능한 미래를 말한다.

2. 중 요 성

사람들은 언제나 무엇이 앞에 있는가를 알고자 한다. 그러나 장래는 예측하기 어려운 면이 많다. 그럼에도 불구하고 장래를 준비하거나 장래를 적극적으로 만들고자 하는 노력이 있다. 이것이 예측의 배경이다(Cuhls, 2003: 93).

계획활동은 장래의 행동을 준비하는 것이기 때문에 미래의 상태를 예측하는 것이고, 최적상태를 만든다고 생각되는 계획체계의 장래상태를 선택하게 되는 것이다(Chadwick, 1978: 155). 문제해결을 위한 대안을 강구할 때, 미래의 조건·수요·제약점 등을 추정하기 위해서는 예측을 해야 하며, 대안들의 가능한 미래의 상황에서 어떠한 영향을 미칠 것인가를 추정하지 않고서는 계획에 대한 평가와 선택이 어렵다(Dunn, 1994: 198). 따라서 계획 없는 예측은 가능하지만 예측 없는 계획은 불가능할 정도로 예측은 계획에서 중요한 의미를 갖고 있다(Cross, 1975: 1).

예측의 목적(目的)은 계획의 장래변화와 이의 결과에 대한 정보를 제공하는데 있다. 예측은 과거정책들과 이의 결과의 이해를 통해서, 보다 큰 통제를 가능하게 하는데 그 목적이 있다. 미래는 과거에 의해 결정되는 것을 의미하는데, 미래예측은 과거에 무엇이 발생되었는가 와는 관계없이 적극적인 방법으로 미래를 형상화할 수 있도록 한다는 의미를 내포하고 있다(Dunn, 1994: 191).

계획과정 중에서 예측은 대안작성단계에서 작성된 대안별 결과와 효과를 예측하고, 대안선택단계에서 대안별로 비교 평가할 뿐 아니라, 계획하지 않았을 때의 결과를 예측하여 의사결정자로 하여금 바람직한 결과를 가져오는 대안을 선택할 수 있도록 하는 등 계획의 여러 단계와 밀접한 관계를 맺고 있다. 아울러 미래와 관련되는 목표는 어떤 것이고, 새로운 정보에 의해 예측을 교정하고 계획을 수정하기 때문에 목표설정과 계획관리단계에서도 예측은 중요한 의미를 갖는다(Cross, 1975: 12).

장래를 형상화함에 있어 계획가들은 두 가지 어려움에 직면한다. 첫째, 계획행동의 장래결과는 확실성을 가지고 알 수 없다는 점이다. 이는 계획대상환경이 많은 상호연계된 요소들로 이루어져 매우 복합적이기 때문이다. 둘째, 이러한 불확실성가운데에서, 장래에 대한 의사결정이 핵심적인 요인들에 대해 상이한 평가를 하고 있는 많은 이해당사자들 간에 합의를 요구하고 있기 때문에 나타나는 어려움이다(Myers, 2001: 365). 역설적이지만 계획은 실제에 있어서는 예측할 수 없고, 미래는 그것이 현재화되기 전 까지는 그 진실을 알 수 없지만, 어느 정도까지는 미래를 점칠 수 있는 것처럼 행동한다(Chadwick, 1978: 155). 여기에 미래예측의 어려움이 있다.

Ⅱ. 미래연구

1. 접근시각

계획의 중요한 특징의 하나는 미래(future)에 대한 것이라는 점이다(Wachs, 2001: 367). 미래(未來)는 계획에서 핵심적인 관심사이다. 계획의 중심적 목적은 계획대상의 개선을 위해 장래활동들을 인도하는 결정을 현재의 시점에서 하는 것이다(Myers, 2001: 365). 미래연구(futures studies)와 계획은 공통적 요소를 가지고 있다. 양자 모두 모호하고, 다면적이며 논쟁적인 문제들을 다루고, 그의 결과는 복합적이며 불확실하다. 또한 그들은 수용할 수 없는 위험을 회피하는 한편, 보다 나은 미래(better future)를 제공하는 목표를 공유하고 있다(Cole, 2001: 373~374).

미래연구(未來硏究)는 예측, 비전설정, 투표의 3가지 활동으로 요약할 수 있다. 각각의 활동들은 상이한 기반(수치자료, 상상, 또는 여론), 상이한 기법 그리고 불확실성에 대한 상이한 처리에 의거한다. 예측(forecasting)은 경제수리나 인구학적 외삽처럼 형식적인 모형을 도출하고, 비전설정(envisioning)은 과학적 공상과 은유, 역사적 유사성과 사건에 의존하고, 투표(polling)는 대중매체의 선택, 전문가의 지혜, 조사를 통해 도출한다. 장래연구의 대부분의 접근방법은 일정부분이 세 가지 활동들과 관련되어있고, 일정한 상황에서 특정 기법을 강조한다(Cole, 2001: 376).

2. 미래의 표현

최근에 계획가들은 미래를 표현하는 방법에 대해 관심을 많이 갖기 시작한다. 3가지 방법이 출현하고 있으니, 비전설정, 시나리오작성 그리고 설득적 이야기하기가 있다(Myers and Kitsuse, 2000: 227).

(1) 비전설정

비전접근(visions approach)은 바람직함(desirables)에 초점을 두고, 가치를 강조한다(Masini, 2006: 1163). 비전은 환상이라기보다는, 주어진 가능한 능력과 자원의 범위 내에서 성취할 수 있는 낙관적 그림이다. 비전설정은 지역사회의 관심을 확인하고, 행동의 우선순위를 개발하며, 결과를 측정하는 구조를 제공하는 목표지향적 과정이다(Myers and Kitsuse, 2000: 227).

비전설정이 효과적이라면, 비전설정과정의 창조적 및 협력적 과정은 타당성 투영과 행동시나리오의 기반에 의해 균형화되어야 한다. 목표달성의 전략과 목표를 집행할 권위가 없다면, 비전들은 미래에 대한 비합리적이며 고가의 바램을 나타내는 표현에 불과할 위험이 있다(Myers and Kitsuse, 2000: 228).

비전은 과거와 현재에 있는 변화의 씨앗을 인식하는 능력에서 발생하고, 그 씨앗이 현재에 있다고 하드라도 현재와는 다른 미래를 창조할 가능성을 만든다. 어느 의미에서는 비전은 현재에 이미 잠재해 있는 변화를 포착하는 것이다. 비전은 이미 존재하고 있지만 아직은 명료하지 않고 앞으로 발전될 수 있는 것을 경청, 탐색, 주의하는데서 출현한다. 변화의 씨앗을 양육하고 비전을 개발하는 능력은 미래분석의 능력보다 더 중요하다(Masini, 2006: 1163).

(2) 시나리오작성

시나리오(scenarios)는 현재에 기반한 지식으로 미래와 가능한 의사소통을 목적으로 하는 설화(narratives)이다. 시나리오는 그 뿌리가 그것들이 발생된다면 계획결정에 영향을 미칠 수도 있는 사상들(events)에 대한 이야기들이다. 계획가들은 시나리오구축과정에서 설득력 있는 미래들에 대한 이야기들을 만들고, 계획대상의 미래에 대한 의미를 연구하고, 계획대상의 반응을 전략화한다(Myers and Kitsuse, 2000: 228).

시나리오연구는 사용자가 미래에 대한 바램과 취할 수 있는 행동에 대한 믿음에 대한 주요 질의에 기반한 것이다. 이 질의는 무엇이 발생할 것인가, 무엇이 발생할 수 있는가, 어떻게 특정한 목표가 달성할 수 있는가 하는 것이다(Börjeson, 2006: 725~728).

첫 번째 질문인 '무엇이 발생할 것인가'(what will happen?)는 예측적 시나리오(predicative scenarios)에 의한 반응이다. 예측적 시나리오들은 무엇이 발생할 것인가에 대해 그들이 위치한 여건에 의해 구별된다. 예측(forecasts)은 무엇이 발생할 것인가에 대한 질문과 관련된다. 일정한 특정한 사상에서의 조건에서 무엇이 일어날 것인가 하는 '만일 그렇다면 어떠할가' 시나리오(what-if-secnarios)는 그 질문에 대한 반응이다. 예측적 시나리오의 목적은 미래에 무엇이 일어나려고 하는가를 예측하는 시도로 만드는 것이다.

외삽적 시나리오(explorative scenarios)는 '무엇이 일어날 수 있는가'(what can happen?)라는 질문에 대한 것이다. 여기서 외부시나리오와 전략시나리오를 구별할 수 있다. 외부시나리오(external scenarios)는 외부요인의 발달에 따라 무엇이 발생할 것인가에 대한 이용자의 질문에 대한 응답이다. 전략시나리오(strategic scenarios)는 일정한 방법으로 행동할 때 무엇이 일어날 수 있는가하는 질문에 대한 응답이다. 여기서는 내부적 인자에 초점을 두고, 목표를 절대적으로 간주하지 않고 목표변수들에 의해 정의한다.

'어떻게 특정한 목표가 달성되는가' 하는 질문은 규범적 시나리오(normative scenarios)에 의한 반응이다. 규범적 시나리오는 어떻게 구조체계가 취급되는가에 따라 두 가지 유형으로 수성된다. 보전시나리오(preserving scenarios)는 현재의 상황을 조정하여 어떻게 목표가 달성되는가하는 질문에 대한 응답이다. 여기서의 주요 과업은 어떻게 특정한 목표가 효율적으로 달성할 수 있는가를 발견하는 것이다. 변환시나리오(transforming scenarios)는 지배적인 구조가 필요한 변화를 방해할 때 어떻게 목표에 이를 수 있는가에 대한 응답이다. 여기서는 현재의 발전에 대한 한계적 조정이 충분치 않다면 목표를 달성하기 위해 추세파괴가 필요하다고 여긴다.

(3) 설득적 이야기하기

시나리오와는 반대로, 설득적 이야기들(persuasive stories)은 그들의 청중이 미래를 단순하게 준비하는 것을 의미하는 것이 아니고, 이야기하는 사람의 선택된 행동로선을 사람들이 확신하도록 한다(Myers and Kitsuse, 2000: 229).

쓰로그모르톤(J. Throgmorton)은 계획의 핵심작업으로서 장래지향적인 이야기하기를 확인하고 좋은 계획은 좋은 꾸민 이야기(fiction)를 좋아한다는 점을 지적한다. 이야기의 저자로서 계획가들은 예상된 객체의 면전에서 그들의 해석적 가정들을 수용하도록 지역사회(communities)를 설득해야 한다. 가장 효과적인 이야기들은 책략의 기법, 견해, 성격, 함정의 사용, 갈등과 위기의 엮음을 통합하는 것이다. 중요한 것은 이야기는 고유한 갈등을 해소를 확신할 수 있는 방향으로 전개되어야 한다는 점이다(Myers and Kitsuse, 2000: 229).

레인(M. Rein)과 숀(D. Schon)은 이야기의 건전성을 판단하는 5가지 기준을 제시했다(Myers and Kitsuse, 2000: 229). 첫째는 일관성의 준거이다. 이는 이야기가 인과적인 설득망으로서 다양한 요소들을 정리하고 있는 범위와 관련된다. 둘째, 이야기는 경험적 수단에 의해 검증되어져야 한다. 셋째, 이야기는 도덕적으로 수용가능한 입장으로 인도되어야 한다. 넷째, 이야기는 행동가능해야 한다. 마지막으로, 이론 또는 이야기의 요소들인 우아, 민감, 고상 그리고 이익의 기준인 미의 검증을 적정하게 지지해야 한다.

설득적 이야기하기는 계획가가 과거, 현재, 미래의 이미지를 만들고, 이미지의 구성요소들이 어떻게 되는가를 나타내는 예측, 조사, 모형과 같은 경험적 정보를 사용하여 설득한다. 설득적인 이야기하는 사람(persuasive stroytellers)은 공유하는 가치에 호소하고 견해를 확립하기 위해 신화(myth)를 사용한다(Myers and Kitsuse, 2000: 229).

Ⅲ. 예측기법

1. 접근방법

예측에 대한 접근방법은 선형-추론적 접근(linear-deductive approach)과 통합적 접근(integrated approach)으로 구분할 수 있다(Field and MacGregor, 1987: 184~195; Breheny and Roberts, 1978: 307~310; 정환용, 1999: 168).

선형-추론적 접근은 전통적인 접근방법으로, 하나의 예측의 산출은 다른 예측의 투입이 된다. 여기서는 예측과 예측 사이의 상관관계와 제약효과는 무시되고 환류(feedback)도 없다. 이 접근방법은 단순, 저렴하여 쉽게 사용할 수 있다. 단점은 변화의 동적 측면을 포함하지 못하고, 주요 활동 간의 상호관계를 무시하고, 정책적인 효과를 무시하고 있으며 수요 측면보다는 공급 측면에 관심을 보이고 있다.

각 주제별로 예측된 각 부문 간에는 상호연계관계를 맺고 있고, 이러한 측면에서 이를 통합하는 것이 통합예측체계(integrated forecasting systems)이다. 이 통합적 예측의 원리는 예측의 중점단계로 통합을 식별하고, 공통의 가정을 사용하며, 수급관계와 연계변수에 초점을 두고, 정책적 조치가 영향을 발휘할 수 있는 주요점을 확인할 수 있게 해야 한다. 이 접근방법의 방법론상 문제점으로는 개

개의 부문별 예측이 표준적 방법을 사용했다고 하드라도 전체적인 표준방법이 개발되지 않았다는 점이다.

2. 기법분류

(1) 분류기준

예측에는 질(質), 양(量), 시간(時間) 그리고 확률(確率)의 4가지 요소가 중요한 의미를 갖는다(Jones and Twiss, 1978: 91). 즉 장래 어떤 현상이 계획에 영향을 줄 것인가(質的要素), 어떻게 측정되며 어떤 수준의 성취가 목표와 관련하여 중요한가(量的要素), 언제 그들 수준이 달성될 것인가(時間要素) 그리고 그 예측이 얼마나 신뢰성을 줄 수 있는가(確率要素) 하는 점이다.

미래예측방법(未來豫測方法)은 분류기준에 따라 여러 가지 유형으로 구분할 수 있다. 예측자의 마음의 상태에 따라 객관적(objective: 장래에 발견될 수 있는 객체 또는 객체와 유사한 것이 존재한다고 가정), 주관적(subjective: 미래는 자유로운 상상력의 선택에 따라 결정된다고 가정) 그리고 체계적(systematic: 체계의 장래의 발전방향에 의존한다고 가정)인 접근방법으로 구분할 수 있다. 기술적이냐 규범적이냐에 따라 외삽적 예측과 규범적 예측으로 구분할 수 있다(Jantsch, 1972: 68~69).

(2) 주요 예측기법

예측기법은 사용하는 자료나 가정내용에 따라 관찰된 과거의 추세를 미래에 연장하는 외삽적 예측(extrapolative forecasting), 이론 속에 내포되어 있는 인과적 가정에 따라 자료들을 연역적으로 예견하는 이론적 예측(theoretical forecasting), 사람의 통찰과 직관에 의한 추측을 기반으로 하는 판단적 예측(judgemental forecasting)의 세 가지로 범주화할 수 있다(Dunn, 1994: 198~258).

① 외삽적 예측　　외삽적 예측(外挿的 豫測)의 방법과 기법은 현재와 역사적 자료를 바탕으로 미래의 사회상태를 투영하게 하는 것이다. 외삽예측은 보통 시계열분석에 바탕을 두고 있다. 이 예측기법은 다음 3가지 가정에 기반을 두고 있다.

㉠ 지속성(persistence): 과거에 관찰된 패턴은 미래에도 지속된다. 과거에 에너지 소비가 증가했다면 미래에도 같은 경향이 지속될 것이다.

㉡ 규칙성(regularity): 관찰된 추세의 과거의 변이는 미래에도 발생된다. 과거에 전쟁이 매 20년 또는 30년마다 발생했다면 그 순환(cycles)은 미래에도 스스로 반복될 것이다.

㉢ 자료의 신뢰성과 타당성(reliability and validity of data): 추세의 측정은 신뢰성(비교적 정확하거나 내부적 일관성이 있음)이 있거나 타당(측정하고자 하는 것을 측정함)해야 한다.

② 이론적 예측 이론적 예측방법(理論的 豫測方法)은 이론적 가정과 현재와 과거 자료를 바탕으로 장래의 사회적 현상을 예측(prediction)하게 만든다. 투사(projection)하여 역사적인 재발에 대한 가정을 사용하는 외삽적 예측과는 반대로 이론적 예측은 여러 이론들을 결합하여 원인과 결과에 대한 가정에 바탕을 두어 예측한다. 외삽적 예측의 논리가 귀납적인데 비해 이론적 예측의 논리는 추론적이다.

③ 판단적 예측 경험적 자료 또는 이론이 중요한 역할을 하는 외삽적이며 이론적 기법과는 반대로 판단예측기법(判斷豫測技法)은 통합된 정통한 판단을 도출하기 위한 시도이다. 판단예측은 통찰에 관한 논쟁에 바탕을 두고 있기 때문에 개인의 미래를 만드는 창조적 힘이 미래예측을 보장한다. 직관적 예측의 논리는 회귀적(retroductive)이기 때문에 분석가는 사상의 추정된 상태(예로 세계평화 같은 규범적 미래)에서 시작하여 이러한 추정을 지지하는데 필요한 자료와 가정의 확보에 노력을 집중한다. 이러한 판단적 예측은 외삽적, 이론적 예측에 의해 보완을 받는 경우가 많다.

| 표 10-1 예측의 3가지 접근방법과 주요 기법 |

접근 방법	기 반	주요 기법	산 출
외삽적 예측	추세 외삽	시계열 분석 선형추세추산 지수가중 자료변환	투 사 (projections)
이론적 예측	이 론	이론 지도 인과 모형 회귀 분석 상관 분석	예 측 (predictions)
판단적 예측	정통한 판단	델 피 교차영향분석 타당성 평가	추 정 (conjectures)

자료: Dunn, 1994, 202에서 재작성.

Ⅳ. 예측모형

1. 의　　의

(1) 개　　념

모형(model)은 실상(實像)의 묘사(represent)라고 간략히 말할 수 있다(Lee, 1974, 7). 이는 실상의 가장 중요한 특징을 단순화, 일반화하는 것이다. 모형은 현실세계를 단순화하는 것이다. 모형은 복잡한 계획대상체계를 이해하고 이를 통제하는 유용한 도구로서 계획과정에서 점점 더 많이 사용되고 있다.

(2) 역　　할

모형(模型)의 계획과정에서의 역할(役割)은 다음과 같다(Mackett, 1997: 290~298).

① **신축성**(flexibility)　　모형의 사용은 계획평가, 계획작성 단계에서 대안적 전략의 도출을 더욱 명료하게 한다.

② **모니터링**(monitoring)　　모형은 계획대상체계의 변화의 효과를 보다 빠르게 보일 수 있어 계획가로 하여금 변화가 계획목표에 얼마나 일탈하고 있는가를 쉽게 판단할 수 있게 한다.

③ **예측**(forecasting)　　모형은 계획대상체계의 장래를 예측하는 유용한 도구로 사용된다.

④ **개발통제**(development control)　　모형은 계획대상체계의 제시된 개발효과를 평가, 통제하는데 사용된다.

⑤ **대중참여**(public participation)　　모형은 대안을 쉽게 평가할 수 있게 하여 외부집단에서 발의한 생각들을 쉽게 검토할 수 있게 함으로써 주민참여를 촉진한다.

(3) 장 단 점

모형의 사용상 장점(長點)은 다음과 같다(Stokey and Zeckhauser, 1978: 19~21)

첫째, 모형은 복합적인 상황의 필수적인 특징을 경제적으로 기술할 수 있게 한다. 둘째, 모형은 투입과 산출을 망라하여 분류하는 회계장치(bookkeeping mechanism)를 제공해 준다. 셋째, 모형은 의사결정전에 어떤 정보가 바람직한가를 알려주고, 상이한 정보유형의 가치를 알려준다. 넷째, 모형을 통해 체계자체에 대한 실험이 불가한 상황에 대해 실험을 가능하게 한다. 다섯째, 모형은 관련된 정책문제와의 의사소통을 촉진한다. 마지막으로, 모형작성은 익숙하지 못한 상황에 대해 일반적인 통찰을 가능하도록 한다.

그러나 실제 현상을 분석목적에 따라 단순화하여 표현하기 때문에 현상의 일부분만을 제시하는 한계(限界)를 갖고 있다.

2. 작성과정

모형작성과정(模型作成過程)은 단순한 것이 아니다. 여기서는 모형작성과정을 문제정의, 모형작성, 모형모사, 모형검증 그리고 모형적용의 5단계로 나누어 고찰하기로 한다(Lee, 1973: 19~27).

(1) 문제정의

계획대상체계의 모형작성은 문제작성이나 목표의 기술로부터 시작된다. 문제는 구체적이며 명료하게 기술되어야 한다. 그리고 모형구축은 목표에 대한 고려가

┃ 그림 10-1 모형작성과정 ┃

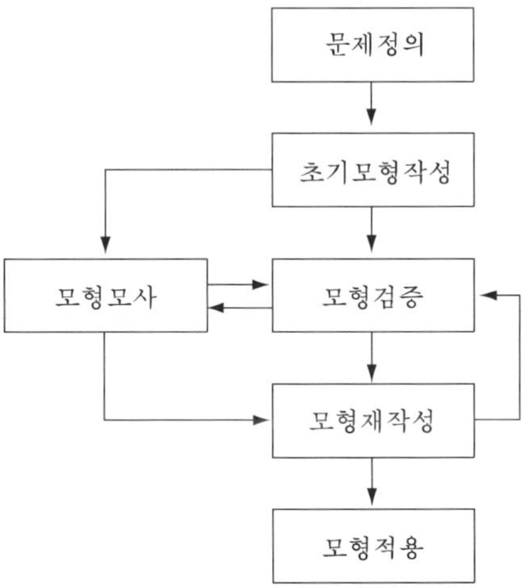

자료: Hamilton, et al, 1969 (Lee, 1973: 18).

있어야 한다. 모형작성의 첫 단계인 문제와 목표의 확인은 모형작성과정중에서 중요한 부분에 해당된다(Lee, 1973: 19~20).

(2) 모형작성

모형작성에서는 포함할 변수의 선정, 적정한 통합의 수준과 범주화, 시간에 대한 결정과 처리, 모형의 상술 그리고 모형의 조정의 5단계로 이루어진다(Lee, 1973: 20~ 23).

① 포함변수의 선정 모형설계에서 가장 큰 어려움의 하나는 어떠한 변수는 포함하고 어떤 변수는 제외할 것인가를 결정하는 것이다. 대체로 포함할 변수들은 문제정의에 의해 결정된다. 선정된 변수를 산출변수(産出變數)라고 한다.

② 통합수준과 범주화 방법 변수선정이 이루어지면, 선정된 변수를 어떻게 범주화(範疇化)하고 어떤 수준의 통합(統合)이 바람직한가를 결정하는 것이 필요하다. 예로 인구는 연령, 성, 직업, 거주지, 소득 등으로 분류할 수 있다. 범주화를 위한 방법선택은 모형의 목적에 따라 결정된다. 통합수준(統合水準)은 모형이 답하려고 하는 문제를 통합된 변수들로 답할 수 있는가와 실세계의 관계가 통합에 의해 적절히 표현되는가의 여부의 두 가지 문제에 좌우된다.

③ 시간의 처리 시간처리는 일부는 계획고려(시간 속에서 어떤 점들이 모형에서 필요한 산출인가)와 관련된 문제이고, 다른 일부는 모형설계의 문제(체계구성요소들의 관계의 변화가 명료히 설명되었는가 또는 모형은 정적상태에 관한 것인가)와 관계된다.

④ 모형의 상술 이 단계에서 모형의 사용목적을 결정해야 한다. 포함할 변수를 명료화하고, 통합수준과 범주화 방법을 결정하는 것은 모형 구축자에게 재생산하려고 하는 현상의 구조와 행태에 대한 가정을 작성하기 위한 것이다. 모형구축의 다음 단계는 체계행태에 대한 가정(들)의 명료한 기술과 관련되고, 이 가정(들)을 적정한 수학적 또는 상징적 형태로 전환해야 한다. 체계에 대해 먼저 언어적 기술(言語的 記述)로 시작하여 이를 수학적 모형(數學的 模型)으로 변환하게 된다.

⑤ 모형의 조정 모형의 형태와 구조가 만족스러우면(즉 이미 사용되고 증명되었다면), 모형과 관찰된 상황사이를 가장 잘 나타내는 매개변수의 값을 발견하는 과정이 비교적 직선적인 단계로 진행된다. 그러나 새로운 모형을 개발할 때에는 이렇게 단순하게 이루어지지 않고 시뮬레이션과 검증이라는 두 개의 주요

과정으로 이루어진다.

(3) 모형 시뮬레이션과 검증

최초의 모형이 완성되고 나면, 이를 실세계의 특징과 행태가 재현되는가를 검증해야 한다(Lee, 1973: 24~26). 이러한 과정을 통해 모형의 상세한 부분은 변경, 보완될 수 있고, 이를 위해 컴퓨터의 모사프로그램을 활용할 수도 있다. 이러한 실험의 결과, 최초의 양식이 수정되거나 연장되기도 한다.

이러한 순환적 과정은 모형구축과정의 핵심으로서 모형의 타당성에 대한 잦은 점검과 관계된다. 완벽한 정보를 가질 수 없기 때문에 모형이 실세계의 정확한 표현이라고 증명하기는 어렵다. 이용가능한 정보의 제약 때문에 모형검증은 매우 어려운 작업이다. 이러한 모형검증평가의 기준은 정확성, 타당성, 일치성 그리고 예측에의 활용성을 들 수 있다(Lee, 1973: 25~26).

① **정확성**(accuracy) 모형은 현존상황을 정확히 재창조할 수 있도록 계획대상의 장래수준이나 분포를 정확히 예측하는 것으로 생각할 수 있다. 모형성과의 정확성은 여러 통계적 수단의 도움을 받아 판단한다.

② **타당성**(validity) 모형내의 각 등식은 모형 속에 포함되어 있는 변수간에 직접적인 인과관계와 같은 합리적 관계로 표현되어야 한다. 모형의 행태는 엄격한 검증이 따르는, 합리적 가정에 기반하여 작성되었을 때 가장 타당하다 할 수 있다.

③ **일치성**(constancy) 이는 현재 존재하는 관계가 시간이 경과하여도 일정하게 유지되는 것과 관계된다. 어떤 등식은 변화의 가능성을 고려하지 못하고, 현재의 모형에서 포함하지 않는 요인이 장래에는 큰 영향을 미칠 수도 있는데, 이러한 경우 일치성은 떨어진다.

④ **예측에의 활용성**(availability of estimates of variables) 모형이 예측에 성공적으로 사용되느냐 여부는 주요 변수의 장래 값의 추정에 대한 이용가능성에 좌우된다.

제 3 절 정보관리

Ⅰ. 정보체계

1. 의 의

계획과정에서 사용되고 있는 각종 통계자료들을 종합적으로 관리하는 정보체계의 필요성이 증대되고 있다. 여기서 정보체계(情報體系)의 목표(目標)는 대량의 자료를 의미 있는 정보로 바꾸는 것이다. 최근에 컴퓨터사용의 확대에 따라 다량의 자료를 수집관리하는 것이 용이해졌다. 계획정보체계(計劃情報體系)란 계획에서 사용된 자료, 연구, 분석 그리고 모형의 수집과 관련된 활동이다(Kaiser, et al., 1995, 90).

정보체계(情報體系)는 하드웨어, 소프트웨어, 데이터베이스 그리고 모형으로 구성되어 있다(노화준, 1989: 367~369). 하드웨어(hardware)는 물리적인 컴퓨터 장비, 자료준비를 위한 장비 및 투입과 산출을 위한 단말장치 등으로 구성되어 있다. 하드웨어는 입력(入力), 산출(産出), 자료와 프로그램을 위한 2차적 저장(貯藏), 중앙처리(中央處理) 그리고 커뮤니케이션(communication)의 5가지 주요한 기능을 제공한다. 소프트웨어(software)는 컴퓨터가 사용자의 의사에 따라 움직일 수 있도록 하는 각종 프로그램을 말한다. 데이터베이스(data base)는 응용 소프트웨어에 의하여 활용되는 모든 데이터를 포함한다. 모형(model)은 원자료를 가공하여 의사결정자가 필요로 하는 형태의 정보를 산출해 내는 것이 중요한데, 이러한 처리과정을 도와주는 수단과 방법을 말한다.

2. 발 달

1960년대에서 초기의 컴퓨터산업은 자료(data)의 처리에 주로 관심을 가졌으며, 컴퓨터기반의 정보체계는 전자자료처리(EDP: Electronic Data Processing)의 발전을 가져 왔다. 목표는 자료처리를 보다 효율적으로 하며, 자료를 관련 함수들과 통합하고, 도표요약자료를 만드는 일상적 작업을 개선하는데 있다.

1970년대에 강조점은 자료에서 정보(information)로 변화되어, 자료는 조직, 분석, 요약되어 의미 있는 형태로 변환되었다. 이때의 주요한 관심은 작업적 수요를 위한 자료의 효율적 처리에서 경영정보체계(Management Information Systems:

MIS)로 바뀌어, 자료의 구조와 통합은 경영적 수요에 부응하는 형태로 만드는 것이었다.

1980년대에 강조점은 정보에서 지식(knowledge)으로 바뀌어, 정보 · 경험·연구에 기반한 이해에 초점을 두었다. 이 변화는 분석적 모형능력과 해결과정에서 보다 심도 있는 상호작용을 하고자 하는 의사결정자의 욕구를 반영한 것이다. 이에 따라 등장한 결정지원체계(Decision Support Systems: DSS)는 반복적, 통합적, 참여적 결정과정을 촉진하여 잘못 구조화된 의사결정을 다루는데 도움을 준다.

최근에는 지성(intelligence)과 관련된 계획지지체계(Planning Support System: PSS)의 개념이 등장하고 있다. 이는 계획과 정보체계기술영역의 동행발달은 선진적인 정보기술이 계획에서 보다 큰 역할을 할 수 있는 기반을 제공한다(Klosterman, 1997: 45~51).

3. 설　계

정보체계의 설계에 있어서는 정보의 질과 양, 체계의 효율성, 신축성 그리고 호환성을 고려해야 한다(Chapin and Kaiser, 1979: 121~125). 정보체계는 다음 6단계로 구분하여 구축하는 것이 좋다(Chapin and Kaiser, 1979: 111~ 112).

① 범위확인 정보체계에서 나타내려고 하는 주요 구성요소의 확인이 첫 번째 단계이다. 즉 계획을 위한 정보체계의 자료파일은 어떻게 구성할 것인가 하는 문제이다.

② 자료결정 정보체계에 포함되어야 할 특정자료의 내용을 결정하는 것이다. 이는 측정할 변수, 측정의 바탕(예: 블록, 사람, 주소 등), 요구되는 정확성, 상세수준, 현행 측정의 유지, 과거자료의 소급기한 등의 결정을 포함한다.

③ 자료수집 이 과업은 기 발간된 자료에서 획득하는 방법과 직접적으로 자료획득을 위한 조사를 실시하는 두 가지 방법을 사용한다. 표본추출, 조사도구, 조사과정의 설계 관리, 코딩, 자료의 검토 등이 포함된다.

④ 자료저장과 검색 자료저장체계는 컴퓨터파일뿐 아니라 지도, 보고서 등도 포함된다. 자료검색은 자료저장장치에 적용되며 각종 정보 파일에서 도표로 나타내기 위한 '접근'프로그램이다.

⑤ 자료분석 이 과업은 자료군 들을 재결합하여 각종 중간분석을 작성하는 것과 관련되는 것으로 자료의 조직, 분석, 제시를 위한 여러 방법과 기법을

포함한다.

⑥ **표현과 통신** 정보체계설계의 마지막 단계는 시각적으로 매력적인 산출을 단순명료하게 나타내는 작업이다.

4. 관 리

정보체계관리(情報體系管理)는 통제, 이익, 조정, 하드웨어와 소프트웨어, 체계조직, 체계집행, 접근성, 인사의 논점을 검토한다(Kaiser, et al., 1995: 91~98).

① **통제(control)의 궤도** 가장 기본적인 논점은 '누가 정보체계에 관계되는냐?'하는 것이다. 예상되는 사람으로는 기기를 운영하는 기술막료, 관련부서장, 고위정부관리 또는 선출된 관료를 포함한 여러 집단과의 혼합된 통제형태로 나눌 수 있다. 정보는 그 사용이 조직적 정치적 의미를 갖고 있는 자원이기 때문에 통제의 논점은 사소한 것이 아니다. 조직 내에서의 정보의 생산과 유통은 조직권력의 주요 형태이다.

② **제공되는 이익**(interests) 계획정보체계가 공여하는 이익의 유형은 통제의 궤적과 연계된다. 기술막료가 정보체계를 통제하면 기술적으로 앞선 하드웨어, 소프트웨어를 개발하는데 있을 것이며, 지방정부부서장인 경우는 관련부서의 운영과 관련된 사항이 될 것이고, 최고관리자가 통제하면 전략조직과 관리목표에 초점을 두고, 선출된 관료와 공유하는 경우는 대중정보수요와 접근성의 강조 그리고 명료한 제시를 지향할 것이다.

③ **정보제공자와 사용자의 조정**(coordination) 각급 수준의 정부부서와 민간부문집단이 계획정보를 사용한다. 어떤 경우는 사용자가 공급자가 되는 경우도 있다. 책임의 광범성 때문에 계획가는 정보에 대해 광범한 이해관계를 맺고 있다.

④ **하드웨어와 소프트웨어**(hardware and software) 계획정보체계를 시작함에 있어 당면하는 어려운 결정의 하나는 적절한 하드웨어와 소프트웨어를 선택하는 문제이다. 주요한 하드웨어 결정은 개인컴퓨터(마이크로컴퓨터), 워크스테이션(work station), 미니컴퓨터(mini computer), 메인후레임컴퓨터(main frame computer), 이의 결합 중에서 어떤 것을 구입할 것인가에 대한 것이다. 이는 데이터베이스나 프로그램의 크기에 따라 결정할 문제이지만 최근에 개인컴퓨터의 용량이 증가되고 통신망의 확대 등을 고려하면 단순한 문제는 아니다. 주요

한 소프트웨어결정은 구입하고자 하는 프로그램의 유형과 관계된다.

⑤ **체계조직**(system organization)　　정보체계컴퓨터는 집중, 분산, 배분형으로 나눌 수 있는데, 각각의 장단점이 있다. 집중조직(集中組織)은 메인컴퓨터(main computer)를 한곳에 설치하여 자료처리와 정보서비스를 통제 관리하고, 사용부서는 단말기로 원격 접속하는 형태다. 이의 장점은 장비와 데이터베이스가 전문기술자에 의해 유지하고, 비용이 절감되며 표준화된 과정 때문에 오류의 가능성이 적다는 점이다. 단점은 계획부서 등이 중앙막료에 의존하기 때문에 독자적인 처리력 배양이 부족하고 중앙막료의 관료성에 따른 지연 등이 예상된다.

분산조직(分散組織)은 중앙컴퓨터시설이 자료와 프로그램의 도서관 역할을 하여 부서나 고객이 원격접근 또는 원격처리하는 것이다. 장점은 사용자가 목적에 따라 자율적으로 분석할 수 있으며, 다양한 하드웨어, 소프트웨어, 자료를 통합정보체계로 운영할 수 있다. 단점은 부서들이 완전한 운영상 자유를 갖지 못한다는 점이다.

배분형조직(配分型組織)은 개별 컴퓨터에 개별 데이터베이스로 운영하며 부서막료에 의해 운영 통제되는 독자운영체계다. 장점은 원하는 자료와 정보를 독자적 체계에 의해 처리하는 점이지만 부서 간에 노력의 중복, 유용성, 효율성의 관점에서 한계가 있다.

⑥ **체계집행**(system implementation)　　새로운 컴퓨터화된 계획정보체계의 집행은 기술적 복합성, 정치적 부담, 제조변화 등이 혼합되어 어려운 작업이다. 집행자는 어떤 유형의 장비패키지가 필요하며, 의사결정자가 자금을 지출하도록 어떻게 설득하며, 언제 가동되도록 할 것인가를 정리해야 한다. 집행의 불확실성에 대처하는 방안의 하나는 종합적인 것보다는 점진적인 새로운 계획정보체계를 개발하는 것이다. 점진적 개발이란 일반적이며 신축적인 체계설계에 따라 오랜 시간에 걸쳐 하드웨어, 소프트웨어, 데이터베이스를 조금씩 추가해 나가는 방법이다.

⑦ **접근성**(accessibility)　　정보체계에 누가 어떤 부분에 접근하느냐 하는 결정은 어떻게 데이터베이스가 만들어지고 사용되는냐에 따라 좌우된다. 어떤 체계는 자료검색만 하고 변화하지 못하도록 하고, 다른 체계는 특정한 사용자에게는 자료접근과 투입이 가능하도록 할 수 있다. 공공기록에 대한 접근성은 허가받지 않은 사용자로부터의 정보의 안전성을 보호하는 문제를 제기한다.

⑧ **인사**(staffing)　　컴퓨터화된 정보체계의 운영을 위한 자격 있는 사람

의 발견은 주요한 관리상 문제이다. 연구 및 관리인력을 초기에 적절히 확보하는 문제는 물론기술발달과 환경변화에 적절히 적응할 수 있도록 훈련과 관리가 체계적으로 이루어지도록 해야 한다.

Ⅱ. 지리정보체계

1. 개 념

지리정보체계(Geographic Information System: GIS)는 지리관련정보를 수집, 관리, 통합, 조작, 분석 그리고 출력하기 위한 컴퓨터체계이다(Saleh and Sadoun, 2006: 210). 즉 지리정보체계(地理情報體系)는 첫째, 대량의 공간관련 자료를 저장, 관리, 통합하는 것이며, 둘째, 이를 분석하고, 셋째, 이용자가 용이하게 접근할 수 있도록 정보를 조직, 관리하는 세 가지 임무가 있다(Scholten and Stillwell, 1990: 3~4).

GIS는 1963년에 피셔(H. Fischer)가 「SYMAP」이라는 GIS 소프트웨어를 개발하여 사용한 이래로 계속 발달, 활용되고 있다. GIS의 특징은 잘 구축되고 정리된 자료체계로서의 데이터베이스(data base), 공간정보의 분석과 모형구축에 초점을 둔 공간분석(spatial analysis), 자료의 도표 출력 또는 지도적 표현(catographic aspects)의 세 가지로 요약할 수 있다(Maguire, 1991: 13~14). 데이터베이스 관리는 필요한 자료를 수집하고 이를 전산화하여 체계적으로 자료를 관리하는 기능을 담당한다. 공간분석은 완성된 데이터베이스를 기초로 자료의 검색 및 재생 등을 수행하고 의사결정을 위한 공간해석과 모형화 기능을 수행한다. 자료의 도표 출력은 자료를 처리하거나 공간분석한 결과를 사용자가 쉽게 이해할 수 있도록 도표형태나 지도로 제공하는 기능을 담당한다.

2. 자료의 유형과 표현

(1) 자료의 유형

GIS 개념은 토지자체의 속성을 나타내는 속성자료(attribute data)와 공간적 관계를 나타내는 도형자료(graphical data)를 포함한다. 속성자료(屬性資料)는 도형실체와 관련된 속성으로, 공간단위의 통계정보와 도형설명정보가 포함된다. 전자는 일반적인 통계자료수집절차를 거쳐서 수집되며, 후자는 수치지도제작과 함께 수집된다. 도형자료(圖形資料)파일은 공간적 실체에 대한 문자적 표현이다.

전통적으로 이러한 도형기록은 지도형태로 보관된다. 컴퓨터를 통해 토지관련 도형요소를 점(points), 선(lines), 면(polygons)의 형태로 보관한다.

(2) 자료의 표현

도형자료를 컴퓨터에 표현하는 방법은 레스터(raster)표현과 벡타(vector)표현의 두 가지가 있다. 레스터 표현은 격자 또는 레스터에 표현하는 방식으로, 각 격자셀(cell)은 종횡치를 갖고, 표현하고자하는 속성의 값을 나타내는 화상처리방법이다. 벡타표현은 시종을 나타내는 선(線)들과 이의 연결로서 표현되는 도형처리방식이다. 여기서 선의 시섬과 종점이 벡타를 형성한다.

3. 하부체계

GIS는 하드웨어(hardware), 소프트웨어(software), 데이터(data), 조직과 인력(liveware)의 4가지 요소로 구성되어 있다. 하드웨어는 컴퓨터, 저장단위, 투입/산출장치 그리고 통신망으로 구성되어 있다. 투입장치는 디지타이저(digitizer)와 스캐너(scanner)를, 산출장치는 프린터나 도화기(plotter)를 지칭한다. 하드웨어의 하부구조는 자료입력, 자료관리, 자료출력의 3개 범주로 나눌 수 있다(김영표 외, 1998, 38~39). 자료는 CD, 테이프, 플로피 디스크 등의 매체를 통해 입력되거나 디지타이징, 스캐닝, 또는 키보드 타이핑을 통해 입력된다. GIS의 핵심은 자료를 관리하고 분석하는 전산작업에 있다. 자료를 관리, 분석하기 위해서는 개인용 컴퓨터 또는 워크스테이션 네트워크 등이 이용된다. GIS는 출력물을 다양하게 산출한다. 출력물을 확인하기 위해 제일 먼저 이용되는 것이 화면출력이다. 출력물은 흔히 플로터나 프린터에서 지도나 도면형태로 출력되며 필요시 통계표와 보고서 형태로 출력된다.

소프트웨어는 GIS를 구동시키기 위한 소프트웨어는 자료수집관리, 자료의 조작·분석·표현의 능력과 관련된다. 데이터는 GIS에서 대부분의 작업은 자료를 입력하거나 관리하는 것으로 이루어진다. 조직과 인력은 GIS를 구동시키는 조직과 인력은 GIS의 구성요소 중 가장 중요한 부분이다.

4. 구축 및 분석절차

GIS는 자료의 수집·투입·교정, 저장과 검색, 조작과 분석 그리고 산출과 보고의 4개의 단계로 이루어졌다(Martin, 1991: 50~52).

(1) 자료수집, 투입 그리고 교정

① **자료수집** 사회경제자료는 다양한 목적으로 수집되고, 직접적으로 지리적 특성을 구비한 것은 거의 없다. 따라서 대부분의 자료들이 성격면에서 독특하고 다른 목적의 요구에는 부합되지 못하다. 그리고 지역적인 특성을 구비한 자료도 서로 호환하기 어렵고, 시간에 따라 변하기 쉽다. 즉 GIS를 염두에 두고 수집된 자료는 거의 없기 때문에 자료수집의 목적과 방법에 대한 분명한 이해는 GIS 이용자에게는 매우 중요하다.

② **자료의 투입과 교정** 지리정보체계에 속성자료를 수작업, 스캔닝, 또는 키보드 등을 통해 투입하고, 다른 데이터베이스 체계에서 온라인 검색이 가능하는 작업과 관련된다. 이 단계에서는 먼저 디지털 지도가 작성된다. 자료의 투입은 레스터(raster), 벡타(vector) 그리고 쿼드트리(quadtee)형의 3가지가 있다. 레스터형은 대상지역을 규칙적인 격자형 셀로 나누어 셀(cell)별로 속성자료를 수집, 투입한다. 벡타형은 지도에 자료정보를 숫자형태로 기록하는 것으로, 숫자화하는 과정은 자동화 수단에 의해 이루어지지만, 수작업(手作業)으로도 이루어지는 경우가 많다. 수작업에 의한 숫자화 작업은 작업자가 제도면 위에 있는 자료문건을 커서를 따라 추적하면 커서의 위치를 탐지하는 전자장치에 의해 주컴퓨터에 입력된다. 자동투입은 스케너나 벡타라인추적장치에 의해 이루어진다. 쿼드트리형은 격자와 벡타의 결합형인데, 이 방법에서는 자료들이 가변적인 크기의 격자셀로 투입된다. 즉 동질공간에서는 큰 셀을 사용하다가 조사지역의 끝 부분에서는 정확한 그림을 나타내기 위해 셀의 크기가 작아진다.

공간자료를 입력하는 방법으로 수치정보의 직접입력, 디지타이징, 스캐닝, 사진측량 및 일반측량, 원격탐사, 범지구 위치측정 시스템(Global Positioning System: GPS) 등이 있다(김영표 외, 1998: 95~112). 이 중에서 디지타이징과 스캐닝은 작업과정이 쉽고 자료의 정확성이 높아 새로운 자료의 입력에 많이 활용된다.

(2) 저장과 검색

이는 메모리, 디스크, 또는 테이프에 자료를 물리적으로 저장하고, 다른 GIS의 다른 세 가지 구성요소의 필요에 의한 검색장치의 통제를 포함한다.

(3) 조작과 분석

조작과 분석은 수학적인 수단을 통한 디지탈모형의 변형을 위해 이용가능한 전체적인 기법들을 나타내는 GIS의 핵심과정이다. GIS는 공간자료의 분석을 통해 현실세계를 반영하는 모형을 개발하고, 이를 응용하여 현실세계의 모습을 명확하게 밝혀낸다. 이러한 공간정보의 분석절차는 다음과 같다(김영표 외, 1998: 121~126).

① 분석목적과 분석기준의 결정 지리분석을 통해 의미 있는 결과를 도출하기 위해서는 일련의 작업절차에 따라야 한다. 먼저 분석하고자 하는 목적을 명확하게 설정하고, 분석결과를 도출하기 위하여 필요한 분석기준을 설정한다. 그리고 설정된 각각의 기준에 따라 결과를 도출하는데 필요한 연산의 유형을 결정한다. 분석기준에 따라 코드 값에 대한 연산, 버퍼링, 면적계산 등의 연산이 수행된다.

② 공간자료의 준비 분석기준을 설정하고 데이터베이스에 저장된 커버리지에 대한 속성치(屬性値)를 추가할 필요가 있는지 살펴본다. 만약 별도의 속성치를 추가할 경우 분석이전에 추가 작업을 수행하여 속성 값을 데이터베이스에 포함시켜야 한다.

③ 공간연산수행

ⓐ 버퍼생성: 버퍼(buffer)생성은 지리적 요소를 둘러싸고 있는 면적을 검색하기 위하여 이용되는 공간연산기법이다. 즉 지리적 요소를 둘러싸고 있는 폴리곤을 버퍼 또는 버퍼영역이라 한다.

ⓑ 지리적 요소조작: 커버리지를 자르거나 인접한 커버리지를 통합하는 공간자료의 조작과정을 통해 지리적 요소를 제거하거나 추가할 수 있다. 이러한 조작과정을 통해서 새로운 커버리지가 형성된다.

ⓒ 폴리곤의 중첩: 새로운 커버리지를 제작하기 위해 폴리곤 커버리지 위에 다른 폴리곤 커버리지를 중첩시키는 공간연산을 폴리곤의 중첩이라 한다. 이때 폴리곤의 공간적 위치와 폴리곤의 속성 값들은 새로 제작된 커버리지에서 새로운 관계로 통합한다. 공간통합을 위한 연산방법으로는 결합, 일치, 교차 등이 있다.

④ 속성자료의 준비 속성자료를 분석하기 위해 분석이전에 필요한 모든 항목이 속성자료 데이터베이스에 존재하는지 확인해야 한다. 만약 필요한 항목이 제외되었다면 테이블을 추가하고 해당 속성값을 입력해야 한다.

⑤ 속성자료의 분석 GIS 데이터베이스에 수록된 속성자료는 관련된 공간자료와 연계되어 있다. 따라서 속성항목에 특정 값이 주어지면 적합한 공간요소를 검색하는 작업은 어렵지 않다.

⑥ **결과의 평가 및 해석** 분석이 완료되면 도출된 결과를 평가하여 결과의 수용여부를 판단한다.

(4) 산출과 보고

이는 지리정보체계내의 자료를 컴퓨터나 인간이 읽을 수 있도록 송출하는 것이다. 산출체계는 산출장치(output device)와 산출물(products)을 의미한다. 산출장치는 Visual Display Unit(VDU), Line Printer, Plotter, Magnetic Media이며, 산출물은 Maps, Overlays, Tabular data, Reports, Disks and Tapes 등이다.

공간정보는 화면출력, 지도, 통계표, 보고서, 수치자료 등의 다양한 형태로 출력된다. 또한 자료와 결과물은 디스크, CD-ROM 테이프, 네트워크 등의 전자매체를 이용하여 디지털 형식으로 출력할 수 있다. 보고서(報告書)에는 공간정보를 분석하게 된 배경, 목적, 분석방법, 분석기준, 수행절차 및 분석내용 등을 보고서에 수록한다.

▌그림 10-2 GIS의 구성요소▐

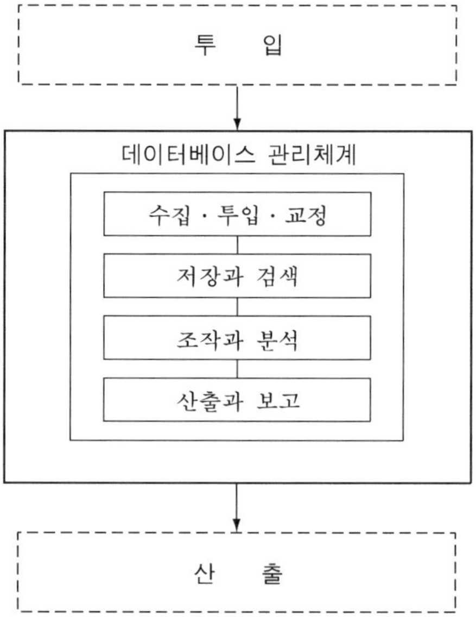

자료: Martin, 1991, 51.

참고문헌

김광웅, (1992, 1996), 「방법론강의」(서울: 박영사).
김해동, (1990), 「조사방법론」(서울: 법문사).
노화준, (1989, 1999), 「정책분석론」(서울: 박영사).
——, (1985), 「행정계량분석」(서울: 법문사).
박용치, (1989), 「현대사회과학방법론」(서울: 고려원).
오택섭, (1987), 「사회과학데이타분석법」(서울: 나남).
유지성 · 오창수, (1995), 「현대통계학」(서울: 박영사).
이군희, ((2004), 「사회과학 연구방법론」(서울: 법문사).
정환용, (1999), 「도시계획학원론」(서울: 박영사).
차배근, (1994), 「사회과학연구방법」(서울: 세영사).
채서일, (1990), 「사회과학조사방법론」(서울: 법문사).
편인범, (2001), 「통계학의 이해」(서울: 대광서림).

김영표, 외 3인, (1998), 「GIS의 기초와 실제」(서울: 국토개발연구원).
안문석, (1984), "자료조직과 분석기술," 김광웅 외, 「사회과학방법론」(서울: 박영사), 235~253.
한상복, (1984), "사회과학연구를 위한 관찰방법," 김광웅 외, 「사회과학방법론」(서울: 박영사), 204~222.

Börjeson, L. Höjer, M., Derborg, K., Ekvall, T. and Finnveden, G., (2006), "Scenario types and techniques: towrds a user's guide", ***Futures***, 38(2006): 723~739.
Breheny, M. and Roberts, A., (1978), "An Integrated Forecasting System for Structure Planning", ***Town Planning Review***, 49; 3 (July, 1978): 306~318.
Catanese, A,, (1979), "Information for planning", So, Frank S., et al., (eds.), ***The Practice of Local Government Planning***(Washington, D. C.: ICMA), 90~114.
Chadwick, G., (1978), ***A Systems View of Planning***(Oxford: Pergamon).
Chapin, F. and Kaiser, E., (1979), ***Urban Land Use Planning***(Urbana, Illinois: Univ. of Chicago).
Cole, S., (2001), "Dare to dream: bringing futures into planning", ***Journal of the***

American Planning Association, 67; 4(2001): 372~383.

Cross, D., (1975), ***Forecasting in Urban and Regional Planning***(London: Social Science Research Council).

Cuhls, K., (2003), "From forecasting to foresight processes–New participative foresight activities in Germany", ***Journal of Forecasting***, 22(2003): 93~111.

Dunn, W., (1994), ***Public Policy Analysis: An Introduction***(Englewood Cliffs, N. J.: Prentice Hall).

Field, B. and MacGregor, B., (1987), ***Forecasting Techniques for Urban and Regional Planning***(London: Hutchinson).

Gabrielian, V., (1999), "Qualitative research methods: an overview", Miller, G. and Whicker, M., eds., ***Handbook of Research Methods in Public Administration***(N. Y.: Marcel Dekker), 167~205.

Han, S. and Kim, T., (1989), "Can expert systems help with planning?", ***Journal of the American Planning Association***, 55; 3(Summer 1989): 296~308.

Hawtin, M., Hughes, G. and Percy–Smith, J., (1994), ***Community Profiling***(Buckingham: Open University Press).

Hoos, I., (1967), "Information systems and Public Planning", Branch, Melville C., (ed.), (1975), ***Urban Planning Theory***(Penn.: Dowden, Hutchinson & Ross), 177~188.

Jantsch, E., (1972), ***Technological Planning and Social Futures***(London: Cassell/ Associated Business Programmes Ltd).

Jones, H. and Twiss, B., (1978), ***Forecasting Technology for Planning Decisions***(London: Macmillan Press).

Kaiser, E.. and Godschalk, David R., (1995), ***Urban Land Use Planning***, Urbana and Chicago: Univ of Illinois Press.

Klosterman, R., (1997), "Planning support system: a new perspective on computer–aided planning", ***Journal of Planning Education and Research***, 17(1997): 45~54.

Krueckeberg, D. and Silvers, A., (1974), ***Urban Planning Analysis: Methods and Models***(N. Y.: John Wiley & Sons).

Lee, C., (1973), ***Models in Planning***(Oxford: Pergamon).

Lein, J., (1997), ***Environmental Decision Making***(Oxon, England: Blackwell).

Mackett, R., (1977), "Models and the Urban Planning Crisis", ***Town Planning Review***, 48; 3(1997): 287~298.

Martin, D., (1991), ***Geographical Information Systems and Their Socioeconomic***

Application(London: Routledge).

Masini, E., (2006), "Rethinking futures studies", ***Futures***, 38(2006): 1158~1168.

McLoughlin, J., (1969), ***Urban and Regional Planning***(London: Faber & Faber)

Mitchell, J., (2007), "The use (and misuse) of surveys in policy analysis", Fischer, F., Miller, G. and Sidney, M., (eds.), ***Handbook of Public Policy Analysis***(London: CRC Press), 369~379.

Myers, D., (2001), "Symposium: Putting the future in planning: introduction", ***Journal of the American Planning Association***, 67; 4(2001); 365~367.

________ and Kitsuse, A., (2000), "Constructing the future in planning: a survey of theories and tools", ***Journal of Planning Education and Research***, 19(2000): 221~231.

Nishikawa, N., (1982), "Survey Methods for Planners", H. C. Danekar, (ed.), ***The Planner's Use of Information***(Stroudeburg, Penn.: Hutchinson Ross Publishing Co.), 32~55.

Northrop, A., (1999), "Sampling and data collection", Miller, G. and Whicker, M. (eds.), ***Handbook of Research Methods in Public Administration***(N. Y.: Marcel Dekker), 99~124.

Robins, D., (1999), "Questionnaire construction", Miller, G. and Whicker, M. (eds.), ***Handbook of Research Methods in Public Administration***(N. Y.: Marcel Dekker), 87~98.

Rubin, A. and Babbie, E., (2001), ***Research Methods for Social Work***(Belmont, CA: Wadsworth).

Sadovnik, A., (2007), "Qualitative research and public policy", Fischer, F., Miller, G. and Sidney, M., (eds.), ***Handbook of Public Policy Analysis***(London: CRC Press), 417~427.

Saleh, B. and Sadoun, B., (2006), "Design and implementation of a GIS system in planning", ***International Journal of Digital Libraries***, 6; 2(2006): 210~218.

Sawicki, D., (1979), "Quantitative Methods in Urban Planning", Catanese, Anthony J. and Snyder, James C., (eds.), ***Introduction to Urban Planning***(N. Y.: McGraw-Hill), 149~171.

Scholten, H. and Stillwell, J., (1990), "Geographical Information Systens: The Emerging Requirements", Scholten, H. and Stillwell, J., (eds.), ***Geographical Information Systems for Urban and Regional Planning***(Dordrecht: Kluwer Academic Publishers), 3~14.

Selltiz, C., Wrightsman, L., and Cook, S., (1976), ***Research Methods in Social***

Relations(N. Y.: Holt, Rinehart and Winston).

Stephenson, R., (1998), "In what way, and to what effect is technical information used in policy making: Findings from a study of two development plans", ***Planning Practice & Research***, 13; 3(1998): 237~245.

Stokey, E. and Zeckhauser, R, (1978), ***A Primer for Policy Analysis***(N. Y.: W. W. Norton & Company Inc).

Strand, S., (1999), "Forecasting the future: pitfalls in controlling for uncertainty", ***Futures***, 31(1999): 333~350.

Yanow, D., (2007), "Qualitative−interpretive methods in policy research", Fischer, F., Miller, G. and Sidney, M., (eds.), ***Handbook of Public Policy Analysis***(London: CRC Press), 405~415.

Wachs, M., (2001), "Forecasting versus envisioning: a new window on the future", ***Journal of American Planning Association***, 67; 4(2001): 367~372.

Whicker, M. and Miller, G., (1999), "Levels of dat, variabeles, hypotheses and theory", Miller, G. and Whicker, M. (eds.), ***Handbook of Research Methods in Public Administration***(N. Y.: Marcel Dekker), 21~40.

제11장 계획대안의 작성과 선택

제 1 절 대안작성

Ⅰ. 의 의

1. 개 념

계획조사가 이루어지고, 목표에 대한 합의가 이루어지고 나면, 목표실현을 위한 계획안(대안)을 작성하게 된다. 여기서 대안(alternatives)이란 목표달성을 위한 가능한 행동노선(courses of action)을 의미한다. 계획작성(planning formulation)은 문제에 대한 대안들을 확인하고 만들며, 최종적인 대안선택을 위한 해결책을 좁혀가는 것과 관련된다.

대안(代案)은 다음의 속성(屬性)을 가지고 있다(Mayer, 1985: 150~152; 정환용, 1999: 185). 첫째, 대안적 행동노선(行動路線)은 소극적으로 상호관계되는 명료한 행동군으로 정의할 수 있다. 이는 하나의 행동노선의 수용은 다른 행동군을 채택할 수 없게 하는 대안들 간의 상호배타적 관계를 의미한다. 둘째, 대안은 상이한 강도의 단일행동노선에 대해 여러 형태를 취할 수도 있다. 마지막으로 행동노선군이 모두 목표달성에 긍정적 효과를 가져올 수 있지만 상호배타적이 아닐 수도 있다. 이 경우 하나의 대안의 채택은 다른 대안의 수용을 제한하는 경우가 없이 전체 대안을 수용할 수도 있지만 이용가능한 자원의 제약 때문에 제한된 수를 선택하는 경우가 많다.

대안이 처음부터 완벽하게 작성되어 최초안이 최종안으로 선택되는 경우는 드물고, 최초에는 포괄적인 안이 구상되었다가, 점진적으로 대안의 내용이 수정, 변경 또는 새로운 내용이 첨가되어 구체화되는 경우가 대부분이다. 따라서 대안작성과정을 목표-수단의 연쇄과정(end-means chain)이라고 부르는 이유도 여기에 있다(정환용, 1999: 184).

2. 중 요 성

계획안 작성은 여러 개의 대안 가운데 설정된 목표를 가장 효과적으로 실현시킬 수 있는 최종안을 찾아내는 과정이다. 대안(代案)의 수(數)는 가용자원(시간, 노력, 인력 등), 잠재적 제약요인(물리적, 정치적, 사회적 제약 등) 그리고 계획가의 상상력 등의 요인에 의해 제한된다(Mcloughlin, 1969: 232; Hobbs and Doling, 1981: 100).

대안작성단계는 계획과정 중에서 가장 창조적 단계(創造的 段階)이다. 대안작성이 창조적인 성격을 갖는 것은 대안작성자에게 계획목표의 달성을 위해 두 개 이상의 방안을 생각하도록 하고, 이러한 요구는 쇄신적 지혜를 통해 이룰 수 있으며, 보다 많은 대안을 도출할수록 보다 최선의 해결방안을 도출할 수 있다고 보기 때문이다.

계획은 사전(事前)에 정의된 방법으로 목적물의 변화를 가져오기 위한 행동의 설계(design of the actions)이다. 이러한 의미에서 대안적 해결책의 설계능력(設計能力)은 계획가를 정책분석가나 체계분석가와 같은 분석적 실무자와 구별하게 만드는 그들만의 독특성이다(Alexander, 1992: 79).

Ⅱ. 작성방법

1. 접근방법

대안개발(代案開發)에는 두 가지의 접근방법을 생각할 수 있다(Wilson, et al, 1979: 101). 첫째는 선향기법(線型技法)으로 대안의 '작성(generation)-정련(elaboration)-평가(evaluation)'의 일련의 과정이 선형적으로 이루어져, 하나의 대안을 최종적으로 선택하는 방법이다. 두 번째 접근방법은 순환적 접근(循環的 接近)으로 각 순환은 대안의 작성-정련-평가로 이루어져, 이것이 다음 단계 순환의 결정과 재구성의 바탕이 된다([그림 11-1] 참고).

그림 11-1 대안작성방법

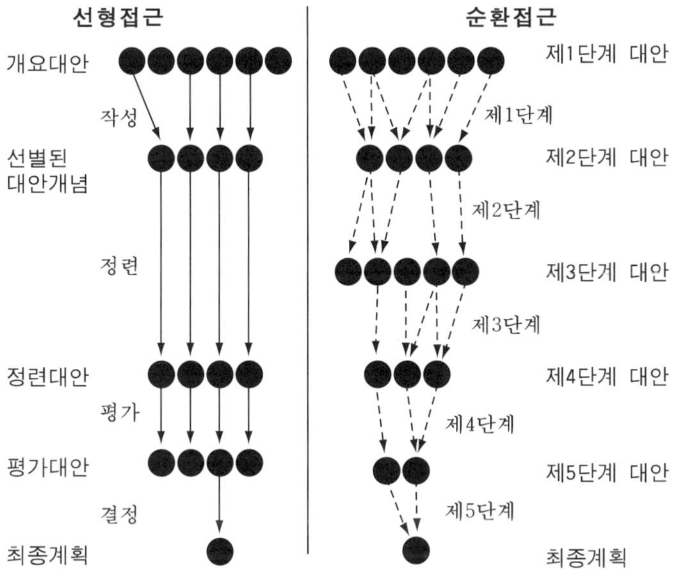

* 순환접근에서 점선화살표는 환류를 포함한 개념임.
자료: Willson, et al., 1979:102.

2. 작성과정

대안작성과정은 4단계로 구분할 수 있다(Mayer, 1985: 152~156; 정환용, 1999: 186~187).

(1) 계획문제의 개념구조의 구축

대안작성은 계획문제에 대한 개념적 구조(槪念的 構造)를 구축하는 것으로부터 시작하는 것이 유용하다. 이 구조는 계획가에게 바람직하지 못한 여건을 형성하고 있는 요인들 또는 바람직한 상황의 발생을 저해하는 요인들을 체계적으로 표현하게 하여, 현재의 여건을 명료화할 뿐 아니라 교정이 요구되는 적정한 행동을 확인할 수 있게 한다.

개념구조구축에 있어 현상의 원인과 결과에 대한 지식인 인과학(etiology)과 현상의 존부(存否)를 통제하는 요인에 관한 지식을 다루는 역학(epidemiology)과는 구별할 필요가 있다. 인과학적(因果學的) 시각에서는 요인들은 시간이 지나면 제거되기 때문에 수정하기 위한 노력을 의사결정체계의 능력 밖으로 보는데 반해, 역학적(疫學的) 시각에서는 현상을 목적적 개입을 통해 어떻게 변화시킬 것인가 하는 보다 실제적인 접근을 시도하게 된다.

(2) 문제해결을 위한 대안적 행동의 도출

계획문제에 대한 개념구조가 개발되고 나면, 그것을 해결하기 위한 대안적 행동의 창출이 요구된다. 대안도출(代案導出)은 모형에서 방해요인이나 유지요인을 나타내는 현재행동의 확인 또는 새로운 행동의 설계와 관련된다. 이 단계는 창의성(創意性)을 극대화하기 위해 비교적 자유분방하고 제약 없이 진행한다. 시간제약 등을 제외하고는 도출대안의 수는 제한이 없는 것이 보통이다. 이 단계가 계획과정에서 중심적 위치를 차지하고 있다.

(3) 적합성의 관점에서 대안들의 선별

상상력과 시간이 허용하는 범위내에서 대안이 도출되었으면, 계획가는 이들 중에서 유망한 대안들을 선별(選別)해야 한다. 계획과정의 다음 단계(대안평가)에서 각 대안평가를 위해 상당한 시간과 노력이 요구되기 때문에, 대안의 수는 분석에의 이용가능한 자원에 따라 3~6개로 줄여야 한다.

대안의 선별을 위한 기준(基準)은 자원의 이용가능성(availability of resources), 기술의 이용가능성(availability of technology), 의사결정체의 가치체계와의 적합성(value acceptability) 그리고 목표에의 적합성(adequacy)의 준거에 의한다.

(4) 적합한 대안의 서술화

대안들이 관리가능한 개수(個數)로 줄여지면, 마지막 단계는 각 대안에 대해 서술화(敍述化)를 발전시키는 것이다. 이 서술은 만개(滿開)한 설계를 기대하는 것은 아니지만, 집행단계와 연결된다. 그리고 각 서술은 예상되는 비용과 편익을 적절히 추정할 수 있도록 충분한 상세성(詳細性)을 갖추어야 한다.

호프킨스(L. Hopkins)는 실용적인 차원에서 계획이 작동하도록 하는 방법으로 아젠다, 정책, 비전, 설계 그리고 전략의 5가지를 제시했다. 아젠다(agendas)와 정책(policies)은 우선순위를 제시하고, 비전(visions), 설계(designs), 전략(strategies)은 장래의 상호작용에 대해 상이한 표현을 제안한다(Hoch, 2007: 25).

Ⅲ. 작성기법

1. 유　　형

대안작성에는 문헌검토, 비교연구, 현존지식과 경험의 조사 그리고 구조화된 집단과정의 4가지 기법유형이 유용하다(Mayer, 1985: 156~160; 정환용, 1999: 187).

문헌검토(文獻檢討)는 계획문제의 상세화에 관한 현재의 지식과 경험을 평가하는데 가장 쉽고 자주 사용하고 있는 기법이다. 비교연구(比較硏究)는 비교적 새롭고 체계적인 지식이 없는 계획문제에 대한 해결대안을 도출하는데 가장 유용한 방법이다. 관련된 문헌이나 사례를 발견하기 어려울 때 조사(調査)는 대안적 행동을 도출하기 위해 사용할 수 있다. 마지막으로 구조화(構造化)된 집단과정(集團過程)은 앞의 세 가지 방법과 연계되어 사용하는데, 관계문헌이나 모형이 없을 때 특이 유용하다. 이 방법은 동적이고 상호작용적이기 때문에 쇄신적 또는 창조적 사고를 촉진하는데 유용하다.

2. 기　　법

대안작성에는 많은 방법들이 있으니, 한편으로는 경험을 통한 전통적 지혜를 바탕으로 한 것으로, 매우 직관적인 브레인스토밍(brainstorming), 집단토의를 사용하는 델피(delphi) 그리고 문제에 대해 중간적인 답을 추구하는 반논리적(semi-logical) 접근방법이 있다. 다른 한편으로는 매우 체계적이며 수리적 방법에 의해 문제해결방안을 모색하는 결정이론(decision theory)이 있다.

이들 방법은 상이한 목적을 가지고 있고, 서로 다른 요구를 하고 있기 때문에 실제적용에는 여러 방법의 혼합에 의한 보완이 요구된다(Bracken: 1981).

(1) 브레인스토밍

이 방법은 즉흥적이고 자유분방하게 여러 아이디어를 창안하기 위해 집단적 토의를 하게 된다. 보다 많은 아이디어를 얻기 위해서 첫 번째 단계에서는 평가하지 않아야 한다. 일단 아이디어가 제시되면 이를 모아서 현실성이 없는 제안(提案) 등은 제거하고, 유사한 것은 통합(統合)하여 몇 개의 대안으로 정리한다. 이러한 과정을 거쳐 현실적으로 채택가능한 대안을 구체화하게 된다.

(2) 델피 방법

여기서는 집단적 토론단(group panels)의 방법을 사용하는데, 이 토론단은 각종 이익집단, 압력단체 그리고 전문가집단으로 구성한다. 토론단의 각 구성원은 계획대상의 장래에 대한 시나리오 견해를 구성하여, 이러한 개인적인 발견을 토론회에서 토의하여 합의된 견해를 찾는 방법이다.

이 접근은 광범한 사람들의 참여에 의해 다양한 견해가 도출될 수 있는 유리한 점이 있지만, 체계적인 추세분석에 의하기 보다는 직관과 기대에 의해 현재를 바탕으로 대안을 작성하게 된다는 단점이 따른다.

(3) 결정이론

결정이론 중 가장 광범하게 이용되는 모델은 결정나무(decision tree)이다. 이를 통한 대안작성은 계획대상환경의 주요 구성요소의 확인, 각 구성요소별 대안적 형태의 상술 그리고 결정나무 그래프(graph)를 사용하여 구성요소의 대안들을 계획대안의 형태로 체계적으로 결합하는 3개 과정으로 나누어 고려한다(Krueckeberg and Silvers, 1974: 63~68).

제 2 절 대안선택

Ⅰ. 의 의

1. 개 념

(1) 중 요 성

의사결정(decision-making)은 일련의 경쟁적인 대안 중에서 하나를 선택하는 것이다. 이러한 선택은 각 대안선택결과의 평가에 기초한다. 어떤 결과는 예측하기 쉽고, 어떤 것은 전연 발생되지 않기도 하며, 어떤 효과는 유익한데 비해 어떤 것은 바람직하지 못한 경우가 있다. 선택은 상호배타적(相互排他的)이여서, 하나를 선택하면 다른 것은 자동적으로 배제된다.

합리적 선택은 개인과 사회단위가 동질적으로 취급하는 경우가 많다. 그러나 사회집단은 아무리 소집단이라고 하더라도 서로 다른 특성, 이익 그리고 목표를 가지고 있는 상이한 개인들로 어우러져 있다. 때문에 개인이 행사한 합리적 선택이 사회적 단위에 의한 합리적 선택과는 차이가 있을 수 있다(Alexander, 1979: 114).

(2) 의사결정문제

대안선택에 있어 몇 가지의 상호관련 된 문제(問題)에 접하게 된다(Dunn, 1994: 289~290). 누구의 수요, 가치 그리고 기회가 문제가 되고 있는가? 어떤 대안이 이들을 만족하는데 이용가능한가? 어떤 목표가 달성되어야 하고 어떻게 측정되는가? 목표달성에 소요되는 비용은 어느 정도인가? 어떤 제약요인이 -재정적, 법적, 행정적, 정치적- 이의 달성을 제약하는가? 여기에는 비용이나 혜택에 포함되어야 할 부수효과, 파급효과, 예측하지 못한 결과들은 없는가? 비용과 혜택의 가치는 시간에 따라 어떻게 변하는가? 예측된 변화가 얼마나 확실히 나타나는가?

민간부문의 선택기준은 주로 이윤극대화(profit maximization)인데, 이를 공공선택에 그대로 적용하기는 어렵다. 이는 민간선택에서의 이익, 혜택, 기회에 대한 개념을 공공선택에 그대로 적용하기 어렵기 때문이다. 어떤 선택이든 간에 가능한 결과에 대한 일정한 지식에 근거하고 있지만, 어떤 상황에서는 불확실성의 여건 하에서 진행되는 경우도 있다. 여기서 가능한 결과에 대한 지식을 극대화하고, 불확실성을 극소화하는 노력을 바탕으로 대안을 비교하여 선택 -즉 결정- 하게 된다(Roberts, 1980: 48).

2. 의사결정환경

(1) 의사결정과 불확실성

의사결정은 확실성(確實性), 위험(危險) 그리고 불확실성(不確實性)의 세 가지 상이한 여건 속에서 일어난다(Alexander, 1979: 112). 확실성(certainty)은 선호(preference), 이용가능한 선택안(options) 그리고 이의 효과가 확실한 상황을 말한다. 위험(risk)상황은 사건과 결과에 대한 확실성이 적지만 확률을 추론하기에 충분한 정보를 갖고 있는 상태이다. 불확실성(uncertainty)에서는 사건의 확률마저 평가할 수 없다.

의사결정환경에서 가장 다루기 어려운 것이 불확실성이다. 이러한 불확실성은 구획(區劃), 결과(結果), 의존(依存) 그리고 가치(價值) 불확실성(不確實性)의 4가지 유형으로 구분할 수 있다(Hansson: 1996).

① 구획의 불확실성 모든 결정의 분석은 무엇에 대한 결정이며, 어떤

대안들을 평가하고 선택해야 하는가를 결정해야 하는 결정(決定)의 범위(範圍)를 정하는 것이지만, 어떤 경우는 대안이 무엇인가를 잘 결정하지 못하는 때도 있다.

이 불확실성은 결정의 범위가 무엇이고, 해결해야 할 문제는 무엇인가를 잘 결정할 수 없는 두 가지 유형이 있다. 첫 번째 유형은 대안의 수를 전부 나열할 수 없는 불확실성이다. 이의 대처방안은 ① 이용가능한 대안을 나열하고 그 중에서 선택하는 방안, ② 보다 나은 대안을 위해 결정을 연기하는 방안 그리고 ③ 이용가능한 대안을 선택하고 수행하지만 보다 나은 대안을 계속 탐색하는 방안이 있다. 두 번째 유형의 불확실성에 대처하기 위해서는 중간적인 결정범위(intermediate decision horizons)를 작성하는 방법을 활용할 수 있다. 즉 모든 결정의 최종상태는 또 다른 결정문제의 시작이라고 볼 수 있기 때문에, 이러한 결정문제를 범주화하는 방법을 사용한다. 이러한 유형의 불확실성에 대처하기 위해서는 결정을 세분화하거나, 최초의 결정내용을 포함한 근접된 결정범위를 선택하는 두 가지 전략을 생각할 수 있다.

② 결과의 불확실성 의사결정에서 가장 일반적으로 검토되는 불확실성은 선택할 수 있는 다양한 대안의 결과가 무엇인가를 잘 모른다는 것이다. 결과(結果)의 불확실성(不確實性)은 3가지 수준에서 발생한다. 첫 번째는 가능한 결과와 이들의 가능성을 알고 있으면서도 발생하는 불확실성으로, 이는 기술적으로 위험 하에서의 의사결정(decision making under risk)이라고 한다. 두 번째 수준은 불완전하게 알려진 가능성하에서의 의사결정으로, 기술적으로는 불확실성하에서의 의사결정(decision making under uncertainty)이라 한다. 세 번째 수준은 알지 못하는 가능성하의 의사결정으로, 기술적으로는 무지 속에서의 의사결정(decision making under ignorance) 또는 알지 못하는 가능성하의 의사결정(decision making under unknowen possibilities)이다. 여기서 높은 수준의 결과불확실성의 문제에 대해서는 정확히 대처하기 어렵기 때문에 합리적인 의사결정자는 상대적 중요성에 따라 균형을 만드는 것이 중요하다.

③ 의존의 불확실성 의사결정을 위한 일정한 지식은 모든 사람들이 접근가능하지만, 어떤 경우는 높은 전문적 지식(專門的 知識)에 의존하기 때문에 모든 사람이 접근하기는 어렵다. 따라서 의사결정자는 전문가에 의존하게 된다. 이러한 상황은 의존(依存)의 불확실성(不確實性)을 만든다.

여기에는 3가지 수준의 불확실성이 있다. 첫 번째는 전문가간의 불일치(不一致)로서 전문가들이 누가 옳은가에 대한 합의에 이르지 못할 때, 어떻게 할 것인가 하는 점이다. 이러한 경우 전문가들의 의견을 총합하는 것이 필요하다. 두 번째는 '누가 선의의 전문가인가?'가 명확하지 않다는 점이다. 그러나 대부분의 경우 문제를 세분하면 누가 적법한 전문가인가를 쉽게 파악할 수 있다. 세 번째 수준은 우리는 '전문가에만 전적으로 의존해야 하는가?' 하는 문제이다. '전문가들이 무엇을 말하는가?'를 잘 알지 못하고 이해가 부족할수록 합리적 의사결정자의 불확실성은 커진다. 이러한 불확실성에 대처하는 방법은 대중에게 이를 알리고 교육하며 전문가들이 대중과 의사소통하도록 가르치는 것이 요구된다.

④ 가치의 불확실성 의사결정이론가들은 의사결정자의 가치는 일정하고, 알려지고, 완전히 정확하다고 인정하고 있다. 그러나 실제로는 그렇지 못한 경우가 많다. 의사결정자 또는 다른 관련자의 가치가 잘 결정되어 나타나지 않는다는 것이다. 이러한 가치(價値)의 불확실성(不確實性)을 줄이기 위한 노력이 요구된다.

(2) 의사결정행태유형

의사결정유형(decision-making style)은 인식유형과 밀접하게 관계된다. 의사결정유형이란 결정상황에 직면했을 때 개인에 나타나는 학습된 습관적 반응이다. 그것은 개인적 특성이 아니고, 특정한 결정맥락에서 특정한 방법으로 반응하는 습관에 기반한 성향이다. 의사결정유형(意思決定類型)은 행태적 의미에서 5가지로 구분할 수 있다(Thunholm, 2004: 932~933).

합리유형(rational style)은 정보, 대안목록, 대안의 논리적 평가에 대한 종합적 연구에 의해 특징지워진다. 직관유형(intuitive style)은 정보처리의 체계적 연구보다 정보흐름의 상세함에 관심을 가지고, 전조와 감각에 의존적인 특성을 가지고 있다. 의존유형(dependent style)은 중요한 결정을 하기 전에 타인의 조언과 인도를 추구한다. 회피유형(avoidant style)은 가능하면 의사결정을 회피하는 시도이다. 즉흥유형(spontaneous style)은 즉시성의 감각과 가급적이면 신속한 의사결정과정을 하고자 하는 욕구에 의해 특징지워진다.

Ⅱ. 의사결정모형

1. 의 의

의사결정이론(decision making theory) 또는 의사결정모형(decision making

model)은 어떻게 대안선택이 이루어지는가에 관계되는 것이다(Anderson, 1979: 9; Roberts, 1980: 49).

의사결정모형(意思決定模型)의 발전과정은 관심의 초점이 개인적 차원의 의사결정분석으로부터 집단적 차원의 의사결정분석으로 변화되었고, 인간의 합리적 능력을 완전히 신뢰하는 합리모형으로부터 인간의 합리적 능력을 거의 인정하지 않으려는 극단적인 비합리모형인 점진모형과 쓰레기모형에 이르기까지 다양하다(Hatch, 1997: 275~279; 안해균, 1992: 256; 정정길, 1990: 684~685).

합리모형(合理模型)에는 합리, 만족, 점진, 혼합, 최적모형이, 현실모형(現實模型)으로는 회사, 공공선택, 쓰레기모형 등이 각각 포함되어 있다. 여기서는 합리모형 중 본 서 제6장에서 이미 언급한 합리, 점진 그리고 혼합모형을 제외하고 나머지 모형에 대해 그 특성과 의미를 검토하기로 한다.

2. 합리모형

합리모형(rational model)은 추구해야 할 목표와 문제에 대한 합의가 있고, 이러한 목표달성과 문제해결의 방안에 대한 합의가 있는 경우이다. 이 모형을 사용하기 위한 전제조건은 불확실성과 모호성이 최소인 상태이다.

(1) 최적모형

(가) 의 의

최적모형(optimal model)은 드로(Y. Dror)가 제시한 것으로, 종합적 합리성을 기초로 하는 합리적 종합적모형(合理的 綜合的模型)과 연속적 한정적 비교방법에 기초하는 점진모형(漸進模型)의 혼합(混合)을 주장하고 있다. 때문에 이 모형은 혼합주사모형(混合走査模型)과 유사하다. 그러나 이는 합리모형과 점진모형의 단순한 합계적인 혼합이 아니라, 합리성과 초합리성을 동시에 고려하는 최적성(optimality) 중심의 규범적 최적모형(規範的 最適模型)을 제시하고 있다는 점에서 합리모형에 보다 가깝다(안해균, 1992: 272). 여기서 초합리성(extra-rationality)은 직관, 통찰력 등과 같은 의식 저변에 있는 반무의식적 요소들로, 합리성의 작용이 제한될 때 이를 보완하는 역할을 하는 것이 바람직하다고 본다(정정길, 1998: 501).

이 모형의 주요 목적(目的)은 최선의 해결책을 모색하는 것인데, 의사결정자는 관련된 모든 정보에 접근할 수 없고, 모든 가능한 대안을 모색할 수 없으며,

모든 결과를 정확하게 예측할 수 없다. 그러나 이 접근은 명료한 목표, 완전한 정보, 문제분석을 위한 인식능력을 가정한 경제이론에 기반하고 있다(Tarter and Hoy, 1998: 213).

(나) 특 징

이 모형의 특징(特徵)은 다음과 같이 정리할 수 있다(안해균, 1992: 273).

① 가치, 목표 그리고 결정의 기준을 명백히 한다.

② 대안발견에 있어 문헌비교, 경험, 유용한 이론에 대한 조사연구 그리고 창조적이고 쇄신적 대안이 도출되도록 의식적인 자극을 가한다.

③ 위험최소화전략 또는 쇄신전략이 바람직한가에 대한 결정과 대안별 기대비용을 사전평가한다.

④ 바람직한 것으로 평가될 경우, 계속해서 한정된 비교를 해가며, 지식과 직관에 의해 각 대안이 초래할 모든 가능한 결과를 예측한다.

⑤ 앞의 4단계에 대한 논의 후, 여러 계획가들의 합의를 통해 최적의 정책을 검토한다.

⑥ 광범위한 분석이 요구되는 문제의 중요성을 검토한다.

⑦ 이론과 실제경험, 합리성과 초합리성 모두를 동시에 고려하여 대안을 결정한다.

⑧ 대안결정의 질을 높이기 위해 과거의 경험에 의한 체계적 학습과 적극성과 창의성을 자극하고 인력을 개발하고 지적노력을 고취시키는 일련의 작업이 이루어진다.

(다) 결정단계

이 모형에서는 정책결정을 초정책결정(超政策決定), 정책결정(政策決定), 후정책결정(後政策決定) 그리고 의사전달(意思傳達)과 피드백의 단계로 나누고, 각각을 세분하여 일관된 결정단계로서 제시하고 있다는 점이다(안해균, 1992: 274~276; 정정길, 1998: 502).

초정책결정단계(meta-policymaking stage)는 정책결정에 대한 정책결정을 하는 단계로 바람직한 정책을 결정하기 위한 전략을 결정한다. 정책결정의 단계(policymaking stage)는 초정책결정과 병행하여 진행되는 것으로 합리모형에서의 결정방법과 유사하게 우선순위에 의한 운영목표의 설정, 대안군의 준비와 각 대안별 예측된 비용과 편익의 비교와 이를 통한 최선의 대안확인 그리고 최선의 대안의 비용과 편익의 평가와 그것이 좋은 것인가 여부에 대한 결정이다. 후정책결정의 단계(post-policymaking stage)는 앞의 두 단계를 거쳐 작성된 정책을 실제에 적용하기 위해 거치는 단계로 정책의 집행과 집행후의 정책평가활동을 포함한다. 마지막으로 의사전달과 피드백의 단계는 의사전달과 피드백의 통로를 통하여 모든 국면이 상호연결되는 작업을 하도록 한다.

(라) 장 단 점

최적모형은 초합리성의 개념을 도입함으로써 합리모형을 한층 체계적으로 발전시키는데 공헌했으며, 사회적 변동상황에서 혁신적 정책결정이 거시적으로 정당화될 수 있는 이론적 근거를 제시해 주었다.

그러나 이 정책결정에 있어서도 사회적 과정에 대한 고찰이 불충분하며, 소위 초합리성의 구체적인 달성방법도 명확하지 않다. 그리고 이 모형은 너무나 유토피안적이라는 비판을 받고 있으며, 여전히 합리모형의 틀 속에 있다고 생각된다(안해균, 1992: 276).

(2) 만족모형

(가) 의 의

만족모형(satisficing model)은 마치(J. March)와 사이먼(H. Simon)에 의해 주장되었으며, 그 후 사이어트(R. Cyert)와 마치(J. March)의 회사모형(firm model) 또는 연합모형(coalition model)으로 발전하여 조직(組織)의 차원으로까지 적용되고 있는 모형이다(안해균, 1992: 259).

이 모형은 합리적 의사결정의 현실적인 변형이다. 개인들은 불확정한 상황과 인식의 제약 속에 완전한 합리적 결정을 하는 데는 한계가 있다. 때문에 그들은 최대화할 수 있는 지식, 능력, 수용력을 가지고 있지 않기에 만족화를 추구한다(Tarter and Hoy, 1998: 213).

만족전략은 최적모형을 수정한다. 양호한 결정의 준거는 최선이 아니라 만족이다. 따라서 의사결정자는 문제를 진단한 후, 수용가능한 결과의 지표를 선정하여 의사결정하여야 한다. 그러나 이 접근에서는 상황의 변화에 따라 목표를 변경할 수 있고, 따라서 만족화의 준거도 바꿀 수 있다. 즉 최적모형이 단선루프학습인데 비해, 만족화는 복선루프학습(double-loop learning)이다(Tarter and Hoy, 1998: 214).

(나) 특 징

이 모형의 특징(特徵)은 다음과 같다(안해균, 1992: 259~260).

① 이 모형은 완전한 합리성이 아닌, 제한된 합리성(bounded rationality)에 기초하고 있다. 즉 모든 대안이 초래할 결과를 완전히 예측하기에는 인간의 인식 능력에 한계가 있다는 것이다. 따라서 의사결정자는 자신의 외부환경에서 일어나는 모든 문제를 완전히 이해하는 것은 불가능하므로 이것을 간소화시켜 인식하게 되며, 여러 목표나 문제 중에서도 자기와 관련된다고 느끼는 지극히 일부분만을 관심의 대상으로 삼는다.

② 목표 역시 간소화시키는데, 이는 목표-수단을 통해 목표를 상위목표와 하위목표로 나누는 요소화(factoring)작업을 통해 이루어진다.

③ 대안탐색 및 선택도 모든 대안을 새롭게 모색하는 것이 아니라, 주위에서 쉽게 찾을 수 있는 대안을 우선적으로 검토한다. 그리고 그 대안이 당면한 문제를 해결하는데 어느 정도 심리적으로 만족할 만한 것이라고 생각되면 그대로 채택하게 된다는 것이다.

(다) 한 계 점

만족모형의 한계점(限界點)으로는 다음 3가지를 들 수 있다(안해균, 1992: 260).

① 이 모형은 지나치게 주관적이다. 심리적 만족을 대안선택의 기준으로 삼고 있으나, 그 만족의 정도를 결정지워 주는 객관적 척도가 없다.

② 이 모형의 대안선택은 현실만족적인 것이며 습관적으로 이루어진다. 때문에 다분히 보수적인 성격을 띠게 되어, 급격히 변동하는 상황에서 보다 쇄신적인 문제해결을 요하는 경우에는 적용하기 어렵다.

③ 이 모형은 주로 개인의 의사결정문제를 설명하려는 의도에서 나온 것이다. 때문에 이것을 그대로 조직의 의사결정문제에 적용시키기에는 무리가 있다.

3. 현실모형

(1) 연합모형

(가) 의 의

연합모형(coalition model)은 사이버트(R. Cybert)와 마치(J. March)가 제시한 것으로, 회사모형(firm model)이라고도 불리운다. 이 모형은 만족모형을 발전시킨 것으로, 조직에서의 의사결정에 적용시켜 그 적용범위를 확대시켰다는데 의의가 있다(안해균, 1992: 261).

의사결정이 추구해야 할 목표나 다루어야 할 문제에 대한 합의가 없이 이루어지는 경우가 종종 있다. 이는 복수의 대립되는 목표, 희귀자원에 대한 경쟁, 다른 갈등과 모순이 있는 상황에 나타나는 자연스런 결과이다. 이러한 상황에서는 가장 강력한 지위에 있는 사람이 의사결정을 지배하게 된다.

의사결정자는 이러한 경향을 알고 있더라도 단지 정치적으로 의사결정과정을 관리 또는 조작하는 행동을 할 수 있을 뿐이다. 여기서 정치적 과정은 개인적인 이해들을 결합하여 집단적으로 혜택이 되는 대안을 제시하게 되며, 이러한 연합모형은 막후협상을 통해 이루어지는 경우가 대부분이다. 이러한 상황에서는 의사결정자는 문제해결과 관련된 정보의 추구보다는, 이해(理解)를 수용(受容)한 대안을 강조하게 된다.

(나) 특 징

이 모형의 주요한 특징(特徵)은 다음과 같이 정리할 수 있다(안해균, 1992: 261~264).

① 갈등의 불완전한 해결 연합모형에서는 조직을 상이한 목표를 가진 하위조직들간의 연합체로 파악하고 그러한 하부조직들은 서로 느슨하게 결합되어 있기 때문에 각자의 활동에 어느 정도의 독자성을 인정한다. 다시 말하면 전체목표에 대한 하부조직들이 갖는 목표에 대한 분점(goal sharing)의 정도가 미약하므로 하위조직의 목표들은 전체목표라는 단일의 차원으로 축소시킬 수 없다는 것이다. 그리고 조직이 거대화함에 따라 구성원이 조직 전체를 파악하는데 한계가 있고, 자신이 속한 조직의 활동에 몰두하게 됨으로서 단위조직들 간에 갈등이 빈번하게 발생하게 된다.

이 모형에서는 이러한 목표의 상충에서 발생되는 조직들 간의 갈등을 해결하는 것이 의사결정이라고 본다. 그러나 이러한 갈등은 협상을 통해 잠정적으로 해결하는 것으로 완전해결보다는 갈등의 준해결상태(準解決狀態)에 머물게 된다.

② 불확실성의 회피 조직을 둘러싸고 있는 환경이 유동적이기 때문에 대안이 초래할 결과 역시 불확실한 것으로 본다. 결국 조직은 대안이 초래할 결과를 예측함에 있어 그러한 불확실성을 회피하려는 경향을 갖는다. 이러한 불확실성(不確實性)을 회피(回避)하기 위해 장기적 전략보다는 단기적이고 급박한 문제해결에 초점을 두는 방법을 활용한다.

③ 문제중심적인 탐색 조직은 문제가 발생하는 경우에 비로소 탐색을 시작하고 문제에 적합한 해결방안을 찾으려 한다.

④ 조직의 학습 조직도 과거의 경험을 바탕으로 의사결정을 하여 문제

를 해결하고 갈등을 해소한다. 즉 조직의 목표를 적절히 변경해 나가고, 대안을 탐색하여 조직 전체의 성과를 평가하는 방법도 학습(學習)에 의해 변화되어 나간다.

⑤ **표준운영절차**(Standard Operation Procedure: SOP) 이는 조직이 존속되어 오는 동안 경험적으로 터득하게 된 학습된 행동규칙을 의미한다. 대부분의 경우 이러한 표준운영절차(標準運營節次)는 조직의 의사결정행태를 지배하게 된다.

(다) 한 계

연합모형의 한계점(限界點)은 다음 3가지로 요약할 수 있다(안해균, 1992: 264).

① 이 모형을 그대로 공공조직의 의사결정행태에 적용한다는 것은 무리이다.

② 이 모형에서 제시하는 표준운영절차에 의한 결정방식은 상황이 안정적이라는 것을 전제로 하고 있다. 따라서 동적인 여건에서는 적용하는데 한계가 있다.

③ 이 모형은 권한과 책임이 각 하위단위조직에 배분되어 있고, 이 조직들은 각각 독자성을 갖고 행동한다는 다분히 민주주의적인 성격의 조직관에 입각하여 전개된 것이다. 때문에 결정권이 집중된 조직형태에서는 이 모형을 적용하기 어렵다.

(2) 공공선택이론

(가) 의 의

공공선택이론(公共選擇理論)은 부케난(J. Buchanan)에 의해 개발된 것으로, 정부의 재정부문의 정책결정에 있어서 바람직한 민주적 의사결정이 어떻게 이루어져야 하는가를 설명하는 것이 주된 내용이다(안해균, 1992: 279).

이 모형은 리커(W. Riker), 오스트롬(V. Ostrom), 오스트롬(E. Ostrom), 오더슈크(P. Ordershook), 아브람스(R. Abrams)와 같은 정치학자들과 에로우(K. Arrow), 부케난(J. Buchanan), 탈록(G. Tullock), 다운스(A. Downs) 등의 경제학자들에 의해 전개되어 왔다(김병진, 1989: 243).

(나) 내 용

공공선택이론(public choice theory)은 어떻게 하면 개인적인 선호(이익)를 결합하여 집단적 선택(이익)으로 전화시킴으로서 관련된 모든 사람에게 해롭지 않게 의사결정할 수 있을 것인가에 초점을 둔다. 이 모형의 가정(假定)은 다음과 같다(안해균, 1992: 283).

① 개인은 민간부문에서와 같이 공공부문에서도 자기이익을 극대화시키려 한다.

② 이러한 이기적인 개개인이 공동으로 참여하여 정책을 결정하는 것이 정치과정인데 이 경우에도 각자의 이익을 극대화시키고자 한다.

③ 따라서 가장 바람직한 것은 집합적 의사결정이다. 바람직한 집합적 결정이란 정보의 제공, 설득과 합의, 정치적 타협 등을 위한 정치적 비용을 극소화시키는 일이다.

④ 특히 정치인들은 공익보다는 각자의 사익을 증대시키려고 하기 때문에 정부재정은 적자를 면치 못한다.

⑤ 따라서 공공정책의 결정은 이에 참여하는 국민의 수가 많을수록 효율적이고 민주적이다.

이러한 가정들을 토대로 정부재정부문의 정책결정을 정치경제학적으로 분석하여 실제의 정책결정을 설명하기 위해서는 경제학에서의 합리모형만으로는 불가능하므로, 결정참여자들의 투표를 위시한 여러 가지 정치적인 합의과정의 의사결정을 중심으로 결정해야 한다는 것이 이 모형의 특징이다.

(다) 평 가

이 이론에서는 개인적 선택이 합리적이라도 개인을 결합한 집단선택은 비합리적일 수밖에 없는 갈등을 해결하기 위해 다양한 방법을 검토하고 있다. 그리고 이러한 과정에서 공공선택을 보다 잘 이해하는데 기여한다. 이 이론의 가장 큰 공헌은 전체사회의 편익 -즉 공익이라는 집단적 목적과 목표- 에 기여하도록 대중과 집단을 동원하는 문제를 분명히 했다는 점이다. 이에 대해 개인주의자들은 개인의 이익을 총합한 것이 아닌 다른 집단적 이익이나 공익이란 있을 수 없다고 반박하고 있다.

(4) 쓰레기통 모형

(가) 의 의

쓰레기통 모형(garbage can model)은 합리모형 등과 같이 체계적으로 대안을 선택하는 것이 아니라, 쓰레기통속의 쓰레기처럼 뒤죽박죽으로 엉켜 있는 상황하에서 어떻게 결정이 이루어지는가에 초점을 두는 이론이다(김병진, 1989: 247; 안해균, 1992: 276; 정정길, 1998: 523).

이 모형은 코헨(M. Cohen), 마치(J. March), 올슨(J. Olson) 등에 의해 고안된 것으로, 조직화된 혼란상태(organized anarchies)속에서 어떠한 결정행태를 나타내게 되는가에 초점을 두고 있다(안해균, 1992: 276; 정정길, 1998: 523;

Daft, 2007: 463).

공·사조직을 불문하고 조직의 목표와 선호에 있어 일관성이 없고, 결정체계 간에 혼란상태에 놓여 있거나, 복합적이고 급격한 변화가 일어나는 사회현상의 경우, 시행착오에 의존하거나 과거의 경험·필요성에서 우연히 얻은 교훈에 의해 정책을 결정하게 된다는 것이다(김병진, 1989: 248).

(나) 특 징

이 모형에 의하면 추구해야할 목표를 결정하지 못하고, 정책결정조직이 가치 등의 문제에 관해 내부적으로 합의를 이루지 못하고 끊임없이 갈등상태에 있음을 가정한다. 이 모형은 조직의 갈등, 연립 그리고 협상을 강조한다는 점에서 정치적 모형과 매우 유사하다. 그러나 이 모형은 결정의 순환이 해결책에서 시작하여 문제로 옮겨가기 때문에, 문제에서 시작하여 해결책으로 옮겨가는 정치적 모형과는 근본적으로 다르다.

이 모형은 다음 4가지 특징(特徵)을 가지고 있다(Tarter and Hoy, 1998: 218~219).

① 목표들은 즉흥적으로 만들어지고, 대안작성이전에 설정하지 않는다.

② 목표와 수단은 독립적으로 존재하고, 양자를 연결시키는 것은 우연이다.

③ 기존해결책이 문제를 야기할 때 좋은 결정이 발생한다.

④ 합리성보다는 우연(chance)이 해결책을 제공한다.

(다) 전제조건

이 모형은 매우 불확실한 상황에서 발생되는 의사결정으로, 다음 3가지 전제조건(前提條件)이 따른다(안해균, 1992: 277; 정정길, 1998: 524~526: Daft, 2007: 463).

① **문제성 있는 선호**(problematic preference) 목표, 문제, 대안 그리고 해결방안들이 잘못 정의되어 있다. 결정에 참여하는 사람들은 서로 다른 선호를 가지고 있으며, 어떤 경우엔 자기의 선호가 무엇인지 모르고 있다가 결정과정이 어느 정도 진행되면서 차츰 자기의 구체적인 선호를 깨닫는 경우도 있다.

② **불투명하고, 빈약하게 이해된 기술**(unclear, poorly understood technology) 대안에 내재된 인과관계에 대한 분명한 이해보다는, 시행착오적인 운영을 통해서 내재된 기술을 파악하게 된다. 결정에 적용할 명료한 데이터베이스를 이용하기 어렵다.

③ **일시적 참여**(part-time participants) 결정과정에 참여하는 사람

은 자신의 시간적 제약 때문에 결정과정의 전체적 시간에서 극히 일부분만 참여하고, 개인적으로도 결정전체에 극히 부분적으로 관여하게 된다.

(라) **결정과정과 유형**

이 모형에서는 갖가지의 쓰레기가 우연히 하나의 쓰레기통속에 모여지듯이 다음과 같은 개별적인 네 가지 구성요소의 흐름이 서로 다른 시간의 통 안에 들어와서 우연히 그리고 동시에 한 곳에 모두 모여지게 될 때 비로소 결정이 이루어지는 것으로 본다. 여기서 4가지 구성요소의 흐름은 다음과 같다(안해균, 1992: 277~278; Daft, 2007: 464).

① 문 제 　　문제는 바람직한 성과와 현재의 행동간의 간극이다. 문제는 그 해결책 및 선택들과는 별개이다. 문제는 해결책으로 인도할 수도 있고, 그렇지 못할 수도 있다. 따라서 해결책을 선택했을 때 문제는 해결되지 못할 수도 있다.

② 해결책 　　해결책은 누군가가 채택을 제안한 아이디어이다. 아이디어들은 조직내의 인력에 의해 만들어진다. 참여자들은 문제와는 관계없이 특정한 아이디어에 매력을 느끼고, 논리적 선택으로서 그것을 밀어붙인다. 해결책은 문제발생 후 찾는 경우가 보통이나 반대로 해답이 먼저 발견되고 해결해야 할 문제를 찾으려고 하는 경우도 있다. 해결책은 문제와는 독립적으로 존재한다.

③ 선택기회 　　선택기회들은 조직이 의사결정을 할 때 이따금 이루어진다. 즉 선택기회는 계약할 때, 사람을 고용할 때, 새로운 제품을 승인할 때 이루어진다. 그리고 선택기회는 참여자, 해결책, 문제존재의 적절한 결합이 있을 때 이루어진다. 때문에 좋은 아이디어를 우연히 배우고자하는 관리자가 그것을 적용할 문제를 갑자기 인식할 수 있고, 때문에 조직에 선택의 기회를 제공할 수 있다.

④ 참여자 　　참여자들의 아이디어, 문제에 대한 인식, 경험, 가치 등은 광범하게 바뀐다. 참여자는 결정의 전 과정을 통해 계속 바뀌게 된다.

(마) **평 가**

이 모형은 다른 방법으로는 완전히 비합리적 행동이 될 것으로 여겨질 때 유용하다. 이 접근은 혼란상태에서 정책결정이 어떻게 이루어지는가를 이해하는데 약간의 도움을 준다. 그러나 대부분의 조직은 이 모형에서 전제하는 것보다는 훨씬 더 안정되고 체계가 잡혔다는 점에서 적용에 한계가 있다.

Ⅲ. 선택과정과 방법

1. 선택과정

계획안의 선택과정은 보고서 작성(報告書 作成), 외부검토(外部檢討), 내부검토(內部檢討), 계획안수정(計劃案修正) 그리고 주민에 환류(還流)의 5단계로 구성되어 있다(Mayer, 1985: 176~180).

계획안 선택의 출발은 의사결정자에게 어떻게 계획안을 요약 정리하여 제출할 것인가 하는 보고서준비(report preparation)단계이다. 여기에는 대안별로 문서와 구두보고서를 포함해야 하지만, 도표와 지도를 가급적 많이 사용하여 추상적 사고와 복잡한 관계를 간략·명료하게 제시해야 한다.

의사결정자는 대안에 대해 의사결정체계에 있는 주민으로부터 공적검토나 논평을 완화하기 위해서 외부검토(external review)를 받기를 원한다. 외부검토에는 여러 기법이 동원되지만, 가장 일반적으로 사용되는 것은 공청회이고 시민조언위원회 등도 사용된다.

의사결정자는 외부검토와 계획안의 검토를 통해 의사결정에 이르게 되는데, 내부검토(internal review)는 계획안의 모든 분석내용을 종합검토하여 의사결정할 필요성이 제기된다. 이를 위해 샤레트(charrette), 델피(delphi), 명목집단법(nominal group method) 등의 집단기법들이 활용된다.

네 번째는 수정(修正)의 확인단계이다. 여기서는 목표로 변환되지 못한 가치, 목표의 우선순위가 주어지지 못한 조건, 평가되지 못한 수요, 고려되지 못한 대안 등을 중점검토하여 수정한다. 여기서 계획가는 생략된 내용에 대한 평가에 의사결정자를 도와준다.

마지막 단계는 외부검토(external review)에 의해 제시된 내용이 계획안에 어떻게 반영되었거나 되지 못했나를 참여자에게 제시하는 단계이다.

2. 선택기준

(1) 일반적 고려사항

계획안선택에서는 일정한 평가기준(評價基準)을 만족시켜야 한다. 이러한 평가기준의 예는 어떤 안이 최대의 순혜택을 제공하는가, 어떤 안이 투자대비 최대 순이익을 제공하는가, 정치적 저항이 최소인 계획안은 어떤 것인가, 어떤 것이 가장 좋은 기술적 해결안인가 등에 관한 것이다(Patton and Sawicki, 1993: 261). 단순하게는 기술적 또는 경제적 해결안을 선택하는 경우가 많지만, 최적의 기술적 해결책이 정치적으로 수용하기 어려운 경우가 있고, 최소비용의 해결안이 바람직하지 않은 측면효과를 유발할 수도 있다. 한 집단에게 중요한 기준을 충족시킨 대안이 다른 집단에 중요한 기준을 충족시키지 못하는 경우가 있다.

대부분의 선택의 바탕에는 합리성(合理性)이 내재하고 있는데, 여기서 고려되는 합리성의 유형은 다음과 같다(Dunn, 1994: 274).

① **기술적 합리성**(technical rationality) 기술적 합리성은 공공문제에 대한 효과적(effective)인 해결을 제고하는 능력에 따라 대안들을 비교하여 선택하는 특징을 가지고 있다. 태양에너지와 핵에너지기술 간의 비교선택은 기술적 합리성의 예이다.

② **경제적 합리성**(economic rationality) 경제적 합리성은 공공문제의 효율적(efficient)인 해결을 제고하는 능력에 따라 대안을 비교하여 선택하는데 초점을 둔다. 비용-혜택 분석은 여기에 해당된다.

③ **법적 합리성**(legal rationality) 법적 합리성은 설정된 규칙과 선례가 법적으로 부합되는 정도에 따라 대안을 비교하여 선택하는 특징을 갖고 있다. 즉 대안의 적법성과 책임성에 대한 비교에 초점을 둔다.

④ **사회적 합리성**(social rationality) 사회적 합리성은 제도화(institutionalization)을 제고하는 가치 있는 사회제도를 유지 또는 개선하는 능력에 따라 대안을 비교하는 이성적 선택을 특징으로 한다.

⑤ **실질적 합리성**(substantive rationality) 실질적 합리성은 주어진 상황에서 가장 적정한 선택을 할 수 있도록 다양한 합리성의 형태 -즉 기술적·경제적·법적·사회적 합리성- 를 비교하여 이성적으로 선택하는 특징을 갖는다. 예로 정부정보정책의 많은 문제는 새로운 컴퓨터기술들의 유용성, 이들의 사회적 비용과 혜택, 개인의 권리에 대한 법적 의미, 민주적 제도와의 일치성에 대한 문제와 관련되며 이는 실체적 문제와 관련된 논쟁과 관계된다.

대안을 설명하고 선택하는 과정에 많은 문제(問題)에 직면하게 된다. 분석가는 기술적 문제뿐 아니라 정치적 반대와 의도하지 않은 결과에 직면할 수도 있다. 그리고 비용과 혜택의 측정은 정치적 조작에 개방되어 있고, 형평의 문제도 고려해야 한다. 이러한 모든 문제를 고려한 기법이 존재하지 않기 때문에 어려움이 있다. 대안 중에서 고객과 의사결정자가 선택할 수 있도록 결과는 설명형태와 함께 도표로 나열해야 한다(Patton and Sawicki, 1993: 261~262).

(2) 세부적 선택기준

대안선택을 위한 평가기준으로 던(W. Dunn)은 효과성, 효율성, 적절성, 형평성, 반응성 그리고 적합성의 6가지 지표를 제시했다(Dunn, 1994: 282~289). 여기서는 채드윅(G. Chadwick)이 제시한 7개의 필수적인 국면을 중심으로 검토하기로 한다(Chadwick, 1978: 265~268).

① **타당성**(feasibility) 타당성(妥當性)은 정치적 타당성(政治的 妥當性)과 재정적 타당성(財政的 妥當性)의 관점에서 고려하는 것이 보통이다. 전자는 현행 정치체계와 권력관계에서 본 수용가능성에 따른 검토사항이다. 후자의 문제는 자원과 관련하여 다루기 때문에 여기서는 주로 물리적, 기술적 타당성에 관한 내용에 초점을 둔다. 즉 대안이 기술적, 물리적으로 타당한가 그리고 실제 작동가능한가 하는 점에 관한 내용을 검토한다.

② **효과성**(effectiveness) 계획과정에서의 목표는 현재의 상황에 대해 무엇이 불만족스러운가를 나타내고 목표의 측정수단을 통해 문제의 해결방안을 제시해 준다. 효과성(效果性)은 설정된 목표의 달성정도를 나타낸다. 그러나 대안의 효과성을 측정함에 있어 유의할 점은 일부 목표의 경우 계량화하여 측정하기 어려운 것도 있다는 점이다.

③ **성취수준**(level of performance) 계획에 의해 '어떤 수준의 서비스가 제공되는가'에 관한 것이다. 이 기준은 목표에 이르는 효과성과 밀접한 관계가 있지만, 보다 낮은 수준으로 계량화·상술화 가능성, 만족·불만족, 참을 수 있는 수준·참기 어려운 수준, 기타 임계치와 관련된 것이다.

④ **자원**(resources) 대안에 의해 소비되는 재정자원은 중요하고, 이 소비된 자원은 여러 방법으로 평가된다. 첫 번째, 주요 사업에 대한 국가적 중요성을 갖는 지출이 계획의 성과를 측정하는 척도로서 이용할 수 있다. 두 번째 측면은 특정한 투자의 효과가 지역사회에서 예상된 이용가능한 자원과 관계된다. 효과성 측정의 세 번째 측면은 사용된 자원에 대해 적절한 수익이 발생했는가 하는 것이다.

⑤ **보전**(conservation) 계획에 의해 소비되는 비재생자원도 중요하다. 토지도 비재생자원인데 이 반대로 취급하는 경우가 많다. 비재생자원 중에서 수자원은 가장 값진 자원의 하나이고, 에너지도 가까운 장래에 중요한 의미를 갖게 될 것이다.

⑥ 영향(incidence) 계획이 상이한 이익집단에 미치는 배분적 효과는 어떤 것인가 하는 점이다. 계획에 의해 영향을 받게 되는 개인과 집단들에 대한 전략의 충격은 많은 차이가 있으며, 체계전체의 성과를 광범하게 측정하는 것은 상당한 불평등과 불이익을 감출 수도 있다.

⑦ 불확실성(uncertainty) 여기서 고려되어야 할 불확실성은 미래에 대한 것과 미래의 가치에 대한 것이다.

제3절 대안선택기법

Ⅰ. 기초비교방법

1. 쌍별 비교(paired comparison)

대안은 쌍별로 비교한다(Patton and Sawicki, 1993: 268). 이 과정은 두 개의 대안을 비교한데서부터 시작한다. 이 중 우월한 대안을 제3의 대안과 비교한다. 여기서 우월한 대안을 제4의 대안과 비교하는 방식으로 진행한다.

이 방법은 비교적 광범하게 사용하지만, 비교할 많은 대안이 있을 때는 사용상 제약이 따르고, 결과는 대안간의 등급을 정하기보다는 잔존대안을 확인하는데 그친다.

2. 만족화(satisficing)

만족화(滿足化)는 만족수준의 준거들로 결정하고, 선택은 설정된 모든 준거들을 달성한 대안 중에서 이루어진다. 만일 모든 준거들을 만족시키는 대안이 하나도 없을 때는 요구수준을 감소시킨다. 반대로 많은 대안이 기준을 충족했을 때는 기준을 상향조정한다. 만족화의 핵심은 주어진 준거에 대해 어느 수준의 성취가 진정으로 적정한가하는 점에 대한 개인의 지식에 바탕을 두고 있다(Patton and Sawicki, 1993: 268).

3. 사전편집식 순위방법(Lexicographic Ordering Methods: LOM)

이 방법은 만족화전략의 변형(version)으로 준거(criteria)들을 중요도에 따라 순서대로 나열할 수 있다고 가정한다. 여기서 제1의 기준을 충족시킨 대안들은 제2기준에 의해 판단하고, 둘 이상의 대안이 제2기준도 만족시킨다면, 제3기준에 의해 판단하는 방식으로 하나의 대안만 확인될 때까지 계속하고, 마지막 남은 대안이 최대만족을 제공하는 것이다.

일반적으로 계획문제를 사전편집식(辭典編輯式)으로 나열하기 위해서는 만족되어야 할 준거의 중요성에 대한 합의가 이루어져야 한다. 사전편집식 문제배치에 대한 대안적 방안은 기준대신 이익집단(interest group) 순서로 배열할 수 있다. 여기서 상위배열의 목표집단을 만족시키는 특정계획이 대두된다(Patton and Sawicki, 1993: 269). 요약하면, 사전편집식 구조는 평가준거의 순서에 관해 논의를 집중하는데 도움을 주는 기법이다. 그러나 이러한 사전편집식 순위배열은 모든 타당한 계획의 분류를 제시하지 못했고 준거의 모든 정보를 산출하지 못한다.

4. 비지배 대안방법(nondominated alternatives method)

이 방법은 각 대안을 각각의 준거에 의해 측정한다. 그리고 모든 대안들은 각 준거를 어떻게 잘 만족시키는가에 따라 순위화한다. 하나의 준거에서 다른 대안에 비해 열위(劣位)의 대안은 제거한다. 비지배 대안(非支配 代案)은 모든 대안들에 대해 우월하게 나타난다. 이 방법은 많은 수의 대안 중에서 선택하는 상황에 놓여 있고, 양적·질적 척도로서 평가하여 비교할 때 그리고 시간적 제약이 있을 때에 유용한 방법이다(Patton and Sawicki, 1993: 269~271; Stokey and Zeckhauser, 1978: 126).

5. 등위대안방법(equivalent alternatives method)

이 방법은 대안의 수를 줄이고 우월한 대안을 찾는 과정이 지배접근(dominance approach)과 같지만, 등위의 대안을 비교하여 우월한 대안을 찾는다는 점에서 방법상 차이가 있다. 먼저 각 대안은 각 준거별로 등급화하여 표로 작성하고, 지배당한 대안은 제외한다. 그러나 둘 이상의 비지배 대안이 남는 경우, 이를 등위의 대안으로 변환, 비교하여 우월한 대안을 찾게 된다(Patton and Sawicki, 1993: 269).

[표 11-1]은 유망직종 4개를 4가지 준거에 의해 비교한 것이다. 직업 2는 직업 1과 4에 우월하고, 직업 3은 직업 1과 4에 각각 우월한 지위에 있지만, 직업 2와 3은 어느 것도 지배하지 못하고 있다. 여기서 지배된 직업 1과 4는 제외시키고, 직업 2와 3에서 우월한 것을 찾는 작업이 요구된다.

▌표 11-1 대안의 체계적 순위 ▌

준 거	유망 직업			
	1	2	3	4
봉 급	C	B	A	D
기 후	D	A	B	C
통근시간	C	B	A	D
직업성격	D	A	B	C

주: A: 최고 D: 최저

자료: Patton and Sawicki, 1993: 273.

Ⅱ. 행렬나열체계

행렬나열체계(matrix display systems)식 평가기법에는 단일의 목표에 초점을 두는 비용-편익분석방법, 특정수준에서 고정된 하나의 목표를 설정하여 평가하는 대차대조표방법 그리고 목표간의 상쇄성을 나타내는 목표성취분석의 3개의 방법이 주로 제시되고 있다(Shefer and Kaess, 1990: 76). 여기서는 이 세 가지방법과 점검표 방식을 중심으로 설명하기로 한다.

1. 점 검 표

점검표방법(check list method)은 어떤 대안이, 어떤 준거들을, 어느 정도 만족시키는가를 제시하는데 사용된다. 행렬(matrix)의 한 축에는 대안(代案)을 나열하고 다른 축에는 준거(準據)들을 나열한다. 이 점검표(點檢表) 접근에서는 만족도가 주관적이며 전문적 판단에 의해 순위를 나타낸다. 준거별로 성취점수(成就點數)를 부여하여, 대안별로 합계를 도출하고, 선택안을 결정한다.

이 접근에서는 모든 준거가 동일한 값을 갖는다는 가정을 하고 있으나, 이는 비판의 대상이 되고 있다. 때문에 준거별로 지역사회의 필요성 등을 반영한 가중치(加重值)를 부여하는 변형을 제시하기도 하지만 가중치를 결정하는 방법도 역시 비판이 계속 따른다.

2. 비용-편익분석

(1) 의 의

비용-편익분석(cost-benefit analysis)은 대안들의 총화폐비용과 총화폐편익을 계량화하여 비교, 선택할 수 있도록 하는 접근방법이다(Dunn, 1994: 294). 이 분석은 계획집행전에 대안을 천거하기 위해 사용하지만, 계획집행후 계획성과의 평가를 위해서도 사용된다. 이 방법은 어떤 계획을 수행함으로써 발생될 것으로 예상되는 유·무형의 모든 편익과 비용들을 추정하고, 이들을 합리적인 평가기준에 비추어 판단하도록 하여 계획안의 선택과정을 돕는 분석수단이다(Dunn, 1994, 294).

비용-편익분석의 변형으로 비용-효과분석(cost-effectiveness analysis)을 사용하는 경우도 있다. 이 방법은 단위비용당 산출단위를 비교하는 것으로, 단위비용당 화폐편익을 비교하는 비용-편익 분석과 차이가 있다(McAllister, 1982: 120).

(2) 평가과정

이 평가방법의 시행절차(施行節次)는 다음과 같다(노화준, 1985, 664~669; Dunn, 1994: 296~302; Stokey and Zeckhauser, 1978: 136).

① 비교 대안의 식별　제1단계는 설정된 목표들을 달성하기 위하여 이용가능한 모든 대안들을 식별하는 일이다. 대안들은 상호독립된 대안과 상호의존적인 대안으로 분류할 수 있다.

② 사업수명의 결정　사업대안의 분석이 의미 있는 것이 되기 위해서는 먼저 사업수명을 결정해야 한다. 여기서 사업수명이란 그 사업의 수행의 결과로 편익이 발생될 것으로 기대되는 기간을 말한다.

③ 대안별 편익과 비용의 추정　계획에 의해 발생되는 비용과 혜택은 여러 기준에 의해 구분할 수 있다. 발생지역이나 대상에 따라 내부적(internal) 및 외부적(external), 측정성에 따라 직접 측정가능한 것(tangible)과 간접적으로 측정할 수 있는 것(intangible), 발생형태에 따라 제1차적인 것(direct)과 제2차적인 것(indirect), 측정방법에 따라 순 효율성(real)과 배분적인 것(pecuniary) 등으로 구분할 수 있다.

④ 사용될 할인율의 선택　할인율은 흔히 사회의 평균이자율 또는 평균투자수익률이 사용되고 있으나, 적정 할인율의 결정문제 순현재가치 비교방법의 적용과정상 문제점으로 지적되고 있다.

⑤ 사업효과성 측정방법의 선택　사업효과성을 측정하는데 일반적으로 사용되는 방법은 순현재가치(Net Present Value: NPV), 편익-비용비(B/C

Ratio), 내부수익률(Internal Rate of Return: IRR), 원금회수기간(Pay Back Period), 한계 편익－비용비 등이 있다. 이 중 편익비용비가 일반적으로 널리 사용되고 있으나, 순현재가치산정에 의한 비교방법을 권장하고 있다. 순현재가치(純現在價値)는 편익의 현재가치와 비용의 현재가치의 차이고, 편익－비용비는 비용의 현재가치에 대한 편익의 현재가치의 비율이다. 내부수익률은 어떤 대안에서 발생되는 편익의 현재가치의 합계와 비용의 현재가치의 합계를 동일하게 만드는 할인율로, 여러 대안 중 이 수치가 높은 것이 선호된다.

⑥ 선정된 효과성 측정방법에 대한 대안의 비교 대안별로 선정된 측정방법에 의해 효과성을 비교한다.

⑦ 민감도분석 지금까지의 분석모형은 계획의 한계, 편익과 비용의 추정, 할인율 등의 매개변수의 값들이 확실히 알려졌거나 정확히 추정된 것을 전제로 한 분석이었다. 그러나 이들 가운데 어떤 값이 확실하지 않거나 추정상 오차가 포함되어 있다면 이것이 대안의 분석결과에 어떠한 영향을 줄 것인가 하는 의문에 답하기 위하여, 각 파라미터의 값을 원래의 분석에서 사용했던 값들과는 다른 값들로 대체사용하여 분석한 후, 이것을 대안의 평가와 비교에 미치는 영향을 검토하기 위한 분석이 바로 민감도분석(敏感度分析)이다.

민감도분석(sensitivity analysis)은 공공투자사업에서 불확실한 외생요인의 변화가 사업의 경제성에 어떤 영향을 미치는가를 검토하는 것이다. 이 분석에서는 투입물과 산출물의 상대가격이 변동되었을 때, 사업진행속도가 지연되었을 때 그리고 할인율이 변경되었을 때 사업의 타당성이 어떻게 변하는가를 검토해야 한다(윤대식 · 윤성순, 1995: 353).

⑧ 적정대안의 선택 대안들 중에서 선택할 수 있는 결정기준을 명시하는 작업인데, 여기서는 앞에서 언급한 여섯 가지 기준이 적용된다. 이러한 기준에 의해 평가하여 천거하고자 하는 대안을 선택하게 된다.

(3) 장 단 점

이 방법은 가장 자주 널리 사용되고 있는 체계적 평가방법으로, 가장 발달된 이론적 바탕을 갖고 있다(McAllister, 1982: 85). 이 분석방법은 다음의 장점(長點)이 있다(Dunn, 1994: 295). 첫째, 개념적으로 알기 쉽고 용이하게 이용할 수 있다. 둘째 비용과 혜택의 양자를 공통의 가치단위인 화폐단위로 측정하기 때문에 대안의 비교가 용이하다. 셋째, 단일의 계획에 국한하지 않고 사회전체의 소득에 따른 혜택에 까지 연결할 수 있다. 넷째, 상이한 지역의 사업계획과도 비교할 수 있다. 마지막으로 분석자의 주관이 개입하기 어려워 객관적인 평가를 할 수 있다.

그러나 이 분석방법은 다음의 제약점(制約點)이 있다(Dunn, 1994: 295~296). 첫째, 효율성을 배타적으로 강조하기 때문에 형평성은 무시하거나 적용하기 어렵다. 둘째, 소득의 실제가치는 개인에 따라 차이가 많기 때문에 화폐적 가치는 주민의 반응성을 측정하는 데는 부적절하다. 셋째, 시장가격을 주요한 재화에 대해 이용하기 어려울 때에는 계획가들이 재화와 용역에 대해 주민들이 지불할 용이(容易)가 있는 주관적 평가로서 잠재가격(shadow price)을 쓰는데, 이러한 주관적 평가는 자의성이 작용할 수밖에 없다.

3. 계획대차대조표

(1) 의 의

리치필드(N. Lichfield)에 의해 개발된 이 계획대차대조표(Planning Balance Sheet)방법은 회계상 작성하는 대차대조표에 바탕을 두어, 계획의 대안을 평가하는 기법이다. 이 방법은 대안평가를 관련된 개인차원에서 비교·검토하는 것이 불가능하기 때문에, 지역사회를 동질집단으로 구분하여 대안별로 영향을 비교하기 위한 평가기법이다(Lichfield, 1970: 156).

이 방법은 전통적인 비용-편익 분석에 토대를 두고 있으나, 대안에 의해 영향받는 집단들 간의 비용과 수익의 배분에 대한 상세한 정보를 제공해 주고, 무형 또는 측정하기 어려운 영향에 대해서도 화폐적인 영향과 함께 평가표에 표시할 수 있다는 두 가지 점에서 진일보 한 것이다(McAllister, 1982: 148).

대체로 비용-편익 분석이 주로 민간부문에서 단일부문의 소규모 개발문제를 주로 다루는데 비해, 이 방법은 공공부문에서 지역사회 전체의 총비용에 대한 총편익을 복식회계방식(複式會計方式)을 활용하여 제시하고 있다.

(2) 평가과정

대안의 영향을 대안을 산출하는 사람 또는 집단 즉 '생산자'와 이 대안을 받아들이는 사람 또는 집단 즉 '소비자'로 나누어, 양 집단 간의 거래를 표로서 나타낸다. 여기서 거래(transaction)는 전형적인 시장거래이다. 예를 들면 화폐적 거래로서 주택개발업자(생산자)와 가정(소비자), 비화폐적 거래로서 공립학교(생산자)에 의한 교육서비스 제공과 학군 내의 가정(소비자), 공항(생산자)에 의한 소음발생과 주변지역의 주민(소비자) 등의 구분이다.

이 방법의 평가과정(評價過程)은 다음과 같다.

1. 각 대안을 수립 소비하는데 관계되는 각 집단의 상세화
2. 각 집단을 생산자/소비자로 구분하여 대차대조표의 종란(縱란)에 나열
3. 각 생산자/소비자를 대안별로 재화와 서비스 군으로 짝 지움
4. 각각 짝 지운 재화와 서비스에 대해 한쪽에서 생산된 것을 다른 쪽에서 판매하는 관계구성

[표 11-2]에서와 같이 X, Y, Z 는 생산자집단이고, X_1, Y_1, Z_1는 같은 집단의 소비자역할을 하는 사람들을 의미한다. £는 화폐를 나타내고, M들은 물리적 단위로 측정된 것이며, I는 측정불가의 비용과 혜택을 나타낸다. 화폐비용과 수익을 자본 또는 연간형태로 바꾸어 대안(A와 B)별로 합산한다. 물리적 단위로 표시한 수익과 비용도 동일한 방식으로 합산한다. 이의 결과가 각 대안별 총수익과 총비용이 되며, 이는 화폐단위로 표시된다. 그러나 측정불가의 비용과 혜택은 말의 형태로 기술한다(McLoughlin, 1969: 273).

▎표 11-2 계획 대차대조표 ▎

대안 / 계층	대안 A				대안 B			
	혜택		비용		혜택		비용	
	자본	연차	자본	연차	자본	연차	자본	연차
생산자								
X	£a	£b	–	£d	–	–	£b	£c
Y	i_1	i_2	–	–	i_3	i_4	–	–
Z	M_1	–	M_2	–	M_3	–	M_4	–
소비자								
X_1	–	£e	–	£f	–	£g	–	£h
Y_1	i_5	i_6	–	–	i_7	i_8	–	–
Z_1	M_1	–	M_3	–	M_2	–	M_4	–

자료: McLoughlin, 1969: 272.

(3) 장 단 점

이 방법은 비용-편익분석에 비해 다음의 장·단점을 갖고 있다(McAllister, 1982: 155~159). 장점(長點)으로는 첫째, 화폐적인 영향과 함께 비화폐적, 무형적 영향에 대해서도 대비 평가한다. 둘째, 특정 집단간에 비용과 혜택의 배분을 나타내는 거래표에 따라 영향을 설명하고 있다.

단점(短點)으로는 첫째, 평가자가 거래 기준으로 영향 범주를 선정하기 때문에 특정한 영향들은 무시될 개연성이 있다. 둘째, 평가자가 가장 유리한 계획을 결정함에 있어 가치판단을 허용하게 된다.

4. 목표달성분석

(1) 의 의

힐(M. Hill)에 의해 제시된 목표달성분석(Goal Achievement Analysis)은 단일목표를 평가하는 비용-편익 분석과 계획대차대조표 방식들이 대안적 행동노선을 평가하는 데는 한계가 있음을 인지하고 이러한 약점을 보완하기 위해 개발된 방법이다(Hill, 1968: 21). 이 방법은 목표가 설정되면, 목표의 중요도에 따라 가중치(加重値)를 부여하여 대안별로 이 목표의 달성정도를 비교·검토한다. 그리고 이 방법에서는 영향들을 명료하게 기술된 사회의 목표와 이를 다시 영향을 받는 사회집단에 따라 세분하였다.

이 방법은 다음 3가지의 특징(特徵)이 있다(Bracken, 1981: 77~78). 첫째, 목표들은 전통적인 경제적 준거는 물론, 미적·환경적·정치적 목표에 이르는 광범한 기준의 범위와 관련된다. 둘째, 모든 목표달성분석은 상호배타적인 계획을 비교할 수 있도록 설계되어 있다. 셋째, 사용되는 기준은 상대적인 중요성에 따라 가중치화한다.

이 방법은 대안적 프로젝트의 효율성에 대한 순위를 위해 전통적인 비용-혜택과 비용-효과분석을 병합한다. 비용-혜택분석이 단일목표인 경제적 효율성을 강조한데 비해, 목표달성방법은 비계량적 목표를 포함한 다수목표를 수용한다(Shefe and Tsubari, 1990: 5).

(2) 평가과정

목표달성분석(目標達成分析)은 [표 11-3]에서와 같이 복식부기체계(複式簿記體系)를 사용하여 편익과 비용을 나타내도록 했다. 힐(M. Hill)은 이러한 비용과 편익은 화폐적 단위로 나타내는 것을 권장했으나, 한편으로는 불가측적(不可測的)인 효과를 예상하여 주관적으로 평가(예를 들면 "+", "-", 무효과는 공배)하는 것도 제안했다. [표 11-3]에서 꺽쇄("}")는 영향이 여러 집단에 걸쳐 나타나는 것을 의미하고, 공배는 무영향 그리고 대쉬(dash)는 무시할 만한 영향을 의미한다. 가중치체계를 이원화하여 의사결정자가 설정한 각 목표에 대한 상대적

| 표 11-3 목표달성행렬 |

목표기술	α			β			γ			δ		
상대비중	2			3			5			4		
	상대 비중	비용	혜택	상대 비중	비용	혜택	상대 비중	비용	혜택	상대 비중	비용	혜택
집단 a	1	A	D	5	E	E	1		N	1	Q	R
집단 b	3	H		4	–	–	2		–	2	S	T
집단 c	1	L	J	3	–	–	3	M	–	1	V	W
집단 d	2	–		2			4		–	2	–	–
집단 e	1	–	K	1	T	T	5		P	1	–	–
		Σ	Σ					Σ	Σ			

자료: Hill, 1968, 23.

중요성([표 11-3]의 상단부의 횡으로 제시된 가중치)과 여러 집단에 의해 평가된 상대적 중요성([표 11-3]의 종으로 제시된 가중치)으로 구분하여 평가하였다.

이 방법은 다음의 5 단계의 과정을 거쳐 수행된다(Sawicki, 1979: 165; Nash, et al, 1975). 즉 목표들의 항목화, 각 목표에 대한 최선의 수단개발, 각 목표별 가중치 결정, 각 대안별 목표달성의 평가, 최선의 대안선택이 그것이다.

(3) 장 단 점

지역사회의 목표에 따른 영향평가라는 것이 목표성취함수의 중심적 특징이다. 비용-편익 분석과 계획대차대조표 분석에서 제기하는 목표성취분석의 단점은 사회복지이론에 근거하고 있지 않다는 점이다.

Ⅲ. 의사결정지원체계

1. 의 의

(1) 개 념

의사결정지원(Decision Support: DS)의 개념은 의사결정자에게 보다 나은 의사결정을 할 수 있도록 의사결정과정을 도와주기 위해 설계된 정보기술이다(Lein, 1997: 94). 의사결정지원체계(Decision Support System: DSS)는 스캇-모톤(M. Scott-Morton)이 1970년대 초에 경영의사결정체계(management decision systems)라는 말과 함께 처음으로 명료화한 개념이다. 그는 의사결정지원체계를 의사결정자들이 반구조화(semi-structured) 또는 비구조화된 문제(unstructured problems)를 해결하기 위해 자료와 모형을 사용하는 것을 도와주는 상호작용적(interactive) 컴퓨터기반체계라고 정의했다(Turban, 1990: 9; Sprague, 1993: 4).

의사결정지원의 목표는 의사결정자들이 의사결절과정에서 어떤 대안이 수용가능하거나 최선의 대안이 될 것인가에 대한 불확실성을 줄이기 위한데 있다(Lein, 1997: 95). 인간은 비교적 단순한 결정에 대해서는 제한되고, 선택적이며, 연속적 정보과정에 적응력을 갖고 있지만, 복합적이고 전략적 결정에는 미약하기 때문에 결정지원의 역할은 복합적 문제에 대해 이러한 인식적 제약을 극복하도록 해준다. 그리고 결정지원은 의사결정자로 하여금 광범한 문제의 스펙트럼을 갖도록 한다.

(2) 특 징

의사결정지원체계의 특징과 혜택은 다음과 같이 요약할 수 있다(Turban, 1990: 10~11).

① **복합문제의 해결책을 지원하는 능력** 이 체계는 다른 컴퓨터접근으로는 해결하기 어려운 복합적 문제를 해결할 수 있도록 한다.

② **여건변화에 따른 예기치 못한 상황에 신속한 반응** 이 체계는 단시간 내에 계량적 분석을 수행할 수 있도록 한다. 시나리오의 잦은 변화도 적절한 방법으로 객관적인 평가가 가능하게 한다.

③ **상이한 여건에서 여러 전략들을 시도할 수 있는 능력** 여러 전략들을 신속하고 객관적으로 제시할 수 있게 한다.

④ **새로운 통찰과 학습** 사용자는 모형의 조합과 광범한 분석을 통해 새로운 통찰력을 제시한다. 이러한 새로운 통찰력은 경험이 없는 관련자들을 훈련하는데 도움을 준다.

⑤ **의사소통의 촉진** 자료수집과 모형구축실험은 적극적인 사용자들의 참여를 통해 이루어질 수 있고, 때문에 관련자들 간에 의사소통을 크게 촉진시킨다.

⑥ **개선된 관리통제와 성과** 의사결정체계는 비용지출에 대한 통제를 증가시키고 조직의 성과를 제고할 수 있다.

⑦ **비용절감** 이 체계의 사용은 상당한 비용절감을 가져오거나 잘못된 결정의 비용을 감소시킬 수 있다.

⑧ **객관적 결정** 의사결정체제에서 도출된 결정은 직관적으로 이루어진 것보다 일관적이며 객관적이 된다. 그리고 결정에 의해 영향을 받는 개인의 보다 큰 참여를 통해 분석과 집행이 이루어질 수 있다. 때문에 의사결정이 보다 잘 이루어지고, 성공적인 집행의 가능성도 높아진다.

⑨ **관리적 효과성의 개선** 관리자들이 보다 적은 시간과 노력을 통해 과업을 보다 효과적으로 수행할 수 있도록 한다.

2. 구 성

(1) 구성체계

의사결정지원체계의 하위체계는 결정관련모형, 상호작용적인 하드웨어와 소프트웨어, 데이터베이스, 데이터관리체계, 도형표시(graphical displays) 그리고 모형언어로 구성되어 있다(Lambert and Stock, 1993: 554).

DSS는 자료취득, 자료처리 그리고 자료표현의 3개 구성부문으로 구별할 수 있다(Lambert and Stock, 1993: 554~555). 자료취득(data acquisition)은 사용자 데이터베이스, 사용자투입 그리고 공공데이터베이스와 같이 다양한 소스를 사용

그림 11-2 의사결정지원체계의 과정

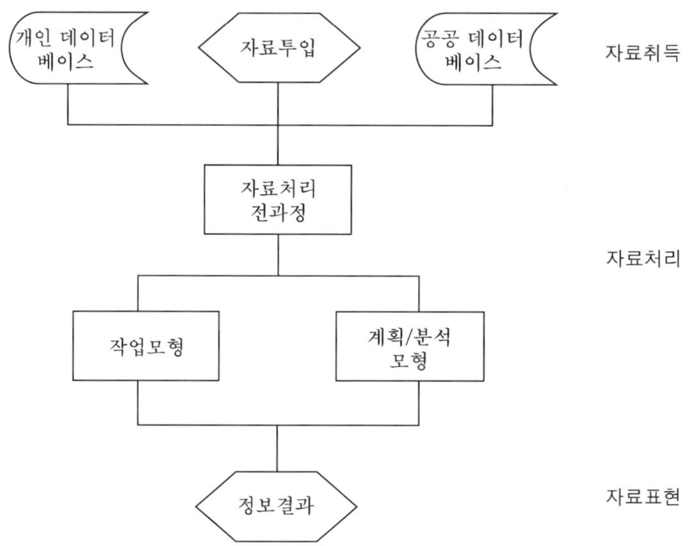

자료: Lambert and Stock, 1993: 555.

하고 있다. 자료취득이 이루어지고 난 후에는 다양한 방법으로 자료처리가 이루어진다. 첫째, 자료는 취합, 혼합 등의 방법으로 분석에 용이한 적정수준으로 조작한다. 둘째, 처리전의 자료를 분석하게 된다. 이는 통계적 분석 등의 방법을 포함한다. 셋째, 이러한 모든 조작들이 자료의 변화를 가져올 수 도 있는 결과나 결과의 감응을 검증하기 위해 '만일 무엇이'(what if)나 다른 시뮬레이션으로 나타낸다. 마지막으로 자료의 결과를 표현한다.

(2) 모형구성

일반적으로 결정지원체계는 언어체계, 지식체계 그리고 문제해결체계의 세 가지로 구성되어 있다(Lein, 1997: 98).

언어체계(language system)는 체계의 사용자가 이용가능하도록 만든 모든 언어적 시설이다. 언어체계(言語體系)는 결정지원체계의 지식표현, 통제, 중계영역의 요구사항을 만족시키기 위해 설계되었다. 이 체계는 결정지원체계와 사용자간의 대화를 지지해 준다. 이러한 대화의 양식은 언어체계에 의해 정교하게 만들어진다.

▌그림 11-3 결정지원체계의 구성요소▐

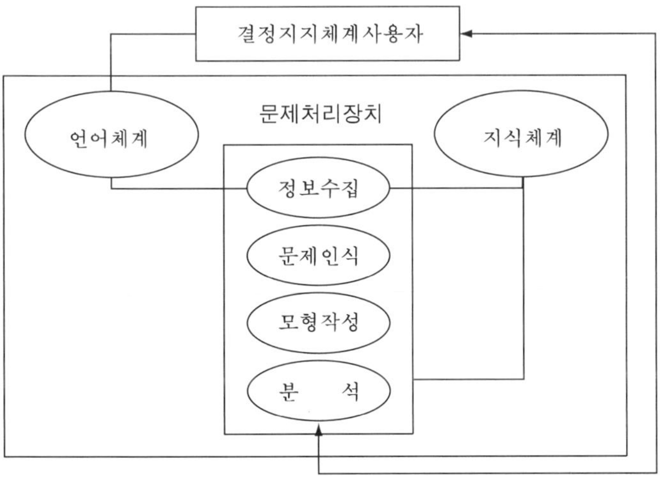

자료: Lein, 1997: 98.

지식체계(knowledge system)는 결정지원체계가 기능하도록 설계된 문제영역에 대해 적용할 수 있도록 만들어진 지식 -즉 응용특화지식(application-specific knowledge)- 의 조직화된 저장형태를 나타낸다. 이러한 지식은 사용자가 결정지원체계와 협의과정중에 접근할 수 있다. 지식체계는 스프레드쉬트(spreadsheet), 파일 또는 데이터베이스 등의 형태로 나타낸다. 지식체계의 구축은 데이터베이스 관리체계에 의존하여 조직화된 구조로 구축된다.

문제처리(problem processing) 또는 모형기반관리체계(model-based management system)는 결정지원체계의 핵심이다. 모형기반관리체계의 가장 중요한 특징은 의사결정자로 하여금 알고리즘 과정과 관련된 모형관리프로토콜의 보완에 의한 데이터베이스를 거쳐 의사결정문제를 탐색하는데 있다. 정보의 획득과 접근능력을 통해 문제처리체계는 문제를 택하고, 적절한 지식영역과 연결하고, 의사결정자의 결정을 도울 수 있는 문제해결에 이르게 한다.

3. 전문가체계

(1) 개 념

전문가체계(expert systems: ES)는 전문가의 기술을 비전문가에 전달하기 위한 컴퓨터 프로그램이다(Rodriguez-Bauchiller, 1991; Lein, 1997: 120). 이는 전문가들이 자기들에게는 일상적이지만, 비전문가에게는 어려운 특정한 주제(영역)의 문제를 해결하기 위해 축약된 컴퓨터프로그램이다. 비전문가는 이 프로그램을 사용하여 문제의 상당부문을 해결할 수 있다고 생각한다. 전문가체계는 1960년대 말부터 발달되어 1980년대 중반부터 공간계획분야에 확산되기 시작했다(Rodriguez-Bauchiller, 1991).

전문가체계(專門家體系)는 전문가가 자기의 전문영역에서 전문적 지식기능을 수행하는 것과 같이, 인간전문성을 나타낼 때 사용하는 컴퓨터체계이다(Han and Kim, 1989: 299). 전문가체계는 인공지능(artificial intelligence)을 좁고 명료하게 정의된 문제에 응용하는 컴퓨터프로그램이다. 이는 전문가의 지식에 기반하여 문제해결을 조언하는 장치이다. 전문가체계는 결론을 유도하기 위해 규칙을 사실과 연결하는 것으로, 이 과정은 수학자와 물리학자들이 개발한 논리적 추론(logical deduction)의 이론에 크게 의존한다(Ortolando and Perman, 1987: 98).

전문가체계의 주제적 부문, 예를 들면 단지계획 · 지역제 행정을 영역(domain)

이라 부른다. 영역에 적용할 사실, 정의, 주먹구구법칙, 계산과정의 수집을 지식기반(knowledge base)라 한다. 이러한 지식의 출처는 출판자료, 양적분석프로그램, 주제영역에 대한 전문가의 문제해결전략을 포함한다. 결론에 도달하기 위해 지식기반의 정보를 조작하는 일련의 과정을 통제장치(control mechanism)라 부른다. 통제장치는 일련의 사실과 'If(전제)-Then(결과)'의 형태인 규칙(rules) -예를 들면 논리적 추론적 결론(logical deduction of conclusion)- 에 바탕을 두고 있다. 상징적 논리의 공리나 명제는 각종 전제에 대한 규칙과 사실에서 결론을 도출하는데 사용한다. 통제장치는 사용자의 질의에 의해 어떤 규칙을 먼저 검토하고 어떤 사실을 얻을 것인가를 결정하는 과정을 포함한다(Ortolando and Perman, 1987: 98).

(2) 구　　조

전문가가 결론에 이르도록 지식과 논리를 응용하는 것처럼, 전문가체계는 지식과 수행논리에 의존한다. 전문가체계에 의해 전개되는 논리유형은 특수한 방법으로 지식의 단편을 결합하여 인간전문가의 논리를 촉진한다. 정확히 어떻게 이러한 지식이 결합되는가는 전문가체계의 구조에 의존한다. 전문가체계를 구성하는 설계요소를 용이하게 파악하기 위해서는 매우 단순화하여 인간전문가체계를 기술할 필요가 있다.

인간전문가는 메모리, 논리센터 그리고 언어센터와 같은 구성요소로 결합되어 있다. 메모리(memory)는 전문가지식을 구성하고 있는 사실, 구조 그리고 규칙들이 거주하는 곳이다. 논리센터(reasoning center)는 사고와 논리를 구성하는 논리, 연역, 추론의 인식적 과정을 나타낸다. 언어센터(language center)는 커뮤니케이션을 지시하고 전문가가 다른 정보원과 상호작용하도록 한다. 문제가 인간전문가에게 언어센터를 통해 제시되면, 이는 해석되고, 관련 사실과 지식은 메모리로부터 접근되어 논리와 사고를 도출하는 연습에 적용된다. 전문가체계에서는 이러한 기본적인 지식요소를 지식기반(knowledge base), 추론엔진(inference engine), 사용자 중개장치(user interface) 그리고 설명시설(explanation facility)이고, 이 4가지가 전문가체계의 핵을 이룬다([그림 11-4] 참조).

① 지식기반(knowledge base)의 구성요소 　전문가체계의 지식기반은 정보체계의 데이터베이스 구성요소의 개념과 유사하다. 지식기반은 체계의 문제영역에서의 전문성을 규정하는 사실(facts)과 규칙(rules)을 내포하고 있다. 지

▌그림 11-4 지식기반 전문가체계의 구성요소 ▌

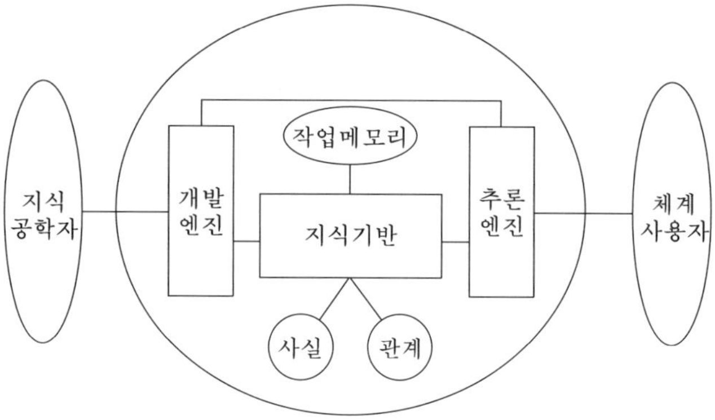

자료: Lein, 1997: 122.

식은 여러 방법으로 구조화될 수 있지만, 규칙기반방법과 구조기반방법이 보통 사용되고 있다. 여기서 규칙기반방법(rule-based method)은 지식을 'If-Then'의 형식으로 기술한다. 즉 'If [전제]-Then [결론]'의 형식으로 기술한다. 구조기반방법(frame-based method)은 관계에 의한 연결과 계층화된 조직으로 결절의 망을 구성하여 지식을 표현한다.

② **추론엔진**(inference engine) 추론엔진은 전문가체계에서 흔히 뇌(brain)라고 기술된다. 추론엔진은 지식기반, 작업메모리 그리고 결론작성에 포함된 사실과 관계의 논리를 위한 특정한 방법론을 지배하는 규칙을 포함한 컴퓨터 프로그램이다. 간략히 말하면, 추론엔진은 지식기반을 수행하는 규칙과 통제를 해석하는 일반적인 문제해결지식의 저장소를 나타낸다(Ortolando and Perman, 1987: 124~125).

③ **작업메모리**(working memory) 작업메모리는 지식기반의 사실과 규칙을 로딩(loading)하고 추론전략을 수행하기 위해 유보한 컴퓨터의 메모리 영역을 말한다. 상세한 전문가체계의 지식기반이 크고, 복합적인 추론망이 광범하기 때문에 컴퓨터의 기억용량은 큰 것이 요구된다(Ortolando and Perman, 1987: 128).

④ **설명시설**(explanation facility) 설명시설은 추론과 추론과정이 어떻게 주어진 결론을 만들어 내는가에 대한 사용자의 이해능력간을 연결하는 것이

다. 전문가들이 질문에 대해 어떻게, 왜 응답에 이르는 것처럼, 전문가체계의 설명시설은 상담 가운데 체계가 자신의 논리를 검토하고 설명할 수 있도록 하는 설명체계이다(Ortolando and Perman, 1987: 128~129).

⑤ **사용자 중개장치**(user inteface) 전문가체계와의 의사소통, 상호작용과 문제지향적 흐름을 용이하게 지지하는 대화의 확립능력은 이용가능체계의 필수적 특징이다. 사용자중개장치는 사용자, 지식기반 그리고 추론엔진간의 명령과정과 정보의 교환을 촉진하는 언어중심의 연결을 유지한다. 중개장치의 질은 사용자가 무엇을 보며, 사용자는 이해를 위해 무엇을 알아야 하며, 필요한 결과를 얻기 위해 사용자는 어떠한 행동을 취해야 할 것인가에 의존한다. 정보가 어떻게 전시되고, 사용자가 접근할 수 있으며, 상담 중에 대화형식이 얼마나 잘 유지될 수 있는가를 결정하는 여러 중개장치모형이 존재한다(Ortolando and Perman, 1987: 129).

참고문헌

김병진, (1989), 「정책학개론」(서울: 박영사).

안해균, (1992, 1998), 「정책학원론」(서울: 다산출판사).

윤대식 · 윤성순, (1995), 「도시모형론」(서울: 홍문사).

정정길, (1998), 「정책학원론」(서울: 대명출판사).

정환용, (1999), 「도시계획학원론」(서울: 박영사).

Alexander, E., (1979), "Planning Theory", Catanese, A. and Snyder, J., (eds.), (1979), ***Introduction to Urban Planning***(N. Y.: McGraw-Hill), 106~119.

____________, (1992), ***Approaches to Planning***(Philadelphia: Gordon and Breach Science Publishers).

Anderson, J., (1979), ***Public Policy-Making***(N. Y.: Holt, Rinhart and Winston).

Bracken, I., (1981), ***Urban Planning Methods: Research and Policy Analysis***(London: Methuen).

Chadwick, G., (1978), ***A Systems View of Planning***(Oxford: Pergamon).

Daft, R., (2007), ***Organization Theory and Design***(Mason, OH: Thomson).

Dunn, W.,(1994), ***Public Policy Analysis: An Introduction***(Englewood Cliffs, N. J.: Prentice Hall).

Grunening, G., (2001), "Origin and theoretical basis of New Public Management", ***International Public Management Journal***, 4(2001): 1~25.

Han, S. and Kim, T., (1989), "Can expert systems help with planning?", ***Journal of the American Planning Association***, 55; 3(Summer 1989): 296~308.

Hansson, S., (1996), "Decision making under great uncertainty", ***Philosophy of the Social Science***, 26; 3(1996): 369~386.

Hatch, M., (1997), ***Organization Theory***(Oxford: Oxford University Press).

Hill, M., (1968), "A Goal-Achievement Matrix for Evaluating Alternative Plans", ***Journal of the American Institute of Planners***, 34; 1(1968): 19~29.

Hobbs, F. D. and Doling, J. F., (1981), ***Planning for Engineers and Surveyors***(Oxford: Pergamon).

Hoch, C., (2007), "Making plans: Representation and intention", ***Planning Theory***, 6;

1(2007): 16～35.

Krueckeberg, D. and Silvers, A., (1974), ***Urban Planning Analysis: Methods and Models***(N. Y.: John Wiley & Sons).

Lambert D. and Stock, J., (1993), ***Strategic Logistics Management***(IL: Irwin).

Lein, J., (1997), ***Environmental Decision Making***(Oxon, England: Blackwell).

Lichfield, N., (1970), "Evaluation Methodology of Urban and Regional Plans: A Review", ***Regional Studies***, 4(1970): 151～165.

Mayer, R., (1985), Policy and Program Planning: ***A Developmental Perspective*** (Englewood Cliffs, N. J.: Prentice-Hall).

McAllister, D., (1982), ***Evaluation in Environmental Planning***(Cambridge: The MIT Press).

McLoughlin, J., (1969), ***Urban and Regional Planning***(London: Faber & Faber).

Nash, C., Pearce, D., and Stanley, J., (1975), "Criteria for Evaluating Project Evaluation Techniques", ***Journal of the American Institute of Planners***, 41; 2 (March 1975): 83～89.

Nutt, P., (2006), "Comparing public and private sector decision-making practice", ***Journal of Public Administration Research and Theory***, 16; 2(2006): 289～318.

Ortolano, L. and Perman, C., (1987), "A planner's introduction to expert system", ***Journal of the American Planning Association***, 53; 1(winter 1987): 98～103.

Patton, C. and Sawicki, D., (1993), ***Basic Methods of Policy Analysis and Planning***(N. J.: Prentice-Hall).

Roberts, M., (1980), ***An Introduction to Town Planning Techniques***(London: Hutchinson).

Rodriguez-Bauchiller, A., (1991), "Expert systems in planning-an overview", ***Planning Practice & Research***, 6; 3(Winter 1991): 20～25.

Sage, T., (2002), "Deliberative planning and decision making", ***Journal of Planning Education and Research***, 21(2002): 367～378.

Sawicki, D., (1979), "Quantitative Methods in Urban Planning", Catanese, Anthony J. and Snyder, James C., (eds.), ***Introduction to Urban Planning***(N. Y.: McGraw-Hill), 149～171.

Shefer, D. and Kaess, L., (1990), "Evaluation methods in urban and regional planning", ***Town Planning Review***, 16; 1(Jan. 1990): 75～88.

Shefer, D. and Tsubari, V., (1990), "Tribute plan evaluation metnod: An essy in memory of Morris (Moshe) Hill", ***Journal of Planning Education and Research***, 10; 1(1990): 5～14.

Sprague, Jr., R., (1993), "A framework for the development of decision support system",

Sprague, Jr., R. and Watson, H., (eds.), ***Decision Support Systems***(N. J.: Prentice hall), 3~28.

Stokey, E. and Zeckhauser, R., (1978), ***A Primer for Policy Analysis***(N. Y.: W. W. Norton & Company Inc).

Tarter, C. and Hoy, W., (1998), "Towards a contingency theory of decision making", ***Journal of Educational Administration***, 36; 3(1998): 212~228.

Thunholm, P., (2004), "Decision-making style: habit, style or both", ***Personality and Individual Difference***, 36(2004): 931~944.

Turban, E., (1990), ***Decision Support and Expert Systems***(N. Y.: Macmillan).

Wilson, J., Tabas, P. and Henneman, M., (1979), ***Comprehensive Planning and the Environment: A Manual for Planners***(Cambridge, Mass.: Abt Books).

제12장 계획집행과 평가

제 1 절 계획집행

Ⅰ. 의　　의

1. 개　　념

계획이 완성되고, 채택되면 계획의 집행문제에 이르게 된다. 집행(implementation)에 대한 개념정의는 매우 다양하다. 사전(辭典)에서는 '수행하고(to carry out), 달성하며(to accomplish), 충족시키고(to fulfill), 생산하고(to produce), 완성하는(to complete) 행위'라고 했다(Pressman and Wildavsky, 1973: xiii).

강조점에 따라 학자별 정의도 차이가 많다. 예를 들면, '미리 설정한 목표를 달성하기 위한 행동'(Van Meter & Van Horn), '목표설정과 목표달성간의 상호작용'(Allmendinger and Thomas), '권위 있는 정책지시를 실천하는 과정'(Nakamura & Smallwood), '계획이 효과적으로 달성되도록 하는 일련의 활동들'(Jones) 등으로 다양하게 정의하고 있다(유훈, 1992: 278~279; Allmendinger and Thomas, 1998: 11).

집행(執行)이란 일반적이고 추상적인 계획안을 점차적으로 위계에 따라 연역화하여 구체화시켜 행동(行動)에 옮기는 과정이라고 정의할 수 있다. 보다 간략하게는 집행은 '계획(計劃)을 행동(行動)에 연결(連結)'하는 것이라고 이해할 수 있다.

2. 중 요 성

계획에 대해 일반 주민들은 회의적 시각을 갖는 경우가 많은데, 이는 계획이 많이 작성은 되었지만 기대했던 만큼 성과를 이루지 못한데 그 원인의 일부가 있다(Crowther, 1983: 146). 실제로 계획의 여건변화로 기존계획을 수정·보완해야 할 상황에서도 이의 집행상태에 대한 고려 없이 계획들이 계속하여 만들어지고 갱신되어지고 있는데, 이를 신계획 신드롬(new plan syndrome)이라고 부를 수 있다(Talen, 1996). 때문에 많은 사람들은 계획실패는 주로 집행실패의 함수로 믿고 있다.

계획에서 지금까지의 관심은 주로 계획안작성과 작성된 계획의 평가에 초점을 두었다. 따라서 집행은 계획작성과 평가의 두 개 과정 사이에 '빠진 고리'(missing link)가 되었다. 이러한 문제점을 인식하여 1970년 초 이후 집행에 대한 관심이 일어나고 있다. 즉 계획의 초점이 이상적인 계획안을 도출하는 방안에만 집중하기보다는, 목표달성의 제약요인에 대해서도 관심을 갖게 되었다.

집행에 대한 최초의 체계적 연구(硏究)는 프레스만(J. Pressman)과 윌다브스키(A. Wildavsky)가 1973년에 출간한 「집행」(Implementation)을 들 수 있다(Pressman and Wildavsky, 1973). 그들은 「미국경제개발청」(EDA)의 실업구제프로그램의 일환으로 1966년에 시행된 오클랜드(Oakland)지방의 사업이 성공을 거두지 못한 이유를 검토하였다. 연구의 결과, 계획과 집행의 분리에 그 원인이 있다고 지적하였다. 프레스만과 윌다브스키의 저서가 출간된 이후, 정책집행분석과 프로그램 평가의 영역에서는 어떻게, 왜 그리고 어느 정도 정책과 프로그램이 실제로 집행되었는가에 대한 많은 연구들이 이루어지고 있다(Talen, 1996).

3. 속 성

계획과 집행결과는 차이를 나타내게 되는데, 이를 집행긴장(implementation tension)이라 한다(Bracken, 1981: 232). 성공적(成功的)인 집행(執行)은 통제변수를 조작하여 긴장의 원인을 제거하는 것이며, 이를 위해 계획기관은 프로그램에 따라 자원을 통제하게 된다.

집행 중 난점(難點)은 프로그램작성의 부적합성(inadequacies)에서 연유된다. 여기서 프로그램작성시 단점이 나타나는 이유(reasons)는 계획환경에 대한 불완전한 이미지 그리고 통제과정과 이용가능 자원에 대한 오해(misapprehension)에서 찾을 수 있다(Faludi, 1973: 278). 불확실한 계획환경에 대한 이미지보완을 위해 계획기관이 집행결과에 대한 정보를 획득하여, 예상되는 결과와 비교하여 이미지를 수정하는 피드백과정을 거치게 된다.

집행의 속성(屬性)은 다음과 같다(유훈, 1992: 280~281).

① 계획이 지적작업인데 비해, 집행은 사회적(社會的)·정치적(政治的)·행동적(行政的) 활동(活動)이다. 이는 집행의 법적·행정적·재정적 도구를 강조한 것이다(Wilson, et al., 1979).

② 집행과정은 위계에 따른 연역과정(演繹過程)이다.

③ 집행과정은 상호적응적(相互適應的)이며 순환적 과정(循環的 過程)이다. 계획집행은 계획작성과정과 교호작용을 할 뿐 아니라 평가과정과도 영향을 주고받는 순환성을 나타낸다.

④ 집행은 복합적 과정(複合的 過程)이다. 계획집행에는 많은 사람이나 조직이 참여하는 복합적 과정이다. 이는 집행이 상호활동의 복합성과 게임체계로서 작동되고 있음을 의미한다(Starling, 1986: 242). 때문에 프레스만(J. Pressman)과 윌다브스키(A. Wildavsky)는 계획집행의 주요 난점으로 참여자와 관점의 다양성을 들고 있다(Starling, 1986: 242).

Ⅱ. 집행연구

1. 연구의 발달

집행연구(implementation studies)의 발달은 3세대로 나누어 고찰할 수 있다(deLeon and deLeon, 2002: 468~473; Pülz and Treib, 2007: 89).

집행연구의 제1세대(the first generation)는 계획과 집행사이에 놓인 고난의 깊은 골짜기로 생각된 사례연구분석(事例硏究分析)에 중점을 두었다. 많은 사례에서 공공관리자들과 정책분석가들에게 계획과 공공정책집행의 복합성을 제시하였다. 여러 사례에서, 계획집행은 둘 또는 그 이상의 당사자들이 서로 반대로 행동하는 경우가 많았는데, 이는 어느 한 쪽이 바르기 때문이 아니고, 모두 올바르게 일을 수행한다고 생각하기 때문이다. 이 세대의 최종산물은 본질적인 집행이론에는 큰 기여가 없는 개별적 사례연구가 풍부한 것이었다. 1970년대에 지배적이었던 제1세대의 집행연구는 주로 집행실패의 사례에 초점을 둔 연구들로서, 프레스만과 윌다브스키의 연구가 유명하다.

제1세대의 핵심이 이론구축이 아니었기에, 제2세대(the second generation)에서는 이론구조와 가정에 초점을 맞추기 시작했다. 이 시기에 하향적 접근과 상향적 접근이라고 명명된 접근방법에 대한 논쟁이 있었다. 이 시기에 그들의 경험적 시각을 명령-통제지향적 또는 하향적 접근으로 알려진 일련의 제도지향적인 가정들에 대해 문제를 제기했다. 하향적 접근론자들이 그들의 사례를 만드는 같은 시기에, 대안적인 제2세대 접근이 나와 상향적 접근을 주장하는 내용을 전개했다. 제2세대의 학자들은 현장의 관료들이 성공적 집행을 위해 중요하다는 점을 지적했는데, 그것은 하향적 접근론자들이 간과한 내용이었다. 즉 이 세대의 학자들은 집행은 계획에 의해 영향을 받는 사람들이 계획의 수립과 집행에 적극 관련될 때만 발생한다고 주장한다.

제3세대(the third generation)는 하향식과 상향식 접근모형을 간극을 통합하려는 연구가 있었다. 동시에 이 세대의 연구목적은 앞의 세대들보다 과학적인 연구에 초점을 두었다(Pülz and Treib, 2007: 89).

2. 접근방법

집행의 방법론적 접근은 집행을 목표의 달성을 위한 수단적 행위로 파악하는 하향적 접근방법과 집행을 참여자들 사이에서 발생하는 상호작용으로 이해하는 상향적 접근방법 그리고 이 양 접근을 통합하여 고찰하려는 입장으로 나누어 살펴볼 수 있다(Hasenfeld and Brock, 1991; 정정길 외, 2003: 623~624).

(1) 하향적 접근방법

하향이론(top-down theories)은 중앙정부에 의해 만들어진 결정에 따라 계획집행이 이루어진다는 가정에서 출발했다. 이 접근에 속하는 주요 학자는 프레스만과 윌다브스키(1973), 반 미터와 반 혼(Van Meter and Van Horn, 1975), 사바티어와 매즈마니언(P. Sabatier and D. Mazmanian, 1979)를 들 수 있다(Pülz and Treib, 2007: 90~91).

하향적 접근(下向的 接近)은 1970년대에 미국의 연구에서부터 발달한 것으로, 집행과 계획작성과정의 분리를 주장한다(Allmendinger and Thomas, 1998: 11). 이 접근방법은 계획집행을 계획목표를 달성하는 과정으로 본다. 그리고 이 접근에서는 새로운 계획결정의 내용에 따라 집행관료 및 대상집단의 행태의 변화정도를 집행성공판단의 기준으로 본다. 계획결정자에게 바람직한 집행을 위한 규범적 처방을 제시하는데 이 접근방법의 목적이 있다(정정길 외, 2003: 623).

계획집행은 계획내용을 실현하는 활동이기 때문에 실현되어야 할 계획내용의 성질에 따라서 계획집행의 성공여부가 크게 좌우된다. 달성해야 할 계획목표와 실현시켜야 할 계획수단이 명확하고, 계획의 내용이 바람직스러우며, 또 계획집행을 위한 자원이 충분히 확보되면 계획의 집행은 쉽게 성공할 수 있는 조건이 갖추어진 것으로 생각한다(정정길 외, 2003: 633).

하향적 접근에 대한 비판(批判)은 다양하다(Allmendinger and Thomas, 1998: 13). 첫째, 중앙행위자들의 목표와 전략에 너무 많은 관심을 주지만, 그 과정에서의 다른 행위자들의 역할은 거의 강조하지 않는다. 둘째, 성공적 집행의 전제조건인 계획자원의 부족이 항상 있기에 이 접근은 비현실적이다. 셋째, 현장수준의 관료들의 활동은 집행결핍으로 인도하기 때문에 이들의 분별력이 모든 조직에서 불가피하게 요구된다. 넷째, 하향적 접근은 정책의 확인에 초점을 두기에 계획행동의 의도하지 않은 결과를 무시한다. 다섯째, 일부 정책은 명료한 정책을 갖지 않고, 때문에 정책들을 평가하는 기준점이 없다. 마지막으로, 계획형성과 집행간의 이론적 구별은 계획들이 집행과정에서 만들어지고 다시 만들어지기 때문에 실제에서 지속되어지지 못한다.

(2) 상향적 접근방법

1970년대 말과 1980년대 초에 하향적 학파에 대한 비판적 반응으로 상향적 이론들이 등장했다. 여러 연구들은 계획의 결과는 원래의 계획목표와 항상 깊게 연관되는 것은 아니고, 가정하고 있는 양자간의 인과관계도 의문이라는 것이다. 이 부류에 속하는 연구들은 실제 계획이 전달되는 행위자들의 네트워크를 확인하는 바탕(bottom)으로부터 연구를 시작한다. 그들은 계획이 중앙수준에서 정의되고, 집행자들은 이들 목표들을 가급적 산뜻하게 추진하기만 하는 점을 거부한다. 대신에 계획서비스의 전달단계에서 중앙계획의 작성자보다는 실제문제에 보다 근접되어 있는 지방관리가 혜택인자(beneficial factor)로 작용된다고 생각한다. 여기에 속하는 학자는 립스키(M. Lipsky), 엘모어(R. Elmore), 히언(B. Hijern) 등이다(Pülz and Treib, 2007: 92).

상향적 접근방법(上向的 接近方法)은 계획결정자가 집행과정에서 발생하는 모든 것에 결정적인 영향력을 행사할 수 있고, 그렇게 해야 한다는 하향적 접근방법에 대해 의문을 제기하면서 그와 반대되는 논리로 집행연구에 접근한다(정정길 외, 2003: 677).

상향적 접근방법은 집행과정에 가장 큰 영향력을 행사하는 집단은 명목적인 통제만을 담당하는 계획결정권자가 아니라 계획문제해결에 필요한 전문적인 지식을 가진 일선집행권자이므로, 집행과정에 대해 정확하게 이해하기 위해서는 일선집행관료와 대상집단의 행태를 고찰해야 한다고 본다. 또한 분명하고 일관된 계획목표의 존재가능성을 부인하고, 계획목표 대신 집행문제의 해결에 논의의 초점을 맞춘다. 그리고 실제의 계획결정은 일선집행권자의 집행과정에서 구체화되므로 계획결정과 계획집행간의 엄밀한 구분에 의문을 제기한다(정정길 외, 2003: 677～678).

상향적 접근에 대한 비판자(批判者)들은 다음 3가지 점을 지적한다. 첫째, 이 집행방법은 일선집행관료의 영향력을 지나치게 강조하는 반면에 계획결정자가 통제할 수 있는 집행의 제도적 구조, 집행자원배분 등의 측면을 경시한다. 둘째, 행위자들의 인식, 견해 그리고 행동에 영향을 주는 요인들을 무시하는 경향이 있다. 행위자들 간의 자원배분은 물론 행위자들의 영향을 구성하는 관료적 과정의 기원은 이론에서는 설명하지 않았지만 상향적 접근에서는 중요하다. 마지막으로, 이 접근은 정책목표들이 만들어지고, 지방행위자들의 의사결정환경을 구성하는 곳의 여건들을 제외한다. 이 접근에서는 계획목표를 중요한 변수로 취급하지 않아 집행실적의 객관적 평가가 어렵고, 계획결정과 집행을 구분할 필요성을 부인한다(Allmendinger and Thomas, 1998: 13～14; 정정길 외, 2003: 683～684).

(3) 통합적 접근방법

1980년대 중반이후 하향적 접근과 상향적 접근을 통합하려는 노력이 등장하고 있다. 양 접근의 격화된 논쟁에 불안이 증가되고, 이에 대한 반응으로 엘모어(R. Elmore), 사바티어(P. Sabatier), 고긴(M. Goggin, et al.) 등이 양 접근의 통합을 시도했다(Pülz and Treib, 2007: 95; 정정길 외, 2003: 624).

하향적 접근(下向的 接近)과 상향적 접근(上向的 接近)은 각기 상이한 분석대상과 분석초점을 갖는다. 전자(前者)는 기본적으로 명확한 계획목표의 설정과 그러한 계획목표의 달성여부가 중요한 연구범위가 되며, 논의의 초점은 계획결정자에 의한 효과적인 집행과정의 통제방법에 대한 모색이다. 반면에 후자(後者)는 계획목표의 달성 대신 특정한 집행문제의 해결이 중요한 관건이 되며, 집행문제의 해결에서 중요한 행위자는 문제해결에 필요한 전문성과 지식을 갖고 있는 일선집행관료가 된다. 문제해결을 위하여 집행관료들이 어떠한 행동을 해야 하고, 그러한 행동을 유발시키기 위해 각 조직계층의 조직운영절차는 어떠한 방식으로 바뀌어야 하는가가 논의의 초점이 된다(정정길 외, 2003: 701).

엘모어(R. Elmore)는 계획결정자들이 계획작성시 하향적 접근방법에 의해 계획목표를 결정하되, 상향적 접근방법에서 제시하는 방법을 수용하여 가장 집행 가능성이 높은 수단을 선택하는 방법을 수용하여 양 접근방법의 통합을 이루고자 한다. 사바티어(P. Sabatier)는 상향적 접근방법의 분석방법을 채택하는 동시에 하향적 관점에서 사회경제적 상황과 법적 수단이 어떻게 참여자들의 행태를 제한하는지를 살핌으로써 양 접근방법을 통합하였다(정정길 외, 2003: 624).

Ⅲ. 집행과정

1. 접근방법

1970대 중반까지의 집행과 집행평가에 대한 접근방법은 주로 선형(linear) 또는 하향적 (top-down)인 것이었다. 이는 계획을 일정시점까지 완성하고, 계획에 부응한 결과가 도출되었는가 여부에 따라 집행을 평가하는 접근방법이다. 그러나 계획내용이 집행 중에 수정 또는 변환된다는 점을 고려하여 선형적인 접근을 수정하여, 점진적으로 집행과정을 순환적(circular), 반사적(reflexive) 또는 협상적(negotiative) 과정으로 이해하게 되었다(Alexander and Faludi, 1989, 130).

집행단계(執行段階)는 학자에 따라 차이가 있다. 레인(M. Rein)은 지침개발, 자원배분, 감시단계로, 존스(C. Jones)는 해석, 조직, 적용단계로, 리플리(R. Ripley)와 프랭크린(G. Franklin)은 자원확보, 해석과 기획, 조직, 편익과 서비스의 제공, 감시와 환류의 단계로 각각 구분하고 있다(김병진, 1989: 315~323; 유훈, 1992: 282~284).

2. 집행모형

집행과정의 연구에는 맥러글런(J. Mcloughlin)의 체계통제모형, 론디넬리(D. Rondinelli)의 순환모형 그리고 알렉산더(E. Alexander)의 PPIP모형의 3가지 모형을 예시할 수 있다(김원, 1986: 365~381).

(1) 체계통제모형

맥러글런의 체계통제모형(system control model)은 [그림 12-1]이다(McLoughlin, 1969: 292~294). 먼저 실제상태(實際狀態)와 모형의 예측상황

(豫測狀況) -즉 계획 전의 체계의 실상과 개발계획에서 기술하고 있는 최초의 계획된 상태를 대비하는 상황- 을 고려하자. 통제작업은 집행된 계획의 의도한 상태의 단계인 M_1과 M_2에 따라 C_1과 C_2으로 표시된다. C_1에서의 통제는 S_1에 의해 나타내는 실제상태에 대한 작용에서 일탈을 규제하기 위해 특별한 방법으로 작용한다.

시간이 지남에 따라 M_2모형에 의해 만들어진 조잡한 예측이 S_2로 표시되는 실제상태와 CP_2의 비교분석과정에서 비교된다. CP_2에서 두 개의 산출이 사용되는데 하나는 M_3로 이끄는 쌍 화살표로 나타내는 모형의 예측적 힘에 의해 확대되고, 다른 하나는 실제상태 S_2와 S_3 사이에서의 충돌에서 나타난 장애에 대한 규제자로서 C_2에서 통제장치로서 감도를 증폭하는 역할을 수행한다. 실제적으로는 'M'의 순서는 예측, 모형, 선택과정의 결과이고, 'S'의 순서는 계속된 조사과정을 나타낸다.

▌그림 12-1 체계통제모형▐

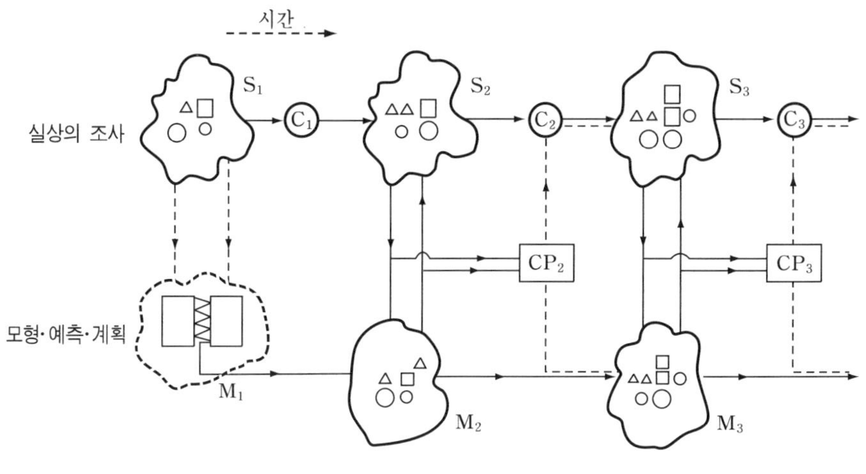

자료: McLoughlin, 1969: 293.

(2) 순환모형

론디넬리(D. Rondinelli)는 [그림 12-2]에서와 같이 계획(計劃), 집행(執行) 그리고 평가(評價) 및 환류(還流)의 3단계가 순환적으로 이루어지는 것으로 생각했다(Rondinelli, 1983: 12).

계획단계(planning stage)는 (사업)계획확인과 정의, 계획준비 및 타당성분석, 계획설계, 계획평가, 계획선택과 승인 그리고 계획조직의 6개 단계를 의미한다.

집행단계(implementation state)는 (사업)계획집행과 운영, 계획감독과 통제 그리고 계획완성과 완료의 3단계를 지칭한다.

그리고 평가와 환류단계(evaluation and feedback stage)는 산출확산과 전파, 계획평가 그리고 환류의 3단계로 구성되어 있다. 이들 단계는 편의상 나뉘어졌으나, 실제로는 하나의 통합된 과정으로 계획과 집행 그리고 평가가 일원화(一元化)되어 수행됨을 나타낸다.

❙ 그림 12-2 순환모형 ❙

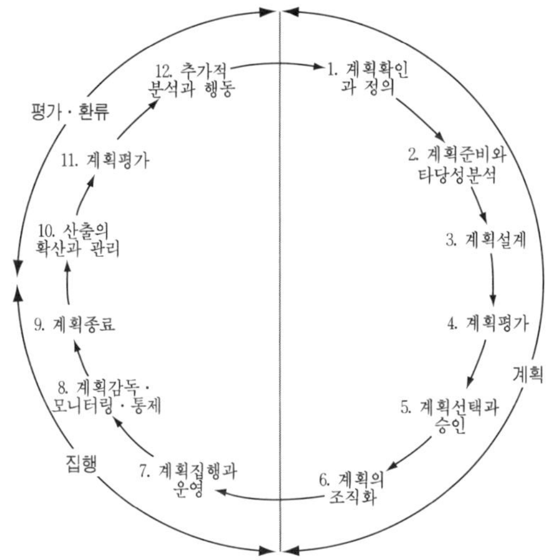

자료: Rondinelli, 1983: 12.

(3) PPIP모형

알렉산더(E. Alexander)의 PPIP모형은 '정책－계획－집행'이 단절된 별개의 단계가 아니라 계속적 단계로 보고, 각 단계의 연계관계를 그림으로 나타냈다(Alexander and Faludi, 1989: 132; Alexander, 1979: 43).

일정한 자극(STIM)에서 시작하여 정책개발단계(POLICY), 계획과 프로그램 설계(PLAN/ PROG)단계를 거쳐 집행(IMPLMNT)에 이르는 일련의 연속 과정이다. 각 단계는 '연결(LINK)' 1, 2, 3으로 표시되는 요소의 복합에 의해 앞 단

▌그림 12-3 PPIP 모형▐

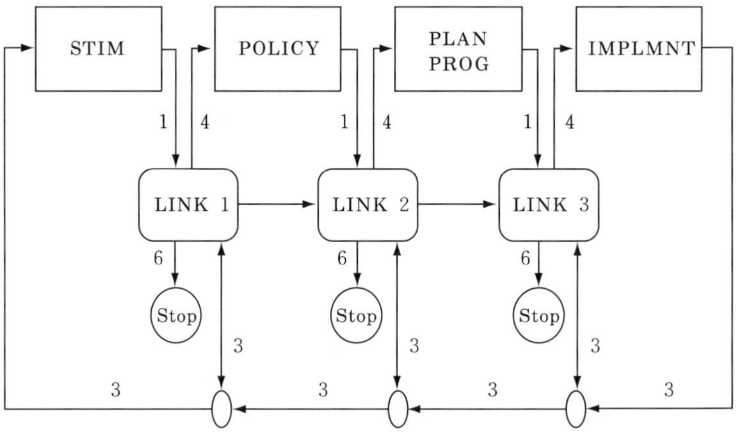

이 모형의 각 단계간 연결을 나타내는 대안적 통로는 다음과 같다.
1. 앞 단계에서, 2. 바로 앞 단계를 포함함 없이, 앞의 어떤 단계에서, 3. 어떤 뒤 단계에서 어떤 앞 단계로, 4. 다음 단계로, 5. 바로 다음 단계를 포함함 없이 어떠한 다른 뒤 단계로, 6. 과정의 조숙한 완성(stop).
자료: Alexander, 1979: 43.

계와 연결되어 있으며 각 연결들은 수 개의 대안적 통로를 갖고 있다([그림 12-3] 참조).

Ⅳ. 집행방법

1. 접근방법

집행접근방법(implementation approaches)은 관리자의 집행유형과 조화될 수 있는 것으로 확인되었다. 이 접근방법에는 수용, 거래, 유인 그리고 논증의 4가지 유형이 있다(Nutt, 1995: 470~471).

(1) 수용적 접근

수용적 접근(accommodation approach)은 집행시도이전의 상황에서 감추어진 의미를 도출하여 그것을 반영하고 적응하는 것을 모색한다. 집행상황은 계획을 지지하거나 반대할 수 있는 이해당사자들을 확인하고, 그들의 이익들과 관점을 노출시키는 것을 탐구해야 한다.

수용적 접근(受容的 接近)에서는 대부분 반응적이고 제한된 사람과 접촉한다. 타협이 요구되는 상황에서는 잠재적으로 적대적인 이해당사자들을 찾아야 한다. 각 적대자의 입장변화를 통해 합의를 도출하는 윈-윈 상황을 발견하기 위해 노력해야 한다.

이 접근에서 사용되는 기법들은 관리자들이 사람들이 가지고 있는 중요한 이익들과 입장을 발굴하는 것을 돕는 데 초점을 둔다. 좋은 예가 게임시나리오(game scenario)기법으로, 게임의 비유는 관리자가 중요한 이익들을 확인하는 것을 돕는 것이다.

(2) 거래적 접근

거래적 접근(bargaining approach)은 관리자들이 조직의 거래자가 되는 것을 요구한다. 거래전술(去來戰術)은 조직네트워크의 지식을 사용하여 잠재적 적대자들과 타협을 모색하기 위해 노력한다. 거래자역할을 하는 관리자들은 그들 스스로 핵심적 당사자들이 수용할 수 있을 때까지 아이디어가 형성되어지도록 토론회를 개최한다. 관리자들은 합의를 촉진하는 교량을 만들기 위해 다양한 집단들이 집행에 참여하도록 하는 촉진역할을 한다.

거래기법들은 관리자가 자신의 협상기술을 개선하는 것을 돕는다. 협상기법은 관리들이 그들의 타협기술을 구축하는 것을 돕는다.

(3) 유인적 접근

유인적 접근(incentive approach)은 이해당사자들로부터 바람직한 행태를 유인할 수 있도록 구체적인 보상을 사용한다. 실제적인 상황은 실무자들과 이해당사자들 간에 협의를 위한 최소한의 유인책(誘引策)에 의해 관리된다.

이 접근방법은 이해당사자들이 가치 있다고 생각하는 보상을 신중하게 선택하고, 보상을 통해 그들의 바람직한 행태와 연결한다. 그러한 보상은 바람직한 행태를 강화하고 타인들이 따르도록 조장한다고 가정한다.

(4) 논증적 접근

수용을 주장하기 위해, 집행관리자는 계획이 바람직할 뿐 아니라 효과적이라고 이해당사자들이 확신하도록 도식, 일화 그리고 시범을 사용하여 제한된 변화의 혜택을 집중적으로 검토한다. 계획이 조직의 이익을 위해 기여하고 사람들이 잃은 것이 거의 없다면, 이해당사자들은 계획과 함께 할 것이다. 어쨌거나 계획에 의해 부정적으로 영향을 받게 되는 이해당사자들은 계획에 반대할 것이다. 사람들이 거부의 징후가 보일 때, 논증(argumentation)을 사용하는 관리자들은 그들의 주장을 상세하게 논리적으로 제시하여 그들의 주장에 순응하도록 한다.

집행을 위한 논증(論證)을 위해서, 관리자는 사람들과 솔직하면서 정직한 거래를 한다는 명성과 조직수요에 대한 정확한 평가기록에 따라야 한다.

2. 집행방법

(1) 분　　류

전통적인 법적·행정적 집행장치는 허가적(許可的), 지시적(指示的), 지지적(支持的), 행동적(行動的)인 행동으로 나눌 수 있다(Eisner, et al., 1993: 412). 허가적(permissive) 행동은 계획이나 프로그램의 개발을 허가하거나 촉진하는 법이나 규정의 준비나 채택이다. 지시적(directive) 행동은 시작해야할 제1단계의 사업을 허가하고 완성해야할 작업의 범위를 정하는 법적 기관의 행동이다. 지지적(supportive) 행동은 사업이나 프로그램이 실제화할 수 있도록 하는 예산과정을 통한 재정프로그램의 정비이다. 행동적(active) 활동은 사회적·경제적 프로그램을 진행하고, 건물을 짓고, 재화와 서비스를 취득하고, 토지를 취득하는 것과 같은 활동들이다.

집행방법(執行方法)은 광범하다. 전통적인 법적, 행정적 그리고 규제적 집행도구가 있으며, 보다 효과적인 비공식적 방법도 있을 수 있다. 계획집행을 위한 단일의 도구나 방법이 있는 것은 아니다. 집행의 진수(眞髓)는 바람직한 목표를 달성할 수 있는 일련의 행동과 개발전략의 통합조정(orchestration)에 있다(Wilson, et al., 1979: 155).

(2) 내　　용

집행방법을 직접행동(直接行動), 규제방법(規制方法) 그리고 간접방법(間接方法)으로 나눌 수 있다(Wilson, et al., 1979: 156~207).

(가) 직접집행행동

직접집행행동(direct implementation actions)은 계획된 변화를 위한 계획기관의 직접적인 노력을 말한다. 공공부문에 의해 공간개발이 이루어지는 경우 - 예로 들면 정부가 각종 개발사업에 경비를 지출하면서 계획을 직접 집행하는 것-

을 말한다.

정부의 경비지출방법은 직·간접적인 다양한 형태의 보조를 포함한다. 여기서는 공공토지취득, 공공건설 그리고 개발지원의 3가지의 정부지출형태를 생각할 수 있다(Wilson, et al., 1979: 156~167). 공공부문에 의한 토지취득(public acquisition of land)은 공공개발정책의 집행을 위한 효과적 수단이다. 비록 토지취득을 위한 재정적인 제약이 있지만 토지취득은 한계적인 자연지역 또는 개방공간의 보호, 재개발, 또는 특정지역을 토지이용계획에 맞게 개발을 촉진하는데 사용할 수 있기 때문에 매력적이다. 어떤 서비스는 필수적이여서, 이의 개선은 지역의 장래개발을 위해 필요한 전제조건이 될 수도 있다. 때문에 하수도, 고속도로, 기타 공급시설이 입지에 대한 결정은 계획정책에 따른 개발을 유도하는 강력한 도구로서 기능한다. 공항, 댐, 고속도로 인터체인지(interchange) 같은 공공시설의 건설(public construction of improvements)은 이의 광범한 외부적 효과 때문에 추가적인 개발을 유인하게 된다. 민간부문의 공공지원(public assistance to development)도 계획집행에 직접적으로 영향을 주게 된다.

(나) 규제적 접근

규제적 접근(regulatory approaches)은 계획에 대한 행위의 규범으로서의 공식적인 지위를 부여하여, 그 실현을 강력하게 뒷받침하는 방식이다(김신복, 1992: 192). 계획은 아주 구체적이고 세부적인 목표, 수단, 일정까지를 제시하며 그 자체가 집행단계에서 엄격한 지침이 된다.

일반적으로 통제 또는 규제란 목표성취를 위하여 미리 세워 놓은 계획과 기준에 업무실적이 일치하도록 보장하고, 그 계획 및 기준과 실적 사이에 차이가 났을 때 그 원인을 규명하며 아울러 시정조치를 취하는 기능이다. 전통적으로 계획작성은 바람직한 모습의 쇄신적인 창조보다는 바람직하지 못한 것의 예방에 초점을 두고 있다. 따라서 개발통제도 긍적적 과정보다는 부정적인 규제적 측면에 초점을 두어 온 것으로 볼 수 있다(Crowther, 1983: 147).

공간개발의 경우, 개발통제는 개인이 특정지역에서 특정활동을 하지 못하도록 하거나, 다른 지역에서 특정활동을 하도록 유도하는 것이다. 광범하게 이러한 통제를 달성할 수 있는 장치는 토지이용지역제(land use zoning)와 계획기준(planning standard)의 두 가지가 있다(Hobbs and Dolings, 1981: 128~129). 계획기준은 계획작성에 많이 사용되어 왔는데, 이는 각종 계획활동에 대한 수용가능한 양을 정하는데 도움을 주고, 개발통제의 운영에 지침으로서 활용할 수 있는 것이다(Roberts, 1980: 171～172).

(다) 간접적인 유인책과 억제책

세 번째 범주는 민간개발에 간접적인 영향을 주는 공공정책을 말한다. 이러한 간접적인 유인 또는 억제책(indirect incentives and disencentives)은 공공투자정책, 공공재정정책, 과세정책, 개발유인책 등이 있다(Wilson, et al., 1979: 199~207).

이 기법은 직접적인 규제에 의해서가 아니라 유인체계의 조정을 통해서 간접적으로 유도하는 방식이다. 여기서는 계획이 의도하는 방향이나 계획내용과 합치되는 행위에 대해서는 적절한 보상을 제공하고 상반되는 경우에는 불이익을 받도록 하여 계획목적의 달성을 유도한다.

Ⅴ. 집행기법

1. 일정모형

집행기법의 하나인 일정모형(scheduling models)은 계획기관의 활동들간의 조화를 촉진하고, 자원의 보다 나은 이용에 도움을 준다. 이 범주에 속하는 것은 다양한 모형이 있으나, 여기서는 간트(Gantt)표, CPM/PERT를 중심으로 살피기로 한다(Starling, 1986: 247~250).

(1) 간 트 표

1917년에 간트(H. Gantt)는 막대표를 개발했는데, 이는 기본적으로 계획된 목표에 대해 완료된 작업을 비교하는 과정을 기술하고 있다. 간트표(Gantt chart)는 각 과업에 대한 표자료와 막대표 형태로 스케줄(schedule)을 나타내는 도식표현으로 구성된 사업관리기법이다. 간트표는 하나의 작업을 여러 과업으로 구분하여 과업수행기간을 막대로서 횡으로 표시하는 방법을 택한다.

이 기법은 프로젝트의 종합적 내용을 빠르게 파악할 수 있다는 장점(長點)이 있지만, 복잡한 작업의 경우 세밀한 일정계획을 수립할 수 없고, 작업중점파악과 작업간 연관성을 파악하기 어렵고, 작업에 대한 사전예측 및 통제가 곤란하다는 단점(短點)이 있다(정규서 · 강태룡, 1993: 151).

(2) PERT/CPM 기법

① 의 의 PERT(Program Evaluation and Review Technique)는 경영관리자가 사업목표를 달성하기 위한 관리기법으로, 1956년 미 해군의 폴라리스(Polaris) 잠수함 개발시 부즈 · 알렌 · 하밀톤(Booz · Allen · Hamilton)회사 등이 중심이 되어 개발한 관리기법이다. CPM(Critical Path Method)은 1957년에 미 듀퐁(Dupont)회사에서 당시 회사의 거대하고 복잡한 신규설비 및 투자수요에 대처하기 위한 종합계획관리기법으로 발전시킨 별개의 관리기법이었으나, 그 유사성과 상호보완성 때문에 거의 동의어로 사용될 정도로 구분없이 활용되고 있다. 이 기법은 프로젝트를 구성하는 과업들간의 상호관계를 도식적으로 나타낸 일정관리 기법이다

② 특 성 이 기법은 계획의 흐름을 망(network)으로 나타내, 사상과 활동이 어떻게 관계되는가를 나타낸다. PERT표에서는 단계(event)는 "○"표로 나타내며, 활동(activity)은 사업계획의 시간소요요소로 여러 단계와의 연계에 사용되며 화살표로 나타낸다. 따라서 PERT표는 모든 의미 있는 사업계획의 성취를 반영하고 있고, 사업계획의 복잡성을 이해할 수 있다. 대부분의 단계가 하나 또는 그 이상의 전 단계들에 의존되어 있기 때문에, 표는 본질적인 목표의 달성에 유도하는 단계들의 상호관계를 나타낸다.

하나의 프로젝트를 완료하는데 필요한 가능한 최단시간, 다시 말하면 부동시간이 없는 단계들을 연결하는 선을 주공정선(critical path)이라고 한다(노화준, 1985: 875~880). 주공정선(主工程線)상의 활동들이 사업의 관리에 시사하는 바는 관리자들이 주공정 이외의 활동들은 그 권한과 책임들을 하위의 관리자들에게 위임할 수 있고 이로서 책임관리자들은 주공정선상의 활동들에 시간과 노력을 집중 투입함으로써 전반적인 사업관리의 효과성을 높일 수 있다는 점이다.

③ 진행단계 PERT는 다음 5단계에 의해 진행된다(안문석, 1993: 272~282).

첫째, 독립된 조직단위에 의해 일관성을 갖고 독립적으로 수행되는 활동을 정의한다.

둘째, 활동번호, 이름, 선 · 후행활동, 소요시간이 포함된 활동표를 작성한다.

셋째, 활동의 흐름을 나타내는 망(PERT Network)을 작성한다.

넷째, 준공시간을 활동별로 최단시간(earliest time)과 최대시간(latest time)을 계산하여 표시한다.

다섯째, 중요한 활동(critical activities)과 중요한 흐름(critical path)을 계산한다.

④ **장단점** 이 기법의 유용성(有用性)은 다음과 같다(노화준, 1985: 896~897).

첫째, 계획을 몇 단계의 개념적인 단계로 분리해서 생각하면 시간과 자원에 대한 효과적인 관리를 할 수 있게 된다.

둘째, 논리적 모형 그 자체는 프로젝트에 필요한 활동을 수행하기 위하여 이룩해야 할 업무에 관한 신중한 정의에 의해 작성된다.

셋째, 관리자의 입장에서 보면 이 기법은 어떻게 계획이 작성되어야 하는가를 구체화시켜 준다.

넷째, 이 기법을 택하는 경우 관리자들은 각 활동들의 정확한 착수시간, 조정시간 및 그들의 책임한계를 분명히 알 수 있게 한다.

그러나 이 기법의 한계점은 자원이나 시간의 정확한 추정이 어렵고, 이 기법을 활용할 수 있는 인력을 훈련시키는데도 시간과 노력이 필요하다는 점이다.

2. 예산연계기법

(1) PPBS

PPBS는 기본계획(planning)－사업계획(programming)－투자계획(budgeting)을 하나의 체계(system)로 통합시켜 검토하는 제도이다. 이를 계획예산(計劃豫算)이라고도 하는데, 장기적인 기본계획과 단기적인 예산편성을 프로그램작성을 통하여 유기적으로 연결시켜서 자원배분에 관한 의사결정을 일관성 있게 하려는 예산제도이다(김규정, 1998: 822).

이의 특징(特徵)은 사업계획의 목표를 명백히 설정하고, 장래에 영향을 주게 될 비용을 예견하며, 각 사업계획에 소요될 모든 비용을 산출한다. 그리고 마지막으로 사업계획 가운데 어느 것이 목표를 가장 효과적으로 성취시키느냐를 결정한다.

1950년대에 랜드연구소(RAND Corporation)에 의해 개발되었고, 1960년대 중반이후에는 미국은 물론 세계 여러 나라에서 도입하여 적용했던 방법이다. 1971년 닉슨행정부에 의해 폐기되어, 현재 미 연방정부에서 전반적으로 적용되는 예산제도는 아니지만 그 흔적은 여러 부처에 남아있는 상태다. 이 계획예산은 영기준예산과 상호보완관계를 가지면서 계속 관심을 끌어갈 것으로 보인다.

PPBS는 목표의 확인, 목표와 관련된 구체적 프로그램작성, 프로그램을 위한 자원수요추정 그리고 자원수요를 예산으로 변환하는 4단계의 과정을 거쳐 이루어진다(Millward, 1968: 90).

(2) 영기준예산

영기준예산(zero-base budgeting: ZBB)이란 행정기관의 모든 사업, 활동에 전회계년도예산을 고려하지 않는 영기준(零基準)을 적용하여 계속사업, 신규사업을 막론하고 그 능율성·효과성과 사업의 계속·축소·확대여부를 새로 분석·평가하고, 사업의 우선순위를 결정하고, 이에 따라 예산을 편성·결정하는 예산제도이다.

계획예산이 정책계획의 수립이나 목표에 중점을 두고 있으나 영기준예산(零基準豫算)은 목표달성과 사업평가에 중점을 두고 있다. 계획예산은 예산결정이 하향적이지만 영기준예산은 상향적이며 의사소통이 활발하다.

제 2 절 계획관리

Ⅰ. 계획탈선예방

1. 의 의

계획이 작성되고 그 내용이 알려지면, 반대의 견해가 나타나고 상호대립이 심화되며 계획에 영향을 주게 된다. 이 시점에서 주고받기(give-and-take)가 시작되고, 협상이 수반되며, 계획은 수차례 수정(修正)을 거쳐 결국 계획은 승인(承認)되고 집행(執行)이 시작된다. 그러나 이렇게 수정된 계획은 새로운 이해관계자들을 만족시키지는 못하여 그들을 중심으로 또다시 계획의 집행을 방해하고 여기서 새로운 협상이 시작되고 새로운 수정이 도입되게 된다.

집행이 진행중인 계획의 수정, 변경은 계획의 지연(遲延)과 비용(費用)의 추가를 요구하게 된다. 이러한 상황은 반대(反對)와 계획의 지연을 가져온다. 이렇게 되어 수정된 것은 처음의 개념과는 상이한 모습을 보이게 되고 이는 누구도 만족시키지 못하게 된다.

이와 같이 여러 상황에 의해 계획이 수정, 변경됨은 물론 지연, 반대되어 본래의 계획과는 다른 모습으로 집행되는 계획의 탈선현상을 초래하게 된다. 여기서 계획탈선(plan derailment)은 가치 있는 과업의 포기나 가치 없는 과업의 수행으로 정의할 수 있다(Benveniste, 1989: 230).

2. 탈선유형

계획탈선(計劃脫線)은 다음 7가지 유형(類型)으로 요약할 수 있다(Benveniste, 1989: 230~232)

① **끊임 없는 수정에 의한 탈선** 계획의 원초 생각과 개념이 모든 사람의 요구에 맞게 수정(修正)되고, 재협상하며 바꾼다. 최종 산출물은 원초 의도와는 현저히 달라지고, 더욱 중요한 것은 기술적으로 건전하지 못하기 때문에 욕구충족에 실패하게 된다.

② **끊임 없는 연기에 의한 탈선** 반대집단은 많은 부문에 대해 계획집행의 연기(延期)를 위해 가능한 수단을 다한다. 계획이 최종적으로 집행되었을 때에는 본래문제에 대한 해결이 아니고 상황이 되어 버린다. 집행한 것은 너무 작은 일을 너무 비싸게 그리고 너무 늦게 한 것이 된다.

③ **대량소멸에 의한 탈선** 계획이 많은 수정, 변경에 의해 원래의 모습과는 다른 계획내용으로 진행되는 경우가 있다. 이 경우 계획은 출발선상에서부터 실족하여 익사한다. 반대측에서는 계획을 단순히 파괴하여 소멸(消滅)시킨다. 심각한 문제이지만, 이 경우에 할 수 있는 일이 별로 없다.

④ **백상(white elephant) 탈선** 달성할 수 없는 목표나 잘못된 해결책의 추구에서 기인한다. 고가의 흰 코끼리 작전을 추구하지만 결국은 달성할 수 없는 목표임을 알게 된다.

⑤ **적체(piling on)에 의한 탈선** 계획이 진행되는 동안에 너무 많은 과업(課業)을 추가적으로 부과한다. 이에 따라 더 많은 이해관계자들이 자신의 욕구충족을 위해 계획을 이용한다. 수행해야할 과업들이 너무 많아 관리할 수 없을 뿐 아니라 계획자체가 비틀거리게 된다.

⑥ **과도한 시간과 비용에 의한 탈선** 집행이 본래 생각했던 것보다 훨씬 어렵고 복잡하다. 목표는 달성할 수 있지만 원래 생각했던 것보다 훨씬 비용(費用)이 많이 든다. 비용이 증가하고 추가적인 자원이 요구됨에 따라 반대측이 날뛰게 된다. 예상되는 혜택이 증가되는 비용보다 작을 때는 계획이 탈선하게 된다.

⑦ **관료화에 의한 탈선** 계획활동은 계속되지만 계획자체가 사소한 것이 되어간다. 관료적 규칙(官僚的 規則)이 계획활동의 규범이 되어간다. 형식과

문서가 결과보다 더 중요해진다.

3. 예방조치

계획의 탈선을 방지하기 위해서는 보다 나은 계획(計劃), 협상(協商) 그리고 유인책(誘引策)의 사용이 중요하다(Benveniste, 1989: 234~259).

(1) 보다 나은 계획

효과적 계획은 담대해야 하지만 아울러, 철저한 사고(思考)에 기반하여 이루어져야 한다. 집행되도록 하기 위해서는 계획에 높은 주의가 요구된다. 네트워킹(networking)과 융화구축도 중요하지만, 그것만 가지고는 충분하지 않다. 여러 형태의 탈선은 갈등에 의해 발생하고, 처음에는 바람직하고 가능하다고 생각되었던 것이 바람직하지 않거나 불가능한 것으로 판명되는 이유 때문에 발생한다.

효과적 계획은 융화구축(融和構築)에 좌우된다. 갈등(葛藤)은 계속되는 수정(修正), 연기(延期), 또는 대량소멸(大量消滅)의 세 가지 탈선유형에서 발생한다. 때문에 융화구축의 첫 번째 전략은 갈등을 회피하는 것이다. 실제로 갈등의 회피는 많은 지지자의 융화 모임보다도 더 의미 있다. 두 번째 탈선의 원인은 사업계획이 이를 충분하게 검토하지 않았기 때문에 바람직하지 않게 된 것이다. 행동의 모든 결과를 예측할 수 없기 때문에 계획을 어렵게 만든다. 세 번째 탈선의 원인은 불가능을 발견하기 때문이다.

(2) 협　상

협상(negotiation)은 대립되는 이해관계에 있는 사람간의 합의에 대한 논의와 관련된다(Hoch, 1994: 188). 협상(協商)은 여러 측면을 갖고 있다. 한편으론 바람직한 자원과 지지를 얻기 위해 협상하고, 다른 한편으론 불가능한 과업을 회피하기 위해서 협상한다. 여기서는 계획탈선의 사전예방책으로서 협상을 내실화하기 위해서는 사업계획을 단순화하고, 신뢰망을 구축하며, 약속을 준수하는 노력이 중요하다.

계획에 대한 아이디어(idea)가 제시되면 관련기관에서는 미해결문제의 해결에 사업계획을 활용하기 위해 노력할 뿐 아니라 추가적인 사업의 적법성을 도출하는 도구로 활용된다. 이렇게 하여 관련사업의 내용이 확대되고 이는 비용증가로 연결되어 사업계획의 탈선을 가져올 수 있다. 따라서 이러한 적체(piling on)를 없애기 위해서도 관련자들 간의 대화가 요구된다. 아울러 사업계획을 단순화하는 노력이 전제되어야 한다.

많은 계획상황에서 갈등과 탈선을 회피하기 위해서는 출발부터 바르게 접근하는 것이 필요하다. 오류를 범할 수 없다. 사업계획이 올바르게 진행되는 경우에도 불가피하게 장애를 맞나 탈선하게 된다. 합의에 도달하고 옳은 결정을 하는데는, 서로 다른 기관과 부서에서 근무하는 계획가간에 밀접한 접촉이 중요하다. 이러한 작업의 성공은 계획에 관련된 기관들 간에 협상을 할 수 있는 네트워크에 대한 신뢰가 있어야 한다.

탈선은 여러 형태가 있다. 반대자들이 계획을 탈선시키기도 하지만 지지자들도 심각한 문제를 야기할 수 있다. 지지자들에게 언제나 약속을 지키는 것만은 아니기 때문에 계획가가 약속을 지키지 않아서 계획의 탈선이 이루어지는 경우에는 지지자를 잃어버리게 될 수 도 있다. 정치적인 이유, 관련기관간의 협력의 미흡, 또는 시간과 상황의 변화에 따라 약속을 지키기 어려운 경우가 발생하게 된다. 이와 같은 계획가가 통제하기 어려운 상황에서도 계획가는 약속을 지키기 위해서 노력해야 한다.

(3) 권위의 위임, 유인책 그리고 위험부담

계획가는 협상시 제안할 유인책이 거의 없다고 생각하는 경우가 있다. 실제로 계획가들은 막료로서 일하기 때문에 운영상 책임을 갖지 않는다. 그리고 계획가에게는 계획에 반대하는 사람을 수용하기 위해 필요한 자원의 사용을 위해 위임된 권위도 거의 없다. 따라서 계획가들에게는 제시할 유인책도 없고 출현하는 반대에 대해 타협에 도달할 수 있는 빠르고 효과적인 길이 없는 경우도 있다. 그러나 이는 장기적으로 낭비적이다. 사업계획들은 계획가들의 지연처리에 의해 일탈하고, 탈선하고, 무한정 연기될 수도 있기 때문이다.

긍정적 유인책은 부정적 유인책보다 효과적이다. 계획이 관리적 과업이라면 계획가에게는 권위(權威)의 위임(委任)이 있어야 하고, 보다 강력하고 의미있는 유인책(誘引策)에 접근이 가능해야 한다. 계획가는 그들과 협력하거나 도와주는 사람들에게 자원을 제공하고 일정한 지위를 부여할 수 있어야 한다. 이를 통해 계획가의 효과성을 증대시킬 수 있다.

Ⅱ. 모니터링

1. 의　　의

모니터링(monitoring)은 사업계획의 자원(투입)이 의도된 데로 관리되고 사용되었는가와 의도된 산출이 나타났는가를 사정하는 내부사업계획활동이다(Bamberger and Hewitt, 1986, 8). 이는 계획과 정책의 체계가 기술된 목적의 달성을 수행하고 있는가를 나타내기 위해 선정된 정보를 주기적으로 기술하는 것이다(Rose, 1979: 23).

모니터링과 평가는 현행사업계획의 효율성과 장래사업계획의 선택과 설계를 개선하기 위해 돕는 필수적 관리도구이다. 모니터링은 사업계획의 과정중, 집행중 당면한 문제 그리고 집행의 효율성에 관한 지속적인 반추를 제공하기 위해 설계된 내부적인 사업계획활동이다(Bamberger and Hewitt, 1986: 1).

2. 기　　능

모니터링은 순응, 감사, 회계, 설명의 기능을 수행한다(Dunn, 1994: 335~336).

① **순응**(compliance)　　모니터링은 계획관리자, 이해관계자들이 법, 규제기관, 전문기관에 의해 부여된 기준과 과정에 순응하는가를 결정하는데 도움을 준다.

② **감사**(auditing)　　모니터링은 자원이나 서비스가 일정한 목표집단이나 수혜자들에게 실제로 도달되는가를 결정하는 것을 도와준다.

③ **회계**(accounting)　　모니터링은 계획의 집행에 따라 나타나는 사회, 경제적 변화에 대해 회계하는데 도움을 주는 정보를 생산한다.

④ **설명**(explanation)　　모니터링은 왜 계획이나 정책의 결과에 차이가 있는가를 설명하는데 도움을 주는 정보를 산출한다.

3. 종　　류

모니터링은 성과(成果)모니터링과 과정(過程)모니터링으로 구분하는 것이 유용하다(Bamberger and Hewitt, 1986: 8). 성과모니터링(performance monitoring)은 사업계획의 투입요소가 승인된 예산과 시간계획에 따라 사용되고 있는가 그리고 의도된 산출이 시의적절하게 그리고 비용-효과방법으로 산출되었는가를 사정한다(Bamberger and Hewitt, 1986: 8). 성과모니터링은 사업감독을 개선하기 위한 의도이고 사업성과의 주요 지표에 대해 계속적인 반추를 하여 문제를 검출하고 교정을 이룰 수 있는 계획의 관리에 필수적인 것이다. 과정모니터링(process monitorong)은 사업전달체계의 효율성과 효과성에 대한 관리에 반추를 제공하는 것이다(Bamberger and Hewitt, 1986: 8). 이 모니터링은 예상되는 혜택자에게 어떻게 계획이 인지되고 실제로 어떤 수준에서 이루어지는가를 분석하고, 계획기관과 혜택자 사이에 커뮤니케이션과 조직적 연계에 대한 효과성이라는 두 가지 측면에서 중요한 의미를 갖는다.

환경에 대한 불확실성의 정도와 정책통제의 정도와 관련하여 집행(執行), 영향(影響) 그리고 전략(戰略)모니터링의 세 가지 유형으로 구분할 수 있다(Rose, 1979: 23). 집행모니터링(implementation monitoring)은 가장 오랜 동안 시행된 것으로, 안정적이고 잘 이해하고 있는 환경과 높은 통제정도를 가정하고 있으며 단선적(unitary) 접근을 취한다. 영향모니터링(impact monitoring)은 개발계획(development planning)과 단선적 접근(unitary approach)에 관계된다. 집행모니터링과 영향모니터링은 상호작용적이고 가끔은 중첩적인 면이 있다. 전략모니터링(strategic monitoring)에 대한 연구는 불확실성에 대한 이해와 범주화 그리고 학습과정과 적응적 접근을 지향하는 목표를 가지고 있다.

제 3 절 계획평가

Ⅰ. 의 의

1. 의 미

(1) 개 념

계획이 집행되고 나면, 계획대로 실행되었는가를 파악하기 위해 집행의 궤적을 추적해 보는 것이 중요하다. 계획평가(計劃評價)의 필요성은 계획이 집행되는 과정에서나 또는 집행이 끝난 후에 계획이 설정된 목표대로 집행되고 있는가 또는 집행이 완료되었는가에 대한 분석이 필요하다(Mayer, 1985: 190; 김병진, 1989: 367).

평가(評價)를 지칭하는 단어로는 평가(evaluation, valuation), 평정(assessment), 시험(test) 등 여러 용어들이 사용되고 있다. 여기서 시험(test)은 평가(evaluation) 이전에 계획작성중이나 최종준비중에 계획의 특정국면에 대해 시행한다(Lichfield, et al., 1975: 4). 평정(assessment)은 사정(査定) 또는 검토(檢討) 등의 용어로 사용하며, 대상물에 대한 영향(impacts)에 대한 분석과 평가에 관계된다(Westman, 1985: 5). 평가(evaluation)란 상이한 행동노선의 장단점에 대한 비교 평정(assessment)이다(Lichfield, et al., 1975: 4).

평가와 관련된 여러 용어 중에서 계획에서 가장 많이 사용하고 있는 영어단어는 evaluation 과 valuation의 두 가지가 있다. 전자는 비교되는 계획안의 전 과정을 옹위하는 개념이고, 후자는 과정의 일부분에 초점을 맞추는 활동이다(Lichfield, et al., 1975: 4). 평가(evaluation)는 가치화(valuing)의 행동으로, 기준을 의미하기 때문에 목적(objectives)과 연결된다(Chadwick, 1978: 260).

평가에는 ① 계획사정(plan assessment: 계획이 그 기준을 구체화하는 것을 보장), ② 계획검사와 평가(plan testing and evaluation: 계획목표달성을 위한 대안적 방안의 평가), ③ 계획비판(plan critique: 타 계획가에 의한 계획에 대한 주관적 검토), ④ 비교연구 및 전문적 평가(comparative research and professional evaluation: 결과에 대한 고려 유무와 관계없이 여러 계획들의 비교) 그리고 ⑤ 계획결과의 사후평가(post hoc evaluation: 모니터링 또는 회고적 평가)의 5가지 의미를 포함한다(Waldner, 2004: 2).

(2) 특 성

평가는 계획결정에 의해 영향을 받는 모든 개인, 집단의 복지변이를 측정해야 되는데 이를 평가의 종합성(綜合性)이라 한다. 이러한 평가는 지역사회 구성원 전체에 대해 계획안의 영향에 관한 정보(情報)를 제공해 준다. 그리고 평가는 학습과정(學習過程)이라고도 하는데, 이는 특정 계획안의 장단점에 관한 증거를 찾기 위해 노력하고 보다 탁월한 대안의 창출로 유도하는 새로운 통찰이 획득되기 때문이다.

평가는 계획가와 정치가의 '가치'를 반영할 수밖에 없다. 정치가에 의한 평가는 전략적이기 보다는 단기적이고, 재선에 관심을 갖고 있으나, 계획가에 의한 평가는 대안들의 전체적인 범위 내에서 그들의 부분적 가치와 판단에 크게 영향을 받는다(Bracken, 1981: 70).

평가는 다른 정책분석방법과는 구별되는 몇 가지 특징(特徵)이 있다(Dunn, 1994: 404).

① **가치초점**(value focus) 모니터링과는 반대로 평가는 계획과 정책의 바람직함 또는 가치와 관련된 판단에 초점을 둔다. 평가는 주로 계획과 정책의 가치나 사회적 효용성을 결정하는 노력이지 계획에 대한 단순한 정보수집노력만은 아니다.

② **사실-가치와의 상호의존성**(fact-value interdependence) 평가는 가치는 물론 사실에도 의존한다.

③ **현재와 과거지향**(present and past orientation) 평가는 미래지향적이기 보다는 현재와 과거의 결과에 초점을 둔다. 평가는 회귀적이고 행동이 수행된 이후 시행된다.

④ **가치 이중성**(value duality) 평가에 바탕에 있는 가치는 목표와 수단으로 간주하는 이중적 질을 가지고 있다.

2. 목적과 기능

(1) 목 적

평가의 목적은 지식, 관리 그리고 책임성의 3가지 관점에서 고찰할 수 있다(노화준, 2006: 20~21; 정정길, 1998: 706~711)

① **지 식** 현재 관심의 대상이 되고 있는 정책이나 프로그램의 평가를 통하여 사회현상에 대한 새로운 지식(知識)을 발전시키고 장기적으로 이를 정책의 개발과 사회문제의 해결에 응용하고자 하는 것이다. 또한 평가는 정부의 문제해결능력을 높일 뿐 아니라 학문적 발전에도 기여하는데 있다.

② **관 리** 계획결정이나 집행과정에 필요한 정보를 제공하여 이들 과정을 바람직스럽게 추진되도록 하는 것으로 정책과정상 환류기능을 수행한다. 계획의 집행과정이나 집행후에 나타난 결과에 의해 획득한 정보를 환류시켜 효과적인 집행전략을 수립하거나 계획추진여부 및 내용의 수정 및 결정에 도움을 준다.

③ **책임성** 계획평가의 목적이 계획결정자나 프로그램의 관리자들로 하여금 효과성과 운영상의 질이라는 두 가지 측면에서 그들의 관할하에 있는 프로그램들의 가치에 대한 책임(責任)을 지도록 함으로써 정부자원을 최선의 방법으로 활용하도록 하는데 있다.

(2) 기 능

평가의 용도(用度)는 도구적, 개념적 그리고 설득적 용도로 구분할 수 있다. 도구적 용도(instrumental use)는 평가를 통해 프로그램을 그의 장점에 따라 계속 또는 중단할 것인가에 대한 합리적 결정하는데 사용한다. 개념적 용도(conceptual use)는 보다 광범한 인식적 및 사회학습과정과 관련된다. 지식의 축적은 특정한 평가프로그램에 대한 효과와 관계없이 광범한 정책맥락에서 유용할 수 있다. 설득적 용도(persuasive use)는 평가를 정치적 갈등에서 이익을 방어하기 위한 수단으로 사용될 때 일어난다(Dahler-Larsen, 2000).

평가는 계획과정에서 몇 가지 중요한 기능(技能)을 수행한다(Dunn, 1994: 405~406). 첫째, 평가는 계획의 성과에 대한 신뢰할 수 있고 타당한 정보를 제공해 준다. 여기서 계획성과는 계획활동에 의해 수요·가치·기회가 실현된 범위를 나타낸 것이며, 목표의 성취범위로 표현된다. 둘째, 평가는 목표를 선정하는데 바탕이 되는 가치들을 명료화하고 비판하는데 기여한다. 목표의 정의를 통해 가치는 명료화되고, 제시된 문제와 관련하여 목표의 적정성을 체계적으로 검토했는가를 통해 가치는 비판된다. 셋째, 평가는 문제구성과 대안선정을 포함한 다른 계획과정에의 적용에 기여한다.

평가는 주로 장래계획의 선택과 설계에 도움을 주는데 주로 사용되고 있다. 평가연구는 계획이 의도한 영향이 산출된 정도, 계획에 의해 발생된 혜택의 배분 그리고 다른 대안과 비교한 비용-효과의 산정에 초점을 둔다(Bamberger and Hewitt, 1986: 1).

3. 유 형

평가유형(評價類型)은 관점에 따라 여러 종류로 구분할 수 있다(Dunn, 1994: 406; Kaiser and Godschalk, 1995: 439; Voogd, 1983, 16; Woolman, 2007: 393~396; 노화준, 2006: 41~44).

(1) 평가시기에 따른 분류

계획집행과 관련하여 집행이전의 평가를 사전(ex ante)평가, 집행이후의 평가를 사후(ex post)평가로 구분할 수 있다. 전자(前者)는 계획안 선택이전의 평가로, 진행되거나 진행될 의사결정과정에 정보를 제공하기 위해 계획안의 효과나 결과를 사전사정(preassess)하는 것이다. 여기에는 결과를 예상 또는 예측하기 위한 영향평가(impact assessment)와 집행과정을 예상하는 집행 전 평가를 포함한다. 대안을 선택하기 위한 평가는 사전평가에 해당된다. 후자(後者)는 계획이 완전히 집행되었을 때, 계획의 목표달성과 효과를 사정하기 위한 평가이다.

평가시기(評價時期)에 따라 형성평가(形成評價)와 총괄평가(總括評價)로 구분할 수 있다. 형성평가(formative evaluation)는 계획의 집행과정 중에 수행되는 것이며, 총괄평가(summative evaluation)는 계획의 종료 후에 실시하는 사업의 효과에 초점을 두는 평가이다. 형성평가(formative evaluation)는 집행 도중에 집행의 관리와 전략의 수정 보충을 위한 것으로 과정평가와 중복되는 것이 많다. 총괄평가는 영향평가(impact evaluation), 결과평가(outcome evaluation), 효과성평가(effectiveness evaluation)라고도 불리운다. 이 평가의 목적은 평가대상집단의 변화상황, 변화요인, 변화의 경제적 타당성정도 그리고 변화의 문제해결에의 적합도 등을 검토하는 것이다.

(2) 평가자에 따른 분류

평가자에 따라 내부평가(內部評價)와 외부평가(外部評價)로 구분할 수 있다. 내부평가(internal evaluation)는 운영기관자체에 의해 수행되는 평가이다. 비공식적이고 비체계적인 자체평가는 관료제모형에서 계속 시행되었었고, 계층적인 감시는 규칙적인 내부보고의 형태로 시행되어 왔다. 그러나 최근에는 성과지표(performance indicators)에 기반한 모니터링과 통제의 개념을 강조하고 있다.

외부평가(external evaluation)는 운영기관 밖의 기관이나 행위자들에 의해 시행되거나 자금이 지원된다. 이러한 평가는 집행을 감독할 수단으로 평가를 사용하는 정치적 또는 구조적 이해관계에 의해 추진된다.

(3) 접근방법에 따른 분류

접근방법(接近方法)에 따라 유사평가, 공식평가 그리고 결정이론적 평가의 3가지로 나눌 수 있다.

① **유사평가**(pseudo-evaluation) 이 평가는 계획결과에 대한 신뢰할 만하고 타당한 정보를 산출하기 위한 기술적 방법으로 사용되나, 이 결과의 가치가 개인, 집단, 또는 사회전체의 가치에 대한 의문을 제기하는 것은 아니다.

② **공식평가**(formal evaluation) 이 평가는 정책결과에 대한 신뢰할만하고 타당한 정보를 생산할 수 있는 기술적 방법으로 사용되지만 이 결과는 정책

결정자나 사업관리자에 의해 공식적으로 알려진 계획목표의 기반에서 평가하는 방법이다. 이 평가는 총괄적 평가와 형성적 평가로 이루어진다.

③ **결정이론적 평가**(decision theoretic evaluation) 이는 여러 이해당사자들이 명료하게 가치평가한 정책결과에 대한 신뢰할 만하고 타당한 정보를 산출하기 위한 기술적 방법으로 사용되고 있는 방법이다. 이 평가가 다른 평가와의 차이점은 계획관련자들의 명시적인 목표는 물론 잠재적인 목표도 포출시키고 하는데 있다.

이 평가에는 평가성 사정(評價性 査定)과 다속성 효용분석(多屬性 效用分析)의 두 가지 형태가 있다. 평가성 사정(evaluability assessment)은 계획성과에 대한 정보로부터 혜택을 받게 되리라고 생각되는 의사결정체계를 분석하고, 계획성과를 측정하는데 사용될 목표들을 명백히 하기 위해 고안된 일련의 절차들을 말한다. 다속성 효용분석(multiattribute utility analysis)은 다수의 이해관련자들로부터 계획결과가 일어날 확률과 그 가치에 대한 그들의 주관적 판단을 도출하고자 하는 일련의 절차를 말한다.

4. 저항요인

평가작업은 여러 가지 요인에 의해 저항받을 가능성이 높다. 주요 저항요인(抵抗要因)은 다음과 같다(Posavac and Carey, 1985: 43~48; 김명수, 1988: 76~78).

① **사업관리자의 사업효과에 대한 과도한 기대** 사업관리자들은 사업의 긍정적 효과에 대해 확신을 가지고 있으나, 기대와 일치하지 않을 때에는 심한 불만을 갖게 되는데 이는 평가에 유익한 환경으로 작용하지 못한다.

② **사업의 중단가능성에 대한 우려** 평가의 결과가 부정적으로 나온다고 해도 문제가 되는 계획이나 정책이 종결되는 경우는 흔하지 않다. 그러나 부정적 평가결과의 활용여하에 따라서는 그 가능성을 전연 배제하기 어렵기 때문에 이러한 사업중단 가능성이 평가자들의 평가관련자료의 획득을 어렵게 한다.

③ **평가정보의 남용가능성에 대한 우려** 평가에서 얻어진 정보가 자신들에게 불리하게 작용될 수 있다고 생각하는 사람이 많다.

④ **평가무용론** 어떤 사람은 평가가 평가대상인 계획이나 정책에 어떠한 영향도 미치지 못한다고 주장한다.

⑤ **평가가 사업자금을 잠식한다는 비난** 사업에 투자할 자금이 평가

에 투입되어 사업비가 줄어든다는 비판이다.

Ⅱ. 평가과정

1. 단계의 구분

평가단계(評價段階)를 나크미아스(D. Nachmias)는 목표의 확인(goal identification), 평가기준의 선정, 인과영향모델의 구성(construction of casual impact model), 적절한 조사설계의 개발(development of an appropriate research design), 측정과 표준화(measurement and standardization), 자료수집(data collection), 자료의 분석과 해석(data analysis and interpretation)의 6단계로 구분하였다(유훈, 1992: 400~405).

보다 실무적 절차(實務的 節次)의 측면에서 평가는 관계인의 확인(identify relevant people), 예비회합의 정리(arrange preliminary meetings), 사업계획의 평가가능성 평가(assess the evaluability of the program), 문헌 검토(examine the literature), 방법론의 결정(determine the methodology), 제안서 제출(present a written proposal)의 6단계로 구분하기도 한다(Posavac and Carey, 1985: 30~43).

여기서는 목표의 식별, 평가방법의 설계, 자료의 수집과 분석 그리고 평가결과제시의 4단계로 구분하여 검토하기로 한다.

2. 단계별 활동

(1) 목표의 식별

① 의 의 계획목표가 분명하고, 구체적이며 측정가능한 형태로 파악되지 않으면 평가목적으로 활용하기 어렵다. 목표식별(goal identification)에서 특히 고려할 사항은 평가자가 의사결정자, 실무자 그리고 관계전문가들과 함께 목표를 식별하는 방법이 유용하다는 점이다. 대부분의 경우, 계획은 다양한 목표를 갖고 있기 때문에 평가자는 이 중에서 활용성과 실무성, 상대적 중요성 그리고 장기적인 효과를 고려하여 선택해야 한다(노화준, 1991: 77~78).

민간부문에 의해 영향평가가 진행되는 경우, 영향평가목표는 기업과의 계약체결전에 결정되는 것이 보통이다. 목표설정에 있어 공공기관이 주도적 역할을 하는데, 그들의 장기목표, 바램, 고려요망사항 그리고 제안된 활동(계획)에 의한 예상효과들을 전체적으로 고려하여 결정한다.

② **고려사항** 평가연구의 초기단계에 관계인확인, 배경정보수집 그리고 평가가능성평가 등의 사항에 대한 확인이 있어야 한다(Posavac and Carey, 1985: 31~37).

제 1 단계: 관계인의 확인

평가자가 해야 할 첫 번째 일은 관계되는 사람들을 확인하는 것으로, 계획에 의해 심각한 이해관계가 있는 사람과 평가에 의해 영향을 받게 되는 사람들을 확인하는 것이다. 이 이해당사자(stakeholders)는 계획에 있어서 개인적 관계자, 후원자(sponsors) 그리고 고객(clients) 또는 수령자(recipients)를 의미한다.

제 2 단계: 배경정보의 정리

평가를 수행하기 위한 최종결정전 그리고 세부제안서를 작성하기 전에, 관계자와 회동하여 다음 5가지 질문에 대한 배경정보(背景情報)를 수집하는 것이 바람직하다.

㉠ 누가 평가를 원하는가?: 계획후원자와 계획인력이 평가를 바라는 이상적인 상황에서는 평가자는 전문적 식견을 가진 사람, 개선제안에 개방적인 사람, 성공적인 계획이 되도록 서류화하는데 적극적인 사람들과 상호작용을 하게 된다.

㉡ 어떤 유형의 평가가 바람직한가?: 사업계획에 대한 평가라는 의미는 모든 사람이 같은 것은 아니다. 계획인력은 사업계획을 수정하고 개선하는 것을 도와주는 형성평가(formative evaluation)로 생각하는데 비해, 사업계획후원자는 다른 사업계획에 자금을 돌려야 할 압력에 처해서 현재의 사업을 지속할 것인가의 여부를 결정하기 때문에 총괄평가(summative evaluation)를 추구하게 된다. 그리고 일부 계획인력과 사업후원자는 전체적인 사업계획평가에 대해 관심이 없기 때문에 개별적인 성과평가에 대한 기대가 없는 경우도 있다. 이러한 상황에서 평가자의 과업은 그들이 이해하지 못한 개념들을 명료화하고 이해시키며, 어떤 유형의 평가가 그들의 욕구, 필요, 자원을 가장 잘 충족시키는가를 관계자들이 결정할 수 있도록 도와주어야 한다. 평가방법은 어느 하나를 선택하는 것보다는 사업의 전체적인 범위에서 다양한 평가유형에서 일정요소를 통합하는 것이 바람직하다.

㉢ 왜 평가를 원하는가?: 앞의 질문과 밀접하게 연계되는 것으로 왜 평가가 바람직한가 하는 문제이다. 효과적인 평가자는 평가의 필요성을 확인하는데 높은 우선순위를 부여해야 한다. 조직에 평가를 반대하는 집단은 존재하는가?, 반대의 동기는 무엇인가?, 평가의 결과를 의사결정의 개선에 사용하기 위해 계획인력과

후원자간에 소통이 있는가? 계획인력은 사업을 계속해야 하는가?, 확장해야 하는가?, 수정해야 하는가? 등에 해답을 기대한다.

㉣ 언제 평가를 원하는가?: 평가자에게 마감기일이 주어졌을 때는 바람직하지 않은 요인들에 의해 특정한 평가의 선택을 강요받을 수 있다. 예로 사업계획을 위해 특별하게 설계한 평가수단보다도 신뢰성, 타당성, 수용성이 떨어지는 기존의 평가수법을 사용할 수도 있다. 응답자나 참여자의 수도 제한하고, 통제집단의 적절성도 상실될 수도 있다. 평가자는 바람직하지 않은 여건 하에서 잘못된 결과를 유도할 수 있는 상황을 회피하기 위해서는 평가를 지연시킬 것인가 또는 거부할 것인가를 결정해야 한다.

㉤ 어떤 자원이 이용가능한가?: 시간외에 평가를 제약할 수 있는 상황요인은 자원의 이용가능성이다. 공식적인 계약이 이루지기 전이라면, 평가자는 비용추정에 무엇이 포함되고 포함되지 않은 것이 무엇인가를 정확하게 나열하고 지불시기를 명시해야 한다.

제 3 단계: 사업계획의 평가가능성 평가

이 단계는 평가를 수행할 것인가 여부를 결정하는 것으로, 평가성평가(evaluability assessment)라고 한다. 관계 이해당사자들과 사업계획의 개념화, 목표 그리고 자원에 대한 정보수집을 위한 회합 후에는 평가를 수행할 것인가 말 것인가를 명쾌하게 결정해야 한다. 이론적 바탕이 정립되지 않았고, 충분한 자원이 배정되지 않았고, 계획후원자가 실질적으로 집행준비가 되어 있지 않으면 사업계획은 평가준비가 되어 있다고 할 수 없다.

(2) 평가방법의 결정

① 문헌검토(examine the literature) 평가자가 해당평가업무에 익숙하지 않은 경우, 새로운 평가도구의 설계나 개발에 앞서 문헌조사를 신중하게 진행하는 것이 중요하다(Posavac and Carey, 1985: 37~38). 평가자는 선행연구에 의해 성공과 실패를 알고, 극복해야할 방법론적, 정치적 그리고 실제적 난관에 대한 견해를 갖게 된다.

관련 문헌을 검토할 때, 이러한 유형의 사업에 대한 평가가 있는가, 어떤 설계가 사용되었는가, 새로운 조치들은 개발되었는가, 이들 조치의 신뢰성, 타당성은 어느 정도인가, 각종 연구의 발견사항 간에는 일치성이 있는가, 갈등이 있다면 표본추출과정, 설계, 결과의 해석에서 연유한 것인가, 어떤 문제들이 조사되지 않았는가 등에 관한 질문을 가지면서 읽어야 한다.

② **평가모형의 설정** 인과영향모형은 계획에 의해 초래된 변화를 인과적 논리체계로 설정한 모형으로 단순히 영향모형이라고 지칭하기도 한다(김병진, 1989: 388; 노화준, 1991: 84~85). 일반적으로 영향모형(影響模型)은 계획이 창출하고자 기대했던 변화와 그 변화가 의도한 행위나 조건에 어떻게 영향을 미칠 것인가에 관한 하나 또는 둘 이상의 명제들로 구성되어 있다. 좀 더 구체적으로 말하면 인과영향모형은 투입(계획 또는 정책)에 대한 기술, 대상집단에 대한 기술, 투입 대상집단에 가져오리라고 기대되는 변화 및 이러한 변화가 수정 또는 개설될 것으로 기대되는 행태나 조건에 어떻게 영향을 미칠 것으로 생각되는가에 관한 명제들로 구성되어 있다.

인과영향모형(因果影響模型)의 설정(設定)은 평가대상문제의 구성변수의 선정과 기술, 변수들 간의 관계설명, 이러한 관계의 성격에 관한 명제의 설정의 3단계 과정을 거쳐서 이루어진다.

③ **평가설계** 영향모형이 작성되고, 가설들이 설정되고 나면 평가자는 평가대상계획에 대한 자료를 수집, 측정, 분석하고 해석하는 일련의 작업과정에 들어가게 되는데, 평가연구설계는 이러한 평가과정에서 평가자를 인도하는 지침이 되는 논리적 모형이다(노화준, 1991: 88; 김병진, 1989: 389). 이 때 평가자는 시간, 자원, 자료의 접근성들을 고려하여 적용가능한 평가방법을 선정하는 작업이 중요하다.

평가설계(評價設計)의 기본적인 요소(要素)들은 획득해야할 정보의 종류, 정보의 출처, 표본추출에 사용할 방법, 정보수집의 방법, 정보수집의 시기와 횟수, 정책산출에 비교할 기초(통제집단 대 비통제집단의 비교를 통한 인과관계 추론의 문제) 그리고 분석계획 등이다(노화준, 1996: 494).

(3) 자료 수집, 분석과 해석

① **자료수집** 평가를 위한 자료는 다양한 출처로부터 그리고 다양한 방법으로 획득할 수 있다. 평가자료의 내용과 수집방법 등은 평가대상 계획의 성격, 영향모형에 포함될 변수의 종류 그리고 연구설계 등을 고려하여 결정해야 한다.

이 과정에서 확인하고 지켜져야 할 중요한 사항은 사전적인 자료수집계획, 원래의 자료수집계획에서 벗어난 경우의 대처방안, 자료수집자에 대한 교육, 수집된 자료의 타당성과 신뢰성에 대한 추정, 수집과 처리과정에 대한 보안, 자료의 수집원, 수집방법에 대한 명기 등이 포함된다. 자료수집의 일상작업을 누가 어떻게 진행할 것인가를 결정해야 한다. 자료수집시 유의점은 비밀을 요하는 자료는 비밀이 보장되도록 해야 한다.

② 자료분석 어떠한 자료분석방법을 채택할 것인가도 평가문제의 성격, 연구설계, 이용가능한 자료 등을 종합적으로 고려하여 결정하여야 한다. 자료의 분석과정은 평가의 설계에 의하여 영향을 받는다.

이 과정에서 확인하고 지켜야 할 중요한 사항은 자료분석방법과 평가목적간의 합치정도, 사용된 분석방법에 대한 명기, 자료분석방법과 자료측정방법간의 합치도, 자료수집방법에 적절한 분석단위의 선택, 선택된 분석방법의 정당화, 통계적 유의수준 명시 등이다. 어떤 유형의 평가에서든 통계적 의미의 수준과 효과의 크기를 나타낼 수 있는 적정한 통계학이 필요하다.

③ 분석결과의 해석 유의할 점은 평가자 이외의 사람도 분석결과를 이해할 수 있도록 하는 것이 중요하다.

(4) 의사소통과 보고서 제출

① 의사소통 평가계획에 따라 평가가 제대로 이루어지고 평가결과에 대한 활용도를 높이기 위해서는 평가자, 평가의뢰인 등 평가와 관계 있는 사람들간의 원활한 의사소통(意思疏通)이 필수적으로 요구된다. 특히 이와같은 원활한 의사소통은 프로그램의 성격, 평가에 대한 기대, 요구되는 평가의 유형 등을 분명히 하기 위해서도 필요하고, 평가에 대한 책임을 명확히 하기 위해서도 필요하며, 평가에 관련된 사람들의 협조를 확보하기 위해서도 필요하다.

② 보고서 작성과 제출 평가자는 계획인력에게 제출할 보고서(報告書)를 준비를 해야 한다. 효과적 커뮤니케이션이 없이는 신중하게 작성한 보고서가 정책결정자가 읽거나 프로그램 관리자가 집행하지도 않고, 선반에서 먼지에 쌓이게 될 수도 있다. 때문에 효과적 커뮤니케이션의 필요성에 대해 최근 들어 많은 관심을 갖고 있는데, 명료, 간명, 매력적 보고서는 효과적 영향을 높일 가능성을 높이며 발견사항을 효과적으로 이용할 가능성을 높이는 첫 걸음이다(Posavac and Carey, 1985: 277). 평가에 관련된 모든 집단이 결과에 대해 동등한 필요나 권리를 갖고 있는 것은 아니기 때문에 단일의 보고서를 제출하는 것이 적절치 못한 경우도 많다. 때문에 보고서의 형식과 내용에 대한 조정작업이 중요하다.

보고서는 서론, 방법론, 결과 그리고 결론과 제안으로 구성되는 경우가 보통이다(Posavac and Carey, 1985: 277~287). 서론에는 평가작업의 성격과 구성을 기술해야 한다. 서론 다음으로는 방법론을 기술해야 한다. 여기서는 참여자와 진행과정을 기술해야 한다. 결과부문에서는 관찰된 결과를 간명하게 제시해야 한다. 그리고 결론부문에서는 토의부문으로 결과에 대한 해석과 코멘트, 제안을 한다.

Ⅲ. 평가기준과 기법

1. 평가항목과 기준

(1) 평가항목

평가(評價)의 설계(設計)에서는 다음 4가지 문제의 명료화 작업이 요구된다(Mayer, 1985: 191~193).

① 계획은 집행되었는가? 이는 어느 정도까지 계획이 집행되었는가 하는 점이다. 이는 계획의 실제집행에서는 원래 계획의 의도나 내용이 왜곡될 수 있기 때문이다. 평가는 실제발생된 효과만을 측정하기 때문에 실제집행된 내용과 계획에서의 의도를 차별화할 수 있다. 때문에 평가의 첫 번째 단계는 집행된 내용과 계획된 것의 일관성 또는 상위성을 결정해야 한다. 여기서 사용되는 기법은 프로그램 모니터링, 투입 평가, 과정 평가, 계획 대 성과 비교 등의 다양한 기법이 활용된다.

② 목표는 성취되었는가? 두 번째 질문은 목표는 어느 정도 성취되었는가 그리고 원하는 결과가 도출되었는가 하는 문제이다. 여기서 결과평가 또는 전후비교기법이 사용된다.

③ 프로그램은 효과적이었는가? 계획집행 후 관찰된 상황의 변화는 사용된 프로그램의 직접적인 효과였는가에 관한 질문이다. 여기서 실험-준실험 설계기법이 사용된다.

④ 프로그램은 효율적이었는가? 발생된 효과와 비용의 비율을 파악하는 것으로 효과가 비용을 초과할 때 효율적이라고 본다. 비용-혜택 또는 비용-효과분석이 사용된다.

보다 구체적인 측면에서 평가에서 고려되어야 할 주요 평가항목(評價項目)은 [표 12-1]과 같다(Baer, 1997: 338~339).

| 표 12-1 계획평가지표 |

영 역	평가항목
배경의 적합성	1. 계획의 정치적/법적 배경은 설명되었는가? 2. 계획의 목적, 계획대상, 계획의 유형과 범위는 제시되었는가? 3. 계획의 개요/ 요약, 계획재원, 계획준비기간은 제시되었는가?
합리적 모형의 고려사항	1. 문제는 자세하게 확인되었으며, 목표는 명료하고, 대안은 제시 되었는가? 2. 계획의 논조는 제안된 계획접근방법(예: 종합적, 점증적, 옹호등)과 상응한 것인가? 3. 현재의 하부구조와 조직체계의 능력과 적합성은 기술되었는가?
과정적 타당성	1. 계획작성에 누가 관여했으며, 그들은 어떻게 선발되었고, 어떻게 관여했는가? 2. 사용된 자료, 모형, 모형 기타 자료는 어떤가? 3. 예비 초안은 대중의 논평을 위해 배부되었는가?
범위의 적합성	1. 모든 가능한 문제(자연, 사회, 정치, 심리, 문화, 설계 등)는 고려되었는가? 2. 상이한 집단간의 비용과 혜택의 배분은 고려되었는가? 3. 금융/재정적, 법률적, 정치적 의미는 고려되었는가?
집 행	1. 계획집행의 시간범위, 스케줄, 집행우선순위, 집행비용은 고려되었는가? 2. 집행에 책임있는 기관/사람이 있으며, 현실적으로 집행을 기대하고 있는가? 3. 집행되면 목표는 달성될 수 있으며, 영향분석 프로그램은 있는가?
자료/방법론	1. 타당한 다양한 자료에 바탕을 둔 계획인가? 2. 계획은 새로운 자료와 발견사항을 받아들이는데 탄력적인가? 3. 자료원, 방법론은 제시되었는가?
커뮤니케이션의 질	1. 계획의 고객은 확인되었으며, 주민의 생각은 편리하게 재시할 수 있는가? 2. 결정의 배경논리는 효과적으로 제시되고 있는가? 3 제안/건의/결론은 목표와 일치하는가?
계획 양식	1. 규격과 양식은 이용에 편리하고, 출간일, 출간자는 표시되어 있는가? 2. 목차는 있고, 페이지는 표시되었으며, 도표는 사용에 편리한가? 3. 계획은 매력적으로 설계되었는가?

자료: Baer, 1997: 338~339.

(2) 평가기준

평가기준(評價基準)은 학자별로 약간의 차이가 있다. 나카무라와 스몰우드(R. Nakamura and F. Smallwood)는 목표달성(goal attainment), 능률성(efficiency), 주민의 만족(constituency satisfaction), 고객의 대응성(clientele responsiveness), 체제유지(system maintenance)를 들고 있다(유훈, 1992: 396~399).

수크만(E. Suchman)은 노력(effort), 성과(performance), 적절성(adequacy),

능률성(efficiency), 과정(process)의 5가지를 제시하고 있다(노화준, 1991: 60).

던(W. Dunn)은 효과성(effect-iveness), 능률성(efficiency), 적절성(adequacy), 형평성(equity), 반응성(respon-siveness), 적정성(appropriatness)을 적시하고 있다(Dunn, 1994: 405).

2. 평가기법

(1) 평가기법의 효용성

일반적으로 좋은 평가기법(評價技法)은 개인적 선택이 가능하고, 공적인 설명이 가능해야 하며, 작업적이고, 대안별로 체계에 대한 영향을 알 수 있어야 한다(Nash, et al., 1975).

평가체계의 효용성(效用性)은 평가체계로서 의도한 평가목적에 부합하는가 하는 적합성(appropriateness), 평가과업을 적절히 수행할 방법론적 구조로서 효과성(effectiveness), 운영상 얼마나 실제성을 확보하고 있는가 하는 타당성(feasibility), 수요자가 평가결과를 얼마나 신뢰하는가 하는 수용성(acceptability)의 측면에서 검토되어야 한다(Chapin and Kaiser, 1979: 608~609).

보다 간단하게 평가방법을 사정(査定)하는 기준(基準)으로는 다른 사람도 같은 절차를 따랐을 때 유사한 결과를 얻을 수 있는 방법론상 체계성(systematic), 사용상 단순성(simple), 제한된 시간 내에 결과를 도출할 수 있는 신속성(quick), 적정한 비용으로 유용한 정보를 획득할 수 있는 저렴성(inexpensive), 법적 행정적 욕구를 충족할 수 있는 법적 수용성(legally acceptable), 결정에 관련된 모든 요소를 고려할 수 있는 종합성(comprehensive)의 기준을 설정할 수 있다(McAllister, 1982: 72~73).

(2) 주요 평가기법

계획집행 후 평가인 사후평가(ex-post evaluation)로 많이 쓰이는 기법(技法)은 전후비교, 유무비교, 실제 대 계획 성과비교법, 실험모형, 준실험모형 그리고 비용지향적 접근 등이다((Putton and Sawicki, 1993: 311~321).

(가) 전후비교법

전후비교법(before-and-after comparisons)은 가장 많이 쓰는 평가방법으로 계획이나 사업이 집행되기 전의 상황과 계획이 집행된 후의 여건을 비교하는 방법이다.

이 방법에서는 계획집행전의 자료를 수집하고 계획의 목표와 관련 평가기준을 확인하는 단계가 따르지만 기본적으로 계획전후의 변화는 계획에 의한 영향으로 간주하고 있기 때문에 계획에 의하지 않은 자연스러운 변화도 계획의 영향으로 간주하게 되는 단점이 있다.

(나) 유무비교법

유무비교법(with-and -without comparisons)은 계획이 집행된 지역(또는 집단)과 비교대상지역으로 사업이 시행되지 않은 지역을 대비하여 사업의 영향을 확인하려는 기법이다.

이 기법은 전후비교법에서처럼 자연스런 변화는 제거할 수 있는 장점이 있으나, 비교대상이 되는 지역을 선정하는데 따르는 문제점은 있다.

(다) 실제 대 계획성과 비교법

실제 대 계획성과 비교법(actual-versus-planned performance comparisons)은 실제적인 사업 후 자료를 사업집행 전에 설정한 목표와 비교하는 방법이다. 여기서는 일정기간에 대해 사전평가기준으로 목표를 설정하고 실제발생된 성과에 대한 자료를 획득하여, 목표성과와 실제성과를 비교하고, 그 차이에 대해 사업계획 자체에서 발생된 것인가 또는 사업 외 요인에 의해 발생된 것인가를 설명하는 과정을 취하게 된다.

(3) 실험기법

① 의 의 계획집행의 영향을 평가하기 위해 사용하는 사회실험(social experiment)은 실험실이 아닌 사회라는 상황 속에서 행해지는 실험으로, 개념이나 기본논리는 실험실의 실험과 동일하다(정정길, 1998: 757). 사업전후비교의 한계를 극복하기 위해 사용되는 실험모형[experimental (controlled) models]은 영향평가 대상집단(실험집단)과 비교대상집단(통제집단)을 비교하여 영향의 정도를 파악하는 방법이다. 여기서 실험집단(實驗集團)과 통제집단(統制集團)은 집행된 계획 이외에는 모든 조건이 동일하다. 따라서 두 집단이 동일하도록 하는 요인들은 통제하여 두 집단 간의 어떠한 차이도 집행된 계획의 결과로 간주한다. 여기서 계획의 순영향(純影響)은 실험집단의 총변화와 통제집단의 총변화의 차이로서 추정된다. 이 방법의 어려움은 계획 이외의 모든 요인을 통제한다는 것이 현실적으로 불가능하다는 점에 있다.

② 종 류 실험설계의 유형은 통제변수의 통제정도에 따라 변수의 완전통제가 가능하다고 보고 접근하는 진실험 설계(pure experimental design)에서 완전통제의 어려움을 인정하는 준실험(quasi-experimental design)에 이르기까지 여러 변형이 있다. 계획집행 전 계획안선택을 위해 사용된 비용-편익분석과 비용-효과분석과 같은 비용지향평가접근(cost-oriented evaluation approaches)이 영향평가에서도 사용할 수 있다.

㉠ 진실험: 진실험(眞實驗)에 의한 영향평가의 논리는 계획집행 대상집단에 계획이나 정책과 아울러 작용하는 허위요소와 혼란요소를 제거하는 논리라고 할 수 있다. 여기서 허위요소(spurious factors)나 혼란요소(confounding factors)는 순수효과를 오염시키는 요소들을 지칭하고, 이들 요소의 영향을 제거하는 것을 변수통제라고 한다(노화준, 1991: 236~247).

허위변수나 혼란변수의 영향을 제거하여 계획의 순효과를 추정하기 위해서는 계획을 집행하는 실험집단과 계획을 집행하지 않은 비교집단 또는 통제집단(control group)을 구성하되 이들 실험집단과 통제집단을 동질적인 집단이 되도록 하여야 한다. 두 집단의 동질성은 동일한 구성(구성요소의 혼합의 동일성), 동일한 경험(관찰기간 동안에 동일한 성숙, 추세, 역사적 사건의 경험 등), 동일한 성향(동일한 선택의 경향)의 세 가지가 필요하다.

㉡ 준실험: 진실험에서 필수적으로 요구되는 통제집단을 도입하기 어렵거나 통제집단을 도입한다 할지라도 동질적인 실험집단과 통제집단을 구성하기 어려운 경우에는 준실험방법(準實驗方法)에 의한 계획평가를 하게 된다(노화준, 2006: 339).

준실험설계는 독립변수의 조작, 즉 실험설계를 함에 있어 실험조작에 대한 시기, 대상, 집단의 무작위적인 선택에 충분한 통제가 가능하지 않은 경우에 적절히 사용할 수 있다(김병진, 1989: 441).

참고문헌

김규정, (1998), 「행정학원론」(서울: 법문사).
김명수, (1988), 「공공정책평가론」(서울: 박영사).
김병진, (1989), 「정책학개론」(서울: 박영사).
김신복, (1983, 1992, 1998), 「발전기획론」(서울: 박영사).
김 원, (1986), 「도시정책론」(서울: 경영문화원).
노화준, (1985), 「행정계량분석」(서울: 법문사).
______, (1991, 2006), 「정책평가론」(서울: 법문사).
안문석, (1993), 「계량행정론」(서울: 박영사).
유 훈, (1992), 「정책학 원론」(서울: 법문사).
정규서 · 강태룡, (1993), 「기획론」(서울: 대왕사).
정정길, (1998), 「정책학원론」(서울: 대명출판사).
정정길 외 4인, (2003), 「정책학원론」(서울: 대명출판사).

Allmendinger, P. and Thomas, H., (1998), "Planning and the new right", Allmendinger, P. and Thomas, H., (eds.), ***Urban Planning and the British New Right***(London: Routledge), 1~20.

Alexander, E., (1979), "Policy-Planning-Implementation: The Missing Link", Soen, D., (ed.), ***New Trends in Urban Planning***(Oxford: Pergamon), 38~51.

Alexander, E. and Faludi, A., (1989), "Planning and plan implementation: notes on evaluation criteria", ***Environment and Planning B***, 16(1989): 127~140.

Baer, W., (1997), "General Plan Evaluation Criteria", ***Journal of the American Planning Association***, 63; 3(Summer, 1997): 329~344.

Bamberger, M. and Hewitt, E., (1996), ***Monitoring and Evaluating Urban Development Programs***, World Bank Technical Paper No. 53(Washington, D. C.: The World Bank).

Benveniste, G., (1989), ***Mastering the Politics of Planning***(San Francisco: Jossey-Bass Publishers).

Bracken, I., (1981), ***Urban Planning Methods: Research and Policy Analysis***(London: Methuen).

Chadwick, G., (1978), ***A Systems View of Planning***(Oxford: Pergamon).

Chapin, F. and Kaiser, E., (1979), ***Urban Land Use Planning***(Urbana, Illinois: Univ. of Chicago).

Crowther, S., (1983), "My hopes for planning", ***Town & Country Planning***, (May 1983), 146~149.

Dahler−Larsen, P., (2000), "Surviving the routinization of evaluation", ***Administration & Society***, 32; 1(2000): 70~92.

deLeon, P. and deLeon, L., (2002), "What ever happened to policy implementation? An alternative approach", ***Journal of Public Administration Research and Theory***, 12; 4(2002): 467~492.

Dunn, W., (1994), ***Public Policy Analysis: An Introduction***(Englewood Cliffs, N. J.: Prentice Hall).

Eisner, S., Eisner, S., and Gallion, A., (1993), ***Urban Pattern***(N. Y.: Van Nostrand Peinhold).

Faludi, A., (1973), ***Planning Theory***(Oxford: Pergamon).

Hasenfeld, Y. and Brock, T., (1991), "Implementation of social policy revisited", ***Administration & Society***, 22; 4(1991): 451~479.

Hobbs, F. and Doling, J., (1981), ***Planning for Engineers and Surveyors***(Oxford: Pergamon).

Hoch, C., (1994), ***What Planners Do: Power, Politics, and Persuasion***(Chicago: Planners Press).

Kaiser, E. and Godschalk, D., (1995), ***Urban Land Use Planning***, (Urbana and Chicago: Univ of Illinois Press).

Lichfield, N., Kettle, P. and Whitbread, M., (1975), ***Evaluation in the Planning Process***(Oxford: Pergamon).

Mayer, R., (1985), ***Policy and Program Planning: A Developmental Perspective***(Englewood Cliffs, N. J.: Prentice−Hall).

McAllister, D., (1982), ***Evaluation in Environmental Planning***(Cambridge: The MIT Press).

McLoughlin, J., (1969), ***Urban and Regional Planning***(London: Faber & Faber).

Millward, R., (1968), "PPBS: Problems of implementation", ***Journal of the American Institute of Planners***, 34; 2(1968): 88~94.

Nash, Christoher, Pearce, D., and Stanley, J., (1975), "Criteria for Evaluating Project Evaluation Techniques", ***Journal of the American Institute of Planners***, 41; 2(March 1975): 83~89.

Nutt, P., (1995), "Implementation style and use of implementation approaches", ***Omega***, 23; 5(1995): 469~484.

Posavac, E. and Carey, R., (1985), ***Program Evaluation: Methods and Case Studies***(N. J.: Prentice-Hall).

Pressman, J. and Wildavsky, A., (1973), ***Implementation***(Los Angeles: Univ. of California Press).

Pülz, H. and Treib, O., (2007), "Implementing public policy", Fischer, F., Miller, G., and Sidney, M., (eds.), ***Handbook of Public Policy Analysis***(London: CRC Press), 89~107.

Roberts, M., (1980), ***An Introduction to Town Planning Techniques***(London: Hutchinson).

Rondinelli, Dennis, (1983), ***Secondary Cities in Developing Countries***(London: Sage).

Rose, E., (1979), "Monitoring and Review in the Planning Process: Some Practical Problems", Soen, D., (ed.), ***New Trends in Urban Planning***(Oxford: Pergamon), 22~37.

Starling, G., (1986), ***Managing the Public Sector***(Chicago: The Dorsey Press).

Talen, E., (1996), "Do plans get implemented? A review of evaluation in planning", ***Journal of Planning Literature***, 10; 3(1996): 248~257.

Voogd, H., (1983), ***Multicriteria Evaluation for Urban and Regional Planning***(London: Pion).

Waldner, L., (2004), "Planning to perform: Evaluation models for city planners", ***Berkeley Planning Journal***, 17(2004): 1~28.

Wilson, J., Tabas, P. and Henneman, M., (1979), ***Comprehensive Planning and the Environment: A Manual for Planners***(Cambridge, Mass.: Abt Books).

Wollmann, H., (2007), "Policy evaluation and evaluation research", Fischer, F., Miller, G., and Sidney, M., (eds.), (2007), ***Handbook of Public Policy Analysis***(London: CRC Press), 393~402.

제 4 편 계획제도와 교육

제13장 계획조직과 운영

제14장 계획교육과 계획가

제13장 계획조직과 운영

제1절 개 요

Ⅰ. 의 의

1. 개 념

에찌오니(A. Etzioni)는 조직(organization)이란 특정한 목표(目標)를 달성(達成)하기 위해 구성된 사회체제(social system)라고 했다(Jefferson, 1973: 241). 이러한 조직의 존재이유(存在理由)는 개인이 혼자 작업하는 것보다 효과적이며 효율적으로 과업을 수행할 수 있기 때문이다(Hodge and Anthony, 1988: 7). 즉 조직은 ① 자원을 바람직한 목표와 결과의 성취를 위해 사용하고, ② 재화와 서비스를 보다 효율적으로 생산하며, ③ 쇄신을 촉진하고, ④ 현대적인 제조 및 정보기술을 사용하도록 하며, ⑤ 변화하는 환경의 영향에 적응토록하고, ⑥ 소유자, 고객, 피고용자를 위한 가치를 창조하며, ⑦ 피고용자의 다양성, 윤리, 동기를 수용하기 위해서 존재한다(Daft, 2007: 13).

조직환경(organization environment)은 조직과 조직구성원의 행태를 둘러싸고 형상화시키는 외부세력의 총체를 의미한다(Hodge and Anthony, 1988: 9). 모든 조직은 광범하고 복합적인 환경네트워크 속에서 존재하기 때문에, 성공적인 조직이 되기 위해서는 이 환경과 조화로운 상호작용을 해야 한다. 조직이 주변환경과 조화를 유지하기 위해서는 효과적인 의사결정과 집행을 위해 필요한 투입요소를 수집하는 수단을 가져야 한다. 그리고 조직은 그들의 환경과 적절한 상호작용을 위해서 관련정보를 획득하는 것이 중요하다.

2. 고찰시각

조직에 대한 이해의 시각은 도구적(道具的), 사회적(社會的) 그리고 종합적 견해(綜合的 見解)의 3가지로 요약할 수 있다(Forester, 1989: 67~81).

(1) 도구적 견해

조직(組織)이란 부문들이 전체적으로 연결되고 조화된 효율적 장치(mechanism) 또는 유기체(organism)라는 생각되어 왔다. 이 견해는 조직이 목표와 수단에 대해 규제 또는 자기규제적 구조(self-regulating structure)를 가지고 있다고 생각한다. 물론 이러한 도구적 견해(道具的 見解)에서는 조직의 실제구조를 이상적인 기능관계의 계통도(flowchart)로 본다. 그리고 이러한 시각은 비정치적이다.

대부분의 대조직(大組織)에는 조직의 기능적 필요에 의해 과업특화(task specialization)가 나타나는 것이 보통이다. 예를 들면 도시계획부서에서 건축전문가들은 계획을 검토하기 위해 그들의 전문적 기술을 사용한다. 다른 부서에서는 조직구성원들을 지도작성, 설계, 도표작성, 계획안 작성 등을 위해 각각 사용한다. 때문에 조직은 부분적으로 도구적인 특성을 가지고 있다.

(2) 사회적 견해

사회적 견해(social view)는 조직을 어떻게 효율적으로 만들 것인가를 강조하면서, 조직내 · 외에서의 협력(協力)의 문제에 초점을 둔다. 예를 들면, 컴퓨터 전문가는 많은 사람 -즉 장비를 관리하는 사람, 자료의 접근을 허용하는 사람, 제한된 자원에서도 전문가의 작업을 지원해 주는 사람 등- 과 어떻게 좋은 관계를 유지하는가에 따라 그 기능수행에 크게 영향을 받는다. 조직의 사기(士氣)와 구성원의 동기(動機)는 사소한 문제가 아니다.

사회적 견해(社會的 見解)는 대체로 조직구성원들이 일상적으로 의미 있는 관계를 지속하는 방법에 초점을 둔다. 작업의 도구적 또는 기능적 측면은 건강한 조직환경의 일부분에 불과하다. 계획가들은 그들의 작업을 수행하는 데 있어 감독자, 동료, 다른 기관의 구성원, 정치가, 주민 등 많은 사람들과의 관계를 형성한다.

(3) 종합적 견해

조직에 대한 세 번째 견해는 종합적(綜合的)이면서 비판적 견해(批判的 見

解)이다. 여기서는 다음 4가지 점을 주로 고려한다(Forester, 1989: 79~81).

첫째, 계획가는 조직행태에 대한 도구적 또는 사회적 견해보다, 그들의 정치적, 조직적 환경에 대해 더 잘 이해할 수 있고 민감하다. 계획가는 조직이 한편으로는 도구적 결과를 생산하고, 다른 한편으로는 지식(누가 무엇을 아는가?), 합의(누가 권력을 행사하고, 누가 복종해야 하는가?), 신뢰(누가 누구와 협력하는가?), 문제의 형성(누가 어떤 문제에 초점을 맞추거나 무시하는가?) 등과 관련된 사회적, 정치적 관계를 재생산한다.

둘째, 계획가가 보다 더 효과적이기 위해서는 더 많은 기술적, 도구적인 지식이 필요하다. 그러나 계산은 잘하지만 협력하지 못하는 계획가는 오래가지 못한다. 조직에 대한 사회적 견해에서는 계획가가 기술적 적합성은 물론 조직적 기술과 지식이 필요하다고 인정한다. 계획가들은 다른 사람들과 함께 작업할 줄 알고, 신뢰를 진전시키고, 지지와 반대 사이에 위치하고, 공식조직상 연계는 물론 비공식적 연계를 맺고 있음을 알아야 한다.

셋째, 사회관계는 비민주적 방법으로 유지되고 권위의 책임은 제한되는 상황에서, 조직화되지 못하고, 빈곤하며, 잘 돌보지 못한 사회의 소외계층(疎外階層)들은 대체로 열약한 여건에 처하게 된다. 이들 덜 혜택받은 주민들을 민주적으로 조직하고 통제하며, 사회의 생산적 자원이 되도록 하기위해 계획가들은 어떻게 대처해야 하는가 하는 문제에 직면한다.

마지막으로, 계획가들은 무지, 무력, 의존적 그리고 혼란스러운 상태에 처한 주민들을 민간자본축적이나 공공관료조직에 의해 어떻게 보상해야 할 것인가 하는 필요성을 인식하게 된다. 아울러 이러한 문제를 극복하고 사회적 관계를 어떻게 민주적인 주민조직과 운동으로 유지할 것인가를 배울 필요성이 제기된다.

Ⅱ. 조직구조설계

1. 제도설계

계획이 아이디어를 행동으로 변환하는 것이라면, 계획가의 목표는 사회의 변환이고, 때문에 제도변환이 계획의 중요한 측면이다. 제도변환(制度變換)은 제도의 설계이고, 계획 또는 정책집행이 변화하는 사회여건에 따라 새로운 조직 또는 기존조직의 재구성이 요구되고 있기 때문에 계획가들은 제도적 설계의 과업에 직면한다. 여기서 제도설계(institutional design)는 바람직한 목표를 달성하고 주어진 과업을 수행하는 행태와 행동을 하도록 하거나 제약하는 규칙, 과정 그리고 조직구조의 도출이다(Alexander, 2005: 210~213).

제도설계(制度設計)는 최고, 중간, 최저의 3개의 수준에서 이루어진다(Alexander, 2005: 214~215). 최고수준(the highest level)의 제도설계는 전체사회 또는 거시적 사회과정과 제도에 적용되는 것이다. 이 수준의 제도설계는 제한되지만, 국가 및 초국가적 기관의 구상과 수용은 이러한 설계의 사례이다. 계획가들에게 가장 흥미로운 것이 중간수준(meso-level)으로서, 계획 및 집행구조와 과정에 관한 제도적 설계와 관련된다. 이는 조직간 네트워크의 확립과 운영, 새로운 조직의 창설과 기존조직의 변환, 정책·프로그램·프로젝트·계획의 개발과 집행에서 법·규제·자원의 형태의 유인과 제약요인을 안출하고 전개하는 것을 포함한다. 이 수준의 제도적 설계는 전문적 계획가의 영역으로 물리적 계획과 토지개발, 지방경제개발, 주택, 교통 및 하부구조, 환경정책, 사회 및 인간서비스 등과 관련된 것이다. 최저수준(the lowest level)의 제도적 설계는 조직 내 하위단위, 위원회·팀·태스크포스·작업집단 등과 같은 소규모의 공식 또는 비공식적인 사회적 단위·과정·상호작용에 관한 조직내 설계와 관련된다.

2. 설계시 고려사항

조직구조(organization structure)는 작업분화와 이들의 계층적 배열에 대한 기하적(幾何的) 패턴으로 이루어져 있다. 조직구조(組織構造)를 설계함에 있어 노동의 분화, 부서화, 통솔의 범위 그리고 권한의 4가지 중요한 결정에 직면하게 된다(Gibson, et al., 1994: 476~498).

(1) 노동의 분화

노동의 분화(division of labour)는 전체적인 과업(task)을 연속적인 소규모 업무(work)로 구분하는 것이다. 이 분화과정은 조직이 전체적인 복합적 과업(complex task)을 보다 효율적으로 수행할 수 있도록 전문화된 업무로 나누는 것이다. 즉 분업과 동시에 전문화가 발생하므로 분업(分業)과 전문화(專門化)는 이어동의(異語同意)적인 것이다.

분화(differentiation)는 횡적분화(horizontal differentiation)와 종적분화(vertical differentiation)의 2가지 유형으로 구분할 수 있다(Hodge and Anthony, 1988: 327~329). 횡적분화(橫的分化)는 과업을 하부과업들로 세분하는데, 이

는 기능화(機能化)와 관련된다. 종적분화(縱的分化)는 업무구분을 권위의 수준으로 나누는 것으로, 조직 내의 각 단위나 사람이 다른 단위나 사람에 대해 갖는 권위에 따른 구분이다.

분화과정(differentiation process)은 상향식접근과 하향식 접근이 있다. 상향식(bottom-up) 접근은 세분화된 과업을 점진적으로 큰 과업으로 묶어 가는 과정으로, 이를 통합(synthesis)이라 부른다. 하향식(top-down) 접근은 전체적인 과업을 보다 세분화된 과업으로 나누는 것으로, 이를 분석(analysis)이라 부른다.

분업(分業)은 작업의 능률향상, 작업도구 및 기계의 발달, 개인능력한계 이상으로 조직을 확대할 수 있는 장점이 있는 반면에, 단순업무반복으로 흥미를 상실하고, 창조적 정신을 상실하게 되며, 분담된 업무만을 수행하여 시각의 협소화를 통한 훈련된 무능력을 나타내며, 분업에 따른 통합관리의 어려움과 책임회피 등의 단점을 가져올 수 있다(박연호 · 오세덕, 1986: 146~147).

(2) 부 서 화

개별업무를 집단화하는 부서화(departmentalization)는 일정한 기준에 의해 이루어진다. 이 결정은 주로 업무의 상대적 동질성이나 이질성에 의해 이루어진다. 부서화(部署化)의 기준으로 많이 사용되고 있는 지표(指標)는 목적, 과정, 수혜자 또는 설비 그리고 지역이다(유훈, 1991: 344~348; 박연호 · 오세덕, 1986: 152~153).

목적(目的)에 의한 분류는 동일종류에 속하는 모든 직능을 같은 부처에 귀속시키는 방법으로, 신속한 업무처리 · 이해용이 · 중복감소 등의 장점이 있다. 단점은 분류의 곤란 · 기술의 낙후, 수혜자의 불편 등이 있다.

과정(過程)에 의한 부서화는 동일한 기술을 사용하는 사람 또는 동일한 직업에 종사하는 사람들을 한 조직에 통합하는 방법이다. 이 방법의 장점은 최신기술의 사용, 예산의 절약, 직업공무원제의 발전을 들 수 있다. 단점은 번문욕례(red tape)의 조장, 서비스정신의 부족, 좁은 시야의 책임자 등을 들 수 있다.

수혜자(受惠者) 또는 설비(設備)에 의한 분류는 농림수산부, 노동부, 상공부 등도 이 원리에 의한 것이다. 장점은 수혜자의 편리, 조정의 증진 등이고 단점은 광범위한 적용의 곤란, 압력에 대한 취약성을 들 수 있다.

지역(地域)에 의한 부서구성방식은 지역내 활동의 조정, 지역실정에의 적응,

지역주민의 의사전달에의 용이점 등의 장점이 있다. 그러나 통일적 시책의 곤란과 압력에의 굴복가능성 등의 단점이 있다.

(3) 통솔의 범위

조직분화와 동시에 활동, 과업, 과업군들이 조정된 전체로 이루어질 수 있도록 통합해야 한다. 즉 분리된 작업은 상호조정해야 하는데 이를 통합(integration)이라고 부른다. 통합의 문제를 다루는 하나의 접근이 통솔의 범위(span of control)이다. 여기서 통솔(統率)의 범위(範圍)는 상위지위에서 통제 또는 조정할 수 있는 하위직급의 사람 수와 관련된다. 통솔의 범위가 넓을수록 계층이 적은 조직(flat organization)이 되고, 그 반대는 많은 계층을 갖는 조직(tall organization)이 된다(Hodge and Anthony, 1988: 331~322).

통솔의 범위는 집단의 적정한 규모(size)를 정하는 것으로, 이의 범위는 잠재적인 상관관계보다 실제적 관계의 빈도와 밀도에 의해 결정된다. 적정한 통솔의 범위결정은 상하기관에서 요구되는 접촉빈도와 조화정도, 직원들의 전문화 정도 그리고 의사소통능력이 고려해야 한다.

굴릭(L. Gulick)은 통솔의 범위는 기능의 다양성, 시간 그리고 공간의 3가지 결정인자(決定因子)가 중요하다고 했다(Meier and Bohte, 2003: 62~63). 다양(多樣)한 기능(機能)들과 조합된 조직들은 감독자들이 여러 사람들과 상호작용해야 되기 때문에 통솔의 범위의 규모를 감축할 필요가 있다. 만일 부하들이 동일한 투입요소들에 의해 동일한 과업을 수행한다면 한 사람이 보다 많은 부하들을 감독할 수 있다. 시간요인(時間要因)은 안정성에 초점을 둔다. 안정된 조직에서는 관리자들이 신규 노동자들을 이끌고 감독할 필요가 없다. 개별 노동자들은 그들의 업무에 보다 익숙해 있기 때문에 감독받을 필요가 줄어든다. 안정성은 노동자들의 안정성뿐만 아니라 조직의 다른 투입요소들의 안정에도 기여한다. 오랫동안 조직에 대한 유사한 투입요소를 제공하는 안정된 환경은 보다 많은 일상화를 허용하고, 때문에 보다 큰 통솔의 범위를 허용한다. 공간요소(空間要素)는 조직을 수용하는 건물의 수와 관련된다. 건물이 많을수록 면대면 접촉이 줄어들어 보다 가까이 있는 개인들의 감독이 필요하다. 공간이 감독의 거래비용을 증가시키기 때문에 규모의 요소로서 고려될 수 있다.

(4) 권 한

조직구조설계에서 중요한 것은 업무에 따른 권한(authority)의 배분과 관련된 결정이다. 여기서 권한(權限)은 상급자의 승인 없이 결정할 수 있는 권리이며, 하급자에게 복종을 강요하는 힘이다. 여기서 권한이 집중적(集中的)이냐 분산적(分散的)이냐가 중요한 의미를 갖는다.

권한을 분산(分散)하게 되면 관리자의 전문성을 기를 수 있고, 조직 내에서 경쟁적인 분위기를 유도하며, 보다 자율성을 제고할 수 있다. 그러나 권한위임을 위해서는 관리자에게 교육이 필요한데 이는 비용이 많이 발생하여 분산의 혜택을 상쇄하게 된다. 많은 관리자는 권한위임보다는 집권화(集權化)된 의사결정에 익숙해 있고, 하급기관이 자율성을 많이 행사하게 되면 보고체계를 강구해야 하기 때문에 비용이 발생하며, 실용적인 면에서는 분산은 기능의 중복으로 본다. 이러한 복합적 이유에 의해 권한집중현상이 지속된다.

집권화란 조직 내에서 의사결정이 어느 위치에서 이루어지는가에 초점을 두는 것이다. 집권화 요인(集權化 要因)은 소규모조직, 신설조직, 위기 및 불안요인의 존재, 전문화필요성 증가, 정보의 집중, 감독의 필요성 증가 등의 요인이 클 때 집중의 정도가 높다.

분권화 요인(分權化 要因)은 신속한 업무처리, 경영의 민주화, 경영의 다각화, 지역사정에의 적응, 유능한 관리자 육성, 최고경영자의 부담 감소 등의 요인에 의해 이루어진다(양창삼, 1994: 221~229). 집권화 및 분권화 개념에 있어서 권한은 그 중심을 차지하는 개념이다. 권한은 합법적 권력이면서 명령체계, 의사결정, 조직구조의 형성 그리고 책임과 깊이 연관되어 있다.

제 2 절 계획기구의 구성

Ⅰ. 계획기능의 조직상 위치

1. 의 의

계획(計劃)의 조직상 의미(組織上 意味)는 의사결정체계 내에서의 계획에 대한 책임의 배분과 관련된다. 계획이 최고집행자나 선출된 관료로부터 독립되어야 하는가? 계획이 '유권자의 의지'에 대한 책임이 있는 관료에 종속되어야 하는가? 또는 계획이 집단적인 의사결정체계의 모든 구성원에 의해 수행되어야 하는가? 이러한 여러 의문에 대한 답을 제공할 수 있어야 한다.

계획기구의 조직설계에 있어 중심적 과제(課題)는 계획책임(計劃責任)과 행동책임(行動責任)을 하나의 체계(system)의 같은 부문에 두어야 하는가 또는 상이한 부문에 두어야 하는가 하는 점이다. 이 문제는 계획기능의 조직상 위치(organizational location)와 관련된다.

계획기능의 위치와 관련하여 두 가지 문제가 제기된다. 하나는 계획기능에서 평가행동의 객관성을 제고하기 위해 행동책임을 분리(分離)해야 한다고 주장한다. 그러나 그러한 결정은 계획에서 집행의 권한을 제거함으로써 계획이 무력해지는 결과를 가져올 수 있다. 다른 하나는 계획책임을 행동책임과 통합(統合)함으로써 생각을 현실로 옮길 수 있도록 해야 한다고 주장한다. 그러나 이는 계획이 현재의 상황까지도 책임져야 하는 문제가 발생한다.

2. 유 형

계획기능의 조직상 위치(組織上 位置)는 독립위원회(獨立委員會), 행정모형(行政模型), 참여모형(參與模型) 그리고 분산모형(分散模型)으로 나누어 고찰할 수 있다(Mayer, 1985: 78~101).

(1) 독립위원회

미국에서 정부계획(governmental planning)은 19세기말 20세기 초 개혁운동(改革運動)과 도시미운동(都市美運動)에서 연원했다. 개혁운동(Reform Movement)에서 계획은 정부의 불신에서 탄생한 것으로, 정부는 개인적 이익을 위해 권력의 지위에 있는 개인에 의해 움직이고 있다는 인식을 가졌다. 따라서 개혁지향적인 시민들은 계획을 공공업무의 수행에 "이성"을 도입하여 부패에 대처하는 방안으로 간주하였다. 도시미운동(City Beautiful Movement)은 공학자의 문제해결시각과 대비되게, 도시에 대한 총체적 시각(holistic perspective)을 가졌다. 이 시각에서는 도시민 전체에 미적으로 즐거움을 주는 도시를 만들기 위해 도시의 다양한 구성부문간의 상호작용에 관심을 가졌다.

이 두 개의 기원배경을 바탕으로 공공계획에 대한 최초의 조직들은 두 가지 관점에서 독립적 조직(獨立的 組織)이 되었다. 계획조직은 부패와의 연관을 피하기 위해 선출된 관리의 통제에서 독립되었으며, 전체로서 도시의 비전(vision)을 독립적으로 추구하기 위해 외부의 어떠한 운영부서에서도 독립적이었다.

독립모형(獨立模型)은 독립계획위원회에서 그 전형을 찾을 수 있다. 이는 정부 내의 기관이지만 행정부서나 입법부서로부터 독립적이다. 이는 구성원의 인사상 독립, 헌장이나 입법에 의한 권한부여, 승인에 의한 지출이 아닌 조세수입에 의한 직접적인 재원조달을 의미한다. 이 모형에서 계획기관은 임명과정과 입법화를 통해 선출된 공무원에 책임을 진다.

이 구조에서의 계획기능(計劃技能)은 다음과 같이 요약할 수 있다.

① 장기적 시각 독립기관은 집행부 책임자나 입법부의 회기와는 독립되기 때문에, 정책결정을 선출공무원의 임기를 초과한 시간적 시각에서 접근할 수 있다.

② 공공 또는 집단이익의 옹호 독립기관은 최고집행자나 운영계획에 책임 있는 기관에 의해 작성된 것과는 다르게 공익을 확인하고 작성한다. 공익은 수많은 구성원을 대표하는 의회의원들의 정치적 타협에 의해 작성된 이익과는 다를 것이다. 이의 독립성은 대중적으로 인지하지 않은 이익을 옹호하는 계획기관을 허용한다.

③ 종합적 또는 전체적 시각 독립기관은 정책결정을 집행부서의 운영기관이나 입법부의 전문위원회의 시각보다는 전체로서 지역사회 또는 조직의 시각에서 정책결정을 할 수 있다.

계획위원회제도(獨立委員會制度)는 장·단점을 가지고 있다. 장점(長點)으로는 세 가지 점을 들 수 있다. 첫째, 정부의 입법기관 –즉 시의회– 에서의 독립은 계획이 입법적 의사결정에서 특징적으로 나타나는 정치적 타협이나 상호결탁(logrolling)에서 독립된 시각을 반영할 수 있다. 이러한 시각에서의 계획은 현재의 정치적 타당성의 계산에 국한하지 않고 다른 방법에 의해서는 제공되지 않는 정치적 논쟁을 도입하여 대안을 창출할 수 있다. 둘째, 정부 집행기관의 통제로부터 독립은 선거순환(electoral cycle)의 시간구조에 속박될 필요가 없으며 이는 장기계획을 허용하는 것을 의미한다. 셋째, 운영기관으로부터의 독립은 현재의 지출구조, 구성원의 고용, 또는 사업계획의 지배적 논리의 유지 필요성에 의해 제약됨이 없이 시행되고 있는 사업계획이나 정책의 지혜에 대해 의문을 제기할 수 있다. 그러나 이 제도의 단점(短點)으로는 계획위원회제도에서 수행되는 계획은 정부의 입법 또는 집행부서에 부담이 거의 없다는 점이다. 정치적인 책임이 없는 계획은 민주사회의 원리에 맞지 않는 한계점이 있다.

(2) 행정모형

정부의 행정부서기능의 하나로서 계획조직구성의 사례는 지방정부의 계획위원회를 연구한 워커(R. Walker)에 의해 제기되었다. 그는 미국의 주요 도시에 대한 실사를 통해 계획위원회가 입법부나 집행부서와 밀접하게 연계되지 않고, 도시개발에 대한 실제적 지식이 없거나 정부에서 근무해본 경험이 없는 시민들로 구성되어 있기 때문에 효과가 적다고 지적했다. 그리고 위원들이 스스로를 시장(市長)이나 의회의 조언자라기보다는 감시자로 생각할 수 있기 때문에 비효과적이라고 주장했다.

그의 주장은 독립적 계획위원회의 개념과는 반하는 것으로, 집행부의 기능으로서 계획을 선호한 것이다. 그의 견해는 행정영역의 효과성은 사회적 가치나 집단이익의 옹호보다는 정부의사결정에 대한 영향에 의해 측정된다고 인식한데서 나온 것이다.

워커(R. Walker)는 두 종류의 계획을 가정했다. 하나는, 예를 들면 장기생산계획이나 신제품이나 서비스의 개발같이, 전체로서 조직의 운영과 관계되는 행정적 또는 일반정책적 계획이다. 다른 하나는 재화와 서비스의 직접 생산 또는 배달과 관계되는 관리계획이 있다. 그는 행정계획(administrative planning)은 시의회 그리고 시장이나 조직의 대표같은 최고집행책임자(Chief Executive Officer: CEO) 같은 조직의 정책작성기관의 기능으로 볼 수 있는데 비해, 관리계획(management planning)은 조직이나 도시정부내의 부서나 기관의 장(長)의 기능으로 보았다.

행정모형(行政模型)에서 계획의 기능은 다음과 같다.

① **집 행** 계획기능이 최고집행자의 통제 하에 있기 때문에, 그의 지지를 받을 가능성이 높다. 계획의 이러한 위치는 계획집행에 권위를 제공하게 된다.

② **관리능력제고** 행정모형은 계획이 정책결정에서 경쟁력보다는 지지력(supportive force)을 갖도록 한다. 계획은 집행부의 서비스에 대해 분석과 합리성을 제공한다.

③ **통합적 시각** 여기서의 계획은 독립형보다도 더 많은 시간구조와 범위가 제약되지만, 최고집행자의 사무소에 계획기능이 위치하여, 계획이 집행기관의 업무수행에 있어 보다 통합적 시각을 제공한다.

(3) 참여모형

독립계획기관모형을 통해 추구하는 목표는 공공 또는 집단이익의 옹호이다.

그리고 행정모형을 통해 찾는 목표는 계획의 집행가능성에 대한 것이다. 참여모형(participatory models)은 계획에 반영된 이익과 계획집행에 의해 억제된 개인의 이익간의 조화를 증진시키는 제3의 목표에 두고 있다. 이 모형의 가정은 계획에 영향을 받는 모든 집단의 참여를 확대함으로써 더 높은 조화가 이루어질 수 있다고 본다. 정부이건 조직이건 간에 계획집행은 집단의 모든 구성원에 영향을 미치는 강제력행사와 관련되고, 이에 어떠한 개인도 예외가 있을 수 없다. 때문에 정책작성문제는 집단이익주장이 관련된 개별적 이익에 우선하는 것을 보장하는 경우가 많다. 참여모형은 이러한 문제를 다루기 위해 설계된 것이다.

계획의 참여모형(參與模型)은 상당히 다양하다. 어떤 것은 주민참여를 높이기 위해 기존의 계획구조와 과정을 수정하고, 다른 것은 예전에는 계획과정밖에 있었던 주민집단의 일정한 책임을 재배정하기 위해 계획과정을 재구성하는 것이다. 후자의 모형이 특히 여기서 중요한 관심대상인데, 이 중에서 데비도프(P. Davidoff)의 옹호계획모형(advocacy planning model)이 대표적이다.

데비도프(P. Davidoff)는 단일의 공익은 존재하지 않는다는 가정 하에 그의 모형을 구축했다. 그는 기본적으로 두 가지 유형의 다원적 이익이 존재한다고 주장했다. 하나는 정부기관에 의해 추구되는 집단이익으로 대중의 이익이라고 선언할 수 있는 것이고, 다른 하나는 권력이 없는 빈곤, 소수계층의 집단과 관련되는 이익으로 거의 인식되지 못한 것이라는 지적이다. 여기서 계획의 목적은 공익의 추구보다는 정의의 재분배에 있다고 주장한다. 공공계획이나 정책에 사회의 모든 집단의 이익이 반영될 수 있도록 모든 집단의 기회를 균형화하기 위해서는 대립적인 계획이나 정책을 개발해야 한다는 것이다. 그는 다원적 계획들이 없는 것은 단일의 공공기관에 의해 계획이 이루어지기 때문이라고 보고, 치유책으로서 독립계획위원회를 대신하여 사회의 조직화된 집단들이 채택을 옹호할 수 있는 계획안을 준비할 수 있도록 지원하는 임무를 부여받은 계획가들의 망으로 대체하는 것을 주장했다.

참여모형(參與模型)에서 계획의 기능은 다음과 같다.

① **높은 선택** 다수의 계획을 작성하여 참여모형은 특정정책이나 계획을 선택함에 있어 대안의 범위를 보다 넓혀서 제공한다.

② **이익의 명료화** 이러한 구조를 통해 만들어진 대립적인 과정은 주어진 계획에서 수행하거나 수행하지 않아야 할 이익이나 가치에 명료성을 높이는 결과를 가져 온다

| 그림 13-1 계획기능의 조직상 위치 |

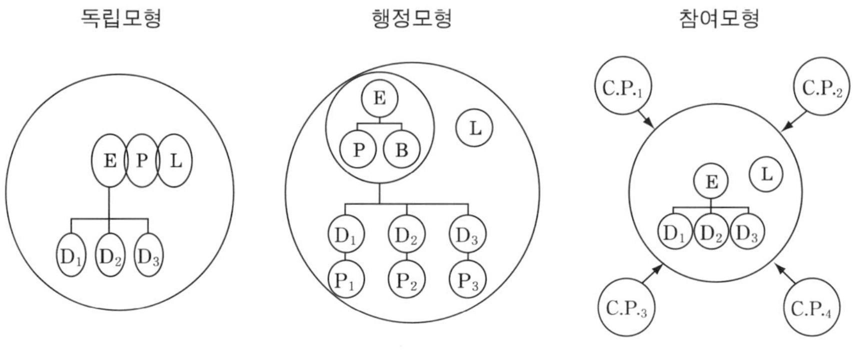

E: 최고집행자, P: 계획기관, L: 입법기관, D: 계선부서, B: 예산기관, C.P.: 시민참여기관
자료: Mayer, 1985: 99.

Ⅱ. 조직구성

1. 계획부서

부서의 구성유형은 기능형(技能型), 독립형(獨立型) 그리고 혼합형(混合型)의 세 가지로 구분할 수 있다(Robey, 1991: 183).

(1) 기 능 형

기능적 부서구성(functional departmentation)은 조직구성원의 직업적 전문성에 따라 구성하는 방식이다(Robey, 1991: 186~189). 기업에서는 기능적 영역(技能的 領域)에 따라 마케팅, 생산, 재정, 인사, 회계, 연구 개발, 법무 등으로 구분한다.

이 방식의 장점(長點)은 부서원들에 대해 전문적 정체성을 함양할 수 있고, 감독의 편의성이 있으며, 높은 전문화를 허용하고, 조직문제에 보다 양호한 기술을 적용할 수 있으며, 타부서에서 전문화된 개인적 기술에 쉽게 접근할 수 있다. 그러나 이 방식은 전문화 집단내의 결속력은 강화하지만 집단간에 큰 차별화가 발생되며, 발생되는 갈등을 해소하는데 시간이 많이 소요되며, 성과에 대한 책임을 추적하기 곤란한 등의 단점(短點)이 있다.

(2) 독 립 형

독립적 부서구성(self-contained departmentation)은 비교적 자율적이며 거의 분리된 부서로 구성된다(Robey, 1991: 191~196). 각 부서는 해당부서의 기능을 수행하기 위한 모든 기능적 기술을 포함한다. 때문에 각 부서는 다른 부서의 기능적 지원을 받을 필요가 없다.

독립적 부서설계(部署設計)는 여러 방식에 의해서 할 수 있다. 첫째, 부서구성을 생산하는 제품(製品)이나 서비스에 따라 구분하는 것이다. 기업에서 트렉터부, 항공부, 자동차부 등으로 구분하거나 도시정부에서 하수도과, 상수도과, 주택과 등으로 구분하는 방식은 여기에 해당된다. 두 번째 방식은 지리적 부서(地理的 部署)로 구성하는 방식이다. 예를 들면 일정 행정구역을 공간적으로 구분하여 해당되는 관리부서를 두는 방식이 여기에 해당된다. 셋째로 고객집단(顧客集團) 중심의 구성방식이 있다. 고객의 연령에 따라 유년부, 청년부, 장년부 등으로 구분하는 방식이 여기에 해당된다.

이 독립적 부서구성방식은 기능적 구성방식의 단점을 보완하고 있다. 즉 부서간의 조화문제의 단순화, 통제의 훼손 없이 부서가 큰 규모로 성장할 수 있으며, 제품 · 위치 · 고객에 따라 부서를 구성할 수 있고, 성과에 따른 책임성이 확보되며, 부서목표가 명료하고 부서관리책임자에게 부서관리동기를 제고하며, 마지막으로 보다 문제영역에 근접하여 의사결정을 할 수 있는 장점(長點)이 있다. 그러나 독립적 구성의 단점(短點)은 각 부서간 자원의 중복, 직업기술의 전문화 감소 그리고 부서간의 경쟁강화를 들 수 있다.

(3) 혼 합 형

실제로는 순수한 형태의 독립적 또는 기능적 부서구성은 거의 발견하기 어렵고, 양자의 혼합형(混合型)이 다양한 모습으로 나타나고 있다. 예를 들면 생산-부서화 조직은 회계, 산업관계, 법무관계 등과 같은 중심기능에 생산물부서를 추가할 수 있다. 이러한 혼합형은 기능형과 독립형의 약점을 보완하는데 초점이 있다.

2. 계 획 팀

계획을 효과적으로 수행하기 위해서는 작업을 전업으로 수행할 핵심집단을 포함한 전문적인 계획팀(planning team)이 구성된다. 핵심팀 구성원의 일부는 장기계약에 의해 고용되고, 일부는 계획조직에서 영구적인 지위를 얻게 된다. 영구적인 지위가 계획에서 언제나 바람직한 것은 아니다. 다양한 경험을 쌓을 수 있도록 자리를 이동시키는 것도 좋다. 다른 조직, 부서, 집단에서 막료를 빌려오는 것은 예산절약은 물론 보다 강한 네트워크 연결을 위해서도 유용하다(Benveniste, 1990: 198). 여기에 상황에 따라 단기요원과 컨설턴트를 고용하기도 한다.

(1) 핵심팀 선발시 고려사항

핵심팀(core team)의 선발은 다음 8가지를 고려한다(Benveniste, 1990: 197).

① 기술적 고려사항으로 수행할 자료분석과 연구의 범위와 성격이다.

② 기술적 신뢰성으로 대규모사업은 많은 인력을 요구한다.

③ 네트워킹, 융화구축, 협상에 관한 것으로, 이는 정치적 또는 관리적 고려사항이다.

④ 이해관계자들에 공평하고 참여할 수 있도록 고려해야 한다.

⑤ 달성해야할 과업의 시간압력도 고려사항으로 시간제약이 클수록 많은 사람이 요구된다.

⑥ 공동작업(team working)을 할 수 있는 능력이 요구된다.

⑦ 자료와 정책을 결합시키는 능력이 요구된다. 팀은 상이한 문화(사회과학, 자연과학, 정책분석, 정책작성, 이해관계자의 다양한 문화)를 연결시킬 능력이 있는 개인을 필요로 한다.

⑧ 커뮤니케이션 기술로 관심을 받는 메시지를 전달할 능력을 포함한다.

(2) 외부 컨설턴트의 기능

외부 컨설턴트(outside consultants)는 다음의 기능(機能)을 수행한다(Benveniste, 1990: 198~199).

① **새로운 접근시각의 제공** 상이한 경험과 시각에서 나온 컨설턴트는 다른 지역에서는 어떻게 했는가에 대한 중요한 지식을 제공한다. 단기 컨설턴트는 기본가정에 대한 재점검과 수용한 지혜에 대한 대립을 제공한다. 예를 들면 그들은 계획을 의뢰한 당국자가 수년 동안 바꾸지 않는 생각을 바꿀 수 있다. 그들은 계획막료의 시험기구(trial balloons)로서 기능한다.

② **내부갈등의 완화** 그들은 대안에 대한 내부갈등을 줄이는 것을 도와준다. 외부에서 온 명성 있는 전문가는 내부정치에 의해 영향을 받지 않고, 문제의 토론에 있어서 내부적인 고려사항에 덜 오염된다. 그들은 내부 팀(team)에 신

축성을 부여하고 내부 팀을 절정의 정책시간에 급격히 성장할 수 있도록 해준다.

③ **외부와의 협력제고** 그들은 추가적인 네트워크와 연결한다. 외부 컨설턴트의 선택은 핵심집단과 추가적인 이해관계자의 커뮤니티와 연결하는 능력, 이들 커뮤니티와의 대화 능력 그리고 이해관계자의 문제에 대한 인식을 정책제안으로 바꾸는 능력을 고려한다.

그러나 외부 컨설턴트를 사용하는데 몇 가지 단점(短點)이 있다(Benveniste, 1990: 199~200).

① 그들은 내부 네트워크의 일부가 아니고, 관련 내부 이해관계자와 연결하는데 보다 많은 시간이 요구된다.

② 그들은 스스로의 의제가 있다. 그들의 명성은 보호되고 확대되기를 바라며 가시성(visibility)과 지지를 요구한다.

③ 명망 있는 전문가와는 접촉하기 어렵다.

3. 계획기관간의 관계

(1) 다중계획기관

계획업무수행은 단일계획기관에 의존하기 보다는 여러 계획기관의 상호협력을 통해서 수행되는 것이 일반적이다. 이러한 여러 계획기관의 필요성은 정보처리능력의 제약에서 찾을 수 있다. 즉 어떠한 개별계획기관도 진정한 의미에서 합리적 계획을 할 수가 없는데, 이는 누구도 전체적으로 이용가능한 공간을 검색할 수 없고 프로그램을 작성하고 집행하는데 요구되는 상세한 지식을 가질 수 없기 때문이다.

개인들이 그들의 효과성을 제고하기 위해 노력하는 것처럼 계획기관도 그러한 노력을 하는데, 다중계획기관(muli-planning agencies)을 형성하는 것이 그 예이다. 다중계획기관은 중첩된 활동공간을 갖는 계획기관들 간에 일정한 커뮤니케이션과 통제의 패턴을 형성한다(Faludi, 1973: 207~218).

다중계획기관(多衆計劃機關)은 업무의 전문화, 전문화기관 간의 협력조정을 위한 커뮤니케이션 망의 구축 그리고 전략계획기관의 출현으로 전개·발전한다(Faludi, 1973: 208~212).

① **전문화** 다중계획기관의 출현이전에는 여러 계획기관들이 문제의 여러 측면을 전문화하여 대처하였다. 그러나 전문화의 해악(bane)은 동일한 문제를 상이한 측면에서 다루도록 기관(agency)을 고립시켜, 해결책을 부분화하는 결과를 가져온다. 새로운 개별적 단위의 양산에 의해 제한된 지식(limited knowledge)에 대처하

고자 하는 계획기관들은 전문계획기관들의 과잉출현을 가져온다(Faludi, 1973: 209).

② **조 정** 둘 이상의 계획기관의 관심영역이 상호의존적인 상황에서 활동공간이 중복되고, 여기서 조정(coordination)이 중요한 의미를 갖게 된다. 샤프(F. Scharpf)는 조정(調整)을 적극적 조정(positive coordination)과 소극적 조정(negative coordination)으로 구분하였다(Faludi, 1973: 209~210). 여기서 후자는 중복활동영역에서 다른 기관의 의도가 무엇인가를 알아내고 이것이 프로그램작성시 제약요인으로 작용한다. 전자는 모든 기관들이 공동행동공간(共同行動空間)에서의 공동탐구를 하는 것과 관련된다.

③ **전략계획** 적극적 조정(positive coordination)을 실제 적용하는데 문제가 발생할 수 있다. 각 전문화 기관들은 하나의 계획기관이 독자적으로 계획문제를 다루기에는 너무 복합적이기 때문에 만들어진 것이다. 각 기관들은 자신들의 행동의 자유에 미치는 영향에 대해서만 관심을 갖기 때문에, 관련된 계획기관들이 함께 작업하는 것이 쉽지 않다. 따라서 상호의존적이고 공동의 이해가 되는 문제를 중심으로 분리된 기구를 만드는 것이 요구된다. 그러한 기관은 전략적 중요성에 따라 의사결정하기 때문에 전략계획기관(strategic planning agency)라고 부른다.

(2) 전략계획에의 접근

① **다중계획기관에서의 계획전략** 계획전략을 사용하는 전략계획기관(戰略計劃機關)은 다른 기관들이 운영하는 범위 내에서 일반적인 구조(general framework)를 설치하게 된다. 이 구조에서의 결정은 차하위 수준의 결정에 상대적인 독립성을 갖는다는 점이다. 즉 전략계획기관은 자신의 결정이 구조내의 모든 기관들에 미치는 의미를 전부를 고려하지 않는다. 이는 하급기관이 스스로의 고유한 업무를 남겨둔다는 의미이다. 하급기관들은 전략계획기관으로부터의 명령을 수행하는 일뿐 아니라, 자신들이 설정한 지침을 확대하는 일도 한다. 따라서 다중계획기관은 상의하달의 단순한 계층적 조직이 아니라 각 수준의 기관은 스스로의 지위를 확보한다(Faludi, 1973: 212~215).

② **다중계획기관의 초점화** 전략계획에서는 두 가지 방향에서 자원과 관심의 초점화(焦點化)가 이루어진다. 하나는 문제의 지리적 범주에 초점을 두는 것이고, 다른 하나는 특정한 실체적 문제에 초점을 둔다(Faludi, 1973: 215~218). 특정지역에 초점을 둔다는 의미는 계획가들이 자신의 관심영역에 따라 특

정 개념의 지리적 계획공간을 각각 옹호하게 된다는 것이다. 이때 전략계획기관들은 관련 계획기관들이 상호협력하도록 하는 접근방법이다. 다른 것은 제외하고 특정한 실체적 문제에만 초점을 맞추고자 하는 두 번째 방법이 종합적 접근(comprehensive approaches)에 대한 대안으로 많이 활용되고 있다. 여기서는 중요한 정책문제는 심도 있게 검토하며, 관련영역도 함께 고려하지만 이는 다분히 기능적, 청사진적인 접근을 하게 된다. 따라서 합리적 과정에 의한 체계적인 문제도출의 작업이 요구되고, 이러한 역할을 전략계획기관에서 하게 된다.

Ⅲ. 계획기관의 기능

1. 중앙계획기구

(1) 의 의

중앙계획기구(中央計劃機構)는 각 부처 또는 각급 지방자치단체가 수립한 각종 계획을 전국적인 수준에서 전반적이고 포괄적인 입장에서 조정하고 조절하는 임무를 수행하는 기구이다. 부처 간 또는 지역 간의 중복·상충 또는 불균형되고 일관성이 결여된 것에 대해 사전에 탐지하고 이에 대비하여 집행과정 중에 발생할 수 있는 낭비를 제거하기 위한 것이 중앙계획기관의 주된 설치목적이다.

국가에서 설치하는 계획장치(計劃裝置)의 종류(種類)는 국가의 정치적, 경제적, 사회적 제도(制度)와 발전단계(發展段階)에 따라 상이하다(Waterson, 1979: 371). 사회주의국가(社會主義國家)에서는 중앙계획기관의 구축이 계획과정의 필수적인 첫 번째 단계이다. 이들 국가에서의 경제계획은 경제정책을 설정하기 위한 도구일 뿐 아니라 가끔은 결정적이고 주요한 정책이 되고 있다. 대부분의 사회주의 국가에서는 정부의 지침에 의해 계획을 준비하고 계획목표를 달성하기 위해 임금, 수요, 인력, 투자, 가격, 기타 경제적 요인들에 관한 모든 주요한 통제를 조화시키는 역할을 한다. 사회주의 경제와는 대조적으로 혼합경제(混合經濟)에서는 일련의 사업계획, 공공투자계획 또는 보다 광범한 개발계획의 형태로 개발활동이 이루어진 후에 중앙계획기관들이 구축되는 것이 보통이다. 그러나 미·영을 비롯한 서구의 대부분의 국가에서는 강력한 중앙계획기구를 가지고 있지 못한 경우가 많다.

(2) 기 능

중앙계획기관의 주요한 기능(機能)은 다음과 같다(Waterson, 1979: 436).

① 전국적 수준의 장기, 중기 그리고 연차계획의 작성과 수정, 그리고 이들 계획들의 부문 프로그램의 결합과 조정

② 독립적인 지역계획기구의 창설이 필요하지 않는 소규모, 저개발 국가에서의 지역계획 작성(그러나 대부분의 국가에서는 지역계획은 지방적 또는 특별히 구성된 지역계획기구에서 작성, 집행한다)

③ 중기계획집행을 위한 연차운영계획의 준비(그러나 예산부서의 특권인 연차 또는 다년 예산은 아니다)

④ 계획의 집행을 위한 재정, 물적 및 인적 자원의 동원에 요구되는 정책, 도구, 기타 조치와 장치의 건의(그러나 정책의 설정, 수단의 채택, 또는 새로운 장치의 창설은 정부의 다른 부서의 책임임)

⑤ 계획진척의 주기적 보고와 평가, 장애요인의 확인과 이의 처리수단의 제시

⑥ 외국의 선진기술의 사용조정과 취득의 협상

(3) 지위와 유형

중앙계획기구를 정부조직상 어느 위치에 설치하는 것이 바람직한가에 대해서는 여러 견해가 제시되고 있으나, 대표적인 입장과 실제유형들을 종합해 보면 다음 네 가지로 나눌 수 있다(김신복, 1999: 211~215).

① **행정수반직속** 계획의 강력한 정치적 지원과 행·재정적인 우선권을 점하기 위해서는 중앙계획기관을 행정수반실내에 설치하거나 최소한 그 직속으로 해야 한다는 주장이 많다. 이 경우에 가장 큰 이점(利點)은 최고정책계획기구가 계획과정에 깊이 참여하고 중요한 결정을 적시에 내려줄 수 있다는 점이다. 또 계획에 필요한 인적 물적 자원을 최우선적으로 동원할 수 있으며 수립된 계획이 집행기관에 대해 보다 강력한 구속력과 위신을 갖게 된다. 그러나 계획과정에서 정치적 영향력이나 행정수반의 개인적 편견이 작용하여 계획의 합리성을 저해할 우려(憂慮)가 있다(김신복, 1992: 204). 사회주의 국가나 신생국들 중 많은 나라에서 대통령 또는 수상 직속의 중앙계획기구를 두고 있다.

② **독립기관** 계획기능의 자율성과 정치적 중립성을 보장하기 위하여 중앙계획기구를 행정부 밖의 독립기관(獨立機關)으로 설치하는 형태이다. 이 기관에서 작성한 계획안 중에서 행정부는 취사선택하여 공식적인 계획을 작성하게

된다(김신복, 1992: 205).

이 형태는 자치성격을 갖는 위원회(委員會)나 공사(公社)의 형태를 취하게 된다. 이 형태의 장점(長點)은 계획을 정치로부터 유리시켜 합리성을 높일 수 있으며, 자율적인 기관운영으로 회계나 봉급수준을 정부의 법규나 기준에서 벗어나 융통성 있는 운영이 가능하고 인재채용도 신축적으로 할 수 있다. 그러나 계획기능을 정치와 분리하는 것이 현실적으로 가능하지도 않고 바람직하지도 않다. 또 집행기능과 유리된 채 작성된 계획이 효과적으로 실천하기 어려우며 행정각부처에서 수립하는 부문별 계획과의 연계성도 문제(問題)이다.

③ 기획전담부처 행정부 내에 국가계획을 전담하는 부처를 두는 형태이다. 이 경우 장점(長點)은 전문성과 자율성을 높일 수 있고, 행정부 내에 필요한 정보 및 자료에의 접근이 용이하며, 내각이나 국회에서 계획기구를 대변할 수 있다는 점이다. 단점(短點)은 계획기구를 다른 집행부처와 같은 수준으로 설치한다면 부처별 계획을 조정하기가 어려워 오히려 격상되어야 한다는 주장도 있다(김신복, 1992: 206).

④ 기존부처의 일부 경제 또는 재정업무를 관장하고 있는 기존부처의 일부로서 설치하는 형태이다. 재무관련부처에 설치하는 이유는 계획에 필수적인 재정적 뒷받침이 용이하고, 재경부장관은 예산 등을 관리함으로서 각 부처의 계획들을 조정하는 것이 비교적 용이하다는 이점(利點)이 있다. 단점(短點)은 계획에 대한 접근시각이 재경부의 입장과 계획기구의 관점이 근본적으로 다르다(김신복, 1992: 207).

(4) 조 직

중앙계획기구는 두 가지 차원의 조직을 필요로 한다. 첫째, 계획의 목적과 목표를 설정하기 위한 조직으로, 정치적인 수준의 의사결정을 필요로 하며 광범위한 의견의 집약과 참여를 위한 제도적 장치를 말한다. 둘째, 목표달성을 위한 수단을 강구하기 위한 조직으로 기술적인 차원에서 구체적인 정책, 사업계획, 자원동원방안 등을 작성하는 전문적인 실무조직이 필요하다. 물론 두 차원의 조직은 별개가 아닌 상호 긴밀한 연계 속에서 이루어져야 한다. 이러한 조직의 형태는 위원회조직과 하부조직으로 이루어진다.

① 위원회 국가발전의 목표를 모색하고 발전계획에 대한 최종적인 정책결정을 내리기 위한 조직은 사실상 각료수준으로 구성된 국가최고의 의결기관이어야 한다. 이는 기존의 각료회의를 활용할 수도 있지만 중앙은행의 장, 경제단체, 노조대표 등 민간위원과 관련 각료들이 망라된 별도의 위원회를 구성하는 것이 일반적이다. 이 경우 위원장은 행정수반이 맞게 되고 중요한 결정에는 위원회

를 주제하게 된다. 이와 별도로 각료들의 업무부담을 고려하여 그들의 권한을 위임받은 조정위원회를 두기도 한다, 이 위원회는 각료회의와 실무부서와의 중간에 위치하여 각 집행부서의 사업계획들을 종합 조정하는 기능을 맡게 된다.

② **하부조직** 중앙계획기구의 내부조직은 계획내용이 상세하고 구속력이 강할수록 기구는 방대해 진다. 중앙계획기구의 성격과 활동이 나라마다 다르기 때문에 내부조직에 대한 일반적인 모형이나 표준을 제시하기 어렵다. 계획과정에 따라 기획, 계획집행, 심사 및 평가, 기술지원, 행정관리부서 등으로 구분하기도 하고, 계획대상부문에 따라 경제계획, 사회계획, 국토계획 등으로 구분할 수 있다. 중앙계획기구의 하부조직을 구성하는 경우에 이들 사이의 조정문제가 따른다. 따라서 부서간 업무조정을 담당하는 부서가 필요하다.

2. 지방계획기구

(1) 의 의

지방계획기구(地方計劃機構)는 대상분야 만 한정될 뿐, 대체로 중앙계획기구의 축소판적인 모습을 보이는 경우가 많다. 그리고 이들 계획기구는 지방집행기관에서 독립된 기구가 아니라, 집행기관의 구체적인 사업계획을 담당하는 부서로서 설치 · 운영하는데 그치는 경우가 많다.

이 주요 기능(機能)은 다음과 같다. 첫째, 담당분야의 사업계획을 작성하여 중앙계획기구 및 예산당국에 제출한다. 둘째, 동 계획을 집행하기 위한 방안들을 제출한다. 셋째, 정기적으로 사업계획 및 세부 사업계획의 진도를 보고한다. 넷째, 각종 기술지원활동을 전개한다.

운영계획부서(運營計劃部署)는 중앙계획기구와 상호보완적 관계에 있으며, 집행부서와의 의사교환통로가 된다. 세부사업계획의 개발 및 집행은 집행부서에서 담당하며 운영계획부서는 위치나 기능면에서 집행기관의 장과 밀착되어야 하며 정책수립에 참모기능을 수행하여야 한다.

(2) 성공조건

지역계획기구들이 성공적으로 기능을 발휘하기 위해서는 몇 가지 조건(條件)이 필요하다(김신복, 1999: 220). 첫째, 중앙정부 및 중앙계획기구로부터의 강력한 지원과 기능상의 밀접한 연계가 수반되어야 한다. 둘째, 관할구역이 같은 지방정부와의 원만한 협조관계가 유지되어야 한다. 특히 복수의 행정구역을 관장하는 경제권별 계획기구에 있어서는 이러한 필요성이 절실하다. 셋째, 유능한 계획가를 확보하여야 하기 때문에, 중앙계획기구보다 불리한 유치여건을 개선할 필요가 있다. 넷째, 실질적인 계획기능을 수행하기 위해서는 자체재원으로 계획집행을 충당할 수 있어야 한다.

(3) 조직과 구조

미국에서 지방계획기관의 조직은 독립계획위원회(獨立計劃委員會), 계획부서(計劃部署), 지역사회개발부서(地域社會開發部署) 그리고 행정계획기관(行政計劃機關)의 4가지 유형을 확인할 수 있다(Pickford, 1968: 527~531; Spencer, 1979: 68~73).

독립계획위원회(independent planning commission)는 지방집행부서에서 독립적이며, 선출직 공무원에 조언적 역할을 수행하는 중립적 지위를 갖는다. 구성원은 법에 의해 의회의 확인을 통해 집행부의 장이 임명하거나 의회에서 직접 임명한다. 규모가 큰 자치체의 위원회에서는 독자적인 계획막료를 고용할 수 있다. 이 유형은 새로운 아이디어를 도입하고, 주민의 이해를 계획에 반영하는데 유리하지만, 계획의 집행에 한계가 있다.

계획부서(planning department)는 집행부내의 하나의 부서가 되어, 계획책임자는 집행부서의 장을 위해 업무를 수행한다. 계획위원회가 있지만 주로 계획부서의 막료들의 조언적 역할을 수행한다. 집행부의 장과의 직접적인 연결로 계획의 집행력을 높일 수 있으나, 계획위원회와의 관계는 약화된다.

지역사회개발부서(community development department)는 집행부의 장을 위한 계획기능과 행정부서의 개발기능을 연결시킨 조직형태이다. 이 모형은 관련기관과의 협력이 강화되는 장점이 있는 반면에, 계획가들이 집행부서의 장이나 정책결정책임자와의 접촉이 어렵다는 단점이 있다.

행정계획기관(administrative planning agency)은 정부의 제4조직으로서 독립적인 집행과 규제기관으로서 기능한다. 즉 독자적으로 계획을 채택, 집행하고, 규제적 법령을 만들 수 있다. 이 유형은 집행을 위한 강력한 규제조치를 독자적으로 수립할 수 있으나, 이 기관의 운영관리에 따른 부담이 있다.

제 3 절 계획기구의 운영

Ⅰ. 의사소통

1. 의 의

의사소통(意思疏通)이란 전달자(sender)와 수신자(receiver)간에 의견과 사실을 전달함으로서 상호간에 영향을 미치도록 하는 상호교류작용이라 할 수 있다. 이러한 커뮤니케이션(communication)의 기능을 스코트와 미첼(W. Scott & T. Michell)은 정서적 기능, 동기부여, 정보제공, 통제기능의 4가지로 나누었다(유훈, 1991: 475).

정서적 기능(情緖的 機能)은 대인관계에서의 모호성을 극복하고 명확히 하기 위해 인간은 선천적으로 커뮤니케이션 욕구를 지니고 있다는 것이다. 동기부여(動機附輿)는 조직구성원들이 조직목표달성을 위한 공헌도를 높이고 근무의욕을 고취하기 위해서는 조직내의 커뮤니케이션이 원활해야 한다. 원활한 의사전달은 구성원들에게 안정감, 소속감, 참여의식 등 심리적 욕구를 충족시켜준다. 커뮤니케이션은 합리적 의사결정을 위하여 정보(情報)를 제공(提供)하는 기능도 수행한다. 의사결정의 합리성은 정확 신속하고 우수한 질을 가진 의사전달체제에 의해 확보된다. 커뮤니케이션은 활동을 시작하고 지속시킬 뿐 아니라 조직내 각 하부체제의 활동을 조정하고 활동결과에 대한 환류 등을 통하여 커뮤니케이션은 통제기능(統制技能)을 수행한다. 의사소통은 분화된 조직체제내의 개인활동을 통합하고 조정하는 역할을 수행한다.

2. 유 형

의사전달의 유형(類型)은 기준에 따라 여러 가지로 구분할 수 있다. 공식성(公式性) 여부에 따라 공식적 의사전달과 비공식적 의사전달, 의사전달의 방향(方向)에 따라 수직적, 수평적 의사전달로, 의사전달자의 수(數)에 따라 개인적, 개인간, 개인과 집단간 그리고 집단간 의사전달로 구분할 수 있다(오석홍, 1999: 501~504). 여기서 수직적 의사전달은 다시 하향적 의사전달과 상향적 의사전달로 구분된다.

조직설계에서는 하방, 상방, 횡적 그리고 진단의 네 방향의 의사소통이 이루어지도록 해야 한다(Gibson, et al., 1994: 580~582). 하방의사소통(downward communication)은 상위계층에서 하위계층으로의 흐름으로 업무지시, 정책기술, 공식적 메모 등이 여기에 포함된다. 상방의사소통(upward communication)은 하위계층의 사람으로부터 상위계층의 관리자나 책임자에게 제안, 집단회합 등을 통해 전달하는 방식이다. 횡적 의사소통(horizontal communication)은 조직 내의 기능간의 흐름으로 다양한 조직기능을 조정하고 통합하기 위해 필요하다. 진단의사소통(diagonal communication)은 조직 내의 기능과 수준을 넘어서는 흐름으로 다른 소통방법으로 소통이 이루어지지 않을 때 사용한다.

3. 의사전달체계

(1) 구 성

의사전달은 발신자(sender)가 정보를 발신하면 일정한 통로(channel)를 거쳐 수신자(receiver)에게 도달한다. 의사전달망(communication network)은 전달자로부터 수령자에게로 메시지가 흐르는 경로의 구조를 말한다. 이러한 네트워크(network)는 선형(line) 또는 연쇄형(chain), 윤형(wheel), 원형(circle) 그리고 전경로형(all-channel)으로 나눌 수 있다. 여기서 연쇄형과 윤형은 한사람을 중심으로 의사소통이 이루어지기 때문에 집권적(集權的) 네트워크라고 하고, 원형과 전경로형은 여러 사람 간에 서로 의사소통이 이루어지기 때문에 분산형(分散型) 네트워크라 한다(오석홍, 1999: 510; 유훈, 1991: 483).

(2) 의사소통의 원칙

레드필드(C. Redfield)는 의사소통의 원칙으로 명료성(明瞭性), 일관성(一貫性), 적당성(適當性), 적기적시성(適期適時性), 배분성(配分性), 적응성(適應性)과 통일성(統一性) 그리고 관심(關心)과 수용(受容)의 7가지를 들고 있다(유훈, 1991: 485~486).

의사소통에는 간결한 문장과 평이한 용어를 사용해야 한다. 의사소통에는 일관성이 있어야 한다. 의사소통은 너무 많아도 안도고 적어도 안되는 적정량이 되도록 해야 한다. 의사소통은 알맞은 시기를 택해야 한다. 배분성은 정보는 전달자로부터 피전달자에게 올바르게 전달되어야 한다는 것이다. 적응성은 융통성, 개별성, 합치성을 의미하고, 통일성은 적응성과 반대되는 개념인데, 문제는 양자를 어떻게 조화시키느냐 하는 것이다. 효과적인 의사소통은 관심과 수용이 없이는 이루어질 수 없다는 것이다.

4. 부서내 의사소통

(1) 독립적 의사소통

(가) 최고계획책임자의 영향

최고계획책임자(Chief Planning Officer: CPO)는 계획정책에 그의 특정한 견해를 부각시키기 위해 권력을 행사하는 사람이다. 그는 계획위원회 또는 의회에 정기적으로 참여하는 관리수준(managerial level)의 유일한 구성원으로 부서내의 다른 부하들과는 다르게 계획위원회에서 충분하게 자기의 견해를 피력할 수 있고, 그가 상의받을 것이 무엇이고, 그가 스스로의 권위에 의해 행동을 준비해야 할 범위를 묵시적으로 이해하게 한다(Faludi, 1973: 244).

최고계획책임자(最高計劃責任者)는 계획위원회에서 선택해야 할 안건에 대해 단일의 제안을 제시하거나 제한된 대안을 명료한 기준과 함께 제시하는 경우가 많다. 그리고 최고계획책임자는 정보를 보류하거나, 자신의 편의에 따라 정보의 시기를 조절하고, 의장에게 사적으로 추가적 정보를 제공하거나 보류하고, 위원회의 구성원에게 추가적 정보를 제공하거나 보류하고, 문제의 특정한 측면을 강조하거나 무시한다. 그는 이러한 일련의 전략을 그의 부서 부하뿐 아니라 그의 상사에게도 행사한다(Faludi, 1973: 244~245).

(나) 구조의 단점

이러한 구조의 단점은 계획위원회와 계획부서간의 의사소통의 분절(articulation)로 최고계획책임자의 생각을 통해 정보가 여과된다는 것이다([그림 13-2] 참조).

▎그림 13-2 여과장치로서 최고계획책임자 ▎

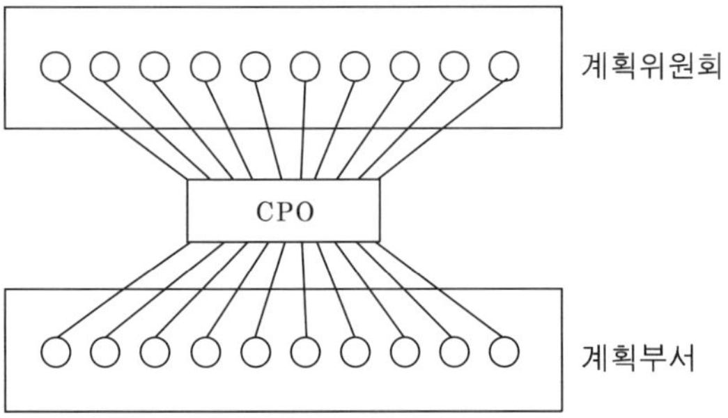

자료: Faludi, 1973: 246.

이는 민주적 의사결정과는 달리 의사결정에서 한 사람의 비중이 높을 뿐 아니라 계획결정의 질을 해치는 결과도 가져온다. 이는 사회적 통제와 책임성이 결핍되는데 최고책임자는 그의 결정이 개방적인 것이 요구되는 것도 아니고 지역사회에 대해 그의 견해를 답해야 하는 것도 아니다. 그는 전문가로 선정된 것이지 대표로 선출된 것은 아니다(Faludi, 1973: 246~247).

(2) 다원주의적 의사소통

현재의 계획조직의 주요 문제는 조직자체에서 상이한 견해의 토론과 대립이 없다는 점이다. 이는 다원주의의 부재로서 최고계획책임자가 그의 부서에서 지배적인 지위를 차지하고 있다고 해석할 수 있다. 이러한 상황을 개선하기 위해서는 여러 조직원리를 확인할 수 있다.

다원주의를 옹호하는 관점에서 첫 번째 조직원리는 주민참여이다. 이는 계획부서와 외부세계를 추가적으로 연결하는 기능을 제공한다. 그러나 이러한 참여계획에서도 최고계획책임자가 계획기관에서 제공하는 정보와 지역사회로부터 제공받는 정보에 대해 상당한 영향력을 갖게 된다. 이러한 점을 극복하기 위해서는 계획부서와 외부세계와 직접 연결하는 채널을 구축하는 것이 중요하다([그림 13-3] 참조). 여기서 다원주의에서 요구하는 것은 계획가의 참여이다. 따라서 부서구성 프로그램은 계서적(階序的) 구성보다는 단체적인 모습이 되어야 하며, 때문에 팀을 구성하여 작업하는 것이 요구된다(Faludi, 1973: 248~252).

❙ 그림 13-3 개방된 커뮤니케이션의 효과 ❙

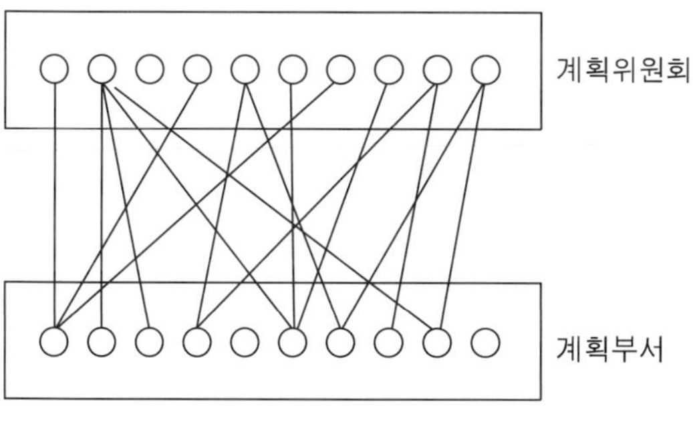

자료: Faludi, 1973: 250.

5. 의사소통의 장애요인과 제고방안

(1) 장애요인

효과적인 의사소통의 장애요인은 준거의 틀(frame of reference)의 차이, 선택적 경청(selective listening), 수신자의 가치판단(value judgement), 자료원의 신뢰성(source credibility), 전달용어와 내용의 의미론상(semantic) 차이, 소통정보와 자료의 조작과 관련한 여과(filtering), 집단내 용어(in-group language), 지위의 상이(difference in status), 근접공간적 행태(proximitic behavior), 시간압박(time pressures) 그리고 의사소통의 과중(communication overload)을 들 수 있다(Gibson, et al., 1994: 587~593).

(2) 개선방안

의사전달의 장애를 억제하기 위한 전략은 대인관계의 개선, 매체의 정밀성 제고, 반복, 환류, 정보과다의 통제, 의사전달의 시간조절 그리고 의사전달 조정장치의 활용 등을 들 수 있다(오석홍, 1999: 522~525).

① 대인관계의 개선은 인간관계를 개선하고 집단구성원간의 사회적 거리를 단축시켜 의사전달이 원활하게 이루어질 수 있는 분위기를 조장함으로써 의사전달의 장애를 줄일 수 있다.

② 의사전달의 매체를 정밀화함으로서 의사전달통로에 주는 부담을 덜고 전달과 해독의 과정에서 생겨나는 장애를 억제할 수 있다.

③ 같은 내용을 되풀이하여 전달하면 의사전달의 정확성을 기할 수 있다.

④ 의사전달에 대한 환류를 허용하면 의사전달의 정확성을 높일 수 있다.

⑤ 조직 내에서 정보의 흐름을 의식적으로 관리함으로서 정보과다로 인한 장애발생을 예방할 수 있다.

⑥ 적절한 타이밍은 정보과다를 방지 또는 해소하고 의사전달의 적시성을 높이는데 기여할 수 있다.

⑦ 조직 내에 의사전달을 조정 통제하는 전담부서를 두어 상향적 의사전달의 누락 왜곡 등을 방지하는 업무와 과다한 정보의 처리에 관한 우선순위를 결정하는 것과 같은 의사전달조정업무를 맡게 할 수 있다.

Ⅱ. 갈등관리

1. 갈등의 의의

(1) 개　념

갈등(conflict)은 둘 이상의 개인이나 집단이 일정한 방법에서 대립되는 목표, 생각, 철학, 지향을 가지고 있을 때 발생한다(Hodge and Anthony, 1988: 563). 갈등을 회피할 수 있는 조직은 없다. 따라서 갈등관리는 관리자의 가장 어렵고, 그러나 중요한 과업이 되고 있다.

갈등은 다음과 같은 특징(特徵)을 가지고 있다(오석홍, 1999: 633~634; 박연호 · 오세덕, 1986: 288~289).

첫째, 갈등은 둘 이상의 주체 사이에서 발생하는 현상이다. 여기서 갈등의 주체는 개인, 집단 그리고 이들을 포함하는 조직이다.

둘째, 갈등은 주체의 심리나 행동 또는 그 양면에 나타난다. 대립적 행동이 노출되지 않더라도 주체가 불란, 긴장, 적개심 등을 느끼게 되면 이미 갈등이 있는 것이다.

셋째, 갈등은 서로 연관된 단계로 이루어진 동태적 과정이다. 갈등진행단계는 갈등원인의 형성, 갈등원인의 지각, 심리적 대립감정의 형성 그리고 대립적 행동의 표면화가 그것이다.

넷째, 갈등발생에는 반드시 원인과 조건이 수반된다. 모든 조직의 구성요소는 갈등발생의 잠재성을 갖고 있는데, 이것에 일정한 조건이 부여될 때 갈등이 발생한다.

갈등의 근원(根源)은 맥락적 요인과 심리 · 사회적 요인으로 나누어 고찰할 수 있다(French, et al., 1985: 276~287). 조직여건의 많은 범위는 개인과 집단이 거의 통제할 수 없는 외부적인 것으로 갈등을 촉진하거나 형성한다. 이러한 맥락적 조건(contextual conditions)에 포함되는 것은 목표, 자원의 제약, 역할, 과업흐름의 구조화 방법, 전문화와 부서화, 영역과 공간, 지위 그리고 보상체계 등에 대한 갈등이다. 심리 · 사회적 과정(psycho-social processes)은 개인내, 개인간, 집단내, 집단간 과정에서 발생하는 갈등을 의미한다.

(2) 갈등의 유형

마치와 사이먼(J. March and H. Simon)은 개인적 갈등(individual conflict), 조직상 갈등(organizational conflict) 그리고 조직간 갈등(interorganizational conflict)으로 구분하고, 로빈스(S. Robbins)는 개인간 갈등(interpersonal conflict), 집단간 갈등(intergroup conflict) 그리고 집단내 갈등(intragroup conflict)으로 구분하였다(Hatch, 1997: 301).

① 개인간 갈등 개인간 갈등(interpersonal conflict)은 둘 또는 그 이상의 사람간의 압박(또는 역할간 갈등)과 관련된 것으로, 적절히 관리하지 않으면 효과적인 목표달성을 위한 조직의 어떠한 시도에도 장애가 될 수 있다(Hodge and Anthony, 1988: 568).

② 집단내 갈등 사람들은 여러 이유에서 집단을 만들고 있지만, 구성원들은 조화롭게 함께 일하는데 실패하는 경우가 가끔 있다. 집단간 갈등은 이의 결과이다. 함너와 오간(W. Hamner and D. Organ)은 집단내 갈등은 역할갈등(役割葛藤), 문제갈등(問題葛藤) 그리고 상호작용갈등(相互作用葛藤)의 3가지 유형이 있다고 했다(Hodge and Anthony, 1988: 568~569). 역할갈등(role conflict)은 집단이나 조직에서 주어진 과업을 수행하는 과정에서 발생한다. 이는 상이한 기준 또는 기대에 따라 과업을 수행해야 하는 압력은 조직과 조직구성원에 바람직하지 못한 결과를 가져온다. 문제갈등(issue conflict)은 집단의 구성원이 함께 의사결정하거나 문제해결을 할 때, 그들의 개인적 가치나 지향이 서로 대립될 수 있다. 이는 구성원이 집단에서 일반적으로 받아들인 것과는 다른 목표와 해결책을 제시할 때 나타난다. 이 경우 구성원이 강한 개성을 갖거나 권력을 갖고 있을 때 갈등은 심화된다. 상호작용갈등(interaction conflict)은 집단의 구성원은 일정한 협동적 행태를 요구하는 것과 관련된다. 공동작업을 하는 경우, 구성원들은 성공과 실패를 경험하게 된다. 성공하는 경우, 개별 구성원들은 신뢰를 얻지만, 실패하는 경우 구성원들은 서로를 비난하고 갈등적 결과를 만들게 된다.

③ 집단간 갈등 집단간 갈등(intergroup conflict)은 참여자들이 자기 집단의 목표달성이나 기대를 다른 집달들이 방해할 수 있다고 인식할 때 발생하는 조직집단간의 행태라고 정의할 수 있다. 집단간 갈등은 부서간에 횡적으로 또는 조직의 상이한 수준간에 종적으로 발생할 수 있다. 그리고 갈등은 조직내의 상이한 부서나 업무간에도 발생할 수 있다(Daft, 2007: 483~484).

집단간 갈등원(葛藤源)은 목표부조화, 차별화, 과업상호의존성 그리고 제한된 자원으로 나눌 수 있다(Daft, 2007: 484~487). 목표부조화(goal incompatibility)는 조직에서 집단간 갈등의 최대원인이다. 각 부서의 목표는 다른 부서의 목표를 종종 방해한다. 차별화(differentiation)는 상이한 기능적 부서에서 관리자 간의 인식적 및 감성적 지향의 차이이다. 조직내의 부서간에는 가치, 의식, 행태기준 등의 차이가 있고, 그러한 하부문화의 차이는 갈등을 유도한다. 과업상호의존성(task interdependence)은 물자, 자원, 정보에 대한 부서간 의존성과 관련된다. 일반적으로 의존성이 증가하면 갈등의 잠재력도 증가한다. 다른 중요한 갈등의 원인의 하나는 집단의 구성원들간에 제한된 자원(limited resources)에 대한 경쟁과 관련된 갈등이다. 목표를 달성하기 위해서는 집단들은 그들의 자원을 증가시키고자 하는데, 조직에는 제한된 자금, 물리적 시설, 인적자원을 다른 부서들과 나누기에는 한계가 있기 때문에 갈등이 발생한다.

(3) 갈등에 대한 태도

갈등의 영향(影響)에 대해 학자들 별로 견해차가 있다. 어떤 사람은 잠재적인 파괴적 효과(破壞的 效果)로서 갈등을 간주한다. 이 견해에 따르면, 갈등연구의 가장 중요한 과업은 갈등의 원인을 완화 또는 제거하는 합리적 수단을 찾는 것이다. 다른 견해는 갈등을 긍정적이든 파괴적이든 간에 불가피하다고 간주한다.

갈등은 다음의 긍정적 효과(肯定的 效果)도 가지고 있다. 첫째, 갈등은 집단과 개인의 정체성 확립에 도움을 준다. 외부적 갈등은 집단내의 내부적 밀착성과 충성심을 종종 육성한다. 둘째, 갈등은 스스로를 검증, 평가하는데 초점을 둔다. 그것은 다른 사람의 이익과 호기심을 촉진하고, 갈등에서 경쟁적 이점을 추구하기 위해 추진하는 집단들의 쇄신, 변화, 진보를 제고한다. 셋째, 갈등은 느슨하게 구조화된 사회에서의 관계들을 위한 안정화 및 통합화의 기능을 갖는다. 넷째, 갈등은 개인들이 그들의 행동노선을 선택하는 자유를 향유하기 위한 유용한 조건이다(Lan, 1997: 28~29).

2. 갈등관리

(1) 의　　의

갈등관리(葛藤管理)란 역기능적인 갈등을 해소하고 창의력, 쇄신을 촉진하며 변화를 초래하는 순기능적(順機能的)인 갈등(葛藤)을 어느 수준까지 조성하는 것이다.

조직내 모든 집단간의 대립이나 상호작용이 조직의 목표달성을 방해한다는 것이 역기능적 갈등관(逆機能的 葛藤觀)이다. 이러한 역기능적 갈등은 개인, 집단 및 조직성과에 부정적인 영향을 미치므로 이러한 형태의 갈등을 제거하기 위한 방안을 모색해야 한다.

(2) 갈등해소모형

갈등해소에는 3가지 모형이 있다(Cross and Rosenthal, 1999: 564~566; 정환용, 2007: 122~124).

① **배분적 거래**(distributive bargaining) 배분적 거래모형(配分的 去來模型)은 노동협상영역에서 기원했고, 고정된 자원을 나눌 때의 행태군으로 기술할 수 있다. 이 모형은 승/패 또는 제로섬(zero-sum)획득분쟁으로 인식된 갈등들을 다루는데 있어, 경쟁적(competitive), 입장기반적(position-based) 그리고 합의지향적(agreement oriented) 접근이다. 협상자들은 상대방을 일련의 양보를 통해 합의에 도달하여야 하는 적수로 본다. 배분적 거래의 목적은 일방적 획득의 극대화이고, 각 당사자는 고정된 파이(pie)에서 가능한 최대량을 획득하고자 노력한다. 때문에 한 당사자의 획득은 다른 당사자의 동등한 양의 손실이 된다.

이 과정은 정보통제, 불투명한 커뮤니케이션, 고정된 입장 그리고 공공연한 위협전략 등과 관련된다. 이 모형은 독자이익의 극대화라는 협상자의 단일목표아래, 두 당사자는 과거의 역사도 없고 미래의 관여도 없을 것처럼 서로 갈등적 상호작용을 한다는 점에서 다른 두 모형과 대비된다.

② **통합적 교섭**(integrative bargaining) 1970년대 후반 이후로 배분적 거래보다 통합적 접근에 보다 많은 이론적 관심을 갖게 되었다. 이 모형도 노동협상의 영역에서 주로 기원했지만, 현재는 집단간 갈등해소에서 가장 빈번히 사용되는 모형의 하나이다. 통합적 거래(統合的 去來)는 윈/윈(win/win) 또는 상호획득적 분쟁해결을 위해 협력적(cooperative), 이익기반적(interest-based) 그리고 합의지향적(agreement-oriented)접근을 지향한다. 이는 확대된 파이모형(expanded pie model)으로, 공동의 문제해결과정을 통해 이용가능한 이익을 증가시키고 주어진 자원이상의 이용가능성을 검토한다. 협상자들은 배분은 물론 합계의 증대를 위해서도 노력한다.

통합거래과정은 양보작성과 상호유익한 대안탐구의 두 가지와 관련된다. 단순하게 말하면, 협상자들은 자신들 앞에 놓여 있는 것보다 나은 제안을 추구한다.

이러한 시각에서 협상자들은 상대방을 서로의 공평한 이익을 추구할 수 있는 동반자로 본다. 이 모형의 공동기법은 문제의 명료한 정의, 정보의 개방적 공유, 가능한 해결책의 탐구를 포함한다. 이 모형의 선택결과는 상호에게 최대획득을 가져온다.

③ **상호작용적 문제해결**(interactive problem solving) 상호작용적 문제해결은 일반적으로 학자-실무자들에 의해 시행되는 제3자 협상 또는 비공식적 중재의 형식이다. 이 비전통적·비정부적 제3자 접근은 분석적 대화(analytical dialogue), 공동의 문제해결 그리고 갈등의 변환을 강조한다.

상호작용문제해결모형은 각 당사자의 정치적 수요와 위험을 분석하고 상호유리한 해결을 어렵게 하는 각자가 당면한 제약을 논의하는 것으로부터 시작한다. 이 접근의 목표 중 하나는 상대방이 승리를 위해 투쟁하기보다는 상호해결하는 문제로서 갈등을 이해하도록 돕는다. 이 모형은 당사자들이 합의에 이르도록 하는데 초점을 덜 두는 반면에, 커뮤니케이션과정의 개선, 상호이해의 증대, 상대방이 자신들의 목표와 우선순위의 재조정 그리고 보다 창조적인 문제해결을 유인하는데 보다 관심을 갖는다.

(3) 제3자 과정

제3자 과정(third-party processes)은 갈등해소를 위한 보다 전통적이고, 법원지향적인 접근방법들보다 덜 적대적이 되도록 설계되어진다. 누가 옳고 누가 그르다는 것을 결정하는 대신에, 제3자과정은 갈등에 대한 협력적(collaborative), 합의구축적(consensus-building)접근방법을 강조한다. 갈등은 논쟁의 당사자들에 의해 해결되어지는 상호문제로서 구조화된다. 제3자의 도움을 받아 당사자들이 갈등을 정의하고, 대안을 만들고, 기준을 수립하며 상호수용할 만한 합의에 도달한다(Purdy, 2000: 321).

제3자 방법에 의한 분쟁해소기법에는 다음의 여러 종류들이 있다(Purdy, 2000: 322~324; 정환용, 2007: 124~125).

① **중재**(arbitration) 중재(仲裁)는 가장 잘 알려진 제3자 논쟁해결기법으로 알려지고 있다. 이는 다른 제3자 기법보다 사법과정과 유사한데, 이는 중재자가 재판관처럼 기능하는 것이 필수적이기 때문이다. 즉 중재자는 증거를 검토하고, 당사자들의 주장을 청취하고, 결정을 준다. 이 중재과정은 두 개 당사자들에 국한하고 주장과 결정을 위한 엄격한 시간제한을 설정한다. 일부의 사례에서는 이

기법이 공개적으로 당사자들이 그들의 이익을 토의하고 상호 합의할 수 있는 해결을 허용하는 다른 제3자 기법보다 바람직하지 않는 경우도 있다. 중재 역시 갈등 당사자들이 합의하고 인정할 때 효력이 발휘된다.

② **조정**(mediation) 조정(調整)이란 중립적 위치에 있는 제3자가 분쟁당사자의 동의를 얻어 분쟁당사자들이 협상을 통해 자발적으로 분쟁을 해결하도록 도와주는 분쟁해결방법이다. 중립적인 제3자, 즉 조정자는 논쟁자들이 그들의 이익을 확인하고, 대안을 개발하는 것을 돕고, 모두가 수용할 만한 해결책을 만드는 것을 돕도록 구조화된 과정을 따른다. 조정에는 자율성, 중립성의 원칙이 작용한다. 자율성은 조정자가 당사자 간 문재해결에 개입은 하되, 최종적인 결정을 내리고 해결책을 제시할 수 있는 권한은 갖지 않는 것을 의미한다. 중립성은 조정자가 어느 한 편을 들어서는 안된다는 것이다. 항상 중립적인 입장에서 갈등당사자간 상호소통만을 돕는 것이 조정자의 역할로 갈등당사자들과 신뢰는 조정의 성패의 핵심요소이다.

③ **촉진**(facilitation) 촉진(促進)은 중립자의 지원으로 목표에 대한합의에 이르거나 문제를 해결하도록 분기된 견해를 가진 개인과 집단들에 대한 협력적 과정이다. 촉진자는 회합이나 협상과정 중에 주로 관심을 가지고 당사자들을 설계하고 아젠다에 따르고 보다 효과적으로 의사소통하는데 도움을 줄 수 있다. 다른 제3자 갈등해소기법들보다 촉진은 당사자들 간의 보다 나은 작업관계에 초점을 갖고 있다.

④ **규제적 협상**(regulatory negotiation) 규제적 협상 또는 협상된 규칙제정은 규칙제정의 초기단계에 영향받는 당사자들의 참여를 확대하기 위한 시도로서 개발되었다. 이의 목표는 영향받는 당사자들이 보다 수용가능 한 규칙을 개발하는 것이다.

⑤ **과정상담**(process consultation) 과정상담(過程相談)은 발생되는 제3자가 과정이벤트에 대해 인지하고, 이해하고, 행동하는 것을 도울 때 발생한다. 과정상담의 목표는 당사자들 간의 의사소통을 개선하기 위한 것이고, 갈등이 특히 감정적이거나 심각할 때 종종 사용된다. 갈등의 문제나 실체에 관계되는 중재자와 조정자와는 달리 과정상담자들은 언제 어디서 회합이 이루어지고, 대화의 구조 등과 같은 과정적 문제에 대해서만 초점을 둔다. 과정상담자들은 과정의 심판, 문지기, 계시원처럼 기능한다.

(4) 협 상

(가) 의 의

협상(協商)은 서로 다른 의견과 입장을 지닌 당사자들이 제3자의 개입 없이 대화함으로써 갈등 혹은 분쟁을 해결하는 방식이다. 협상(negotiation)은 협력적 업무이고, 공동의 이익을 추구해야 하며, 게임이 아닌 행태적 과정이며, 좋은 협상은 모두가 무언가 이기게 된다(Bright, et al., 2001: 557).

이 방법은 갈등관리와 자원배분에 있어 가장 수용가능한 형태이다(Bright, et al., 2001: 557). 협상에 대한 접근은 두 개의 집단으로 나누어진다. 하나는 승/패 또는 타협결과를 인도하는 경쟁적 접근과 관련되고, 다른 하나는 윈-윈 결과로 인도하는 상호혜택적인 해결로 인도하는 것이다(Claydon and Chick, 2005: 223).

(나) 원 칙

피셔와 우리(R. Fisher and W. Ury)는 협상의 4가지 원칙(原則)을 제시하고 있다(Bright, et al., 2001: 559).

① 사람을 문제로부터 분리하라 협상자는 관련된 사람으로부터 문제를 분리하는 방법을 찾아야 한다. 이렇게 하여 협상자는 문제에는 강한 입장을 갖고, 사람에 대해서는 유연한 입장을 견지할 수 있다.

② 이익에 초점을 맞추고 지위에 초점을 두지 말라 협상자들은 협상 전에 결과에 대한 선입견적인 시각을 형성하는 경향이 있다. 이해당사자들이 자기들의 선택된 결과를 정하면 이의 달성을 위해 집중하는 경향이 있고 문제의 원인과 이해당사자 모두에게 적합한 가능한 해결책에 대한 생각을 최소화하려는 경향이 있다. 그들은 기술된 전제보다는 각각의 배경적인 이익에 집중하기 위한 이동을 옹호한다. 이러한 원칙의 인지는 협상과정을 '방어와 공격'에서 '현명한' 해결책을 모색하는데 도움을 준다.

③ 무엇을 할 것인가를 결정하기 앞서 다양한 가능성을 만들라 협상 중에 양쪽 모두를 만족시킬 결과를 누구도 보지 못하는 교착상황이 종종 발생한다. 일방적 승리를 강요하는 강경협상(hard negotiation)입장이나 상대에게 항복하는 유연입장(soft stance) 중 하나를 선택하기보다는 상호 이익을 가져올 수 있는 다양한 가능한 결과를 확인하는 방법이 요구된다.

④ 결과는 일정한 객관적 기준에 기초하고 있다 주장하라 협상당사자의 이익이 상호배타적일 수 있다는 사실을 숨길 수는 없다. 적정한 해결책은

과거에 달성되었고 객관적 정보에 의해 합의를 달성할 수 있는 것은 시행하고 검토하여 해결책을 모색해야 한다.

(다) 과　정

협상은 준비 및 계획, 기본원칙의 정의, 명료화와 정당화, 흥정과 문제해결 그리고 종료와 집행의 5단계(段階)로 이루어진다(Robbins, 2001: 398~400).

① **준비 및 계획** 　협상하기에 앞서 여러 준비사항이 필요하다. 갈등의 성격, 협상의 역사, 협상의 목표, 협상상대에 대한 정보 등의 준비가 필요하다. 여러 정보가 수합되면, 전략을 개발해야 하다. 어떠한 상황에서도 상대방이 어떻게 반응할 것인가를 미리 알아서 전략을 세워야 한다.

② **기본원칙의 정의** 　전략을 수립한 후에는, 상대방과 협상을 위한 기본원칙과 과정을 정할 준비를 해야 한다. 누가, 어디서, 어떤 시간제약속에, 어떤 주제에 대해 협상하고, 교착에 빠지면 어떻게 해야 하는가 등을 결정해야 한다.

③ **명료화와 정당화** 　기본입장이 교환되었을 때는, 양 당사자들은 원래의 요구를 설명, 명효와, 정당화해야 한다. 이는 대립적이 아니고, 서로 상대방에게 왜 그것이 중요하고, 어떻게 원래의 요구에 이르게 되었는가를 교육하고 알리는 기회이다.

④ **흥정과 문제해결** 　협상과정의 진수는 대화로서 합의에 이르기 위해 실제로 거래(give-and-take)하는 것이다. 양보는 양자모두에게 의문의 여지없이 필요하다.

⑤ **종결과 집행** 　협상과정의 최종단계는 합의를 공식화하는 것으로, 집행과 모니터링을 위해 필요한 절차들을 도출하고 개발하는 것이다.

(5) 갈등 조장방법

순기능적 갈등(順機能的 葛藤)이란 조직 간의 대립이 조직의 성과를 향상시키는 기능을 수행하는 것을 의미한다. 이는 갈등을 변화나 혁신의 도구로 사용할 수 있으며 보다 나은 문제해결의 방편이 될 수 있다. 순기능적이고 건설적인 갈등은 조직의 생존과 성공에 필요한 혁신적 변화를 야기하는 원동력이 된다(정찬근, 1997: 367).

순기능적 갈등의 부재는 정체된 사고방식, 부적절한 의사결정, 독주와 획일주의, 조직의 침체 등을 반영하는 것이라면 순기능적 갈등의 존재는 창조와 성장, 민주주의, 자기실현을 반영하는 것이다. 순기능적 갈등을 조성하는 실천적인 수단은 커뮤니케이션, 집단내 외부인사 영입, 조직구조의 변경, 경쟁심의 자극의 수단을 활용할 수 있다(정찬근, 1997: 371~373).

참고문헌

김신복, (1983, 1992, 1999), 「발전기획론」(서울: 박영사).

박연호 · 오세덕, (1986), 「조직관리론」(서울: 법문사).

양창삼, (1994), 「조직이론」(서울: 박영사).

오석홍, (1999), 「조직이론」(서울: 박영사).

유 훈, (1991), 「행정학원론」(서울: 법문사).

정찬근, (1997), 「조직이론과 전략」(서울: 무역경영사).

정환용, (2007), 「도시관리론」(서울: 박영사).

Alexander, E., (2005), "Institutional transformation and planning: from institutionalization theory to institutional design", ***Planning Theory***, 4; 3(2005): 209~223.

Benveniste, G., (1990), ***Mastering the Politics of Planning***(San Francisco: Jossey-Bass Publishers).

Bright, D., Parkin, B., and Welsh, S., (2001), "Future negotiating skills: a development issue?", ***Futures***, 33(2001): 557~568.

Claydon, J. and Chick, M., (2005), "Teaching negotiations", ***Planning, Practice & Research***, 20; 2(2005): 221~234.

Cross, S. and Rosenthal, K., (1999), "Three models of conflict resolution: Effects on intergroup expectancies and attitudes", ***Journal of Social Issues***, 55; 3(1999): 561~580.

Daft, R., (2007), *Organization* ***Theory and Design***(Mason, OH: Thomson).

Faludi, A., (1973), ***Planning Theory***(Oxford: Pergamon).

Forester, J., (1989), ***Planning in the Face of Power***(Los Angeles: Univ. of California Press).

French, W., Kast, F. and Rosenzweig, J., (1985), ***Understanding Human Behavior in Organization***(N. Y: harper & Row).

Gibson, J., Ivancevich, J. and Donnelly, J., (1994), ***Organization***(Illinois: Burr Ridge).

Hatch, M., (1997), ***Organization Theory***(Oxford: Oxford University Press).

Hodge, B. and Anthony, W., (1988), ***Organization Theory***(Boston: Allyn and Bacon).

Jefferson, R., (1973), "Planning and the Innovation Process", ***Progress in Planning***,

Vol1, 233~312.

Lan, Z., (1997), "A conflict resolution approach to public administration", ***Public Administration Review***, 57; 1(1997): 27~35.

Lein, J., (1997), ***Environmental Decision Making***(Oxon, England: Blackwell).

Mayer, R., (1985), ***Policy and Program Planning: A Developmental Perspective*** (Englewood Cliffs, N. J.: Prentice-Hall).

Meier, K. and Bohte, J., (2003), "Span of control and public organizations: Implementing Luther Gulick's research design", ***Public Administration Review***, 63; 1(2003): 61~70.

Pickford, J., (1968), "The local planning agency: organization and structure", Goodman, W. and Freund, E., (eds.), ***Principles and Practice of Urban Planning***(Washington, D. C.: ICMA), 523~545.

Purdy, J., (2000), "The role of third parties in county dispute resolution", ***Public Administration Quarterly***, 24; 3(2000): 320~337.

Robbins, S., (2001), ***Organizational Behaviour***(N. J.: Prentice Hall).

Robey, D., (1991), ***Designing Organizations***(Boston: Irwin).

Spencer, J., (1979), "Planning agency management", So, F., et al., (eds.), ***The Practice of Local Government Planning***(Washington, D. C.: ICMA), 61~89.

Waterston, Albert, (1969, 1979), ***Development Planning: Lessons of Experience***(Baltimore: John Hopkins Univ. Press).

제14장 계획교육과 계획가

제 1 절 계획교육

I. 의 의

1. 의 미

(1) 성 격

계획은 세상을 이해하도록 하는 강력한 렌즈(lens)이다. 계획은 사람들에게 비판은 물론 건설적 행동의 바탕을 제공한다. 그리고 계획은 사람들에게 그들이 살고 있는 세상을 통찰하는 힘을 제공한다. 이와 같은 중요성을 가지고 있는 계획(計劃)에 대한 교육(敎育)은 다음의 성격(性格)을 갖고 있다(ACSP, 1990: 17).

① 계획교육은 기본적 가치(基本的 價値)와 관련된다. 계획교육은 학생들이 가치를 발견하고, 그들의 가치를 주장하며, 가치들 간의 차이를 협상하는 능력을 제고할 수 있도록 한다.

② 계획교육은 학제적(multidisciplinary)이다. 이는 과학(science)과 기예(art)를 포함하고 있으며, 이의 특징은 철학적(哲學的)임과 동시에 실무적(實務的)이다. 어떠한 단일의 견해, 설명, 접근방법도 계획에서 요구하는 상황을 충분하게 설명하지 못한다. 따라서 계획교육은 전체 주제를 포함하는 학제적 접근(學制的 接近)이 필요하다.

③ 계획교육은 응용교육(應用敎育)이다. 계획이 실제상황 밖에서는 의미가 없고, 행동과 평가 없이는 완전하지 못하다. 때문에 계획교육은 실제 사상(事象)의 원리와 분석을 끝임 없이 파악하고 적용해야 한다. 그리고 경험을 통한 학습이 되도록 해야 한다.

④ 계획교육은 자각적(self-aware)이며, 자기비판적(self-critical)이다. 이는 공동의사결정, 외부성에 대한 관심 그리고 현재의 선택이 미래에 미치는 효과의 중요성에 대해 가르쳐야 한다는 의미이다. 아울러 계획교육은 환경에 반응하고, 변화에 개방적이어야 한다.

(2) 국가별 특성

계획교육은 국가에 따라 차이가 많다. 영국(英國)은 계획교육과 계획직업의 고국(motherland)이라고 부를 수 있으며, 미국(美國)은 단일국가로서는 가장 많은 계획학교를 가지고 있고, 호주(濠洲)는 인구당 학교 수가 가장 많은 나라이다. 국가별 계획교육의 진전상태를 연령대별(年齡代別)로 대비한다면, 계획교육이 가장 잘 확립되어 있고 독립된 학위취득을 양차대전 이래로 허용하고 있는 영국은 노년(veteran)에 해당된다. 1940년대에 계획교육의 주요한 기반이 확립된 미국은 중년(middle aged) 그리고 신 계획교육 패러다임이 1960년대 말~1970년대 초 사이에 이루어진 프랑스, 독일, 네덜란드는 청년기(adolescent), 기타 유럽의 대부분의 국가는 유년(infancy)기의 수준에 처해 있다할 수 있다(Alterman, 1992: 40).

계획교육의 방향에 대해 유럽제국에서는 국가의 직·간접적인 관여가 이루어지고 있다. 영국에서는 전후(戰後) 계획교육방향 재정립의 지침을 제공하기 위해 1950년에 「슈스터 보고서」(Schuster Report)를 발간했고, 비슷한 목적으로 프랑스(Domenach Report: 1982), 독일(Schwanberger Modell: 1980년대 중반) 등에서 각각 계획교육관련 보고서를 발간했다. 그러나 미국에서의 계획교육의 형식과 내용은 상향적접근을 추구하고 정부의 관여가 없었다(Alterman, 1992: 41).

(3) 중 요 성

공적인 계획교육(計劃敎育)의 중요성(重要性)은 다음 6가지로 요약할 수 있다(Orlick, 1993: 500~502).

① 계획교육은 새로운 계획가(計劃家)들이 그들의 최초의 임무를 수행하고, 이해하는 준비를 하게 한다. 학생들이 대학의 계획프로그램(planning program)에 등록하는 중요한 이유의 하나는 직장에 들어가는데 필요한 지식, 기술, 훈련을 획득하는 것이다. 따라서 계획학과의 교과과정(敎科課程)상 목적은 새로운 전문가(專門家)들에게 필요한 교육(敎育)과 훈련(訓練)을 제공하는 것이다. 이러한 사회적

수요에 따라 분석방법, 도형 및 설계기법, 컴퓨터 활용, 계획과 환경법, 구두 및 기술에 의한 의사소통과 같은 실무지향적인 내용들을 교과과정에 포함하게 된다.

② 계획교육은 계획가들이 그들의 경험이 늘어남에 따라, 보다 책임감 있고 도전적인 역할을 수행할 수 있도록 해야 한다. 보다 책임감 있는 지위를 성공적으로 수행하기 위해서는 계획가는 직업적(職業的)인 적합성(適合性)과 성장의 잠재력을 보이는 것이 중요하다. 이에 따라 공식계획교육은 최초직업준비 이상으로 경력에 걸 맞는 직업적 능력을 시대상황에 따라 보완·강화시키는데 필요한 준비를 제공해야 한다.

③ 계획교육은 계획가로 하여금 계획과정에서 주민, 공무원 그리고 정치가들과 보다 양호한 의사소통(communication)을 할 수 있도록 한다. 부적절한 전문교육과 훈련은 계획가들이 다른 사람들이 쉽게 이해하기 어려운 보고서(報告書)와 부적절한 도표를 준비하거나, 모임이나 청문회에서 자신들의 생각을 적절하게 표현하지 못하게 하는 주요 원인의 하나가 될 수 있다. 공식교육은 성공적인 의사소통(意思疏通)을 보장하지는 못해도, 그러한 가능성을 높이는데 기여한다.

④ 계획교육은 계획직업과 지역사회(地域社會)서비스에 대한 이해를 돕는다. 계획교육기간 중에 현장실습을 하거나 계획기관에서 종사하는 전문가의 초청강의나 토론 등을 통해서 장래의 계획가로서 문제해결에 대한 열의를 다짐하고 지역사회에 서비스를 제공하는 임무를 재다짐 하게 된다.

⑤ 계획교육은 직업수행과정에서 보다 큰 창조성(創造性)을 갖도록 이끈다. 쇄신과 위험부담을 장려하는 분위기가 없는 조직에 근무하는 창조적인 개인들은 관료제의 무기력함에 희생될 수도 있다. 계획교육을 통해서 그러한 문제들을 피해서 창조성과 능력을 발휘하는 방법을 가르치게 된다.

⑥ 계획교육은 계획관련기관의 전체적인 신뢰성(信賴性)을 제고한다. 성공적인 민간계획컨설팅회사는 신뢰할 수 있는 자격과 신임장을 가지고 있는 전문가를 고용해야만 한다. 때문에 많은 회사에서 고용의 최소요건으로 일정한 공적교육을 받는 것을 요구한다.

2. 교육전통

계획과 계획직업은 합리성(合理性)과 과학(科學)에 대한 신념과 각종 개혁운동(改革運動)이라는 상이한 2개의 지적전통(知的傳統)에서 발달해 왔다(Albrecht, 1985: 7; Klosterman, 1978: 37～38).

(1) 개혁전통

초기의 계획실제와 교육은 주로 개혁전통(改革傳統)에 직업적 뿌리를 두고 있었다(Klosterman, 1978: 37~38). 개혁전통(reform tradition)은 계획을 정부와 사회를 개선하는 수단으로 보면서, 계획가는 공익(公益)을 제고(提高)하고 변화를 유도하는 제안을 해야 한다고 믿는다. 초기에는 개혁전통을 강조하는 계획실무와 교육이 지배적이었으나, 1960년대 이후로 계획이념과 계획교육은 응용과학자로서 계획가의 역할을 강조해 왔다.

20세기에 이르러 계획은 개혁운동의 하나로서 여러 요소를 고려하여 자체적인 형태를 갖추었다(Beauregard, 1996: 214~215).

하나의 고려요소는 건축환경에 초점을 두는 것으로 인구혼잡과 공중보건에 주로 초점을 두었다. 개혁가들은 건축법을 통해 건축환경의 질을 규제하기 위해 노동자 계층의 슬럼을 개선하기 위한 입법적인 조치를 했다. 공공의 관심은 위생시설의 제공과 건강규제를 통해 질병의 공간확산을 방지하는데 초점을 두었다.

다른 그룹의 개혁가들은 국가계획확립에 기여하였다. 이들은 공업도시와 혼돈적인 토지이용에 대해 관심을 집중했다. 특히 전문계획은 20세기 초의 진보개혁운동(progressive reform movement)에 대한 반응으로 발전되어 왔다. 건축·조경·공학에서는 정주형태 특히 급격하게 성장하는 도시에서 사회적 무질서와 불공평을 줄이고 일상생활의 효율성과 미를 제고하기 위해 물리적·사회적·경제적 패턴을 변화시키고자 했다(Hoch, 1994: 8). 계획가들은 물리적 환경의 변화를 통해 사회개선에 대한 직업적 책임이 있고, 정치가와 사적이익과 잘 알려지지 않은 행동으로부터 공익을 스스로 보호하는 것으로 가정했다.

이러한 개혁전통을 반영한 계획교육은 분석적 계획방법과 사회과학이론을 무시하고 전문적 이상을 바탕으로 정의된 유토피안적 계획을 강조했다.

(2) 합리주의전통

합리주의전통(rationalist tradition)은 서구에서 널리 확산되어 있는 합리성과 과학에 바탕을 두고, 계획을 과학의 방법과 발견사항을 사회문제에 적용하려는 전통이다. 여기서는 계획가는 응용과학자로서 객관성, 자료의 신중한 수집과 분석, 과학적 방법의 규칙을 엄격히 적용한다.

1960년대 이후로 계획이념(計劃理念)과 교육(教育)은 응용과학자(應用科學者)로서 계획가의 역할을 강조하였다. 초기의 설계적 접근방법(設計的 接近方

法)이 대형 시뮬레이션에서 선형계획(linear programming)과 회귀분석(regression analysis)에 이르는 컴퓨터(computer)의 도움을 받은 다양한 계획도구들에 의해 대체(代替)되었다. 현재의 계획교육은 통계학·계획방법 그리고 경제학, 사회학, 지역학 그리고 기타 실증사회과학(實證社會科學)의 실체이론(實體理論)을 강조하는, 과학자로서 계획가의 개념을 반영하고 있다(Klosterman, 1978: 38).

이러한 증가된 이론적·방법론적 소견들은 개혁적 전통을 무시하는 결과를 가져오게 되었다. 분석적 기법과 사회과학이론에 대한 강조가 의미하는 것은 공공정책목표의 달성을 위한 수단과 관련된 사실적 자료의 수집과 분석을 하는 가치중립적(價値中立的)인 기술자(技術者)로서 계획가를 보고 있다. 계획가들은 이론적이며 방법론적인 세련성에 초점을 두고 개혁전통을 도외시하게 되었다. 계획가는 목표설정과 관련된 가치(value)문제는 회피하고 이의 달성을 위한 수단과 관련된 자료의 수집과 분석에 초점을 두는 기술자(technician)로서 가치해방(value free)이 되었다(Klosterman, 1978: 38).

계획의 도구적 개념(instrumental concept)은 계획가와 비계획가 모두에서 의문을 제기하게 되었다. 즉 계획가는 공공정책의 합리적 고려를 위해 목표와 수단을 아울러 고려해야 하는 규범적 계획을 해야 한다는 것이다. 이는 계획직업은 개혁과 변화를 과학적 분석과 결합할 수 있기 때문에 두 개의 지적 전통을 같이 고려해야 한다는 면에서 중요한 의미를 갖는다(Klosterman, 1978: 38)

Ⅱ. 교육모형

1. 접근방향

(1) 구 분

계획교육체계의 발달에 따라 계획교육의 방향설정과 관련하여 두 가지의 접근모형(接近模型)을 고려할 수 있으니, 하나는 전문가 모형(專門家 模型)이고, 다른 하나는 교양인 모형(敎養人 模型)이다(Alterman, 1992: 42; 정환용, 1999: 443~444).

전문가 모형(specialist model)은 계획은 기본적으로 학제적 활동으로 다른 직업과 학문이 계획에 기여해야 한다고 보면서, 계획교육은 주로 대학원에서 이루어져야 한다는 입장이다(Healey, 1980: 416). 여기서는 계획을 팀 활동(team activity), 학제간 활동(inter-disciplinary activity) 그리고 직업간 활동(interprofessional activity)으로 이해하고 있다(Batey, 1985: 409).

교양인 모형(generalist model)은 계획가가 많아지고 계획활동이 확대됨에 따라 계획자체의 정체성 확립에 관심을 보이기 시작했다. 이들은 계획은 학부과정에서의 기본교육이 필요로 하는 독자적인 하나의 학문영역이라는 생각을 가지고 있다. 여기서는 계획에 필수적인 지식과 기법에 초점을 두게 되었다(Healey, 1980: 417).

(2) 교육방향

현대계획교육은 오직 교양인(generalist)이나 전문가(specialist)이기보다는, 전문성을 갖춘 교양인이 되도록 교육해야 한다. 이는 탁월한 전문적 실무는 계획가로서 경력을 쌓으면서 변화되고, 개별 경력자들은 여러 개의 다른 업무들을 추가해야 하기 때문이다. 따라서 바람직한 전문계획가는 평생학습을 해야 한다. 더욱이 계획가가 다루어야 할 주제의 범위의 확대, 계획가에게 요구되는 창조적 역할은 광범한 교육을 요구한다. 한편 복합성은 전문가의 필요성을 증대시키고, 대부분의 일상적 계획업무는 약간의 전문성이 요구된다. 따라서 계획교육은 전문성(專門性)과 교양성(敎養性)이 조화(調和)되도록 해야 한다(Feldmann, 1994: 90~91).

계획학과(計劃學科)를 적법화(適法化)하기 위해서는 실무와 응용과 함께 이론적이며 방법론적 활동을 제고해야 한다. 계획관련교수(計劃關聯敎授)들은 다양한 학문적 배경을 갖고 있지만, 주로 사회과학분야에서 선발하는 경향을 보이고 있다. 교과과정(敎科課程)은 일반계획과정을 핵으로 하고 주위에 사회과학의 전문화를 선택하는 모형을 주로 제시하였으며, 교수들은 설계원리보다는 새로운 계획이론을 발전시키기 위해 사회과학을 사용할 것을 기대한다. 이는 전문성(專門性)을 갖는 교양인(敎養人)을 배출하기 위한 것이다(Hoch, 1994: 48).

2. 교육유형

일반적으로 계획교육(計劃敎育)은 공식적인 교육기관에서 계획지식과 능력을 획득하거나 전파하는 과정을 의미한다(RWGCES, 1973: 11). 이러한 계획교육은 상황적 여건과 계획교육자체에 대한 변수 등을 고려하여 여러 유형으로 구분, 고찰할 수 있다. 여기서 상황적 여건(狀況的 與件)은 직업적 이념(계획은 하나의 독립적 학문분야인가 또는 학제적 학문인가, 계획가는 교양인인가 또는 전문가인가 하는 문제)과 시장과의 연계성(교육과 직업시장의 연계관계)의 변수를 고려하고, 계획자체에 대한 변수(變數)는 계획교육의 조직, 자원, 내용 등을 포함한다.

이러한 여러 측면과 변수를 고려하여, 계획교육유형(計劃敎育類型)을 전통적 기술모형(傳統的 技術模型), 학문적 대학원모형(學問的 大學院模型), 종합적 통합모형(綜合的 統合模型) 그리고 이분모형(二分模型)의 4가지로 구분할 수 있다(Rodriguez-Bachiller, 1988: 204~211; 정환용, 1999: 441~443).

(1) 전통적 기술모형(traditional-technical model)

이 모형은 계획을 하나의 기술적 분야 -보통 건축의 한 학문분야- 로 본다. 긴 학부과정(보통 5년)과 비교적 낮은 전문화 정도(10%미만)의 특성을 나타낸다.

물리적 계획(物理的 計劃)을 중시하는 사회적 수요를 고려하여 교과과정(敎科過程)은 설계기법 지향적으로 구성되고, 교육(敎育)은 프로젝트작업중심으로 교수와의 접촉을 강조하게 된다. 이 접근방법은 유럽의 국가들에서 초기에 발달한 역사적 형태이다.

(2) 학문적 대학원모형(academic-postgraduate model)

이 모형의 순수한 형태는 북미에서 발견할 수 있는 것으로, 계획은 대학원(大學院)에서 주로 가르친다. 사회과학(社會科學)에의 의존도가 높은 독립분야이며, 별도 과정으로 건축, 설계같은 관련 타분야에 대한 높은 선택성(50%)을 제시하는 접근방법이다.

이는 계획에 대한 일반적인 능력을 구비한 '사유인'(thinkers)을 훈련하는데 전문교육의 목표를 두고, 다양한 수요에 충족할 수 있도록 한다. 이 모형에서는 비교적 낮은 프로젝트 작업에 개인적 연구를 강조한다.

(3) 종합적 통합모형(comprehensive-integrated model)

영국에서 발달한 형태로, 사회과학에 바탕을 두지만 학부수준에서 시작하여 3년은 학위 그리고 1년은 전문자격을 위한 과정(소위 '3+1'체계)으로 이루어진다. 교과과정은 기초주제에서 필수과목을 이수하도록 하는데, 필수는 주로 방법론, 물리환경 그리고 행정측면으로 구성되어 있다.

이는 교양적 접근(敎養的 接近)을 강조하고, 미국모형(1/3)보다 전문화의 비중이 낮다. 교육의 목표는 전문화이고 지방정부의 특정시장에 종사할 매우 실무적인 내용이 된다.

(4) 이분모형(bifurcated model)

스페인, 이태리 등에서 채택하고 있는 형태로 타 학문분야(사회과학, 건축 또는 기술)내에서 공통기초로 출발하여, 동일 구조 속에서 다른 전문분야(이의 하나가 계획)를 이수하도록 하는 제도이다.

3. 교과구성

(1) 구성실태

전향적인 학제적 형태의 교과구성(敎科構成)은 소위 「커피숍 체계」(cafeteria system)로서, 계획가가 알아야 할 모든 내용들을 다 열거해 놓는 형태라고 볼 수 있다(Batey, 1985: 414).

이 접근은 새로운 주제를 교과과정에 첨가하고, 기존과목을 중요성에 따라 제거하는 노력이 없이 계속하여 첨부하기 때문에 백과사전식이 되고, 이는 학생들로 하여금 선택에 어려움을 주게 된다. 아울러 학제적(interdisciplinary)인 계획교육은 시간소모적이고 고가이며, 상이한 이념간의 학제성은 타협의 기회가 거의 없기 때문에 실제적인 학제성의 장점을 살리는 것과는 거리가 있는 등 여러 제약점이 노출되어 그 의미가 반감되고 있다(Kunzman, 1985: 447~448).

(2) 구성중점

계획교육이 전통적(傳統的)인 기예적 · 도제적 · 설계전문적 모형에서, 현대적(現代的)인 지식기반적인 사회과학모형과 합리적 계획모형으로 바뀌게 되었다. 이러한 계획교육개혁의 근원은 시카고 대학의 계획교육과 연구프로그램(Chicago Program)에서 찾을 수 있다. 1949년부터 시작된 시카고 프로그램은 뉴딜(New Deal)의 사회경제계획을 뒷받침했던 타그웰(R. Tugwell), 퍼롭(H. Perloff), 반필드(E. Banfield)와 같은 인물들에 의해 추진된 것이다. 시카고 프로그램은 현대 계획교육의 두 가지 주요 관념인 사회과학으로서 계획과 계획실천의 지침으로서 합리계획모형이 근원이 되었다(Hemmens, 1988: 86).

미국에서는 1950~60년대에 계획가에 대한 고용기회가 급격하게 증가하여, 계획관련 대학원의 설립과 확장을 촉진하는 계기가 되었다. 이러한 확장추세는 전문가 계획에 대해 두 가지 측면에 영향을 주었다. 하나는 대학원교육은 전문직 수용의 전제조건이었던 견습제(apprenticeship)가 대체 또는 포기되었다. 이는 전통적인 현장훈련(on-the-job training)방법에 대한 개선요구를 반영한 것이다. 둘째, 계획전문가의 건축·조경·공학중심의 설계관련 학문의 비중이 감소되고, 사회과학의 비중이 높아졌다. 새롭게 설립된 대학의 계획학과(교)들은 실무적 기술의 습득보다는 지식의 생산과 전파를 강조하게 되었으며, 사회과학연구(社會科學硏究)의 이론과 방법에 의한 전문적 실습이 이루어지고, 사회경제문제를 포함했다. 그리고 독립적인 상담자보다는 정부고용자로서 근무할 수 있도록 조직(組織)에 대한 연구필요성을 인식하고, 제도적 행태와 관계를 강조하였다(Hoch, 1994: 47).

퍼롭(H. Perloff)은 사회과학(社會科學)과 제도적 지식(制度的 知識)을 결합한 계획교과과정(計劃敎科課程)을 제시하였다(Hoch, 1994: 48). 그의 교과과정은 일반계획코스를 필수로 하고, 사회과학의 전문화를 학생들이 선택하도록 했다. 그는 교수들은 설계원리보다는 연구에 기반한 새로운 계획이론을 발전시키는데 사회과학을 사용하게 될 것으로 기대했다. 계획학과 졸업자는 정부의 의사결정자의 합리적 인도자로서 지식을 갖추는데 주안점을 두었다. 그러나 계획의 사회과학적 특성은 계획의 장래지향성을 줄이게 하고, 설계와 기술적 기예를 강조하지 않게 되었고, 전문계획가의 일상활동을 무시하는 결과를 가져온다는 비판을 받게 되었다(Feldmann, 1994: 89).

퍼롭(H. Perloff)은 계획가의 교육은 전문성을 갖춘 교양인이어야 한다고 했다. 그에 의하면 계획의 핵심교과과정은 계획의 기초지식, 계획의 기초적인 방법과 기법 그리고 사례연구와 워크숍을 포함한 문제해결경험의 3가지 기본요소로 구성되어야 한다고 했다(Friedmann, 1996: 89).

제 2 절 계획가의 역할

Ⅰ. 역할유형

1. 고찰시각

(1) 개념모형

계획가들은 일반 옹호자(擁護者), 과학자(科學者) 그리고 정치가(政治家)의 세 부류의 청중(聽衆)과 열정(passion), 이성(reason), 권력(power)의 세 가지 핵심추진력(核心推進力)에 의해 만들어진 복합적인 수사적(修辭的) 상황에 싸여 있다(Throgmorton, 1995: 195).

쓰로그모르톤(J. Throgmorton)은 계획가의 순수한 역할은 과학자, 정치가 또는 옹호자의 하나라고 가정하고, [그림 14-1]과 같은 개념모형을 개발했다(Throgmorton, 1995: 197). 여기서 각 계획가들은 그들의 업무와 관련된 청중으로 과학자, 공무원 그리고 평범한 옹호자를 갖게 된다고 가정하고 있다. 이 모형은 최종적으로 계획가는 이들 청중에 대한 적극적(積極的)인 조정자(調整者)로서의 역할을 강조하고 있다.

❙ 그림 14-1 계획수사학의 개념모형 ❙

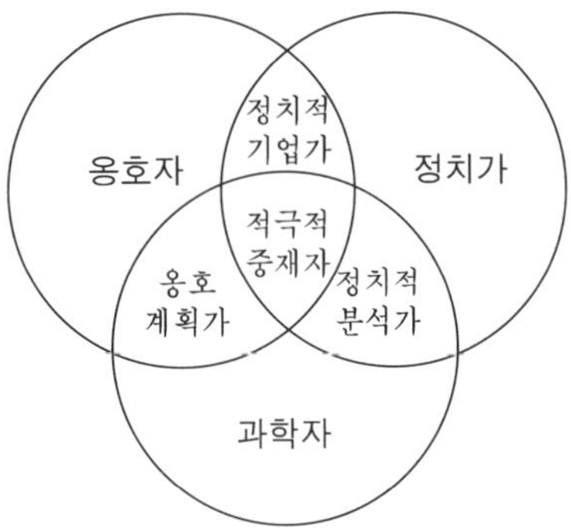

자료: Throgmorton, 1995: 197.

(2) 계획이론별 계획가 역할

계획가의 역할에 대해 계획에 대한 접근시각(接近視覺)에 따라 차이가 있다(Elkhawas, 2003: 3~4).

합리모형(合理模型)에서는 완전한 합리성과 객관성을 가정하는 기술적(技術的)인 가치중립적 역할을 강조한다. 팔루디(A. Faludi)는 이 역할을 지지하는데, 그는 계획가를 의사결정자의 작업에 대한 기술적 조언자로서 기술한다. 계획가는 현황을 점검하고, 문제를 확인하며, 자료를 수집하고, 상이한 대안을 설계하여 의사결정자에게 선택을 위해 제기하는 것이라고 보았다.

점증주의자(漸增主義者)인 반필드(E. Banfield)는 의사결정과정의 계속성을 보장하는 것이 계획가들의 가장 의미 있는 역할일 수 있다고 주장한다. 여기에 라

비노위츠(F. Rabinowitz)는 계획가들은 조정과 협상을 통해 그들의 계획을 추진해야 한다고 주장했는데, 이는 계획가의 역할은 기술적 계획보다는 정치적 계획(政治的 計劃)에 기울어 져 있음을 의미한다.

혼합주사(混合走査)에서는 계획가의 혼합적 역할을 가정한다. 기술적이지만 계획의 정치적 측면에 민감하고 인지하는 역할이다. 이 역할은 혼합적 역할(hybrid role)이라고도 한다.

옹호계획(擁護計劃)에서는 옹호자(擁護者)로서의 계획가의 역할이 특정한 고객의 사례를 대변하는 변호사와 유사하다고 생각한다. 여기서의 중점고려사항은 혜택받지 못한 사람들의 필요와 바램이다. 여기서 계획가의 역할은 임무를 가진 공무원으로 볼 수 있다. 그 임무는 혜택 받지 못한 집단들을 보다 좋은 생활을 만드는 것으로 사회계획(社會計劃)의 모범사례이다.

급진이론(急進理論)의 시각에서, 레비(J. Levy)는 계획가를 급진적 변화(급진적變化)의 대행자로서 기술한다. 이 계획가의 역할은 고도의 정치적인 역할로서, 여기서 계획가들은 현 체제의 급격한 정치적 및 경제적 변화를 모색한다.

전략계획(戰略計劃)에서 계획가의 역할은 과업지향적(課業指向的)이다. 여기서 계획가들은 그들 회사의 이익을 극대화하기 위해 일한다. 그들은 공공영역 그리고 정치적 아젠다와 연결되지 않고, 오로지 기술자로서의 역할만 한다.

2. 유형구분

계획가의 역할에 따라 계획의 유형이 달라질 정도로 계획가는 중요하면서도 다양한 역할을 수행한다(Levy, 1997: 84~87; Greed, 1993: 52~58; Alexander, 1979c: 123; Stollman, 1979: 8). 여기서는 계획가의 역할을 여러 학자들의 견해를 기술적(技術的), 관리적(管理的), 정치적(政治的) 측면(側面)으로 나누어 고찰하기로 한다(Albrechts, 1991: 133~134).

(1) 기술적 측면

계획가들은 스스로를 계획문제에 대해 답을 제시하는 기술관료로 보고 있다. 그들은 앞선 지식을 바탕으로 미래와 변화를 예측하고, 문제해결과 통제방법을 정치가, 주민, 민간부분에 제공하는 역할을 수행한다. 즉 계획가는 많은 정보를 통해 분석·판단하는 정통한 과학자(informed scientist)로 본다. 이 견해는 계획에 대한 가장 전통적인 문제해결관념이고 기술자는 정치적 판단을 회피할 수 있다고 생각하고, 정치적 맥락은 무시할 수 있다고 생각한다. 그러나 많은 계획가와 비판가들은 이러한 기술적 태도에 회의적이었다.

여기서는 기술적, 과학적 측면에서의 계획가의 역할을 기술적·관료와 외야수의 역할을 강조하는 주장이 이 범주에 해당된다.

① **기술자·관료**(technician-administrator) 정부부문에서의 전통적인 계획가의 역할로 선출된 공무원에 대한 기술적 전문가(technical expert)로서의 역할을 의미한다(Alexander, 1979: 123). 여기서는 정치적 지도자가 계획가에게 권위를 부여할 때 효과적이 된다. 계획가는 정책결정자에 의해 제시된 목표를 달성하기 위해 직업적 전문성을 적용하는 역할을 한다. 계획가는 중립적 공복(neutral public servant)으로서, 활동은 정치적으로 중립적인 직업적인 전문성에 국한한다는 견해이다. 계획가들은 무엇을 해야 하고(should), 하지 않아야(should not)할 문제보다는, 어떻게(how to)할 것인가에 대해 조언과 전문적 작업을 국한한다.

② **외야수**(longstop) 계획이 일단 수립 시행되면, 그 파급효과는 지속되기 때문에 최선을 다해야 한다. 계획가에게 부정적 영향발생을 막는 최후의 수비자로서의 역할을 강조하고. 그 책임성을 지적한 말이다. 즉 계획가는 오류를 범할 권리를 갖고 있지 않다는 뜻은 여기에 포함된다.

(2) 관리적 측면

계획의 초기부터 계획가들은 다양한 부서와 관계자들, 사회의 각 계층, 집단내의 여러 사람들과 협상해야 한다. 이러한 공·사부문의 교량적 역할뿐 아니라 계획가들은 지식과 행동의 교량자적 역할, 기업·재정지원기관·연구소들과의 접촉이 요구된다. 이러한 모든 것이 계획가의 관리자적 역할과 관계된다. 이러한 관리적 측면에서의 계획가의 역할에 대해 다음 2개 측면을 강조하고 있다.

① **심판**(umpire) 심판(審判)으로서 계획가의 역할은 대립하는 팀간의 갈등을 해소하고, 공정한 게임을 위한 운동규칙을 강요한다. 이러한 견해는 현상유지를 강화한다는 점에서 좌파학자(광의의 사회주의자)에 의해 비판받고 있는데, 계획가는 자본주의의 수레를 기름칠하는 사람으로 보고 있다. 그러나 우파학자(광범하게 보수주의자)들은 이러한 역할을 환영한다.

② **기업가**(entrepreneur) 계획가가 특정한 과업을 수행하는 계획기관을 운영·관리할 때는 기업가가 된다. 예로 도시재개발사업의 경우, 공공자금에

의해 부지를 철거·정비하여 이를 민간부문에 판매 또는 임대하는 경우를 생각하자. 도시재개발기관을 운영하는 계획가는 개발업자와 계약하고, 마케팅을 해야 하는 기업가적 역할을 수행해야 한다. 이러한 역할은 민·관 협력개발이 강조됨에 따라 그 중요성이 증대되고 있다.

(3) 정치적 측면

계획의 정치적 성격은 두 가지 측면으로 나누어 볼 수 있다(Lane, 2001: 659). 첫째, 계획가는 자신들의 철학적 및 정치적 가치를 가져오는 (기술적 과정을 통해서는 판결할 수 없는) 가치선택문제(value choice issue)와 관련된다. 둘째, 계획은 기본적으로 배분적 성격을 갖는다. 계획이 자원의 배분과 관련되기 때문에 계획관련결정들은 결정에 따른 잠재적 승자와 패자들에 의해 종종 경쟁적이고 논쟁적이 된다. 두 번째 의미에서 계획가(planner)는 희소자원의 배분자라고 정의할 수 있다(Eversley, 1973: 5). 이 정의는 경쟁적인 계획목적의 달성을 위해 제한된 자원을 배분하는 계획가의 역할을 강조한 것이다.

계획가의 정치적인 기술은 계획을 집행할 수 있도록 조작하는 능력으로 구성되어 있다. 아울러 대립되는 이해관계를 조정하는 역할도 수행한다. 이러한 측면에서 학자들이 제시하고 있는 정치적 역할은 다음과 같다.

① **옹호자**(advocate)　　이 역할은 정치적 과정에 의해 제공되는 공식적인 커뮤니케이션 채널을 통해서는 자기의 견해를 나타낼 수 없는 사람들을 대표하는 일을 계획가들이 종종 수행하게 된다는 의미이다. 즉 계획가들이 경쟁과정을 통해서는 불이익을 받게 되는 집단의 혜택을 위해서 그들의 전문성, 경험, 위치를 활용하게 되는 경우가 있다. 이때 일부 계획가들은 자원봉사로, 일부는 자선단체·연구기관 등 독립기관의 자금지원을 받고 일하게 된다. 옹호자(擁護者)역할은 사회의 권력배분에 관해 다원주의와 개혁주의자의 입장에 서게 된다(Kirk, 1980: 138~140).

② **합의의 구축자**(builder of community consensus)　　정치학은 다양한 견해와 다양한 이익들 간에 조화를 이루는 행동에 연결하는 예술이며, 정치가의 역할은 다양한 이해관계의 거간역할을 수행한다. 어떠한 계획도 정치적 의지와 정치적 행동 없이는 집행되지 못한다. 이러한 의미에서 계획가도 정치적 과정의 일부이거나 거기에 근접한 행동을 하게 된다. 이 견해를 지지하는 사람들은 계획가는 의사결정이 이루어지도록 관료와 정치구조를 통합하는 부문을 수행하는 것

이 좋다고 생각하게 되었다.

③ **급진변화의 대행자**(agent of radical change) 계획이란 추상적인 분석개념이 아니라 구체적인 사회·역사적 실제이다. 때문에 계획은 정치에서 이격될 수 없고 비정치적일 수 없다. 그리고 계획이 구조적 변화를 유인하기 위한 목적을 가지고 있기 때문에 계획가의 정치적 역할은 이러한 변화를 구체화하는데 기여한다. 또한 제시된 정책을 구체화하기 위해 사회적 세력을 동원하는 역할도 하게 된다. 이러한 의미에서 계획가는 변화(變化)의 동원자(動員者)이며 주창자(主唱者)이다. 이 견해는 계획의 장기적 목표는 급격한 정치 경제적 변화를 제고하는 활동이라고 보는 네오마르크스 또는 급진이론적 입장이다.

Ⅱ. 계획가와 정치

1. 계획가와 정치가와의 역할관계

(1) 기존의 입장

계획기관의 구성요소로서 계획가(計劃家)는 대안을 도출하고, 정치가(政治家)는 선택자(selector)로서 기능한다. 양자의 관계를 기술함에 있어 정치가는 목표(目標)를 결정하고 계획가는 목표달성을 위한 수단(手段)을 제시하기 때문에 양자는 주종(master-servant)관계를 맺고 있다는 계획의 도구적 견해(instrumental view of planning)가 광범하게 펴져 있다. 이는 근대적인 정부체계의 출현에 따라 집행력은 정치적 집행자(정치가)와 직업적 전문가(봉급 전문가)로 구분되었다. 여기서 전자는 법과 주민에 의해 통제되며 임기는 비교적 단기이고, 후자는 정치적 집행자의 보조자이며 조언자적 역할은 한다는 생각이다(Faludi, 1973: 227).

(2) 도구적 견해에 대한 비판

계획의 도구적 견해(道具的 見解)와 이의 의사결정에서의 의미를 세 가지 점에서 批判할 수 있다. 하나는 정치가에 대한 이상적이고 과민반응적 견해이다. 둘째는 정치가는 목표를 결정하고, 이러한 목표를 통해 프로그램이 도출된다고 주장하는 가정의 오류이다. 셋째는 관료제의 이론은 계획의 도구적 견해에서 의미하는 것처럼 막힘없이 상의하달(上意下達)된다는 생각을 대체할 수 있는 복합조직체이론으로 발달되어 오게 되었다는 점이다(Faludi, 1973: 227~233).

① **정치가에 대한 이상화 견해** 의사결정에서 계획의 도구적 견해는

정치가의 역할에 대한 이상화(理想化)된 관념에 의존하고 있다. 정치가는 전체적으로 지역사회의 모든 계층을 대표하지는 않는다. 정치가들도 자신들만의 이해관계를 갖고 있다. 대체로 정치가의 견해는 단견(短見)이며 다음 선거와 가능하면 선거구민을 즐겁게 하는 점에 의해 제약받는다. 중요한 것은 의사결정에서 정치가는 추구할 목표를 설정한다는 것은 현실과는 동떨어진 과민반응적인 생각이다. 정치가들은 스스로를 그들 자신(또는 그들의 전임자)이나 상급기관의 예전 결정을 확대하는데 국한하는 경향이 가끔 있다.

② 합리적 계획과정에 대한 잘못된 가정 행동의 목표를 결정하는 것과 관련하여, 목표로부터 수단이 추론된다는 견해는 두 가지 오류가 있다. 첫째, 계획은 추론적이 아니라 순환적으로 진행된다. 둘째, 목표의 기술은 정치가의 독점적인 영역이 될 수 없다. 목표는 하나의 특정한 긴장원(緊張源)이 제거된 환경의 상태를 기술하는 것이기 때문에 목표설정에는 많은 분석적이고 예측적인 기술이 요구된다.

③ 복합적 조직이론과의 부조화 파슨스(T. Parsons)는 공식적 조직은 명령이 방해 없이 전달되는 계서제(階序制)가 아니라, 여러 수준에서 약간씩 분화된다는 것을 보여 주었다. 그리고 그는 조직은 기술(技術), 관리(管理) 그리고 지역사회 또는 제도적 수준(制度的 水準)의 3층으로 구분된다고 지적했다. 이는 조직을 두 개의 계층으로 구분하여, 상위계층은 지침을 제시하고 하위계층을 이를 받아서 집행한다는 것과는 다른 의미를 제시하는 것이다. 더욱이 계층간에는 쌍방의사소통이 이루어지고 있으며, 효과적 의사결정을 위해서는 상호협력하고 책임을 분화해야 하는 것이다. 이는 전통적인 도구적 견해로서 정치가는 목표를 정하고 계획가는 이를 달성할 수단을 도출하는데 초점을 둔다는 입장과는 차이가 있다.

(3) 의사결정과 의사채택

프렌드와 제솝(J. Friend and W. Jessop)은 정치가와 계획가의 역할을 의사채택(意思採擇)과 의사결정(意思決定)으로 구분하였다. 의사채택(decision-taking)은 정치가(政治家)의 특권이다. 그러나 정치가는 의사결정의 모든 과정을 지배하는 것은 아니다. 결정을 함에 있어, 계획가와 정치가는 동등한 파트너와 책임있는 행위자로 자유롭게 상호 협력한다. 정치가는 확고한 신념을 바탕으로 선출된 사람으로, 결정을 채택하고, 관련된 위험을 수용(acceptance of risks)하는 역할을 한다(Faludi, 1973: 233~236).

계획가의 보완적 역할은 정치가에 의한 결정과 관련된 위험의 분석(analysis of risks)에 있다. 이러한 양자 간의 협력은 의사결정(decision making)의 최종 선택에만 한정되는 것이 아니고 결정의 모든 과정에 전부 적용된다. 이러한 양자 간의 역할개념으로부터 정치가와 계획가가 상호협력하는 데는 두 가지 규칙이 따른다. 하나는 정치가와 계획가는 의사결정에서 동등한 지위에 있다는 점을 인식하는 것이다. 둘째는 계획가에 의해 위험에 대한 충분한 검토 후에 결정(決定)이 이루어지도록 하는 노력이 요구된다(Faludi, 1973: 236~240).

2. 계획가의 역할

(1) 역할유형

계획은 정치적 환경하에서 이루어지기 때문에 정치적 여건에 따라 상이한 역할이 이루어지고 있지만, 계획가의 역할을 행태패턴과 인성의 측면에서 세 가지로 요약할 수 있다(Catanese, 1984: 58~61).

① **비정치적 · 기술적 역할** 계획가는 주로 기술적 기능을 수행하고 정치적 관여를 회피하는 유형이다. 이들은 그들의 정치적이며 사회적 가치에 대한 소명 없이 기술적인 기능만을 수행하려 한다. 이 비정치적·기술적 계획가(apolitical-technical planner)는 양적이며 질적 분석의 양면과 관계되는 전통적인 계획기법과 방법을 사용한다. 최고의 계획가는 컴퓨터 시뮬레이션, 리모트 센싱, 모델링, 정보체계 같은 새로운 기술의 실험을 빨리하는 사람이 된다. 그들은 계획을 체계적으로 본다. 계획에 대한 비정치적·기술적 역할의 기여는 합리적 행동의 맥락에서 문제의 적정해결을 추구한다.

② **내밀한 활동가 역할** 이 두 번째 역할은 비정치적-기술적 역할을 넘어서 정치적 가치를 포함하고 약간의 정치적 개입을 한다. 계획가는 외형적으로는 비정치적-기술적 역할의 위치와 모습을 보이지만, 내면적으로는 정치적 행동과 정치가에 상당히 관련한다. 이러한 내밀한 활동가 역할(covert-activist role)은 정책책임자에게는 정치적으로 의미를 갖지만 대중은 계획가가 가치중립적인 것으로 인식한다. 계획가가 분명히 전문적이어야 하지만 일정범위에서는 조심스럽게 정치적인 활동도 요구되는 이중적인 역할이 기대된다.

③ **명시적 활동가 역할** 세 번째 역할은 계획이 집행되기 위해서는 정치적 활동이 요구된다는 신념을 계획가들이 갖고 있다고 가정한데서 나온 것이다.

계획가는 정치가와 정당을 지지하는데, 이를 통해 자신들의 가치를 지킬 수 있다고 생각한다. 명시적 활동가(overt activist)는 전문계획가이거나 지도적 위치에 있는 정치가에 의해 임명되어, 전문계획능력을 갖고 있는 것처럼 행동하는 사람이다. 이들은 행정경험이 없는 것이 보통이지만 행정관료 중에서도 일정한 기간을 정하여 임명한다. 이들 명시적 활동가는 정치후보자의 조언자 역할을 하는 경우가 종종 있고, 자기가 지지하는 정치가의 위치와 정책을 표출하게 된다. 이는 이들 계획가가 행정부에서 계획업무에 관여할 때도 자신의 정치적 원칙은 유지하려 노력함을 의미한다.

(2) 계획가의 역할

계획은 기본적으로 정치적 프로그램이다. 계획가는 그들의 행동을 통해, 누가(who), 무엇을(what), 언제(when), 어떻게(how) 갖게 되는가를 결정하는데 도움을 준다. 이와같이 사회의 구성원들에 적극적 또는 소극적으로 영향을 주게 되므로 그들의 행동은 기본적으로 정치적이다. 그리고 그들의 결정과 행동은 사회구성원들 간의 대립되는 이익을 조정하는 윤리적 문제에 관계된다. 때문에 계획을 사실적인 수단에만 국한하는 실제와 원리는 불가능하다(Klosterman, 1978: 39).

계획과 정치가 서로 연계되어 있음은 기대한데로 집행이 되게 하기 위해서는 계획가와 정치가들이 서로 다르게 일을 처리해서는 안 된다는 의미이다. 계획가들은 정치의 현실과 보다 적합하게 다루어야 하고, 타협·합의·융합이 불가피하게 필요함을 의미한다. 반대로 정치가는 계획이 공공재를 개선하는데 사용할 수 있고, 이는 정치보다 낫다는 것을 인식해야 한다. 즉 계획가는 보다 정치가가 되어야 하고, 정치가는 보다 계획가가 되어야 한다(Catanese, 1984: 23).

오늘날 실무에 종사하는 계획가는 각자의 역할을 기술자(technician)나 정치가(politician) 중의 하나를 특화하거나, 양자를 혼합하여 상황의 요구에 따라 하나의 역할을 채택하는 방법 중 하나일 것이다. 실제로는 혼합(hybrid)역할이 지배적인 계획의 실제이다. 대조적인 경우는 전문화의 여지가 많고 계획막료들은 자기들이 가장 적절한 역할을 선택할 수 있다. 대도시에서도 전문화의 정도가 높을 가능성이 높고, 소규모조직의 경우는 막료들은 직업의 수요에 따라야 하기 때문에 지방기관들은 혼합적인 형태를 취하게 된다.

3. 계획의 양면성

계획역할에 대해 한편에서는 계획이 일반적인 과학적 전통에 의존하고 사회과학으로부터 가정과 전제를 차용해 왔기 때문에 조언적 역할(助言的 役割)을 한다고 생각하여, 계획목표는 외부에서 주어지고 가치형성과정은 계획영역 밖이라고 생각하게 되었다. 그러나 다른 측면에서는 계획의 적극적인 역할을 강조하면서 가치고려(價値考慮)와 계획목표확인은 계획에서 중요하게 고려되며, 계획과정의 일부로 생각하게 되었다. 여기서 계획의 이중적 역할(二重的 役割)의 존재를 확인할 수 있는데, 하나는 사회적 과정의 관점에서 가치중립적인 과학적 태도를 기반으로 하는 조언적 역할(advisory role)과 다른 하나는 가치형성과정에의 개입을 요구하는 적극적 역할(active role)이 있다(Albrecht, 1985: 1～2). 이러한 조언적 역할이 지난 1970~80년대에 지배적인 위치를 차지하였다.

계획의 조언적(道具的) 역할은 편견 없고 객관성을 갖는 과학적 기준을 고수하고, 능동적(政治的)역할은 사회발전에의 개입을 조장하는 역할이 강조된다. 이 두 가지 대조적인 역할은 계획실천과 계획사고에 많은 문제점을 야기시켜 왔다(임길진, 1995: 130~132). 계획에 대한 정의와 이론의 많은 내용들은 이러한 이분법을 반영하고 있다. 조언적 기능(助言的 機能)으로 정의되는 경우, 계획은 하나의 사고과정으로 파악되는데 이런 사고방식을 가진 계획가들은 사고의 과학적 형태를 믿고 기능적이며 합리적인 결정을 강조한다. 이러한 계획의 기초는 본질적으로 과학적 지식의 적용이다. 계획, 의사결정 그리고 집행은 명백하고 분리가능한 활동으로 본다. 대조적으로 계획이 사회발전(社會發展)과 개혁(改革)에의 개입활동(介入活動)으로 간주될 경우, 계획실천은 역할관계의 사회조직망 속에서 발생하는 사회적 과정으로 정의된다. 이러한 사회계획의 유형은 실체적 논점 및 바람직한 목표를 다룬다. 이 경우 계획가들은 그와 같은 논점의 해결에 적절한 수단을 찾아내는 것은 물론 목표를 발견하는데도 관심을 가진다.

계획가들은 한편으론 합리성과 종합성의 이상에 깊이 관여한다고 느끼고 있고, 다른 면에서는 계획의 가치부과적 성격을 인지하고 전통적인 기본계획(master plan)에서 내포하고 있는 정치적 중립성의 가정을 거부하고 있다. 그러나 아직도 많은 계획가들은 주어진 정책에 대한 옹호자보다는 선출된 집행자에 대한 막료와 기술적 조언자로서 보는 경우가 많다. 이러한 계획의 모형과 역할의 모호성은 기본적 개인적 가치요소(이상주의나 자존 같은 것), 전문적 가치요소(효과성이나 종합성 같은 것) 그리고 계획가가 실무에서 채택하고 있는 결정전략 사이의 상대적 단층(dislocation)을 수반한다.

최근의 계획의 어려움과 실패로 인해 계획의 조언적 역할에 대한 수정의 필요성이 제기되었다. 계획이 사회의 중요한 문제를 회피하고 사회적 수요에 무반응적이며, 원인이나 문제를 다루기보다는 징후를 주로 다룸에 따라 많은 문제를 야기하고 있다고 생각하게 되었다.

제 3 절 계획윤리

Ⅰ. 의 의

1. 개 념

(1) 개념정의

윤리(ethics)란 이상적인 차원의 규범적 정신을 말한다. 윤리(倫理)는 인간 본연의 이성을 토대로 완전과 이상을 추구하는 성향을 나타내며, 가치와 규범 그리고 도덕을 선도하는 역할을 한다. 윤리는 다분히 창의성과 상상력의 차원에서 도출되며, 실정법은 물론 사회규범을 앞서가는 당위적인 행동유형과 판단기준을 제시해 준다. 따라서 윤리는 가치체계와 규범, 도덕으로 하여금 보다 이상적인 방향으로 변화를 가져오게 하는 역할을 하며 개인의 행위를 규제하는 가장 기본적인 준거가 된다(Boling and Dempsey, 1985: 184).

윤리(ethics)는 행동의 규칙이며, 도덕(morality)은 선오행동을 구별하는 능력과 관계된다(McConnell, 1981: 141). 직업윤리는 응용 또는 실무윤리로서, 직업의 구성원들이 당면하게 되는 문제에 대한 윤리적 판단의 준거를 말한다(Hendler, 1996: 400). 두르케임(E. Durkheim)은 스스로의 윤리가 없는 어떠한 전문활동이나 사회활동도 없다고 믿었다(McConnell, 1981: 144). 전문직업사회나 집단에 속한 사람들은 일정한 적합성과 성실성의 수준을 갖기를 기대한다. 윤리는 소위 현실세계(real world)에서의 행동을 규제하게 되어 있으며, 직업윤리(professional ethics)는 특히 행동뿐 아니라 사고도 형성하고자 한다(Howe, 1995: 123).

(2) 계획과 윤리

계획과 관련하여 철학적 탐구가 특히 중요한 영역은 윤리적 판단(ethical judgements)과 지식(knowledge)에 대한 것이다(Taylor, 1980: 160). 모든 계획활동은 일종의 윤리적 가정과 판단에 관련된다. 즉 어떤 일을 하는 것이 다른 일을 하는 것보다 좋다(good)는 판단과 같은 것이다. 예를 들면 개인교통보다 공공교통, 부유층과 능력 있는 사람보다는 빈곤하고 장애 있는 사람들을 돕는 것이 좋다는 판단을 하는 것과 같은 것이다.

윤리적 판단은 계획가가 해결해야 할 문제를 확인하고, 하나의 대안이 다른 대안보다 좋다는 것을 판단할 때에 하게 된다. 계획가가 해결해야 될 문제의 원인을 보다 잘 이해하는 것은 보다 다양한 해결책을 제시하도록 만들어 준다. 간략하게 말하면 계획가는 문제상황(problem situation)에 대한 그들의 이해를 제고하고자 한다. 그리고 이는 무엇이 타당한 지식 또는 진리를 구성하고 있는가에 대한 철학적 판단과 관계된다. 때문에 계획과 관련하여 발생되는 윤리와 지식에 관계되는 철학적 탐구가 계획의 철학이 체계적으로 검증해야할 과제가 되는 것이다(Taylor, 1980: 160~161).

철학에서는 어떤 일을 하는데 무엇이 옳은가에 대한 실체적 논쟁과 관련된 규범적 윤리(normative ethics)와 윤리적 언어와 도덕적 논쟁에 대한 분석을 다루는 상위윤리(meta ethics)로 구분한다. 윤리이론은 실체적 규범윤리논쟁을 제외하고 거의 대부분 상위윤리에 초점을 두었다. 이러한 접근은 도구적 계획 또는 합리적 계획과 관련된다고 주장한다(Harper and Stein, 1992: 105). 이 접근에서는 가치중립적인 베버(M. Weber)주의 사회과학, 고전경제학, 체계분석, 수리적 관리기법에 초점을 두었다. 그러나 계획을 가치중립적인 관리기능으로 인지한다면, 계획가는 누구를 대신하여 장래의 영역을 분별하고 도출하는가하는 책임성에 관한 기본문제에 직면하게 된다.

2. 윤리의 역할

직업윤리는 3가지 역할이 동시에 작용하는데, 의도에 기반한 의지적 윤리(volitional ethics), 책임에 기반한 인지적 윤리(cognitive ethics), 도구적으로 유인된 체계적 윤리(systemic ehtics)의 3가지 역할이 동시에 작용한다(Verma, 1996: 451~454).

첫 번째 역할은 도덕철학의 전통적 영역으로 선의(goodwill)나 정의(justice)

를 강조한다. 이 전통에서 윤리는 의지와 의도를 강조하고 의지의 자유문제에 주로 몰두하고 있다. 여기서는 마음의 순수함 이외에는 특별한 지식, 훈련, 적합성도 요구하지 않는다.

의지와 선의는 다양한 형태의 지식으로 분화되고 기술적 지식이 지배하는 사회에서는 충분하지 않다. 기술적 세계에서는 책임의 의무가 의지의 의무를 대체해야 한다. 즉 '더 아는 것'(knowing more)은 인지적 의무가 '좋은 의도'(well intending)의 의지적 윤리만큼 도덕성의 중요 구성부문이 되고 있다.

이러한 상황에서 예측, 결과의 시뮬레이션, 준비도 도덕성이 요구되지만 단순한 기법과 기술의 문제만은 아니다. 이러한 입장은 계획에서 중요하다. 이는 선의의 중요성을 부인하는 것은 아니지만 문제는 윤리적 행태의 기준으로서 충분한가 하는 문제이다.

Ⅱ. 윤리강령

1. 접근방법

계획가의 직업적 윤리에 관한 접근은 주관적(主觀的), 다원주의적(多元主義的), 객관적(客觀的), 평등적(平等的), 과정적(過程的) 그리고 구조적 접근(構造的 接近)으로 구분할 수 있다(Marcuse, 1976: 271~272).

① **주관적 접근**(subjective approach) 이 접근은 윤리적 행동은 개인적 결정의 문제로 간주하면서 개인적 동기를 다룬다. 개인적 청렴성(personal integrity), 내적 일관성(internal consistency), 정직(honesty) 그리고 목표의 명료성(clarity of purpose) 등이 주도적 가치이다. 개인들은 자기의 가치와 신념에 의존하기 때문에 같은 상황에서도 윤리적으로 다르게 행동하게 된다. 때문에 모든 개인은 어떠한 상황에도 적용할 수 있는 바른 행위규범을 도출하기 어렵다.

② **다원주의적 접근**(pluralist approach) 이는 직업적 행동에 대해 보다 균일함(uniform)을 강조한다. 고객에 대한 봉사자로서 계획가는 변호사의 역할과 견주어 직업적 책무를 예상한다. 고객에 대한 직업적 의무는 직업적 윤리의 일부분이 된다. 이 접근에서는 직업적 서비스는 모든 잠재 고객이 다 이용할 수 있어야 한다.

③ **객관적 접근**(objective approach) 여기서는 과정보다는 결과에 초점을 둔다. 이 접근에서는 윤리적 판단을 위한 공식적인 객관적 기준을 확립하고

자 한다. 직업적 윤리는 설정된 목표를 달성하는 역할을 수행한다.

④ **평등적 접근**(egalitarian approach) 이 접근은 본질적 가치의 직업적인 윤리적 기술을 추구한다. 예를 들면 적절한 선택안이 없을 때 선택을 확장하는 것은 직업적 윤리의 구성요소로서 추진될 수 있다. 그러나 직업적 행위를 위한 요구사항으로서 그러한 목표들을 포함한다면 계획가의 행태에 대한 기대는 전통적인 직업기준과 일치할 수 있다.

⑤ **과정적 접근**(process approach) 이는 계획을 보다 기술적 과정으로 본다. 확실히 계획은 직업적 계획가의 배타적 영역이 아니라 하나의 과정이다. 학습사회에 대한 생각과 관련된 생각들은 특히 민주적인 사회교도(social guidance)를 위한 도구로 만들기 위해 일반화된 사회활동으로 계획활동을 확장할 필요성을 인식한다. 즉 여기서는 계획의 목표를 상호학습과 같은 특정한 과정에 기여하는 것으로 본다. 때문에 직업적 문제는 작은 중요성을 갖는다. 이는 계획가가 윤리적 의무로부터 자유로움을 말하는 것이 아니라 계획활동이 지향해야 할 보다 높은 의무가 있음을 말하는 것이다.

⑥ **구조적 접근**(structural approach) 이 접근은 가장 급진적 접근으로 직업적 윤리를 이것이 작용하는 특수한 역사적 체계와 관련지워 하나의 도구로써 본다. 여기서는 윤리를 역사적으로 정의된 구조적 조건이며, 이러한 행동은 체제유지냐 체제도전이냐 등에 의해 평가한다. 오늘의 계획직업은 대체로 체제유지활동이고, 직업적 윤리는 이러한 활동을 촉진하기 위한 것이라고 본다.

2. 윤리적 갈등

계획수립작업은 가능한 한 객관적이고 과학적인 토대 위에서 이루어지는 것이 바람직하지만 실제에 있어서는 가치판단이나 규범적인 접근을 배제하기 어려운 것이 사실이다. 따라서 계획가들은 전문가로서 객관적인 상황과 윤리적 규범 사이에서 심리적인 갈등을 겪는 경우가 많다. 여기서 그 주요한 딜레마를 중심으로 살피기로 한다(김신복, 1992: 257~262).

(1) 일상업무수행

(가) 당면과제

계획가들이 계획실무를 수행함에 있어 많은 어려움에 직면하게 된다. 대중적 수요충족을 추구하는 공공부문계획가(public-sector planner)들은 그들의 상대방인 민간부분의 기업전략계획가(corporate strategic planner)보다 더 큰 도전에 직면한다(Forester, 1989: 4). 공공부문계획가들은 효율성과 기품 있는 결과(decent outcomes)뿐만 아니라 사회정의 등에 대해서도 관심을 가져야 한다.

계획가가 당면하게 되는 어려움은 실제적(實際的), 조직적(組織的) 그리고 정치적 문제(政治的 問題)에 해당되는 것들이다(Forester, 1989: 5). 문제에 대해 빈약한 정보와 제한된 시간 속에서 어떻게 대안적 미래에 대한 조심스런 분석이 가능한가? 대립되는 이해관계 -즉 계급·장소·인종·성·조직 또는 개인으로 정의된 이해- 가운데서 계획가가 어떻게 자기들의 업무를 수행할 것인가? 자본주의 경제와 민주적 정치체계로 구조화된 사회에서 사익과 공공복지가 충돌하는 대립적 수요에 대해 어떻게 반응하는가? 계획가가 참여를 위협하는 관료조직에서 근무하면서도 주민참여(public participation)를 할 수 있도록 지시받은 때에는 계획가는 무엇을 해야 하는가? 문제해결이 다른 사람들의 이익, 지각, 개입 그리고 이해에 많은 부분 의존하는 때에 계획가는 어떻게 그들의 생각을 전하고, 결과를 보이며, 위험을 노출하고, 행동에 의미 있는 기회를 공개할 수 있는가?

이는 계획(計劃)의 실제(實際)에 있어 대화(對話)와 토론(討論)의 문제이다. 누구도 이해할 수 없는 경직된 분석은 무용하기보다는 사태를 보다 더 악화시킨다. 즉 이는 반생산적이고 피해를 줄 수 있다. 대화와 토론을 위해서는 먼저 상대와 유대를 형성해야 한다. 때문에 계획분석가들은 단순한 분석가만은 아니다. 분석가들은 이들과 가급적 근접하여 서로를 이해하고 상호 효과적인 의사소통이 이루어져야 한다.

(나) 업무상 과제

근린조직(近隣組織)의 사업계획에 대한 정보를 제공하는 계획가나 행정가를 상정하자. 계획가나 행정가들은 관련 이해당사자에게 다음의 방법으로 계획을 알려 줄 것이다(Forester, 1989: 18). 제안된 사업계획을 기술(describe)하고, 가능한 시기를 적시(indicate)하며, 추가적 정보원을 명시(designate)하고, 사업계획의 검토과정을 설명(explain)하며, 근린거주자의 가능한 참여를 경고(alert)하며, 고려되거나 될 수 있는 가능한 대안을 지적(point out)하며, 주민참여의 요건을 상술(specify)하고, 접촉할 수도 있는 다른 이익집단을 제시(suggest)하며, 제안된 사업계획을 토의하기 위한 특별한 모임을 거주자에게 고시(notify)하며, 제안에 대한 논평이나 반응을 요구(ask)하게 된다.

분석가들이 단순하게 정보를 제공하는 것도 옳지만, 그것은 별로 도움이 되지 않는다. 어떻게 정보를 제공하며 어떤 실제적, 정치적 그리고 윤리적 차이를 만들 수 있는 것인가? 제안에 대해 주민들의 반응을 요구하면서, 분석가들은 책임을 다른 사람들에게 돌리며, 때문에 조직적 관심은 대안과 행동의 가능성 양면에 두게 된다. 때문에 분석가는 비정치적인 문제 해결자나 사회공학자가 아니다. 계획분석가는 사실전달뿐 아니라, 인간관계·정치적 연결(政治的 連結)·기타 관심을 형성하기 때문에 다른 사람의 생각 뿐 아니라 그들의 관심과 참여를 형성하게 된다.

계획실제에서 계획가의 일상적인 역할과 일반적 의미를 고려해 보자(Forester, 1989: 20~21).

첫째, 계획가의 일상행동은 실무적인 커뮤니케이션으로 단순하게 문제를 보고하는 것은 물론 문제를 만들고, 재구성한다.

둘째, 계획가조직은 단순하게 투입과 산출에 의한 문제해결기계는 아니다. 이는 권력구조이며 정보와 관심의 선택적 통로, 참여·서비스·약속의 체계적 형성을 하는 커뮤니케이션 구조이다. 모든 조직은 자연과 물질세계를 형성하는 것과 같은 약속, 희망, 기대, 좌절, 의존, 신뢰를 재생산한다.

셋째, 계획가의 윤리적이며 정치적 책임에 대한 새로운 조명이 나타나고 있다. 그들의 행동이 더 이상 도구적이 아니기 때문에 계획분석가의 책임은 효율적이고 목표를 달성하는 중립적 수단으로서 기능하는 것은 더 이상 생각할 수 없다. 따라서 그들은 말하고 듣고, 질의응답하고, 실무적으로 행동하고 여러 계층과 대화하며, 요구하고 반대요구하고, 약속하고 예측해야 한다.

(2) 고객과의 관계

계획의 직업적 윤리의 의무를 수행하는 과정 중에 갈등이 발생할 수 있다. 고객(clients)에 대한 의무는 공공(the public)에 대한 의무간에 갈등과 대립이 발생할 수 있다. 직업적으로 수용한 행위기준에 따르다 보면 대부분의 사람들이 싫어하는 결과를 가져올 수 있고, 직업적 성실성과 민주적 의사결정은 대립할 수 있으며, 직업적 관심의 범위는 모호해진다(Marcuse, 1976: 267).

공공과 민간부문 사이에 위치한 계획가의 입장이 복합적이고 불확실성이 증가함에 따라 전통적인 윤리적 가정에 문제가 제기되고 있다. 민간 또는 준민간부문에 고용되는 계획가가 증가됨에 따라, 계획가는 그들의 고용자에 충성을 다해야 하는가 또는 그들의 동료처럼 공익에 충실해야 하는가 하는 딜레마에 봉착하게 된다. 이러한 딜레마는 계획기능이 단순한 기술적 목표에서 보다 큰 사회·경제·

환경적 도전에 까지 확대됨에 따라 보다 복합적인 모습이 되어가고 있다. 전체로서 사회 속에 민주주의의 가치·형평성·효율성이 가끔 충돌한다. 이러한 충돌은 경제개발, 사회정의 그리고 환경보호같은 갈등 있는 목표의 조정을 위해 계획가가 선택해야 하는 것과 관련된다. 다른 윤리적 측면은 전문가로서 계획가의 역할에 따른 어려움 때문에 나타난다(Campbell and Fainstein, 1996: 7~8).

실무적으로 계획가가 저지를 수 있는 부패(腐敗)의 형태(形態)는 다음과 같은 것이다(Benveniste, 1990: 39~40).

첫 번째 형태는 계획가가 과업수행을 지시한 고용자보다는 강력하고 중요한 제3의 이해관계자를 위해 작업할 수 있다. 여기서 제3자는 계획에 의해 큰 이득이나 손실을 입게 되는 중요한 이해관계자이거나 계획가가 보호하고자 하는 이념이나 가치와 관련된 것을 지칭한다. 이의 사례로서 재개발계획이 법의 의도와는 반대로 분리된 근린으로서 기능이 유지하도록 하여 고용자의 이익보다는 제3의 이해관계자들을 위해 설계하는 경우를 들 수 있다.

다음 유형으로 과업과 관련된 광범한 공익의 보호와 추구 대신에 계획가가 강력한 고용자의 통제하에 들어가는 것이다. 계획가가 고용자의 사익을 보호하고, 그의 잘못을 은폐하고, 결정을 적법화하고, 그의 이념을 보호하는 것을 도울 수 있다.

마지막으로 문제의 접근방법에 대한 정확한 인지 없이 계획가는 봉사해야 할 고객의 욕구보다는 집행자들의 협력을 위해 필요한 조직에 관심을 보일 수 있다. 반대로 집행자의 능력을 고려하는 대신에 계획가들은 고객의 수요에 보다 많은 경청을 기울이는 경우도 있다. 그리고 양자가 같이 발생되는 경우도 있다.

3. 업무상 유의점

계획가가 업무를 수행함에 있어 다음의 점에 유의(留意)할 필요가 있다(Catanese, 1984: 28~31).

① **너무 오래 끌지 마라**(Don't take too long) 브란취(M. Branch)는 계획가의 죄악 중에 원죄(original sin)는 계획이 너무 오래 걸리고, 성장을 억압하는 개발의 지연을 가져오는 것이다 라고 주장했다. 계획을 하는데 많은 시간이 요구되는 것은 그만큼 신뢰성을 상실하여 정치가와 개발업자들을 좌절하게 만든다. 계획은 적절한 시기에 공급되어야 한다. 이를 위해 계획의 기법과 방법에 근본적인 개선이 요구된다. 그리고 계획의 실제에 정보체계, 시뮬레이션, CAD 등

과 같은 새로운 기술을 포함해서 계획과정의 신속성을 높여야 함을 의미한다.

② **너무 공허해서는 안된다**(Don't be too vague) 브란취(M. Branch)는 계획가들의 가장 큰 죄(cardinal sin)는 계획이 너무 공허하다는 것이라고 주장한다. 그들은 구체적인 운영과 기능을 포함하지 않고, 변화와 변이를 추가하려 하지 않는다. 이러한 계획실제의 공허성은 정치가와 민간개발업자에게 계획이 비현실적이라고 생각하게 만든다. 계획이 현실성과 신뢰성을 갖게 하기 위해서는 보다 구체적이고 명료하며, 운영계획과 기능계획을 포함하고, 수시로 새롭게 하여야 한다.

③ **너무 많은 약속을 하지 마라**(Don't promise too much) 계획이 너무 많은 것을 약속하게 되면, 비현실적인 것까지 기대를 상승시키게 되고, 결국은 계획을 집행하지 못하게 된다. 일련의 반계획적 반응은 이러한 과대 약속의 직접적인 결과이다. 현실은 계획 단독으로 사회의 모든 문제를 풀 수는 없는 것이다. 정치적 행동과 민간부문개발과 연결한다면 계획은 사회문제의 일부를 해결하고 건축환경을 크게 개선할 수 있는 것이다. 계획은 사회정의와 형평을 보장할 수 없다. 계획은 사회목표와 관련된 문제를 교육하고 분석할 수 있지만, 계획실제는 가능한 범위 내에서 무엇을 할 수 있는가를 결정하는 것이다.

④ **너무 많은 것을 다루려 하지 마라**(Don't try to handle too much) 계획의 기반은 보다 나은 전체를 만들기 위해 구성부문들의 상호작용관계를 종합적으로 고찰하는데 있다. 이것이 계획실제의 굳건한 바탕이고 계획책임을 분명하게 해준다. 그러나 문제는 계획가가 경계를 벗어나기 시작하고 너무 많은 문제를 다루려 하는데 있다. 계획이 우리의 모든 사회, 경제, 물리, 환경적 문제를 해결할 수 없다는 것은 확실하다. 계획은 우선순위에 의해 중요한 문제들을 다룰 수 있을 때 성공적이라고 말할 수 있다. 이는 계획실제는 보다 제한된 경계에서 이루어져야 함을 의미한다.

⑤ **하나의 대안만을 제시하지 마라**(Don't present just one alternative) 적절한 계획실제는 문제들에 대한 대안적 해결책들에서 여러 대안들과 추천안들에 대한 평가가 따라야 한다. 계획가가 만일 하나의 대안만을 제시한다면 정치가나 계획선택자는 별로 결정할 일이 없게 된다. 어떤 의미에서는 계획가가 정치가의 역할을 찬탈한 결과를 가져온다. 건전한 계획실제가 이루어지고 대안을 도출하고 평가하여 개선된 방안이 강구된다면 계획가의 역할은 보다 유용해지고 정치가의 역할과 책임도 보다 잘 이행된다.

⑥ **공공부문이 모든 것을 할 수 있다고 생각하지 마라**(Don't think that

the public sector can do everything) 계획실제는 공공부문이 거의 대부분의 문제를 다루어야 한다는 결론에 이르는 경우가 종종 있다. 그러나 정치적 이념과 정책에 대한 최근의 추세는 정부의 역할을 줄이고 민간부문의 활동범위를 확대하려는 경향이 있다. 이는 계획실제에서 배타적인 규제관계보다 민간부문과의 협력관계를 반영하는 방향으로의 변화를 나타내고 있다. 많은 계획가들이 이러한 변화를 인지하고 민간부문과의 작업을 위한 새로운 기법과 방법의 개발을 시도하고 있다.

⑦ **낙관주의의 정치를 인정하라**(Acknowledge the politics of optimism) 계획가들은 우리시대에 팽배되어 있는 비관주의와 냉소주의에 너무 젖어 있다. 이는 모두가 자기자신만을 제외하는 상황을 만들고 공동의 노력에 대한 신뢰가 없어지게 된다. 계획실제는 지역사회의 맥락 속에 개인을 위치시켜야 한다. 이는 개인적인 획득과 이익도 존경하고 보호되어야지만 지역사회의 획득과 이익과 관계되어야 함을 의미한다. 계획의 실제는 낙관주의적 정치환경 내에서 가장 잘 작동한다. 이는 장래에 대한 낙관적 견해가 계획실무를 운영하는데 전제조건이다. 그리고 낙관주의의 정치는 미래의 추구에 있어 모든 수단의 사용을 요구한다.

4. 윤리강령사례

(1) 미 국

「미국공인계획가협회」(American Institute of Certified Planners)에서는 계획가들이 지켜야 할 윤리강령으로 다음 13가지 항목을 나열하고 있다(Lucy, 1988: 149).

① 공공이익에의 봉사
② 계획에서의 시민 참여 지지
③ 계획결정에서 종합적이고 장기적 속성의 인지
④ 모든 사람에게 선택과 기회의 확대
⑤ 계획과정을 통한 조정 촉진
⑥ 이익간 갈등 회피
⑦ 계획 서비스의 완전하고 성실한 제공
⑧ 편의를 추구하지 않고 제공하지 않음
⑨ 금전획득을 위한 비밀 정보의 노출 또는 부적절한 사용 금지
⑩ 동등한 바탕에 공공 계획서와 연구에의 접근 보장
⑪ 공청회에서 완전 노출의 보장

⑫ 대중의 신뢰유지

⑬ 직업적인 윤리와 행동강령의 존중

이와 같이 제시하고 있는 윤리와 직업행동강령은 다음으로 요약할 수 있다(Eisner, et al., 1993: 213).

1. **대중에 대한 책임**

계획가의 제1의 의무는 공익에 대한 봉사이다. 비록 공익이라는 것이 논쟁의 소지가 있지만, 계획가는 양심적으로 획득한 공익에 대한 의무를 갖고 있다.

2. **고객에 대한 책임**

계획가는 고객의 이익의 추구에 있어 일에 대한 근면, 창조, 독립, 적절한 수행이 요구된다.

3. **직업적인 책임**

계획가는 지식과 기법의 개선, 문제의 적절한 해결 그리고 계획 행동에 대한 대중의 이해를 증진시키기 위해 직업의 발전에 기여해야 한다.

4. **자아에 대한 책임**

계획가는 직업적 성실성, 숙달 그리고 지식에 대한 높은 수준을 유지하도록 해야 한다.

이상을 종합하면 계획가가 견지하고 지켜야 할 강령은 계획가는 전문적 영역에 대한 숙련과 지식이 있어야 하고, 적극적 상상력을 갖고, 미래를 그려낼 수 있어야 하고, 신념과 용기를 가져야 하며, 윤리적으로 순수주의자여야 하고, 의사결정자에게 명료한 판단기준을 제공해야 하고, 수행할 작업과 대중을 존경해야 하고, 팀의 일원임을 명심하여야 할 것이다(Eisner, et al., 1993: 209).

(2) 영 국

영국의 하원에 설치된 「공직생활표준위원회」(The Committee on Standards in Public Life: The Nolan Committee: 1994)에서 1997년에 발표한 보고서에서 공직생활의 7가지 원칙을 제시했다(Prior, 2000: 419~420). 이 원칙은 계획가에게 요구되는 윤리강령에도 시사하는 바가 크다.

① **무이기심**(selflessness) 결정은 공익에 의해서만 이루어지고, 공직자나 그의 가족 또는 친구의 재정적 또는 기타 물질적 이익에 따라 이루어져서는 안된다.

② **청렴성**(integrity) 공직에 있는 사람은 그들의 업무수행에 영향을 줄 수 있는 외부의 개인이나 조직에 어떠한 재정상 또는 기타 채무를 가져서는 안 된다.

③ **객관성**(objectivity) 공무관련의 모든 결정은 공과에 따라 이루어져야 한다.

④ **책임성**(accountability) 공익에 관해 의사결정을 하는 사람은 이에 책임을 가져야 하고, 적절한 스스로 적절히 감독을 해야 한다.

⑤ **개방성**(openness) 공공의사결정에 있어 어떻게 그리고 어떠한 이유로 결론에 이르렀는가에 대해 가능한 개방적이어야 한다.

⑥ **정직성**(honesty) 공직자들은 그들의 공무와 관련된 어떠한 사적 이익도 신고할 의무를 갖고, 그들은 공익의 보호와 관련한 어떠한 갈등도 해소해야 하는 조치를 취해야 한다.

⑦ **지도력**(leadership) 공직자는 지도력과 수범으로서 이러한 원칙들을 제고하고 지지해야 한다.

(3) 한 국

1985년에 제정된 대한국토·도시계획학회의 회원윤리강령(會員倫理綱領)은 다음 5가지이다.

① 회원은 각자가 연구하고 종사하는 일이 국가발전과 국리민복에 중대한 영향을 미칠 뿐 아니라 시민생활과 시민의 이해에 직접 관련되고 있음을 자각하고 항상 성실과 공정으로 공익증진에 이바지한다.

② 회원은 전문가로서의 권위와 긍지를 유지하도록 노력하며, 연구 또는 업무의 수행에서 알게 된 기밀을 누설하거나 사사로운 이익에 이용하지 않는다.

③ 회원은 전문가로서의 사회적 역할을 충분히 인식하여 여론을 오도하거나 비전문인을 현혹시키는 일이 없도록 한다.

④ 회원은 항상 학술적이고 창의적인 자세로 연구에 종사하며 논문, 저술 또는 작품 등에서 국내외의 연구결과를 인용 또는 이용할 때에는 그 출처를 밝힘으로서 타인의 연구업적을 존중하는 한편, 자기연구의 권위를 아울러 제고하도록 한다.

⑤ 회원은 물질적, 금전적 이익에 구애되어 공공이익에 어긋나거나 전문가로서의 양식에 위배되고 본분에 벗어나는 일을 하지 않을 것이며, 국가·사회에 이바지한다.

참고문헌

김신복, (1983, 1992, 1998), 「발전기획론」(서울: 박영사).

임길진, (1995), 「미래를 향한 인간적 계획론」(서울: 나남).

정환용, (1999), 「도시계획학원론」(서울: 박영사).

Albrecht, J., (1985), ***Planning as Social Process***(Frankfurt am Main: Verlag Peter Lang).

Albrechts, L., (1991), "Changing Roles and Positions of Planners", ***Urban Studies***, 28; 1(1991): 123~137.

Alexander, E., (1979), "Planning roles and context", Catanese, A. and Snyder, J., (eds.), (1979), ***Introduction to Urban Planning***(N. Y.: McGraw-Hill), 120~132.

Alterman, R., (1992), "A Transatlantic View of Planning Education and Professional Practice", ***Journal of Planning Education and Research***, 12; 1(Fall 1992): 39~54.

Bailey, N. and Walker, H., (2001), "Managing the transition to work: The role of the planning network in British town planning education", ***Planning Practice & Research***, 16; 1(2001): 71~78.

Batey, P., (1985), "Postgraduate planning education in Britain", ***Town Planning Review***, 56; 4(1985): 407~480.

Beauregard, R., (1996), "Between modernity and postmodernity: The ambiguous position of U. S. planning", Campbell, S. and Fainstein, S., (eds.), ***Readings in Planning Theory***(Oxford: Blackwell), 213~233.

Benveniste, G., (1990), ***Mastering the Politics of Planning***(San Francisco: Jossey-Bass Publishers).

Beuregard, R., (1998), "Writing the planner", ***Journal of Planning Education and Research***, 18(1998): 93~101.

Bolan, R., (1971), "The social relations of the planner", ***Journal of the American Institute of Planners***, 37(1971): 386~396.

Boling, T. and Dempsey, J., (1985), "Ethical Dilemmas in Government", Wachs, Martin, (ed.), ***Ethics in Planning***(N. J,: Rutgers). 179~190.

Campbell, S. and Fainstein, S., (1996), "Introduction: The structure and debates of planning theory", Campbell, S. and Fainstein, S., (eds.), ***Readings in Planning***

Theory(Oxford: Blackwell), 1~14.

Catanese, A., (1984), The Politics of Planning and Development(London: Sage).

Dalton, L., (2001), "Weaving the fabric of planning as education", ***Journal of Planning Education and Research***, 20(2001): 423~436.

Dyckman, J., (1979), "Three crisis of American planning", Burchell, R. and Sternlih, G., (eds.), ***Planning Theory in the 1980's***(N. J.: Center for Urban Policy Research), 279~295.

Eisner, S., Eisner, S.., and Gallion, A., (1993), ***Urban Pattern***(N. Y.: Van Nostrand Peinhold).

Elkhawas, I., (2003), "The role of planners between theory and reality: Revisiting an old question", ***Planning Research Conference 03***, (Wadham College, Oxford Brooks University), 1~10.

Eversley, D., (1973), ***The Planner in Society***(London: Faber and Faber).

Faludi, A., (1973), ***Planning Theory***(Oxford: Pergamon).

Feldman, M., (1994), "Perloff revisited: Reassessing planning education in postmodern times", ***Journal of Planning Education and Research***, 13; 2(Winter 1994): 89~103.

Fisher, J., Gunz, S. and McCutcheon, J., (2001), "Private/public interest and the enforcement of a code of professional conduct", ***Journal of Business Ethnics***, 31(2001): 191~207.

Forester, J., (1989), ***Planning in the Face of Power***(Los Angeles: Univ. of California Press).

Friedmann, J., (1996), "The core curriculum in planning revisited", ***Journal of Planning Education and Research***, 15(1996): 89~104.

Greed, C., (1993), ***Introducing Town Planning***(Essex, England: Longman Scientific and Technical).

Harper, T. and Stein, S., (1992), "The centrality of normative ethical theory to contemporary planning theory", ***Journal of Planning Education and Research***, 11;2 (Winter 1992): 105~116.

Healey, P., (1980), "The development of planning education in the UK and its relevance ad model for other countries", ***Ekistics***, 285(Nov./Dec., 1980): 416~420.

Hendler, S., (1996), "On the Use of Models in Planning Ethics", Mandelbaum, S. et al., (eds.), ***Explorations in Planning Theory***(N. J.: Center for Urban Policy Research), 400~413.

Hemmens, G., (1988), "Thirty Years of Planning Education", ***Journal of Planning***

Education and Research, 7; 2(Winter 1988): 85~91.

Higgins, M. and Morgan, J., (2000), "The role of creativity in planning: the 'creative practitioner'", ***Planning Practice & Research***, 15; 1/2(2000): 117~127.

Hoch, C., (1994), ***What Planners Do: Power, Politics, and Persuasion***(Chicago: Planners Press).

Howe, E., (1995), "Introduction", Hendler, S., (ed.), ***Planning Ethics***(N. J.: New Brunswick), 123~140.

Kirk, G., (1980), ***Urban Planning in a Capitalist Society***(London: Croom Helm).

Klosterman, R., (1978), "Foundations for Normative Planning", ***Journal of the American Planning Association***, 44; 1: 37~46.

Kunzmann, K., (1985), "Educating planners in Europe", ***Town Planning Review***, 56; 4(1985): 442~457.

Lane, M., (2001), "Affirming new directions in planning theory: Comanagement of protected areas", ***Society and Natural Resources***, 14(2001): 651~671.

Lucy, W., (1988), "APA's Ethical Principles include Simplistic Planning Theories", ***Journal of the American Planning Association***, 54; 2(1988): 147~149.

Marcuse, P., (1976), "Professional ethics and beyond: values in planning", ***Journal of the American Institute of Planners***, 42; 3(July 1976): 264~274.

McConnell, S., (1981), ***Theories for Planning***(London: Heinemann).

Orlick, S., (1993), "Justifying the value of a formal planning education", ***Environment and Planning B***, 20: 499~510.

Prior, A., (2000), "Ethics and town planning", Allmendinger, P., et al., (eds.), ***Introduction to Planning Practice***(Chichester: John Wiley & Sons), 413~422.

Rodriguez-Bauchiller, A., (1991), "Expert systems in planning-an overview", ***Planning Practice & Research***, 6; 3(Winter 1991): 20~25.

RWGCES(Report of a Working Group at the Centre for Environmental Studies), (1973), "Education for Planning", ***Progress in Planning***, 1; 1(1973): 1~108.

Stewart, D., (1991), "Theoretical foundations of ethics in public administration", ***Administration & Society***, 23; 3(Nov 91): 357~373.

Stollman, I., (1979), "The Values of the city planner", Frank S. So, et al., (eds.), ***The Practice of Local Government Planning***(Washington, D. C.: ICMA), 7~20

Taylor, N, (1980), "Planning theory and the philosophy of planning", ***Urban Studies***, 17; 2(June 1980): 159~172.

Thomas, J., (2003), "Educating planners: Unified diversity for social action", Campbell, S. and Fainstein, S., eds., ***Readings in Planning Theory***(MA: Blackwell), 356~375.

Throgmorton, J., (1995), "Ethics, Passion, Reason, and Power: The Rhetorics of Electric Power Planning in Chicago", Hendler, Sue, (ed.), ***Planning Ethics***(N. J.: New Brunswick), 195~220.

Verma, (1996), "The systemic nature of professional ethics", Mandelbaum, S. et al., (eds.), ***Explorations in Planning Theory***(N. J.: Center for Urban Policy Research), 448~455.

Zajac, G. and Bruhn, J., (1999), "The moral context of participation in planned organizational change and learning", ***Administration & Society***, 30; 6(Jan. 1999): 706~733.

인명색인

ㅁ

ㅂ

ㅅ

사항색인

저자약력

서울대학교 사범대학 졸업
서울대학교 환경대학원 졸업(도시계획학 석사)
영국 쉐필드 대학교(Univ. of Sheffield) 대학원 도시 및 지역계획학과 졸업
(도시 및 지역계획학 박사)
전남대학교 지역개발연구소장(역임)
전남대학교 경영대학(원)장(역임)
행정고등고시 출제위원(역임)
광주광역시 분쟁조정위원회 위원(역임)
국토정책위원회 위원(역임)
중앙도시계획위원회 위원(역임)
현재: 전남대학교 경영대학 경제학부 지역개발학전공 교수

저 서

지역개발론(공저), 법문사
도시계획학원론, 박영사
도시관리론, 박영사

논 문

한국의 도시성장특성
한국의 도시성장결정요인
서비스산업과 도시성장
생활의 질과 도시성장
외 다수 논문

개정판
계획이론

2001年 11月 30日 初版發行
2009年 2月 20日 改訂版印刷
2009年 2月 25日 改訂版發行

著 者 鄭 煥 庸
發行人 安 鍾 萬
發行處 (株) 博 英 社
서울特別市 鍾路區 平洞 13-31番地
電話 (733) 6771 FAX (736) 4818
登錄 1959. 3. 11. 제300-1959-1호(倫)

www.pakyoungsa.co.kr e-mail: pys@pakyoungsa.co.kr

定 價 35,000원 ISBN 978-89-10-38044-3